이 책의 머리말

　건강하고 아름다운 삶을 추구하는 현대사회에서 "피부미용"의 발전은 현대인들에게 새롭게 부각되고 있는 전문분야로서 각광받고 있다.

　그동안 미용사(피부) 국가기술자격제도 도입을 위해 오랜 기간 동안 노력한 결과 2008년 10월 5일 국가에서 인정하는 자격시험을 치르게 되었다.

　아직까지 이 모든 상황들이 불분명한 형편이지만 피부 미용사가 국가의 인정을 받는 자격을 갖춘다는 점에서는 큰 의미가 있다. 따라서 이제부터라도 피부미용인들은 지식과 기술을 갖춘 전문인으로서의 소양을 반드시 갖추어야 할 것이다.

　그래서 필기시험을 앞둔 피부미용인들에게 미용사(피부) 자격증 취득을 위한 지침서가 되고자 교육하며 터득한 노하우를 바탕으로 한국산업인력공단의 새 출제기준에 맞춰 성공적인 시험대비를 할 수 있도록 문제집을 집필하게 되었다.

　본 교재는 한국인력산업공단의 출제기준에 따르며 특징은 다음과 같다.

　❶ 피부미용학, 피부학, 해부생리학, 피부미용기기학, 화장품학, 공중위생관리학의 총 6과목으로 핵심이론을 바탕으로 이론적인 기틀을 잡는데 주안점을 두었다.

　❷ 핵심이론의 분야별 5분체크 및 시험문제 엿보기와 적중예상 100선을 수록하여 수험생들이 쉽게 문제에 접근할 수 있도록 하였다.

　❸ 과년도 기출문제와 자세한 해설을 바탕으로 문제에 대한 이해도를 높였다.

　❹ 기존의 타 문제집과 차별화를 두어 동영상을 만들어 왕초보도 과목별 이론에 대한 접근을 쉽게 할 수 있도록 하였다.

　이 책이 앞으로도 피부미용사에 도전하는 많은 수험생 여러분에게 미용사(피부) 자격증 취득을 위한 길라잡이가 되어 우수한 미용 기술과 미용 산업이 발전되길 바란다.

저자 올림

이 책의 특징

1 핵심이론

> **1 피부미용의 개념**
>
> 피부미용이란 두발을 제외한 매뉴얼 테크닉(손을 이용한 관리)과
> 를 사용하여 피부를 분석하고 관리함으로써 관리상의 문제점을 예
> 체, 피부의 모든 기능을 정상적으로 유지시켜 건강하고 아름답게 우
> **전신미용술**을 의미한다.

핵심이론에서의 중요한 부분을 진
하게 표시하여 특별히 주의깊게
볼 수 있도록 하였음

2 key point(키포인트)

핵심이론에서의 중요한 부분을
선별하여 key point(키포인트)화
시킴

◁ 피부미용
① 두발을 제외한 전
　신미용술
② 손을 이용한 관리
　가 주가 됨

3 문제

머리에 쏙~쏙~ 5분 체크

☆
01　피부미용의 개념은 (　　)을 제외한 매뉴얼 테크닉(손을 이용한
　　기기를 사용하여 피부를 분석하고 관리함으로써 관리상의 문제?

각 문제마다 중요도를 표시하여
★이 많은 것은 특별히 주의깊게
볼 수 있도록 하였음

시험문제 엿보기

☆☆☆
01　**피부 유형별 관리 방법으로 적합하지 않은 것은?**
　　㉮ 복합성피부 – 유분이 많은 부위는 손을 이용한 관리를 행하
　　피지 등의 노폐물이 쉽게 나올 수 있도록 한다.

4 해설

☁해설 ㉮ 피부 표면의 노폐물 및 **메이크업 잔여물**을 제거
　　해 준다.
　　피부의 죽은 각질 제거 : **딥클렌징의 효과**

각 문제마다 100% 상세한 해설을
하고 꼭 알아야 할 사항은 고딕체
로 구분하여 표시 하였음

5 기억법

백미클우목 : 백납(미백효과), 클레오파트라의 우유목욕법

시험에 자주 출제되는 내용들은
기억법을 적용하여 한번에 기억할
수 있도록 하였음

미용사(피부) 자격시험 안내

개요

피부미용업무는 공중위생분야로서 국민의 건강과 직결되어 있는 중요한 분야로 국가의 산업 구조가 제조업에서 서비스업 중심으로 전환되는 차원에서 수요가 증대되고 있다. 머리, 피부미용, 화장 등 분야별로 세분화 및 전문화되고 있는 미용의 세계적인 추세에 맞추어 피부미용을 자격제도화함으로써 피부미용분야 전문인력을 양성하여 국민의 보건과 건강을 보호하기 위하여 자격제도를 제정하였다.

직무 내용

얼굴 및 전신의 피부를 아름답게 유지 · 보호 · 개선 · 관리하기 위하여 각 부위와 유형에 적절한 관리법과 기기 및 제품을 사용하여 피부미용을 수행하는 직무

진로 및 전망

지금까지 피부미용업은 대부분 음성화, 불법화된 상태에서 성황을 이루었으나, 피부미용사가 국가자격증이 되면서 그 수도 기하급수적으로 늘어날 전망이다. 자격증 취득 후에는 피부미용사, 미용강사, 화장품 관련 연구기관, 피부미용업 창업, 유학 등 다방면에 걸쳐 진로를 선택할 수 있다.

자격시험 안내

시행처	한국산업인력공단(www.q-net.or.kr)	
응시자격	제한 없음	
취득방법	훈련기관	대학 및 전문대학 미용 관련 학과, 노동부 관할 직업훈련학교, 시 · 군 · 구 관할 여성발전(훈련) 센터, 기타 학원 등
	시험과목	• 필기 : 피부미용학, 피부학, 해부생리학, 피부미용기기학, 화장품학, 공중위생관리학 • 실기 : 피부미용실무
	검정방법	• 필기 : 객관식 4지 택일형, 60문항(60분) • 실기 : 작업형(2~3시간)
	합격기준	100점 만점에 60점 이상

이 책의 차례

PART 1
피부미용학

※ 적중예상 100선!

피부미용개론

Skin Care

1 피부미용 개론

1 피부미용의 개념

피부미용이란 **두발**을 **제외**한 매뉴얼 테크닉(**손**을 **이용**한 관리)과 화장품, 미용기기를 사용하여 피부를 분석하고 관리함으로써 관리상의 문제점을 예방하고, 얼굴과 신체, 피부의 모든 기능을 정상적으로 유지시켜 건강하고 아름답게 유지 및 증진시키는 **전신미용술**을 의미한다.

※ 피부미용은 **손**을 **이용**한 **관리**가 **주**가 된다.

알아두세요

외국의 일반적 피부미용 영역 : 매니큐어, 페디큐어 속함

참고 ━ 나라별 피부 미용 용어

국가	용어	국가	용어
한국	피부관리, 피부미용, 피부미용관리	미국	Skin Care, E(Ae)sthetic
독일	Kosmetic	프랑스	Esthetique
영국	Cosmetic	일본	Esthe

2 피부미용의 역사

(1) 서양의 피부미용 역사

① 이집트 시대

㉮ 고대 이집트인들은 피부미용재료로 향유(올리브 오일, 아몬드 오일 등)를 사용, 양모 왁스, 꿀, 우유, 난황, 진흙 등을 사용하였다.

(나) 이집트의 여왕 **클레오파트라**는 우유를 이용한 **목욕**과 진흙 등 각종 미용 재료를 개발하여 피부 미용을 행하였다.

(다) 태양으로부터 눈병을 예방하기 위해 눈가에 안료를 칠하였으며, 화장법에 있어서 **백납**을 사용하여 **미백효과**를 주었다.

크레오파트라

백미클우목 : 백납(미백효과), 클레오파트라의 우유목욕법

② **그리스 시대**

(가) 그리스인들은 **건강한 신체**에 **건강한 정신**이 깃든다는 **자연주의 사상**이 발달하여 운동, 목욕, 마사지, 식이요법으로 신체 관리를 추구하였다.

건신정 : 건강한 신체 및 정신

(나) 그리스의 여성들은 화장보다는 **깨끗한 피부**를 가꾸는데 노력을 하였으며, 이것은 현대 생얼미인의 맨얼굴로도 아름다움을 추구하는 웰빙 시대의 풍조와 일맥상통한다고 볼 수 있다.

그리스로마신화 아프로디테

◀ 그리스 시대
① 건강한 신체 및 건강한 정신
② 자연주의 사상
③ 운동, 목욕, 마사지, 식이요법
④ 깨끗한 피부

◀ 피부미용
① 두발을 제외한 전신 미용술
② 손을 이용한 관리가 주가 됨

Key Point

◀ 로마 시대
① 공중목욕탕 : 목욕
   문화 발달
② 갈렌 : 콜드크림의
   원조인 연고 제조

③ **로마 시대**

㉮ 로마인들은 그리스의 정신을 이어 몸의 청결을 중요시 하였으며, 목욕을 즐겼는
 데 귀족 부인들은 보통 목욕만이 아니고 쌀겨 목욕이나 당나귀 젖 목욕으로 피부
 를 아름답게 가꾸었다.

㉯ 당나귀 젖으로 처음 목욕을 한 사람은 네로 황제의 아내였다고 전하는데, 그녀가
 여행할 때는 사육하고 있는 당나귀 중 50마리의 암당나귀를 데리고 다녔다고 과
 장 기록이 되어있다. 이렇듯 로마시대에는 목욕문화가 발달하였으며, 특히 **공중
 목욕탕**이 성행하였다.

㉰ 로마의 의사였던 **갈렌**(AD 130~200)에 의해 **콜드크림의 원조**인 **연고가 제조**되
 기도 하였다.

㉱ 레몬즙과 오렌지즙, 포도주 등을 이용하여 각질 및 피지 관리를 하였으며 이것은
 현대 딥클렌징 효과를 위한 과일산인 AHA의 원조 응용법이라 할 수 있다.

기억법

공개 : **공중목욕탕** 개발

◀ 중세 시대
① 종교적인 금욕주의
   로 화장 경시
② 십자군 전쟁으로 전
   염병 유행
③ 약초스팀법 : 현대
   아로마 요법의 기
   초

④ **중세 시대**

㉮ 로마가 몰락하고 기독교 시대가
 되면서 **종교적인 금욕주의**로 교
 회의 지도자들은 '여성은 육체
 적인 유혹이 많은 죄악(그리스
 도교에서 본)의 원천'이라고 보
 았으므로, 여성들이 입욕하거나
 화장하는 것을 경시하였다.

㉯ **십자군 전쟁**으로 인한 **전염병**(페
 스트 및 성병 등)이 **유행**하면서
 목욕탕이 폐쇄되었다.

중세시대 기사

㉰ 여러 가지 약초들을 끓인 물을 이용해 수증기를 피부에 쐬는 **약초 스팀법**이 처음
 으로 사용되었으며 이는 **현대 아로마 요법의 기초**가 되기도 한다.

기억법

금전약 : 금욕주의, 전염병, 약초스팀법

⑤ **르네상스 시대**

남녀 모두가 외모에 신경을 썼으나 위
생관념이 없었으며 목욕시설 또한 없
었던 시대로 불청결로 인해 나는 악취
를 제거하기 위해 신체뿐만 아니라 의
복에도 **향수**를 많이 사용하였다.

르네상스시대 의상

르향 : 르네상스 향수사용

⑥ **바로크, 로코코 시대**

17세기 후반 화장은 **실용적인 것**을 위해 사용되었으며, 독일의 의사 **훗페란트**
(1762~1836)는 클렌징 크림을 **개발**하여 깨끗한 피부를 위해 화장을 지우는 작업의
중요성을 강조하였고, **마사지를 강조**하였다.

⑦ **근세(19세기)**

위생과 **청결**이 **중시**되어 비누의 **사용**이 **보편화**되었고, 특수 계층의 전유물이었던
로션, 크림 등 화장품이 **일반시민들**에게도 **보급**되었으며 화장품의 질 향상 및 제품
이 다양해졌다.

위생청비누 : 위생과 청결, 비누사용

⑧ **현대(20세기이후)**

㈎ 20세기에는 화장품의 종류가 **대량 생산**되어 **대중화**된
시기이다.

㈏ 1901년에는 마사지 크림이 개발되어 대중화 되었다.

㈐ 1912년 폴란드 화학자 C.**풍크**에 의해 **비타민**이 **발견**되
었다.

㈑ 1947년 프랑스의 **바렛트** 교수는 **전기피부미용**의 토대
를 마련하여 현대 피부 미용은 고도로 발달된 과학 기술
을 활용하여 자연 그대로의 피부의 건강과 아름다움을
추구하는 것을 목표로 변화하고 있다.

현대의 피부미용

Key Point

◁ 르네상스 시대
불청결로 향수 사용

◁ 바로크, 로코코
시대
①실용주의
②훗페란트 : 클렌징
크림 개발
③마사지 강조

◁ 근세
①위생과 청결 중시
②비누 사용 보편화
③화장품 일반시민들
까지 보급

◁ 현대
①대량 생산 및 대중
화
②C.풍크 : 비타민 발
견
③바렛트 : 전기피부
미용

Key Point

◀ 고대 시대
① 단군신화
② 마늘과 쑥 : 미백 및
　살균 효과

◀ 삼국 시대
① 불교의 영향
② 향 사용
③ 목욕문화 발달
④ 팥, 녹두, 잿물로 만
　든 비누 사용

◀ 고려 시대
① 신라 풍습 계승
② 면약 : 피부보호제
　겸 미백제

(2) 우리나라의 피부미용 역사

① 고대 시대

단군신화에 웅녀가 인간이 되기 위해 **마늘과 쑥**을 이용한 기록이 있다. 쑥을 달인 물로 목욕을 하거나 마늘을 빻아 꿀과 섞어 피부에 발라 놓았다가 씻어 낸 팩제의 활용은 **미백효과**와 **살균효과**에 대한 피부의 우수한 작용을 했다는 기록을 볼 수 있다.

단군신화

단마쑥 : 단군신화, 마늘과 쑥

② 삼국 시대

㈎ **불교**의 영향으로 **향**의 사용이 발달하고, 영육일치사상으로 몸을 청결히 하여 **목욕문화**가 발달하면서 팥, 녹두, 잿물로 만든 **비누**를 사용하였다.

불향목 : 불교, 향 사용, 목욕문화

㈏ **고구려**는 눈썹이 가늘고 둥근 형태와 볼과 입술에 **연지**로 단장을 하였고, **백제**는 **자연스러운 화장** 기술로 일본에까지 전파하였으며, **신라**는 **백분**을 이용한 백색미인이 유행하였다.

③ 고려 시대

㈎ 고려 시대는 신라의 풍습을 그대로 계승받아 창백해 보이는 화장법(분대 화장)이 기생들 사이에서 행해졌다.

고구려 고분벽화

㈏ **면약**이라는 액상타입의 **피부보호제 겸 미백제** 역할을 하는 안면용 화장품이 개발되었다.

면보호미 : 면약은 피부 보호제 겸 미백제

㈐ 여염집 여인과 기생들과는 화장법이 차별화 되었으며, 복숭아 꽃물로 세안을 하거나 목욕을 하여 미백효과와 피부 유연효과를 얻었고, 난을 입욕제로 사용하여 몸에 향기를 지녔다는 기록이 있다.

④ 조선 시대

㈎ **유교사상**의 발달로 **정결함**과 **검소함**이 강조되었다.

유정검 : 유교사상, 정결함, 검소함

㈏ 사대부 집안에서는 목욕법으로 난탕, 삼탕을 이용하여 목욕을 하였고, 미안수와 참기름을 사용하여 피부를 촉촉하게 했다고 한다.

㈐ **"규합총서"**의 **면지법**에 의하면, 몸을 향기롭게 하는 법, 머리카락을 검고 윤기나게 하는 법, 목욕법, 겨울철 피부 관리법 등의 피부 미용에 관한 내용이 소개되어 있다.

㈑ 선조시대에는 화장수가 제조되었으며, 숙종시대에는 **판매용 화장품**이 **최초**로 제조되었다.

㈒ 1922년 '**박가분**'이 정식으로 제조 허가를 받았으나 후에 납성분으로 금지되었고, 일제시대 말에는 **동동구리무**가 등장하였다.

박가분

⑤ 현대(20세기이후)

㈎ 1920년대 : 일본의 미용제품이 유입되고, **연부액**이라는 **미백로션**이 제조 발매되었다.

㈏ 1960년대 : 기제가 다양화되고, 비타민과 호르몬 등 활성성분을 이용하는 등 원료 사용이 다양화되고, 눈썹문신이 이루어졌으며, 눈화장이 유행하였다.

㈐ 1970년대 : 인삼의 사포닌을 추출하는 등 **자연성분**을 이용해 피부 보습과 피부 호흡 증진을 돕는 제품이 등장하여 우리나라 화장품이 외국으로 수출되었다.

㈑ **1971**년에는 일본에서 피부관리를 배워온 **최운학**씨가 **명동**에 **미가람**이라는 이름으로 국내 최초의 피부관리실을 열었다.

㈒ 1981년 YWCA에서 **독일**의 피부 미용을 노입하여 피부관리사를 양성하는 전문교육을 실시하였다.

㈓ 1991년 전문대학 피부미용과 개설과 1999년 한국직업능력개발원에서 피부관리사라는 여성 직종이 개발되었다.

㈔ 2007년 7월 피부미용관리사가 국가자격증으로 채택되면서 **2008년부터 국가자격시험**이 **시행**되었다.

◀ 조선 시대
① 유교 사상
② 정결함 및 검소함 강조
③ 규합총서의 면지법
④ 최초의 판매용 화장품 제조
⑤ 박가분 및 동동구리무

◀ 현대
① 연부액(미백로션)
② 자연성분 활용
③ 2008년부터 국가자격시험 시행

3 피부미용의 영역

(1) 기능적 영역

◀ 기능적 영역
보호, 장식, 심리, 의
학적 피부미용

① **보호**적 피부미용 : 피부는 인체를 외부의 물리적·화학적·세균으로부터 보호하는 기능을 한다.
② **장식**적 피부미용 : 피부의 결점을 보완하고 피부를 아름답게 가꾸어 준다.
③ **심리**적 피부미용 : 내적인 아름다움을 가꾸어 심리적인 안정감과 자신감을 준다.
④ **의학**적 피부미용(치료적 피부미용) : 피부미용사의 영역에 포함되지 않은 약품 사용 및 의료 행위(점 제거, 문신, 레이저, 귀볼뚫기 등)를 통하여 피부의 문제를 치료해 준다.

〈기능적 영역〉
보장심의 : 보호, 장식, 심리, 의학적 피부미용

(2) 실제적 피부미용사의 영역

◀ 실제적 피부미용
사의 영역
약품 사용 및 의료 행
위는 불가능 (점 제
거, 문신, 레이저, 귀
볼뚫기 등)

① 얼굴 관리(face treatment) : 일반관리, 특수관리
② 전신 관리(body treatment) : 일반관리, 비만관리, 체형관리, 발관리 등
③ 제모(depilation)
④ 매니큐어(manicure), 페디큐어(pedicure)
⑤ 메이크업(make-up)
⑥ 화장품 판매(cosmetic sale)
⑦ 선탠(suntan)
※ **약품 사용** 및 **의료 행위**는 **불가능**하다.(점 제거, 문신, 레이저, 귀볼뚫기 등)

(3) 피부 관리실의 환경

◀ 피부관리실의 환경
①청결 및 위생 강조
②간접조명(75럭스이
상)

① 피부관리실에서 사용하는 모든 기구는 **청결**하고 **위생적**이여야 한다.
② 피부관리실의 분위기는 심신의 안정을 취할 수 있도록 편안하고 안락해야 한다.
③ 냉,난방 시설이나 환기, **간접조명**, 방음 시설을 갖추어야 한다.

(4) 피부미용사의 위생

◀ 피부미용사의 위생
①용모단정
②자연스러운 화장
③청결 및 장신구 착
용 금지

① **용모단정**해야 하며, 손톱은 짧고, **자연스러운 화장**을 해야 한다.
② 구취나 체취가 나지 않도록 항상 신경쓰고 **청결**해야 한다.
③ 팔찌나 반지 등의 **장신구**는 **착용하지 않는다.**

머리에 쏙~쏙~ 5분 체크

☆
01 피부미용의 개념은 (   )을 제외한 매뉴얼 테크닉(손을 이용한 관리)과 화장품, 미용 기기를 사용하여 피부를 분석하고 관리함으로써 관리상의 문제점을 예방하고, 얼굴과 신체, 피부의 모든 기능을 정상적으로 유지시켜 건강하고 아름답게 유지 및 증진시키는 (   )을 의미한다.

◀ 피부미용의 개념
① 두발을 제외한 전신 미용술
② 손을 이용한 관리가 주가됨

☆☆
02 나라별로 피부미용을 피부관리, 코스메틱, (   ), (   ), 에스테티끄, 에스떼 등으로 불린다.

☆☆
03 서양의 피부미용 역사에서 건강한 신체 및 정신의 자연주의 사상으로 운동, 목욕, 마사지, 식이요법이 발달한 시대는 (   )시대이다.

☆☆
04 서양의 피부미용 역사에서 종교적인 금욕주의로 화장을 경시하고, 십자군 전쟁으로 인해 전염병이 유행한 시대는 (   )시대이다.

☆
05 19세기 산업혁명으로 위생과 청결이 중시되어 (   ) 사용이 보편화되었고, 일반시민들에게도 화장품이 보급되었다.

☆
06 우리나라의 피부미용 역사에서 단군신화에 나온 마늘과 쑥은 (   )효과가 있다.

07 우리나라의 피부미용 역사에서 고려시대에 피부 보호제 겸 미백제 역할을 가진 액상 타입의 유액을 (   )이라고 한다.

08 피부미용사의 실제적 영역에는 (   )사용 및 (   )행위는 불가능하다.

◀ 실제적 피부 미용사의 영역
약물 사용 및 의료행위는 불가능(점 제거, 문신, 레이저, 귀볼뚫기 등)

09 피부관리용의 모든 기구는 (   )을 철저히 하고 위생적이여야 한다.

☆
10 피부 관리실의 환경에서 냉·난방 시설이나 환기, (   )조명, 방음시설을 갖추어야 한다.

◀ 피부관리실의 환경
① 청결 및 위생강조
② 간접조명(75럭스 이상)

정답 01. 두발, 전신미용술   02. 스킨케어, 에스테틱   03. 그리스   04. 중세
05. 비누   06. 미백   07. 면약   08. 약품, 의료   09. 소독   10. 간접

Key Point

시험문제 엿보기

01 피부관리의 정의와 가장 거리가 먼 것은?　　　　　→ 출제년도 08

㉮ 안면 및 전신의 피부를 분석하고 관리하여 피부상태를 개선시키는 것

㉯ 얼굴과 전신의 상태를 유지 및 개선하여 근육과 골절을 정상화시키는 것

㉰ 피부미용사의 손과 화장품 및 적용 가능한 피부미용기기를 이용하여 관리하는 것

㉱ 의약품을 사용하지 않고 피부상태를 아름답고 건강하게 만드는 것

해설 ㉯ 얼굴과 전신의 상태를 유지 및 개선하여 근육과 골절을 정상화시키는 것은 피부관리의 정의로 볼 수 **없다**.　　　　정답 ㉯

02 피부미용에 대한 설명으로 가장 거리가 먼 것은?　　　　　→ 출제년도 09

㉮ 피부를 청결하고 아름답게 가꾸어 건강하고 아름답게 변화시키는 과정이다.

㉯ 피부미용은 에스테틱, 스킨케어 등의 이름으로 불리고 있다.

㉰ 일반적으로 외국에서는 매니큐어, 페디큐어가 피부미용의 영역에 속한다.

㉱ 제품에 의존한 관리법이 주를 이룬다.

해설 ㉱ 손을 **이용**한 관리법이 주를 이룬다.　　　　정답 ㉱

03 피부미용의 개념에 대한 설명 중 틀린 것은?　　　　　→ 출제년도 09

㉮ 피부미용이라는 명칭은 독일의 미학자 바움가르텐(Baum garten)에 의해 처음 사용되었다.

㉯ Cosmetic이란 용어는 독일어의 Kosmein에서 유래되었다.

㉰ Esthetique란 용어는 화장품과 피부관리를 구별하기 위해 사용된 것이다.

㉱ 피부미용이라는 의미로 사용되는 용어는 각 나라마다 다양하게 지칭되고 있다.

해설 ㉯ Cosmetic이란 용어는 **그리스어**의 **Kosmetin**에서 유래되었다.　　　　정답 ㉯

04 피부미용의 기능이 아닌 것은?　　　　　→ 출제년도 09

㉮ 피부보호　　　　　　　　　㉯ 피부문제 개선

㉰ 피부질환 치료　　　　　　　㉱ 심리적 안정

해설 ㉰ 피부질환 치료는 **의학적 영역**이다.　　　　정답 ㉰

05 피부미용의 기능적 영역이 아닌 것은?　　　　　→ 출제년도 10

㉮ 관리적 기능　　　　　　　　㉯ 실제적 기능

㉰ 심리적 기능　　　　　　　　㉱ 장식적 기능

해설 ㉯ 실제적 기능은 **아니다**.　　　　정답 ㉯

피부분석 및 상담

Skin Care

1 피부분석의 목적 및 효과

① 세안 후 **문진**, **촉진**, **견진**을 통해 피부의 유·수분도, 피지량, 모공, 민감성 정도를 분석한다.
② 고객의 정확한 피부 상태를 분석한다.
③ 피부 상태에 따른 관리와 제품을 선택한다.
④ 피부 문제의 원인을 파악하여 관리계획을 수립한다.
⑤ 고객의 정기적인 방문 유도 및 홈케어 관리에 대한 안내를 한다.

2 피부미용 상담

(1) 고객상담

① 관리 시작 전 반드시 고객 카드 작성을 한다.
　(성명, 성별, 생년월일, 주소, 이메일, 전화번호, 직업, 질병 유무 등)
② 피부미용사는 전문적인 지식을 갖추고 상담해야 한다.
③ 존칭어 사용 및 개인적인 대화는 하지 말아야 한다.
④ 다른 고객의 신상정보 및 관리정보는 제공하지 말아야 한다.
⑤ 고객의 사생활에 대한 정보를 파악하지 말아야 한다.
⑥ 고객과의 친밀감을 갖기 위해 사적으로 친목을 도모하지 말아야 한다.
⑦ **매회마다 피부 관리 전**에 고객의 피부를 분석하여 **고객카드**에 **기록**하고 고객의 피부상태에 맞는 관리 시행해야 한다.

◀ 고객상담
매회 마다 고객의 피부를 분석하여 기록하고 피부 상태에 맞는 관리 시행

(2) 피부 분석 방법

① 문진
고객의 성명, 나이, 직업, 주소, 병력 등을 **질문**을 통하여 **답변**을 얻어서 **기록**하는 방법을 말한다.

② 촉진
고객의 피부를 **직접 손으로 만져보거나 집어보고 눌러봄**으로써 피부의 탄력도, 수분도, 각질화 등의 피부 상태를 파악하는 방법을 말한다.

◀ 피부분석방법
① 문진 : 고객 스스로 느끼는 피부 상태를 물어봄
② 촉진 : 스파츌라를 이용하여 피부에 자극을 주어 봄
③ 견진 : 세안 후 눈으로 보거나 우드램프, 유·수분 분석기 등을 이용하여 파악

Key Point

③ 견진

눈으로 직접보거나 확대경, 우드램프 등의 **기기**를 통하여 피부의 모공 크기, 유분
도, 예민상태, 건조상태, 혈액순환상태 등의 각종 문제들을 판독할 때 사용하는 방
법을 말한다.

〈피부분석 방법〉
문촉견 : 문진, 촉진, 견진

◀ 피부분석기기
① 확대경
② 우드램프
③ 피부분석기
④ 피부 유분·수분·
  pH측정기

◀ 우드램프 피부반응
  색상
① 정상피부 : 청백색
② 건성피부 : 연보라
  색
③ 민감성피부 : 진보
  라색
④ 여드름, 지성피부 :
  오렌지색
⑤ 각질피부 : 흰색
⑥ 색소피부 : 암갈색

(3) 피부 분석 기기

① 확대경

육안의 3.5~5배 가량 확대함으로써 모공크기, 잔주름, 여드름, 색소침착 등의 피부
상태를 분석할 수 있다.

② 우드램프(Wood Lamp)

보라색 빛을 발산하는 **인공 자외선 파장**을 이용하여 피부상태를 파악하는 **광학 피
부 분석기**로서 피부 표면의 색소침착, 여드름, 염증, 피지, 각질 상태, 보습상태, 민
감상태 등을 다양한 피부 반응 색상으로 나타나며, 이를 관찰하여 피부 유형을 분석
할 수 있다.

우드램프에 나타나는 피부 반응 색상에 따른 피부 판독법

피부상태	피부의 반응 색상
정상(중성)피부	청백색
건성(수분부족)피부	옅은 보라색(연보라색)
민감성 피부	짙은 보라색(진보라색)
여드름, 지성피부	주황색(오렌지색)
노화된 각질 피부	흰색
색소피부	짙은 갈색(암갈색)
먼지, 이물질	흰색 빛의 형광색

〈우드램프 피부반응 색상〉

정청백 : 정상피부 청백색

건연보 : 건성피부 연보라색

민진보 : 민감성피부 진보라색

여지주 : 여드름, 지성피부 주황색

노각흰 : 노화 각질피부 흰색

색암 : 색소피부 암갈색

◀ **마이크로스코프**
(Microsope)에
의한 분석
마이크로 필름으로 피
부를 60배 확대하여
사진을 찍어 관리 전·
후를 비교하여 피부상
태 분석

알아두세요

• 우드램프 사용시 세안을 깨끗이 한 후 **어두운 장소**에서 **고객과 거리는 5~6cm 정도 위치**에서 측정

• 확대경이나 우드램프 사용시 **아이패드**로 눈을 보호

③ **피부분석기(Skin scope, Derma scope)**

피부 표면의 조직이나 두피 및 모발 상태를 80~200배 가량 확대하여 피부 상태를 파악하는 기기로서 필요한 영상을 프린터를 통해 사진으로 출력해 낼 수 있다.

④ **피부 유분·수분·pH측정기**

피부 표면의 유분 및 수분, pH를 측정하여 피부 상태를 수치로 나타내는 기기이다. 피부의 이상적인 pH범위는 pH5.5~6.5정도의 약산성 상태를 말한다.

3 피부유형분석

(1) 피부상태 분석방법

◀ 피부상태 분석 방법
① 유분함유량
② 수분함유량
③ 각질화상태
④ 모공의 크기
⑤ 탄력상태(긴장도)
⑥ 혈액순환상태
⑦ 예민상태

구 분	설 명
유분 함유량	피지분비의 적당량, 과잉·부족으로 파악할 수 있으며 육안으로는 피부 전체에 기름기가 있으면 **지성피부**이고 겉으로 보아 수분이 부족하거나 메말라 보이면 건성피부, 기름기는 있어 면포나 여드름은 동반하나 표면이 건조해 보이면 **건성 지루성 피부**이다. 또한 피부 유분측정기는 피부 분석기기로 피부 표면의 유분량을 알아볼 수 있는 기기이다.
수분 함유량	볼의 아래 부위 피부를 위쪽 방향으로 한손으로 올려보았을 때 잔주름이 가로로 많이 형성되면 수분함유량이 부족하므로 **수분부족 피부**이다. 또한 **피부수분측정기**는 피부 분석기기로 피부 표면의 수분량을 알아볼 수 있는 기기이다.

◀ Key Point

◀ 고객의 신상중에서
　피부 상태에 영향
　을 미칠 수 있는
　사항
① 직업
② 질병
③ 약제
④ 식생활
⑤ 심리적인 요소
⑥ 화장품 사용
⑦ 피부관리 습관

◀ 우드램프
① 세안 후 어두운 장
　소에서 사용
② 고객과의 거리 :
　5～6cm 정도
③ 아이패드로 눈을
　보호

구 분	설 명
각질화 상태	손으로 만졌을 때 부드럽거나 거친 느낌, 표면이 일정하지 않거나 일정한 느낌으로 알 수 있다. 각질화과정이 정상보다 늦어지면 죽은 세포들이 쌓여서 피부조직이 두꺼워지고 거칠어지게 된다. 이러한 **과각화 현상**이 일어나게 되면 **여드름을 발생**시킬 수 있고 반대로 너무 **빨리 박리현상**이 일어나면 얇고 **예민한 피부**가 된다.
모공의 크기	정상적인 피부의 경우에도 **T존** 부위는 볼 부위에 비해 모공의 크기가 큰 편이고 특히 **지성·여드름성 피부**는 육안으로도 모공이 크게 보이며 코 주변의 볼 및 얼굴 전면까지도 모공이 큰 경우가 있다. 모공의 크기는 확대경으로도 판별할 수 있다.
탄력상태(긴장도)	피부 탄력 상태는 Turgor와 Tonus로 나누어 판별한다. • **Turgor** : 탄력성이 있는 속이 빈 공동체의 **내부긴장도**를 의미한다. 이 긴장도는 결합조직, 세포 간 물질, 콜라겐 섬유, 피부 간 물질, 피부 세포 내 흡수성 물질의 수분 보유 능력에 의해 결정된다. 탄력상태를 측정할 때에는 엄지와 검지를 함께 눈밑의 피부를 집어 올려 피부가 곧바로 원상태로 돌아가면 Turgor의 탄력성이 좋은 것이고 주름이 세로로 만들어져 있는 상태면 탄력성이 좋지 않은 경우이다. • **Tonus** : **탄력섬유**의 **긴장도**를 의미한다. 엄지와 검지로 턱뼈 위의 근육을 잡아당겨서 피부가 손쉽게 잡아당겨지면 탄력성이 저하된 상태이고 피부가 잡아지지 않으면 탄력성이 좋은 상태이다.
혈액순환상태	비교적 온도가 낮은 코, 턱, 광대뼈 부위가 차가우면 혈액순환에 장애가 있는 피부이고, 눈꺼풀 안쪽의 점막 피부의 색이 붉으면 혈액순환이 잘 되는 것이나 하얀 편이면 장애가 있는 것이다. 따라서 모든 피부의 문제는 대부분 혈액 순환과 밀접한 관계가 있다.
예민상태	**화장품 주걱**이나 **스틱**으로 이마나 목 아래 피부를 긁어 생긴 자국이 빨리 없어지면 정상피부이고 그렇지 않고 오랫동안 머물거나 하얗게 부풀어 오르면 예민한 피부이므로 마사지를 할 때 부드럽게 해야 한다.

〈피부상태 분석방법〉
유수각모탄혈예 : 유분, 수분함유량, 각질화상태, 모공의 크기, 탄력, 혈액순환, 예민상태

(2) 피부유형별 특징

피부유형	특징
정상(중성)피부	• 피부결이 **섬세**하다. • 피부표면이 매끄럽고 부드럽다. • **유수분 밸런스**가 **조화**로우며 탄력성이 좋다. • 각질, 잡티, 기미, 주근깨가 없고 피부 **혈색**이 **맑다**. • 모공이 크지 않고 주름이 거의 나타나지 않는다. • 피부 수분함량이 12%정도 되며 **촉촉**하다.
건성피부	• **피지선과 한선**의 **기능 저하**로 **건조**하고 **당김현상**이 발생한다. • 각질이 일어나고 **화장**이 **들뜨며 푸석**하다. • 저항력이 약하고 모세혈관이 확장되기 쉽다. • **모공**이 **작고** 윤기가 없으며 노화되기 쉽다. • 순환이 안되고 주름 발생한다.
지성피부	• 피지분비량이 많아 **번들**거린다. • **모공**이 **크고** 각질층이 두껍다.(각질층이 비후하다.) • 피부결이 거칠고 안색이 칙칙하다. • 유분감이 많아 **화장**이 잘 **지워진다**. • 여드름을 발생시킨다.
복합성피부	• T존 부위는 **모공**이 **크고 피지분비**가 많아 **여드름**을 발생시킨다. • T존을 제외한 부위는 세안 후 **건조**하고 **당김** 현상을 보인다. • 눈가에는 잔주름, 광대뼈 및 볼부위는 색소침착을 유발시킨다. • 피부결이 고르지 못하다.
여드름피부	• 피부결이 두꺼우며 거칠고 **안색**이 **칙칙**하다. • 피지분비량이 많아 **번들**거린다.
민감성피부	• 피부가 **예민**하고 **홍반**, 색소침착 발생한다. • 표피 수분 부족현상으로 피부가 건조하고 당긴다. • 피부 **트러블**을 발생시킨다.(여드름, 알레르기, 발진 등)
노화피부	• 피부 **탄력성**이 **저하**된다. • 피부가 건조하고 주름을 발생시킨다.

Key Point

◀ 피부유형별 특징
① 정상(중성)피부 :
  섬세, 유수분조화,
  촉촉함
② 건성피부 : 건조,
  당김, 푸석거림
③ 지성피부 : 번들거
  림, 큰 모공, 화장
  지워짐
④ 복합성피부 : T존
  (지성), U존(건성)
⑤ 여드름피부 : 칙칙
  함, 번들거림
⑥ 민감성피부 : 예민,
  홍반, 트러블
⑦ 노화피부 : 탄력저
  하, 주름

◀ 고객 상담
매회 고객의 피부를
분석하여 기록하고 피
부 상태에 맞는 관리
시행

Key Point

┤4├ 피부분석표

(1) 피부분석표 Ⅱ(상담카드)

성 명		성별 및 생년월일	
주소			
연락처		직업	

◀ 피지분비상태
건성, 중성, 지성피부 유형의 분석 기준이 됨

◀ 피부 분석기기
① 확대경
② 우드램프
③ 피부분석기
④ 피부 유분·수분· pH 측정기

피부 상태 분석					
			문진		
		질병	□갑상선 □심장병 □당뇨 □종양 □고혈압 □기타		
		알레르기			
		약품	□항생제 □코티손 □호르몬제 □기타		
		수술유무			
		영양상태	□규칙적 □불규칙적 □소화장애		
		기호식품	□알코올 □흡연 □커피		
		운동			
		심리적 상태			
면포		모세혈관 확장	자외선 노출 예민 상태		
			화장품 부작용		
구진		주사	고객 피부 유형		
농포		기미	피지 분비량	□과다 □정상 □부족	
결절		주근깨	수분 함유량	□높다 □보통 □낮다	
낭종		켈로이드	각질 상태	□두텁다 □보통 □얇다	
흉터		기타 증상	모공 크기	□크다 □보통 □작다	
종합 피부 상태 분석			탄력 상태	□나쁘다 □보통 □좋다	
□정상피부			예민 상태	□매우예민 □예민 □정상	
□건성피부			혈액 순환 상태	□나쁘다 □보통 □좋다	
□지성피부			비고		
□복합성피부					

(2) 피부분석표 II(피부미용사 국가자격시험 관리계획차트)

관리계획 차트 (Care Plan Chart)		
비번호	시험일자 20 . . . (부)	
관리목적 및 기대효과	관리목적:	
	기대효과:	
클렌징	□오일 □크림 □밀크/로션 □젤	
딥클렌징	□고마쥐 □효소 □AHA □스크럽	
매뉴얼테크닉제품 타입	□오일 □크림	
손을 이용한 관리형태	□일반 □림프	
팩	T존: □건성타입 팩 □정상타입 팩 □지성타입 팩	
	U존: □건성타입 팩 □정상타입 팩 □지성타입 팩	
	목부위: □건성타입 팩 □정상타입 팩 □지성타입 팩	
고객관리 계획	1주:	
	2주:	
	3주:	
	4주:	
자가관리 조언 (홈케어)	제품을 사용한 관리:	
	기타:	

– 한국산업인력공단 출제용–

Key Point

◐ 피부 분석 방법
①문진 : 고객 스스로 느끼는 피부 상태를 물어봄
②촉진 : 스파츌라를 이용하여 피부에 자극을 주어봄
③견진 : 세안 후 눈으로 보거나 우드램프, 유·수분 분석기 등을 이용하여 파악
④고객 관리 순서 : 클렌징 → 피부분석→ 딥클렌징→ 매뉴얼테크닉 → 팩 및 마무리

머리에 쏙~쏙~ *5분 체크*

○ 피부 분석
① 문진
② 촉진
③ 견진

01 피부분석은 세안 후 문진, (   ), 견진을 통해 피부의 유·수분도, 피지량, 모공, 민감성 정도를 분석한다.

02 고객상담시 매회마다 피부 관리 전에 고객의 피부를 분석하여 (   )에 기록하고 고객의 피부상태에 맞는 관리 시행해야 한다.

03 피부분석기기 중 인공자외선 파장을 이용하여 피부 상태에 따라 반응색상을 나타내는 기기를 (   )라 하고, 건성피부일 경우 (   )색으로 나타난다.

○ 우드램프
인공자외선 파장을 이
용하여 피부 상태에
따라 반응색상을 나타
내는 피부분석기기

04 우드램프 사용시 세안을 깨끗이 한 후 (   ) 장소에서 고객과 거리는 5~6cm 정도 위치에서 측정한다.

05 확대경이나 우드램프 사용시 (   )로 눈을 보호해 준다.

06 눈으로 직접보거나 확대경, 우드램프 등의 기기를 통하여 피부의 모공 크기, 유분도, 예민상태, 건조상태, 혈액순환상태 등의 각종 문제들을 판독할 때 사용하는 방법을 (   )이라고 한다.

07 피부의 이상적인 pH범위는 (   )정도의 (   ) 상태를 말한다.

○ 피부의 이상적인
   pH 범위
pH 5.5~6.5 정도의
약산성 상태

08 화장품 주걱이나 스틱으로 이마나 목 아래 피부를 긁어 생긴 자국이 빨리 없어지면 정상피부이고 그렇지 않고 오랫동안 머물거나 하얗게 부풀어 오르면 (   )한 피부이다.

09 피지선과 한선의 기능 저하로 건조하고 당김현상이 발생하는 피부는 (   )피부이다.

10 (   )피부는 T존 부위가 모공이 크고 피지분비가 많아 여드름을 발생시키고, T존을 제외한 부위는 세안 후 건조하고 당김 현상을 보인다.

정답 01. 촉진   02. 고객카드   03. 우드램프, 연보라   04. 어두운   05. 아이패드
06. 견진   07. pH5.5~6.5, 약산성   08. 예민   09. 건성   10. 복합성

시험문제 엿보기

01 피부미용사의 피부분석방법이 아닌 것은?

㉮ 문진 　　　　　　　　　㉯ 견진
㉰ 촉진 　　　　　　　　　㉱ 청진

⏰✍ 피부분석방법 : 문진, 촉진, 견진　　　　　　　　　정답 ㉱

02 피부 관리를 위해 실시하는 피부 상담의 목적과 가장 거리가 먼 것은? ⇢ 출제년도 08

㉮ 고객의 방문 목적 확인 　　　㉯ 피부 문제의 원인 파악
㉰ 피부 관리 계획 수립 　　　　㉱ 고객의 사생활 파악

⏰✍ ㉱ 고객의 사생활 파악 **금지**　　　　　　　　　정답 ㉱

◁ 피부 상담의 목적
① 고객의 방문목적 확인
② 피부 문제의 원인 파악
③ 피부 관리 계획 수립

03 피부 분석시 사용되는 방법으로 가장 거리가 먼 것은? ⇢ 출제년도 09

㉮ 고객 스스로 느끼는 피부 상태를 물어본다.
㉯ 스파츌라를 이용하여 피부에 자극을 주어 본다.
㉰ 세안 전에 우드램프를 사용하여 측정한다.
㉱ 유 · 수분 분석기 등을 이용하여 피부를 분석한다.

⏰✍ ㉰ 세안 **後**에 우드램프를 사용하여 측정한다.　　　정답 ㉰

04 아래 설명과 가장 가까운 피부타입은? ⇢ 출제년도 09

> － 모공이 넓다
> － 뽀루지가 잘 난다.
> － 정상 피부보다 두껍다.
> － 블랙헤드가 생성되기 쉽다.

㉮ 지성피부 　　　　　　　　㉯ 민감피부
㉰ 건성피부 　　　　　　　　㉱ 정상피부

⏰✍ ㉮ 지성피부 : 모공이 넓고 뽀루지, 블랙헤드가 생성되기 쉬우며 정상 피부보다
두껍다.　　　　　　　　　　　　　　　　　　　정답 ㉮

05 건성 피부의 특징과 가장 거리가 먼 것은?

㉮ 각질층의 수분이 50% 이하로 부족하다.
㉯ 피부가 손상되기 쉬우며 주름 발생이 쉽다.
㉰ 피부가 얇고 외관으로 피부결이 섬세해 보인다.
㉱ 모공이 작다.

⏰✍ ㉮ 각질층의 수분이 **10% 이하**로 부족하다.　　　정답 ㉮

◁ 건성 피부
각질층의 수분 함유량이 10% 이하로 건조한 피부

클렌징

Skin Care

Key *Point*

◀ 클렌징 목적 및
효과
①피부 표면의 노폐
물 및 메이크업 잔
여물 제거
②피부의 혈액 순환
촉진 및 신진대사
③건강한 피부 유지
및 제품의 흡수 증
가

1 클렌징의 목적 및 효과

① 피부 표면의 노폐물 및 메이크업 잔여물 제거

피부는 자체 내부에서 분비되는 피지, 땀, 각질 그리고 외부에서의 먼지, 메이크업, 환경오염 등에 의해 더러워지고 모공이 막히게 되는데, 클렌징은 이러한 내부와 외부의 노폐물 및 메이크업의 잔여물을 제거하는 목적이 있다.

② 피부의 혈액 순환 촉진 및 신진대사

클렌징은 유성 노폐물의 잔여물이 잘 제거 될 수 있도록 피부의 호흡을 원활하게 하며 혈액 순환 및 신진대사를 촉진시킨다.

③ 건강한 피부 유지 및 제품의 흡수 증가

노폐물로 인하여 모공이 막히게 되면 피부 자극을 유발시킬 뿐만 아니라 여드름의 요인이 될 수 있으며 피부노화를 촉진시키는 원인이 될 수 있다.
따라서 클렌징은 노폐물을 제거하여 건강한 피부로 유지시키며 제품의 흡수율을 증가시켜주는데 목적이 있다.

◀ 피부를 더럽게 하
는 요소
①수용성 : 먼지, 땀,
파우더메이크업
②유용성 : 산화된 피
지, 로션, 크림, 메
이크업

2 피부를 더럽게 하는 요소

수용성 요소	유용성 요소
먼지, 땀, 메이크업 종류 중 파우더 메이크업	산화된 피지, 로션, 크림류의 기초화장품, 파운데이션, 립스틱 등의 메이크업 화장품

3 클렌징제의 선택조건

① 피부의 먼지, 피지, 메이크업 등이 잘 제거되어야 한다.
② 피부의 산성막을 파괴시키지 말아야 한다.
③ 피부의 수분이 탈수되지 않아야 한다.
④ 피부 유형에 맞는 클렌징 제품을 선택해야 한다.

Key Point

◀ 클렌징의 단계
① 1차 포인트메이크업 클렌징
② 2차 안면 전체 클렌징
③ 3차 화장수 도포

4 클렌징의 단계

1차 클렌징 단계 (포인트메이크업 클렌징)	2차 클렌징 단계 (안면 전체 클렌징)	3차 클렌징 단계 (화장수 도포)
• 눈 및 입술 색조화장 제거 • 색조화장이 남을 경우 색소침착 유발	• 얼굴과 목 등의 부위 제거 • 부드럽게 3분가량 적용 • 너무 오래할 경우 피부에 흡수될 수 있으므로 주의	• 클렌징의 최종 단계 • 예민피부 : 무알콜 화장수

〈클렌징의 단계〉
1포 2안 3화 : 1차 포인트메이크업 클렌징, 2차 안면 전체 클렌징, 3차 화장수 도포

5 세안과 클렌징 제품

(1) 물

◀ 물
물의 온도가 높을수록 세정효과가 큼
(찬물〈미지근한물〈따뜻한물〈뜨거운물)

물의 온도	세정효과	피부의 영향
찬물 (10~15도)	• 가벼운 세정효과(거의 없음)	• 혈관 수축 • 모공수축 • 진정 • 긴장감
미지근한 물 (15~21도)	• 가벼운 세정 및 각질효과	• 안정감
따뜻한 물 (21~35도)	• 세정효과 큼 • 각질제거 용이	• 혈관을 가볍게 확장 • 혈액순환
뜨거운 물 (35도 이상)	• 세정효과 매우 큼 • 각질제거 용이	• 혈관 강하게 확장 • 혈액순환 • 모공확장 • 땀, 피지 분비 촉진 • 피부의 긴장감 저하 • 탄력성 저하
수증기	• 피부 깊숙이 세정효과 • 각질제거 매우 용이	• 혈액순환 • 모공확장 • 땀, 피지 분비 촉진 • 여드름 등 노폐물 배출 • 탄력성 저하 • 모세혈관확장증 유발

물은 산화된 피지, 로션, 크림류의 유용성 화장품은 씻어내지 못한다. 그러나 다음과 같이 수용성 요소에는 물의 온도와 상태에 따라 세정효과를 주어 피부에 영향을 미친다.

알아두세요

〈물〉
물의 온도가 높을수록 세정효과가 크다.
(찬물 〈 미지근한물 〈 따뜻한물 〈 뜨거운물)

◁ 비누
① 알칼리성
② 탈수현상

(2) 비누

① 비누는 일종의 계면활성제로 물의 표면 장력을 떨어뜨려 물로 씻기지 않는 수성, 유성의 더러움을 제거한다.
② 일반적으로 비누는 **알칼리성**으로 사용할 때 거품이 많이 나며 깨끗이 닦여지는 느낌을 주지만 세안 후 **당김 현상**이 있다.
③ 약산성 상태인 피부 표면의 pH를 상승시키므로 비누 사용 후에는 **약산성 화장수**를 사용하여 피부가 정상화 되도록 해야 한다.
④ 민감성 피부는 피부 완충 능력이 약하므로 원래의 pH상태로 회복하기 어렵기 때문에 일반적인 비누세안은 피하는 것이 좋다.

◁ 클렌징제품
① 클렌징 폼 : 거품형태, 약산성, 이중세안용으로 적합
② 클렌징 로션 : 친수성 제품, 가벼운 화장시 적합
③ 클렌징 크림 : 친유성 제품, 진한 화장시 적합, 반드시 이중세안
④ 클렌징 오일 : 친수성 오일, 노화·건성피부
⑤ 클렌징 젤 : oil free (오일프리)의 제품, 지성·여드름 피부
⑥ 클렌징 워터 : 액상타입, 산뜻함

(3) 클렌징제품

클렌징 제품은 피부 상태와 사용한 화장품 도는 더러움의 종류에 따라 다르게 사용해야 한다.

종 류	특 징
클렌징폼	• 비누와 같이 **거품형태**, **약산성**으로 피부 자극이 없음 • 수성의 더러움은 충분히 세정 가능 • 유성의 더러움은 클렌징크림이나 클렌징제제로 노폐물을 제거한 후 **이중세안용**으로 적합 • 글리세린, 솔비톨의 보습성분을 함유하여 비누의 단점인 피부당김 현상을 줄인 제품
클렌징로션	• **친수성(O/W)상태 제품**, **가벼운 화장** 지울때 적합 기억법 친수로 친수로 : 친수성 클렌징로션 • 건성, 노화, 민감 피부에 적절 • 클렌징 크림에 비해 수분을 많이 함유하고 있어 산뜻함 • 물에 잘 용해되어 이중세안을 하지 않아도 됨

종 류	특 징
클렌징크림	• **친유성(W/O)상태 제품, 진한 화장** 했을 때 주로 사용 **기억법** 친유크 친유크 : 친유성 클렌징크림 • 사용 후 **반드시** 클렌징폼이나 비누로 **이중세안** • 예민피부나 지성피부에는 부적합
클렌징오일	• **친수성 오일**로 물에 쉽게 용해 **기억법** 친수오 친수오 : 친수성 클렌징오일 • 노화, 수분부족, 건성피부에 사용 • 포인트메이크업리무버로도 사용 가능
클렌징젤	• **오일프리**(oil free)의 세안제로 물로 제거 가능 **기억법** 오프젤 오프젤 : 오일프리 클렌징젤 • 세정력이 우수하여 이중세안이 필요없음 • 주로 지방에 예민한 피부나 알레르기성 피부, 지성, 여드름 피부에 자극없이 사용
클렌징워터	• **액상타입**으로 끈적임없이 산뜻함 • 가벼운 화장을 닦아내는 타입으로 포인트메이크업리무버로도 사용 가능

◀ 포인트 메이크업
리무버로도 사용 가능
한 클렌징제품
① 클렌징 오일
② 클렌징 워터

(4) 화장수

화장수는 클렌징의 최종 단계로 정제수, 보습제, 알코올(에탄올)을 기본원료로 하고 있으며 피부 유형이나 상태에 따라 알코올을 함유하고 있지 않거나 기타 활성성분 등을 배합하기도 한다.

① 화장수의 작용

㉮ 세안 후 남아있는 노폐물 및 메이크업 **잔여물**을 **제거**하여 피부를 청결하게 해 준다.

㉯ 세안 후 알칼리성의 피부를 **약산성** 상태로 환원시켜 정상화시킨다.

㉰ 피부 표면의 각질층에 **수분**을 **공급**해 준다.

㉱ 피부를 **진정** 및 **쿨링** 작용을 한다.

◀ 화장수의 작용
①3차 클렌징 단계
(잔여물 제거)
②약산성 상태로 피부 정상화
③각질층에 수분 공급
④피부 진정 및 쿨링 작용

Key Point

◀ 화장수의 종류
① 유연화장수 : 수분
  공급 + 피부유연
  (건성피부)
② 수렴화장수 : 수분
  공급 + 모공수축
  (지성피부)
③ 소염화장수 : 살균,
  소독(지성, 여드름
  피부)

② 화장수의 종류

종 류	특 징
유연화장수	• 수분 공급 + 피부 유연 • 건성, 노화피부 적합
수렴화장수	• 수분 공급 + 모공 수축 • 중성, 지성, 복합성피부 적합
소염화장수	• 살균 및 소독 작용 • 지성, 여드름, 염증성피부 적합

〈화장수의 종류〉
유수유건노 : 유연화장수, 수분공급, 피부유연, 건성, 노화피부
수수모지복 : 수렴화장수, 수분공급, 모공수축, 지성, 복합성피부
소살지여염 : 소염화장수, 살균, 지성, 여드름, 염증성피부

◀ 클렌징 시술법
포인트메이크업 클렌
징 → 안면 클렌징 →
티슈 처리 → 해면 처
리 → 온습포 처리 →
화장수 정돈

6 클렌징 시술법

① 따뜻한 물이 담긴 볼에 해면을 담가 놓는다.
② 포인트메이크업 클렌징을 한다.
  이때, 콘택트렌즈를 뺀 후 시술하며, 아이라인은 제거시 안에서 밖으로 닦아내고,
  마스카라는 강하지 않게 자극없이 제거한다. 입술 화장 제거시에는 윗입술은 위에
  서 아래로, 아랫입술은 아래에서 위로, 입술 바깥쪽에서 안쪽으로 닦아낸다.
③ 안면클렌징을 한다.
④ 티슈로 살짝 눌러 유분을 제거한 다음, 물기를 적당히 짠 해면을 이용하여 눈-이마
  -코-볼-턱-목-가슴 순으로 닦아낸 후 다시 올라와 귀를 닦아 마무리한다.
⑤ 습포를 이용하여 닦아낸다.
⑥ 화장수로 정리한다.

**포인트메이크업 클렌징 → 안면 클렌징 → 티슈 처리 → 해면 처리 → 온습포 처리 → 화
장수 정돈**

〈클렌징 시술법〉
포안티해는 볼수록 온화하다 : 포인트메이크업 클렌징 → 안면 클렌징 → 티슈 처리 →
해면 처리 → 온습포 처리 → 화장수 정돈

〈클렌징시 주의 사항〉

- 고객의 콘택트렌즈 유무 확인
- 아이라인 제거시 안에서 밖으로 제거
- 마스카라는 너무 강하지 않게 자극없이 할 것
- 입술 화장 제거시 윗입술은 위에서 아래로, 아랫입술은 아래에서 위로, 입술 바깥쪽에서 안쪽으로 닦을 것

7 습포 사용법

습포는 온습포와 냉습포로 나뉘며, 온습포는 피부관리 단계에서 사용하고 냉습포는 마무리 단계에서 사용한다.

(1) 온습포의 효과

① **혈액순환** 촉진
② 피지선 자극
③ **모공확장** 및 **각질 제거**
④ 노폐물 및 메이크업의 잔여물 제거
⑤ 적절한 **수분 공급**
⑥ 클렌징, 딥클렌징, 매뉴얼테크닉 후 단계에서 사용하면 효과적

(2) 냉습포의 효과

① 혈관 수축으로 **염증완화** 및 **모공 수축**
② 피부 **탄력** 및 **진정** 효과
③ 피부 관리의 마무리 단계에 효과적

〈온습포와 냉습포〉
온혈냉수 : 온습포는 혈액순환을 시키고, 냉습포는 모공수축작용

〈습포 사용시 주의 사항〉

- 민감성, 모세혈관 확장피부, 염증성 피부, 제모, 강한 필링 후 금지
- 반드시 소독된 것을 사용하여 세균에 감염되지 않도록 주의
- 사용 순서 : 눈-이마-코-볼-턱-목-가슴 순으로 닦아줌

Key Point

머리에 쏙~쏙~ 5분 체크

01 클렌징은 피부 표면의 (　　　) 및 메이크업 (　　　) 제거로 피부의 혈액 순환 촉진과 제품의 흡수를 증가시켜 건강한 피부를 유지하기 위함이다.

02 피부를 더럽게 하는 수용성 요소에는 (　　　), (　　　), 메이크업 종류 중 (　　　)메이크업이 속한다.

03 클렌징제의 선택 조건 중 피부의 먼지, 피지, 메이크업 등이 잘 제거되어야 하며, 피부의 (　　　)을 파괴시키지 말아야 한다.

04 클렌징의 1차 클렌징 단계는 (　　　　　) 클렌징이다.

05 물은 온도가 (　　　) 세정효과가 크다.

06 (　　　)는 일반적으로 알칼리성으로 거품이 많이 나며 세안 후 당김 현상이 발생한다.

07 친수성(O/W)상태의 제품으로 가벼운 화장 지울 때 적합한 클렌징제는 (　　　)이다.

08 오일프리(oil free)의 세안제로 주로 지방에 예민한 피부나 알레르기성 피부, 지성, 여드름 피부에 자극없이 사용하는데 적합한 클렌징제는 (　　　)이다.

09 피부에 수분 공급과 모공을 수축시켜주는 중성, 지성, 복합성 피부에 적합한 화장수는 (　　　)화장수 이다.

10 혈액순환을 촉진시키고, 모공확장 및 각질제거, 적절한 수분공급을 하며, 피부관리의 단계에서 사용되는 습포는 (　　　)이다.

정답 01. 노폐물, 잔여물   02. 먼지, 땀, 파우더   03. 산성막   04. 포인트메이크업
05. 높을수록   06. 비누   07. 클렌징로션   08. 클렌징젤   09. 수렴
10. 온습포

시험문제 엿보기

01 포인트메이크업 클렌징 과정시 주의할 사항으로 틀린 것은? ·· 출제년도 08

㉮ 콘택트렌즈를 뺀 후 시술한다.

㉯ 아이라인을 제거시 안에서 밖으로 닦아낸다.

㉰ 마스카라를 짙게 한 경우 강하게 자극하여 닦아낸다.

㉱ 입술 화장을 제거시 윗입술은 위에서 아래로, 아랫입술은 아래에서 위로 닦는다.

⏱해설 ㉰ 마스카라를 짙게 한 경우 전용 리무버를 이용하여 **자극없이** 부드럽게 닦아
낸다. 〔정답〕 ㉰

02 클렌징시 주의해야 할 사항으로 틀린 것은? ·· 출제년도 09

㉮ 클렌징 제품이 눈, 코, 입에 들어가지 않도록 주의한다.

㉯ 강하게 문질러 닦아준다.

㉰ 클렌징 제품 사용은 피부 타입에 따라 선택하여야 한다.

㉱ 눈과 입은 포인트메이크업 리무버를 사용하는 것이 좋다.

⏱해설 ㉯ 강하게 문질러 닦아주면 피부에 자극을 줄 수 있으므로 **가볍고 신속하게** 문
지른다. 〔정답〕 ㉯

03 다음 중 세정력이 우수하며, 지성, 여드름피부에 가장 적합한 제품은? ·· 출제년도 09

㉮ 클렌징 젤 ㉯ 클렌징 오일

㉰ 클렌징 크림 ㉱ 클렌징 밀크

⏱해설 ㉮ 클렌징 젤 : 세정력 우수, 지성 ·여드름 피부에 적합 〔정답〕 ㉮

04 화장수의 작용이 아닌 것은? ·· 출제년도 09

㉮ 피부에 남은 클렌징 잔여물 제거 작용

㉯ 피부의 pH 밸런스 조절 작용

㉰ 피부에 집중적인 영양공급 작용

㉱ 피부 진정 또는 쿨링 작용

⏱해설 ㉰ 피부에 집중적인 영양공급 작용 : 팩 및 **마스크** 작용 〔정답〕 ㉰

05 습포의 효과에 대한 내용과 가장 거리가 먼 것은? ·· 출제년도 08

㉮ 온습포는 모공을 확장시키는데 도움을 준다.

㉯ 온습포는 혈액 순환 촉진, 적절한 수분 공급의 효과가 있다.

㉰ 냉습포는 모공을 수축시키며 피부를 진정시킨다.

㉱ 온습포는 팩 제거 후 사용하면 효과적이다.

⏱해설 ㉱ 냉습포는 팩 제거 후 **마무리**단계사용하면 효과적이다. 〔정답〕 ㉱

◁ 클렌징 주의사항
① 콘택트렌즈 유무 확인
② 클렌징 제품이 눈·코·입에 들어가지 않게 주의
③ 피부 타입에 따라 선택

◁ 습포의 효과
① 온습포 : 혈액순환 촉진, 모공확장, 수분공급, 피부관리 단계 사용
② 냉습포 : 혈관수축, 염증완화 및 모공 수축, 피부진정, 마무리 단계 사용

딥클렌징

◀ Skin Care

Key Point

○ 딥클렌징의 목적
　및 효과
① 노화된 각질, 피지
　및 불순물 제거를
　통한 피부결 정돈
② 영양물질 흡수 용
　이, 피부 재생 및
　노화 예방
③ 혈액순환 촉진 및
　피부 혈색 맑게함
④ 주 1~2회 실시

○ 딥클렌징의 구분
① 물리적 딥클렌징 :
　스크럽, 고마쥐
② 화학적 딥클렌징 :
　효소, 아하(AHA)

○ 스크럽
미세알갱이의 세안제
로 각질 제거

1 딥클렌징의 목적 및 효과

딥클렌징은 피부관리 절차에서 클렌징으로 제거되지 않은 피부 각질층의 노화된 죽은 세포와 노폐물을 인위적으로 없애주는 작업을 의미한다.

① **노화된 각질**, 모공 안의 **피지** 및 **불순물**을 **제거**하여 **피부결**을 **정돈**한다.
② **영양 물질**의 **흡수**를 **용이**하게 하여 **피부 재생** 및 **노화 예방**을 위한 조건을 제공한다.
③ **혈액순환**을 **촉진**시켜 피부의 **혈색**을 **맑게**한다.
④ 피부유형에 따라 **주 1~2회** 정도 실시하는 것이 좋다.

2 딥클렌징 종류 및 제품과 시술법

(1) 물리적 딥클렌징

① 대상과 빈도횟수

물리적인 딥클렌징은 각 제품의 사용법과 피부 유형, 피부 상태에 따라 횟수를 달리하고 특히, 과각화된 피부, 모공이 확장된 피부, 지성피부, 면포성 여드름 피부, 여드름 흔적이 있는 피부 등에는 물리적 필링이 도움이 되며, 주 1~2회 정도 사용한다. 단, 물리적 딥클렌징은 문지르는 동작이 가해지므로 예민피부, 염증성 여드름 피부, 모세혈관 확장 피부에는 피하는 것이 좋다.

② 시술방법

종 류	특 징
스크럽	• 미세알갱이의 세안제로 죽은 각질 제거 • 사용할 만큼 덜어 얼굴 전체 도포 • 스팀기 사용 : 각질 연화 및 피부 자극 덜함 • 스팀기 사용 불가능하면 따뜻한 물을 이용 　(손이나 브러싱 기기로 시술) • 3~4분정도 문지른 후 젖은 해면과 온습포 사용 　(스크럽의 알갱이가 남지 않도록 깨끗하게 제거)

종 류	특 징
고마쥐	• 제품을 바른 후 마르면 피부 표면을 손가락으로 3~4분 가량 섬세하게 밀어내면서 제거 • 손 끝에 물을 묻혀 제거한 후 해면, 온습포 사용

Key Point

◁ 고마쥐
제품을 바른 후 밀어내서각질 제거

◁ 효소
① 단백질 분해효소(파파인 성분)로 각질 제거
② 시간, 온도, 습포가 중요함

◁ 아하(AHA)
① 과일류에서 추출한 산으로 각질 제거
② 제거시 차가운 해면, 냉습포 이용

◁ 아하의 종류
① 글리콜릭산 : 사탕수수 추출, 침투력 우수, 안정적
② 젖산 : 발효된 우유 추출
③ 구연산 : 오렌지, 레몬 추출
④ 말릭산 : 사과, 복숭아 추출
⑤ 주석산 : 포도 추출

(2) 효소적 딥클렌징

파파야 나무에서 추출한 단백질 분해 효소인 **파파인 성분**으로 피부의 노화된 죽은 각질을 제거한다.

① 대상과 빈도횟수

일반적인 피부에는 주 1~2회, 예민피부, 모세혈관 확장피부, 염증성 피부 등에는 주 1회정도 사용한다.

② 시술방법

(개) 분말형태로 1~2스푼 미지근한 물에 넣어 잘 섞은 후 크림타입으로 만들어 얼굴에 도포한다.

(내) 적용시간 : 5~10분정도 방치한다.

(대) **스티머**나 **온습포** 사용하면 효과 극대화시킬 수 있다. (**시간, 온도, 습도**가 중요!)

(3) AHA(Alpha Hydroxy Acid) 딥클렌징

① AHA는 주로 **과일류**에서 **추출한 산**으로 죽은 각질 제거, 콜라겐 생성을 촉진시킨다.
② 글리콜릭산, 젖산, 구연산, 말릭산, 주석산 등이 있다.
③ 농도에 따라 **10%(pH3.5)이하**는 **에스테틱 분야 사용**되며, AHA 40~70%정도는 의학 분야에서 주로 사용된다.
④ 시술방법 : 용액을 볼에 덜어 팩붓, 면봉을 이용하여 얼굴에 바른 후 **차가운 해면, 냉습포**를 이용하여 닦아낸다.

AHA 의 종류

종 류	추 출 원
글리콜릭산(glycolic acid)	• **사탕수수**에서 추출 • 분자량이 가장 작아 침투력이 우수하고 안정적
젖산(lactic acid)	• 발효된 **우유**에서 추출
구연산(citric acid)	• **오렌지, 레몬**에서 추출 • 시트르산이라고도 함
말릭산(malic acid)	• **사과**, 복숭아에서 추출 • 사과산, 능금산이라고도 함
주석산(tataric acid)	• **포도**에서 추출

> **〈AHA의 추출원〉**
> 글사 젖유 구오 말사 주포 : 글리콜릭산은 사탕수수요, 젖산은 우유, 구연산은 오렌지,
> 말릭산은 사과, 주석산은 포도로다

(4) 복합적 딥클렌징

① 물리적 딥클렌징, 효소, AHA를 복합적으로 이용하는 방법이다.

② 스크럽제에 단백질 분해효소, AHA와 같은 제품을 사용하여 두가지 이상의 딥클렌징 효과를 나타낸다.

◁ 스티머
① 증기열을 이용한 기기
② 20~30cm 거리에서 턱을 향하게 분사
③ 피부 타입에 따라 5~15분 적용
④ 오존 : 살균효과

(5) 스티머

① **증기열**을 이용하여 혈액순환, 모공확장, 죽은 각질 제거를 도와주는 기기이다.

② 분사거리 : 얼굴에서 **20~30cm**정도이상 거리를 유지한다.

③ 분사구가 **턱**을 향하게 하여 분사한다.

④ 적용시간 : 피부 타입에 따라 **5~15분**정도 적용한다.

⑤ 스티머의 안에 있는 물은 정제된 물을 사용한다.

⑥ 오존은 살균효과를 주며, 적용시 스티머가 나올 때 오존을 켠다.

◁ 전기세정
① 갈바닉전류를 이용한 딥클렌징 단계
② 여드름·지성 피부 적합

(6) 전기세정(디스인크러스테이션, 아나포레시스)

① **갈바닉전류**를 이용한 (ㅡ)극에서의 모공 세정 효과를 주는 **딥클렌징** 단계이다.

② **여드름 피부, 지성피부**에 적합하다.

③ 시술방법 : 기기가 켜졌을 때 고객의 손에 (+)극을 잡게 하고 (ㅡ)극의 용액을 천천히 고객 피부에 적용한다.

◁ 전동브러시
회전 원리를 이용한 딥클렌징 기기(프리마톨)

(7) 전동브러시(프리마톨)

① **회전 전동 브러시**를 이용하여 모공의 피지와 불필요한 각질을 제거하는 **딥클렌징 기기**이다.

② 마사지효과 및 혈액 순환을 촉진시킨다.

③ 시술방법 : 목에서부터 턱, 볼, 윗입술, 코, 이마 순으로 진행하고 전동브러시(프리마톨)의 각도는 **90도**를 유지하여 부드러운 마찰로 시술한다.

(8) 화학적 필링과 의학적 필링

화학적 필링	의학적 필링
TCA, 페놀, 레틴산, 벤졸퍼옥사이드, 설파(유황) 등의 화학물질이 의약품으로서 의사의 지시에 따라 사용	피부과나 외과 전문의에 의해 실시될 수 있는 박피술로 시술 후 사후 관리 (재생관리)가 매우 중요

알아두세요

〈딥클렌징시 주의사항〉

• 모세혈관확장증, 민감성, 염증, 상처부위에는 피한다.
• 효소를 이용할 경우 스티머가 없을 시 온습포로 대체할 수 있다.
• 지나치게 자주 딥클렌징을 할 경우 유분과 수분을 잃을 수 있다.
• 피부가 예민해지거나 수포가 발생할 경우 진정 성분을 이용하여 피부를 진정시켜준다.

머리에 쏙~쏙~ 5분 체크

01 딥클렌징은 노화된 (   ), 모공 안의 피지 및 불순물을 제거하여 피부결을 정돈한다.

02 물리적 딥클렌징의 제품에는 스크럽, (   )가 있다.

03 (   ) 딥클렌징은 파파야 나무에서 추출한 단백질분해효소인 (   ) 성분을 이용하여 각질을 제거한다.

04 아하(AHA)는 용액을 볼에 덜어 팩붓 등을 이용하여 얼굴에 마른 후 차가운 해면, (   )를 이용하여 닦아낸다.

05 아하(AHA)의 종류 중 사탕수수에서 추출해 분자량이 작아 침투력이 우수하고 안정적인 것은 (   )이다.

06 (   )는 증기열을 이용하여 혈액순환, 모공확장, 죽은 각질 제거를 도와주는 기기이다.

07 전기세정과 같은 의미의 말은 (   ), 아나포레시스이다.

08 전기세정은 (   ) 전류를 이용한 (   )극에서의 모공 세정 효과를 주는 딥클렌징 단계이다.

09 회전 전동 브러시를 이용하여 딥클렌징을 하는 기기를 (   )이라고도 한다.

10 딥클렌징시 피부가 예민해지거나 수포가 발생할 경우 피부를 (   )시켜준다.

정답 01. 각질 02. 고마쥐 03. 효소적, 파파인 04. 냉습포 05. 글릭콜릭산
06. 스티머 07. 디스인크러스테이션 08. 갈바닉, (-) 또는 음 09. 프리마톨
10. 진정

◐ **딥클렌징**
① 노화된 각질제거
② 모공안의 피지 및 불순물 제거
③ 피부결 정돈
④ 주 1~2회 실시

◐ **물리적 딥클렌징의 제품**
스크럽 · 고마쥐

◐ **화학적 딥클렌징의 제품**
효소 · 아하(AHA)

Key Point

시험문제 엿보기

☆☆☆
01 딥클렌징의 효과에 대한 설명이 아닌 것은? ➠ 출제년도 08

㉮ 피부 표면을 매끈하게 한다. ㉯ 면포를 강화시킨다.

㉰ 혈색을 좋아지게 한다. ㉱ 불필요한 각질 세포를 제거한다.

🔍 ㉯ 면포를 **연화**시킨다. 정답 ㉯

☆☆
02 천연 과일에서 추출한 필링제는? ➠ 출제년도 09

㉮ AHA ㉯ 락틱산(lactic acid)

㉰ TCA ㉱ 페놀(Phenol)

🔍 ㉮ AHA : 천연 과일에서 추출 정답 ㉮

◀ 딥클렌징 기기

① 디스인크러스테이션

② 전동브러시(프리마존)

③ 스티머 : 각질 연화작용

03 딥클렌징 방법이 아닌 것은? ➠ 출제년도 09

㉮ 디스인크러스테이션 ㉯ 효소필링

㉰ 브러싱 ㉱ 이온토포레시스

🔍 ㉱ 이온토포레시스 : 전류를 이용한 **영양침투** 정답 ㉱

☆
04 다음 중 필링의 대상이 아닌 것은? ➠ 출제년도 09

㉮ 모세혈관 확장피부 ㉯ 모공이 넓은 지성피부

㉰ 일반 여드름피부 ㉱ 잔주름이 얇은 건성피부.

🔍 ㉮ 모세혈관확장 피부 : 적용 대상이 **아니다.** 정답 ㉮

◀ 필링 금지 대상

① 모세혈관 확장 피부

② 예민 · 민감성 피부

③ 염증성 여드름 피부

☆
05 딥클렌징에 관한 설명으로 옳지 않은 것은? ➠ 출제년도 10

㉮ 화장품을 이용한 방법과 기기를 이용한 방법으로 구분된다.

㉯ AHA를 이용한 딥클렌징의 경우 스티머를 이용한다.

㉰ 피부표면의 노화된 각질을 부드럽게 제거함으로써 유용한 성분의 침투를 높이는 효과를 갖는다.

㉱ 기기를 이용한 딥클렌징 방법에는 석션, 브러싱, 디스인크러스테이션 등이 있다.

🔍 ㉯ **효소**를 이용한 딥클렌징의 경우 스티머를 이용하면 효과적이다. 정답 ㉯

피부유형별 화장품 도포

1 화장품 도포의 목적 및 효과

구 분	설 명
피부세안	피부의 노폐물을 제거하여 청결하고 건강하게 유지
피부정돈	알칼리화 된 피부의 pH 밸런스를 정상화시켜주고 피부결 정돈
피부보호	피부에 수분을 공급하여 피부 표면의 건조함 방지 및 자외선으로부터 피부 보호
기타	• 피부에 색조 및 윤곽 형성을 뚜렷하게 하는 입체감 부여 • 피지와 땀으로 만들어진 천연피지막을 보충하는 작용 • 두피와 두발을 청결하게 하고 윤기와 탄력을 주어 건강하게 유지 • 손상된 모발을 보호하고 두발의 거칠어지거나 갈라짐을 방지

◁ 화장품 도포의 목적 및 효과
① 피부세안
② 피부정돈
③ 피부보호

2 피부유형별 화장품 종류 및 선택

피부는 일반적으로 피부의 피지선과 한선의 기능, 즉 유분량과 수분량에 따라 정상(중성)피부, 건성피부, 지성피부, 복합성 피부의 4가지 유형으로 분류할 수 있다. 이외에 여드름피부, 민감성피부, 노화피부 등으로 광범위하게 분류된다.

따라서 모든 피부의 기능이 정상적이고 가장 이상적인 정상피부의 상태로 유지하기 위해 화장품 도포와 피부관리는 적절하게 선택되어야 한다.

피부유형	클렌저	화장수	딥클렌징	에멀전	팩(마스크)
정상 (중성)	• 클렌징 폼 • 클렌징 젤	• 수렴 화장수	• 효소 • 스크럽 • 고마쥐 • AHA	• 유분 및 수분 • 영양공급 • 적절히 함유	• 크림형태 (O/W)의 팩 • 시트마스크 • 고무마스크 • 청결 및 보습 위주

◁ 피부유형
① 정상피부(중성피부) : 피지선과 한선의 기능이 정상적인 가장 이상적인 피부
② 건성피부 : 피지선과 한선의 기능 저하로 유·수분 함량이 부족한 피부
③ 지성피부 : 피지선의 기능 항진으로 피지가 과다 분비되는 피부
④ 복합성피부 : 한 사람의 피부에 두가지 이상의 피부유형이 공존하는 피부

피부유형	클렌저	화장수	딥클렌징	에멀젼	팩(마스크)
건성	• 클렌징 로션 • 클렌징 크림 • 클렌징 오일	• 유연 화장수	• 효소 • 스크럽 • 고마쥐	• 유분 및 수분 • 영양공급 다량 함유	• 크림형태 (W/O)의 팩 • 석고마스크 • 고무마스크 • 시트마스크 • 파라핀 왁스 마 스크 • 보습 및 영양 위 주
지성	• 클렌징 젤 • 클렌징 폼 • 이중세안	• 수렴 화장수	• 효소 • 스크럽 • AHA	• 유분 소량 함유 • 오일프리 (oil free) 사 용 • 피지분비 및 각화 조절제 • 피부와 친화 력있는 산뜻 한 오일 처방 • 항염, 수렴 성분 함유	• 클레이형태 팩 • 분말형태 팩 • 고무마스크 • 시트마스크 • 피지분비 조절 및 각화조절, 항염, 수렴 위주
복합성	• 클렌징 젤 • 클렌징 폼	• 수렴 화장수	• 효소 • 스크럽 • AHA (민감 부 위 제외)	• 정상용과 유사 • 피지 분비 조절제 함유	• T존 : 분말 형태 클레이 형태의 팩 • U존 : 크림 형태 • 시트마스크 • 고무마스크
여드름	• 클렌징 로션 • 클렌징 젤 • 클렌징 폼 • 이중세안	• 수렴 화장수 • 소염 화장수	• 효소(염 증성) • 스크럽 (면포) • AHA • 디스인 크러스 테이션 (전기세 정)	• 피지 분비, 각화 조절제 함유 • oil free 사용	• 고무마스크 • 시트마스크 • 머드, 클레이 형 태의 팩 • 분말형태의 팩 • 피지분비, 각화 조절, 항염, 수 렴 위주 • 여드름개선 아로 마오일:티트리

피부유형	클렌저	화장수	딥클렌징	에멀전	팩(마스크)
민감성	• 클렌징 로션 • 클렌징 젤	• 무알콜 화장수	• 효소	• 저자극성 성분 사용 • 보습, 진정, 영양 성분 • 향, 색소, 방부제 함유하지 않거나 소량 함유	• 크림형태 (O/W)의 팩 • 젤 형태의 팩 • 고무마스크 • 시트마스크 • 보습, 진정, 영양 위주 • 진정성분 : 아줄렌
노화	• 클렌징 크림 • 클렌징 오일 • 이중세안	• 유연 화장수	• 효소 • 스크럽 • 고마쥐	• 유분 및 보습 • 영양성분 다량 함유 • 크림, 앰플	• 석고마스크 • 고무마스크 • 시트마스크 • 세포재생, 탄력 위주

◀ 진정 성분
아줄렌

3 피부 유형별 화장품 도포 및 관리법

(1) 정상피부(중성피부)

• 피지선과 한선의 기능이 정상적인 상태로 가장 **이상적**인 피부이다.
• 꾸준한 피부 기초 손질을 통하여 건강하고 아름다운 피부 상태를 유지할 수 있다.

화장품 도포 및 관리법

① 매일 아침, 저녁으로 **규칙적**이고 **올바른 기초손질**을 하고 비누 세안은 지나치게 자주 하지 않는다.
② 계절 및 연령의 변화에 따라 화장품을 선택하여 올바르게 손질하여야 한다.
③ 피부의 청결을 위해 올바른 딥클렌징을 선택해야 한다.
④ 유분이 많지 않고 수분이 많이 함유된 특히, 천연보습인자(NMF), 콜라겐, 히알루론산 등의 보습성분을 사용하고 비타민A, E등의 노화방지 성분이 함유된 영양 크림이나 로션으로 정기적인 마사지, 팩을 주1회정도 실시하여 피부를 활성화시킨다.

◀ 정상피부의 화장품 도포 및 관리법
① 규칙적이고 올바른 기초 손질
② 천연보습인자(NMF), 콜라겐, 히알루론산 등의 보습성분 사용
③ 마사지, 팩을 주1회 정도 실시

(2) 건성피부

• **피지선**의 **기능저하**와 **한선** 및 **보습능력**의 **저하**로 인하여 유분함량과 수분함량이 부족해진 피부를 말한다.
• 자외선, 일광욕, 냉난방, 찬바람 등의 외부 환경 및 부적절한 피부관리 습관으로 건성피부의 요인이 될 수 있다.
• 건성피부는 피부의 건성화가 되는 요인 즉, 피부 외적요인과 내적요인에 따라 두가지로 분류된다.

◀ 건성피부의 구분
① 표피수분부족 피부 : 표피층의 수분부족으로 피부 당김과 잔주름 발생
② 진피수분부족 피부 : 내부 당김현상과 표정 원인성 주름 발생

Key Point

◀ 건성 피부의 화장품
　도포 및 관리법
① 미온수 세안 및 즉
　시 기초화장품 도
　포
② 유연화장수 사용
③ 주 1~2회 마사지,
　팩 실시
④ 천연보습인자(NMF),
　콜라겐, 히알루론산
　등의 보습성분과
　비타민 A, E 등의
　영양 성분

◀ 지성피부의 구분
① 유성지루성 피부 :
　피지분비가 과다하
　게 분비되어 피부
　표면이 항상 번들
　거림
② 건성지루성 피부 :
　피지분비는 과다하
　게 분비되나 피부
　표면의 수분부족으
　로 당김 현상 발생

◀ 지성피부의 화장품
　도포 및 관리법
① 약산성 타입의 세
　안제
② 모공수축, 소염, 진
　정작용 화장수
③ 주기적 딥클렌징
④ 오일프리 제품 사용

(가) **표피수분부족 피부** : 피부의 표피층의 수분 부족으로 피부 당김현상이 나타나며, 잔주름이 생기고, 소양감 및 외관상 탄력이 없어 보인다. 또한 각화현상이 생기고, 연령에 관계없이 발생할 수 있으며, 특히 지성피부인 경우 관리 소홀로 발생할 수도 있다.

(나) **진피수분부족 피부** : 피부의 당김이 내부에서부터 심하게 느껴지며, 피부조직이 거칠고 생명력이 없어 보인다. 눈밑, 입가, 뺨, 턱 부위에 늘어짐이 심하게 나타나며, 표정원인성 주름이 생긴다.

화장품 도포 및 관리법
① 세안을 자주하거나 뜨거운 물로 세안하는 것은 피하고 **미온수**로 세안하며 세안 후 **즉시 기초화장품**을 바른다.
② 알코올 함량이 많은 화장수는 피부의 수분을 빼앗아 가므로 알코올이 10%이하로 함유된 **유연화장수**를 사용한다.
③ 혈액순환과 피부의 신진대사를 활성화하기 위해 주1~2회정도 수분과 유분이 적절히 함유된 영양 마사지와 팩을 실시한다.
④ 천연보습인자(NMF), 콜라겐, 히알루론산 등의 보습성분을 사용하고 비타민A, E등이 함유된 **영양성분**을 사용하여 피부가 건조해 지지 않도록 한다.

(3) 지성피부

• **피지선의 기능**이 비정상적으로 **항진**되어 **피지**가 **과다 분비**되는 피부 유형을 말한다.
• 지성피부는 피지 분비 과다라는 근본적인 특징은 동일하나 외부로 나타난 피부상태와 2차적인 증상의 차이에 따라 두가지 유형으로 분류된다.

(가) **유성 지루성 피부** : 피지 분비가 과다하게 분비되어 피부 표면이 항상 번들거리는 피부로 전체적으로 모공이 크며 피부가 오염되지 않게 유의하면 여드름 발생을 방지할 수 있으나 관리를 소홀히 하면 여드름을 발생시킬 수 있다.

(나) **건성 지루성 피부** : 피지 분비는 과다하게 분비되나 피부 표면의 수분부족으로 당김현상이 나타나는 피부로 유성 지루성 피부보다 관리하기가 까다로우며 남성보다는 여성에게 많이 나타난다. 원인으로는 피부 자체의 보습기능 저하 외에도 계절, 기후 등의 환경적인 요인, 잘못된 피부관리, 스트레스 등의 내적, 외적인 요인에 의해 발생될 수 있다.

화장품 도포 및 관리법
① 피부 청결과 클렌징에 중점을 두어야 하며 피부의 산성막을 파괴하지 않도록 비누세안은 자제하고 **약산성타입**의 세안제를 선택하여 사용한다.
② 모공수축, 소염, 진정 작용을 겸비한 화장수를 사용하고 지나치게 알코올이 함유된 화장수는 피부를 예민 또는 건조화시킬 수 있으므로 피하는 것이 좋다.
③ 피부에 맞는 딥클렌징을 사용하여 각질을 제거하고 여드름 발생을 예방한다.
④ 오일 사용이나 유분이 많이 함유된 제품의 사용은 **피하는** 것이 좋다.

(4) 복합성피부

- 한 사람의 피부에 전혀 다른 **두가지이상의 피부유형**이 공존하는 상태로 흔히 복합성 피부의 상태는 T존부위는 지성피부 또는 여드름 피부인데 눈 주위, 광대뼈, 뺨 부위 는 수분부족현상으로 건성화되고 예민함을 동반하며 색소침착을 발생시킬 수 있는 피부이다.

- 복합성피부는 부위별로 관리를 해주어야 하며 관리를 소홀히 하면 T존부위는 여드름 이 발생하기 쉽고, 눈주위, 뺨부위는 모세혈관확장증 또는 파열증까지 초래할 수는 까다로운 피부이다.

화장품 도포 및 관리법
① **부위**에 따라 **구별**하여 **관리**하여야 한다.
② T존 부위는 지성피부와 동일하게 oil free 제품을 사용하고 나머지 건조화된 부위는 건성피부, 예민화된 부위는 민감성피부와 동일하게 관리를 한다.

◀ 복합성 피부의 화 장품 도포 및 관 리법
① 부위별 관리
② T존은 지성피부와 동일하게, 나머지 건조한 부위는 건 성·민감성 피부 와 동일하게 관리

(5) 여드름 피부

- 지성피부의 관리 소홀로 인해 피부 표면의 피지막에 세균이 번식하여 여드름이 발생 된다.

- 보통 사춘기에 주로 발생하지만 피지분비가 많은 사람은 중년에도 발생할 수 있다.

- 모공이 막혀 피지가 밖으로 나갈 수 없어 염증이 생겨 여드름으로 발전하는 것으로 주로 유전이 83%를 차지하고 있다.

◀ 여드름 피부
① 지성피부의 관리 소홀로 인해 발생
② 모공이 막혀 생기 는 만성 염증성 질 환

화장품 도포 및 관리법
① 지루성인 피부 상태를 개선하기 위해 알칼리성인 **비누사용**은 **자제**하고 주기적인 딥 클렌징과 항염, 진정작용이 있는 **머드**나 **클레이 형태**의 팩을 사용하여 주2회정도 실시한다.
② oil free 제품을 사용하고 유분이 많이 함유된 화장품은 여드름을 유발하거나 악화시킬 우려 가 있으므로 사용에 주의하며 보습제품을 사용하는 것이 좋다.
③ 화장품 성분으로 약초 추출물, 감초산, 판테놀, 트리클로산, 비타민 A, 카올린, 저농도 살리실 산, 효소 성분등은 세균의 성장을 억제시켜 염증을 완화시켜주는 데 좋다.

◀ 여드름 피부의 화 장품 도포 및 관 리법
① 주기적 딥클렌징과 머드나 클레이 형 태의 팩을 주 2회 실시
② oil free 제품 사용

(6) 민감성 피부

- 피부의 면역기능이 저하되어 사소한 자극에도 강하게 감지되어 반응을 나타내는 피 부를 말한다.

◀ 민감성 피부
① 면역기능 저하
② 무알콜화장수 사용

Key Point

◑ 민감성 피부의 화
장품 도포 및 관
리법
① 무알콜 화장수 사용
② 자극적인 관리 삼가
③ 패치테스트

화장품 도포 및 관리법

① 비누와 알코올이 함유된 화장수는 금하고 **무알콜화장수**를 사용한다.
② 스크럽제와 같은 강한 필링제의 사용은 금하는 것이 좋으며 얼굴에 브러시나 타월로 문지르거나 전자적 자극을 이용한 관리법, 적외선과 자외선을 조사하는 관리는 삼가야 한다.
③ 자극적인 마사지 동작은 피하고 **림프드레나쥐**와 같은 면역력을 강화시켜주는 부드러운 마사지법을 선택하여 관리한다.
④ 화장품 선택시 **패치테스트**를 한 후 얼굴에 적용시킨다.

(7) 노화피부

• 피지선과 한선의 기능 저하로 세포에 영양 공급이 잘 안되고 탄력이 저하되는 피부이다.
• 알코올이 함유된 기초 제품을 장기간 사용하고 자외선에 과도하게 노출되면 피부 노화가 빨라진다.

◑ 노화 피부
① 탄력성 저하
② 자외선에 의한 광
노화

화장품 도포 및 관리법

① 정기적인 딥클렌징을 통하여 노화된 각질을 제거하고 유,수분이 충분히 함유된 제품을 사용하여 영양을 공급해 준다.
② 세포재생 및 피부 탄력을 증진시킬 수 있는 활성성분이 많은 팩을 사용한다.

◑ 노화피부의 화장품
도포 및 관리법
① 유·수분 충분히 함
유된 제품 사용
② 세포재생 및 탄력
증진의 팩 사용

피부 유형별 화장품 도포 및 관리법

피부유형	특 징	화장품 도포 및 관리법
정상피부 (중성피부)	• 피지선과 한선의 기능 정상 • 가장 **이상적인 피부** 유형 • **꾸준한 피부 기초 손질**로 건강한 피부 상태 유지	• 올바른 기초 손질 • 비누 세안 자제 • 계절, 연령에 따른 화장품 선택 • 올바른 딥클렌징 선택 • 유분 및 수분 적절히 함유 • 콜라겐, 히알루론산 등의 수분 공급 • 비타민A, E 등의 노화 방지 성분 • 주 1회 마사지, 팩 사용
건성피부	• 피지선과 한선의 기능 저하 • **유분**과 **수분이 부족** • 원인 : 외부 환경(자외선, 일광욕, 냉난방, 찬바람 등) 및 부적절한 피부 관리 습관 • **표피수분부족**과 **진피수분부족**으로 구분	• 미온수 세안 • 세안 즉시 기초화장품 사용 • 유연화장수 사용 • 콜라겐, 히알루론산 등의 수분 공급 • 비타민A, E 등의 노화 방지 성분 • 주 1~2회 마사지, 팩 사용

피부유형	특 징	화장품 도포 및 관리법
지성피부	• 피지선과 한선의 기능 증가 • 과다 피지분비로 유분감 증가 • **유성지루성**과 **건성지루성**으로 구분	• 약산성타입의 세안제 선택 • 수렴, 소염화장수 사용 • 올바른 딥클렌징 선택 • 오일프리(oil free), 유분이 적은 제품 사용
복합성피부	• 두가지 이상의 피부유형 공존 • T존(지성피부), U존(건성피부)	• 부위별 관리 • T존 지성피부와 동일 • U존 건성피부, 민감성피부와 동일 • 유분이 많은 부위(손을 이용한 관리)는 모공 속의 피지 등의 노폐물 배출
여드름피부	• 피지막에 세균이 번식하여 여드름 발생 • 지성피부의 관리 소홀로 발생	• 비누 사용 자제 • 오일프리(oil free), 유분이 적은 제품 사용 • 약초추출물, 감초산, 판테놀, 비타민 A, 살리실산 등의 항염 성분 • 주1~2회 딥클렌징, 마사지, 팩(머드, 클레이) 사용
민감성피부	• 면역기능 저하로 사소한 자극에 민감한 피부	• 무알콜화장수 사용 • 자극적인 딥클렌징 자제 • 부드러운 마사지 • 화장품선택시 패치테스트
모세혈관확장 피부	• 홍반, 모세혈관이 확장된 피부	• 세안제를 충분한 거품을 낸 후 미온수 사용 • 손을 이용한 관리로 부드럽게 마사지 • 비타민C, K, P등의 성분
노화피부	• 피지선과 한선의 기능 저하 • 광노화, 탄력 저하 및 주름 발생	• 올바른 딥클렌징 선택 • 유분과 수분 많이 공급 • 세포 재생, 탄력을 위한 마사지, 팩 사용

◀ 함염 성분
약초추출물, 감초산, 판테놀, 비타민 A, 살리실산 등

◀ 모세혈관 강화 성분
비타민 C, K, P

머리에 쏙~쏙~ 5분 체크

01 화장품 도포의 목적 및 효과는 크게 피부세안, 피부정돈, ( )로 구분된다.

02 피부는 일반적으로 피부의 피지선과 한선의 기능에 따라 정상(중성), 건성, ( ), 복합성 피부의 4가지 유형으로 분류할 수 있다.

◀ 화장품 도포의 목적 및 효과
① 피부세안
② 피부정돈
③ 피부보호

Key Point

03 정상, 지성, 복합성, 여드름, 민감성 피부의 경우 (　　　　)의 클렌징제를 사용하는 것이 좋다.

04 이중세안이 필요한 피부는 지성, (　　　　), 노화피부이다.

◀ 진정성분
아줄렌

☆
05 (　　　　)은 피부를 진정시키는 성분이다.

06 건성피부 중 내부에서 당김이 심하고 표정원인성 주름이 발생하는 피부를 (　　　　) 피부라고 한다.

◀ 건성피부의 구분
① 표피 수분부족피부
② 진피 수분부족피부

07 두가지이상의 피부유형이 공존하는 피부를 (　　　)피부라 하며, 부위별 관리를 해야 한다.

08 면역기능 저하로 사소한 자극에 민감한 피부인 민감성 피부는 (　　　) 화장수를 사용 하는 것이 좋다.

◀ 모세혈관 강화 성분
비타민 C, K, P

☆
09 모세혈관을 강화시키는 성분은 비타민C, 비타민K, (　　　　)가 있다.

10 (　　　　)피부는 피지선과 한선의 기능 저하로 세포에 영양 공급이 잘 안되고 탄력이 저하되는 피부이다.

정답　**01.** 피부보호　**02.** 지성　**03.** 클렌징젤　**04.** 여드름　**05.** 아줄렌
　　06. 진피수분부족　**07.** 복합성　**08.** 무알콜　**09.** 비타민P　**10.** 노화

시험문제 엿보기

☆☆☆
01 피부 유형별 관리 방법으로 적합하지 않은 것은?　　　➡ 출제년도 08

㉮ 복합성피부 – 유분이 많은 부위는 손을 이용한 관리를 행하여 모공을 막고 있는 피지 등의 노폐물이 쉽게 나올 수 있도록 한다.

㉯ 모세혈관확장피부 – 세안시 세안제를 손에서 충분히 거품을 낸 후 미온수로 완 전히 헹구어 내고 손을 이용한 관리를 부드럽게 진행한다.

㉰ 노화피부 – 피부가 건조해지지 않도록 수분과 영양을 공급하고 자외선 차단제 를 바른다.

㉱ 색소침착피부 – 자외선 차단제를 색소가 침착된 부위에 집중적으로 발라준다.

Key Point

☞✍ ㉑ 색소침착피부 – 자외선 차단제를 전체적으로 **골고루** 발라준다. 정답 ㉑

02 **건성피부(dry skin)의 관리방법으로 틀린 것은?** ➥ 출제년도 09

㉮ 알칼리성 비누를 이용하여 뜨거운 물로 자주 세안을 한다.

㉯ 화장수는 알코올 함량이 적고 보습 기능이 강화된 제품을 사용한다.

㉰ 클렌징 제품은 부드러운 밀크 타입이나 유분기가 있는 크림 타입을 선택하여 사용한다.

㉱ 세라마이드, 호호바오일, 아보카도오일, 알로에베라, 히알루론산 등의 성분이 함유된 화장품을 사용한다.

☞✍ ㉮ 알칼리성 비누를 이용하여 뜨거운 물로 자주 세안을 하면 피부가 **건조**해 진다. 정답 ㉮

◐ 건성 피부의 화장품 선택
유분과 수분이 많이 함유된 화장품

03 **아래 설명과 가장 가까운 피부타입은?** ➥ 출제년도 09

- 모공의 넓다
- 뽀루지가 잘 난다.
- 정상 피부보다 두껍다.
- 블랙헤드가 생성되기 쉽다.

㉮ 지성피부 ㉯ 민감피부

㉰ 건성피부 ㉱ 정상피부

☞✍ ㉮ 지성피부 : 모공이 넓고 뽀루지, 블랙헤드가 생성되기 쉬우며 정상 피부보다 두껍다. 정답 ㉮

◐ 지성 피부의 화장품
오일프리(oil free) 화장품

☆☆
04 **피부유형에 맞는 화장품 선택이 아닌 것은?** ➥ 출제년도 10

㉮ 건성피부– 유분과 수분이 많이 함유된 화장품

㉯ 민감성피부–향, 색소, 방부제를 함유하지 않거나 적게 함유된 화장품

㉰ 지성피부– 피지조절제가 함유된 화장품

㉱ 정상피부– 오일이 함유되어 있지 않은 오일 프리(Oil free) 화장품

☞✍ ㉱ **지성피부**– 오일이 함유되어 있지 않은 오일 프리(Oil free) 화장품 정답 ㉱

◐ 민감성 피부의 화장품 선택
향, 색소, 방부제를 함유하지 않거나 적게 함유된 화장품

05 **피부유형과 관리 목적과의 연결이 틀린 것은? (출제년도 10)**

㉮ 민감피부 : 진정, 긴장 완화 ㉯ 건성피부 : 보습작용 억제

㉰ 지성피부 : 피지 분비 조절 ㉱ 복합피부 : 피지, 유, 수준 균형 유지

☞✍ ㉯ 건성피부 : **보습** 및 **영양공급** 정답 ㉯

Chapter 06 매뉴얼테크닉

Skin Care

Key Point

◀ 매뉴얼테크닉의
　목적 및 효과
① 혈액순환 및 림프
　순환
② 피로나 근육의 이완
③ 탄력성 증가
④ 심리적 안정감
⑤ 영양공급 및 산소
　공급
⑥ 화장품의 유효물질
　흡수 용이
⑦ 세포 재생 및 신진
　대사

◀ 매뉴얼테크닉의
　기본 동작
① 쓰다듬기 : 매뉴얼
　테크닉시 처음과
　마지막에 사용해야
　할 동작으로 진정
　작용 및 연결할 때
　사용
② 문지르기 : 피부에
　대고 원을 그리듯
　이 문지르는 동작
③ 주무르기 : 매뉴얼
　테크닉의 기본동작
　중 가장 강한 동작
④ 두드리기 : 피부에
　자극 및 화장품의
　침투 촉진
⑤ 떨기 : 섬세한 자극
　으로 진동을 주는
　동작

1 매뉴얼테크닉의 목적 및 효과

구 분	설 명
정 의	• 마사지의 어원인 그리스어 'Masso(문지르다)'에서 유래 • 오늘날 'Massage'라는 말로 명칭 • 인체조직의 기능 회복 위해 신체의 **근육결 방향**에 따라 문지르기, 주무르기, 두드리기 등의 행위
목적 및 효과	• **혈액순환** 및 **림프순환** 촉진 • **피로**나 **근육의 이완** 및 **강화** • **결체조직의 긴장** 및 **탄력성** 증가 • 이중턱, 눈밑지방 생성 방지 • 심리적인 **안정감** • **영양공급** 및 **산소공급** • 화장품의 **유효 물질 흡수 용이** • **세포재생** 및 **신진대사** 촉진

2 매뉴얼테크닉의 종류(기본 동작)

종 류	특 징
쓰다듬기 = 경찰법 = 에플라쥐(Effleurage)	• 손가락을 포함한 손바닥을 이용해 부드럽게 피부를 쓰다듬는 방법 • 마사지시 **처음**과 **마지막**에 적용 • **진정작용**, 다른 동작으로 **연결**할 때 많이 사용 • 혈액순환과 림프순환을 촉진, 근육이완, 자율신경 촉진 • 얼굴에 부종이 있거나 예민할 때 사용

종 류	특 징
문지르기 = 강찰법 = 마찰법 = 프릭션(Friction)	• 두 손가락의 끝 부분을 피부에 대고 원을 그리듯이 문지르는 방법 • 주름이 생기기 쉬운 부위(이마, 눈가, 코)에 주로 많이 사용 • 피부의 모세혈관을 확장시켜 신진대사 촉진 • 근육의 유착 방지, 지방조직 분해, 긴장된 근육의 이완
주무르기 = 유연법 = 유찰법 = 페트리싸지(Patrissage)	• 근육을 횡단하듯이 피부를 주물러 주는 방법 • 매뉴얼 테크닉의 기본동작 중 **가장 강한 동작** • 혈액순환을 촉진시켜 노폐물 배출, 지방 분해 • 결합 조직의 탄력성 및 긴장감 부여 • 근육마비나 경련에 효과
두드리기 = 고타법 = 경타법 = 타포트먼트(Tapotment)	• 손가락을 이용하여 두드려주는 방법 • 피부에 자극을 주어 생기 부여 • **화장품**의 **침투**를 촉진 • 혈액 순환 촉진, 피부의 탄력성 증가 • 두드리기의 다양한 방법 　① 커핑(cupping) : 손바닥을 **오므려서** 두드리는 방법 　② 슬래핑(slapping) : 손바닥의 **측면**으로 두드리는 방법 　③ 태핑(tapping) : **손가락**의 **바닥면**을 이용하여 가볍고 빠르게 두드리는 방법 　④ 해킹(hacking) : **손등**으로 두드리는 방법 　⑤ 비팅(beating) : **주먹**을 살짝 쥐고 두드리는 방법
떨기 = 진동법 = 바이브레이션(Vibration)	• 손, 손가락에 힘을 주고 피부에 고른 진동을 주는 방법 • 섬세한 자극을 주는 동작으로 떨기의 세기에 따라 효과가 다름 • 혈액순환 및 림프순환 촉진 • 자율신경에 자극을 주어 감각 기능향상 • 피부 탄력성 증가 • 경련 및 마비에 효과

기억법

〈메뉴얼테크닉의 종류〉
쓰경에 : 쓰다듬기, 경찰법, 에플라쥐
문강마프 : 문지르기, 강찰법, 마찰법, 프릭션
주유페 : 주무르기, 유연법, 유찰법, 페트리싸지
두고경타 : 두드리기, 고타법, 경타법, 타포트먼트
떨진바 : 떨기, 진동법, 바이브레이션

피부미용사 Skin Care

Key Point

◆ 닥터 쟈켓법
손끝을 이용하여 꼬집
듯이 튕겨주는 동작

🌱 **알아두세요**

〈매뉴얼테크닉 기본 5가지 동작외 방법〉
- **닥터 쟈켓법**(Dr. Jacquet) : 쟈켓 박사(Dr. Jacquet)에 의해 알려진 방법으로 손끝을 이용하여 안면의 근육을 엄지와 검지로 부드럽게 잡아 꼬집듯이 튕겨주는 동작으로 혈액순환 및 노폐물 제거 등에 효과가 있다.
- **압박법**(Pressing) : 손바닥 전체와 손가락을 이용하여 압박하는 방법으로 신경근육의 흥분을 진정, 신지대사에 효과가 있다.
- **신전법**(stretching) : 근육과 인대를 늘여주는 방법으로 근육의 긴장과 이완에 효과가 있다.

3 매뉴얼테크닉 시술

◆ 매뉴얼테크닉의
구성요소
① 방향 : 근육결 방향
② 속도와 리듬 : 맥박 뛰는 속도로 부드럽고 일정하게 실시
③ 밀착감 : 적절한 밀착 및 압력
④ 연결성 : 자연스럽고 정확하게 연결
⑤ 매개체 : 크림, 오일 등
⑥ 시간 및 횟수 : 약 10~15분, 주 1~2회
⑦ 자세 : 어깨 수직, 허리펴고, 양발 벌리고 체중 균등하게 손목에 힘을 뺌

(1) 매뉴얼테크닉 시술방법

구성요소	특 징
방향	• 안에서 바깥으로, 아래에서 위로 향하고, **근육결**을 따라 시술 • 주름의 경우 근육결 방향과 수직으로 형성되므로 주름 예방시 근육결 방향으로 실시
속도와 리듬	• 속도 : **맥박** 뛰는 속도 • 리듬 : **부드럽고 일정**하게 실시
밀착감	• 고객에게 안정감을 줄 수 있도록 **적절한 압력**으로 실시 • 강한 밀착감은 주면 모세혈관, 림프관 등의 결체조직 손상 초래
연결성	• 다음 동작으로 이어질 때에는 동작이 뜨는 느낌이 없도록 **자연스럽고** 정확하게 매끄럽게 이어져야 함
매개체	• 유연성과 마찰에 의한 피부 자극을 최소화하기 위해 피부 상태에 따라 **크림, 오일** 등을 적절하게 선택
시간 및 횟수	• 시간 : 약 10분~15분 • 횟수 : 주1~2회
자세	• 어깨를 수직으로 세운 상태 • 허리를 편 상태 • 발을 어깨 넓이만큼 벌림 • 양팔은 편안한 상태로 손목에 힘을 뺌 • 체중의 중심이 양쪽 발에 균등하게 실려야 함

1-44 • PART 1 피부미용학

4 매뉴얼 테크닉 적용 금지 및 주의사항

구 분	설 명
적용 금지	• 피부에 찰과상이 있는 경우 • 자외선으로 인한 홍반이 있는 경우 • 화상 또는 알레르기 증상, 염증성 질환 등 각종 피부 질환이 있는 경우 • 화장품의 부작용으로 접촉성 피부염이 발생한 경우 • 생리 전 피부가 예민해진 경우 • 골절상으로 인한 통증이 있는 경우 • 정맥류가 있는 경우
주의 사항	• 피부미용사의 손 온도는 고객의 체온에 맞추어 따뜻할 것 • 손톱은 짧고 몸은 단정해야 하며, 손 소독 후 시술에 들어가야 할 것 • 고객과는 불필요한 대화는 삼가고, 마스크를 착용할 것 • 고객의 피부에 상처가 나지 않도록 주의할 것 • 사용하는 제품이 고객의 눈이나 입, 코에 들어가지 않도록 주의할 것 • 너무 강한 동작은 모세혈관을 파열시킬 수 있으므로 주의할 것

◀ 매뉴얼 테크닉의
　주의사항
① 피부미용사의 손 온
　도는 따뜻할 것
② 용모단정 및 손 소
　독
③ 마스크 착용
④ 사용하는 제품이 고
　객의 눈이나 입, 코
　에 들어가지 않도
　록 주의

기미가 있는 경우 더욱 조심해야 할 혈관확장증

기미가 있는 사람에게 혈관확장증이 많은 이유는 자외선에 의해 기미 생성 뿐만 아니라 피부가 손
상되면서 혈관을 받쳐주는 피부 조직이 약해져 혈관이 확장되기 때문이다. 대부분 기미에 가려서
보이지 않다가 기미가 없어지면서 나타나는 경우가 있다.

Key Point

머리에 쏙~쏙~ 5분 체크

01　（　　　　　　）는 마사지의 어원인 그리스어 'Masso(문지르다)'에서 유래되어 인체조직의 기능 회복 위해 신체의 （　　　　）방향에 따라 문지르기, 주무르기, 두드리기 등의 행위이다.

02　（　　　　）는 마사지시 처음과 마지막에 적용하는 동작으로 （　　）작용과 다른 동작으로 （　　）할 때 많이 사용한다.

03　문지르기는 두 손가락의 끝 부분을 피부에 대고 원을 그리듯이 문지기는 방법으로 강찰법, （　　　　）, （　　　　）이라고도 한다.

04　근육을 횡단하듯이 피부를 주물러 주는 방법을 （　　　　）라 한다.

05　두드리기는 피부에 자극을 주어 생기를 부여하고 화장품의 （　　）를 촉진시킨다.

06　손끝을 이용하여 안면의 근육을 잡아 부드럽게 꼬집는 방법을 （　　　　）이라 한다.

07　매뉴얼테크닉의 구성요소로는 방향, （　　）와 （　　　　）, 밀착감, （　　　　）, 매개체, 시간 및 횟수, 자세 등이 있다.

08　매뉴얼테크닉시 속도는 （　　　）뛰는 속도로 하는 것이 바람직하다.

09　매뉴얼테크닉시 피부미용사의 손 온도는 （　　）의 （　　）에 맞추어 따뜻해야 한다.

10　피부미용사는 손톱은 짧고 몸은 단정해야 하며, （　　　）후 시술에 들어가야 한다.

> **정답**　01. 매뉴얼테크닉, 근육결　02. 쓰다듬기, 진정, 연결　03. 마찰법, 프릭션
> 　　　 04. 주무르기　05. 침투　06. 닥터 쟈켓법　07. 속도, 리듬, 연결성　08. 맥박
> 　　　 09. 고객, 체온　10. 손소독

시험문제 엿보기

01 피부관리 시 매뉴얼테크닉을 하는 목적과 가장 거리가 먼 것은? ⟶ 출제년도 09

㉮ 정신적 스트레스 경감   ㉯ 혈액순환 촉진
㉰ 신진대사 활성화   ㉱ 부종 감소

💡해설 ㉱ 부종 감소 : **림프드레나쥐**의 목적   정답 ㉱

02 매뉴얼테크닉의 동작 중 부드럽게 스쳐가는 동작으로 처음과 마지막이나 연결동작으로 많이 사용하는 것은? ⟶ 출제년도 09

㉮ 반죽하기   ㉯ 쓰다듬기
㉰ 두드리기   ㉱ 진동하기

💡해설 ㉯ 쓰다듬기 : 부드럽게 스쳐가는 동작으로 처음과 마지막이나 연결동작으로 많이 사용   정답 ㉯

03 매뉴얼 테크닉의 기본 동작에 대한 설명으로 틀린 것은? ⟶ 출제년도 09

㉮ 에플라쥐(effleyrage) – 손바닥을 이용해 부드럽게 쓰다듬는 동작
㉯ 프릭션(friction) – 근육을 횡단하듯 반죽하는 동작
㉰ 타포트먼트(tapotrment) – 손가락을 이용하여 두드리는 동작
㉱ 바이브레이션(vibration) – 손 전체나 손가락에 힘을 주어 고른 진동을 주는 동작

💡해설 ㉯ **프릭션**(friction) – 피부에 원을 그리듯이 문지르는 동작   정답 ㉯

04 매뉴얼테크닉을 이용한 관리시 그 효과에 영향을 주는 요소와 가장 거리가 먼 것은? ⟶ 출제년도 08

㉮ 속도와 리듬   ㉯ 피부결의 방향
㉰ 연결성   ㉱ 다양하고 현란한 기교

💡해설 ㉱ **메뉴얼테크닉의 구성요소** : 속도와 리듬, 방향, 연결성, 밀착성, 매개체 등   정답 ㉱

05 매뉴얼 테크닉 시술에 대한 내용으로 틀린 것은? ⟶ 출제년도 10

㉮ 매뉴얼 테크닉시 모든 동작이 연결될 수 있도록 해야 한다.
㉯ 매뉴얼 테크닉시 중추부터 말초 부위로 향해서 시술해야 한다.
㉰ 매뉴얼 테크닉시 손놀림도 균등한 리듬을 유지해야 한다.
㉱ 매뉴얼 테크닉시 체온의 손실을 막는 것이 좋다.

💡해설 ㉯ 매뉴얼 테크닉시 **말초**에서 **중추** 부위로 향해서 시술해야 한다.   정답 ㉯

◀ 쓰다듬기
부드럽게 스쳐가는 동작으로 처음과 마지막이나 연결동작으로 많이 사용

◀ 매뉴얼 테크닉 시술
말초부위에서 중추부위를 향해서 시술

Chapter 07 팩(마스크)

Skin Care

1 팩과 마스크의 정의

팩	마스크
• 'Package'에서 유래된 '포장하다, 둘러 싸다'란 의미 • 수분과 영양 공급 • 팩하는 동안 **공기**와 **접촉**하여 굳지 않는 것	• 외부와의 **공기**가 **차단**되어 단단하게 굳어져 공기와 접촉할 수 없는 것 • 수분증발이 차단되어 **유효 성분의 흡수율**을 **높여줌**

오늘날에는 팩과 마스크가 개념 구분이 되지 않고 두 가지가 **혼동**되어 사용

2 팩(마스크)의 목적 및 효과

◀ 팩(마스크)의 목적 및 효과
① 혈액순환, 림프순환 및 신진대사 촉진
② 피부 청정 및 진정 효과
③ 살균 및 염증 완화 효과
④ 미백효과
⑤ 보습 및 세포재생, 탄력작용

(1) 목적

팩(마스크)을 통하여 피부에 영양공급과 수분공급을 하여 신진대사 및 혈액 순환을 촉진시켜 노화를 예방하는데 그 목적이 있다.

(2) 효과

① **혈액순환**, **림프순환**으로 인한 **신진대사 촉진**
② 피부 **청정효과**, **진정효과**
③ **살균** 및 **염증 완화** 효과
④ **미백**효과
⑤ **보습**, **세포재생**, **탄력** 작용

3 팩(마스크)의 종류

(1) 제거방법에 따른 팩(마스크)의 종류

종 류	특 징
필 오프 타입 (Peel off type, Film type)	• 액체, 젤 형태로 얇은 필름막 형성으로 떼어냄 • 피부에 청정효과 부여 • 피부에 자극을 줄 수 있으므로 예민 피부에는 유의
워시 오프 타입 (Wash off type)	• 미온수나 해면, 습포 이용하여 제거 • 피부에 자극을 주지 않고 제거 후 상쾌함을 줌
티슈 오프 타입 (Tissue off type)	• 흡수가 잘 되는 젤, 크림 형태로 티슈로 닦아냄 • 건성, 노화 피부에 보습 및 영양 공급 효과로 적합 • 지성, 복합성 피부에는 여드름 발생의 우려로 부적합

(2) 재료형태에 의한 분류

① 화장품 팩

종 류	특 징
크림형태의 팩	• 사용감이 부드러우면서 보습 및 피부 유연효과가 뛰어남 • 건성, 민감성, 노화피부에 적합 • 워시 오프 타입과 티슈 오프 타입이 있음
젤형태의 팩	• 필 오프 타입과 워시 오프 타입이 있음 • 필 오프 타입 : 죽은 각질세포를 제거하는 효과 • 워시 오프 타입 : 보습 및 진정 효과로 지성, 민감성 피부에 효과
분말형태의 팩	• 해조 추출물, 약초 추출물, 효소, 한방재료 등의 다양한 원료를 분말 형태로 만든 것 • 바르기 직전에 정제수나 화장수 등에 혼합하여 사용 • 스팀, 온습포, 적외선 등을 이용하면 제품의 흡수 촉진
클레이형태의 팩	• 진흙, 점토 등이 주성분 • 분말성분(이산화티탄, 탈크, 카올린, 아연 등)과 보습성분(글리 세린 등)을 혼합하여 만든 형태 • **우수한 흡착 능력**으로 피지, 피부의 노폐물 등의 제거 효과 • 건성, 노화피부 보다는 **지성, 복합성, 여드름 피부에 적합**
무스형태의 팩	• 무스 형태로 가벼운 느낌을 줌 • 사용 시 용기를 잘 흔들어 제품을 도포 • 제품에 따라 제거하거나 흡수시켜 줌

◐ 제거방법에 따른 팩(마스크)의 종류
① 필오프타입 : 얇은 필름막 형성으로 떼어냄
② 워시오프타입 : 미온수나 해면, 습포 이용하여 제거
③ 티슈오프타입 : 흡수가 잘 되는 젤, 크림 형태로 티슈로 닦아냄

◐ 재료형태에 의한 분류
① 크림형태 : 건성, 민감성, 노화피부
② 젤형태 : 지성, 민감성피부
③ 분말형태 : 바르기 직전 정제수나 화장수 등에 혼합
④ 클레이형태 : 우수한 흡착 능력, 지성, 복합성, 여드름 피부
⑤ 무스형태 : 흔들어 제품 도포

② 특수 마스크

Key Point

◀ 특수 마스크
① 석고마스크 : 발열
　마스크, 건성, 노화
　피부
② 시트마스크(콜라겐
　벨벳마스크) : 종이
　형태, 재생피부, 기
　포가 형성되지 않
　도록 밀착
③ 고무마스크(모델링
　마스크) : 모든피
　부, 해조류에서 추
　출한 분말형태, 진
　정작용
④ 왁스마스크 : 발열
　효과, 건성, 노화피
　부, 손·발관리에
　적합

◀ 레이저 박피나 필
　링 후에 효과적인
　마스크
콜라겐 벨벳 마스크 :
피부 재생 작용

종 류	특 징	
석고마스크	• **발열마스크** • 석고가 응고되면서 온도가 차츰 올라가 피부에 약 10분간 열(38~42도)이 지속된 후 서서히 온도가 내려가 차가워지는 마스크 • 얼굴관리, 바디관리 등 신체 모든 부위에 적절하게 사용 • 모든 피부에 사용 가능 • 특히 **건성, 노화피부**에 혈액순환을 촉진 및 활성화 • 여드름, 모세혈관 확장증, 예민성 피부 등에는 사용 금지 기억법 석발건노 석발건노 : 석고는 발열마스크로 건성, 노화피부	
시트마스크 (콜라겐 벨벳 마스크)	• 콜라겐 등의 활성 성분을 동결건조시킨 **종이 형태**의 마스크 • 도포 시 기포가 형성되지 않도록 밀착 • 건성, 노화, 예민 피부, 필링 후 **재생피부**에 효과적 기억법 시콜종재 시콜종재 : 시트마스크인 콜라겐 벨벳은 종이 형태로 재생피부에 효과	
고무마스크 (모델링마스크)	• 주로 **해조류**에서 추출해 낸 분말형태의 마스크 • 고무막과 유사한 형태로 응고되면서 마스크의 활성성분이 피부 깊숙이 흡수 • 신진대사 촉진, 수분 공급, **홍반, 진정, 청정** 작용 • **모든 피부**에 적합 기억법 고해모진 고해모진 : 고무마스크는 해조류에서 추출하여 모든 피부에 진정작용	

종 류	특 징
왁스마스크	• 파라핀 왁스, 에틸 알코올, 스테아릴 알코올 등이 혼합된 마스크 • 온열기를 이용하여 사용 직전에 녹여서 사용 • 석고 마스크와 같이 45도이상의 **발열효과**를 나타내므로 **건성, 노화** 피부 및 **손관리, 발관리**에 효과적 *기억법* 왁스발 건노 손발 왁스발 건노 손발 : 왁스마스크는 발열효과로 건성, 노화, 손관리, 발관리 효과

③ **한방팩**

(가) 한방재료는 가공하여 사용해야 한다.

(나) 한방의 정확한 효능 파악과 이물질이 없는 재료를 사용해야 한다.

(다) 두 가지 이상 섞지 말아야 한다.(부작용 우려)

◉ 한방팩
① 가공하여 사용
② 두가지 이상 섞지 말기
③ 종류 : 맥반석,카오린, 해초류, 녹두, 감초, 천궁, 행인(유)

한방팩의 종류와 효능 및 적용피부

종 류	효 능	적 용 피 부
맥반석, 카오린	흡착능력, 미네랄 공급, pH조절	여드름, 기미, 피부질환, 무좀 등
해초류	보습 및 미네랄 공급	수분 부족, 탄력 저하 피부
녹두	해독 및 살균 작용, 표백 작용	지성, 여드름 피부
감초	세포재생, 해독 및 소염, 진정, 미백	여드름, 피부 트러블, 기미
천궁	모세혈관 강화, 피부조직 재생	예민 피부
행인(유)	피부수축, 해독 및 배농	기미, 거친피부, 건성, 노화피부

④ **천연팩**

(가) 재료는 신선한 무농약 재배 과일이나 야채를 사용해야 한다.

(나) 깨끗이 손질하여 청결함을 유지하고, **반드시 1회분만** 만들고 만든 **즉시 사용**해야 한다.

(다) 밀가루, 요구르트, 계란, 우유, 영양크림, 글리세린 등을 바탕재료로 사용하면 효과가 크다.

◉ 천연팩
① 신선한 무농약 과일이나 야채 사용
② 반드시 1회분으로 즉시 사용
③ 종류 : 사과, 벌꿀, 요구르트, 계란노른자, 바나나, 마요네즈, 계란흰자, 감자, 오이, 딸기, 키위, 포도, 레몬, 수박, 살구씨팩 등

피부
미용사

Key Point

◁ 팩 붓의 각도
45도로 피부결 방향으
로 도포

천연팩의 종류와 효능 및 적용피부

종 류	효 능	적 용 피 부
사과팩	노폐물 제거	중성피부
벌꿀팩/요구르트팩/계란노른자팩	영양, 미백	중성, 건성, 노화피부
바나나팩/마요네즈팩	영양, 보습	건성, 노화피부
계란흰자팩	청결, 피지 제거	지성피부
감자팩	소염, 진정	여드름, 일소피부
오이팩	소염, 진정, 미백	여드름, 일소피부, 기미, 색소침착피부
딸기팩/키위팩/포도팩/레몬팩	수렴, 수분보충, 미백, 탄력 공급	기미, 색소침착, 노화피부
수박팩	피부의 열을 식혀주고 피로 회복	일소피부
살구씨팩	보습	건성피부

◁ 팩(마스크)시 주의
사항
①피부결 방향대로 도
포
②피부온도가 낮은 순
서 : 볼, 턱, 코, 이
마, 인중 순서
③아이패드로 눈 보
호
④약 15~20분 정도
적용
⑤진정효과(아줄렌)

4 팩(마스크)시 주의사항

① 고객의 피부유형, 피부상태, 계절 등을 고려하여 팩(마스크)을 선택한다.
② 도포시 고객의 눈, 코, 입에 들어가지 않도록 주의한다.
③ 고객에게 미리 팩(마스크)의 효과와 느낌에 대해 설명해 준다.
④ 팩(마스크) 도포는 안에서 밖으로 즉, **피부결방향**대로 실시한다.
　　(도포법 : 피부의 온도가 가장 낮은 순서인 볼-턱-코-이마-인중 순으로 시작)
⑤ 눈 주위는 반드시 **아이패드**로 눈을 보호해 준다.
⑥ 천연팩, 한방팩 등은 즉석에서 필요량만 만들어 사용한다.
⑦ 적용시간 : 약 **15~20분** 정도가 적당
⑧ 예민, 민감한 피부 : **진정효과(아줄렌)**성분의 팩 사용

 머리에 쏙~쏙~ 5분 체크

01 (   ) 또는 (   )는 피부에 청정, 살균, 미백, 보습 등의 효과를 부여한다.

> ◐ 팩(마스크)의 효과
> 청정, 살균, 미백, 보습 등의 효과

02 액체, 젤 형태로 얇은 필름막을 형성하여 떼어내는 팩의 타입은 (   )타입이다.

03 티슈 오프 타입은 건성, 노화 피부에 보습 및 영양 공급 효과를 주지만 (   ), (   )피부에는 여드름 발생의 우려가 있으므로 부적합하다.

04 (   )형태의 팩은 우수한 흡착 능력으로 피지, 피부의 노폐물 등의 제거에 효과가 있다.

05 응고되면서 온도가 올라가 피부에 약 10분간 열(38~42도)이 지속된 후 서서히 온도가 내려가 차가워지는 발열마스크를 (   )마스크라고 한다.

06 콜라겐 벨벳 마스크는 도포 시 (   )가 형성되지 않도록 (   )시켜야 한다.

> ◐ 제거방법에 따른
>   팩(마스크)의 종류
> ① 필 오프 타입
> ② 워시 오프 타입
> ③ 티슈 오프 타입

07 고무마스크는 주로 (   )에서 추출해 낸 분말형태의 마스크이다.

08 천연팩은 깨끗이 손질하여 청결함을 유지하고, 반드시 1회분만 만들고 만든 (   ) 사용해야 한다.

09 팩의 적용시간은 약 (   ) 정도가 적당하다.

10 팩의 도포는 피부의 온도가 가장 (   ) 순서인 (   ) – 턱 – 코 – (   ) – 인중 순으로 시작한다.

정답 01. 팩, 마스크   02. 필 오프   03. 지성, 복합성   04. 클레이   05. 석고
     06. 기포, 밀착   07. 해조류   08. 즉시   09. 15~20분   10. 낮은, 볼, 이마

Key Point

1 시험문제 엿보기

☆
01 필오프 타입 마스크의 특징이 아닌 것은? ➡ 출제년도 09

㉮ 젤 또는 액체형태의 수용성으로 바른 후 건조되면서 필름막을 형성한다.

㉯ 볼 부위는 영양분의 흡수를 위해 두껍게 바른다.

㉰ 팩 제거 시 피지나 죽은 각질 세포가 함께 제거됨으로 피부청정효과를 준다.

㉱ 일주일에 1~2회 사용한다.

☀해설 ㉯ 볼 부위는 영양분의 흡수를 위해 두껍게 바르면 떼어내기가 어려우므로 **적당량** 바른다. 〔정답〕 ㉯

◀ 머드 팩
피지분비가 많은 지성·
여드름 피부에 피지 흡
착 효과

02 다음 중 피지분비가 많은 지성, 여드름성 피부의 노폐물 제거에 가장 효과적인 팩은? ➡ 출제년도 10

㉮ 오이팩 ㉯ 석고팩

㉰ 머드팩 ㉱ 알로에젤팩

☀해설 ㉰ 머드팩 : 피지분비가 많은 지성·여드름피부에 피지흡착 효과 〔정답〕 ㉰

☆
03 다음에서 설명하는 팩(마스크)의 재료는? ➡ 출제년도 09

> 열을 내서 혈액순환을 촉진시키고 또한 피부를 완전 밀폐시켜 팩(마스크)도포 전에 바르는 앰플과 영양액 및 영양크림의 성분이 피부 깊숙이 흡수되어 피부개선에 효과를 준다.

㉮ 해초 ㉯ 석고

㉰ 꿀 ㉱ 아로마

☀해설 ㉯ 석고 : **발열**마스크 〔정답〕 ㉯

◀ 석고 마스크
열을 내서 혈액순환을
촉진시키는 발열마스
크

◀ 콜라겐 벨벳마스크
① 시트타입으로 콜라
겐을 냉동 건조시켜
종이형태로 만든 것
② 기포가 형성되지 않
도록 밀착

04 콜라겐 벨벳마스크는 어떤 타입이 주로 사용되는가? ➡ 출제년도 09

㉮ 시트 타입 ㉯ 크림 타입

㉰ 파우더 타입 ㉱ 젤 타입

☀해설 ㉮ 시트 타입으로 콜라겐을 냉동 건조시켜 **종이형태**로 만든 것이다. 〔정답〕 ㉮

☆☆
05 팩의 사용방법에 대한 내용 중 틀린 것은? ➡ 출제년도 09

㉮ 천연 팩은 흡수 시간을 길게 유지할수록 효과적이다.

㉯ 팩의 적정 시간은 제품에 따라 다르나 일반적으로 10~20분 정도의 범위이다.

㉰ 팩을 사용하기 전 알레르기 유무를 확인한다.

㉱ 팩을 하는 동안 아이패드를 적용한다.

☀해설 ㉮ 천연 팩은 흡수 시간을 길게 유지하면 민감성피부의 경우 **트러블**을 발생시킬 수 있으므로 주의한다. 〔정답〕 ㉮

1 제모의 목적 및 효과

제모는 신체의 불필요한 털을 제거하는 것으로 외관상 아름다워 보이지 않을 때 미용상 그 부위의 털을 제거할 필요가 있다.

2 제모의 종류와 방법

(1) 제모의 종류

① **일시적 제모**

털을 **모간** 또는 **모근**까지만 제거로 **재성장**하게 되므로 정기적으로 제모를 실시해야 한다.

㈎ **면도기를 이용한 제모**

- 피부표면의 높이에서 털의 **모간**만을 자르는 방법이다.
- 가장 손쉽게 짧은 시간에 할 수 있는 방법으로 털의 **성장 방향**대로 밀어준다.
- 털이 곧바로 자라나오며 굵고 거세게 자라나오는 단점이 있다.
- 면도는 주1~2회 정도 클렌저로 거품을 충분히 내어 모공을 확장시킨 후 실시한다.

㈏ **핀셋을 이용한 제모**

- 눈썹이나 겨드랑이의 좁은 부위의 털을 제거할 때 사용한다.
- 왁스를 이용한 제모 후에도 남은 털을 제거한다.
- 털의 **성장 방향**대로 뽑아야 하며 지속적으로 실시했을 때에는 피부가 늘어지는 단점이 있다.

㈐ **화학적 제모**

- 크림이나 연고, 액체 형태로 된 화학성분이 털을 연화시켜 제거한다.
- 제모제는 **강알칼리성**으로 반드시 제품을 사용지시에 따라 **알레르기 반응 테스트**를 해야 한다.
- **제모 후**에는 산성화장수를 바르고 진정 로션이나 크림으로 피부를 **진정**시켜 준다.

Key Point

◁ 제모의 목적 및 효과
① 외관상 아름다워 보이지 않을 때 미용상 크 부위의 털을 제거 하는 것

◁ 제모의 종류
① 일시적 제모
 – 면도기 : 털의 모간 만 제거, 털의 성장 방향대로 밀어줌
 – 핀셋 : 좁은 부위의 털 제거, 털의 성장 방향대로 밀어줌
 – 화학적 : 강알칼리 성으로 알레르기 반응 테스트, 제모 후 피부 진정
 – 왁스를 이용한 제 모 : 모근으로부터 털이 제거(약4~5 주)
② 영구적 제모 : 전기 분해법, 전기응고 법(단파방법)

Key Point

◀ 왁스를 이용한 제
모 방법
제모부위 소독
→ 탈컴파우더 바르기
→ 나무스파츌라로 왁
스를 덜어 손목 안쪽
에 온도 테스트 → 털
이 난 방향으로 왁스
바르기 → 부직포를
비스듬히 대고 털이
난 반대방향으로 신속
하게 제거 → 남아있
는 털은 핀셋으로 제
거 → 진정용 화장수
나 로션 바르기

• 긴 털은 3~5cm정도 남기고 가위로 잘라서 제모를 시행한다.

• 3~4일 정도 지나면 털이 다시 자라나오므로 주 1회정도 사용한다.

㉣ **왁스를 이용한 제모**

• **모근**으로부터 털이 **제거**되므로 다시 자라나오는데 좀 더 많은 시일이 걸린다. (약 4~5주)

종 류	특 징
온왁스	• 제모 실시 전 **미리 데워서** 준비 • 제모하기 적당한 털의 길이 : 1cm • 가열해서 액체상태가 된 **왁스**를 나무스파츌라를 이용해 털의 **성장방향**으로 도포 • **부직포(머절린)**를 이용하여 털이 난 **반대 방향**으로 비스듬히 재빠르게 떼어냄 • 온왁스를 실시하기 전에는 **미리 온도를 감지** • 온도가 너무 높으면 화상의 우려가 있으므로 주의 • 남아있는 털은 핀셋을 이용하여 제거 • 남아있는 왁스의 끈적임은 **왁스제거용 리무버**로 제거 • **제모 후**에는 산성화장수를 바르고 진정 로션이나 크림으로 피부 **진정**
냉왁스	• 상온에서 액체상태로 되어 있어 **그대로 사용가능** • 장점 : 데우는데 번거로움이 없음 • 단점 : 굵거나 거센 털에는 온왁스에 비해 잘 제거되지 않음 • 제모 방법은 온왁스와 거의 동일함
하드왁스	• 제모할 부위에 두껍게 발라 마르면 부직포(무슬린천)를 사용하지 않고 **왁스 자체를 떼어내는 방법**

② **영구적 제모**

전기의 전류를 이용하여 **모근**까지 제거하는 방법으로 털을 **영구히 제거**할 수 있으나 정확한 기기사용법을 교육받은 후 실시하지 않으면 흉터를 남길 수 있는 위험이 있으므로 주의해야 한다.

◀ 왁스 시술시 주의
사항
① 온왁스는 제모 실
시 전에 데워둠
② 제모하기 적당한
털의 길이 : 1cm
③ 남아있는 왁스의
끈적임은 왁스제거
용 리무버로 제거

종 류	특 징
전기분해법	• 갈바닉 전류(직류전기)를 이용하여 순간적으로 모근을 파괴시키는 전기 분해법 • 인체 내부의 염화나트륨 등의 전해질이 알칼리인 수산화나트륨을 생성하여 알칼리물질이 모유두에서 성장기에 있는 모든 털을 파괴
전기응고법 (단파방법)	• 단파(고주파)에서 발생하는 높은 열을 이용하여 털이 자라는 모근의 세포를 가열하여 응고시킴으로써 털을 파괴하는 방법 • 전기분해법보다 훨씬 미세한 침을 이용하여 털을 빠르게 제거

3 제모시 적용금지 및 주의사항

Key Point

구 분	설 명
적용금지	• 자외선으로 인한 화상을 입은 경우 • 과민해진 경우 • 염증, 상처, 피부 질환이 있는 경우 • 사마귀 또는 점 부위의 털 • 정맥류, 혈관 이상 증상이 있는 경우 • 궤양이나 종기, 당뇨병 환자, 간질환자
주의사항	• 사우나 전후 제모를 하거나 제모 후 수영, 장시간 물속에 들어가는 것 삼가 • 제모 후 꽉 조인 옷이나 스타킹, 팬티 등의 착용 금지 • 제모 전 제모할 부위는 유분기와 땀이 없도록 깨끗이 씻겨진 상태에서 건조시켜 실시 • 제모 후 24시간 내에는 피부 감염을 방지위해 세안, 목욕, 비누사용, 메이크업, 햇빛 자극 등은 피함

◀ 제모시 적용금지 대상
① 자외선으로 화상을 입은 경우
② 과민해진 경우
③ 염증, 상처, 피부 질환이 있는 경우
④ 사마귀, 또는 점 부위의 털
⑤ 정맥류, 혈관 이상 증상이 있는 경우
⑥ 궤양이나 종기, 당뇨병 환자, 간질 환자

최초의 면도기

기원전 3만년 전, 부싯돌로 만들어졌다. 부싯돌을 이용하면 수염이나 기타 체모의 제거 뿐만 아니라 몸에 예술적 디자인을 새기는 데에도 사용되었다.

Key Point

머리에 쏙~쏙~ 5분 체크

◀ 일시적 제모이 종류
① 면도기 이용한 제모
② 핀셋 이용한 제모
③ 화학적 제모
④ 왁스 제모

☆
01 일시적 제모의 종류에는 ( ), 핀셋, 화학적 제모, ( )를 이용한 제모가 있다.

02 핀셋을 이용한 제모는 눈썹이나 겨드랑이의 ( ) 부위의 털을 제거할 때 사용하며 털의 ( ) 방향대로 뽑아야 한다.

03 화학적 제모제는 ( )으로 반드시 제품을 사용지시에 따라 ( ) 반응 테스트를 해야 한다.

☆☆
04 온왁스로 제모를 할 경우 부직포(머절린)를 이용하여 털이 난 ( ) 방향으로 ( ) 재빠르게 떼어낸다.

☆
05 왁스를 이용한 제모 후에는 산성화장수를 바르고 ( ) 로션이나 크림을 바른다.

06 냉왁스는 상온에서 액체상태로 되어 있어 ( ) 사용 가능하나 굵거나 ( )에는 온왁스에 비해 잘 제거 되지 않는다.

07 ( )는 제모할 부위에 두껍게 발라 마르면 부직포를 사용하지 않고 왁스 자체를 떼어내는 방법이다.

◀ 왁스를 이용한 제모 방법
제모부위 소독 → 탈
컴파우더 바르기 →
나무스파츌라로 왁스
를 덜어 손목 안쪽에
온도 테스트 → 털이
난 방향으로 왁스 바
르기 → 부직포를 비
스듬히 대고 털이 난
반대 방향으로 신속하
게 제거 → 남아 있는
털은 핀셋으로 제거
→ 진정용 화장수나
로션 바르기

08 영구적인 제모는 전기의 전류를 이용하여 ( )까지 제거하는 방법으로 털을 영구히 제거할 수 있으나 정확한 기기사용법을 교육받은 후 실시하지 않으면 ( )를 남길 수 있으므로 주의해야 한다.

09 단파(고주파)에서 발생하는 높은 열을 이용하여 털이 자라는 모근의 세포를 가열하여 응고시킴으로써 털을 파괴하는 방법을 ( )또는 단파방법이라고 한다.

10 제모 후에는 꽉 조인 옷이나 ( ), 팬티 등의 착용을 금지한다.

정답 01. 면도기, 왁스   02. 좁은, 성장   03. 강알칼리성, 알레르기   04. 반대, 비스
듬히   05. 진정   06. 그대로, 거센 털   07. 하드왁스   08. 모근, 흉터
09. 전기응고법   10. 스타킹

시험문제 엿보기

01 일시적 제모방법 가운데 겨드랑이 및 다리의 털을 제거하기 위해 피부미용실에서 가장 많이 사용되는 제모방법은? ➥ 출제년도 10

㉮ 면도기를 이용한 제모 ㉯ 레이져를 이용한 제모

㉰ 족집게를 이용한 제모 ㉱ 왁스를 이용한 제모

🕐설 ㉱ 왁스를 이용한 제모 : 털이 재성장하는데 4~5주정도 걸리므로 피부미용실에서 가장 많이 사용 〔정답〕 ㉱

02 화학적 제모와 관련된 설명이 틀린 것은? ➥ 출제년도 10

㉮ 화학적 제모는 털을 모근으로부터 제거한다.

㉯ 제모제품은 강알칼리성으로 피부를 자극하므로 사용 전 첩포시험을 실시하는 것이 좋다.

㉰ 제모제품 사용 전 피부를 깨끗이 건조시킨 후 적정량을 바른다.

㉱ 제모 후 산성화장수를 바른 뒤에 진정로션이나 크림을 흡수시킨다.

🕐설 ㉮ 화학적 제모는 털의 **표면**을 연화시켜 제거한다. 〔정답〕 ㉮

◁ 왁스 시술시 주의
사항
①온왁스는 제모실시
전에 데워둠
②제모하기 적당한
털의 길이 : 1cm
③남아 있는 왁스의
끈적임은 왁스 제
거용 리무버로 제
거

03 제모시술 중 올바른 방법이 아닌 것은? ➥ 출제년도 09

㉮ 시술자의 손을 소독한다.

㉯ 머절린(부직포)을 떼어낼 때 털이 자란 방향으로 떼어낸다.

㉰ 스파츌라에 왁스를 묻힌 후 손목 안쪽에 온도테스트를 한다.

㉱ 소독 후 시술부위에 남아 있을 유·수분을 정리하기 위하여 파우더를 사용한다.

🕐설 ㉯ 머절린(부직포)을 떼어낼 때 털이 자란 **반대**방향으로 떼어낸다. 〔정답〕 ㉯

04 눈썹이나 겨드랑이 등과 같이 연약한 피부의 제모에 사용하며, 부직포를 사용하지 않고 체모를 제거할 수 있는 왁스(wax) 제모 방법은? ➥ 출제년도 09

㉮ 소프트(Soft) 왁스 법 ㉯ 콜드(Cold) 왁스 법

㉰ 물(Water) 왁스 법 ㉱ 하드(Hard) 왁스 법

🕐설 ㉱ 하드(Hard) 왁스 법 : 눈썹이나 겨드랑이 등과 같이 연약한 피부의 제모에 사용하며, 부직포를 사용하지 않고 체모를 제거할 수 있는 왁스(wax) 제모 방법 〔정답〕 ㉱

05 왁스를 이용한 제모의 부적용증과 가장 거리가 먼 것은? ➥ 출제년도 09

㉮ 신부전 ㉯ 정맥류

㉰ 당뇨병 ㉱ 과민한 피부

🕐설 ㉮ 신부전 : 신장의 기능에 장애가 있는 상태로 제모의 부적용증과 상관없다. 〔정답〕 ㉮

전신관리

Skin Care

1 전신관리의 목적 및 효과

(1) 전신관리의 목적

신체의 림프순환과 혈액순환을 활발하게 하고 진정효과 및 결체조직을 강화시킴으로써 근육의 이완과 조직의 탄력성을 증진시켜 전신의 생리적, 물리적, 심리적인 효과를 주는데 목적이 있다.

(2) 전신관리의 효과

① **혈액순환**과 **신진대사**를 촉진시켜 **독소 배출**과 **영양 흡수**를 시켜준다.
② 신경계에 **진정효과**를 주어 스트레스를 완화시키고, 기능을 정상적으로 회복시켜 준다.
③ 정신적, 육체적인 피로 회복과 근육 이완, 피부결의 **유연성 향상**을 도와준다.
④ 신체의 **균형**을 **유지**시켜준다.
⑤ 전신의 피부에 영양분을 흡수시켜 피부 **노화 예방**에 도움이 된다.

2 전신관리의 종류 및 방법

전신관리의 종류에는 림프드레나쥐, 경락마사지, 아로마마사지, 스웨디시마사지, 아율베딕마사지, 반사마사지, 스톤마사지, 수요법, 타이마사지, 시아추마사지, 전신 랩핑 등 여러 가지 매뉴얼테크닉을 이용한 다양한 관리 방법이 있다.

(1) 림프드레나쥐

림프 순환을 촉진시켜 세포의 대사물질이나 독소 및 노폐물의 배출을 도와 조직의 대사를 원활하게 하는 기법으로 림프마사지, 림프배농법, 림프배출법 등의 용어로도 사용된다.

목적 및 효과	방 법
• **자율신경계**(부교감신경계)를 **자극**하여 저항력 증진 및 신체 균형 유지 • 자극에 대한 통증 완화 및 반사행동	• 림프의 방향 : **일방성 통행** • 압력 : **섬세**하고 **가볍게** 실시 　(약 30~40mmHg의 압력)

목 적 및 효 과	방 법
• 혈액순환과 림프순환으로 **노폐물 배출** 및 **독소 제거** • **부종 해소** 및 **면역력 강화**	• 기본동작 　– **정지상태 원동작** : 원형을 그리는 동작으로 손바닥 전체나 손가락의 끝부위를 이용하여 한 부위를 여러번 반복하여 실시 (목이나, 얼굴, 주요 림프절 부위 적용) 　– **펌프 동작** : 엄지와 네 손가락을 둥글게 해서 엄지와 검지 부분의 안쪽 면을 피부에 닿게 하고 손목을 이용하여 위로 올릴 때 압을 주는 동작 (팔, 다리에 적용) 　– **퍼올리기 동작** : 손바닥을 이용해 손목을 회전하여 위로 올리듯이 압을 주는 동작 (팔, 다리에 적용) 　– **회전 동작** : 손바닥 전체를 밀착시켜 손목을 움직여 옆으로 회전하는 동작 (등, 복부, 둔부, 흉곽에 적용) • 적용피부 　– 알레르기 피부, 셀룰라이트, 여드름 피부 　– 부종 및 홍반, 수술 후의 상처회복 　– 민감성 피부, 모세혈관 확장 피부 • 적용금지 　– 감염성 피부 　– 갑상선 기능 장애, 혈전증 　– 심부전증, 결핵, 기관지, 천식, 저혈압 　– 악성종양, 급성 염증 질환, 임산부, 월경기

1930년대 덴마크의 의사인 **에밀 보더**(Emil Vodder)에 의해 창안

◀ 림프드레나쥐의 적용
① 일방성 통행으로 섬세하고 가볍게 실시
② 적용피부 : 알레르기피부, 셀룰라이트, 여드름피부, 부종 및 홍반, 수술 후의 상처회복, 민감성피부 등

(2) 경락마사지

인체에는 기(氣)와 혈(血)이 흐르는 통로가 있으며, 이 기(氣)가 흐르는 통로를 경락(經絡)이라고 한다. 인체의 오장육부와 피부, 근육에 까지 연결되어 기능 회복을 시켜주는 유기적인 관계를 가진다.

◀ 경락마사지의 목적 및 효과
① 혈액순환 및 신진대사 활성화
② 노화예방
③ 근육이완 및 피로회복
④ 14경맥과 365혈 존재

목 적 및 효 과	방 법
• **혈액순환 촉진** 및 **신진대사 활성화** • 피부 **노화 예방** • 피부의 호흡과 대사 촉진 • 긴장된 **근육 이완** 및 **피로 회복** • 소화기계통, 순환계통의 촉진	• 정의 : 한의학 이론 바탕으로 경락의 흐름을 자극하여 오장육부의 기능 회복 • 방법 　– 혈위를 자극하는 방법 　– 경락을 자극하는 방법 　– 피부를 자극하는 방법 • **14경맥**(12경맥, 임맥, 독맥)과 **365혈** 존재

	• 적용금지
	– 식후 1시간 이내에는 마사지를 피함
	– 만성, 염증성 피부 질환
	– 궤양성 질환, 전염성 질환
	– 생리 2~3일은 생리적 양이 많음으로 금지

◀ 아로마마사지의
   목적 및 효과
① 신경 안정
② 혈액순환
③ 면역력 증가
④ 방향 및 살균 작용

◀ 방법
① 목욕법
② 흡입법
③ 마사지법
④ 습포법

◀ 추출법
① 증류법 : 가장 경제
   적인 방법
② 압축법 : 감귤류 추
   출
③ 용매추출법

◀ 아로마테라피시
   주의사항
① 갈색유리병 보관
② 원액 사용 금지
③ 블랜딩, 패치테스트

(3) 아로마마사지

식물의 뿌리, 잎, 꽃 등에서 추출한 고농축의 에센셜 오일과 이를 희석시키기 위한 캐리어오일(베이스오일)을 이용하는 방법으로 사용되는 오일에 따라 그 효능이 다르므로 고객에 따라 다르게 적용해야 한다.

목적 및 효과	방 법

• **신경 안정** 및 피로 회복
• 세포 재생 및 **혈액순환** 촉진
• **면역력 증가** 및 통증완화, 근육 이완
• 방향 효과 및 살균 작용
	• 정의 : **식물**(뿌리, 잎, 꽃 등)에서 **추출**한 **고농축**의 에센셜 오일
	• 방법
	  – **목욕법**
	  – **흡입법**
	  – **마사지법**
	  – **습포법**
	• 추출법
	  – **증류법** : 고온의 증기로 대량 추출 가능
	  – **압축법** : 감귤류(오렌지 등) 추출
	  – **용매추출법** : 알코올, 아세톤 등의 용매로 추출
	• 주의사항
	  – **갈색 유리병**에 보관(공기중 산화)
	  – 아로마오일(에센셜오일) **원액 사용 금지**
	  – **블랜딩**해서 사용하고 **패치테스트**

알아두세요

〈캐리어 오일〉
• 에센셜 오일이 잘 침투되도록 블랜딩(희석)시키는 베이스 오일

◀ 스웨디시마사지
① 근육을 부드럽게
   해주는 마사지
② 클래식, 유러피언
   마사지

(4) 스웨디시마사지

근육을 부드럽게 풀어주는 스트레칭과 과학적, 체계적인 교육시스템을 통하여 세계적으로 보급되었다.

목적 및 효과	방 법
• 혈액순환 및 림프순환 • 근육 이완 및 강화 • 피부의 탄력성 증가 • 피로 회복 및 정신적 긴장감 완화	• 근육을 부드럽게 여러 동작을 결합 • 주의 사항 – 오일, 크림 등을 발라 부드럽게 마사지 – 피부유형에 맞는 제품 선택

- 19세기 초 **스웨덴**의 Pehr Henrik Ling(1778~1839)에 의해 고안된 기법
- **클래식** 또는 **유러피언마사지**라고도 함

(5) 아율베딕마사지

① **인도**의 전통 의학을 기본 원리로 한 마사지 기법이다.

② 허브 오일을 사용하여 두피 및 전신에 걸쳐 여러 가지 마사지법으로 관리한다.

아율베딕마사지 ▷
① 인도의 전통 의학
 원리의 마사지
② 허브 오일 사용

아율베딕마사지 방법

종 류	특 징
마르마 마사지	인체의 급소를 자극하여 균형을 유지시키는 방법으로 허브 오일을 이용한다.
시로다라 마사지	따뜻한 오일을 이마의 인당혈에 떨어뜨리고 두피를 마사지 하는 것으로 심장에서 먼곳까지 마사지한다.
아비앙가 마사지	두 명의 시술자가 양쪽에서 동시에 시술하는 방법으로 전신에 허브오일을 바르며 마사지한다.
우드바타나 마사지	파우더나 오일을 이용하여 마사지하는 것으로 비만관리에 탁월하다.
피지칠 마사지	다량의 따뜻한 허브 오일을 이용하여 전신을 이완시키는 방법이다.

(6) 반사마사지

① 손이나 발에 분포되어 있는 **반사구**를 **자극**하여 인체의 순환을 촉진시키는 마사지법이다.

② 반사구를 자극하면 신체의 에너지 흐름이 원활해져 생리적인 기능이 정상화된다.

반사마사지 ▷
손, 발에 분포된 반사구 자극

(7) 스톤마사지

① 열전도율이 높은 **현무암**을 사용한 인도의 전통의학인 아율베다와 접목시킨 관리이다.

② 세계적으로 스파산업에 전파되어 행해지고 있다.

스톤마사지 ▷
현무암 사용

(8) 수요법(하이드로테라피, 스파테라피)

① **수압**을 **이용**해 혈액순환 촉진 및 체내의 독소배출, 세포재생에 효과적이다.

② 식사 직후에는 금하는 것이 좋다.

③ 시간 : 5분~30분 정도

수요법 ▷
① 하이드로테라피,
 스파테라피
② 수압 이용

④ 관리 전에 잠깐 휴식을 취한다.

⑤ 관리 후에는 물, 이온음료를 섭취한다.

수요법의 종류

종 류	특 징
제트샤워	고압의 물줄기를 4~5m 떨어진 위치에서 전신에 마사지하는 요법으로 부위별 자극 효과 및 몸매 관리에도 탁월하다.
비키샤워	미세한 물줄기를 이용하여 고객이 누워있는 상태에서 척추와 전신을 마사지하고 마무리는 관리사에 의해 아로마테라피를 적용한다.
목욕관리	월풀을 이용하여 물분출구를 통해 마사지 효과와 기포, 거품욕을 할 수 있다.

◀ 타이마사지
① 태국 전통의 의숙 기법
② 스트레칭 마사지법
③ 에너지의 통로인 '센' 자극

(9) 타이마사지

① **태국** 전통의 의숙기법 중 하나이다.

② 명상, 요가, 호흡법을 함께 이용하여 신체 조직을 누르거나 비틀거나 이완시켜 준다.

③ 인체를 정화, 운동시키는 스트레칭 마사지법이다.

④ 에너지의 통로인 '센'을 자극하여 독소가 정체된 것을 배출시켜 질병을 개선하고 치유한다고 한다.

◀ 시아추마사지
일본의 지압식 마사지법

(10) 시아추마사지

① **일본**에서 안마라고 불렀던 마사지의 초기 형태에서 발전된 것이다.

② '손가락으로 누르기'란 지압의 치료법이다.

③ 지압의 특징 : 병을 물리치고 건강 유지 위해 손으로 누르는 것 같은 수기법을 사용한다.

◀ 전신 랩핑
① 비닐을 감쌀 때에는 피부가 호흡할 수 있도록 함
② 슬리밍 제품 관리 후 마무리 단계에 진정파우더 바르기

(11) 전신 랩핑

① 머드, 해조, 클레이, 파라핀 등이 랩핑의 재료로 사용된다.

② 순환증진과 노폐물의 배출 증진, 독소제거, 보습 및 피부 유연화, 탄력 강화의 효과가 있다.

③ 보통 사용되는 제품은 앨쥐(algea), 허브(herb), 슬리밍(slimming) 크림 등이다.

④ 비닐을 감쌀 때에는 피부가 호흡할 수 있도록 해야 한다.

⑤ 몸을 따뜻하게 하기 위해 수증기, 드라이 히트(dry heat) 등을 사용할 수 있다.

머리에 쏙~쏙~ 5분 체크

01 (   )는 자율신경계를 자극하여 저항력 증진 및 신체 균형을 유지시켜주는
것으로 덴마크의 의사인 (   )에 의해 창안되었다.

02 림프의 방향은 (   ) 통행을 하므로 관리시 압력은 (   )하고 가볍게 실시한다.

03 (   )마사지는 식물의 뿌리, 잎, 꽃 등에서 추출한 고농축의 에센셜 오일과 이를
희석시키는 (   ) 또는 베이스오일에 이용하는 방법이다.

04 에센셜오일의 추출법으로 고온의 증기로 대량 추출이 가능하여 가장 경제적인 방법은
(   )이다.

05 스웨덴의 헨링에 의해 고안된 기법으로 근육을 부드럽게 여러 동작을 결합하여 시술
하는 것으로 (   )마사지, 클래식 또는 (   ) 마사지라고도 한다.

06 아율베딕마사지는 (   )의 전통 의학을 기본 원리로 한 마사지 기법이고, 타이마사지
는 (   )의 전통 의숙 기법 중의 하나이며, 시아추마사지는 (   )의 지압식 마사지이
다.

07 수압을 이용해 혈액순환 촉진 및 체내의 독소배출, 세포 재생에 도움을 주는 전신관리
를 수요법 또는 하이드로테라피, (   ) 테라피라고 한다.

08 (   )마사지는 열전도율이 높은 (   )을 사용한 관리로 세계적으로 스파산업에
전파되어 행해지고 있다.

09 전신 랩핑시 비닐을 감쌀 때에는 피부가 (   )할 수 있도록 해야한다.

10 슬리밍 제품으로 관리를 한 후 마무리 단계에는 (   )파우더를 바르는 것이 좋다.

정답 01. 림프드레나쥐, 에밀보더   02. 일방성, 섬세   03. 아로마, 캐리어오일
04. 증류법   05. 스웨디시, 유러피언   06. 인도, 태국, 일본   07. 스파
08. 스톤, 현무암   09. 호흡   10. 진정

◀ 림프 드레나쥐
① 자율신경계를 자극
하여 저항력 증진
및 신체 균형 유지
② 덴마크 의사 에밀
보더에 의해 창안
③ 림프의 방향 : 일방
성 방향으로 섬세
하고 가볍게 실시

◀ 증류법
고온의 증기로 대량
에센설오일을 추출하
는 경제적 방법

시험문제 엿보기

01 다음 중 인체의 임파선을 통한 노폐물의 이동을 통해 해독작용을 도와주는 관리 방법은?　　　　　　　　　　　　　　　　　　　　⇒ 출제년도 09

㉮ 반사요법　　　　　　　　　　　㉯ 바디 랩

㉰ 향기요법　　　　　　　　　　　㉱ 림프드레나지

⏰ ㉱ 림프드레나지 : **림프순환**을 **촉진**시켜 노폐물 및 독소 배출, **면역**작용을 한다.

정답 ㉱

02 림프 드레나지를 금해야 하는 증상에 속하지 않은 것은?　　⇒ 출제년도 10

㉮ 심부전증　　　　　　　　　　　㉯ 혈전증

㉰ 켈로이드증　　　　　　　　　　㉱ 급성염증

⏰ ㉰ 켈로이드증 : 피부조직이 병적으로 증식하여 단단한 융기형태로 표피는 얇아지고 광택이 있으며 불그스름한 피부 상태이지만 림프 드레나지를 실시하는 것은 **상관없다.**

정답 ㉰

03 물의 수압을 이용해 혈액순환을 촉진시켜 체내의 독소배출, 세포재생 등의 효과를 증진시킬 수 있는 건강증진 방법은?　　　　　　　　　⇒ 출제년도 09

㉮ 아로마테라피(aroma-therapy)　　㉯ 스파테라피(spa-therapy)

㉰ 스톤테라피(stone-therapy)　　　㉱ 허벌테라피(hebal-therapy)

⏰ ㉯ 스파테라피(spa-therapy) : 물의 **수압**을 이용해 혈액순환을 촉진시켜 체내의 독소배출, 세포재생 등의 효과

정답 ㉯

04 관리방법 중 수요법(water therapy, hydrotherapy)시 지켜야 할 수칙이 아닌 것은?　　　　　　　　　　　　　　　　　　　　⇒ 출제년도 09

㉮ 식사 직후에 행한다.

㉯ 수요법은 대개 5분에서 30분까지가 적당하다.

㉰ 수요법 전에는 잠깐 쉬도록 한다.

㉱ 수요법 후에는 주스나 향을 첨가한 물이나 이온음료를 마시도록 한다.

⏰ ㉮ 식사 직후에는 금하며 **식후 1~2시간 후**에 행하는 것이 바람직하다.

정답 ㉮

05 바디 랩에 관한한 설명으로 틀린 것은?　　　　　　　　　⇒ 출제년도 09

㉮ 비닐을 감쌀 때는 타이트하게 꽉 조이도록 한다.

㉯ 수증기나 드라이 히트는 몸을 따뜻하게 하기 위해서 사용되기도 한다.

㉰ 보통 사용되는 제품은 앨쥐나 허브, 슬리밍 크림 등이다.

㉱ 이 요법은 독소제거나 노폐물의 배출 증진, 순환 증진을 위해서 사용된다.

⏰ ㉮ 비닐을 감쌀 때는 피부가 **호흡**을 할 수 있도록 하는 것이 좋다.

정답 ㉮

1 마무리의 목적 및 효과

(1) 마무리의 목적

피부관리의 마지막 단계로 냉습포를 사용하여 모공을 수축시키고 유효성분을 도포함으로써 피부에 영양을 공급하고 탄력을 주며 노화를 방지하여 건강한 피부를 유지하는데 그 목적이 있다.

(2) 마무리의 효과

① 피부를 **정돈**시킨다.
② 피부에 **보습** 및 **영양공급**을 해준다.
③ 피부 **보호** 및 노화 예방을 시킨다.
④ 건강한 피부를 유지시켜 준다.
⑤ 피부관리의 **마지막** 단계로 **냉습포**를 사용한다.

2 마무리의 방법

① 팩을 제거한 후 냉습포 사용하여 피부에 긴장감을 부여해준다.
② 화장수 사용하여 피부의 유·수분 밸런스를 맞추어 주고 피부결 정돈 및 진정효과를 준다.
③ 아이크림, 아이젤 등 눈관리 전용제품을 눈가에 바른 후 피부 유형에 맞는 에센스, 로션, 크림을 바른다.
④ 낮에는 데이크림을 바르고 자외선으로부터 피부를 보호하기 위해 자외선차단제 바른다.
⑤ 밤에는 피부 재생 및 보습, 활성성분이 함유된 나이트 크림 바른다.

Key Point

◁ 마무리의 목적 및 효과
① 피부 정돈
② 보습 및 영양 공급
③ 피부 보호 및 노화 예방
④ 건강한 피부 유지
⑤ 피부관리 마지막 단계 냉습포 사용

◁ 피부미용사의 마무리 사항
① 관리기록카드작성
② 사용화장품 기록
③ 홈케어 기록 및 추후 참고 자료 활용
④ 베드와 주변 정리

◁ 피부관리 시술단계
클렌징 → 피부분석 → 딥클렌징 → 매뉴얼테크닉 → 팩 → 마무리

Key Point

◀ 계절별 화장
① 봄 : 자외선으로 인한 색소침착, 트러블
② 여름 : 고온다습한 기후로 피지선과 한선의 분비 증가
③ 가을 : 기온 변화의 피부 불안정
④ 겨울 : 기온 저하로 피부 건조

3 계절별, 얼굴형별, T.P.O에 따른 화장

(1) 계절별 화장

계절	특 징	관 리 법
봄	• 황사 및 꽃가루로 인해 피부가 쉽게 더러워짐 • 자외선이 강해져 색소침착과 트러블이 쉽게 발생	• 클렌징크림, 클렌징폼으로 이중세안 • 자외선차단제 사용(피부보호)
여름	• 고온다습함(기온상승) • 강한 자외선으로 인해 노화 발생 • 피지선과 한선의 분비 증가 • 모공 확장 및 피부 탄력성 저하	• 수분과 영양 공급으로 피부 진정 • 자외선 차단제 사용(피부보호)
가을	• 기온의 변화가 심해져 피지막의 상태 불안정 • 각질층이 두터워지며, 노화촉진, 피부 당김 현상 발생 • 멜라닌 색소의 증가로 기미, 주근깨 등의 색소침착 및 안색이 칙칙해짐	• 두터워진 각질층을 딥클렌징이나 팩으로 제거 • 보습성분 이용한 수분과 영양 공급
겨울	• 각질이 일어나고 당기고 주름 발생 • 기온의 저하로 피부의 혈액순환과 신진대사 기능 둔화되어 건조해짐	• 주 2~3회 정도 매뉴얼테크닉과 팩으로 피부의 혈액순환 및 신진대사 촉진 • 유효성분 이용한 수분과 영양 공급

◀ 얼굴형별 화장
① 둥근형 : 세로의 길이 강조
② 역삼각형 : 가로로 길게 그리지 않도록 주의
③ 사각형 : 강하고 뚜렷한 메이크업으로 원숙한 느낌 표현
④ 마름모형 : 광대뼈 부분의 윤곽을 부드럽게 표현
⑤ 긴형 : 전체적으로 가로느낌 들게 메이크업

(2) 얼굴형별 화장

구 분	설 명
둥근형	• 실제 나이보다 어려 보이며 대체적으로 귀여운 이미지 • 눈썹 : 각지면서 올라가게 표현 • 아이섀도우 : 사선으로 터치 • 입술 : 직선커브로 표현 • 치크 : 컬러는 입꼬리 향하게 터치 • 둥근 느낌 강조하지 말고 세로의 길이 강조하는 메이크업
역삼각형	• 도시적이고 세련된 이미지 • 눈썹 : 아치형으로 둥글게 표현 • 아이섀도우 : 눈의 형태에 맞게 표현 • 입술 : 길이와 넓이를 늘려 입술이 좁아보이지 않게 Out커브 • 치크 : 컬러는 코끝을 향해서 터치 • 얼굴형수정으로 전체 밸런스유지 가로로 길게 그리지 않도록 주의

구 분	설 명
사각형	• 활동적이고 전체적으로 얼굴에 비해 폭이 넓으므로 평면적인 느낌 • 눈썹 : 각지면서 약간 높게 아치형으로 표현 • 아이섀도우 : 개인에 맞는 색상 • 입술 : Out커브, • 치크 : 컬러는 턱을 향해서 터치 • 강하고 뚜렷한 메이크업을 하여 원숙한 느낌의 색상 표현
마름모형	• 광대뼈가 튀어 나와 다소 관능적이며 외향적인, 좀 차가워 보이는 인상 • 눈썹 : 직선형으로 표현 • 아이섀도우 : 가로터치, • 입술 : 완만한 직선 • 치크 : 컬러는 약간 눈머리를 향해서 볼을 감싸듯이 터치 • 두드러진 광대뼈 부분의 윤곽을 부드럽게 해주는 것이 관건
긴형	• 고전적이며 지적인 이미지를 주고, 우아한 느낌 • 눈썹 :직선으로 표현 • 아이섀도우 : 가로터치 • 입술 : 옆으로 길게 표현 • 치크 : 컬러는 눈머리를 향해서 터치 • 전체적으로 가로느낌이 들게 메이크업

(3) T.P.O에 따른 화장(Time, Place, Object)

Time(시간)	Place(장소)	Object(목적)

• 낮
  – 자연조명
  – 면 위주의 메이크업
• 밤
  – 인공조명
  – 선 위주의 메이크업
	• 실내
	  – 밤 메이크업과 유사
	  – 입을 강조
	• 실외
	  – 낮 메이크업과 유사
	  – 눈을 강조
		• 축하객
		  – 눈, 입 강조
		  – 완전 메이크업
		• 조문객
		  – 내추럴 메이크업
		  – 진하거나 강조 메이크업 피함

◐ T.P.O에 따른 화장
① T : Time(시간)
② P : Place(장소)
③ O : Object(목적)

 머리에 쏙~쏙~ 5분 체크

☆
01 피부관리의 마무리는 마지막 단계로 (   )를 사용하여 모공 수축, 유효성분을 도포함으로써 피부에 영양 공급, 탄력 및 노화 방지, 건강한 피부를 유지하는데 그 목적이 있다.

☆
02 마무리시 낮에는 데이크림을 바르고 자외선으로부터 피부를 보호하기 위해 (   )를 바른다.

◐ 마무리의 목적 및
   효과
① 피부 정돈
② 보습 및 영양 공급
③ 피부 보호 및 노화
   예방
④ 건강한 피부 유지
⑤ 피부 관리 마지막
   단계 냉습포 사용

Key Point

03 (   )은 황사 및 꽃가루고 인해 피부가 쉽게 더러워지고, 자외선이 강해져 색소침착과 트러블이 쉽게 발생한다.

04 가을은 기온의 변화가 심해져 각질층이 두터워져 (   )이나 팩으로 제거해 주는 것이 좋다.

05 겨울은 기온의 (   )로 피부의 혈액순환과 신진대사 기능이 (   )된다.

06 (   )의 얼굴형은 도시적이고 세련된 이미지를 보이나 가로로 길게 그리지 않도록 주의해야 한다.

07 마름모형의 얼굴형은 (   )가 튀어 나와 다소 관능적이며 외향적이고 좀 차가워 보이는 인상을 주므로 부드럽게 표현해 준다.

08 얼굴형이 긴형의 눈썹은 (   )으로 표현하는 것이 좋으며, 전체적으로 (   )느낌이 들게 메이크업을 해준다.

☆
09 T.P.O에 따른 화장법을 구분할 때 T는 (   ), P는 (   ), O는 (   )을 나타낸다.

10 조문객을 방문할 목적으로 화장을 할 때에는 (   )메이크업을 하는 것이 좋다.

● T.P.O에 따른 화장
① T : Time(시간)
② P : Place(장소)
③ O : Object(목적)

정답 01. 냉습포 02. 자외선차단제 03. 봄 04.딥클렌징 05. 저하, 둔화
06. 역삼각형 07. 광대뼈 08. 직선, 가로 09. 시간, 장소, 목적 10. 내추럴

시험문제 엿보기

● 피부관리 시술단계
클렌징 → 피부분석
→ 팁클렌징 → 매뉴
얼테크닉 → 팩 → 마
무리

☆☆
01 **피부 관리 시 마무리 동작에 대한 설명 중 틀린 것은?**   → 출제년도 09

㉮ 장시간동안의 피부 관리로 인해 긴장된 근육의 이완을 도와 고객의 만족을 최대로 향상시킨다.

㉯ 피부타입에 적당한 화장수로 피부결을 일정하게 한다.

㉰ 피부타입에 적당한 앰플, 에센스, 아이크림, 자외선 차단제 등을 피부에 차례로 흡수시킨다.

㉱ 딥클렌징제를 사용한 다음 화장수로만 가볍게 마무리 관리해주어야 자극을 최소화 할 수 있다.

🌀 ㉱ 딥클렌징제를 사용한 다음 **매뉴얼테크닉**과 **팩** 등의 마무리 관리를 해 주어 피부보호를 위한 자극을 최소화할 수 있다.   정답 ㉱

02 피부관리 후 피부미용사가 마무리해야 할 사항과 가장 거리가 먼 것은? ➥ 출제년도 09

㉮ 피부관리 기록카드에 관리내용과 사용 화장품에 대해 기록한다.

㉯ 고객이 집에서 자가 관리를 잘하도록 홈 케어에 대해서도 기록하여 추후 참고
자료로 활용한다.

㉰ 반드시 메이크업을 해준다.

㉱ 피부미용 관리가 마무리되면 베드와 주변을 청결하게 정리한다.

🕐M ㉰ 반드시 메이크업을 해 줄 필요는 **없으며** 메이크업은 피부미용의 영역에 속하
지 않는다.　정답 ㉰

> ◀ 피부미용사의 마무
> 리 사항
> ① 관리 기록카드 작
> 성
> ② 사용화장품 기록
> ③ 홈케어 기록 및 추
> 후 참고 자료 활용
> ④ 베드와 주변정리

03 피부 관리실에서 피부 관리시 마무리관리에 해당하지 않는 것은? ➥ 출제년도 10

㉮ 피부타입에 따른 화장품 바르기　㉯ 자외선 차단크림 바르기

㉰ 머리 및 뒷목부위 풀어주기　㉱ 피부상태에 따라 매뉴얼 테크닉하기

🕐M ㉱ 피부상태에 따라 매뉴얼 테크닉하기는 **딥클렌징 후**에 실시하는 것으로 마무리
관리에 해당하지 않는다.　정답 ㉱

☆
04 피부관리 후 마무리 동작에서 수렴작용을 할 수 있는 가장 적합한 방법은?
➥ 출제년도 09

㉮ 건타올을 이용한 마무리 관리

㉯ 미지근한 타올을 이용한 마무리 관리

㉰ 냉타올을 이용한 마무리 관리

㉱ 스팀타올을 이용한 마무리 관리

🕐M ㉰ 냉타올을 이용한 마무리 관리로 모공수축 등의 수렴작용을 한다.　정답 ㉰

☆
05 계절에 따른 피부 특성 분석으로 옳지 않은 것은? ➥ 출제년도 09

㉮ 봄 – 자외선이 점차 강해지며 기미와 주근깨 등 색소침착이 피부 표면에 두드러
지게 나타난다.

㉯ 여름 – 기온의 상승으로 혈액순환이 촉진되어 표피와 진피의 탄력이 증가된다.

㉰ 가을 – 기온의 변화가 심해 피지막의 상태가 불안정해진다.

㉱ 겨울 – 기온이 낮아져 피부의 혈액순환과 신진대사 기능이 둔화된다.

🕐M ㉯ 여름 – 기온의 상승으로 혈액순환이 촉진되어 표피와 진피의 탄력이 **감소**된
다.　정답 ㉯

> ◀ 계절별 화장
> ① 봄 : 자외선으로 인
> 한 색소침착, 트러
> 블
> ② 여름 : 고온다습한
> 기후로 피지선과
> 한선의 분비증가
> ③ 가을 : 기온 변화의
> 피부 불안정
> ④ 겨울 : 기온 저하로
> 피부건조

☆☆
1 피부미용의 정의로 거리가 먼 것은?

㉮ 두발을 제외한 전신미용술이다.

㉯ 제품에 의존하기 보다는 손을 이용한 관리가 주를 이룬다.

㉰ 일반적으로 외국에서도 매니큐어, 페디큐어는 피부미용에 속하지 않는다.

㉱ 피부를 청결하고 아름답게 가꾸어 건강하고 아름답게 변화시키는 과정을 말한다.

💡 ㉰ 일반적으로 외국에서는 매니큐어, 페디큐어는 피부미용에 **속한다.**　　　**정답** ㉰

2 나라별 피부미용 용어의 연결로 바르지 못한 것은?

㉮ 독일 – Cosmetic

㉯ 미국 – Skin Care

㉰ 프랑스 – Esthetique

㉱ 일본 – Esthe

💡 ㉮ 독일 – **Kosmetic**

영국 – Cosmetic

정답 ㉮

3 이집트 시대에 대한 설명으로 옳지 않은 것은?

㉮ 향유, 안료, 백납이 사용되었다.

㉯ 클레오파트라는 우유를 이용한 목욕을 자주 하였다.

㉰ 공중목욕탕이 개발되어 목욕문화가 발달하였다.

㉱ 자연물을 숭배하였고, 진흙을 이용하여 피부를 가꾸었다.

💡 ㉰ 공중목욕탕이 개발되어 목욕문화가 발달하였다. : **로마 시대**　　**정답** ㉰

4 그리스에 관한 설명으로 바른 것은?

㉮ 히포크라테스는 건강한 아름다움을 위해 운동, 목욕, 마사지, 식이요법 등을 권장하였다.

㉯ 약초스팀법이 개발되어 현대 아로마 요법의 시초가 되었다.

㉰ 종교적 금욕주의로 인해 화장을 경시하였다.

㉱ 페스트, 성병이 유행하였다.

💡 ㉮ 히포크라테스는 건강한 아름다움을 위해 운동, 목욕, 마사지, 식이요법 등을 권장하였다.

㉯ ㉰ ㉱ : 중세 시대

정답 ㉮

5 갈렌에 의해 콜드크림의 원조인 연고가 제조된 시대는?

㉮ 이집트

㉯ 그리스

㉰ 로마

㉱ 르네상스

💡 ㉰ 로마 : 갈렌에 의해 콜드크림의 원조인 연고 제조　　**정답** ㉰

6 위생과 청결이 중요시 되었고 비누의 사용이 보편화되었던 시대는?

㉮ 중세

㉯ 로마

㉰ 르네상스

㉱ 근세

💡 ㉱ 근세 : 위생과 청결이 중요시 되었고 비누의 사용이 보편화　　**정답** ㉱

7 우리나라의 피부미용역사에 대한 설명으로 틀린 것은?

㉮ 고대 시대 : 단군신화에 의하면 마늘과 쑥이 미백효과가 있다고 전해진다.

㉯ 삼국 시대 : 유교 사상으로 정결함과 검소함을 강조하였다.

㉰ 고려 시대 : 신라의 풍습 그대로 계승하여 창백해 보이는 화장법이 유행하였다.

㉱ 조선 시대 : 최초의 판매용 화장품이 제조되었다.

🔔해설 ㉯ **조선 시대** : 유교 사상으로 정결함과 검소함을 강조하였다.

삼국 시대 : 불교의 영향으로 향을 사용하였고, 목욕문화가 발달하였다.

정답 ㉯

8 고려시대에 사용되었던 것으로 피부 보호제 겸 미백제 역할을 했던 액상타입의 유액을 무엇이라고 하나?

㉮ 연부액   ㉯ 면약

㉰ 박가분   ㉱ 동동구리무

🔔해설 ㉯ 면약 : 고려시대의 피부 보호제 겸 미백제 역할을 하는 액상타입의 유액

    ㉮ 연부액 : 1920년 동아부인상회에서 미백로션으로 제조·발매

    ㉰ 박가분 : 1922년 박승직의 부인인 정정숙이 부업삼아 자택에서 제조·판매하였으나 납성분으로 이후에 금지

    ㉱ 동동구리무 : 일제시대 말 등장

정답 ㉯

9 피부미용사의 실제적 영역에 해당하지 않는 것은?

㉮ 얼굴관리   ㉯ 팔관리

㉰ 제모   ㉱ 점빼기

🔔해설 ㉱ 점빼기 : **의료행위**이므로 피부미용사의 영역에 해당하지 않는다.

정답 ㉱

10 피부관리실의 환경 및 피부미용사의 위생에 대한 설명으로 틀린 것은?

㉮ 피부관리용의 모든 기구는 소독을 철저히 하고 위생적이여야 한다.

㉯ 피부관리실의 분위기는 심신의 안정을 취할 수 있어야 하며, 피부미용사는 용모단정해야 한다.

㉰ 피부미용사는 구취나 체취가 나지 않도록 강한 향수를 사용하는 것이 좋다.

㉱ 피부관리실의 조명은 간접조명이여야 하고 방음시설을 갖추어야 한다.

🔔해설 ㉰ 피부미용사는 구취나 체취가 나지 않도록 **청결**해야 하고, 강한 향수를 사용하는 것은 오히려 고객에게 불쾌감을 줄 수 있다.

정답 ㉰

11 올바른 고객 피부 상담으로 볼 수 없는 것은?

㉮ 고객의 방문 목적을 정확히 알고 있어야 한다.

㉯ 고객의 사생활에 대한 정보를 공유한다.

㉰ 존칭어를 사용하고 피부미용사는 전문적인 지식을 갖추어야 한다.

㉱ 고객의 피부 문제를 정확하게 파악하여 어떤 관리를 원하는지 알아야 한다.

🔔해설 ㉯ 고객의 사생활에 대한 정보를 공유해서는 **안된다.**

정답 ㉯

12 상담의 절차가 바르게 나열된 것은?

㉮ 인사 – 상담 – 고객관리차트 작성 – 시술 – 피부관리 설명 – 다음관리 예약

㉯ 인사 – 상담 – 피부관리 설명 – 고객관리차트 작성 – 시술 – 다음관리 예약

㉰ 인사 – 상담 – 고객관리차트 작성 – 피부관리 설명 – 시술 – 다음관리 예약

㉱ 인사 – 상담 – 피부관리 설명 – 시술 – 고객관리차트 작성 – 다음관리 예약

🔔해설 ㉰ 인사 – 상담 – 고객관리차트 작성 – 피부관리 설명 – 시술 – 다음관리 예약

정답 ㉰

13 고객의 피부를 분석하는 목적으로 옳은 것은?

㉮ 화장품의 선택과 피부 관리법을 잘 선별하기 위함이다.

㉯ 피부의 문제점을 치료하기 위함이다.

㉰ 관리 후 메이크업을 잘되게 하기 위함이다.

㉱ 성공적인 상담과 고가의 관리를 하기 위함이다.

㉮ 화장품의 선택과 피부 관리법을 잘 선별하기 위함이다. **정답 ㉮**

14 피부분석 방법에 해당하지 않는 것은?

㉮ 문진 ㉯ 촉진

㉰ 수진 ㉱ 견진

㉰ 수진이라는 피부분석방법은 없다.

피부분석방법 : 문진, 촉진, 견진 **정답 ㉰**

15 피부 분석시 사용되는 방법으로 틀린 것은?

㉮ 스파츌라를 이용하여 피부에 자극을 주어 본다.

㉯ 세안 전에 우드램프를 사용하여 측정한다.

㉰ 손으로 직접 만져보아 탄력성을 알아본다.

㉱ 고객에게 질문을 하여 피부 상태를 알아본다.

㉯ 세안 後에 우드램프를 사용하여 측정한다. **정답 ㉯**

16 피부유형을 구분하는 가장 기본적인 기준이 되는 것은?

㉮ 홍반상태 ㉯ 피지상태

㉰ 혈액순환상태 ㉱ 각질화상태

㉯ 피지상태 : 피부유형을 구분하는 가장 기본적인 기준 **정답 ㉯**

17 다음 중 피부유형에 대한 설명으로 바른 것은?

㉮ 정상피부 : 각질이 일어나고 화장을 하면 들뜬다.

㉯ 건성피부 : 모공이 작고 윤기가 없다.

㉰ 지성피부 : 피지선과 한선의 기능이 저하되어 있다.

㉱ 민감성피부 : 윤기가 있고 피부 표면이 부드럽다.

㉯ 건성피부 : 모공이 작고 윤기가 없다.

㉮ 건성피부 : 각질이 일어나고 화장을 하면 들뜬다.

㉰ 지성피부 : 피지선과 한선의 기능이 증가되어 있다.

㉱ 정상피부 : 윤기가 있고 피부 표면이 부드럽다.

정답 ㉯

18 피부가 예민하고 홍반 및 색소침착을 발생시키는 피부유형은?

㉮ 정상피부

㉯ 지성피부

㉰ 복합성피부

㉱ 민감성피부

㉱ 민감성피부 : 피부가 예민하고 홍반 및 색소침착 발생 **정답 ㉱**

19 다음 중 상담카드를 작성할 때 문진에 해당하지 않는 것은?

㉮ 질병

㉯ 알레르기

㉰ 흡연

㉱ 모공크기

㉱ 모공크기 : 견진에 해당 **정답 ㉱**

★★
20 클렌징의 목적 및 효과에 해당하지 못한 것은?

㉮ 피부 표면의 노폐물 및 죽은 각질을 제거해 준다.

㉯ 피부를 청결하게 하고 건강한 피부를 유지시켜 준다.

㉰ 피부의 혈액순환을 촉진시켜 준다.

㉱ 제품의 흡수를 증가시켜 준다.

⏱📝 ㉮ 피부 표면의 노폐물 및 **메이크업 잔여물**을 제거해 준다.

　　　피부의 죽은 각질 제거 : 딥클렌징의 효과

정답 ㉮

21 피부를 더럽게 하는 요소 중 유용성 요소에 해당하지 않는 것은?

㉮ 산화된 피지　　㉯ 로션

㉰ 땀　　　　　　㉱ 립스틱

⏱📝 ㉰ 땀 : **수용성** 요소　　　　　정답 ㉰

22 올바른 클렌징제의 선택 조건으로 볼 수 없는 것은?

㉮ 피부의 먼지, 피지, 메이크업, 죽은 각질 등을 잘 제거해야 한다.

㉯ 피부의 산성막을 파괴시키지 말아야 한다.

㉰ 피부 유형에 맞는 클렌징 제품을 선택해야 한다.

㉱ 피부의 수분이 탈수되지 않아야 한다.

⏱📝 ㉮ **죽은 각질 제거**는 **딥클렌징제**에 속한다.

정답 ㉮

23 클렌징에 대한 설명으로 바르지 못한 것은?

㉮ 포인트메이크업 클렌징은 눈 및 입술 색조 화장을 제거하는 것이다.

㉯ 피부 표면에 묻은 먼지, 피지, 땀, 메이크업 등과 노폐물을 제거하는 과정이다.

㉰ 클렌징 제품은 세정력이 우수한 것이면 피부 타입과 상관없이 사용해도 좋다.

㉱ 안면 전체 클렌징을 할 때 너무 오래할 경우 피부에 흡수될 수 있으므로 주의한다.

⏱📝 ㉰ 클렌징 제품은 **피부 타입에 따라** 클렌징 폼, 로션, 크림, 젤, 오일 타입으로 **구분**된다.　　정답 ㉰

24 물의 온도 변화에 따라 세정력은 달라진다. 다음 중 세정력이 가장 큰 것은?

㉮ 찬물　　　　　㉯ 미지근한 물

㉰ 따뜻한 물　　　㉱ 뜨거운 물

⏱📝 ㉱ 뜨거운 물 : 물의 온도가 **높을수록** 세정효과가 크다.

　　　찬물＜미지근한 물＜따뜻한 물＜뜨거운 물

정답 ㉱

25 비누에 대한 설명으로 옳지 못한 것은?

㉮ 거품이 많이 난다.

㉯ 일반적으로 산성을 띤다.

㉰ 세안 후 당김 현상이 발생한다.

㉱ 민감성 피부의 경우 비누 세안은 자제한다.

⏱📝 ㉯ 일반적으로 **알칼리성**을 띤다.　　정답 ㉯

★
26 클렌징 제품 타입의 특징으로 올바른 것은?

㉮ 클렌징 로션 : 친유성(O/W)상태의 제품으로 진한 화장을 했을 때 주로 사용한다.

㉯ 클렌징 오일 : 끈적임없이 산뜻하고 가벼운 화장을 했을 때 사용한다.

㉰ 클렌징 크림 : 친수성(W/O)상태의 제품으로 물에 잘 용해되어 이중세안을 하지 않아도 된다.

㉱ 클렌징 젤 : 오일프리(oil free)의 세안제로 물로 제거 가능하고 지성, 여드름 피부에 자극없이 사용된다.

⏱📝 ㉱ 클렌징 젤 : 오일프리(oil free)의 세안제로 물로 제거 가능하고 지성, 여드름 피부에 자극없이 사용된다.

㉮ 클렌징 **크림** : 친유성(O/W)상태의 제품으로 진한 화장을 했을 때 주로 사용한다.

㉯ 클렌징 **워터** : 끈적임없이 산뜻하고 가벼운 화장을 했을 때 사용한다.

㉰ 클렌징 **로션** : 친수성(W/O)상태의 제품으로 물에 잘 용해되어 이중세안을 하지 않아도 된다.

정답 ㉰

27 화장수의 작용으로 볼 수 없는 것은?

㉮ 피부에 남은 클렌징 잔여물을 제거해 준다.

㉯ 피부에 집중적으로 영양공급을 해준다.

㉰ 피부를 약산성 상태로 정상화시켜준다.

㉱ 피부를 진정시켜준다.

㉯ 피부에 집중적으로 영양공급을 해준다. : **팩** 및 **마스크** 작용

정답 ㉯

28 살균 및 소독작용을 하는 것으로 지성, 여드름, 염증성 피부에 적합한 화장수는?

㉮ 유연화장수 ㉯ 다층식화장수

㉰ 수렴화장수 ㉱ 소염화장수

㉱ 소염화장수 : 살균 및 소독작용, 지성, 여드름, 염증성 피부에 적합

정답 ㉱

29 피부관리실에서 사용하는 해면에 대한 설명으로 바르지 못한 것은?

㉮ 물에 적시면 부드럽게 되어 피부의 노폐물을 제거하는데 흡착력이 좋다.

㉯ 최근에는 위생상의 이유로 면티슈 사용 보다는 해면을 사용하는 관리실이 늘어나고 있는 추세이다.

㉰ 사용 후 반드시 중성세제로 씻고 자외선 소독기에 넣어 소독한다.

㉱ 클렌징, 매뉴얼테크닉, 팩 등을 제거할 때 사용한다.

㉯ 최근에는 위생상의 이유로 **해면 사용 보다는 1회용 면티슈**를 사용하는 관리실이 늘어나고 있는 추세이다.

정답 ㉯

30 습포의 효과에 대한 설명으로 잘못된 것은?

㉮ 온습포는 모공을 확장시키는데 도움을 준다.

㉯ 냉습포는 모공을 수축시키며 피부의 탄력 및 진정효과가 있다.

㉰ 냉습포는 피부관리의 단계에 사용하면 효과적이다.

㉱ 온습포는 피지선을 자극하고 혈액순환을 촉진시켜 준다.

㉰ **온습포**는 피부관리의 단계에 사용하면 효과적이다.

정답 ㉰

31 피부미용의 관점에서 딥클렌징의 목적이 아닌 것은?

㉮ 노화된 각질, 모공 안의 피지 및 불순물을 제거한다.

㉯ 영양물질의 흡수를 용이하게 하여 피부 재생을 도와준다.

㉰ 피부 타입에 상관없이 주 2회 정도 딥클렌징을 실시한다.

㉱ 혈액순환을 촉진시켜 피부색을 맑게 해준다.

㉰ **피부 타입**에 따라 **주 1~2회 정도** 딥클렌징을 실시한다.

정답 ㉰

32 물리적인 딥클렌징에 속하지 않는 것은?

㉮ 스크럽 ㉯ AHA

㉰ 프리마톨 ㉱ 고마쥐

㉯ AHA : **화학적**인 딥클렌징

정답 ㉯

33 딥클렌징의 종류에 대한 설명으로 바르지 못한 것은?

㉮ 효소 : 단백질분해효소(파파인 성분)으로 피부의 노화된 죽은 각질을 제거한다.

㉯ 스크럽 : 제품을 바른 후 마르면 밀어내서 제거한다.

㉰ AHA : 과일류에서 추출한 산으로 죽은 각질 제거와 콜라겐 생성을 유도한다.

㉑ TCA : 화학물질의 의약품으로 의사의 지시에 따라 사용해야 한다.

🔔 ㉯ **고마쥐** : 제품을 바른 후 마르면 밀어내서 제거한다. 　　　　　　　　**정답** ㉯

34 딥클렌징 제품 중 스티머나 온습포를 사용하면 효과가 극대화 대는 것은?

㉮ 스크럽　　　　㉯ 효소
㉰ 고마쥐　　　　㉱ 글리콜릭산

🔔 ㉯ 효소 : 스티머나 온습포를 사용하면 효과가 극대화 　　　　　　　　**정답** ㉯

35 스크럽제에 단백질 분해효소, AHA와 같은 제품을 사용하여 두가지 이상의 딥클렌징 효과를 얻을 수 있는 것을 무엇이라고 하는가?

㉮ 물리적 딥클렌징
㉯ 효소적 딥클렌징
㉰ 화학적 딥클렌징
㉱ 복합적 딥클렌징

🔔 ㉱ 복합적 딥클렌징 : 스크럽제에 단백질 분해효소, AHA와 같은 제품을 사용하여 두가지 이상의 딥클렌징 효과를 얻을 수 있는 것 　　**정답** ㉱

36 회전 원리의 전동 브러시를 이용하여 모공의 피지와 불필요한 각질을 제거하는 딥클렌징 기기는?

㉮ 스티머
㉯ 프리마톨
㉰ 디스인크러스테이션
㉱ 아나포레시스

🔔 ㉯ 프리마톨 : 회전 원리의 전동 브러시를 이용하여 모공의 피지와 불필요한 각질 제거 　**정답** ㉯

☆
37 스티머에 대한 설명으로 틀린 것은?

㉮ 증기열을 이용하여 혈액순환, 모공확장, 죽은 각질을 제거하는 기기이다.
㉯ 스티머의 분사거리는 얼굴에서 1m이상 거리를 유지해야 한다.

㉰ 스티머의 분사구가 턱을 향하게 하여 분사하여야 한다.
㉱ 피부 타입에 따라 적용시간을 5~15분 정도 적용한다.

🔔 ㉯ 스티머의 분사거리는 얼굴에서 20~30cm정도 이상 거리를 유지해야 한다. 　**정답** ㉯

☆
38 AHA의 추출원에 대한 설명으로 바르지 못한 것은?

㉮ 글리콜릭산 : 사탕수수
㉯ 젖산 : 발효된 우유
㉰ 구연산 : 사과
㉱ 주석산 : 포도

🔔 ㉰ 구연산 : 오렌지, 레몬

말릭산 : 사과, 복숭아

　　　　　　　　정답 ㉰

39 딥클렌징시 주의사항으로 옳지 못한 것은?

㉮ 시술 후 각질제거로 인하여 잠재되어 있던 염증이 올라와 트러블(여드름)이 생길 수 있음을 고객에게 알린다.
㉯ 민감성피부, 염증, 농포, 모세혈관확장피부는 딥클렌징을 자주 하는 것이 좋다.
㉰ AHA의 경우 과일에서 추출한 산(acid)성분으로 따끔거리는 증상을 동반할 수 있으므로 고객에게 미리 숙지시킨다.
㉱ 전기세정은 갈바닉 전류를 이용한 (－)극에서의 모공 세정 효과를 주는 딥클렌징으로 전류가 통하는 느낌을 줄 수 있음을 고객에게 알린다.

🔔 ㉯ 민감성피부, 염증, 농포, 모세혈관확장피부는 딥클렌징을 **피하는** 하는 것이 좋다. 　**정답** ㉯

40 딥클렌징에 대한 설명으로 적합하지 않은 것은?

㉮ 피지가 모낭 밖으로 배출되지 못하도록 한다.

㉯ 각질화과정을 원활하게 함으로써 노화를 지연시킨다.

㉰ 화장품의 유효성분 흡수를 용이하게 한다.

㉱ 노화된 각질을 표피로부터 자연스럽게 떨어져 나가게 한다.

☼꼭 ㉮ 피지가 모낭 밖으로 잘 **배출되도록** 한다.

정답 ㉮

41 피부유형별 화장품 도포의 목적 및 효과에 대한 설명으로 적절하지 못한 것은?

㉮ 피부의 노폐물을 제거하여 청결하고 건강하게 유지시켜 준다.

㉯ 산성화된 피부의 pH 밸런스를 정상화시켜 주고 피부결을 정돈시킨다.

㉰ 피부에 수분을 공급하여 피부 표면의 건조함을 방지해 준다.

㉱ 피지와 땀으로 만들어진 천연피지막을 보충하는 작용을 한다.

☼꼭 ㉯ **알칼리화**된 피부의 pH 밸런스를 정상화시켜 주고 피부결을 정돈시킨다.

정답 ㉯

42 피부유형별 화장품의 종류 및 선택에 대한 설명으로 바른 것은?

㉮ 건성피부 : 클레이 형태의 팩이나 항염, 수렴위주의 제품을 선택한다.

㉯ 지성피부 : 피지분비 조절 및 각화조절 성분을 선택한다.

㉰ 복합성피부 : 영양 공급을 다량 함유한 제품을 선택한다.

㉱ 민감성피부 : 저자극성분과 수렴화장수를 선택한다.

☼꼭 ㉯ 지성피부 : 피지분비 조절 및 각화조절 성분을 선택한다.

㉮ **지성 · 여드름**피부 : 클레이 형태의 팩이나 항염, 수렴위주의 제품을 선택한다.

㉰ **건성**피부 : 영양 공급을 다량 함유한 제품을 선택한다.

㉱ 민감성피부 : 저자극성분과 **무알콜화장수**를 선택한다.

정답 ㉯

43 정상피부의 화장품 사용방법에 대한 설명으로 바른 것은?

㉮ 알코올 함량이 높은 화장수를 바른다.

㉯ 피부에 영양 공급을 위해 유분위주의 크림을 바른다.

㉰ 주2회정도 머드팩을 해준다.

㉱ 청결과 보습 위주의 에멀전이나 팩을 사용한다.

☼꼭 ㉱ 청결과 보습 위주의 에멀전이나 팩을 사용한다. : 정상피부의 화장품 사용방법

정답 ㉱

44 지성피부에 가장 적합한 팩은?

㉮ 석고 팩

㉯ 파라핀 왁스 팩

㉰ 고무 팩

㉱ W/O형의 크림팩

☼꼭 ㉰ 고무 팩 : 지성피부에 적합한 팩

㉮㉯㉱는 건성피부에 적합한 팩이다.

정답 ㉰

45 민감성피부 관리시 마무리 단계에 진정시키기 위해 사용할 수 있는 성분은?

㉮ 알부틴

㉯ 아줄렌

㉰ 아데노신

㉱ 캄포

☼꼭 ㉯ 아줄렌 : 민감성피부의 **진정** 성분

정답 ㉯

46 피부유형에 맞는 화장품 사용목적이 바르지 못한 것은?

㉮ 노화피부 : 주름완화, 세포재생, 피부보호

㉯ 민감성피부 : 진정 및 쿨링 효과

㉰ 지성피부 : 멜라닌 생성 억제 및 피부 생리 기능 정상화

㉱ 건성피부 : 유·수분 공급을 통한 영양 공급

㉰ **색소침착피부** : 멜라닌 생성 억제 및 피부 생리 기능 정상화　　정답 ㉰

47 지성피부의 관리방법으로 적합하지 않은 것은?

㉮ 약산성타입의 세안제를 선택하여 청결하게 해준다.

㉯ 세안 즉시 피부가 당기므로 고함량의 유분 제품을 사용한다.

㉰ 오일프리(oil free) 타입의 제품을 선택하고 모공수축에 효과가 있는 수렴화장수를 사용한다.

㉱ 피지를 조절할 수 있는 머드팩 등을 사용한다.

㉯ 세안 즉시 피부가 당기므로 고함량의 유분 제품을 사용한다. : **건성피부**의 관리방법　　정답 ㉯

48 복합성피부의 화장품 도포 및 관리법에 대한 설명으로 틀린 것은?

㉮ 두가지 이상의 피부 유형이 공존하는 형태이므로 유형에 맞게 선택해야 한다.

㉯ T존 부위는 지성피부의 형태가 많으므로 피지를 조절할 수 있는 성분을 사용하는 것이 좋다.

㉰ 광대뼈와 눈밑에는 자외선으로 인해 색소침착이나 트러블이 잘 발생할 수 있으므로 주의한다.

㉱ 유분이 많은 부위에 석고마스크를 이용하여 모공을 수축시켜 준다.

㉱ 유분이 많은 부위에 **고무마스크**(또는 **클레이형태**의 팩 : 피지 조절 성분 팩)를 이용하여 모공을 수축시켜 준다.　　정답 ㉱

49 모세혈관확장피부의 화장품 사용법에 대한 설명으로 바른 것은?

㉮ 세안제를 충분한 거품을 낸 후 미온수를 사용하여 닦아내고 손을 이용한 관리로 부드럽게 마사지를 한다.

㉯ 모세혈관을 강화시키는 성분인 비타민A, 비타민 E의 제품을 바른다.

㉰ 탄력과 재생을 위해서 매일 마사지를 하는 것이 좋다.

㉱ 약초추출물이나 감초산, 살리실산 등의 항염 성분을 이용한다.

㉮ 세안제를 충분한 거품을 낸 후 미온수를 사용하여 닦아내고 손을 이용한 관리로 부드럽게 마사지를 한다.

모세혈관 강화 성분 : 비타민C, 비타민K, 비타민P

정답 ㉮

50 피부유형별 관리방법으로 바르지 못한 것은?

㉮ 여드름피부 : 비누 사용을 권장한다.

㉯ 건성피부 : 세안 즉시 기초화장품을 바른다.

㉰ 색소침착피부 : 자외선으로부터 피부를 보호하기 위해 차단제를 바른다.

㉱ 노화피부 : 세포 재생 및 탄력 강화 크림을 선택한다.

㉮ 여드름피부 : 비누 사용을 **자제**한다.　　정답 ㉮

51 매뉴얼테크닉의 목적으로 바른 것은?

㉮ 근육의 수축을 도와 피로를 해소시킨다.

㉯ 인체 결체조직의 긴장을 주어 탄력성을 저하시킨다.

㉰ 손을 이용한 관리를 통해 심리적인 안정감과 영양공급을 해준다.

㉣ 화장품의 유효 물질이 잘 흡수되도록 하며 노폐물을 축적시킨다.

㉡ 손을 이용한 관리를 통해 심리적인 안정감과 영양공급을 해준다.

㉮ 근육의 **이완**을 도와 피로를 해소시킨다.
㉯ 인체 결체조직의 긴장을 주어 탄력성을 **증가**시킨다.
㉣ 화장품의 유효 물질이 잘 흡수되도록 하며 노폐물을 **배출**시킨다.

정답 ㉣

52 다음 중 ( )안에 들어갈 말로 적절한 것은?

> 매뉴얼테크닉은 마사지의 어원인 (a)에 'Masso' 즉, 문지르다라는 뜻에서 유래되었고, 인체조직의 기능 회복을 위해 신체의 (b) 방향에 따라 문지르기, 주무르기, 두드리기 등의 행위를 하는 것을 말한다.

㉮ 라틴어, 근육결
㉯ 그리스어, 근육결
㉡ 히브리어, 말초
㉣ 독일어, 피부결

㉯ 매뉴얼테크닉은 마사지의 어원인 (**그리스어**)에 'Masso' 즉, 문지르다라는 뜻에서 유래되었고, 인체조직의 기능 회복을 위해 신체의 (**근육결**) 방향에 따라 문지르기, 주무르기, 두드리기 등의 행위를 하는 것을 말한다.

정답 ㉯

53 매뉴얼테크닉시 피부진정과 긴장완화, 림프순환을 촉진시켜주는 작용을 하는 기본 동작은?

㉮ 프릭션
㉯ 에플라쥐
㉡ 롤링
㉣ 타포트먼트

㉯ 에플라쥐 : **쓰다듬기**(경찰법)으로 피부진정과 긴장완화, 림프순환 촉진

정답 ㉯

54 매뉴얼테크닉의 기본동작과 특징에 대한 연결로 옳지 못한 것은?

㉮ 쓰다듬기 : 얼굴에 부종이 있거나 예민할 때 사용
㉯ 주무르기 : 피부에 원을 그리듯이 하는 동작으로 근육의 유착 방지
㉡ 두드리기 : 피부에 자극을 주어 화장품의 침투 촉진
㉣ 떨기 : 섬세한 자극으로 자율신경에 자극을 주어 감각 기능 향상

㉯ **문지르기** : 피부에 원을 그리듯이 하는 동작으로 근육의 유착 방지

주무르기 : 근육을 횡단하듯이 피부를 주물러주는 방법

정답 ㉯

55 매뉴얼테크닉의 시술방법에 대한 설명으로 적절한 것은?

㉮ 시술시 안에서 바깥으로, 위에서 아래로 향하게 근육결 방향으로 적용한다.
㉯ 속도는 맥박 뛰는 속도 보다 느리게 하고 부드럽게 실시한다.
㉡ 고객에게 안정감을 줄 수 있도록 적절한 압력과 밀착감을 주어야 한다.
㉣ 다음 동작으로 연결하기 위해 프릭션 동작을 사용하여 자연스럽고 정확하게 이어지게 한다.

㉡ 고객에게 안정감을 줄 수 있도록 적절한 압력과 밀착감을 주어야 한다.

㉮ 시술시 안에서 바깥으로, **아래에서 위로** 향하게 근육결 방향으로 적용한다.
㉯ 속도는 **맥박 뛰는 속도**로 부드럽게 실시한다.
㉣ 다음 동작으로 연결하기 위해 **에플라지** 동작을 사용하여 자연스럽고 정확하게 이어지게 한다.

정답 ㉡

56 매뉴얼테크닉시 피부관리사의 올바른 자세로 볼 수 없는 것은?

㉮ 어깨를 수직으로 세우로 허리를 편다.

㉯ 발은 오므리고 손목에 힘을 준다.

㉰ 체중의 중심이 양쪽 발에 균등하게 실려 있어야 한다.

㉱ 양팔은 편안한 상태로 한다.

⏰ ㉯ 발은 **어깨 넓이만큼** 벌리고 **손목**에 **힘**을 **뺀다**.

정답 ㉯

57 매뉴얼테크닉 시술시 주의사항으로 바른 것은?

㉮ 고객의 피부 상태에 상관없이 빠르고 힘있게 매뉴얼테크닉을 시술한다.

㉯ 사용하는 제품이 고객의 눈에 들어갈 경우 시술이 끝난 후 제거하면 된다.

㉰ 시술자의 손은 항상 고객의 체온에 맞게 따뜻해야 한다.

㉱ 매뉴얼테크닉을 시행할 때에는 손 소독을 할 필요가 없다.

⏰ ㉰ 시술자의 손은 항상 고객의 체온에 맞게 따뜻해야 한다.

매뉴얼테크닉을 할 때에는 반드시 **손 소독** 후 **부드럽고 일정**하게 시술하며 눈에 제품이 들어간 경우에는 **즉시 제거**하거나 들어가지 않도록 주의해야 한다.

정답 ㉰

58 매뉴얼테크닉의 적용 금지 대상으로 옳지 못한 것은?

㉮ 정맥류가 있는 경우

㉯ 화장품의 부작용으로 접촉성 피부염이 발생한 경우

㉰ 생리 전 피부가 예민해진 경우

㉱ 피부에 생기가 없고 건조한 경우

⏰ ㉱ 피부에 생기가 없고 건조한 경우에는 매뉴얼테크닉을 적용하는 것이 좋다.

정답 ㉱

59 닥터 쟈켓법(Dr. Jacquet)에 대한 설명으로 적합한 것은?

㉮ 근육을 잡아 부드럽게 문지르는 동작이다.

㉯ 흔들어주는 기법으로 자율신경계를 자극하여 안정감을 준다.

㉰ 꼬집듯이 잡아 튕겨주는 동작으로 모낭 내 피지 등 노폐물을 배출시킨다.

㉱ 손가락을 이용해 두드리는 동작으로 화장품의 침투가 용이해진다.

⏰ ㉰ 꼬집듯이 잡아 튕겨주는 동작으로 모낭 내 피지 등 노폐물을 배출시킨다. : 닥터 쟈켓법(Dr. Jacquet)

정답 ㉰

60 매뉴얼테크닉에 대한 설명으로 적절하지 못한 것은?

㉮ 자극에 의한 홍반현상이 있는 경우에는 적용을 금지해야 한다.

㉯ 시술 시 시술자의 손에 굳은살이 있는 경우 미리 굳은살을 제거해야 한다.

㉰ 화농성 피부에 매뉴얼테크닉을 적용하면 확실한 효과가 나타난다.

㉱ 매뉴얼테크닉은 약 10~15분 정도 적용하며 주 1~2회 시행한다.

⏰ ㉰ 화농성 피부에 매뉴얼테크닉의 적용을 **금지**한다.

정답 ㉰

61 팩의 목적 및 효과에 대한 설명으로 바르지 못한 것은?

㉮ 혈액순환 및 림프순환으로 신진대사를 촉진시킨다.

㉯ 피부에 살균 및 염증 치유 효과가 있다.

㉰ 건조한 피부에 보습을 주고 세포 재생을 시킨다.

㉱ 피부의 청정작용과 진정효과가 있다.

⏰ ㉯ 피부에 살균 및 염증 **완화** 효과가 있다.

정답 ㉯

62 제거방법에 따른 팩의 종류에 대한 설명으로 바른 것은?

㉮ 제거방법에 따라 필오프, 워시오프, 티슈오프, 클레이, 무스 등으로 구분된다.

㉯ 필오프 타입의 경우 피부에 자극을 줄 수 있으므로 민감성 피부에는 유의한다.

㉰ 티슈오프 타입은 흡수가 잘되는 형태로 지성, 복합성 피부에 적합하다.

㉱ 건성, 노화피부에 얇은 필름막 형성을 시켜 청정효과를 부여하는 것은 티슈오프타입이다.

㉯ 필오프 타입의 경우 피부에 자극을 줄 수 있으므로 민감성 피부에는 유의한다.

㉮ 제거방법에 따라 **필오프, 워시오프, 티슈오프** 타입으로 구분된다.
㉰ 티슈오프 타입은 흡수가 잘되는 형태로 **건성, 노화** 피부에 적합하다.
㉱ 얇은 필름막 형성을 시켜 청정효과를 부여하는 것은 **필오프**타입이다.

정답 ㉯

63 마스크의 정의로 바르게 설명한 것은?

㉮ 공기와 접촉하여 굳지 않는다.

㉯ 시간이 지나도 바를 때의 상태와 같다.

㉰ 수분증발이 차단되어 유효 성분의 흡수율을 높여준다.

㉱ 얼굴에 도포하고 5분 후에 제거한다.

㉰ 수분증발이 차단되어 유효 성분의 흡수율을 높여준다.

㉮는 **팩**에 대한 정의

정답 ㉰

64 크림 형태의 팩에 대한 설명으로 옳지 못한 것은?

㉮ 사용감이 부드러우면서 보습 및 피부유연 효과가 뛰어나다.

㉯ 바르기 직전에 정제수나 화장수 등에 혼합하여 사용한다.

㉰ 건성, 민감성, 노화피부에 적합하다.

㉱ 워시오프 타입과 티슈오프 타입이 있다.

㉯ 바르기 직전에 정제수나 화장수 등에 혼합하여 사용한다. : **분말형태**의 팩에 대한 설명

정답 ㉯

65 진흙, 점토 등이 주성분이며 우수한 피지 흡착 능력으로 지성, 여드름 피부에 좋은 팩의 형태는?

㉮ 젤형태의 팩

㉯ 클레이형태의 팩

㉰ 무스형태의 팩

㉱ 분말형태의 팩

㉯ 클레이형태의 팩 : 진흙, 점토 등이 주성분이며 우수한 피지 흡착 능력으로 지성, 여드름 피부에 적합

정답 ㉯

66 특수 마스크에 대한 설명으로 틀린 것은?

㉮ 석고마스크는 열을 발산하여 굳어지는 것으로 특히 건성, 노화피부에 혈액순환을 촉진시켜준다.

㉯ 왁스마스크는 파라핀 왁스, 에틸 알코올, 스테아릴 알코올 등이 혼합된 마스크로 고무마스크와 같이 진정작용을 한다.

㉰ 고무마스크는 주로 해조류에서 추출해낸 분말형태의 마스크로 모든 피부에 적합하다.

㉱ 콜라겐벨벳마스크는 종이 형태의 마스크로 예민피부, 필링 후 재생피부에 효과적이다.

㉯ 왁스마스크는 파라핀 왁스, 에틸 알코올, 스테아릴 알코올 등이 혼합된 마스크로 **석고마스크**와 같이 **발열작용**을 한다.

정답 ㉯

67 벨벳마스크에 대한 설명으로 바르지 못한 것은?

㉮ 콜라겐 등의 활성 성분을 동결건조시킨 종이 형태의 마스크이다.
㉯ 사용 시 기포가 생기면 마스크의 적용시간이 길어지게 되므로 더 효과적이다.
㉰ 건성, 노화피부에 보습 작용을 한다.
㉱ 피부과에서 레이저를 받은 경우 사용하면 재생 작용이 있어 효과적이다.

㉯ 사용 시 기포가 생기면 마스크의 성분이 피부에 침투되지 않기 때문에 기포가 형성되지 않도록 **밀착**시켜야 한다. 정답 ㉯

68 신선한 무농약 재배 과일이나 야채와 밀가루, 요구르트, 계란, 우유 등을 바탕 재료로 혼합하여 사용하는 팩은?

㉮ 한방팩　　㉯ 분말팩
㉰ 천연팩　　㉱ 크림팩

㉰ 천연팩 : 신선한 무농약 재배 과일이나 야채와 밀가루, 요구르트, 계란, 우유 등을 바탕 재료로 혼합하여 사용 정답 ㉰

69 팩 사용시 주의사항에 대한 설명으로 바르지 못한 것은?

㉮ 고객의 피부유형, 피부상태, 계절 등을 고려하여 팩을 선택해야 한다.
㉯ 도포시 눈 주위는 반드시 아이패드로 눈을 보호해 준다.
㉰ 민감한 피부에는 알부틴 성분의 팩을 이용하여 피부 진정을 시켜준다.
㉱ 팩의 도포는 피부 온도가 낮은 순서인 볼-턱-코-이마-인중 순으로 한다.

㉰ 민감한 피부에는 **아줄렌** 성분의 팩을 이용하여 피부 진정을 시켜준다. 정답 ㉰

70 한방팩의 종류와 효능 및 적용피부에 대한 연결로 바르지 못한 것은?

㉮ 맥반석 : 흡착능력 – 여드름, 기미, 피부질환
㉯ 녹두 : 보습 및 미네랄 공급 – 수분부족, 탄력저하 피부
㉰ 감초 : 세포재생, 진정, 미백작용 – 여드름, 기미, 피부트러블
㉱ 천궁 : 모세혈관 강화작용 – 예민 피부

㉯ **해초류** : 보습 및 미네랄 공급 – 수분부족, 탄력저하 피부 정답 ㉯

71 신체의 불필요한 털을 제거하는 것을 무엇이라고 하는가?

㉮ 필링　　㉯ 경모
㉰ 박피　　㉱ 제모

㉱ 제모 : 신체의 불필요한 털 제거 정답 ㉱

72 일시적 제모에 속하지 않는 것은?

㉮ 면도기를 이용한 제모
㉯ 전기침을 이용한 제모
㉰ 왁스를 이용한 제모
㉱ 핀셋을 이용한 제모

㉯ 전기침을 이용한 제모 : **영구적** 제모 정답 ㉯

73 화학적 제모에 대한 설명으로 옳지 않은 것은?

㉮ 크림이나 연고, 액체 형태로 화학성분이 털을 연화시켜 모근까지 제거해 준다.
㉯ 제모제는 강알칼리성으로 반드시 알레르기 반응 테스트를 해야한다.
㉰ 긴 털은 3~5cm정도 남기고 가위로 잘라서 제모를 시행한다.
㉱ 3~4일 정도 지나면 털이 다시 자라나오므로 주1회 정도 사용하는 것이 좋다.

㉮ 크림이나 연고, 액체 형태로 화학성분이 털을 연화시켜 **모간**까지 제거해 준다. 정답 ㉮

74 온왁스의 특징으로 적절한 것은?

㉮ 제모할 부위에 두껍게 발라 마르면 그대로 떼어낸다.

㉯ 좁은 부위의 털을 제거하는데 사용된다.

㉰ 제모 실시 직전에 데워서 사용한다.

㉱ 실시하기 전에는 미리 온도를 감지한다.

🕯️✍️ ㉱ 실시하기 전에는 미리 온도를 감지한다.

> ㉮ 제모할 부위에 두껍게 발라 마르면 그대로 떼어낸다. : **하드왁스**의 특징
> ㉯ 좁은 부위의 털을 제거하는데 사용된다. : **냉왁스**의 특징
> ㉰ 제모 실시 전에 **미리** 데워서 사용한다.

정답 ㉱

75 피부관리실에서 많이 사용하는 왁스 사용법에 대한 설명으로 틀린 것은?

㉮ 왁스를 나무스파츌라를 이용하여 털의 성장방향으로 바른다.

㉯ 부직포를 이용하여 털이 난 방향으로 비스듬히 신속하게 떼어낸다.

㉰ 남아있는 털은 핀셋을 이용하여 제거한다.

㉱ 제모 후에는 진정로션이나 크림으로 피부를 진정시켜 준다.

🕯️✍️ ㉯ 부직포를 이용하여 털이 난 **반대** 방향으로 비스듬히 신속하게 떼어낸다.

정답 ㉯

76 부위별 제모방법에 대한 설명으로 틀린 것은?

㉮ 눈썹의 제모 : 왁스 사용 후 눈썹의 형태를 눈썹가위와 핀셋을 이용해 정리한다.

㉯ 다리의 제모 : 무릎은 무릎을 세우게 한 후 제모하고 종아리부분은 엎드리게 한 후 제모를 시행한다.

㉰ 액와의 제모 : 팔을 머리방향으로 올리게 한 후 털의 길이를 5cm길이로 자른 후 시행한다.

㉱ 코밑의 제모 : 입술부위에 왁스가 묻지 않

게 하며 피부를 손으로 잡은 후 조심스럽게 부직포나 면패드를 떼어낸다.

🕯️✍️ ㉰ 액와의 제모 : 팔을 머리방향으로 올리게 한 후 털의 길이를 1cm길이로 자른 후 시행한다.

정답 ㉰

77 갈바닉 전류를 이용하여 순간적으로 모근을 파괴시키는 제모법은?

㉮ 단파방법　　　㉯ 전기분해법

㉰ 전기응고법　　　㉱ 교류법

🕯️✍️ ㉯ 전기분해법 : **직류전기** 즉, 갈바닉 전류를 이용하여 순간적으로 모근을 파괴시키는 제모법

정답 ㉯

78 제모시 적용금지 및 주의사항에 대한 설명으로 바르지 못한 것은?

㉮ 사마귀 또는 점 부위의 털은 제모를 해서는 안된다.

㉯ 사우나 전후 제모를 하거나 제모 후 수영은 삼가야 한다.

㉰ 제모 전 제모할 부위는 유분기와 땀이 있어도 상관없다.

㉱ 제모 후 24시간 내에는 피부 감염을 방지하기 위해 목욕이나 자극은 피한다.

🕯️✍️ ㉰ 제모 전 제모할 부위는 유분기와 땀이 없도록 깨끗이 씻어진 상태에서 **건조**시켜 실시한다.

정답 ㉰

79 제모가 가능한 사람은 누구인가?

㉮ 당뇨병환자

㉯ 간질환자

㉰ 비만환자

㉱ 혈관이상환자

🕯️✍️ ㉰ 비만환자는 상관없다.

정답 ㉰

80 전신관리의 목적과 효과에 대한 설명으로 잘 못된 것은?

㉮ 신체의 균형 유지와 혈액순환을 촉진시켜 독소를 배출시킨다.

㉯ 신경계에 흥분효과를 주어 스트레스를 완 화시키고 기능을 회복시킨다.

㉰ 정신적, 육체적인 피로 회복과 근육을 이 완시킨다.

㉱ 전신의 피부에 영양분을 흡수시켜 피부 노 화를 예방해준다.

㉯ 신경계에 **진정**효과를 주어 스트레스를 완화시키 고 기능을 회복시킨다.　　　　　정답 ㉯

81 전신관리의 영역에 해당하지 않는 것은?

㉮ 림프드레나쥐

㉯ 아로마테라피

㉰ 스웨디시마사지

㉱ 메조테라피

㉱ 메조테라피 : 약물을 주입하는 주사요법으로 **의 학적** 영역에 속한다.　　　　　정답 ㉱

82 전신관리 방법 중 림프드레나쥐에 대한 설명 으로 맞는 것은?

㉮ 스웨덴의 헨링에 의해 고안된 기법이다.

㉯ 근육을 부드럽게 하는 동작과 스트레칭 기 법으로 되어 있다.

㉰ 알레르기 피부나 부종 및 홍반에 효과가 있으며 면역력을 강화시킨다.

㉱ 식물에서 추출한 에센셜 오일을 이용하여 마사지한다.

㉰ 알레르기 피부나 부종 및 홍반에 효과가 있으며 면역력을 강화시킨다.

㉮와㉯ 는 스웨디시 마사지에 대한 설명이 고, ㉱는 아로마마사지에 대한 설명이다.

정답 ㉰

83 감귤류의 에센셜오일을 추출할 때 사용하는 방법은?

㉮ 증류법　　　　㉯ 압축법

㉰ 용매추출법　　㉱ 냉동법

㉯ 압축법 : 감귤류의 에센셜 오일 추출 방법

정답 ㉯

84 아로마마사지시 주의사항으로 옳은 것은?

㉮ 정유는 공기중에 쉽게 산화가 되므로 투명 한 유리병에 보관한다.

㉯ 정유를 원액 사용하여 고객의 피부에 침투 시킨다.

㉰ 사용하기 전에 미리 패치테스트를 하고 블 랜딩하여 사용해야 한다.

㉱ 정유의 특성을 잘 살려 빠르고 강한 동작 으로 시행한다.

㉰ 사용하기 전에 미리 패치테스트를 하고 블랜딩 하여 사용해야 한다.

㉮ 정유는 공기중에 쉽게 산화가 되므로 **갈 색 유리병**에 보관한다.

㉯ 정유를 원액 사용해서는 **안된다**.

㉱ 정유의 특성을 잘 살려 **부드럽고 느린** 동 작으로 시행한다.

정답 ㉰

85 전신관리의 종류에 대한 설명으로 바르게 설 명한 것은?

㉮ 아율베딕마사지 : 태국의 전통 마사지로 명 상, 요가와 함께 신체를 스트레칭하는 기 법

㉯ 반사마사지 : 두피를 자극하여 인체의 순환 을 촉진시키는 마사지 기법

㉰ 시아추마사지 : 인도의 전통 의학을 기본 원리로 허브 오일을 사용하는 마사지 기법

㉱ 스톤마사지 : 열전도율이 높은 현무암을 이 용하여 아율베다와 접목시킨 기법

㉑ 스톤마사지 : 열전도율이 높은 현무암을 이용하여 아율베다와 접목시킨 기법

㉮ **타이마사지** : 태국의 전통 마사지로 명상, 요가와 함께 신체를 스트레칭하는 기법

㉯ **반사마사지** : **손**이나 **발**에 분포된 반사구를 자극하여 인체의 순환을 촉진시키는 마사지 기법

㉰ **아율베딕마사지** : 인도의 전통 의학을 기본 원리로 허브 오일을 사용하는 마사지 기법

㉑ **시아추마사지** : 일본에서 안마라고 불린 마사지의 초기 형태에서 발전된 지압식 마사지 기법

정답 ㉑

86 스파테라피에 대한 설명으로 적절하지 못한 것은?

㉮ 수압을 이용한 기법으로 수요법 또는 하이드로테라피라고도 한다.

㉯ 식사를 한 직후에 관리를 하면 혈액순환과 소화가 촉진된다.

㉰ 관리 후에는 물이나 이온 음료를 섭취하는 것이 좋다.

㉑ 관리시간은 5분~30분 정도 시행한다.

㉯ 식사를 한 직후에 관리를 해서는 **안된다**.

정답 ㉯

87 한국형 피부관리라고도 일컫는 경락마사지에 대한 설명으로 틀린 것은?

㉮ 경락은 14경맥과 365개의 혈이 존재한다.

㉯ 생리 2~3일은 생리적 양이 많으므로 금지하는 것이 좋다.

㉰ 기의 통로인 센을 자극하여 인체의 기능을 회복시켜준다.

㉑ 경락의 방법에는 혈위 자극법, 경락 자극법, 피부 자극법 등이 있다.

㉰ 기의 통로인 센을 자극하여 인체의 기능을 회복시켜준다. : **타이마사지**에 대한 설명
정답 ㉰

88 전신 랩핑에 대한 내용으로 적절하지 못한 것은?

㉮ 보통 사용되는 제품은 앨쥐, 허브, 슬리밍 크림 등이다.

㉯ 슬리밍 제품을 사용한 후에는 마무리 단계에 진정파우더를 바른다.

㉰ 비닐을 감쌀 때에는 피부가 호흡할 수 있도록 해야 한다.

㉑ 랩핑을 하면 체내에 있는 노폐물 및 독소가 밖으로 배출되지 못한다.

㉑ 랩핑을 하면 체내에 있는 **노폐물 및 독소 배출로 순환**이 **증진**된다. 정답 ㉑

89 스파의 유형에서 장소에 따른 분류로 볼 수 없는 것은?

㉮ 클럽스파

㉯ 리조트스파

㉰ 홀리스틱스파

㉑ 온천스파

㉰ 홀리스틱스파 : **목적**에 따른 분류로 그 외에 메디컬, 데이스파 등이 있다. 정답 ㉰

90 피부세포에 미네랄솔트를 적용하여 산소공급과 독소 배출에 효과가 있는 것으로 해수나 해초류에 사용하는 것은?

㉮ 스파테라피

㉯ 아로마테라피

㉰ 딸라소테라피

㉑ 하이드로테라피

㉰ 딸라소테라피 : 피부세포에 미네랄솔트를 적용하여 산소공급과 독소 배출에 효과가 있는 것으로 해수나 해초류에 사용 정답 ㉰

91 마무리의 목적과 효과에 대한 설명으로 틀린 것은?

㉮ 피부에 보습 및 영양공급

㉯ 건강한 피부 유지

㉰ 피부관리의 마지막 단계에 온습포 사용

㉱ 피부 정돈 및 피부 보호

㉰ 피부관리의 마지막 단계에 **냉습포** 사용

정답 ㉰

92 피부관리시 마무리의 방법으로 바르지 못한 것은?

㉮ 팩을 제거한 후 화장수를 사용하여 피부결을 정돈시킨다.

㉯ 아이크림이나 아이젤 등 눈관리 전용제품을 바르고 피부 유형에 맞는 에센스, 로션, 크림 등을 바른다.

㉰ 낮에는 데이크림을 바르고 특별한 날에만 자외선차단제를 바른다.

㉱ 밤에는 피부 재생 및 보습, 활성성분이 함유된 나이트 크림을 바른다.

㉰ 낮에는 데이크림을 바르고 자외선으로부터 피부를 보호하기 위해 항상 자외선차단제를 바르는 것이 좋다.

정답 ㉰

93 피부관리시 마무리 동작에서 팩 제거 후 할 수 있는 올바른 행동은?

㉮ 온습포를 이용한 마무리

㉯ 냉습포를 이용한 마무리

㉰ 미지근한 습포를 이용한 마무리

㉱ 건습포를 이용한 마무리

㉯ 냉습포를 이용한 마무리로 **수렴작용**을 해준다.

정답 ㉯

94 피부 관리를 받은 후 고객이 외부 활동을 오래 지속한다고 할 경우 최종적으로 시행해야 할 마무리 단계는?

㉮ 진정 파우더를 바른다.

㉯ 자외선차단제를 바른다.

㉰ 주무르기 동작을 시행한다.

㉱ 영양크림만 바른다.

㉯ 외부활동으로 자외선에 노출되어 있으므로 피부를 보호하기 위해 자외선차단제를 바른다.

정답 ㉯

95 계절에 따른 피부분석으로 옳지 않은 것은?

㉮ 봄 : 황사 및 꽃가루로 인해 피부가 쉽게 더러워진다.

㉯ 여름 : 저온다습한 기온과 강한 자외선으로 노화를 초래한다.

㉰ 가을 : 기온의 변화가 심해져 피지막의 상태가 불안정하다.

㉱ 겨울 : 각질이 일어나고 당김 현상이 발생하며 주름이 생긴다.

㉯ 여름 : **고온다습**한 기온과 강한 자외선으로 노화를 초래한다.

정답 ㉯

96 여름에 관리방법으로 적절하지 못한 것은?

㉮ 수분과 영양공급으로 피부를 진정시킨다.

㉯ 강한 자외선으로 피부 보호를 위해 자외선차단제를 사용한다.

㉰ 매일 매뉴얼테크닉을 하여 모공 속의 피지와 노폐물을 제거한다.

㉱ 피지분비가 왕성해지는 시기로 머드팩을 주1~2회정도 피부유형에 맞게 사용한다.

㉰ **주1~2회** 정도 매뉴얼테크닉을 하여 모공 속의 피지와 노폐물을 제거한다.

정답 ㉰

97 둥근형의 얼굴일 경우 화장법에 대한 설명으로 틀린 것은?

㉮ 눈썹 표현은 각지면서 올라가게 그린다.

㉯ 입술은 직선커브로 표현한다.

㉰ 치크를 표현할 때에는 코끝을 향해서 터치한다.

㉱ 전체적으로 둥근 느낌보다는 세로의 길이를 강조하여 메이크업한다.

○답 ㈐ 치크를 표현할 때에는 **입꼬리**를 향해서 터치한
다.　　　　　　　　　　　　　　**정답** ㈐

98 다음 내용에 알맞은 얼굴형은?

> • 도시적이고 세련된 이미지를 준다.
> • 눈썹은 아치형으로 둥글게 표현한다.
> • 전체 밸런스를 유지하면서 가로로 길게 그리
> 지 않는다.

㉮ 둥근형　　　　㉯ 역삼각형
㉰ 사각형　　　　㉱ 마름모형

○답 ㉯ 역삼각형 : 도시적이고 세련된 이미지로 이마와
턱을 어둡게 해서 길어 보이지 않도록 하고 턱은
하이라이트를 주어서 표현한다.　　**정답** ㉯

99 얼굴형에 따른 눈썹에 대한 설명 중 부적합한
것은?

㉮ 긴형 : 직선으로 표현
㉯ 사각형 : 각지면서 약간 높게 아치형으로
표현
㉰ 역삼각형 : 아치형으로 둥글게 표현
㉱ 마름모형 : 각지면서 올라가게 표현

○답 ㉱ 마름모형 : 직선으로 표현　　　**정답** ㉱

100 T.P.O에 따른 화장법에 대한 설명으로 적절
하지 못한 것은?

㉮ T.P.O는 T(Time)는 시간, P(Place)는 장
소, O(Object)는 목적을 말한다.
㉯ 낮에는 자연조명으로 선 위주의 메이크업
을 한다.
㉰ 실내에서는 밤 메이크업과 유사하게 화장
하고 입을 강조하는 것이 좋다.
㉱ 축하객으로 갈 때에는 눈과 입을 강조하는
메이크업을 한다.

○답 ㉯ 낮에는 자연조명으로 **면** 위주의 메이크업을 한
다.　　　　　　　　　　　　　**정답** ㉯

수면이 피부에 미치는 영향
충분한 수면은 피부 건강에 꼭 필요한 요소이다. 수
면은 피부에 영양과 산소를 공급하며 피부 조직을 회
복시켜 준다. 특히 밤 10시부터 새벽 2시까지는 피
부 세포가 활발해지면서 피부 재생이 일어나는 시간
이므로 가급적 이 시간에 숙면을 취하는 것이 좋다.

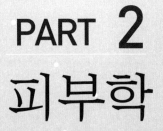

PART 2
피부학

※ 적중예상 100선!

피부와 피부 부속기관의 구조 및 기능

◀ 피부의 구조
① 표피, 진피, 피하조
  직으로 구분
② 피부의 무게 : 체중
  의 약 15~17%
③ 표피 구성 세포 :
  각질형성세포, 멜
  라닌형성세포, 랑
  게르한스세포, 머
  켈세포

1 피부의 구조

① **표피, 진피, 피하조직**의 3층으로 구분된다.
② 표면적은 약 1.6~2.0m²이며, 표피의 두께는 보통 0.1~0.3mm, 눈꺼풀은 0.04mm이다. (발바닥과 손바닥이 가장 두꺼우며 고막과 눈꺼풀이 가장 얇고 부위에 따라 두께는 다양)
③ 피부의 무게 : 체중의 약 15~17%
④ 표피를 구성하는 세포에는 각질형성세포, 멜라닌형성세포, 랑게르한스세포, 머켈세포 등이 있다.

피부의 구성	피부의 부속기관
• 표피(epidermis) • 진피(dermis) • 피하조직(subcutaneous tissue)	• 피지선 • 한선(에크린선, 아포크린선) • 조갑(손톱, 발톱) • 모발 • 혈관, 림프관, 신경 등

◀ 피부의 부속기관
① 피지선
② 한선(에크린선, 아
  포크린선)
③ 조갑(손톱, 발톱)
④ 모발
⑤ 혈관, 림프관, 신경
  등

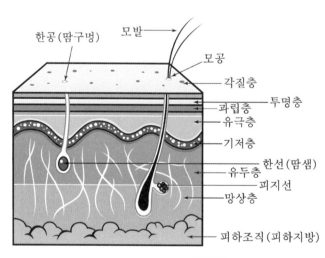

피부구조

(1) 표피(Epidermis)

① 피부의 **가장 바깥부분**으로 **무핵층**과 **유핵층**으로 구분한다.

② 신체 내부를 보호해 주는 보호막 기능을 한다.

③ 세균 등 외부로부터의 유해물질과 자외선 침입을 막아주는 역할을 한다.

④ 표피의 두께는 손바닥, 발바닥이 가장 두껍고 눈꺼풀, 볼부위가 비교적 얇다.

⑤ **각질층, 투명층, 과립층, 유극층, 기저층**의 5층으로 이루어져 있다.

⑥ 각질화과정(keratinization) : 기저층에서 발생한 새로운 세포가 연속적으로 변화하면서 모양을 바꾸고 수분이 감소하면서 이동하는 현상으로 즉, 각질이 탈락되는 과정을 말한다.

〈표피층의 구분〉
각투과유기 : 각질층, 투명층, 과립층, 유극층, 기저층

알아두세요 ____

〈무핵층과 유핵층〉
• **무핵층** : 각질층, 투명층, 과립층
• **유핵층** : 유극층, 기저층

▶ 표피의 구분

표피의 구분	특 징
각질층	• 표피의 가장 바깥 부분에 위치한다. • 20개이상의 층으로 납작한 **무핵** 세포층의 **라멜라 구조**로 되어 있다. • 주성분 : **케라틴58%, 천연보습인자31%**, 세포간지질11%(주성분 : **세라마이드**) **기억법** 무라 케천세 무라 케천세 : 무핵 세포층의 라멜라 구조 , 케라틴, 천연보습인자, 세라마이드 • 그 중 **천연보습인자**(NMF: Natural Moisturizing Factor)는 **각질층의 수분함유량을 결정**하며 적당한 수분함유량은 **10~20%**이며, 수분함유량이 10%이하로 되면 피부가 건조해지고 예민해지며 잔주름을 발생시킨다. • 각질과 지질로 구성되어, 지질은 수분 증발을 억제하고 유해물질이 침투되는 것을 막아주며 각질간 접착제역할을 한다. • 외부자극이나 박테리아로부터 보호해 준다. • 수분손실 방지 및 세포보호와 자외선 차단 작용을 한다. • 각화 주기 : 약 **28일** • 손바닥, 발바닥은 두껍고 얼굴은 매우 얇다.

Key Point

◁ 투명층
① 무핵세포층
② 엘라이딘 함유 : 빛 차단, 수분 침투 방지
③ 손바닥, 발바닥에 만 존재

◁ 과립층
① 각질화 과정이 일어나는 첫 번째 단계
② 케라토하이알린(각 질유리과립) 존재
③ 수분저지막(레인방어막) 존재

◁ 유극층
① 표피에서 가장 두꺼운 층
② 유핵세포층
③ 물질교환, 세포간교 형성, 영양공급
④ 면역기능 : 랑게르한스세포

◁ 기저층
① 원추상 단층 유핵세포층
② 세포분열
③ 각질형성세포, 멜라닌형성세포, 머켈세포 존재

표피의 구분	특 징
투명층	• 각질층의 바로 아래층으로 2~3개의 핵이 없는 **무핵** 세포층이다. • **엘라이딘**(무색투명, 반유동성물질)을 함유하여 **빛 차단**, 수분 침투방지 역할을 한다. • 주로 **손바닥**, **발바닥**에만 존재한다. **기억법** 무엘손발 무엘손발 : 무핵 세포층, 엘라이딘 함유, 손바닥·발바닥 존재
과립층	• 2~5개 층으로 편평형 또는 방추형의 납작한 과립세포로 존재한다. • **케라토하이알린**(keratohyalin)이라는 각질유리과립이 형성되어 핵을 죽이기 시작하고 수분이 감소된다. • 각질화 과정이 실제로 시작되는 **첫 번째** 단계(기저층 측면)로 죽은 세포와 살아있는 세포가 공존한다. • **수분저지막**(레인방어막) : 수분 증발 억제 및 표피의 방어막 역할을 한다. **기억법** 케첫수레 케첫수레 : 케라토하이알린, 각질화과정의 첫 번째 단계, 수분저지막 또는 레인방어막 • 수분 30%정도를 함유하고 있다.
유극층	• 표피에서 가장 **두꺼운 층**이다. • 약 5~10개의 핵을 가지고 있는 **유핵** 세포층으로 돌기를 형성하여 가시층이라고도 한다. • **물질교환** 및 세포간교 형성하고 각 세포에 **영양 공급** 작용을 한다. • **면역기능**을 담당하는 **랑게르한스세포**가 존재하여 림프구로 전달해 준다. **기억법** 두유물세영 면랑 두유물세영 면랑 : 두꺼운 유핵 세포층, 물질교환, 세포간교 형성, 영양공급, 면역기능을 담당하는 랑게르한스세포 • 수분 70%정도를 함유하고 있다.
기저층	• 표피의 가장 아래층에 위치해 있는 **원추상**의 단층인 유핵 세포층이다. **기억법** 원단유 원단유 : 원추상의 단층 유핵 세포층 • 각질형성세포(keratinocyte) : 멜라닌형성세포(melanocyte) = **4:1~10:1**의 비율로 구성되어 있다. • 모세혈관을 통해 영양공급 및 기저세포막이 물질의 이동을 통제하는 역할을 한다. • 기저층에 **상처**를 입으면 세포재생이 어려워지므로 **흉터** 발생을 초래한다. • **세포분열**(밤10시~새벽2시) : 피부 재생을 위해서는 충분한 수면을 취해야 한다. • 수분 70%정도를 함유하고 있다.

중요 표피를 구성하는 세포

종 류	특 징
각질형성세포 (keratinocyte)	• **기저층**에서 형성되어 각질층으로 이동한다. (각화주기 : 약 28일) • 표피를 구성하는 세포의 **90%**이상을 차지하는 세포이다. • 각질 단백질(케라틴)을 만드는 역할을 한다.
멜라닌형성세포 (melanocyte)	• **기저층**에 존재하고 자외선으로부터 진피를 보호한다. • 유전에 의해 완성된 멜라닌 과립의 형태, 크기, 색상에 따라 피부색이 결정된다. • **멜라닌 세포의 수**는 인종이나 성별에 관계없이 모두 **동일**하다. • **멜라닌의 생성과정** 티로신(티로시나아제) → 도파(도파퀴나아제) → 도파퀴논 →도파크롬 → 멜라닌 :유멜라닌(흑색)/페오멜라닌(적색)
머켈세포 (인지세포, merkel cell)	• **기저층**에 존재하고 촉각을 감지하는 **촉각세포**이다. • 신경종말세포, 신경자극을 뇌에 전달하는 역할을 한다. • 털이 없는 손바닥, 발바닥, 입술, 코부위, 생식기 등에 존재한다.
랑게르한스세포 (langerhans cell)	• **유극층**에 존재하고 방추형의 세포돌기 모양으로 **면역 담당** 기능을 한다. • 표피의 각화 과정에서 성장을 촉진시킨다. • 외부의 이물질이나 박테리아 등으로부터 보호해 준다.

〈표피 구성 세포〉
각멜머랑 : 각질형성세포, 멜라닌형성세포, 머켈세포, 랑게르한스세포

(2) 진피(Dermis)

① 피부 전체의 **90%이상**을 차지하고 표피의 약 20~40배에 해당하는 **실질적인 피부**이다.

진실 : 진피는 실질적인 피부

② 표피의 기저층과 피하조직 사이에 위치하는 결합 조직층이다.

Key Point

③ 피부의 부속기관인 피지선, 한선, 신경, 림프관, 모발 등에 존재한다.

④ 수분, 단백질, 무기염류, 당질로 이루어져 영양과 신진대사를 조절한다.

⑤ 외부로부터 병균이 침입을 하면 모세혈관에서 백혈구에 의해 식균 작용을 한다.

⑥ 진피의 구성하는 세포로는 섬유아세포(콜라겐, 엘라스틴, 무코다당류)와 비만세포, 대식세포 등으로 신체의 윤기와 탄력을 유지시켜주는 역할을 한다.

진피의 구분

○ 유두층
① 유두모양(물결모양)
② 약 10~20% 차지
③ 모세혈관, 신경, 림 프관 분포
④ 촉각, 통각

○ 망상층
① 그물모양
② 약 80~90% 차지
③ 모세혈관 거의 없음
④ 냉각, 압각, 온각

진피의 구분	특 징
유두층	• 표피의 기저층과 붙어있는 작은 원추형의 돌기로서 **유두모양**(물결모양)을 하고 있다. • 전체 진피의 **약 10~20%**를 차지한다. • 손상을 입으면 흉터를 발생시킨다. • **모세혈관, 신경, 림프관**등이 **많이 분포**되어 있다. • 혈액순환과 림프순환 등의 물질교환을 한다. • 신경전달 기능과 감각기관인 **촉각**과 **통각**이 위치해 있다. 기억법 유물모촉통 유물모촉통 : 유두층은 물결모양, 모세혈관, 촉각과 통각
망상층	• 유두층 아래에 위치하여 **그물모양**의 결합조직이다. • 진피의 **약 80~90%**를 차지하여 피부의 유연성 조절을 한다. • 섬유세포들은 일정한 방향성 가지고(랑게르선; langer line) 수술시 이 선을 따라 절개를 하면 수술의 흔적을 최소화할 수 있다. • 자외선으로부터 피부보호, 보습 및 주름을 예방한다. • **모세혈관이 거의 없으며** 혈관, 피지선, 한선, 신경종말, 털, 모낭, 모유두, 입모근 등이 분포한다. • 감각기관으로는 **냉각**, **압각**, **온각**이 존재한다. 기억법 망그물 모없 냉압온 망그물 모없 냉압온 : 망상층은 그물모양, 모세혈관 거의 없음, 냉각, 압각, 온각
콜라겐	피부에서 **주름**과 관련된 조직
엘라스틴	피부 **탄력**의 역할(스프링 역할로 파열 방지)
무코다당류 (히아루론산)	친수성 점액다당질로 다량의 **수분** 보유

기억법

〈진피층의 구분〉
유망 : 유두층, 망상층

진피를 구성하는 세포

섬유아세포	콜라겐 (collagen fiber, 교원섬유)	• 진피 성분의 **90%**를 차지하는 섬유단백질인 교원질로 구성되어 있다. • **백섬유**로서 섬유아세포에서 생성된다. • 피부 **주름의 원인**으로 작용한다. 기억법 콜백주 콜백주 : 콜라겐은 백섬유, 주름의 원인 • 주성분인 아미노산이 보습제 역할을 한다. • 현미경으로 관찰하면 백색을 띠며 물에 넣고 끓이면 아교처럼 끈끈해지면서 젤라틴화 된다.
	엘라스틴 (elastin fiber, 탄력섬유)	• 탄력성이 매우 강한 섬유단백질이다. • **황섬유**로서 섬유아세포에서 생성된다. • 각종 화합물에 대해 저항력이 뛰어나다. • 피부를 당겼을 때 약1.5배까지 늘어나는 **탄력성**을 가진다. 기억법 엘황탄 엘황탄 : 엘라스틴은 황섬유, 탄력성 • 진피 성분의 **약 2~3%**를 차지한다. • 현미경으로 관찰하면 황색을 띠며 물에 넣고 끓여도 젤라틴화 되지 않는다.
	기질 (ground substance, 무코다당류)	• 진피와 결합 섬유 사이를 채우고 있는 물질로 히알루론산이 주성분이다. • **히알루론산**은 **무자극성**이며 **보습작용**이 뛰어나 보습용 화장품의 원료로 사용된다. 기억법 히무보 히무보 : 히알루론산은 무자극성, 보습작용 • 진피의 보습인자로 피부의 영양, 신진대사, 수분유지, 노화 예방 역할을 한다.
비만세포		• 비만세포에서 분비되는 물질인 **히스타민**에 의해 피부 내에서 모세혈관 확장증을 유발하여 피부에 붉음증을 유발시킨다.

◁ 콜라겐
① 90% 차지
② 백섬유, 교원섬유
③ 주름의 원인
④ 주성분 : 아미노산 (보습제 역할)

◁ 엘라스틴
① 황섬유, 탄력섬유
② 탄력성
③ 약 2~3% 차지

◁ 기질
① 진피와 결합 섬유 사이의 간충 물질
② 주성분 : 히알루론산(무자극성, 보습작용)

◁ 비만세포
① 히스타민 : 모세혈관 확장증, 붉음증 유발

(3) 피하조직 (Subcutaneous tissue)

① 포도송이 형태로 피부의 **가장 아래층**에 위치한다.

② 그물모양의 느슨한 결합조직으로 지방을 저장한다.

③ 열 발산을 막아 **체온유지**, **체형결정**, **수분조절**, 소모되고 남은 **에너지**를 **저장**한다.

④ 손바닥, 발바닥, 귀, 고환, 구륜근, 안륜근에는 지방조직이 거의 없다.

⑤ 외부로부터 **충격흡수**하는 쿠션과 같은 역할과 신경이나 혈관 등의 **내부기관**을 **보호**한다.

⑥ 성별이나 연령, 영양상태, 내분비기능, 신체부위에 따라 다르다.

◁ 피하조직
① 피부의 가장 아래층
② 체온유지, 체형결정, 수분조절, 에너지 저장
③ 충격흡수, 내부기관 보호

Key Point

🔔 **알아두세요** ____

• 셀룰라이트란?

운동 부족이나 영양 불균형이 생기면 순환장애가 일어나 노폐물이 축적되어 피하지방이 커지고 뭉치게 되어 딱딱하게 변하는 것을 말하며 피부를 집어 보면 오렌지 껍질처럼 울퉁불퉁하게 보인다.

◀ **피부의 기능**
① 보호작용
② 체온조절작용
③ 저장작용
④ 영양분교환작용
⑤ 흡수작용
⑥ 감각작용
⑦ 분비 및 배설작용
⑧ 표정작용
⑨ 면역작용
⑩ 호흡작용

▶ 3 ▶ 피부의 기능

구 분		설 명
보호작용	물리적자극에 대한 보호	외부의 마찰이나 충격, 압력으로부터 피부 보호
	화학적자극에 대한 보호	피부의 피지막은 약산성 보호막 (pH4.5~6.5)
	세균에 대한 보호	피지막의 산성도가 세균 발육 억제
	태양광선에 대한 보호	광선은 멜라닌세포를 자극시켜 진피까지 흡수하는 것 방어
체온조절 작용		• 신체의 체온은 36.5도를 유지하기 위한 **항상성**을 가짐
저장작용		• 수분, 영양분, 에너지, 혈액 등을 저장
영양분 교환작용		• 자외선으로부터 프로비타민D를 **비타민D**로 활성화
흡수작용		• 피부는 호흡시 1%정도의 산소를 흡수하고 외부의 온도를 흡수하며 감지 • **경피흡수** : 표피를 통한 흡수로 피부에서 가장 많은 양이 흡수되는 경로로 모공을 통해 흡수 • 피부 부속기관 흡수 : 모공이나 한공을 통하여 모낭벽, 피지선, 한선을 거쳐 진피로 흡수 • **강제흡수** : 흡수되기 힘든 물질을 전기를 이용한 기기를 통하여 이온화시켜 흡수 • **각질층**을 통한 **침투**는 수용성 물질보다 **지용성 물질**이 더 **잘 흡수**됨 • 성호르몬, 비타민 A, 비타민D, 유황 등이 잘 흡수됨
감각작용		• 피부에는 1cm²당 통각점 100~200개, 촉각점 25개, 냉각점 12개, 압각점 6~8개, 온각점 1~2개의 비율로 분포되어 반응 기억법 **통촉냉압온** **통촉냉압온** : **통각 > 촉각 > 냉각 > 압각 > 온각** • 통각과 촉각은 유두층, 냉각, 압각, 온각은 망상층에서 반응
분비 및 배설작용		• 피지선에서 피지 분비, 한선에서는 땀 분비하여 피부 표면에 약산성막 형성

◀ **각질층의 침투**
수용성 물질 < 지용성 물질 잘 흡수

◀ **감각 작용 순서**
통각 > 촉각 > 냉각 > 압각 > 온각

구 분	설 명
표정작용	• 반복적으로 사용한 근육은 주름 형성과 인상 결정 • 30여개의 얼굴 근육이 움직임으로 내면의 감정 상태 표현
면역작용	• 면역기능을 담당하는 랑게르한스세포 존재
호흡작용	• 폐호흡의 1% 정도는 피부 표면을 통해서 호흡

◑ 랑게르한스세포
① 표피의 유극층 존
　재
② 면역기능 담당

〈피부의 기능〉
보체저영 흡감분배 표면호 : 보호, 체온조절, 저장, 영양분교환, 흡수, 감각, 분비, 배설, 표정, 면역, 호흡작용

3　피부표면의 구조와 생리

구 분	설 명
피지막	• 피지선에서 나오는 피지와 한선의 땀으로 얇은 막 형성 • 세균을 살균하고, 수분증발을 막아 수분조절 • 기름속에 수분이 일부 섞인 유중수형의 상태로 땀을 많이 흘릴 경우에 순간적으로 수중유화 상태가 됨
산성막	• 피부 표면에 존재하며 박테리아 등의 세균으로부터 피부 보호 • 피부의 산성도는 pH5.2~5.8 모발은 pH3.8~4.2정도의 약산성을 띠고 알칼리중화능력을 가짐
천연보습인자(NMF)	• 피부 표면의 각질층에 존재하며 피지의 친수성 부분을 일컫는 말로 수분 보유량 조절 • 각질층의 건조를 방지하는 천연원료 역할 • 천연보습인자 성분 : 아미노산 40%, 암모니아 15%, 젖산염 12%, 피롤리돈카르본산 12%, 요소 7%, 염소 6%, 나트륨 5%, 칼륨 4%, 마그네슘 1%, 인산염 0.5%, 기타 9%로 구성

◑ 피지선
① 진피의 망상층 존
　재
② 하루 평균 1~2g
　배출
③ 윤기 부여 및 수분
　증발 방지
④ 막히면 여드름의
　원인
⑤ 안드로겐(피지분비
　촉진), 에스트로겐
　(피지분비 억제)
⑥ 피지량 : 남성〉여성

4　피부 부속기관의 구조 및 기능

(1) 피지선(기름샘)

① 진피의 망상층에 존재하며 하루 평균 1~2g의 피지를 모공을 통해 분비한다.

피진망 : 피지선은 진피의 망상층에 존재

② 피부 표면의 피지막을 형성하여 피부를 외부로부터 보호한다.

③ 모공의 중간 부분에 부착되어 있으며 피부와 털의 **윤기**를 부여하고 **수분의 증발**을 **방지**한다.

④ 모공이 각질이나 먼지로 인해 막혀 피지가 외부로 배출되지 못하면 **여드름**의 원인이 된다.

⑤ **안드로겐**(남성호르몬)은 **피지분비 촉진**, **에스트로겐**(여성호르몬)은 **피지분비 억제** 작용이 있다.

안피촉 에피억 : 안드로겐은 피지분비 촉진, 에스트로겐은 피지분비 억제

⑥ 남성이 여성보다 분비가 많이 되므로 지성피부가 많다.

⑦ 피지선은 사춘기에 접어들면서 왕성하게 분비되다가 나이가 들면서 피지선이 퇴화된다.

피지선의 구분

구 분	설 명
큰피지선	두피, 얼굴, 가슴 등의 중앙부분에 많이 분포
독립피지선	모낭과 관계없이 존재하는 것으로 입술, 대음순, 구강점막, 유두, 눈꺼풀, 귀두 등에서 분포
작은피지선	손바닥, 발바닥을 제외한 전신에 분포
무피지선	손, 발바닥에 분포

(2) 한선(땀샘)

① 진피의 망상층에 존재하며 1일 약 **700~900cc** 정도의 땀을 분비한다.

② 대부분 체온 조절을 위해 증발되고 일부분은 피지막을 만드는 역할을 한다.

③ 기능과 크기에 따라 에크린선(소한선)과 아포크린선(대한선)으로 구분된다.

한진망 에소아대 : 한선은 진피의 망상층에 존재, 에크린선(소한선)과 아포크린선(대한선)으로 구분

Key Point (좌측 여백)

◀ 안드로겐(남성호르몬)
피지분비 촉진

◀ 에스트로겐(여성호르몬)
피지분비 억제

◀ 분비량
남 > 여

◀ 한선
① 진피의 망상층 존재
② 1일 약 700~900cc 분비
③ 에크린선(소한선) : 일반적인 땀, 무색, 무취
④ 아포크린선(대한선) : 모공을 통해 분비, 체취선(냄새 유발), 특정부위 분포, 불투명(흰색), 액취증 발생

한선의 종류 및 특징

종 류	특 징
에크린선 (소한선)	• **일반적인 땀**을 분비하는 기관 • 전신의 진피층과 피하조직 사이에 실뭉치 형태로 분포 • 전신에 분포(입술과 음부 제외)되어 있으며 손바닥, 발바닥, 코부위, 이마, 겨드랑이, 서혜부에 특히 많이 분포 • 체온조절(온열성 발한)과 자율신경계의 교감신경에 영향(정신성 발한) • 에크린선은 pH3.8~5.6의 약산성으로 **무색, 무취**의 맑은 액체
아포크린선 (대한선)	• 배출구가 모낭의 윗부분에 연결되어 **모공**을 통하여 **분비** • 단백질 함유량이 많아 세균으로부터 산화되면 **냄새**가 풍기므로 **체취선**이라고도 함 • 출생시 전신의 피부에 형성되었다가 생후 5개월경부터는 퇴화 시작 • 겨드랑이, 배꼽, 유두, 성기, 항문주위 등 **특정부위**에 분포 • 사춘기부터 분비 시작되어 갱년기이후 기능이 퇴화되면서 분비 감소 • 정신적 스트레스와 에피네프린과 같은 물질에 의해 자극 • 흑인〉백인〉동양인 순으로 체취가 발생 • 남성보다는 여성이 더 심함 • **불투명**(흰색)하며 **액취증**과 관련

〈한선〉
에일아특 : 에크린선은 일반적인 땀, 아포크린선은 특정부위 땀

참고 ── **땀의 이상 분비**

구 분	설 명
다한증	국소적 다한증, 전신적 다한증, 후각 다한증, 미각 다한증 등 땀이 과다하게 분비하는 것
소한증	갑상선 기능 저하, 신경계통 질환, 금속성 중독 등으로 땀의 분비 감소
무한증	땀 분비가 안되는 것으로 피부병의 원인
액취증(취한증)	일명 암내라고도 하며 한선의 내용물이 세균으로 인해 부패되면서 악취 발생
한진(땀띠)	한선의 입구나 중간이 닫혀서 노폐물이 배출되지 못해 발생

Key Point

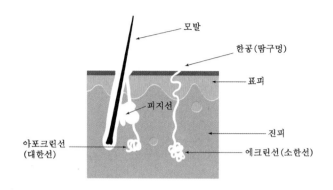

| 피지선과 한선의 모식도 |

◀ 조갑
① 케라틴 단백질의 각
　질 세포
② 보호, 받침대 및 장
　식 역할
③ 하루 0.1mm 성장

(3) 조갑(손톱과 발톱, Nail)

① 조갑의 특징

㈎ 표피성의 반투명한 케라틴 단백질의 각질 세포이다.

㈏ 손, 발의 끝부분을 보호하며 받침대 및 장식의 도구 역할을 한다.

㈐ 7~12%의 수분이 함유되어 있으며 4~5개의 층으로 단단하게 뭉쳐있다.

㈑ 하루에 0.1mm 가량 자라고 완전히 교체되는 데에는 5~6개월 정도 걸린다.

◀ 조갑의 구조
① 조근 : 성장 시작하
　는 장소
② 조반월 : 흰색의 반
　달모양
③ 조체 : 몸통부분
④ 조상 : 조체의 아래
　부분으로　모세혈
　관,　지각신경조직
　존재
⑤ 자유연 : 손톱 자르
　는 부분

② 조갑의 구조

구 분	설 명
조근(root)	• 피부 밑에 있는 손톱, 발톱의 부분으로 성장을 시작하는 장소
조반월(lunula)	• 흰색의 반달모양으로 완전히 각질화되지 않은 조체의 베이스부분
조체(plate)	• 조갑의 몸통부분으로 큐티클에서 손톱끝까지 연결되는 본체 • 모세혈관, 신경조직은 없음
조상(nail bed)	• 조체의 아래부분으로 모세혈관과 지각신경조직이 존재 • 핑크빛을 띠며 손톱에 영양공급과 신진대사의 역할
자유연(free edge)	• 조상이 끝난 지점부터 손톱 끝부분까지를 이루는 곳 • 손톱 자르는 부분에 해당

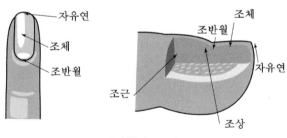

| 손톱의 구조 |

③ 조갑의 질환

구 분	설 명
변형	손톱의 끝이 휘어지는 경우는 유전적인 요인이거나 심장질환, 폐질환, 내분비질환과 같은 질병의 원인
형성부전	조갑이 없거나 조금밖에 없는 것으로 피부, 점막, 잇몸 등이 다른 부위의 이상 동반
색깔의 변화	모세혈관의 탄력부족으로 검붉어지거나 빈혈이 있을 때에는 창백하게 보임
표면상의 변화	조갑층 분열증 : 조갑의 앞부분이 양파껍질처럼 벗겨지는 현상

(4) 모발(털, Hair)

① 모발의 특징

(가) 주성분 : **케라틴**이라는 경단백질

(나) 두께 : 약 0.005~0.6mm

(다) **하루 50~100개정도**의 모발이 빠진다.

(라) 모발은 화학적 성분에는 강하나 물리적인 자극에는 약하다.

(마) 전신에 걸쳐 분포하며 햇볕, 더위, 추위, 물리적인 충격으로부터 인체보호, 촉각을 담당한다.

(바) 가을과 겨울에 비해 봄과 여름 특히 **5~6월**에 모발의 성장이 빠르다.

(사) 낮보다는 **밤**에 세포분열이 왕성하므로 모발이 잘 자란다.

(아) 형태에 따른 구분 : 직모(동양인의 90%이상), 파상모(반곱슬머리, 백인), 구상모(곱슬머리, 흑인)

(자) 질환 : 조모증, 다모증, 탈모증, 무모증, 백모증 등이 있다.

구 분		설 명
모간		• 피부 표면 밖으로 나와있는 부분
	모표피	• 모발의 제일 겉층으로 비늘모양을 하고 있으며 각화작용
	모피질	• 모발의 대부분을 차지하는 층 • 멜라닌세포가 90%이상 존재하여 모발의 색을 결정 • 모발에 신축성과 탄력성 부여
	모수질	• 모발의 가장 안쪽에 위치하여 중심 부분을 이루는 곳 • 주로 경모에 존재하고 연모에는 존재하지 않음
모근		• 피부 속에 있는 털부분으로 모낭에 의해 싸여 있음
모낭		• 모근을 감싸고 있는 주머니
모유두		• 모세혈관이 존재하여 산소와 영양분을 공급하여 모발의 생장 및 촉진

구 분	설 명
입모근	• 모낭에 부착되어 있는 근육 • 자신의 의지와 상관없이 움직일 수 있는 불수의근 • 긴장하거나 공포영화, 추위에 피부가 노출되었을 때 털이 서게되어 털세움근(기모근)이라고도 함

② 모발의 구조

◀ 모발의 구조
① 모간 : 피부 표면 바깥 부분
② 모근 : 모낭에 싸여 있는 털
③ 모낭 : 모근을 감싸는 주머니
④ 모유두 : 모말의 생장 및 촉진
⑤ 입모근 : 모낭에 부착된 근육, 불수의근, 털세움근(기모근)
⑥ 단면구조 : 모표피, 모피질, 모수질

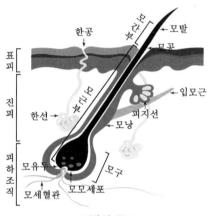

모발의 구조

③ 모발의 성장주기

◀ 모발의 성장주기
성장기 – 퇴행기 – 휴지기

구 분	설 명
성장기	• 지속적인 성장을 하는 시기 • 멜라닌에 의해 염색되어지면 성장단계는 3~6년간 지속
퇴행기	• 모발생성세포가 천천히 분열을 멈추는 시기(기간 : 2~3주) • 모발이 원래길이의 3분의1로 줄어들고 모발을 밀어내며 바깥쪽으로 이동
휴지기	• 모발이 빠지게 되는 시기로 2~3개월 정도

〈모발의 성장주기〉
성퇴휴 : 성장기, 퇴행기, 휴지기

④ 모발의 기능

◀ 모발의 기능
① 보호기능
② 지각기능
③ 장식기능

구 분	설 명
보호기능	햇빛 등 외부 유해물질의 침입을 방지하고 체온조절을 통하여 인체 보호
지각기능	촉각이나 통각의 자극을 전달하는 작용
장식기능	외모를 장식하는 미용적 효과

머리에 쏙~쏙~ 5분 체크

☆☆
01 피부는 크게 (　　), (　　), 피하조직의 3층으로 구분된다.

02 표피의 가장 바깥부분에 위치하며 외부 자극이나 박테리아로부터 보호해 주는 라멜라 구조를 하는 층은 (　　　　)이다.

03 투명층은 (　　), (　　)에만 존재하며 (　　　)이라는 반유동성물질을 함유하여 빛을 차단하고 수분 침투를 방지하는 역할을 한다.

04 표피를 구성하는 세포 중 유극층에 존재하며, 면역을 담당하는 세포는 (　　　　)세포 이다.

☆
05 진피의 약 80~90%를 차지하고 그물모양의 결합조직으로 이루어진 층은 (　　　)이다.

06 진피를 구성하는 세포는 콜라겐, (　　　), 기질의 섬유아세포와 비만세포, 대식세포 등이 있으며, 기질의 주성분인 (　　　)은 무자극성이며 보습작용이 뛰어나다.

☆
07 각질층을 통한 침투는 (　　) 물질보다 (　　) 물질이 더 잘 흡수 된다.

08 진피의 망상층에 존재하며 하루 평균 1~2g의 (　　)를 모공을 통해 분비한다.

☆
09 에크린선은 일반적인 땀을 분비하는 기관으로 (　　), (　　)의 맑은 액체이다.

10 긴장하거나 공포영화, 추위에 피부가 노출되었을 때 털이 서게되어 털세움근, 기모근 이라고 불리는 근육을 (　　)이라고 한다.

◀ 피부의 구성
① 표피
② 진피
③ 피하조직

◀ 표피층의 구분
① 각질층
② 투명층
③ 과립층
④ 유극층
⑤ 기저층

◀ 진피층의 구분
① 유두층
② 망상층

정답　01. 표피, 진피　02. 각질층　03. 손바닥, 발바닥, 엘라이딘　04. 랑게르한스
05. 망상층　06. 엘라스틴, 히알루론산　07. 수용성, 지용성　08. 피지
09. 무색, 무취　10. 입모근

Key Point

1 시험문제 엿보기

01 피부 표피 중 가장 두꺼운 층은?
➡ 출제년도 09

㉮ 각질층 　　　　　　　㉯ 유극층
㉰ 과립층 　　　　　　　㉱ 기저층

⏱ ㉯ 유극층 : 표피 중 가장 **두꺼운** 층(5∼10개층)으로 수분과 영양을 많이 함유하고 있다.
정답 ㉯

02 피부의 주체를 이루는 층으로서 망상층과 유두층으로 구분되며 피부조직외에 부속 기관인 혈관, 신경관, 림프관, 땀샘, 기름샘, 모발과 입모근을 포함하고 있는 곳은?
➡ 출제년도 08

㉮ 표피 　　　　　　　㉯ 진피
㉰ 근육 　　　　　　　㉱ 피하조직

⏱ ㉯ 진피 : 피부의 **실질적인 피부**로 유두층과 망상층으로 구분, 망상층에 피부 부속 기관 존재
정답 ㉯

03 다음 중 피부의 기능이 아닌 것은?
➡ 출제년도 09

㉮ 보호작용 　　　　　　　㉯ 체온조절작용
㉰ 감각작용 　　　　　　　㉱ 순환작용

⏱ ㉱ 순환작용 : **혈액**의 기능
정답 ㉱

04 피지선에 대한 내용으로 틀린 것은?
➡ 출제년도 10

㉮ 진피층에 놓여 있다.
㉯ 손바닥과 발바닥, 얼굴, 이마 등에 많다.
㉰ 사춘기 남성에게 집중적으로 분비된다.
㉱ 입술, 성기, 유두, 귀두, 등에 독립피지선이 있다.

⏱ ㉯ 손바닥과 발바닥에는 **무피지선**이며, 얼굴, 이마, 두피 등에 **큰피지선**이 많다.
정답 ㉯

05 에크린 한선에 대한 설명으로 틀린 것은?
➡ 출제년도 10

㉮ 실밥을 둥글게 한 것 같은 모양으로 진피 내에 존재한다.
㉯ 사춘기 이후에 주로 발달한다.
㉰ 특수한 부위를 제외한 거의 전신에 분포한다.
㉱ 손바닥, 발바닥, 이마에 가장 많이 분포한다.

⏱ ㉯ 사춘기 이후에 주로 발달하는 것은 **아포크린 한선**이다.
정답 ㉯

◀ 피부의 기능
① 보호작용
② 체온 조절 작용
③ 저장 작용
④ 영양분 교환 작용
⑤ 흡수 작용
⑥ 감각 작용
⑦ 분비 및 배설작용
⑧ 표정 작용
⑨ 면역 작용
⑩ 호흡 작용

◀ 한선
① 에크린선(소한선) : 일반적인 땀, 무색, 무취
② 아포크린선(대한선) : 모공을 통해 분비, 체취선(냄새 유발), 특정부위 분포, 불투명(흰색), 액취증 발생

Chapter 02 피부유형 분석

Skin Care

1 정상(중성)피부

구 분	설 명
정 의	피지선과 한선의 기능이 정상적인 상태로 가장 **이상적인 피부**
특 징	• 피부 유수분 밸런스 조화로움 • 모공이 크지 않고 촉촉하고 윤기가 있음 • 혈액순환이 좋아 피부색이 맑음 • 탄력이 있으며 주름이 거의 나타나지 않음 • 각질, 기미, 주근깨, 잡티가 없음 • 피부결이 곱고 부드러우며 피부표면이 매끄러움
관리법	• 꾸준한 관리로 정상피부 유지 • 유·수분을 적절히 공급 • 연령이나 계절에 맞는 화장품을 선택하여 규칙적인 관리

Key Point

◀ 정상(중성)피부
가장 이상적인 피부

2 건성피부

구 분	설 명
정 의	유전적, 후천적 요인에 의해 각질층의 수분함유량이 **10%이하**로 떨어진 피부
특 징	• 피지선과 한선의 기능 저하 • 세안 후 당기고 건조함 • 각질이 일어나고 푸석거림 • 모세혈관이 확장되기 쉽고 저항력이 약화 • 피부결이 섬세하고 주름이 빨리 생기며 노화 발생 • 피지선의 작용이 미약하여 모공이 작음 • 건조하고 거칠고 순환이 잘 안되어 보임 • 탄력이 없고 늘어짐 현상 발생
관리법	• 적당한 수분과 유분 공급 • 쉽게 예민해질 수 있으므로 보습용 제품 사용 • 알코올이 함유된 제품은 자제하고 클렌징 로션이나 오일 사용

◀ 건성피부
각질층의 수분함유량
이 10%이하로 떨어진
피부

◀ 지성피부
피지선과 한선의 기능
증가 피부

3 지성피부

구 분	설 명
정 의	**피지선**과 **한선**의 기능이 **증가**하여 문제성 피부로 발달하기 쉬운 피부
특 징	• 피지 분비량이 많아서 번들거림 • 모공이 크고 면포 및 농포 동반(코, 이마 부위에 뾰루지, 블랙헤드 발생) • 피부색이 칙칙하고 어두움 • 각질층이 두껍고 피부결이 거칠음 • 화장이 잘 지워짐 • 남성호르몬(안드로겐), 여성호르몬(프로게스테론)의 기능 활발
관리법	• 피지선과 한선의 기능을 조절하여 안정화시킴 • 피지분비 조절 제품 사용 • 클렌징 폼이나 젤을 사용하여 피부를 청결하게 함 • 규칙적인 피지제거 및 세정을 주목적

◀ 복합성피부
두가지 이상의 피부유
형이 공존하는 피부

4 복합성피부

구 분	설 명
정 의	**두 가지 이상**의 피부 유형이 얼굴에 나타나는 피부
특 징	• T존 : 보통 지성피부로 모공이 크고 유분기가 많아 여드름 발생 • U존 : 피지 분비가 적어 건조하고 잔주름과 예민함 동반
관리법	• 피부부위에 맞는 제품을 선택하여 사용 • T존은 지성피부, U존은 건성피부 관리법과 동일하게 실시

◀ 민감성피부
외부자극, 환경, 신체
변화에 민감한 피부

5 민감성피부

구 분	설 명
정 의	**외부자극**, 환경적, **신체**적 **변화** 등에 **민감**하게 **반응**하는 피부
특 징	• 외부자극에 민감하여 건조하기 쉽고 피부 조직이 얇으며 모공이 작음 • 화장품 등의 화학적 반응에 의해 쉽게 트러블이 생기어 색소 침착 유발 • 예민도에 따라 알레르기, 수포, 홍반, 두드러기 등의 증상
관리법	• 알코올이 함유되지 않은 **무알콜 제품** 사용 • 적외선 등의 **열관리 금지** • 적당한 수분과 유분 공급 • 림프드레나쥐 등의 매뉴얼테크닉을 통한 면역력 강화

Key Point

6 모세혈관 확장피부

구 분	설 명
정 의	모세혈관이 **약화**되거나 **파열, 확장**된 피부
특 징	• 건조하여 당김 현상 • 피부의 탄력성과 긴장감이 저하되어 피부가 늘어지는 현상 • 선천적으로 모세혈관이 약하거나 후천적으로 심한 기후나 온도 변화에 노출된 피부에 발생 • 외부의 자극이나 갑상선 기능 장애 등의 내분비 장애에 의해서도 발생 • 스테로이드제제의 남용이나 갱년기 여성에게도 발생
관리법	• 민감성피부와 유사 관리 • **비타민C, P, K** 등의 혈관을 강화시키는 성분을 함유한 제품 사용 • 커피, 알코올, 콜라 등의 혈관확장에 영향을 미치는 식품은 삼가야 함 • 미온수에 세안하고 마지막에는 찬물로 헹구어 줌

◀ 모세혈관확장피부
모세혈관이 약화, 파열, 확장된 피부

7 노화피부

구 분	설 명
정 의	**연령**이 **증가**함에 따라 생리적인 기능이 저하되어 나타나는 피부
특 징	• 피부 표면이 거칠어지고 당기며 주름이나 반점 등이 발생 • 면역기능의 저하로 세균의 감염 위험이 높음 • 콜라겐 합성 감소, 엘라스틴 변성으로 피부 탄력저하와 주름 생성 • 폐경기 이후 여성 호르몬의 변화에 의해 발생 • 멜라닌 세포의 기능 약화로 과색소침착이나 저색소침착 발생
관리법	• 규칙적인 보습과 영양 및 재생관리 • 콜라겐, NMF, 히알루론산, 비타민A 등의 고농축 성분이 함유된 제품 사용 • 규칙적인 운동을 통해 혈액순환 촉진 • 조기 노화를 막고 노화의 지연을 목적으로 관리

◀ 노화피부
연령이 증가함에 따라 생리적 기능이 저하된 피부

◀ 노화발생 요인
① 내적요인 : 호르몬의 이상이나 신진대사의 기능 저하
② 외적요인 : 햇빛이나 유해 환경에 의한 노화 및 스트레스, 흡연, 음주, 잘못된 식습관 등에 의한 조기 노화

8 여드름성 피부

구 분	설 명
정 의	피지선의 분비 증가로 오는 **만성적 염증성 질환** 피부
특 징	• 피부결이 거칠고 피지분비가 많고 지저분하며 흉터와 염증 동반 • 여드름으로 인해 민감한 반응을 보이며 홍반 동반 • 면포, 구진, 농포, 결절, 낭종 형성
관리법	• 항염, 소독, 진정에 중점을 두어 관리하고 피지조절과 보습 등의 관리 병행 • 여드름피부는 초기에 예방하는 것이 중요하며 꾸준한 관리 필요 • 함부로 짜거나 만지지 않으며 상처나지 않도록 주의 • 여드름 관리 후에는 흉터 및 색소침착 관리에 중점을 두어 관리

◀ 여드름성피부
① 피지선의 분비 증가로 오는 만성 염증성 피부
② 지성피부의 관리 소홀로 발생

머리에 쏙~쏙~ 5분 체크

01 정상피부는 가장 이상적인 피부로 (   ) 관리로 정상 피부를 유지할 수 있다.

02 건성피부는 유전적, 후천적 요인에 의해 각질층의 수분함유량이 (   )% 이하로 떨어진 피부를 말한다.

03 지성피부가 생기는 원인은 남성호르몬인 (   )이나 여성호르몬인 (   )의 기능이 활발해져서 생긴다.

04 지성피부의 관리법으로 클렌징 (   ) 이나 (   )을 사용하여 피부를 청결하게 해준다.

05 두가지 이상의 피부 유형이 얼굴에 나타나는 피부를 (   ) 피부라고 말한다.

06 민감성피부 관리시 알코올이 함유되지 않은 (   ) 제품을 사용하고 적외선 등의 (   )는 금지하는 것이 좋다.

07 모세혈관을 강화시키는 성분은 (   ), (   ), (   ) 등이 있다.

08 노화를 예방하기 위한 성분으로는 (   ), NMF, 히알루론산, 비타민A 등이 있다.

09 노화피부는 콜라겐 합성 (   ), 엘라스틴 (   )으로 피부 탄력저하와 주름을 생성시킨다.

10 여드름피부는 피지선의 분비 (   )로 오는 만성적 (   ) 질환 피부이다.

정답 01. 꾸준한   02. 10   03. 안드로겐, 프로게스테론   04. 폼, 젤   05. 복합성
06. 무알콜, 열관리   07. 비타민C, 비타민P, 비타민K   08. 콜라겐   09. 감소,
변성   10. 증가, 염증성

◆ 건성 피부
유전적, 후천적 요인에 의해 각질층의 수분함유량이 10% 이하로 떨어진 피부

◆ 민감성 피부
① 무알콜 화장수 사용
② 열관리 금지

◆ 모세혈관 강화 성분
비타민 C, 비타민 K, 비타민 P

시험문제 엿보기

01 피지와 땀의 분비 저하로 유 · 수분의 균형이 정상적이지 못하고 피부결이 얇으며 탄력 저하와 주름이 쉽게 형성되는 피부는? ➡ 출제년도 09

㉮ 건성피부 ㉯ 지성피부

㉰ 이상피부 ㉱ 민감피부

㉮ 건성피부 : 피지와 땀의 분비 저하로 유 · 수분의 균형이 정상적이지 못하고 피부결이 얇으며 탄력 저하와 주름이 쉽게 형성되어 노화가 촉진된다.

정답 ㉮

02 지성피부에 대한 설명 중 틀린 것은? ➡ 출제년도 09

㉮ 지성피부는 정상피부보다 피지분비량이 많다.

㉯ 피부결이 섬세하지만 피부가 얇고 붉은색이 많다.

㉰ 지성피부가 생기는 원인은 남성호르몬의 안드로겐(androgen)이나 여성호르몬인 프로게스테론(progesterone)의 기능이 활발해져서 생긴다.

㉱ 지성피부의 관리는 피지제거 및 세정을 주목적으로 한다.

㉯ 피부결이 섬세하지만 피부가 얇고 붉은색이 많은 것은 **민감성피부**이다.

정답 ㉯

03 기미피부의 손질방법으로 가장 틀린 것은? ➡ 출제년도 10

㉮ 정신적 스트레스를 최소화한다.

㉯ 자외선을 자주 이용하여 멜라닌을 관리한다.

㉰ 화학적 필링과 AHA 성분을 이용한다.

㉱ 비타민 C가 함유된 음식물을 섭취한다.

㉯ 자외선을 자주 이용하면 **멜라닌의 생성**이 **활성화**되어 기미 등의 **색소침착**이 발생하므로 자외선을 차단하여 **멜라닌 생성 억제 관리**를 하는 것이 바람직하다.

정답 ㉯

◐ 정상(중성)피부
가장 이상적인 피부

◑ 건성피부
각질층의 수분 함유량이 10% 이하로 떨어진 피부

◑ 지성피부
피지선과 한선의 기능증가 피부

◑ 복합성피부
두가지 이상의 피부유형이 공존하는 피부

Chapter 03

피부와 영양

Skin Care

 Key Point

◀ 3대영양소와
　6대영양소
① 3대영양소 : 탄수
　화물, 지방, 단백질
② 6대영양소 : 탄수
　화물, 지방, 단백
　질, 무기질, 비타
　민, 물

◀ 탄수화물
① 생명유지 및 활동
　에 필요한 주영양
　소
② 포도당의　형태로
　흡수
③ 1g당　4kcal 열량
　발생

◀ 지방
① 에너지를 내는 주
　영양소
② 세포막의 구성성분
③ 글리세린의 형태로
　흡수
④ 1g당　9kcal 열량
　발생

━ 1　영양소

(1) 탄수화물

구 분	설 명
종 류	• 단당류 : 포도당, 과당, 갈락토오스 • 이당류 : 자당, 맥아당, 유당 • 다당류 : 전분, 글리코겐, 섬유소
특 징	• **생명유지** 및 **활동**하는데 필요한 에너지를 내는데 이용되는 영양소 • 지방과 단백질을 생성하는 주원료이며 세포의 구성 물질 • 소장에서 **포도당**의 형태로 흡수 **기억법** 탄포 탄포 : **탄**수화물은 소장에서 **포도당**의 형태로 흡수 • 에너지원으로 1g당 **4kcal**에 열량 발생 • 결핍시 간의 해독작용 저하로 피부가 거칠어짐 • 구강에서 타액에 의해 맥아당과 덱스트린으로 분해 • 균형잡힌 식사를 위해 탄수화물의 적당한 섭취율은 60~65% • 급원식품 : 곡류, 감자류, 콩류, 과일류, 채소류, 꿀 등

(2) 지방

구 분	설 명
종 류	• 단순지방질 : 중성지방, 밀납 • 복합지방질 : 인지질, 당지질, 지단백 • 유도지방질 : 지방산, 글리세롤, 스테롤, 콜레스테롤 등

Key Point

구 분	설 명
특 징	• **열량영양소**로 1g당 **9kcal**의 열량 발생 • 인지질의 경우 **세포막**의 **구성성분** • 잔여분은 피하조직에 저장되어 필요시에 사용 • 항체를 형성하고 장기 보호 및 체온조절과 피부의 건조 방지 • 소장에서 **글리세린**의 형태로 흡수 기억법 **지글** 지글 : 지방은 소장에서 글리세린의 형태로 흡수 • 과잉시 비만 초래 • 결핍시 어린이의 성장 방해 • 동물성 지방을 섭취하면 혈관 내의 콜레스테롤 농도가 증가 • 급원식품 : 대두유, 면실유, 참기름, 들깨기름, 견과류, 참치, 꽁치, 우유, 닭고기, 아이스크림 등

◁ 3대 영양소의 최
　종분해 산물
① 탄수화물 : 포도당
② 지방 : 글리세린
③ 단백질 : 아미노산

(3) 단백질

구 분	설 명
종 류	• 단순단백질 : 알부민, 글로불린, 히스톤 • 복합단백질 : 핵단백질, 당단백질, 인단백질
특 징	• **생명유지**의 필수적인 역할 • 세포안의 각종 화학반응의 촉매역할(효소) • 호르몬, 항체를 형성하여 면역과 체내 대사 조절 • 열량영양소로 1g당 **4kcal**의 열량 발생 • 체내에 수분함량을 조절하고 pH 유지 관여 • 피부 구성성분 중 대부분 차지 • 낡은 조직세포를 보충하여 발육, 성장하는 에너지원 • 피부의 재생작용을 관여하여 부족시 잔주름 및 여드름 유발 • 소장에서 **아미노산**의 형태로 흡수 기억법 **단아** 단아 : 단백질은 소장에서 아미노산의 형태로 흡수 • 급원식품 : 우유, 생선, 달걀, 버터, 소, 돼지고기, 두부 등

◁ 단백질
① 생명유지 및 면역
　에 필요한 주영양
　소
② 아미노산의 형태로
　흡수
③ 1g당 4kcal 열량
　발생

참고 ― **아미노산의 종류**

종 류	특 징
필수 아미노산	• 신체 내에서 합성이 불가능하여 반드시 음식물로 섭취 • 발린, 로이신, 이소로이신, 메티오닌, 트레오닌, 리신, 페닐알라닌, 트립토판과 어린아이의 성장에 필수적인 히스티딘 등 9종 • 아르기닌은 합성은 가능하나 부족하여 환자나 노약자에게 필수적인 아미노산(아르기닌을 포함하여 10종이라고도 함)
불필수 아미노산	• 체내에서 합성이 가능하며 22종의 아미노산 중 필수아미노산을 제외한 나머지

(4) 무기질

① 종류

종 류	특 징
칼슘(Ca)	• 골격과 치아의 주성분 • 혈액응고, 신경전달, 근육의 수축과 이완, 세포대사 등의 체내 대사 • 결핍시 골격과 치아 쇠퇴, 발육의 불균형 등 초래 • 급원식품 : 우유, 유제품, 뼈재먹는 생선, 해조류 등
인(P)	• 칼슘과 같이 골격과 치아의 형성에 중요한 역할 • 결핍시 근육경련, 식욕감퇴 등 초래 • 칼슘과 인의 이상적인 비율 1:1 • 급원식품 : 치즈, 우유, 콩류, 달걀노른자 등
마그네슘 (Mg)	• 골격과 치아 및 효소의 구성성분으로 신경과 심근에 작용 • 결핍시 성장지연, 신경계이상, 신장질환, 근육경련, 소화불량, 만성 피로 등 초래 • 급원식품 : 대두, 견과류, 코코아 등
나트륨 (Na)	• 염소(Cl)와 결합하여 체액의 삼투압 조절과 신경의 자극전달에 관여하여 근육의 탄력성 유지 • 결핍시 피로감, 노동력 저하, 식욕부진, 정신불안 등 초래 • 급원식품 : 미역, 김, 새우류, 소금, 오징어 등
칼륨(K)	• 세포의 기능에 중요한 역할 • 혈장 중의 칼륨은 근육 및 신경의 기능 조절에 필요 • 결핍시 설사, 구토, 식욕부진, 발육부진, 근육마비 등 초래 • 급원식품 : 녹황색 채소, 오렌지, 바나나, 감자, 콩류, 우유, 단호박 등

종 류	특 징
염소(Cl)	• 체내의 산과 염기의 균형을 맞추고 삼투압을 유지시키며 위액 생성 • 결핍시에는 소화불량, 식욕부진 등 초래 • 급원식품 : 김치류, 젓갈류, 조림, 된장, 고추장 등
철분(Fe)	• 헤모글로빈과 미오글로빈의 구성성분 • 골수에서 조혈작용을 돕고 혈액에 산소 공급 및 피부의 혈색과 밀접함 • 결핍시 빈혈, 탈모, 집중부족 등을 초래 • 급원식품 : 육류, 간, 어패류, 곡류, 녹색채소, 견과류, 굴, 대합 등
구리(Cu)	• 철분의 흡수를 도와주고 체내의 생화학반응 촉매제 역할 • 결핍시 빈혈, 골다공증, 성장장애, 피부통증 등을 초래 • 급원식품 : 돼지간, 소간, 두류, 굴 등
아연(Zn)	• 성장, 면역, 알코올 대사에 관여하는 여러 효소의 구성요소 • 결핍시 성장지연, 면역력 저하, 왜소증, 상처회복지연, 탈모, 야맹증, 여드름 발생 • 급원식품 : 간, 내장, 굴, 달걀, 우유 등
유황(S)	• 인체의 모발, 조갑, 피부를 구성하는 케라틴 단백질 합성에 관여 • 결핍시 피부가 거칠어지고 윤기가 없으며 조갑이 잘 부러지고 두피건조, 습진, 여드름 등 초래 • 급원식품 : 우유, 달걀, 육류, 두류 등
요오드(I)	• 갑상선 호르몬의 구성성분 • 피부의 신진대사를 촉진하고 염증치료, 조기주름 방지 • 결핍시 갑상선 기능장애, 성장지연(크레틴증), 거칠고 푸석한 피부 등 초래 • 급원식품 : 김, 미역, 다시마등의 해조류, 해산물 등

◖5대 영양소
탄수화물, 지방, 단백질, 무기질, 비타민

◖무기질의 특징
① 신체의 구성과 신진대사 기능을 원활하게 하는 조절영양소
② pH 유지와 삼투압을 통해 체액의 균형 유지

② 특징

㈎ 신체의 구성과 신진대사 기능을 원활하게 조절하는 필수적인 요소로 조절영양소

㈏ 광물질이라고도 하며 체내에서 적절한 pH유지와 삼투압을 통해 체액의 균형 유지

㈐ 성인의 체내 무기질함량은 체중의 4%, 이 중 칼슘과 인이 66%, 나머지 칼륨, 마그네슘

(5) 비타민

① 종류

㈎ 지용성 비타민

종류	특징
비타민 A (레티놀)	• 상피조직을 정상적으로 유지 및 성장 촉진 • 피부 세포의 **재생**과 **상처치료** 효과 • 세포막을 성장시키고 보완 • 눈, 피부, 모발, 치아의 성장과 시력유지 • 독소 해독과 땀, 지방 분비 촉진 • 결핍시 성장불량, **야맹증, 피부건조증**, 각화증, 안구건조증, 잔주름, 여드름, 전염병에 대한 저항력 감퇴 등 초래 기억법 **재상야피** 재상야피 : **재**생과 **상**처치료, **야**맹증, **피**부건조증 • 급원식품 : 달걀노른자, 동물의 간, 우유, 치즈, 시금치, 당근, 토마토, 호박 등
비타민 D (칼시페롤)	• 골격과 치아형성, 골격과 소장에서 칼슘의 항상성 유지 • 칼슘의 흡수 촉진시키는 효과가 있어 **항구루병 비타민**이라고도 함 기억법 **D항구** D항구 : 비타민D는 **항구**루병 비타민 • 체내에서 합성되지 않지만 자외선을 받으면 생성됨 • 결핍시 구루병, 충치, 골연화증, 골다공증 초래 • 급원식품 : 우유, 버터, 효모, 버섯, 달걀, 어간류 등
비타민 E (토코페롤)	• 젊어지는 비타민(**항산화 비타민**)으로 세포의 호흡 촉진 및 혈액순환 개선 기억법 **E항산** E항산 : 비타민E는 **항산**화 비타민 • 피로 회복과 지구력을 향상하고 혈중 콜레스테롤의 수치 감소 • **노화**를 **지연**시키고 오염물질, 과산화물, 유해산소로부터 세포와 조직 보호 • 결핍시 피부건조, 노화, 냉증, 불임, 유산 등 초래 • 급원식품 : 밀배아, 면실유, 땅콩, 녹색잎 채소, 간, 계란, 아몬드, 장어 등
비타민 K (메나디온)	• 출혈시 간에서 혈액 응고 인자의 합성에 관여하고 골격의 석회화를 돕는 **항출혈성 비타민** 기억법 **K항출** K항출 : 비타민K는 **항출혈**성 비타민 • 결핍시 혈액응고가 지연되어 피하출혈, 내출혈 등이 발생하여 생명에 위협, 패쇄성 황달, 담즙분비저하, 췌장기능저하, 만성설사 등 초래 • 급원식품 : 녹색채소, 브로콜리, 해조류, 간 등

종 류	특 징
비타민 F (리놀렌산)	• 세포의 구성요소인 인지질을 구성하는 **지방산**으로서 동물체 내에서 소량 발견 **기억법** F지 F지 : 비타민F는 지방산 • 콜레스테롤의 수치를 감소시켜 심장병 예방 • 급원식품 : 면실유, 콩기름 등
비타민 U	• **항궤양성 비타민** **기억법** U항궤 U항궤 : 비타민U는 항궤양성 비타민 • 양배추, 신선한 야채즙에 풍부 • 위궤양, 십이지장궤양에 효과

⑷ **수용성 비타민**

종 류	특 징
비타민 B₁ (티아민)	• **정신적 비타민**으로 보조효소로 작용 • 결핍시 **각기병**, 복통, 구토, 복부팽창, 식욕부진, 피로, 손발저림, 설사 등 초래 **기억법** B₁티정신각 B₁티정신각 : 비타민B₁(티아민)은 정신적 비타민, 각기병 • 급원식품 : 돼지고기, 두류, 견과류, 효모, 현미, 간, 굴 등
비타민 B₂ (리보플라빈)	• **성장촉진 비타민**으로 체내에서 당질대사의 산화, 환원작용에 중심적 역할 및 성장, 발육 촉진에 관여 • 쓴맛이 있고 약간의 냄새가 나며 피지 분비를 조절하여 피부 윤기 부여 • 결핍시 **성장부진**, **구순구각염**, 설염, 코와 입주위의 피부염, 비듬, 습진, 탈모, 우울증 등 초래 **기억법** B₂리성장구 B₂리성장구 : 비타민B₂(리보플라빈)는 성장촉진 비타민, 구순구각염 • 급원식품 : 우류, 계란, 육류, 간, 채소 등

◑ 수용성비타민의 종류
① 비타민 B₁ : 정신적 비타민, 각기병
② 비타민 B₂ : 성장촉진비타민, 구순구각염
③ 비타민 B₃ : 항펠라그라비타민
④ 비타민 B₅ : 비타민B복합체
⑤ 비타민 B₆ : 항피부염비타민, 지루성피부염
⑥ 비타민 B₁₂ : 항악성빈혈비타민
⑦ 비타민C : 대표적인 피부미용비타민
⑧ 비타민P : 투과성비타민, 모세혈관 강화

Key Point

◀ 수용성 비타민
① 비타민 B₁
= 티아민
② 비타민 B₂
= 리보플라빈
③ 비타민 B₃
= 나이아신
④ 비타민 B₅
= 판토텐산
⑤ 비타민 B₆
= 피리독신
⑥ 비타민 B₁₂
= 코발아민
⑦ 비타민 C
= 아스코르브산
⑧ 비타민 P
= 플라보노이드

종 류	특 징
비타민 B₃ (나이아신)	• **항펠라그라 비타민**으로 니코틴산의 결핍증후군인 펠라그라를 예방하고 치료 *기억법* B₃나항펠라 B₃나항펠라 : 비타민B₃(나이아신)는 항펠라그라 비타민 • 피부의 탄력과 건강을 유지하고 구강 점막의 염증 치료 • 산, 알칼리, 열, 광선에 비교적 강함 • 결핍시 설사, **펠라그라**, 피부병, 우울증, 구내염, 구각염 등 초래 • 급원식품 : 콩류, 곡류, 육류, 간, 버섯, 계란, 우유 등
비타민 B₅ (판토텐산)	• **비타민 B 복합체**로 단백질 대사에 관여하고 피부, 모발, 손톱의 각질화에 관여하며 에너지 대사에 보조효소로 작용 • 결핍시 구토, 복통, 권태, 성장장애, 피부 각질의 경화, 홍반, 염증 등 초래 • 급원식품 : 우유, 곡류, 두류, 견과류, 브로콜리, 간 등
비타민 B₆ (피리독신)	• **항피부염 비타민**으로 단백질과 아미노산의 대사에 필요한 보조 효소로 작용 • 피부질환과 신경질환 예방 • 결핍시 **지루성 피부**, 피부병, 근육통, 신경통, 신경장애, 경련, **빈혈** 등 초래 *기억법* B₆피항피부지 B₆피항피부지 : 비타민B₆(피리독신)은 항피부염 비타민, 지루성 피부 • 급원식품 : 우유, 효모, 간, 육류, 어류, 바나나, 호도 등
비타민 B₁₂ (코발아민)	• **항악성빈혈 비타민**으로 조혈작용, 아미노산 대사에서 조효소로 작용 *기억법* B₁₂코항악빈 B₁₂코항악빈 : 비타민B₁₂(5발아민)는 항악성빈혈 비타민 • 적혈구 생성에 관여 • 중추신경계에 작용하여 신경조직이 정상적으로 유지되도록 도와줌 • 결핍시 **악성빈혈**, 성장장애, 지루성 피부병 등 초래 • 급원식품 : 우유, 달걀, 간, 내장기관, 어패류, 쇠고기 등

종 류	특 징
비타민 C (아스코르브산)	• 대표적인 **피부미용 비타민** • 항산화 작용을 **콜라겐 형성, 모세혈관강화, 색소침착 방지** 등 • 영양소 중 가장 불완전하며 열과 산소 등에 쉽게 파괴됨 • 소장에서 철분의 흡수를 돕고, 백내장 예방, 스트레스 해소, 면역증진 및 감기 예방 • 결핍시 **괴혈병**, 색소침착, 면역력 저하, 식욕부진, 각화증 등 초래 기억법 C콜모색괴 C콜모색괴 : 비타민C는 **콜라겐 형성, 모세혈관강화, 색소침착 방지, 괴혈병** • 급원식품 : 레몬, 오렌지, 귤, 딸기, 토마토, 배추, 고추, 시금치 등
비타민 P (플라보노이드)	• **투과성 비타민**(루틴)이라고도 하며 **모세혈관 강화** 및 출혈 방지 기억법 P플투모 P플투모 : 비타민P(플라보노이드)는 **투과성 비타민, 모세혈관 강화** • 결핍시 출혈, 모세혈관 손상, 멍, 만성 부종 등 초래 • 급원식품 : 감귤, 양파껍질, 토마토, 레몬, 오렌지, 고추 등

② 특징
- 매우 적은 양으로 물질대사나 생리기능을 조절하는 필수 영양소
- 체내에서 합성되지 않기 때문에 **음식물로 섭취**
- 대부분은 효소나 조효소로 작용하여 생리기능과 성장유지에 도움
- 열, 빛, 공기 중에 쉽게 파괴됨
- 비타민은 지용성비타민과 수용성비타민으로 구분

(6) 물
① 인체를 구성하는 성분 중 가장 많은 양으로 전체의 **60~70%** 차지
② 체조직과 체액을 구성하고 영양소를 용해시켜 소화 흡수
③ 영양소를 각 조직으로 운반하고 노폐물을 세포로부터 배설
④ 체온을 조절하며 수분의 적절한 조화는 피부를 아름답게 유지
⑤ 정상적인 사람이 하루에 배출하는 물의 양은 2.5L 정도(땀, 호흡 1L, 소변 1.5L)로 하루 **2.5~3L**의 물을 섭취 권장
⑥ 피부의 각질층의 수분이 10%이하로 감소하면 피부가 건조하고 푸석거림

◀ 비타민의 특징
① 체내에서 합성되지 않기 때문에 음식물로 섭취
② 지용성비타민과 수용성비타민으로 구분

◀ 물
인체를 구성하는 성분 중 가장 많은 영양소 (60~70%)

3 피부, 체형과 영양

(1) 피부와 영양

① 피부도 아름답게 유지하려면 올바른 영양소의 섭취는 가장 기본적인 요소
② 피부는 혈관 및 림프계를 통해 영양 공급, 영양소의 과잉이나 결핍시 이상증상 초래
③ 비타민 A,C,E는 피부미용에 필수적으로 **활성산소**(프리래디컬, free radicals)로부터 피부 보호의 역할

알아두세요

• SOD
항산화물질로 활성산소(프리래디컬)의 작용을 억제하는 작용을 한다.

(2) 체형과 영양

① 현대사회의 서구화된 식생활로 운동부족, 영양과다 등의 현상으로 비만을 일으키는데 올바른 식생활과 규칙적인 운동 필요
② 일반 성인의 하루 평균 여성은 2,000kcal, 남성은 2,500kcal를 소비

알아두세요

• 기초대사량
생명을 유지하는데 소요되는 최소한의 열량

체형관리 요법의 종류

구 분	설 명
식이요법	• 신선한 채소와 해조류, 과일, 콩 등의 저열량식과 식품 섭취 • 적절한 섭취량은 개인에 따라 다르지만 약1,200~1,5kcal 정도 섭취 • 3대영양소의 기본비율 탄수화물 60%, 단백질 20%, 지방 20%
운동요법	• 유산소운동(걷기, 조깅, 수영, 계단오르기 등)은 지방 연소로 에너지 소모 증가 • 운동 후에도 수 시간 동안 계속해서 에너지를 더 연소하여 대사율을 높여 체중조절 효과
약물요법	• 치료 개념
수술요법	• 비만부위에 피부를 절개하고 관을 삽입하여 지방세포만을 선택적으로 흡입시켜 주는 요법
행동수정요법	• 체형관리시 가장 효과적인 방법으로 식습관과 운동습관의 점진적인 교정 목표

Key Point

◆ 활성산소 (프리래디컬)
① 산소가 여러 대사과정에서 생체조직을 공격하고 세포를 손상시키는 산화력이 강한 산소로 유해산소라고도 함

◆ SOD
항산화물질로 활성산소 억제 기능

◆ 체형관리 요법의 종류
① 식이요법
② 운동요법
③ 약물요법
④ 행동수정요법

머리에 쏙~쏙~ 5분 체크

☆
01 3대 영양소는 (   ), (   ), (   ) 이며, (   )을 제외한 나머지 영양소를 6대영양소라고 한다.

02 소장에서 탄수화물은 (   ), 지방은 (   ), 단백질은 (   )의 형태로 흡수된다.

03 (   )은 신체의 구성과 신진대사를 조절하는 조절영양소로, 칼슘, 인, 마그네슘 등이 포함된다.

04 (   )은 염소와 결합하여 체액의 삼투압 조절과 신경의 자극전달에 관여하여 근육의 탄력성을 유지시킨다.

☆
05 피부 세포의 재생과 상처 치료 효과가 있는 지용성 비타민은 (   )이다.

☆
06 (   )는 체내에서 합성되지는 않지만 자외선을 받으면 생성된다.

☆☆
07 비타민C는 대표적인 (   ) 비타민으로 콜라겐 형성, 모세혈관 강화, (   ) 방지 등의 항산화 작용을 한다.

08 비타민(   )는 투과성비타민으로 모세혈관을 (   )시키고, 출혈을 방지시켜 준다.

☆
09 (   )란 산소가 여러 대사과정에서 생체조직을 공격하고 세포를 손상시키는 산화력이 강한 산소로 유해산소라고도 한다.

10 생명을 유지하는데 소요되는 최소한의 열량을 (   )이라고 한다.

정답 01. 탄수화물, 지방, 단백질, 물 02. 포도당, 글리세린, 아미노산 03. 무기질
04. 나트륨 05. 비타민A 06. 비타민D 07. 피부미용, 색소침착
08. P, 강화 09. 활성산소 10. 기초대사량

Key Point

◁3대 영양소
탄수화물, 지방, 단백질

◁6대 영양소
탄수화물, 지방, 단백질, 무기질, 비타민, 물

◁비타민 C
① 대표적인 피부미용 비타민
② 콜라겐 형성
③ 모세혈관 강화
④ 색소침착 방지

Key Point

시험문제 엿보기

◀ 활성산소
①산소가 여러 대사 과정에서 생체 조직을 공격하고 세포를 손상시키는 산화력이 강한 산소
②유해산소 또는 프리래디컬이라고 함

01 체내에서 근육 및 신경의 자극 전도, 삼투압 조절 등의 작용을 하며, 식욕에 관계가 깊기 때문에 부족하면 피로감, 노동력의 저하 등을 일으키는 것은?　➡ 출제년도 10

㉮ 구리(Cu)　　　　　　　　　㉯ 식염(NaCl)
㉰ 요오드(I)　　　　　　　　　㉱ 인(P)

💡 ㉯ 식염(NaCl) : 근육 및 신경의 자극 전도, 삼투압 조절 등의 작용　　　정답 ㉯

02 성장촉진, 생리대사의 보조역할, 신경안정과 면역기능 강화 등의 역할을 하는 영양소는?　➡ 출제년도 10

㉮ 단백질　　　　　　　　　　㉯ 비타민
㉰ 무기질　　　　　　　　　　㉱ 지방

💡 ㉯ 비타민 : 성장촉진, 생리대사의 보조역할, 체내에서 합성되지 않아 음식으로 섭취　　　정답 ㉯

03 피부 색소를 퇴색시키며 기미, 주근깨 등의 치료에 주로 쓰이는 것은?　➡ 출제년도 09

㉮ 비타민 A　　　　　　　　　㉯ 비타민 B
㉰ 비타민 C　　　　　　　　　㉱ 비타민 D

💡 ㉰ 비타민 C : 피부 색소를 퇴색시키며 기미, 주근깨 등의 치료　　　정답 ㉰

◀ SOD
황산화물질로 활성산소의 작용을 억제

04 산소 라디칼 방어에서 가장 중심적인 역할을 하는 효소는?　➡ 출제년도 09

㉮ FDA　　　　　　　　　　　㉯ SOD
㉰ AHA　　　　　　　　　　　㉱ NMF

💡 ㉯ SOD : **항산화물질**로 활성산소(프리래디컬)의 작용을 억제　　　정답 ㉯

05 식후 12~16시간 경과되어 정신적, 육체적으로 아무것도 하지 않고 가장 안락한 자세로 조용히 누워있을 때 생명을 유지하는 데 소요되는 최소한의 열량을 무엇이라 하는가?　➡ 출제년도 10

㉮ 순환대사량　　　　　　　　㉯ 기초대사량
㉰ 활동대사량　　　　　　　　㉱ 상대대사량

💡 ㉯ 기초대사량 : 생명을 유지하는 데 소요되는 최소한의 열량　　　정답 ㉯

1 원발진과 속발진

(1) 원발진

피부질환의 1차적 장애가 나타나는 증상을 말하며 반점, 홍반, 팽진, 구진, 농포, 결절, 낭종, 종양, 소수포, 대수포 등이 있다.

종 류	특 징
반점 (macule)	• 부표면의 튀어나옴(융기)과 들어감(함몰)이 없음 • 피부병변 부위가 평평하며, 색이 다른 반점 • 기미, 주근깨, 자반, 백반, 홍반, 노화반점, 오타모반, 과색소침착 등
홍반 (erythema)	• 모세혈관의 확장과 염증성 충혈에 의해 나타남 • 편평하거나 둥글게 솟아오른 붉은 얼룩 • 시간의 경과에 따라 크기가 변화함
팽진 (wheals)	• 일시적 부종으로 가렵고 부어서 넓적하게 올라와 있는 병변 • 두드러기(담마진)라고도 함 • 크기나 형태가 변하고 수 시간내 소멸됨
구진 (papule)	• 직경 1cm 미만의 피부 표면이 돌출된 단단한 병변 • 주위 피부보다 붉고, 표피에 형성되어 흔적을 남기지 않음 • 한진, 습진, 여드름, 사마귀 등에서 볼 수 있음
농포 (pustule)	• 피부표면 위로 돌출된 모양 • 아프고 염증 포함 • 단일 또는 군집으로 농(고름)을 포함한 1cm 미만의 크기
결절 (nodules)	• 구진보다 크고 종양보다는 작은 형태 • 1~2cm 정도의 경계가 명확한 피부의 딱딱한 덩어리 • 표피, 진피, 피하조직까지 확대 • 섬유종, 황색종 등이 있음
낭종 (cyst)	• 막으로 둘러싸여 액체나 반고형 물질 • 피부 표면이 융기 • 표피, 진피, 피하조직까지 침범 • 심한 통증 유발, 여드름 발생단계 중 제 4단계에 생겨 흉터 남김

Key Point

◀ 원발진과 속발진
① 원발진 : 피부질환의 1차적 장애
② 속발진 : 원발진이 더 진전되어 생기는 2차적 장애

◀ 원발진의 종류
① 반점 : 기미, 주근깨, 자반, 노화반점 등
② 홍반 : 모세혈관 확장과 염증성 충혈에 의한 붉음증
③ 팽진 : 일시적 부종, 두드러기(담마진)
④ 구진 : 직경 1cm미만의 돌출된 병변
⑤ 농포 : 염증(고름)
⑥ 결절 : 딱딱한 덩어리
⑦ 낭종 : 액체나 반고형 융기 물질
⑧ 종양 : 혹과 같은 큰 몽우리
⑨ 소수포 : 작은 물집
⑩ 대수포 : 큰 물집

종 류	특 징
종양 (tumor)	• 직경 2cm 이상의 크기로 혹처럼 부어서 외부로 올라와 있음 • 결절보다 큰 몽우리로서 모양과 색상이 다양함 • 악성과 양성이 있고, 신생물이나 혹에서 관찰됨
소수포 (vesicles)	• 혈장, 체액, 피 등의 액체를 함유 • 직경 1cm까지의 소낭이라는 물집으로 맑은 액체를 가지고 있음 • 작은 수포들이 표피의 안이나 혹은 바로 밑에 자리잡고 있음
대수포 (bleb)	• 소수포보다 크기가 좀더 큰 혈액성 내용물 • 1cm이상의 물집을 말하며 주로 화상 등에서 볼 수 있음

〈원발진〉

반홍팽구 농결낭종 소대 : 반점, 홍반, 팽진, 구진, 농포, 결절, 낭종, 종양, 소수포, 대수포

● 원발진
반점, 홍반, 팽진, 구진, 농포, 결절, 낭종, 종양, 소수포, 대수포

● 속발진의 종류
① 미란 : 표피 벗겨진 상태
② 가피 : 딱지
③ 인설 : 비듬
④ 찰상 : 긁힘
⑤ 균열 : 열창, 구순염, 무좀
⑥ 태선화 : 만성적 마찰이나 자극에 의해 가죽처럼 두꺼워진것
⑦ 궤양 : 염증과 같은 상태
⑧ 위축 : 피부가 얇아진 상태
⑨ 반흔 : 흉터
⑩ 켈로이드 : 진피의 교원질 변성으로 융기된 현상

(2) 속발진

원발진이 더 진전되어 생기는 2차적 장애가 나타나는 증상을 말하며 미란, 가피, 인설, 찰상, 균열, 태선화, 궤양, 위축, 반흔, 켈로이드 등이 있다.

종 류	특 징
미란 (erusions)	• 표피가 벗겨져 짓무른 피부 결손 상태 • 흉터없이 치유
가피 (crusts)	• 딱지를 말함 • 혈청과 농, 혈액의 축적물들이 피부 표면에서 말라붙은 상태
인설 (scales)	• 표피의 각질들이 축적된 상태 • 건조하면서 기름기가 있어 비듬 모양으로 떨어져 나가는 것
찰상 (excoriations)	• 기계적 자극이나 지속적인 마찰, 손톱에 긁힘 등에 의해 표피가 벗겨지는 상태로 흉터없이 치유
균열 (fissures)	• 열창이라고도 함 • 질병이나 외상에 의해 피부가 건조해지고 탄력이 없어져 피부가 갈라진 상태 • 구순염이나 무좀 등이 있음
태선화 (lichenification)	• 만성적인 마찰이나 자극에 의해 표피 전체와 진피의 일부가 건조화되어 가죽처럼 두꺼워지는 것 • 피부가 거칠고 단단한 상태로 만성 소양성 질환에서 흔히 볼 수 있음

종 류	특 징
궤양 (ulcer)	• 피부 깊숙이 손실되어 움푹 파이고 삼출물이 있으며 크기에 있어 다양하고 붉은색을 띠는 상태 • 표면은 분비물과 고름으로 젖어 있고 출혈이 있으며 완치 후에도 반흔을 남김
위축 (atrophia)	• 세포나 성분의 감소로 피부가 얇아진 피부의 퇴화변성 • 피부 탄력이 없고 주름을 형성 • 둔한 광택이 나거나 정맥이 투시되기도 하는 상태 • 노인성 위축증에서 볼 수 있음
반흔 (scar)	• 흉터 또는 상흔이라고도 함 • 손상된 피부의 결손을 메우기 위해 새로운 결체조직이 생성된 섬유조직으로 정상 치유되는 과정 • 위축성 반흔이 되거나 켈로이드 경향이 있는 비대한 섬유상 병변으로 섞여서 나타남
켈로이드 (keloid)	• 해족증이라고도 함 • 상처가 아물면서 진피의 교원질이 과다 생성되어 흉터가 표면위로 융기되는 현상

〈속발진〉

미가인찰 균태궤위 반켈 : 미란, 가피, 인설, 찰상, 균열, 태선화, 궤양, 위축, 반흔, 켈로이드

◁ 속발진
미란, 가피, 인설, 찰상, 균열, 태선화, 궤양, 위축, 반흔, 켈로이드

4 피부질환

(1) 색소질환

• 유전, 자외선, 내분비장애, 내장장애, 정신적 스트레스, 외부 환경 등의 요인으로 멜라닌이 피부 내에서 증가되는 과색소침착과 결핍되는 저색소침착을 일으킨다.
• 과색소침착으로는 주근깨, 기미, 노인성 반점, 릴안면흑피증, 베를로크 피부염 등이 있고, 저색소침착으로는 백색증과 백반증이 있다.

① 과색소침착증

종 류	특 징
주근깨 (freckles)	• 직경 5~6cm이하의 불규칙한 모양의 황갈색 반점 • 얼굴, 목, 어깨, 손 등 일광노출 부위에 발생 • 선천성 과색소침착증

◁ 과색소침착증
① 주근깨 : 선천적 과색소침착증
② 기미 : 후천적 과색소침착증
③ 노인성 반점 : 일광흑자
④ 지루성 각화증 : 검버섯
⑤ 릴안면흑피증 : 넓게 나타나는 색소침착
⑥ 베를로크 피부염 : 향수 같은 방향화장품 사용 후 광감작 작용으로 색소침착

◀ 과색소침착증
주근깨, 기미, 노인성
반점, 지루성 각화증,
릴안면흑피증, 베를
로크 피부염

종 류	특 징
기미 (melasma)	• 주로 30~40대 중년 여성에게 잘 나타나고 재발이 잘 됨 • 연한 갈색, 암갈색, 흑갈색의 다양한 크기와 불규칙한 모양 • 좌우 대칭적인 형태 • 후천적 과색소침착증
노인성 반점 (lentigo senilis)	• 일광흑자라고도 함 • 50대 이후 나이가 들면서 얼굴, 손등, 어깨 등에 불규칙적으로 발생
지루성 각화증 (seborrheic keratosis)	• 검버섯이라고 불리는 것 • 경계가 뚜렷한 갈색, 흑갈색의 구진이나 판으로 사마귀 모양의 우둘투둘한 표면 • 지루 부위인 얼굴, 가슴, 등에 잘 발생 • 정확한 원인은 아직 밝혀지고 있지 않으나 40~50대 초반에 발생하기 시작
릴안면흑피증 (Riehl's melanosis)	• 얼굴의 이마, 뺨, 귀 뒤, 목의 측면 등에 넓게 나타나는 갈색, 암갈색의 색소침착 • 진피 상층부에 멜라닌이 증가한 것
베를로크 피부염 (berloque dermatitis)	• 향수나 오데코롱 등의 방향화장품을 사용한 후 광감작 작용을 일으켜 노출 부위에 색소 침착

기억법

〈과색소침착증〉
주기노지릴베 : 주근깨, 기미, 노인성반점, 지루성각화증, 릴안면흑피증, 베를로크피부염

② 저색소침착증

◀ 저색소침착증
① 백색증 : 선천적 저
색소침착증, 알비
노증
② 백반증 : 후천적 저
색소침착증

종 류	특 징
백색증 (albinism)	• 피부, 모발, 눈 등에서 멜라닌 색소가 결핍되어 나타남 • 선천성 저색소 침착증 • 자외선에 대한 방어능력이 부족하여 일광화상을 입기 쉬움 • 라틴어인 알부스'albus'에서 유래되어 '하얗다'라는 뜻을 가져 알비노증이라고도 함
백반증 (vitiligo)	• 멜라닌 세포의 결핍으로 여러 가지 크기 및 형태의 백색반들이 피부에 나타남 • 후천적 저색소 침착증 • 정확한 원인은 알 수 없으나 가족력이 약 30%로 발견 • 스트레스 등 정신적 장애, 화상, 동창등의 요인으로 발생 • 일사광선에 장시간 노출되어 멜라닌이 파되기도 함

Key Point

〈저색소침착증〉

백색알 백반 : 백색증=알비노증, 백반증

(2) 여드름(acne)

① 여드름의 정의 및 원인

구 분		설 명
정 의		• 모공에서 발생하는 피지선의 염증성 만성질환 • 피지분비가 많은 부위인 얼굴, 목, 가슴과 등에 주로 발생
원 인	유전	• **80%이상**이 유전에 의한 것으로 피지선의 수와 크기에 영향
	호르몬	• 남성호르몬인 **안드로겐**의 분비가 왕성해져 피지선 자극 • 남성호르몬인 **테스토스테론의** 과다 분비 • 여성의 경우 월경 전후 황체호르몬인 **프로게스테론**의 분비 증가
	세균	• 여드름간균(P.Acne), 포도상구균 등에 의해 여드름 유발
	식품	• 기름진 음식이나 인스턴트 식품 등 유분을 과잉 분비하도록 하는 식품 섭취
	스트레스	• 스트레스를 받게되면 자율신경계 및 호르몬의 작용을 방해 • 혈액순환이 잘 되지 않아 피부가 거칠어지고 기미 등의 색소침착 • 피지를 과다 분비하게 되어 여드름 유발
	기타	• 운동부족, 화장품과 의약품, 변비, 잘못된 식습관, 내장질환, 피임약 복용, 직업과 환경의 영향, 물리적 자극 등

◀ 여드름 정의 및 원인
① 정의 : 모공에서 발생하는 피지선의 염증성 만성질환
② 원인 : 유전, 호르몬, 세균, 식품, 스트레스 등

② 여드름의 종류

㈎ 면포성 여드름

종 류	특 징
닫힌 면포 (white comedo, 백두여드름)	• 모공 속에 씨앗 형태로 생성된 것 • 공기와 접촉이 없어 흰색을 띠고 있음 • 모든 피부에 생기기도 함
열린 면포 (black comedo, 흑두여드름)	• 공기와 접촉하여 산화 • 표면이 검은색을 띠며 팽팽한 상태

◀ 여드름의 종류
① 면포성 여드름 : 화이트헤드, 블랙헤드
② 염증성 여드름 : 구진, 농포, 결절, 낭종

(나) **염증성 여드름**

종 류	특 징
구진 (papule)	• 붉은색 여드름 • 여드름 균에 의해 염증이 발생된 상태
농포 (pustule)	• 구진이 발전 • 염증이 악화되고 농(고름)이 생긴 상태
결절 (nodule)	• 모낭 아래가 파열되고 딱딱하고 단단하게 덩어리가 생긴 상태 • 심한 통증과 흉터 발생
낭종 (cysts)	• 화농 상태가 가장 크고 깊어 진피층까지 손상 • 영구적인 흉터 발생

〈여드름의 종류〉
면화블 염구농결낭 : 면포성여드름은 화이트헤드와 블랙헤드, 염증성여드름은 구진, 농포, 결절, 낭종

③ **여드름의 발전 단계**

단 계	특 징
여드름피부 1단계	• 모낭 각화기에 나타나는 초기의 면포성 여드름
여드름피부 2단계	• 면포성 여드름이 세균에 감염되면서 구진이나 농포 발생
여드름피부 3단계	• 구진과 농포가 진전된 상태 • 심한 통증과 염증 수반 • 치유 후 흉터 발생하여 전문가를 가장 많이 찾는 단계
여드름피부 4단계	• 증세가 심해지면서 결절과 낭종이 함께 나타남 • 전문적인 치료가 장기적으로 요구 • 치료 후에도 패이거나 솟아오르는 후유증 발생

〈여드름의 발전단계〉
1면 2구농 3진 4결낭 : 1단계 면포성여드름, 2단계 구진과 농포, 3단계 진전된 상태, 4단계 결절과 낭종

④ **여드름의 예방**

(가) 피부를 항상 청결히 함

(나) 주기적인 딥클렌징으로 모공 속의 노폐물이나 피지가 축적되지 않도록 함

(다) 유분이 많이 함유된 화장품은 자제하고 지성용이나 여드름 전용 제품 사용

㈘ 피부를 자주 만지지 않으며 항상 손은 청결히 함

㈙ 스트레스와 과로를 피함

㈚ 지방이 많이 든 음식, 단 음식, 자극적인 음식 등 삼가

㈛ 섬유질 식품, 비타민 등을 섭취하고 하루에 2~3리터의 물 섭취

㈜ 자외선에 과잉 노출하지 않음

㈝ 변비를 치료하고 내장의 기능을 원활하게 규칙적인 운동

㈞ 스테로이드 제제는 함부로 남용하지 않음

(3) 물리적 피부질환

① 한랭에 의한 피부질환

종 류	특 징
동상 (frosrtbite)	• 영하의 기온에 한시간 이상 노출되어 피부 조직 동결 • 혈액공급이 안되거나 감소되어 조직에 괴저 발생
동창 (chilblain pernio)	• 한랭에 의한 비정상적인 국소적인 반응 • 가벼운 추위에 노출되어 혈관수축이 일어남 • 영양공급이 저하되어 혈관이 마비되거나 피부가 거칠어짐 • 가려움증, 적자색의 부종 발생

② 열에 의한 피부질환

㈎ 화상(burn)

종 류	특 징
1도 화상	표피층에만 손상을 입는 가벼운 홍반성 화상
2도 화상	홍반, 통증, 부종, 수포 발생
3도 화상	표피, 진피, 피하조직층의 일부까지 손상받는 괴사성 화상
4도 화상	피부가 괴사되어 피하의 근육, 신경, 힘줄, 골 조직까지 손상 초래

㈏ 한진(miliaria)

땀띠라고도 하며 땀이 피부의 표피 밖으로 배출되지 못하고 안쪽에 축적되어 발생

㈐ 홍반(erythema)

자외선이나 방사선, 약물 등에 장기간 노출되어 피부 진피 내의 작은 혈관 및 유두하 혈관총의 확장으로 피부가 발적 또는 충혈을 일으키고 과색소침착을 일으키는 질환

Key Point

◀ 기계적 손상에 의
한 피부질환
① 굳은살 : 각질층이
부분적으로 두터워
지는 과각화증
② 티눈 : 각질층의 증
식으로 심부에 핵
이 존재
③ 욕창 : 지속적 압력
에 의해 발생하는
궤양

③ 기계적 손상에 의한 피부질환

종류	특징
굳은살 (hardened skin, callus)	• 반복되는 자극이나 압력에 의해 피부 표면의 각질층이 부분적으로 두터워지는 **과각화증** • 통증이 없고 압박을 제거하면 저절로 소멸
티눈 (corn)	• 피부에 마찰이나 압력에 의해 각질층이 **증식**되는 현상 • 심부에 **핵**이 있음
욕창 (decubitus ulcer)	• 지속적으로 압력을 받은 부위의 피부, 피하지방, 근육의 허혈로 인하여 발생하는 궤양 • 주로 움직이지 못하는 **환자에게 잘 발생**하므로 자주 몸의 위치를 바꾸어 줌 • 피부가 건조하지 않도록 보습관리 및 세균으로부터 감염되지 않도록 주의

◀ 습진의 종류
접촉성, 지루성, 아토
피성 피부염

◀ 접촉성피부염
외부물질과 접촉에 의
해 발생하는 피부염

(4) 습진(eczema)

① 접촉성 피부염(contact dermatitis)

종류	특징	
일차 자극성 접촉피부염	• 강산, 강알칼리, 물, 주방세제 등의 원인물질이 일정한 농도와 자극에 의해 피부에 직접 독성을 일으켜 발생	
	1~2시간	홍반, 소수포, 구진, 가려움증, 부종 등 발생
	24~48시간	최고조
	48~72시간	점점 약해지는 양상
알레르기성 접촉피부염	• 은행나무, 옻나무, 금속, 고무제품, 연고나 화장품등의 특수 물질에 접촉했을 때 • 가려움증, 구진, 반점 등이 나타나는 것 • 첩포시험을 통해 알레르기 반응을 알 수 있음	
광알레르기성 접촉피부염	• 평소에는 이상이 없던 피부에 어떤 원인물질과 광선에 의해 피부염을 일으키는 것 • 감귤류 계통의 아로마를 사용할 경우 광감작을 일으키므로 주의	

◀ 지루성피부염
피지선의 기능이 왕성
하여 가려움증을 동반
하는 질환

② 지루성 피부염

(가) 피지선의 기능이 왕성하여 가려움증을 동반하는 질환 '지루성 습진'이라고도 함

(나) 얼굴, 눈썹, 눈꺼풀, 두피, 앞가슴 등에 잘 발생

(다) 습기가 있거나 기름기가 있는 비듬과 홍반을 동반

(라) 유전, 호르몬의 영향, 정신적 긴장 및 영양실조 등에서 오는 피지 분비의 과다 현상

③ 아토피성 피부염

  (가) **만성습진**의 일종으로 천식, 알레르기성 비염, 건초열 등이 동반

  (나) 계절적으로 피부가 건조하기 쉬운 가을이나 겨울에 발생 빈도가 높음

  (다) 어린아이에게 흔히 발생하며 부모 중 한쪽이 아토피성 피부이면 자식이 50%, 양

     부모 모두가 아토피성 피부이면 자식이 70% 유전됨

  (라) **소아습진**과 관계가 있으며 면직물의 의복 착용

(5) 감염성 질환

① 세균성 피부질환

종 류	특 징
농가진	• 포도상구균이나 화농성 연쇄상구균에 의해 발생 • 전염력이 강함 • 가려움과 붉은 반점이 생겼다가 수포나 진물이 남 • 유아나 소아에서 잘 발생
봉소염	• 용혈성 연쇄상구균에 의해 발생 • 초기에는 작은 부위에 홍반, 소수포로 진행하다가 점차 심부 깊이 감염 되어 발생 • 가벼운 자극에도 강한 통증을 느끼며 염증은 림프절을 타고 전신에 퍼 져 발열과 오한 동반
절종(종기)	• 모낭과 그 주변 조직에 괴사가 일어나 커져 화농이 된 상태

〈세균성 피부질환〉
농봉절 : 농가진, 봉소염, 절종(종기)

② 바이러스성 피부질환

종 류		특 징
단순포진		• 피부나 점막에 침범하는 수포성의 병변으로 Ⅰ, Ⅱ형으로 구분 • 일주일이상 지속되다가 흉터 없이 치유
	Ⅰ형	입 주위에 수포 형성
	Ⅱ형	생식기 부위에 발생하는데 단독, 군집으로 모여서 발생
대상포진		• 수두를 앓은 후 잠복해 있던 수두바이러스에 의해 발생 • 침범받은 신경을 따라 띠모양으로 피부 발진 발생 • 수포가 화농으로 변하면서 심한 경우 흉터 발생 • 휴식과 안정을 취하면 2~4주 내에 치유

◀ 바이러스성
단순포진, 대상포진,
편평사마귀, 수두, 홍
역, 수족구염

종 류	특 징
편평사마귀	• 편평한 직경 1~3mm정도의 작은 구진이 옅은 갈색이나 붉은색 • 안면, 목, 가슴, 손목, 무릎 등에 발생 • 치료는 잘 안되는 편이어서 평생 지속될 수도 있음
수두	• 주로 소아에게 발생하는 가벼운 질환 • 피부 및 점막의 전염성이 강한 일생에 단 한번 걸리는 수포성 질환 • 피부발진 1일부터 6일 후까지 호흡계통을 통하여 전염 • 가피 형성 후에 흉터 없이 치유되나 2차감염으로 흉터 발생
홍역	• 2~3일정도 감기몸살처럼 열이 나고 피부에 붉은 반점이 얼굴에서 전신으로 퍼져 나감 • 호흡기계 감염, 결막염 등이 나타나는 주로 소아성 질환 • 전염성이 매우 높아 96%의 전염율
수족구염	• 주로 늦여름에서 가을에 10세 이하의 소아에서 발생 • 손, 발, 입 등에 수포와 구진이 발생

〈바이러스성 피부질환〉
단대편수홍수족 : 단순포진, 대상포진, 편평사마귀, 수두, 홍역, 수족구염

③ 진균성 피부질환

◀ 진균성 피부질환
족부백선, 조갑백선,
칸디다증

종 류	특 징
족부백선	• **무좀**이라고 불리며 피부사상균이라는 곰팡이에 의해 발생 • 쉽게 전염되며 전체 백선의 40%정도 차지
조갑백선	• 손톱이나 발톱에 피부사상균이 침입하여 병을 일으키는 것 • **조갑진균증**이라고도 함
칸디다증	• 주로 피부, 점막, 손톱, 발톱에 생겨 표재성 진균증을 일으킴 • **모닐리아증**이라고도 함 • 항생물질이나 부신피질호르몬을 사용한 경우 인체의 방어력을 저하시켜 이상 증식하여 유발시키기도 함

〈진균성 피부질환〉
족조칸 : 족부백선, 조갑백선, 칸디다증

④ 기타 피부질환

Key Point

◀ 기타 피부질환
한관종, 비립종, 섬유
종, 지방종, 혈관종,
주사(로사시아)

종 류	특 징
한관종	• 눈 가장자리 부위에 우선적으로 잘 생기는 표피에서 약간 솟아오른 에크린 한선의 구진 • 황색 또는 분홍색을 띠며 흔히 **물사마귀**라고도 함 • 주로 30~40대 여성에게 잘 발생 • 심하면 광대뼈 부위까지 확산
비립종	• 지방조직의 신진대사 저하와 한선의 기능 이상으로 표피의 유핵층에 발생하는 모래알 크기의 **작은 알갱이** • 황백색을 띠며 주로 눈가, 뺨, 이마 등에 발생
섬유종	• **쥐젖**이라고도 하며 노화현상에 의해 발생 • 목 부위나 겨드랑이, 흉부에 주로 발생
지방종	• 피하조직에 형성되는 양성종양으로 목과 겨드랑이에 발생
혈관종	• 피부 위로 거미줄 모양의 빨간 점을 섬망성 혈관종이라 함 • 피부조직이 늘어나며 모세혈관의 흐름이 막혀 붉은 혈색을 갖는 것을 매상 혈관종이라 함
주사	• 혈액순환의 저하로 충혈 및 모세혈관이 확장, 지루성 피부염 등 피부 질환의 형태 • 구진과 농포가 코를 중심으로 양쪽에 나비모양으로 발생 • 유전적 내분비 장애, 소화기능의 이상, 정신적 스트레스와 모낭에 생기는 진드기, 비타민류의 결핍 등으로 발생 • **로사시아**(rosacea)라고도 함

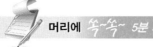

머리에 쏙~쏙~ 5분 체크

◀ **원발진과 속발진**
① 원발진 : 피부질환
   의 1차적 장애
② 속발진 : 피부질환
   의 2차적 장애

01 피부질환의 1차적 장애를 (　　　)이라 하고, 2차적 장애를 (　　　) 이라고 한다.

02 (　　　)은 일시적 부종으로 가렵고 부어서 넓적하게 올라와 있는 병변으로 두드러기 또는 담마진이라고도 불린다.

03 (　　　)은 표피가 벗겨져 짓무른 피부 결손 상태로 흉터없이 치유 가능하다.

04 상처가 아물면서 진피의 교원질이 과다 생성되어 흉터가 표면위로 융기되는 현상을 (　　　)라고 한다.

05 과색소침착증의 종류에는 주근깨, 기미, 노인성 반점, (　　　　　), 릴안면흑피증, 베를로크피부염 등이 있다.

06 선천적 저색소침착증을 (　　　) 또는 알비노증이라고 하고, 후천적 저색소침착증을 (　　　) 이라고 한다.

◀ **여드름 피부 발전 단계**
① 여드름 피부 1단계
   : 초기의 면포성 여드름
② 여드름 피부 2단계
   : 구진, 농포 발생
③ 여드름 피부 3단계
   : 증세 심해지고 전문가를 많이 찾는 단계
④ 여드름 피부 4단계
   : 결절, 낭종 발생, 영구적 흉터 남김

07 여드름피부 2단계는 면포성 여드름이 세균에 감염되면서 (　　) 과 (　　)가 발생하는 단계이다.

08 화상의 구분 중 표피, 진피, 피하조직층의 일부까지 손상받는 괴사성 화상은 (　　) 화상에 속한다.

09 (　　　)은 피부에 마찰이나 압력에 의해 각질층이 증식되는 현상으로 심부에 (　　)이 존재한다.

10 (　　　　　)은 만성습진의 일종으로 건조하기 쉬운 가을이나 겨울에 발생 빈도가 높다.

정답 01. 원발진, 속발진　02. 팽진　03. 미란　04. 켈로이드　05. 지루성 각화증
06. 백색증, 백반증　07. 구진, 농포　08. 3도　09. 티눈, 핵　10. 아토피성 피부염

시험문제 엿보기

● 원발진의 종류

반점, 홍반, 팽진, 구진, 농포, 결절, 낭종, 종양, 소수포, 대수포

● 속발진의 종류

미란, 가피, 인설, 찰상, 균열, 태선화, 궤양, 위축, 반흔, 켈로이드

01 다음 중 원발진이 아닌 것은?   ↝ 출제년도 09

㉮ 구진   ㉯ 농포
㉰ 반흔   ㉱ 종양

😊해 ㉰ 반흔 : **속발진**   정답 ㉰

02 장기간에 걸쳐 반복하여 긁거나 비벼서 표피가 건조하고 가죽처럼 두꺼워진 상태는?   ↝ 출제년도 09

㉮ 가피   ㉯ 낭종
㉰ 태선화   ㉱ 반흔

😊해 ㉰ 태선화 : 장기간에 걸쳐 반복하여 긁거나 비벼서 표피가 건조하고 가죽처럼 두꺼워진 상태   정답 ㉰

03 켈로이드는 어떤 조직이 비정상으로 성장한 것인가?   ↝ 출제년도 10

㉮ 피하지방조직   ㉯ 정상 상피조직
㉰ 정상 분비선 조직   ㉱ 결합조직

😊해 ㉱ 결합조직(진피의 교원질)이 비정상적으로 성장한 것이 켈로이드이다.
정답 ㉱

04 화상의 구분 중 홍반, 부종, 통증뿐만 아니라 수포를 형성하는 것은? ↝ 출제년도 09

㉮ 제 1도 화상   ㉯ 제 2도 화상
㉰ 제 3도 화상   ㉱ 중급화상

😊해 ㉯ 제 2도 화상 : 수포성 화상

┌─────────────────────────────┐
│ ㉮ 제 1도 화상 : 홍반성 화상   │
│ ㉰ 제 3도 화상 : 괴사성 화상   │
└─────────────────────────────┘
정답 ㉯

05 다음 내용과 가장 관계있는 것은?   ↝ 출제년도 09

┌─────────────────────────────┐
│ – 곰팡이균에 의하여 발생한다.   │
│ – 피부껍질이 벗겨진다.   │
│ – 가려움증이 동반된다.   │
│ – 주로 손과 발에서 번식한다.   │
└─────────────────────────────┘

㉮ 농가진   ㉯ 무좀
㉰ 홍반   ㉱ 사마귀

😊해 ㉯ 무좀 : **족부백선**이라 불리며 곰팡이균에 의하여 발생한다.   정답 ㉯

Chapter 05

피부와 광선

Skin Care

1 태양광선

(1) 자외선

① 자외선의 종류 및 특징

종 류	피부 침투 깊이	특 징	피부에 미치는 영향

자외선A
(UVA, 장파장)
320~400nm
	진피 **깊숙이** 침투	• 실내유리창 통과
		• **언제나 존재**
		• '생활 자외선'
			• 홍반을 일으키지 않음
			• **선탠**(suntan) 발생
			• 즉시 색소침착
			• 프리래디컬(활성산소)의 영향
			  – 만성적인 광노화,
			  – 진피섬유의 변성
			  – 피부 탄력 감소
			  – 주름형성
			  – 일광 탄력섬유증 유발
			• **백내장** 유발

자외선B
(UVB, 중파장)
290~320nm
	표피의 기저층
	또는 진피 상부
	까지 침투
		기미의 **직접적인**
		원인
			• **일광화상**(sunburn) 발생
			• 간접적 또는 지연된 색소침착
			  (기미의 직접적인 원인)
			• 잠재적인 피부암 유발
			• 세포파괴 작용 및 프로비타민D
			  를 활성화시켜 구루병 예방

자외선C (UVC, 단파장) 200~290nm	**오존층**에서 **거의 흡수**되어 피부에 거의 도달하지 않음	살균작용, DNA 변화 초래	• **살균**, 소독 효과 • 발암성이 높아 **피부암** 유발

Key Point

 참고 ──● **자외선의 영향**

- 프로비타민D를 비타민D로 전환시켜 구루병을 예방하고 면역력을 증강
- 홍반증, 모세혈관 확장증, 색소침착, 광노화, 일광화상, 광알레르기, 피부암 등을 유발
- 살균 및 소독 작용, 혈액순환 촉진

② 자외선에 의한 피부의 반응

피부 반응	특 징
홍반	• 진피 혈관확장으로 혈류량이 증가되어 피부가 빨갛게 되는 반응 • **즉시홍반** 반응과 **지연홍반** 반응으로 구분
색소침착	• 멜라닌의 반응으로 피부색이 검어짐 • 홍반의 강도에 따라 다름

피부 두께의
변화
	• 자외선 조사는 표피의 두께를 증가시켜 자외선 방어 기능 증가
	• 자외선B 조사 후 1~3주 내에 유극층은 2배, 각질층은 1.5배 내지 3배
	  정도 두께가 증가
	• 기저세포의 DNA합성 및 체세포 분열 증가로 인하여 각질층은 두터워
	  져 표피 전체가 두터워 보이나 시간이 경과되면서 피부는 다시 위축
	• 생리적인 노화 시에는 피부의 두께가 처음부터 얇아지는 차이가 있음

광노화	• 각질층이 두터워지면서 피부가 건조해지고 거칠어짐 • 외관상으로도 피부색이 검고 깊은 주름이 생겨 탄력성 소실 및 색소침 착을 일으켜 조기 노화 유발
일광화상	• 자외선에 피부가 과도하게 노출되었을 때 나타나는 현상 • 주로 자외선B에 의해 발생 • 피부에 염증, 홍반을 일으킴 • 4~6시간의 잠복기를 거쳐 24시간 내에 최고조로 달하다가 발열, 오한, 물집 등 발생

일광
알레르기 및
두드러기
	• **일광 알레르기**
	  – 접촉성 피부염과 비슷
	  – 먼저 홍반 반응, 습진, 소수포들이 나타남
	  – 가피와 인설이 피부를 두텁게 함
	• **일광 두드러기**
	  – 자외선 자체에 예민한 반응을 일으킴
	  – 자외선 노출 후 홍반, 가려움증을 느끼며 두드러기 유발

광독성 피부염	• 약물이나 화장품 등에 의해 인체 내에 들어온 광독성 물질이 태양광선 에 노출되면 활성화됨 • 안면, 팔, 가슴 등이 붓고 따갑거나 물집이 생기는 등의 피부염 증상 • 색소침착 유발

◀ 자외선에 의한 피
   부반응
   홍반, 색소침착, 피부
   두께변화, 광노화, 일
   광화상, 일광알레르
   기, 두드러기, 광독성
   피부염, 피부암

◀ 즉시홍반과 지연
   홍반
① 즉시홍반 : 일시적
   으로 나타났다가
   없어지며, 자외선
   이 혈관벽을 자극,
   각질형성세포에서
   분비되는 혈관확장
   물질에 의해 홍반
   초래
② 지연홍반 : 자외선
   조사 30분 내지
   4~5시간 후부터
   나타나며 보통
   1~2일 지속되는
   개인의 피부유형에
   따라 다름

피부 반응	특 징
피부암	• 여러 가지의 발병 원인이 있지만 주로 자외선에 의해 나타남 • 노년기에 많이 발생 • 특히 백인이 유색인종에 비해 광선에 대한 보호능력이 떨어져 발병률이 높음

③ 자외선 차단제

㉮ 자외선 차단제의 종류

◀ 자외선차단제의 종류
① 자외선 산란제 : 물리적 자외선 차단제
② 자외선 흡수제 : 화학적 자외선 차단제
③ 경구 투여제 : 베타카로틴 성분 함유

종 류	특 징
자외선 산란제	피부의 표면에서 자외선을 산란, 반사시켜 피부 내부로 침투되지 못하도록 막아주는 **물리적** 자외선 차단제
자외선 흡수제	피부의 표면에 발랐을 때 화학적으로 열에너지로 전환시켜 자외선이 피부 내에 침투되지 못하도록 방출시키는 물질로 이루어진 **화학적** 자외선 차단제
경구 투여제	베타카로틴 성분으로 경구 투여를 통해 자외선 차단

㉯ 자외선 차단방법

• 자외선으로부터 피부를 보호하는 가장 좋은 방법 : 피부를 노출시키지 않는 것 (모자, 옷, 양산, 선글라스 등) 이다.
• 얼굴과 같이 노출이 되어 있는 부분은 메이크업이나 자외선 차단성분이 함유된 로션, 크림류 등을 사용한다.

㉰ 자외선 차단지수

◀ 자외선 차단지수
① SPF : 자외선 B에 대한 차단지수
② PA : 자외선 A에 대한 차단지수

SPF (Sun Protection Factor)	PA (Protect A)
• **자외선B**에 대한 차단지수 • SPF = 자외선 차단제품을 사용했을 때의 최소 홍반량(MED) / 자외선 차단제품을 사용하지 않았을 때의 최소 홍반량(MED)	• **자외선A**에 대한 차단지수 • 차단 정도의 표시 : PA$^+$, PA^{++}, PA^{+++} • +가 많을수록 차단 효과가 큼

• 평소 생활자외선 예방시에는 SPF 15정도가 적당
• 골프, 수영, 스키 등 장시간 자외선에 노출될 경우에는 SPF 30이상 사용
• 차단지수의 효과는 인종, 연령, 지역 등에 따라 달라짐

Key Point

○ 자외선 미용기기
① 인공선탠기 : 자외
선A 방출
② 자외선소독기 : 자
외선C 이용
③ 우드램프 : 피부반
응색상 나타나는
피부분석기기

> **참고** 자외선 미용기기의 예

구 분	설 명
인공선탠기	• 인공적으로 주로 **자외선A**만을 방출하여 멜라닌을 자극하는 방식 　**기억법** 인선자A 　인선자A : 인공선탠기는 자외선A 방출 • 베드형과 스탠드형으로 구분
자외선소독기	• 주로 **자외선C**를 이용한 소독기 　**기억법** 자소자C 　자소자C : 자외선소독기는 자외선C 이용
우드램프	• 보랏빛을 발산하는 인공 자외선 파장 이용 • 피부에 비추었을 때 고객의 피부 상태에 따라 피부 반응 색상이 다양하게 나타나는 피부 분석 기기

(2) 가시광선

① 태양광선의 약 49%를 차지하는 400~800nm의 중파장이다.
② 눈으로 볼 수 있는 광선이다.

○ 가시광선
눈으로 볼 수 있는 광
선

(3) 적외선

① 태양광선의 약 45%를 차지하는 800~220,000nm의 장파장이다.
② 피부에 유해한 자극은 주지 않으면서 열을 발생하는 붉은색의 **열선**이다.

○ 적외선
① 열을 발생하는 열
선
② 혈액순환, 노폐물
배출, 영양침투, 신
진대사 촉진, 근육
조직 이완, 면역력
강화

적열 : 적외선은 열을 발생하는 붉은색의 열선

(가) 적외선이 인체에 미치는 영향

• 혈관을 확장시켜 순환 장애로 인한 체내 노폐물 축적, 지방 축적, 셀룰라이트 예방 관리에 좋다.
• 피지선이나 한선의 기능을 활성화시켜준다.
• 피부의 노폐물 배출, 피부 깊숙이 영양분 침투 및 신진대사를 촉진시킨다.
• 근육 조직 이완, 면역력 강화 작용이 있다.

(나) 적외선램프 사용시 주의사항

• 램프와의 거리 : 50~90cm정도
• 해당 부위에 빛이 **수직**으로 비춰지도록 해야 한다.

• 고객의 눈은 아이패드로 보호, 시간은 고객의 민감도에 따라 10~30분 정도 조사한다.
• 비발광일 경우 빛이 보이지 않아 접촉시 화상의 우려가 있으므로 고객에게 미리 관리 과정을 설명한다.
• 혈압저하로 인해 현기증이나 두통이 생길 수 있으므로 관리 후 갑자기 일어나지 않도록 주의한다.
• 원적외선 비만기, 사우나 같은 전신기기 사용시 면가운 착용, 모발은 타월로 감싸준다.

(다) **적외선램프 비적용증**
• 고열증, 급성질환, 악성종양, 심부종양, 심장질환, 신장질환
• 순환장애, 성형수술 직후, 출혈 부위, 콜라겐이나 보톡스 주사 주입 후
• 감각이 손실된 부위, 일광화상 부위 등

머리에 쏙~쏙~ 5분 체크

01 태양광선의 종류에는 크게 자외선, (   ), 적외선 등으로 구분된다.

02 (   )는 실내 유리창을 통과하고 언제나 존재하는 생활자외선이다.

03 (   )는 기미의 직접적인 원인이 되며 일광화상을 일으키고 프로비타민D를 활성화시켜 (   )을 예방한다.

04 자외선으로 인해 각질층이 두터워지면서 피부가 건조해지고 거칠어지며 노화를 일으키는 것을 (   )라고 한다.

05 자외선 (   )는 물리적 자외선 차단제이고, 자외선 (   )는 화학적 자외선 차단제이다.

06 (   )는 자외선B의 차단지수이고, (   )는 자외선A의 차단지수이다.

07 인공적으로 주로 자외선A만을 방출하여 멜라닌을 자극하는 방식의 자외선 미용기기는 (   )이다.

08 (   )은 피부에 유해한 자극은 주지 않으면서 열을 발생하는 붉은색의 (   )이다.

09 적외선램프 조사 시 거리는 50~90cm 정도로 하고 해당 부위에 빛이 (   )으로 비춰지도록 해야 한다.

◀ 적외선 램프 사용 시 주의사항
① 거리 : 50~90cm 정도
② 해당 부위에 빛이 수직으로 조사
③ 아이패드로 눈 보호
④ 10~30분 정도 조사

◀ 태양광선의 종류
① 자외선 : UVA, UVB, UVC
② 가시광선 : 눈으로 볼 수 있는 광성
③ 적외선 : 붉은색의 열선

10 적외선램프 조사 시 고객의 눈은 (   )로 보호하고 시간은 고객의 (   )에 따라 10~30분 정도 조사한다.

정답 01. 가시광선   02. 자외선A   03. 자외선B, 구루병   04. 광노화   05. 산란제, 흡수제   06. SPF, PA   07. 인공선탠기   08. 적외선, 열선   09. 수직
10. 아이패드, 민감도

1 시험문제 엿보기

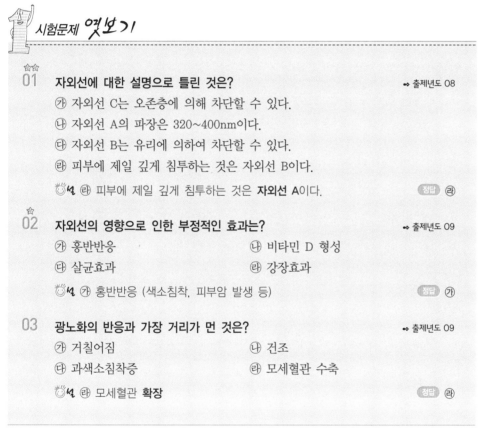

★★
01 **자외선에 대한 설명으로 틀린 것은?**   ➡ 출제년도 08
   ㉮ 자외선 C는 오존층에 의해 차단할 수 있다.
   ㉯ 자외선 A의 파장은 320~400nm이다.
   ㉰ 자외선 B는 유리에 의하여 차단할 수 있다.
   ㉱ 피부에 제일 깊게 침투하는 것은 자외선 B이다.
   ㉱ 피부에 제일 깊게 침투하는 것은 **자외선 A**이다.   정답 ㉱

★
02 **자외선의 영향으로 인한 부정적인 효과는?**   ➡ 출제년도 09
   ㉮ 홍반반응   ㉯ 비타민 D 형성
   ㉰ 살균효과   ㉱ 강장효과
   ㉮ 홍반반응 (색소침착, 피부암 발생 등)   정답 ㉮

03 **광노화의 반응과 가장 거리가 먼 것은?**   ➡ 출제년도 09
   ㉮ 거칠어짐   ㉯ 건조
   ㉰ 과색소침착증   ㉱ 모세혈관 수축
   ㉱ 모세혈관 **확장**   정답 ㉱

◀ 자외선의 종류 및 특징
① 자외선 A : 언제나 존재하는 생활자외선, 선텐발생, 즉시 색소침착, 광노화
② 자외선 B : 일광화상 발생, 기미의 직접적인 원인, 프로비타민 D 활성화
③ 자외선 C : 살균작용, 피부암 발생

◀ 자외선의 영향
① 비타민 D 생성 : 구루병 예방, 면역력 증강
② 홍반증, 모세혈관 확장증, 색소침착, 광노화, 일광화상, 광알레르기, 피부암 등을 유발
③ 살균 및 소독작용, 혈액순환 촉진

피부면역

● 면역의 정의
 질병에 대한 저항성이
 생기는 현상

● 면역의 구분
 ① 선천적 면역 : 자가
　면역
 ② 후천적 면역 : 획득
　면역

● 면역세포
 ① 세포성면역 : T림
　프구에 의한 면역
 ② 체액성면역 : B림
　프구와 생산한 항
　체에 의한 면역

면역이란 어떤 특정의 병원체 또는 독소에 대해 저항할 수 있는 상태로 어떤 질병을 앓고 난 후에 그 질병에 대한 저항성이 생기는 현상을 말한다.

1 선천적 면역(자가면역)

① 태어날 때부터 가지고 있는 저항력을 가진 자가면역을 말한다.
② 인종, 종족에 따라 개인차가 있다.
③ 체내로 침입한 이물질을 백혈구, 림프구, 비만세포 등이 방어해 나가는 것이다.

참고 ● 면역세포

종 류	특 징
세포성 면역	• T림프구에 의한 면역으로 혈액 내 림프구의 90% 차지 • 정상피부에 대부분 존재 • T림프구는 세포 독성 T세포와 보조 T세포로 구분 　- 세포 독성 T세포 : 직접적으로 바이러스에 감염된 세포를 죽이게 됨 　- 보조 T세포 : B세포나 다른 대식세포를 도와줌
체액성 면역	• B림프구와 생산한 항체에 의한 면역 • B림프구가 활성화되면서 항체를 분비하는 세포로 분화 • 항체는 체액에 존재하며 면역 글로불린이라는 단백질로 구성 　(면역글로불린은 항원에 따라 IgG, IgA, IgD, IgM, IgE 등 5종류)

Key Point

◑ 후천적 면역(획득
면역)의 종류
① 능동면역 : 자연능
동면역, 인공능동
면역
② 수동면역 : 자연수
동면역, 인공수동
면역

2 후천적 면역(획득면역)

구 분		설 명	
정 의		전염병 감염 후나 예방접종 등에 의해 후천적으로 형성된 면역	
종 류	**능동면역**	자연능동면역	전염병 감염 후 즉, 홍역과 같은 **질병 이환 후 획득**되는 면역
		인공능동면역	백신, 톡신 등과 같은 **예방접종 후 획득**되는 면역
	수동면역	자연수동면역	**모체**로부터 **태반**이나 **수유**를 통해 **획득**되는 면역
		인공수동면역	감마글로불린, 태반 추출물, 회복기 혈청, 양친의 혈청 등의 **면역 혈청**을 **주사**해서 받는 면역

 참고 ━● **피부에서의 면역작용 세포(랑게르한스세포)**
• 피부에서 면역작용을 담당하는 세포
• 표피세포의 2~4%를 차지하는 별 모양의 많은 세포질 돌기를 가진 수지상세포
• 주로 유극층에 존재
• 피부의 면역반응과 알레르기반응에 관여하여 외부의 이물질인 항원이 침투하면 림프
구로 전달

건강에 좋은 물 마시기
물을 많이 마시면 피부 속의 노폐물이 배출된다. 많이 마시는 것만큼 어떻게 마시느냐도 중요하다.
① 아침, 점심, 저녁 하루 3회 공복시 한컵 마신다.
② 천천히 약 3분간의 시간에 걸쳐 조금씩 마신다.
③ 지나치게 뜨거운 물은 위에 자극을 주어 위암의 원인이 될 수 있으니 물의 온도는 약
10~15℃가 적당하다.

피부노화

Skin Care

◀ 피부노화의 원인
① 생리적 노화 : 25
  세전후 발생, 피부
  두께 얇아짐, 탈수
  및 건조, 잔주름 발
  생
② 환경적 노화 : 광노
  화 및 여러 외부적
  요인(스트레스, 음
  주, 흡연 등)에 의
  해 발생, 표피가 두
  꺼워지고 진피내의
  섬유 감소로 탄력
  저하 및 주름 발생

◀ 항산화효소(SOD)
활성산소의 유해한 것
으로부터 인체의 산화
를 막는 물질

◀ 노화학설의 종류
① 프리래디칼학설
② 아미노산라세미화
③ 텔로미어 단축
④ 유전자 학설
⑤ 마모 학설
⑥ 노화예정설

1 피부노화의 원인

생리적 노화 (자연노화, 내인적 노화)	환경적 노화 (광노화, 외인적 노화)
• 25세전후로 발생하는 노화현상 • 표피, 진피의 두께가 얇아짐 • 탈수현상으로 건조, 잔주름 발생 • 모세혈관의 노화로 혈관벽 두꺼워짐 • 랑게르한스세포의 수 감소(면역저하) • 멜라닌세포의 수 감소(자외선방어저하) • 비타민D의 합성기능 감소 • 에크린선 분비 감소 • 아포크린선 분비 증가 • 피지분비 감소 • 피부 상처회복 느림	• 광노화로 피부암 유발 • 피부 건조, 탄력성 소실, 주름 발생 • 광선, 환경요인, 스트레스, 화장품 등 • 표피가 두꺼워지고 표면이 거칠어짐 • 모세혈관 확장 • 멜라닌과립 확대, 색소침착 발생 • 진피내 세포 수 감소 • 랑게르한스세포의 수 감소 • 피지선 자극 여드름 유발

2 노화학설

종류	특징
프리래디칼 학설	• 활성산소 즉, 유해산소와 같은 것으로 인체의 세포내에서 산소의 불완전 환원으로 인하여 여러 종류의 산소래디칼들이 생성되면서 단백질의 노화를 촉진시킨다는 학설
아미노산 라세미화	• 물리적으로 열, 빛의 조사 또는 용매에 녹이는 방법, 알칼리산 등의 화학적으로 사용하는 방법이 있음 • 광학적으로 불안정한 활성체에서는 장시간 방치하기만 해도 라세미화하는 화합물도 있음 • 합성에서 분자내 치환 반응과 같은 평면 구조인 중간체를 거칠 때에도 라세미화 현상이 일어남 • 광학 비활성화라고도 함
텔로미어 단축	• 진핵 생물의 염색체 끝에 있는 구조물로 세포 분열시 DNA 분자의 중합효소가 각 염색체의 최단 부위를 복제하지 못하여 진핵 염색체의 말단 부위인 텔로미어(telomere)가 단축되어 노화 발생

유전자 학설	• 인체에 존재하는 세포들이 유기체 안에 하나 이상의 해로운 유전자가 존재하여 노화 발생
마모 학설	• 가장 오래된 노화 학설 중의 하나로 인체를 구성하는 세포들을 과다하게 사용하면 서서히 손상이 되어 여러 인체의 기관에 마모를 일으켜 노화 발생
노화예정설	• 태어날 때부터 유전자 정보에 의해 정해진 프로그램으로 노화과정이 진행된다고 하여 DNA 프로그램 학설이라고도 함

머리에 쏙~쏙~ 5분 체크

01 ( )이란 어떤 질병을 앓고 난 후에 그 질병에 대한 ( )이 생기는 현상을 말한다.

02 면역세포의 종류에는 ( ) 면역과 ( ) 면역으로 구분된다.

03 ( ) 면역은 전염병 감염 후나 ( ) 등에 의해 획득되는 면역을 말한다.

04 모체로부터 태반이나 수유를 통해 획득되는 면역을 ( )면역이라고 한다.

05 ( )는 피부의 면역반응과 알레르기반응에 관여하여 외부의 이물질인 항원이 침투하면 림프구로 전달하는 역할을 한다.

06 생리적 노화의 변화로는 표피, 진피의 두께가 얇아지고 ( ) 현상으로 건조, 잔주름이 발생한다.

07 외인성 노화 중 ( )는 피부암을 유발시킨다.

08 노화로 인해 면역세포인 랑게르한스세포의 수는 ( )한다.

09 활성산소와 같은 인체의 세포내에서 산소의 불완전 환원으로 인해 여러 종류의 산소 래디칼들이 생성되면서 단백질의 노화를 촉진시킨다는 학설을 ( )이라고 한다.

10 진핵 생물의 구조물로 세포 분열시 DNA 분자의 종합효소가 진핵 염색체의 말단 부위인 ( )가 ( )되어 노화가 발생한다는 학설이 있다.

○ 면역
어떤 질병을 앓고 난 후에 그 질병에 대한 저항성이 생기는 현상

○ 랑게르한스세포
① 면역작용을 담당하는 세포
② 유극층에 존재

정답 01. 면역, 저항성 02. 세포성, 체액성 03. 후천적, 예방접종 04. 자연수동
05. 랑게르한스세포 06. 탈수 07. 광노화 08. 감소 09. 프리래디칼 학설
10. 텔로미어, 단축

Key Point

시험문제 엿보기

● 면역 세포
① 세포성 면역 : T림
　프구에 의한 면역
② 체액성 면역 : B림
　프구와 생산한 항
　체에 의한 면역

01 피부의 면역에 관한 설명으로 맞는 것은? → 출제년도 08
　㉮ 세포성 면역에는 보체, 항체 등이 있다.
　㉯ T림프구는 항원 전달 세포에 해당한다.
　㉰ B림프구는 면역 글로불린이라고 불리는 항체를 형성한다.
　㉱ 표피에 존재하는 각질 형성 세포는 면역 조절에 작용하지 않는다.
　◆해설 ㉰ B림프구는 면역 글로불린이라고 불리는 항체를 형성한다. 　정답 ㉰

02 내인성 노화가 진행될 때 감소현상을 나타내는 것은? → 출제년도 09
　㉮ 각질층 두께 　　　　　　　　㉯ 주름
　㉰ 피부처짐 현상 　　　　　　　㉱ 랑게르한스세포
　◆해설 ㉱ 랑게르한스세포의 수가 **감소**하고 각질층 두께와 주름, 피부처짐 현상은 **증가**
　　　한다. 　정답 ㉱

03 다음 중 주름살이 생기는 요인으로 가장 거리가 먼 것은? → 출제년도 09
　㉮ 수분의 부족상태
　㉯ 지나치게 햇빛(sunlight)에 노출되었을 때
　㉰ 갑자기 살이 찐 경우
　㉱ 과도한 안면운동
　◆해설 ㉰ 갑자기 살이 찐 경우와는 **상관없다**. 　정답 ㉰

● SOD
황산화물질로 활성산
소(프리래디컬)의 작
용을 억제하는 기능

04 산소 라디칼 방어에서 가장 중심적인 역할을 하는 효소는? → 출제년도 09
　㉮ FDA 　　　　　　　　　　㉯ SOD
　㉰ AHA 　　　　　　　　　　㉱ NMF
　◆해설 ㉯ SOD : **항산화물질**로 활성산소(프리래디컬)의 작용을 억제하는 기능 　정답 ㉯

05 피부의 노화 원인과 가장 관련이 없는 것은? → 출제년도 08
　㉮ 노화 유전자와 세포 노화 　　㉯ 항산화제
　㉰ 아미노산 라세미화 　　　　　㉱ 텔로미어(telomere) 단축
　◆해설 ㉯ 항산화제 : **활성산소**를 **억제**시켜 **노화**를 **지연**시키는 것 　정답 ㉯

적중예상 100선!

1 피부의 구조에 대한 설명으로 바르지 못한 것은?

㉮ 피부는 표피, 진피, 피하조직의 3층으로 구분된다.

㉯ 피부의 무게는 체중의 25~27% 정도이다.

㉰ 피부의 두께는 발바닥과 손바닥이 가장 두꺼우며 눈꺼풀이 가장 얇다.

㉱ 피부 표면에는 가로 세로 줄무늬로 형성되어 있어 올라온 부분을 소릉이라하고 들어간 부분을 소구라고 한다.

㉯ 피부의 무게는 체중의 **15~17%** 정도이다.

정답 ㉯

2 표피 중 가장 두꺼운 층으로 면역기능을 담당하는 랑게르한스세포가 존재하는 층은?

㉮ 각질층　　㉯ 과립층

㉰ 유극층　　㉱ 기저층

㉰ 유극층 : 표피 중 가장 두꺼운 층으로 면역기능을 담당하는 랑게르한스세포가 존재　정답 ㉰

3 표피층에 대한 설명으로 옳은 것은?

㉮ 피부 전체의 90%이상을 차지하는 층이다.

㉯ 피부의 부속기관인 피지선, 한선, 신경, 림프관, 모세혈관 등이 존재한다.

㉰ 세균 등 외부로부터의 유해물질과 자외선 침입을 막아주는 피부의 가장 바깥부분이다.

㉱ 콜라겐, 엘라스틴, 기질 등을 구성 세포로 하고 있다.

㉰ 세균 등 외부로부터의 유해물질과 자외선 침입을 막아주는 피부의 가장 바깥부분이다.

㉮㉯㉱는 진피층에 대한 설명

정답 ㉰

4 표피의 구분으로 성격이 다른 하나는?

㉮ 각질층　　㉯ 투명층

㉰ 과립층　　㉱ 유극층

㉱ 유극층 : **유핵층**으로 기저층을 포함한다.

㉮㉯㉰는 무핵층이다.

정답 ㉱

5 표피에 대한 설명으로 틀린 것은?

㉮ 각질층 : 표피의 가장 바깥 부분으로 납작한 무핵 세포층이다.

㉯ 투명층 : 각질유리과립(케라토하이알린)을 형성하여 핵을 죽이기 시작한다.

㉰ 과립층 : 수분의 증발을 억제시키고 표피의 방어막 역할을 하는 레인방어막이 존재한다.

㉱ 기저층 : 상처를 입으면 세포재생이 어려워지므로 흉터를 발생시킬 수 있다.

㉯ **과립층** : 각질유리과립(케라토하이알린)을 형성하여 핵을 죽이기 시작한다.　정답 ㉯

6 투명층에 대한 설명으로 바른 것은?

㉮ 엘라이딘을 함유하여 빛을 차단하고 수분침투를 방지해 준다.

㉯ 물질교환 및 세포간교를 형성하여 각 세포에 영양분을 공급해 준다.

㉰ 돌기를 형성하여 가시층이라고도 한다.

㉱ 면역기능을 담당하는 랑게르한스세포가 존재한다.

㉮ 엘라이딘을 함유하여 빛 차단, 수분침투 방지, 손·발바닥에만 존재한다.

㉯㉰㉱는 유극층에 대한 설명

정답 ㉮

7 원추상의 단층인 유핵 세포층으로 각질형성
세포와 멜라닌형성세포의 비율이 4:1∼10:1로
분포되어 있는 층은?

㉮ 유두층　　　　㉯ 기저층
㉰ 망상층　　　　㉱ 각질층

㉯ 기저층 : 원추상의 단층인 유핵 세포층으로 각질
형성세포와 멜라닌형성세포의 비율이 4:1∼10:1
로 분포　　　　**정답** ㉯

★
8 표피를 구성하는 세포에 대한 설명으로 적절
하지 못한 것은?

㉮ 각질형성세포 : 기저층에서 형성되며 각질
단백질을 만드는 역할을 한다.
㉯ 멜라닌형성세포 : 기저층에 존재하며 표피
구성하는 세포의 90%를 차지한다.
㉰ 머켈세포 : 촉각을 감지하여 신경종말세포,
신경자극을 뇌에 전달하는 역할을 한다.
㉱ 랑게르한스세포 : 방추형의 세포 돌기 모양
으로 면역을 담당하는 역할을 한다.

㉯ **각질형성세포** : 기저층에 존재하며 표피 구성하
는 세포의 90%를 차지한다.

• 멜라닌형성세포 : 기저층 존재, 자외선으로
부터 진피 보호

정답 ㉯

★
9 진피에 대한 설명으로 바른 것은?

㉮ 피부 전체의 80∼90%를 차지하여 피부의
유연성을 조절하는 진피의 층은 유두층이
다.
㉯ 망상층에는 모세혈관, 신경, 림프관 등이
많이 분포되어 있다.
㉰ 표피의 기저층과 피하조직 사이에 위치하
는 결합 조직층이다.
㉱ 유두층의 감각기관에는 냉각, 압각, 온각
이 존재한다.

㉰ 표피의 기저층과 피하조직 사이에 위치하는 결
합 조직층이다.

㉮와 ㉱는 망상층에 대한 설명, ㉯는 유두층
에 대한 설명이다.

정답 ㉰

10 진피를 구성하는 세포 중 콜라겐, 엘라스틴,
무코다당류를 생성하는 세포는?

㉮ 대식세포　　　　㉯ 머켈세포
㉰ 섬유아세포　　　㉱ 비만세포

㉰ 섬유아세포 : 콜라겐, 엘라스틴, 무코다당류를
생성하는 세포　　　　**정답** ㉰

11 황섬유로서 각종 화합물에 대해 저항력이 뛰
어나고 물에 넣고 끓여도 젤라틴화 되지 않는
섬유아세포는?

㉮ 콜라겐　　　　㉯ 엘라스틴
㉰ 히스타민　　　㉱ 히알루론산

㉯ 엘라스틴 : 황섬유로서 각종 화합물에 대해 저항
력이 뛰어나고 물에 넣고 끓여도 젤라틴화 되지
않는 섬유아세포　　　　**정답** ㉯

12 그물모양의 느슨한 결합조직의 포도송이 형
태로 체온유지, 체형결정, 수분조절, 에너지
저장의 기능과 외부로부터 충격흡수를 하는
쿠션과 같은 역할을 하는 피부의 부분은?

㉮ 표피　　　　㉯ 진피
㉰ 유극층　　　㉱ 피하조직

㉱ 피하조직 : 체온유지, 체형결정, 수분조절, 에너
지 저장의 기능과 외부로부터 충격흡수를 하는
쿠션과 같은 역할　　　　**정답** ㉱

★★
13 피부의 기능으로 볼 수 없는 것은?

㉮ 태양관선에 대한 보호 기능
㉯ 항상성 유지 기능
㉰ 영양분 교환 기능
㉱ 호르몬 생산 기능

㉱ 호르몬 생산 기능 : **내분비계** 기능　　　**정답** ㉱

14 ( )안에 알맞은 말의 연결로 바른 것은?

> 각질층을 통한 침투는 ( ) 물질보다
> ( ) 물질이 더 잘 흡수된다.

㉮ 수용성, 친유성
㉯ 지용성, 친수성
㉰ 지용성, 수용성
㉱ 수용성, 지용성

㉱ 각질층을 통한 침투는 (**수용성**) 물질보다 (**지용성**) 물질이 더 잘 흡수된다. **정답** ㉱

15 피부의 피지막은 약산성의 보호막을 형성하고 있다. 그렇다면 피부의 적절한 pH로 가장 알맞은 것은?

㉮ 3
㉯ 5.5
㉰ 7
㉱ 9.5

㉯ pH 4.5~6.5의 약산성 **정답** ㉯

16 셀룰라이트 피부의 원인으로 볼 수 없는 것은?

㉮ 운동 부족과 영양의 불균형
㉯ 순환촉진으로 인한 노폐물 축적
㉰ 피하지방의 비대로 뭉침 현상
㉱ 혈관과 림프관의 압박

㉯ **순환장애**로 인한 노폐물 축적 **정답** ㉯

17 피부표면의 수분조절 역할을 하는 것으로 틀린 것은?

㉮ 피지막
㉯ 천연보습인자
㉰ 콜라겐
㉱ 산성막

㉰ 콜라겐 : **진피**를 구성하는 물질 **정답** ㉰

18 피지선에 대한 설명으로 바르지 못한 것은?

㉮ 피부 표면의 피지막을 형성하여 피부를 외부로부터 보호해 준다.

㉯ 모공의 중간 부분에 부착되어 피부와 털의 윤기를 부여하고 수분의 증발을 방지한다.
㉰ 피지가 많이 분비될수록 살균 작용이 있어 여드름이 없어진다.
㉱ 남성이 여성보다 피지 분비가 많다.

㉰ 피지가 많이 분비될수록 모공이 각질이나 먼지로 인해 막히게 될 경우 여드름의 **원인**이 된다. **정답** ㉰

19 모낭과 관계없이 존재하는 것으로 입술, 대음순, 구강점막, 유두 등에 분포되어 있는 피지선은?

㉮ 독립피지선
㉯ 큰피지선
㉰ 무피지선
㉱ 작은피지선

㉮ 독립피지선 : 모낭과 관계없이 존재하는 것으로 입술, 대음순, 구강점막, 유두 등에 분포 **정답** ㉮

20 에크린한선에 대한 설명으로 바른 것은?

㉮ 배출구가 모낭의 윗부분에 연결되어 모공을 통하여 분비된다.
㉯ 겨드랑이, 배꼽, 유두, 성기, 항문주위 등 특정부위에 분포한다.
㉰ 불투명하며 액취증과 관련이 있다.
㉱ 체온조절과 자율신경계의 교감신경에 영향을 미친다.

㉱ **일반적인 땀**으로 체온조절과 자율신경계의 교감신경에 영향을 미친다.

㉮㉯㉰는 아포크린한선에 대한 설명

정답 ㉱

21 정상인의 경우 하루 땀의 분비량은 어느 정도인가?

㉮ 1500cc
㉯ 900cc
㉰ 500cc
㉱ 250cc

㉯ **약 700~900cc** 정도 분비 **정답** ㉯

22 사춘기부터 분비 시작되어 갱년기 이후에 기능이 퇴화되면서 분비가 감소되어 독특한 체취를 발생시키는 것은?

㉮ 소한선   ㉯ 대한선
㉰ 피지선   ㉱ 갑상선

㉯ 대한선 : 모공을 통하여 분비하고 단백질 함유량이 많아 독특한 체취를 발생시킨다.   정답 ㉯

23 한선의 내용물이 세균으로 인해 부패되면서 악취를 발생하는 땀의 이상 분비 증상은?

㉮ 다한증   ㉯ 무한증
㉰ 액취증   ㉱ 한진

㉰ 액취증 : 일명 암내라고도 하며 한선의 내용물이 세균으로 인해 부패되면서 악취를 발생
정답 ㉰

24 조갑에 대한 설명으로 바르지 못한 것은?

㉮ 표피성의 반투명한 케라틴 단백질의 각질 세포이다.
㉯ 하루에 0.01mm 가량 자라고 완전히 교체되는데에는 5~6개월 걸린다.
㉰ 조갑의 몸통부분으로 큐티클에서 손톱끝까지 연결되는 본체를 조체라고 한다.
㉱ 조갑의 앞부분이 양파껍질처럼 벗겨지는 현상을 조갑층 분열증이라고 한다.

㉯ 하루에 **0.1mm** 가량 자라고 완전히 교체되는데에는 5~6개월 걸린다.   정답 ㉯

25 모발의 특징으로 볼 수 없는 것은?

㉮ 하루 50~100개정도의 모발이 빠진다.
㉯ 모발은 물리적인 자극에는 강하나 화학적인 성분에는 약하다.
㉰ 전신에 걸쳐 분포하며 햇볕, 더위, 추위, 물리적인 충격으로부터 보호해 준다.
㉱ 낮보다는 밤에 세포분열이 왕성하므로 모발이 잘 자란다.

㉯ 모발은 물리적인 자극에는 **약하나** 화학적인 성분에는 **강하다**.   정답 ㉯

26 멜라닌세포가 90%이상 존재하여 모발의 색을 결정하는 모발의 부분은?

㉮ 모수질   ㉯ 모표피
㉰ 모피질   ㉱ 모유두

㉰ 모피질 : 멜라닌세포가 90%이상 존재하여 모발의 색을 결정   정답 ㉰

27 피부결이 곱고 모공이 크지 않으며 촉촉하고 윤기있는 피부는?

㉮ 중성피부   ㉯ 건성피부
㉰ 지성피부   ㉱ 복합성피부

㉮ 중성피부 : 피부결이 곱고 모공이 크지 않으며 촉촉하고 윤기있는 피부   정답 ㉮

28 건성피부에 대한 설명으로 바른 것은?

㉮ 혈액순환이 좋아 피부색이 맑다.
㉯ 모세혈관이 확장되기 쉽고 빨리 노화가 발생한다.
㉰ 피지선과 한선의 기능이 증가한다.
㉱ 피부 유수분 밸런스가 조화롭다.

㉯ 모세혈관이 확장되기 쉽고 빨리 노화가 발생한다.   정답 ㉯

29 지성피부에 대한 설명으로 바르지 못한 것은?

㉮ 각질층이 비후하고 피부결이 거칠다.
㉯ 피지 분비량이 많아 번들거린다.
㉰ 에스트로겐의 분비 활성화로 여드름이 발생되기 쉽다.
㉱ 규칙적인 피지 제거를 통한 모공 청결 관리를 해야 한다.

㉰ **안드로겐**의 분비 활성화로 여드름이 발생되기 쉽다.   정답 ㉰

30 화장품 등의 화학적 반응에 의해 쉽게 트러블이 생겨 색소침착을 유발하는 피부 유형은?

㉮ 정상피부　　　　㉯ 지성피부
㉰ 민감성피부　　　㉱ 노화피부

㉰ 민감성피부 : 화장품 등의 화학적 반응에 의해 쉽게 트러블이 생겨 색소침착을 유발하는 피부
정답 ㉰

31 T존은 모공이 크고 유분이 많아 여드름이 잘 발생하며, U존은 건조하고 잔주름과 예민함을 동반하는 피부는?

㉮ 지성피부　　　　㉯ 건성피부
㉰ 복합성피부　　　㉱ 민감성피부

㉰ 복합성피부 : 두 가지 이상의 피부유형이 공존하는 피부로 T존은 지성, U존은 건성피부 관리법과 동일하게 실시하는 것이 좋다.
정답 ㉰

32 민감성피부의 관리법으로 바르지 못한 것은?

㉮ 면역력을 강화시키기 위해 강한 매뉴얼테크닉을 실시한다.
㉯ 알코올이 함유되지 않은 무알콜화장수를 사용한다.
㉰ 적당한 수분과 유분을 공급해 준다.
㉱ 적외선 등의 열관리는 금지한다.

㉮ 면역력을 강화시키기 위해 부드러운 림프드레나쥐 등의 매뉴얼테크닉을 실시한다.
정답 ㉮

☆
33 후천적으로는 심한 기후나 온도 변화에 노출된 피부에 발생하기 쉬운 피부유형으로 비타민C,P,K의 성분을 사용하면 좋은 피부는?

㉮ 지성피부
㉯ 모세혈관확장피부
㉰ 노화피부
㉱ 색소침착피부

㉯ 모세혈관확장피부 : 후천적으로는 심한 기후나 온도 변화에 노출된 피부에 발생하기 쉬운 피부유형으로 비타민C,P,K의 성분을 사용하면 혈관을 강화시키는 작용을 한다.
정답 ㉯

34 노화피부에 대한 설명으로 적절하지 못한 것은?

㉮ 콜라겐 합성의 감소와 엘라스틴의 변성으로 피부 탄력이 증가한다.
㉯ 폐경기 이후 여성 호르몬의 변화에 의해 발생한다.
㉰ 멜라닌 세포의 기능 약화로 과색소침착이나 저색소침착이 발생한다.
㉱ 조기 노화를 막기 위해 규칙적인 보습과 영양 관리를 한다.

㉮ 콜라겐 합성의 감소와 엘라스틴의 변성으로 피부 탄력이 **저하**된다.
정답 ㉮

☆
35 여드름성 피부에 대한 설명으로 옳지 못한 것은?

㉮ 피지분비가 많고 지저분하며 흉터와 염증을 동반한다.
㉯ 항염, 소독, 진정에 중점을 두어 관리하고 피지조절 및 보습 등의 관리를 병행한다.
㉰ 여드름은 낭종 단계에 관리하는 것이 가장 중요하며 꾸준한 관리가 필요하다.
㉱ 여드름 관리 후에는 흉터 및 색소침착 관리에 중점을 두어 관리해야 한다.

㉰ 여드름은 **초기 단계**에 관리하는 것이 가장 중요하며 꾸준한 관리가 필요하다.
정답 ㉰

36 다음 중 영양소가 피부에 미치는 영향에 대한 설명으로 틀린 것은?

㉮ 탄수화물 : 결핍시 피부가 거칠어진다.
㉯ 단백질 : 과잉시 잔주름과 여드름을 유발한다.
㉰ 지방 : 피부에 건조를 방지해준다.
㉱ 무기질 : 적절하나 pH를 유지시켜 준다.

㉯ 단백질 : **결핍시** 잔주름과 여드름을 유발한다.
정답 ㉯

37 피부의 적절한 수분 유지법으로 바르게 설명한 것은?

㉮ 건조한 실내나 건조한 환경에서는 물을 적게 섭취한다.

㉯ 소금과 같은 염분이 많이 든 음식을 먹는다.

㉰ 육류보다는 신선한 과일이나 야채를 즐겨 먹는다.

㉱ 건조할 경우 온풍기를 하루종일 켜 놓는다.

⏱️해설 ㉰ 육류보다는 신선한 과일이나 야채를 즐겨 먹는다. **정답** ㉰

38 탄수화물에 대한 설명으로 적절하지 못한 것은?

㉮ 소장에서 아미노산의 형태로 흡수된다.

㉯ 구강에서 타액에 의해 맥아당과 덱스트린으로 분해된다.

㉰ 균형잡힌 식사를 위해 탄수화물의 적당한 섭취는 60~65%이다.

㉱ 지방과 단백질을 생성하는 주원료이며 세포의 구성물질이다.

⏱️해설 ㉮ 소장에서 **포도당**의 형태로 흡수된다. **정답** ㉮

39 당질 중에서 에너지가 낮아 감미료로 많이 사용되며, 비피더스균의 증식을 촉진하고 충치를 예방하며 비만관리에도 도움을 주는 것은?

㉮ 맥아당 ㉯ 유당

㉰ 올리고당 ㉱ 자당

⏱️해설 ㉰ 올리고당 : 에너지가 낮아 감미료로 많이 사용, 충치예방, 비만 해소 **정답** ㉰

40 다음 중 아래에서 설명하는 영양소로 바른 것은?

> • 호르몬, 항체를 형성하여 면역과 체내 대사 조절
> • 세포안의 각종 화학반응의 촉매역할
> • 피부 구성성분 중 대부분 차지

㉮ 무기질 ㉯ 단백질

㉰ 비타민 ㉱ 지방

⏱️해설 ㉯ 단백질 : 생명유지의 필수적인 역할로 면역 및 체내 대사 조절, 촉매역할을 한다. **정답** ㉯

41 무기질의 종류에 대한 설명으로 틀린 것은?

㉮ 나트륨(Na) : 체액의 삼투압 조절 및 신경 자극 전달

㉯ 구리(Cu) : 철분의 흡수를 돕고 체내의 생화학반응 촉매제 역할

㉰ 유황(S) : 칼슘과 같이 골격과 치아의 형성에 중요한 역할

㉱ 요오드(I) : 갑상선 호르몬의 구성성분

⏱️해설 ㉰ 인(P) : 칼슘과 같이 골격과 치아의 형성에 중요한 역할
• 유황(S) : 인체의 모발, 조갑, 피부를 구성하는 케라틴 단백질 합성에 관여 **정답** ㉰

42 지용성비타민으로 칼슘의 흡수를 촉진시키는 효과가 있어 항구루병 비타민이라고도 하며 자외선을 받으면 생성되는 것은?

㉮ 비타민A ㉯ 비타민D

㉰ 비타민E ㉱ 비타민K

⏱️해설 ㉯ 비타민D : **항구루병 비타민**이라고도 하며 자외선을 받으면 생성되는 지용성비타민 **정답** ㉯

43 지용성 비타민의 기능으로 연결이 잘못된 것은?

㉮ 비타민A : 피부 세포의 재생과 상처치료에 효과적이다.

㉯ 비타민E : 노화를 지연시키고 유해산소로부터 세포와 조직을 보호한다.

④ 비타민K : 출혈시 간에서 혈액 응고 인자의 합성에 관여한다.

④ 비타민F : 위궤양, 십이지장궤에야 효과가 있다.

🕐셈 ④ 비타민U : 위궤양, 십이지장궤에야 효과가 있다.

정답 ④

44 정신적인 비타민으로 결핍시 각기병을 일으키는 비타민으로 티아민이라고 불리는 것은?

㉮ 비타민 B_1 ㉯ 비타민 B_2
㉰ 비타민 K ㉱ 비타민 C

🕐셈 ㉮ 비타민 B_1 : 정신적인 비타민으로 결핍시 각기병을 일으키는 비타민

정답 ㉮

45 비타민C에 대한 설명으로 바르지 못한 것은?

㉮ 항산화 작용으로 콜라겐 형성을 촉진시킨다.

㉯ 소장에서 철분의 흡수를 돕고 면역을 증진시켜 감기 예방에 좋다.

㉰ 비타민C가 들어 있는 식품에는 레몬, 오렌지, 딸기 등에 풍부하다.

㉱ 모세혈관을 확장시키고 색소침착을 방지해 준다.

🕐셈 ㉱ 모세혈관을 **강화**시키고 색소침착을 방지해 준다.

정답 ㉱

46 다음 중 비타민의 설명으로 잘못된 것은?

㉮ 비타민 B_2는 리보플라빈이라고 불리는 성장촉진비타민으로 체내에서 당질대사 산화, 환원작용에 중심적인 역할 및 성장, 발육 촉진에 관여한다.

㉯ 모세혈관을 강화시키는 비타민으로는 비타민C, 비타민K, 비타민P가 있으며 그 중 비타민 K는 수용성비타민에 해당한다.

㉰ 레티놀(비타민A)은 상피조직을 정상적으로 유지시켜 주지만 결핍시 피부건조증을 유발한다.

㉱ 비타민P는 투과성비타민으로 모세혈관을 강화시키고 출혈을 방지하는 역할을 한다.

🕐셈 ㉯ 모세혈관을 강화시키는 비타민으로는 비타민C, 비타민K, 비타민P가 있으며 그 중 비타민 K는 **지용성비타민**에 해당한다.

정답 ㉯

47 30대 여성이 자외선으로 인해 색소침착이 생긴 경우에 피부관리시 가장 적합한 비타민은?

㉮ 비타민 K ㉯ 비타민 A
㉰ 비타민 C ㉱ 비타민 F

🕐셈 ㉰ 비타민 C : 기미, 주근깨 등의 색소침착 피부관리에 적합

정답 ㉰

48 다음 영양소 중 인체를 구성하는 성분 중 가장 많은 양으로 전체의 60~70%를 차지하며 체온을 조절하고 수분의 적절한 조화로 피부를 아름답게 유지시키는 것은?

㉮ 탄수화물 ㉯ 지방
㉰ 비타민 ㉱ 물

🕐셈 ㉱ 물 : 인체를 구성하는 성분 중 가장 많은 양으로 전체의 60~70%를 차지

정답 ㉱

49 피부와 영양과의 관계에 대한 설명으로 바르지 못한 것은?

㉮ 피부를 아름답게 유지하려면 올바른 영양소의 섭취가 가장 근본적인 요소이다.

㉯ 피부는 혈관 및 림프계를 통해 영양분을 공급한다.

㉰ 영양소가 과잉될수록 피부를 윤기있고 촉촉하게 해준다.

㉱ 비타민 A,C,E는 활성산소로부터 피부를 보호하는 역할을 한다.

🕐셈 ㉰ 영양소가 과잉이나 결핍시 **이상증상**을 초래할 수 있다.

정답 ㉰

50 체형관리 요법에 대한 설명으로 적절하지 못한 것은?

㉮ 식이요법 : 적절한 섭취량은 개인에 따라 다르지만 약 1,200~1,500kcal 정도 섭취한다.

㉯ 약물요법 : 피부관리실에서 가장 많이 사용하는 요법이다.

㉰ 수술요법 : 비만부위에 피부를 절개하고 관을 삽입하여 지방세포만을 선택적으로 흡입시켜 주는 것이다.

㉱ 운동요법 : 걷기, 수영, 조깅 등의 유산소 운동은 지방의 연소로 에너지 소모를 증가시켜준다.

🔆해설 ㉯ 약물요법 : 의학적인 영역으로 **치료**의 개념이다.

정답 ㉯

☆☆
51 다음 중 성격이 다른 하나는?

㉮ 미란, 균열

㉯ 팽진, 홍반

㉰ 구진, 농포

㉱ 대수포, 반점

🔆해설 ㉮ 미란, 균열 : **속발진**에 해당

㉯㉰㉱는 원발진에 해당

정답 ㉮

52 직경 1cm미만의 피부 표면이 돌출된 단단한 병변으로 주위 피부보다 붉고 표피에 형성되어 흔적을 남기지 않는 것은?

㉮ 낭종　　　　㉯ 결절

㉰ 농포　　　　㉱ 구진

🔆해설 ㉱ 구진 : 직경 1cm미만의 피부 표면이 돌출된 단단한 붉은색의 여드름

정답 ㉱

53 속발진에 해당하는 것은?

㉮ 팽진　　　　㉯ 인설

㉰ 대수포　　　㉱ 홍반

🔆해설 ㉯ 인설 : 속발진으로 표피의 각질들이 축적된 상태

정답 ㉯

54 켈로이드에 대한 설명으로 바른 것은?

㉮ 손상된 피부의 결손을 메우기 위해 새로운 결체조직이 생성된 섬유조직으로 정상 치유되는 과정을 말한다.

㉯ 만성적인 마찰이나 자극에 의해 표피 전체와 진피의 일부가 건조화되어 가죽처럼 두꺼워지는 것을 말한다.

㉰ 기계적 자극이나 지속적인 마찰, 손톱에 긁힘 등에 의해 표피가 벗겨지는 상태를 말한다.

㉱ 상처가 아물면서 진피의 교원질이 과다 생성되어 흉터가 표면위로 융기되는 현상을 말한다.

🔆해설 ㉱ 상처가 아물면서 진피의 교원질이 과다 생성되어 흉터가 표면위로 융기되는 현상을 말한다.

㉮는 반흔, ㉯는 태선화, ㉰는 찰상에 대한 설명이다.

정답 ㉱

55 다음 중 원발진에 해당하는 것은?

㉮ 위축　　　　㉯ 미란

㉰ 반흔　　　　㉱ 종양

🔆해설 ㉱ 종양 : 원발진에 해당

㉮㉯㉰는 속발진에 해당

정답 ㉱

☆
56 과색소침착증에 대한 설명으로 옳지 않은 것은?

㉮ 기미 : 주로 30~40대 중년 여성에게 잘 나타나고 재발이 잘 된다.

㉯ 노인성 반점 : 50대 이후 나이가 들면서 얼굴, 손등, 어깨 등에 불규칙적으로 발생한다.

㉡ 베를로크 피부염 : 경계가 뚜렷한 갈색의 구진이나 판으로 사마귀 모양의 우둘투둘한 표면을 띤다.

㉣ 릴안면흑피증 : 진피 상부층에 멜라닌이 증가한 것으로 얼굴의 이마, 뺨, 목의 측면 등에 넓게 나타난다.

☆ ㉢ **지루성각화증** : 검버섯으로 경계가 뚜렷한 갈색의 구진이나 판으로 사마귀 모양의 우둘투둘한 표면을 띤다.

• 베를로크 피부염 : 향수나 오데코롱 등의 방향화장품을 사용한 후 광감작 작용에 의해 노출부위에 색소침착을 발생한다.

정답 ㉢

57 기미에 대한 설명으로 거리가 먼 것은?

㉮ 주근깨가 발전하여 생긴 과색소침착증이다.

㉯ 중년 여성에게 잘 발생한다.

㉰ 좌우 대칭적인 형태이다.

㉱ 연한 갈색, 암갈색 등의 다양한 크기와 불규칙한 모양이다.

☆ ㉮ **후천적** 과색소침착증으로 주근깨가 발전하여 생기는 것이 아니다.

정답 ㉮

☆☆
58 정신적인 불안, 내분비 기능장애, 질이 좋지 않은 화장품의 사용, 비타민C의 결핍 등으로 올 수 있는 질환은?

㉮ 반흔 　　　　 ㉯ 기미

㉰ 켈로이드 　　 ㉱ 태선화

☆ ㉯ 기미 : 정신적인 불안, 내분비 기능장애, 질이 좋지 않은 화장품의 사용, 비타민C의 결핍 등이 발생 원인

정답 ㉯

59 자외선에 대한 방어능력이 부족하여 일광화상을 입기 쉬운 질환은?

㉮ 여드름 　　 ㉯ 백색증

㉰ 농가진 　　 ㉱ 대상포진

☆ ㉯ 백색증 : 선천적 저색소침착증으로 자외선에 대한 방어능력이 부족하여 일광화상을 입기 쉽다.

정답 ㉯

☆
60 다음 중 여드름의 원인으로 볼 수 없는 것은?

㉮ 남성호르몬인 테스토스테론의 과다 분비

㉯ 월경 전 후 황체호르몬(프로게스테론)의 분비 감소

㉰ 기름진 음식이나 인스턴트 식품

㉱ 여드름간균(P.Acne)

☆ ㉯ 월경 전 후 황체호르몬(프로게스테론)의 분비 **증가**

정답 ㉯

61 모공 속에 씨앗 형태로 생성된 것으로 공기와 접촉이 없어 흰색을 띠고 있는 여드름의 형태는?

㉮ 화이트헤드 　　 ㉯ 블랙헤드

㉰ 열린 면포 　　　 ㉱ 농포

☆ ㉮ 화이트헤드 : 닫힌 면포, 백두여드름이라 불리는 모공 속에 씨앗 형태로 생성된 것 　　정답 ㉮

☆
62 염증성 여드름의 특징으로 틀린 것은?

㉮ 구진 : 붉은색 여드름으로 여드름 균에 의해 염증이 발생된 상태

㉯ 농포 : 염증이 진정되고 고름이 생긴 상태

㉰ 결절 : 모낭 아래가 파열되고 딱딱하고 단단하게 덩어리가 생긴 상태

㉱ 낭종 : 화농 상태가 가장 크고 깊어 진피층까지 손상된 상태

☆ ㉯ 농포 : 염증이 **악화**되고 고름이 생긴 상태

정답 ㉯

☆
63 다음 중 여드름 발전단계의 설명으로 바르지 못한 것은?

㉮ 여드름 피부 1단계 : 모낭 각화기에 나타나는 염증성 여드름

㉯ 여드름 피부 2단계 : 구진이나 농포 발생

㉲ 여드름 피부 3단계 : 심한 통증과 염증 수반

㉳ 여드름 피부 4단계 : 결절과 낭종 발생

⏰솔 ㉮ 여드름 피부 1단계 : 모낭 각화기에 나타나는 **면포성 여드름**　정답 ㉮

64 여드름을 예방할 수 있는 방법에 대한 설명으로 적절하지 못한 것은?

㉮ 항상 청결을 유지하고 주기적인 딥클렌징으로 모공 속의 노폐물이나 피지를 제거해 준다.

㉯ 유분이 많이 함유된 제품은 자제하고 지성용이나 여드름 전용 제품을 사용한다.

㉰ 잦은 자외선 노출은 살균 작용으로 여드름을 없앨 수 있다.

㉱ 섬유질 식품, 비타민 등을 섭취하고 하루에 2~3리터의 물을 섭취한다.

⏰솔 ㉰ 자외선에 과잉 노출되면 여드름을 더 악화시킬 수 있다.　정답 ㉰

65 물리적으로 발생하는 피부질환이 아닌 것은?

㉮ 동창　　　　㉯ 굳은살

㉰ 절종　　　　㉱ 욕창

⏰솔 ㉰ 절종 : 모낭과 그 주변 조직에 괴사가 일어나 커져 화농된 상태로 **세균성 피부질환**에 속한다.　정답 ㉰

66 화상의 구분 중 아래 내용에 해당하는 것은?

> 피부가 괴사되어 피하의 근육, 신경, 힘줄, 골 조직까지 손상을 초래한다.

㉮ 1도 화상

㉯ 2도 화상

㉰ 3도 화상

㉱ 4도 화상

⏰솔 ㉱ 4도 화상 : 피부 조직의 괴사성 화상　정답 ㉱

67 자외선이나 방사선, 약물 등에 장기간 노출되어 피부 진피 내의 작은 혈관 및 유두하 혈관총의 확장으로 피부가 발적 또는 충혈을 일으키는 피부 질환은?

㉮ 동상　　　　㉯ 홍반

㉰ 한진　　　　㉱ 습진

⏰솔 ㉯ 홍반 : 자외선이나 방사선, 약물 등에 장기간 노출되어 혈관의 확장으로 피부가 발적 또는 충혈을 일으키는 피부 질환　정답 ㉯

68 다음 중 피부 질환의 설명으로 바르지 못한 것은?

㉮ 동상 : 영하의 기온에 한시간 이상 노출되어 피부 조직이 동결된 상태

㉯ 굳은살 : 피부에 마찰이나 압력에 의해 각질층이 증식되고 심부에 핵이 존재하는 상태

㉰ 봉소염 : 용혈성 연쇄상구균에 의해 발생하는 것으로 가벼운 자극에도 강한 통증을 느끼며 발열과 오한 동반

㉱ 대상포진 : 수두를 앓은 후에 잠복해 있던 수두바이러스에 의해 발생

⏰솔 ㉯ 티눈 : 피부에 마찰이나 압력에 의해 각질층이 증식되고 심부에 핵이 존재하는 상태　정답 ㉯

69 습진의 종류 중 아토피성 피부염에 대하 설명으로 바르지 못한 것은?

㉮ 어린아이에게는 발생하지 않는다.

㉯ 계절적으로 피부가 건조하기 쉬운 가을, 겨울에 잘 발생한다.

㉰ 만성습진의 일종으로 천식, 알레르기성 비염, 건초열 등을 동반한다.

㉱ 부모 중 한쪽이 아토피성 피부이면 자식이 50% 유전된다.

⏰솔 ㉮ 어린아이에게 흔히 발생하여 **소아습진**이라고도 한다.　정답 ㉮

70 접촉성피부염에 대한 설명으로 바른 것은?

㉮ 습기가 있거나 기름기가 있는 비듬과 홍반을 동반한다.

㉯ 피지선의 기능이 왕성하여 가려움증을 동반한다.

㉰ 얼굴, 눈썹, 눈거풀, 두피, 앞가슴 등에 잘 발생한다.

㉱ 은행나무, 옻나무, 금속, 화장품 등의 특수물질에 접촉했을 때 발생한다.

⏱✍ ㉱ 은행나무, 옻나무, 금속, 화장품 등의 특수물질에 접촉했을 때 발생한다. : 접촉성피부염 중 **알레르기성 접촉피부염**에 대한 설명

㉮㉯㉰는 지루성 피부염에 대한 설명

정답 ㉱

71 옅은 갈색이나 붉은색의 편평한 직경 1~3mm정도의 작은 구진이 안면, 목, 가슴, 손목, 무릎 등에 발생하여 치료는 잘 안되어서 평생 지속될 수 있는 바이러스성 피부질환은?

㉮ 수두　　　　　㉯ 편평사마귀

㉰ 단순포진　　　㉱ 수족구염

⏱✍ ㉯ 편평사마귀 : 옅은 갈색이나 붉은색의 편평한 직경 1~3mm정도의 작은 구진으로 치료가 잘 안되어서 평생 지속될 수 있다.

정답 ㉯

72 다음 중 진균성 피부질환에 해당하지 않는 것은?

㉮ 홍역　　　　　㉯ 무좀

㉰ 칸디다증　　　㉱ 조갑백선

⏱✍ ㉮ 홍역 : **바이러스성** 피부질환　　　정답 ㉮

73 혈관종의 종류 중에서 피부조직이 늘어나며 모세혈관의 흐름이 막혀 붉은 혈색을 갖는 것을 무엇이라고 하나?

㉮ 섬망 혈관종　　㉯ 매상 혈관종

㉰ 망상 혈관종　　㉱ 그물 혈관종

⏱✍ ㉯ 매상 혈관종 : 피부조직이 늘어나며 모세혈관의 흐름이 막혀 붉은 혈색을 갖는 것

• 섬망 혈관종 : 피부 위로 거미줄 모양의 빨간 점

정답 ㉯

74 지방조직의 신진대사 저하와 한선의 기능 이상으로 피부 표피의 유핵층에 발생하는 모래알 크기의 작은 알갱이는?

㉮ 지방종　　　　㉯ 비립종

㉰ 로사시아　　　㉱ 섬유종

⏱✍ ㉯ 비립종 : 지방조직의 신진대사 저하와 한선의 기능 이상으로 피부 표피의 유핵층에 발생하는 모래알 크기의 작은 알갱이

정답 ㉯

75 자외선의 종류와 그 특징에 대한 설명으로 적절하지 못한 것은?

㉮ 자외선은 파장에 따라 UV A, UV B, UV C로 구분된다.

㉯ UV A는 프리래디컬의 영향으로 만성적인 광노화를 유발시킨다.

㉰ UV B는 홍반을 일으키지 않고 선탠을 발생시킨다.

㉱ UV C는 오존층에 거의 흡수되어 피부에 거의 도달하지 않는다.

⏱✍ ㉰ UV A는 홍반을 일으키지 않고 선탠을 발생시킨다.

정답 ㉰

76 자외선이 인체에 미치는 영향으로 볼 수 없는 것은?

㉮ 구루병을 예방하고 면역력을 증강시킨다.

㉯ 과잉 조사시 색소침착을 유발하나 여드름은 치유된다.

㉰ 광노화로 인해 피부의 탄력 저하와 주름을 발생시킨다.

㉱ 혈액순환을 촉진시킨다.

⏱✍ ㉯ 과잉 조사시 색소침착, 여드름 등을 **유발**시킨다.

정답 ㉯

77 아래에서 설명하는 태양광선의 종류는?

> • 표피의 기저층 또는 진피 상부까지 침투
> • 기미의 직접적인 원인
> • 290~320nm의 파장

㉮ 적외선　　　㉯ 자외선 A
㉰ 자외선 B　　㉱ 가시광선

🔆🗨 ㉰ 자외선 B : **중파장**(290~320nm), 기미의 직접적인 원인
정답 ㉰

78 자외선의 영향으로 인한 긍정적인 효과는?

㉮ 살균 및 소독　　㉯ 홍반 반응
㉰ 광알레르기　　　㉱ 일광화상

🔆🗨 ㉮ 살균 및 소독 : 자외선의 긍정적인 효과
정답 ㉮

79 자외선으로 인한 피부 두께 변화에 대한 설명으로 틀린 것은?

㉮ 표피의 두께를 증가시켜 자외선 방어 기능을 증가시킨다.
㉯ 기저세포의 DNA합성 및 체세포 분열 증가로 각질층은 두터워지나 시간이 경과되면서 피부 표피 전체가 두터워진다.
㉰ 생리적인 노화 시에는 피부의 두께가 처음부터 얇아진다.
㉱ 자외선 B의 조사 후에는 1~3주 내에 유극층은 2배 정도 두께가 증가한다.

🔆🗨 ㉯ 기저세포의 DNA합성 및 체세포 분열 증가로 각질층은 두터워져 표피 전체가 두터워 보이나 시간이 경과되면서 피부는 다시 **위축**된다.
정답 ㉯

80 자외선 차단지수 중 PA에 대한 설명으로 바르지 못한 것은?

㉮ PA는 자외선 A에 대한 차단지수이다.
㉯ 차단 정도의 표기는 +로 표기한다.
㉰ +가 적을수록 차단 효과가 크다.
㉱ PA는 자외선 B도 차단 가능하다.

🔆🗨 ㉱ +가 **많을수록** 차단 효과가 크다.
정답 ㉱

81 다음 (　　)안에 공통적으로 들어갈 말은?

> SPF = 자외선 차단제품을 사용했을 때의 최소 (　　) / 자외선 차단제품을 사용하지 않았을 때의 최소 (　　)

㉮ 수분량　　㉯ 홍반량
㉰ 피지량　　㉱ 유분량

🔆🗨 ㉯ SPF = 자외선 차단제품을 사용했을 때의 최소 (**홍반량**) / 자외선 차단제품을 사용하지 않았을 때의 최소 (**홍반량**)
정답 ㉯

82 주로 자외선 A만을 방출하여 멜라닌을 자극시키는 기기는?

㉮ 자외선소독기　　㉯ 스티머
㉰ 인공선탠기　　　㉱ 우드램프

🔆🗨 ㉰ 인공선탠기 : 주로 자외선 A만을 방출하여 멜라닌을 자극
정답 ㉰

83 태양광선의 약 49%를 차지하고 눈으로 볼 수 있는 광선은?

㉮ 가시광선　　㉯ 적외선
㉰ 자외선　　　㉱ 베타선

🔆🗨 ㉮ 가시광선 : 태양광선의 약 49%를 차지하고 눈으로 볼 수 있는 광선
정답 ㉮

84 적외선이 인체에 미칠 수 영향으로 볼 수 없는 것은?

㉮ 혈관을 수축시켜 셀룰라이트를 예방해 준다.
㉯ 순환 장애로 인한 체내의 노폐물이나 지방을 배출시켜 준다.
㉰ 피부 깊숙이 영양분을 침투시킨다.
㉱ 뭉쳐있는 근육을 이완시켜 준다.

ⓢ ㉮ 혈관을 **확장**시켜 셀룰라이트를 예방해 준다.
정답 ㉮

85 적외선 램프의 설명으로 적합하지 않은 것은?

㉮ 고열증, 급성질환자에게는 사용을 금한다.
㉯ 원적외선 비만기같은 전신기기 사용시에는 면가운을 착용한다.
㉰ 혈압저하로 두통이 발생할 수 있으므로 관리 즉시 일어난다.
㉱ 조사 부위에 빛이 수직으로 비춰지도록 한다.

ⓢ ㉰ 혈압저하로 두통이 발생할 수 있으므로 관리 후 **갑자기 일어나지 않는다.**
정답 ㉰

86 피부면역에 대한 설명으로 옳지 않은 것은?

㉮ 선천적으로 태어날 때부터 가지고 있다고 하여 선천면역이라 한다.
㉯ 인체 내에 자연히 존재하는 자연면역을 수동면역이라고도 한다.
㉰ 체액성 면역은 바이러스에 감염된 세포들을 T세포가 죽이는 것을 말한다.
㉱ 획득면역은 자연면역을 보강해주는 역할을 하며 서로 상호보완적이다.

ⓢ ㉰ **세포성 면역**은 바이러스에 감염된 세포들을 T세포가 죽이는 것을 말한다.
정답 ㉰

87 약한 항원을 인위적으로 투입하여 자연치유력을 높이고 더 큰 항원이 침입하지 못하도록 인체를 보호해 주는 것은?

㉮ 패치테스트
㉯ 예방접종
㉰ 혈액형 응집현상
㉱ 알러지 반응검사

ⓢ ㉯ 예방접종 : 약한 항원을 인위적으로 투입하여 자연치유력을 높이고 더 큰 항원이 침입하지 못하도록 인체를 보호해 주는 것
정답 ㉯

88 히스타민 분비시 나타나는 증상으로 볼 수 없는 것은?

㉮ 모세혈관 수축
㉯ 건조하고 가려움
㉰ 부종
㉱ 혈액량 증가

ⓢ ㉮ 히스타민은 모세혈관 등의 혈관을 **확장**시키고 혈액량을 증가시켜 방어인자들이 빨리 도달할 수 있도록 해준다.
정답 ㉮

89 면역체계의 이상으로 올 수 있는 반응이 아닌 것은?

㉮ 바이러스 침투 활성화
㉯ 자연치유력 증강
㉰ 후천성면역결핍증
㉱ 자가면역질환

ⓢ ㉯ 자연치유력 **약화**되어 큰 질병에 걸릴 확률이 높아진다.
정답 ㉯

☆
90 피부의 면역에서 항체를 생산하여 면역을 담당하는 것은?

㉮ A림프구   ㉯ B림프구
㉰ C림프구   ㉱ D림프구

ⓢ ㉯ B림프구 : 항체를 생산하여 면역을 담당
정답 ㉯

91 자연적으로 나이가 들어감에 따라 나타나는 현상을 무엇이라고 하는가?

㉮ 광노화
㉯ 내인성 노화
㉰ 외인성 노화
㉱ 환경적 노화

ⓢ ㉯ 내인성 노화 : 생리적인 노화로 자연적으로 나이가 들어감에 따라 나타나는 현상
정답 ㉯

92 광노화에 대한 설명으로 옳지 않은 것은?

㉮ 표피 두께 증가

㉯ 멜라닌 과립 감소

㉰ 주름살 형성

㉱ 피지선 자극

⏱✍ ㉯ 멜라닌 과립 **확대** 　　정답 ㉯

93 피부를 노화시키는 외적인자가 아닌 것은?

㉮ 자외선　　㉯ 나이

㉰ 건조　　㉱ 유해산소

⏱✍ ㉯ 나이 : 피부를 노화시키는 **내적인자** 　　정답 ㉯

94 생리적 노화에 의한 피부 변화 중 표피의 변화가 아닌 것은?

㉮ 표피 두께의 감소

㉯ 색소침착 유발

㉰ 면역세포의 수 감소

㉱ 콜라겐 감소

⏱✍ ㉱ 콜라겐 감소 : **진피**의 변화에 해당 　　정답 ㉱

95 피부 노화의 원인과 가장 관련이 없는 것은?

㉮ 아미노산 라세미화

㉯ 텔로미어 단축

㉰ 항산화제

㉱ 활성산소

⏱✍ ㉰ 항산화제 : 활성산소를 제거해주는 항산화물질로 노화 예방 　　정답 ㉰

96 유해물질이 배출되지 않고 체내에 축적됨으로써 세포의 정상적 기능에 방해를 받아 노화가 촉진된다는 학설은?

㉮ 유해산소설

㉯ 독소설

㉰ 마모설

㉱ 유전자변이설

⏱✍ ㉯ 독소설 : 유해물질이 배출되지 않고 체내에 축적됨으로써 인체에 유해한 작용을 끼쳐 노화가 촉진된다는 학설 　　정답 ㉯

97 다음은 무엇에 대한 설명인가?

- 표피와 진피의 두께가 두꺼워짐
- 점액 다당질의 증가
- 피부암 유발

㉮ 홍반현상

㉯ 광노화

㉰ 일광두드러기

㉱ 자연노화

⏱✍ ㉯ 광노화 : 생리적노화(자연노화, 내인성노화)와의 차이점은 표피의 두께가 두꺼워지고 모세혈관 확장, 자외선으로 인한 피부암 유발 　　정답 ㉯

98 다음 중 노화의 원인으로 특징이 다른 하나는?

㉮ 랑게르한스세포의 수 감소

㉯ 피지선 자극으로 여드름 유발

㉰ 멜라닌세포의 수 감소

㉱ 광선, 스트레스로 탄력성 소실

⏱✍ ㉰ 멜라닌세포의 수 감소 : **생리적 노화**에 해당
㉮㉯㉱는 환경적 노화에 해당 　　정답 ㉰

99 마모학설에 대한 설명으로 바른 것은?

㉮ 유기체 안에 하나 이상의 해로운 유전자가 존재하여 노화가 발생한다.

㉯ 태어날 때부터 유전자 정보에 의해 정해진 프로그램으로 노화과정이 진행된다.

㉰ 진핵 염색체의 말단 부위인 텔로미어의 단축으로 노화가 발생한다.

㉱ 세포의 과다 사용으로 서서히 손상되어 여러 인체의 기관의 손실로 노화가 발생한다.

🕐Ⅿ ㉱ 세포의 과다 사용으로 서서히 손상되어 여러 인체의 기관의 손실로 노화가 발생한다. : **마모학설**

㉮는 유전자 학설, ㉯는 노화예정설, ㉰는 텔로미어 단축설

정답 ㉱

★
100 다음 중 노화에 대한 설명으로 바르지 못한 것은?

㉮ 잘못된 화장품의 사용이나 태양광선에 의해 노화를 초래한다.

㉯ 외인적 노화로 인해 진피내 세포의 수는 감소한다.

㉰ 자연노화와 환경적 노화의 공통된 특징은 표피의 두께가 두꺼워지는 것이다.

㉱ 알칼리산 등의 화학적인 방법으로 라세미화 현상이 일어나 노화가 발생한다.

🕐Ⅿ ㉰ 자연노화는 표피의 두께가 얇아지나 환경적 노화는 표피의 두께가 두꺼워진다. 정답 ㉰

모공수축에 좋은 생활수칙

① 피지를 과도하게 짜거나 함부로 만지지 않는다.

② 피지를 녹여주는 성분이 들어있는 딥클렌징제를 사용해 모공안의 피지를 청결하게 한다.

③ 세안 후 마지막에는 차가운 물로 얼굴을 가볍게 마사지하듯 두드려준다.

④ 스팀 타월을 사용하면 각질을 연화시켜 주는 역할을 하므로 모공 속의 노폐물 제거를 쉽게 할 수 있다.

⑤ 수렴 화장수는 냉장고에 넣어 차게 만들어 사용하면 모공을 축소시켜주는 효과가 있다.

⑤ 외출 후에는 깨끗하게 세안을 한 다음, 얼음을 헝겊에 싸서 얼굴 위에 올려 놓으면 진정 및 모공 수축을 시켜 준다.

집에서 손쉽게 할 수 있는 화이트닝 케어

신선한 과일이나 채소에는 파괴되지 않은 비타민C가 다량 함유되어 있어 미백 효과가 뛰어나다. 그러나 팩을 했을 경우 피부에 어느 정도 침투되는지는 아직 미지수이다. 일반적으로 오이팩, 키위팩, 사과팩 등이 사용된다.

먹으면서 하는 화이트닝 케어

하얀 피부를 만들기 위해 꼭 필요하다는 비타민 C는 바르는 것이 먹는 것에 비해 약 20~40배 가량 효율이 좋다고 하지만, 비타민 C는 상당히 불안정한 물질이므로 바르는 것만으로는 피부에 흡수가 어렵다고 보는 경우도 많다. 그러므로 비타민 C가 많은 키위나 귤, 딸기, 레몬, 양배추, 토마토 등 과일이나 채소를 많이 먹으면 미백효과에 더욱 도움이 된다.

PART 3
해부생리학

※ 적중예상 100선!

세포의 구성 및 작용

 **1** 인체의 구조와 기능

◀ 해부학과 생리학의
차이
① 해부학 : 기관, 조
직의 구조와 형태,
위치 연구
② 생리학 : 인체의 기
능 및 작용 연구

(1) 해부학과 생리학의 차이

해부학	생리학
생물체 각 부위의 기관이나 조직의 구조와 형태 및 상호간의 위치 등을 연구하는 학문	인체에서 일어나는 현상들을 자연과학적인 방법을 이용하여 인체의 기능 및 작용을 연구하는 학문

◀ 해부학적 자세
① 발은 붙이고 눈은
앞을 응시
② 팔은 내리고 손바
닥 전면

(2) 해부학적 자세와 용어

구 분			설 명
자 세			• 발은 붙이고 똑바로 선 상태에서 눈은 앞을 응시 • 팔은 아래로 내리고 손바닥은 **앞**(전면)을 향하는 상태
용 어	인체의 면에 대한 용어	정중면 (정중시상면)	인체를 좌,우로 나눈 면
		관상면 (전두면)	인체를 앞,뒤로 나눈면
		수평면 (횡단면)	인체를 상,하로 나눈면
	인체의 움직임에 대한 용어	굴곡과 신전	관절의 각도가 작아지거나 커지는 움직임
		내전과 외전	사지가 몸의 중앙으로 가까워지거나 멀어지는 움직임
		회전	몸의 축을 중심으로 좌우로 돌리는 움직임

(3) 인체의 구성단계

◀ 인체의 구성단계
세포 → 조직 → 기관
→ 계통 → 유기체

우리의 인체는 세포(cell)들이 모여서 조직(tissue)이 되고 그 조직(tissue)들이 모여서 기관(organ)을 이루고 기관(organ)의 상호연결로 계통(system)이 되어 하나의 유기체(body)를 형성한다.

따라서 인체를 구성하는 가장 기본적이고 기능적, 구조적 단위를 **세포(cell)**라고 한다.

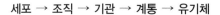

세포 → 조직 → 기관 → 계통 → 유기체

〈인체의 구성단계〉
세조기계유 : 세포 → 조직 → 기관 → 계통 → 유기체

(4) 인체의 계통별 구성 및 기능

○ 인체의 계통별 구분
① 골격계
② 근육계
③ 신경계
④ 감각계
⑤ 순환기계
⑥ 호흡계
⑦ 소화기계
⑧ 내분비계
⑨ 외피계
⑩ 배설계
⑪ 생식기계

기관계	구성	기능
골격계	뼈, 연골, 관절	몸의 지지, 장기보호, 운동 및 이동
근육계	골격근, 평활근(내장근), 심장근, 근막, 건	열생산, 몸의 운동
신경계	중추신경계, 말초신경계	감각과 자극 전달 및 통합, 조절
감각계	피부, 눈, 코, 귀, 혀	감각, 자극의 수용
순환기계	심장, 혈관, 혈액, 림프, 림프관, 림프절, 비장, 흉선, 편도	물질의 운반 및 보호, 조절작용, 림프구 및 항체의 생산
호흡계	기관지, 코, 후두, 폐	외부와 혈액간의 가스교환, 이산화탄소와 산소의 교환 및 배출
소화기계	입, 식도, 위, 소장, 대장, 간, 췌장, 담낭, 타액선	음식물의 섭취 및 소화 흡수
내분비계	뇌하수체, 부신, 부갑상선, 갑상선, 정소, 난소, 송과선	호르몬의 생산 및 분비
외피계	피부, 털, 피지선, 한선, 조갑	신체의 보호 및 체온조절, 감각작용
배설계	신장, 수뇨관, 방광, 요도	오줌의 생산과 배설물의 배출, 항상성 조절
생식기계	정소, 난소, 자궁, 질	정자와 난자의 생산 및 배출, 종족보존

(5) 생명체의 생명현상 특징

○ 항상성
인체가 안정 상태를 유지하려는 것

① 물질대사

② 조직화, 체계화

③ 성장 및 생식

④ 조절 및 항상성 유지

⑤ 적응

Key Point

◎ 세포
인체의 기능적, 구조적 최소단위

◎ 세포의 구조
세포막, 세포질, 핵

◎ 세포막
① 인지질이중층 구조
② 원형질막
③ 선택적 투과성
④ 물질교환
⑤ 항상성 유지

알아두세요

• 항상성
인체가 안정 상태를 유지하려는 것으로 우리 신체가 평상시에 거의 같은 체온 유지하는 상태

4 세포의 구조 및 작용

(1) 세포의 구조

<table>
<tr><th>구 분</th><th colspan="4">설 명</th></tr>
<tr><td rowspan="7">세포막</td><td rowspan="5">구성
성분</td><td rowspan="3">지질</td><td>인지질
(25%)</td><td>세포막 구조의 틀 형성 과 물질이동의 장벽 역할</td></tr>
<tr><td>콜레스테롤
(13%)</td><td>물질이동의 속도 조절</td></tr>
<tr><td>당지질
(4%)</td><td>항원 및 면역반응</td></tr>
<tr><td>단백질</td><td colspan="2">결합수를 함유하고 있어 최소한의 수분 유지</td></tr>
<tr><td>탄수화물</td><td colspan="2">당단백질과 당지질로 존재하며 주변 세포 사이의 정보 수용체 작용 및 면역반응</td></tr>
<tr><td>두께</td><td colspan="3">• 매우 얇은 단위막
• 세포내외로 물질이동과 막 전압 발생에 중요한 역할
• 친수성과 소수성을 가지고 있는 인지질이중층 구조
• 원형질막이라고도 함</td></tr>
<tr><td>기능</td><td colspan="3">• 세포의 원형 유지
• 물질 운반하는 수용계 역할
• 선택적 투과성을 가지고 물질교환
• 세포 내외의 전해질 조성을 일정하게 유지
• 항상성 유지
기억법 선투물항
선투물항 : 선택적 투과성, 물질교환, 항상성</td></tr>
</table>

Key Point

구 분			설 명
세포질	세포 소기관	미토콘드 리아	• **사립체**라고 불리며 이중막 구조로 주름 형성 • **에너지 생산**하는 동력발전소와 같은 역할 (**ATP생산** : 이화작용, 동화작용) 기억법 미사에 미사에 : 미토콘드리아, 사립체, 에너지 생산 • 세포내의 호흡생리 관여
		리보솜	• 단백질과 RNA(리보핵산)으로 구성 • RNA에 의해 **단백질**을 **합성**하는 장소 기억법 단합 단합 : 단백질 합성
		소포체	조면소포체
			• **리보솜 함유** 기억법 조리함 조리함 : 조면소포체는 리보솜 함유 • 리보솜에서 합성된 단백질을 세포내, 외로 수송 • 핵에 근접한 곳에 위치
			활면소포체
			• **리보솜 무함유** 기억법 활리무 활리무 : 활면소포체는 리보솜 무함유 • 지방 합성, 해독작용(간), HCL분비(위벽), 스테로이드 호르몬 합성(내분비계) 관여
		골지체	• 리보솜에서 합성된 단백질 저장, 농축하여 **마무리**하는 즉, 포장하는 역할 기억법 골마 골마 : 골지체는 마무리하는 곳 • 분비물 생산 및 분출
		리소좀	• 골지체에서 생산 및 **식균작용** 기억법 리소식 리소식 : 리소좀은 식균작용 • 세포방어 및 소화효소로서 자가용해
		중심체	• 세포분열시 방추사 형성하여 염색체 이동 • 섬모나 편모를 형성하는 기저체
		과산화 소체	• 간과 신장에 많음 • 과산화수소 분해 작용
		미세소관	• 세포 골격 형성 • 세포 내 물질 이동

◀ 세포소기관
① 미토콘드리아 : 사립체, 에너지 생산 (ATP)
② 리보솜 : 단백질 합성
③ 소포체 : 조면소포체(리보솜 함유), 활면소포체(리보솜 무함유)
④ 골지체 : 합성된 단백질 마무리
⑤ 리소좀 : 식균작용

◀ 인체의 구성단계
세포 → 조직 → 기관 → 계통 → 유기체

Key Point

◀ 핵의 구조
① 핵막 : 두 겹의 단
위막
② 염색질 : DNA와 단
백질의 실모양 형
태
③ 핵(핵인) : 세포분
열, RNA와 DNA의
단백질 합성 관여
④ 핵산 : RNA(핵인
생산), DNA(유전인
자)

구 분		설 명
핵	핵막	• **두 겹**의 단위막 • 핵과 세포질의 구분이 되는 경계 • 핵공을 통해 세포질에 핵 연결하여 물질 운반
	염색질	• 유전물질인 DNA와 단백질이 실모양으로 얽혀 있는 형태 • 세포 분열 시에 응축하여 염색체로 변함 　(사람의 염색체 : 22쌍 체염색체, 나머지 1쌍 성염색체)
	핵 (핵인)	• 세포분열과 RNA, DNA의 단백질 합성 관여 • 유전정보의 저장 및 전달 작용
	핵산	• 핵산은 DNA와 RNA로 구분 • 기본 단위 : 뉴클레오티드(nucleotide) • 당, 인산, 염기가 1:1:1의 비율로 결합되어 있는 화합물 • **DNA** : 유전인자로 이중 나선구조 • **RNA** : 핵인 생산, DNA의 암호 전달받아 세포질에서 단백질 합성 　에 관여하는 단일 사슬구조

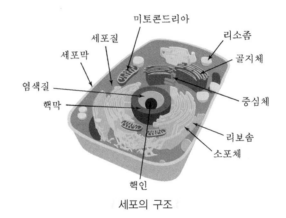

세포의 구조

(2) 세포의 작용

① 물질대사 및 에너지를 생산한다.

② 물질의 운반

◀ 물질의 운반
① 수동수송 : 확산,
여과, 삼투
② 능동수송

종 류			특 징
수동수송	에너지의 투입 이 필요없다.	확 산	고농도에서 저농도로 물질 이동
		여 과	낮은압력에서 높은압력으로 물과 용해물질 이동
		삼 투	반투과성 막을 이용한 확산의 형태
능동수송	• 에너지 즉, APT 소모 필요 • 저농도에서 고농도로 능동이동펌프작용을 하여 물질 이동		

수확여삼 : 수동수송에는 확산, 여과, 삼투로 구분

③ DNA와 RNA에 의해 유전 정보 조절하여 단백질을 합성한다.

④ 세포내 부산물을 농축, 저장해 두었다가 세포 밖으로 분비, 배설시킨다.

⑤ 세포방출작용에 의해 이물질, 세균, 조직 파편 등을 섭취 및 배출하는 식균작용을
한다.

⑥ 퇴화와 자가 용해 작용으로 전보다 세포가 작아지는 성질이 있다.

◐ DNA
① 이중나선구조
② 유전정보전달

◐ RNA
① 단일사슬구조
② 유전자 암호 해독
체
③ 단백질 합성

참고 ▶ 세포의 증식

구 분		설 명
유사분열 (체세포분열)		• 한 개의 모세포를 두 개의 동일한 딸세포로 나누는 것 • 전기, 중기, 후기, 말기의 4단계
	전기	• 핵막과 인의 소실 • 실모양 구조로 방추사 형성하여 염색체 됨
	중기	• 염색체가 적도면에 배열되어 방추체의 중앙에 위치
	후기	• 염색체가 양극으로 이동하여 세포체 분열
	말기	• 염색체는 형태가 없어져서 염색질 됨 • 핵막과 인이 다시 나타나서 완전히 딸핵이 됨 • 세포체가 분열하여 독립된 2개의 세포가 됨
감수분열 (생식세포분열)		• 성세포에서만 일어나고 분열과정은 유사분열과 동일 • 분열이 2회연속으로 염색체수의 1/2로 반감 • 1차분열시 염색체수가 반감, 2차분열시 DNA양 반감
무사분열		• 곰팡이류, 세균류 등에서 볼 수 있음 • 핵과 세포체가 동시에 분열하는 단순한 세포분열

◀ 세포분열의 종류
유사분열(체세포분
열), 감수분열(생식세
포분열), 무사분열

3 조직

(1) 인체의 4대 기본조직

① 상피조직

㈎ 신체 내·외 표면을 덮고 있는 외부의 환경변화에 강한 저항력을 갖는 조직이다.

㈏ 층상구조를 이루고 보호, 방어, 흡수, 분비, 감각 등을 수행한다.

◀ 인체의 4대 기본
조직
상피조직, 결합조직,
근육조직, 신경조직

◀ 상피조직
① 신체 내·외 표면
을 덮고 있는 조직
② 층상구조
③ 보호, 방어, 흡수,
분비, 감각 수행

종 류	특 징	예	모식도
단층편평상피	• 편평한 세포들이 단층으로 배열 • 여과, 확산, 마찰 기능	심장 및 혈관의 내면, 허파의 폐포, 신장의 사구체 외벽	
단층입방상피	• 구형의 세포들이 단층으로 배열 • 분비와 흡수의 기능	분비조직, 신장의 세뇨관, 갑상샘 소포	
단층원주상피	• 원추형 세포들이 단층으로 배열 • 흡수와 분비 기능	소화관 내면, 수란관, 위장관의 점막 상피	
다층편평상피	• 노출된 체표면을 덮고 있으며 편평형 세포들이 다층으로 배열 • 계속 탈락되고 마찰이나 감염으로부터 보호	피부 외면, 구강 내면, 각막	
위다층원주상피	• 원주형세포들이 단층으로 배열 • 서로 비틀어져 다층으로 보이는 것 • 보호, 분비, 점액관 세포의 이동	호흡기도 상단부 점막, 남성 요도	

상피조직의 분류

② **결합조직**

㈎ 인체의 4대 기본조직 중에서 **가장 널리 분포**하는 조직이다.

㈏ 여러 기관들의 형태를 유지·결합시키는 작용을 한다.

㈐ 혈액세포 생산하고 지방을 저장한다.

㈑ 연골조직, 조혈조직, 지방조직, 인대, 건, 골막 등이 있다.

③ **근육조직**

㈎ 운동을 할 수 있도록 특수하게 분화된 조직이다.

㈏ 근섬유라고 하는 근세포가 기본단위이다.

㈐ 골격근, 평활근, 심근으로 구분된다.

④ **신경조직**

㈎ 여러 가지 정보를 수용 및 통합·분석하여 다른 수많은 세포의 활동을 통제·조절하는 역할을 한다.

(나) 뉴런(신경원)이라는 신경세포와 이를 지탱하는 신경교세포로 구성되어 있다.

〈인체의 4대 기본조직〉
상결근신 : 상피조직, 결합조직, 근육조직, 신경조직

머리에 쏙~쏙~ 5분 체크

01　(　　)은 인체의 기관이나 조직의 구조와 형태, 위치를 연구하는 학문이고, (　　)은 인체의 기능 및 작용을 연구하는 학문이다.

02　올바른 해부학적 자세는 발은 붙이고 똑바로 선 상태에서 팔은 아래로 내리고 손바닥은 (　　)을 향하는 상태이다.

03　인체의 구성 요소 중 기능적, 구조적 최소단위를 (　　)라고 한다.

04　(　　　)는 사립체라고도 하며 에너지(ATP)를 생산하는 동력발전소와 같은 역할을 하는 세포소기관이다.

05　(　　　)이란 우리 신체가 평상시에 거의 같은 체온을 유지하려는 상태를 말한다.

06　소포체를 구분할 때에는 (　　)의 함유에 따라 조면소포체와 활면소포체로 나뉜다.

07　핵산은 이중 나선구조의 유전인자인 (　　)와 그것의 암호를 전달받아 세포질에서 단백질 합성에 관여하는 (　　)로 구분된다.

08　(　　)은 고농도에서 저농도로 물질이 이동하는 것을 말하고, (　　)는 낮은 압력에서 높은 압력으로 물과 용해물질이 이동하는 것을 말한다.

09　성세포에서만 일어나고 분열시 염색체의 수가 1/2로 반감하는 생식세포분열을 (　　)분열이라고 한다.

10　인체의 4대 기본조직 중에서 가장 널리 분포하는 조직은 (　　)조직이다.

정답　01. 해부학, 생리학　02. 앞 또는 전면　03. 세포　04. 미토콘드리아
05. 항상성　06. 리보솜　07. DNA, RNA　08. 확산, 여과　09. 감수
10. 결합

◀ 해부학과 생리학
① 해부학 : 인체의 기관이나 조직의 구조와 형태, 위치를 연구하는 학문
② 생리학 : 인체의 기능 및 작용을 연구하는 학문

◀ 세포
인체의 구성요소 중 기능적, 구조적 최소단위

◀ 인체의 4대 기본조직
① 상피조직
② 결합조직
③ 근육조직
④ 신경조직

시험문제 엿보기

◀ 인체의 구성요소
세포 → 조직 → 기관
→ 계통 → 유기체

01 인체의 구성 요소 중 기능적, 구조적 최소 단위는?   ➡ 출제년도 08

㉮ 조직   ㉯ 기관

㉰ 계통   ㉱ 세포

해설 ㉱ 세포

> 세포 → 조직 → 기관 → 계통 → 유기체

정답 ㉱

02 세포에 대한 설명으로 틀린 것은?   ➡ 출제년도 09

㉮ 생명체의 구조 및 기능적 기본단위이다.

㉯ 세포는 핵과 근원섬유로 이루어져 있다.

㉰ 세포 내에는 핵이 핵막에 의해 둘러싸여 있다.

㉱ 기능이나 소속된 조직에 따라 원형, 아메바, 타원 등 다양한 모양을 하고 있다.

해설 ㉯ 세포는 **핵**과 **세포질, 세포막**으로 이루어져 있다.   정답 ㉯

◀ 미토콘드리아
① 세포내 호흡 생리
담당
② 에너지(ATP) 생산

03 세포 내에서 호흡생리를 담당하고 이화작용과 동화작용에 의해 에너지를 생산하는
곳은?   ➡ 출제년도 09

㉮ 리소좀   ㉯ 염색체

㉰ 소포체   ㉱ 미토콘드리아

해설 ㉱ 미토콘드리아 : 세포 내 호흡생리 담당, 이화작용과 동화작용으로 에너지
(ATP) 생산   정답 ㉱

04 다음 중 세포막의 기능 설명이 틀린 것은?   ➡ 출제년도 10

㉮ 세포의 경계를 형성한다.

㉯ 물질을 확산에 의해 통과시킬 수 있다.

㉰ 단백질을 합성하는 장소이다.

㉱ 조직을 이식할 때 자기 조직이 아닌 것을 인식할 수 있다.

해설 ㉰ 단백질을 합성하는 장소 : 세포질안의 **리보솜**   정답 ㉰

◀ 물질의 이동방법
수동수송(여과, 확산,
삼투), 능동수송

05 세포막을 통한 물질의 이동 방법이 아닌 것은?   ➡ 출제년도 10

㉮ 여과   ㉯ 확산

㉰ 삼투   ㉱ 수축

해설 ㉱ 세포막을 통한 물질의 이동 방법 : 여과, 확산, 삼투, 능동수송   정답 ㉱

골격계

Skin Care

1 골의 형태 및 발생

(1) 골격계의 기능

① **지지**기능
② **보호**기능 : 인체 내부 장기 보호
③ **저장**기능 : 칼슘과 인 등의 무기질 저장
④ **운동**기능 : 근육과 함께 인체 운동 관여
⑤ **조혈**기능 : 적골수에서 혈액 생산

지보저운조 : 지지, 보호, 저장, 운동, 조혈

 알아두세요

• 인체의 뼈

약 206개의 뼈와 연골로 구성

(2) 골의 형태와 구조

구 분		설 명
형 태	장골	• **긴뼈** • 상완골, 요골, 척골, 대퇴골, 경골, 비골 등
	단골	• **짧은뼈**로 입방체와 같은 형태 • 수근골, 족근골 등
	편평골	• **납작뼈** • 두개골의 일부(두정골), 견갑골, 흉골, 늑골 등
	불규칙골	• 편평하거나 짧은 형태를 제외한 다양한 형태의 뼈 • 척추골, 관골 등

 Key Point

◀ 골격계의 기능
① 지지기능
② 보호기능
③ 저장기능
④ 운동기능
⑤ 조혈기능

◀ 골의 형태
① 장골 : 긴뼈
② 단골 : 짧은뼈
③ 편평골 : 납작뼈
④ 불규칙골 : 다양한 형태의 뼈
⑤ 종자골 : 씨앗형태의 뼈
⑥ 함기골 : 공기함유한 뼈

Key Point

● 골의 구조
① 골막 : 뼈의 바깥면을 덮고 있는 2겹의 막
② 골단 : 성장하는 부위 (골단판 또는 성장판)
③ 치밀골 : 뼈의 바깥 층으로 단단함
④ 해면골 : 뼈의 내부 층으로 다공성 구조
⑤ 골수강 : 뼈의 가장 안쪽에 위치, 골수로 차 있음

● 적골수와 황골수
① 적골수 : 혈액 생산 (조혈작용)
② 황골수 : 조혈작용 중지, 지방조직 축적

구 분		설 명
구 조	종자골	• 관절낭이나 건에 속한 식물의 **씨앗 형태**의 작은 뼈 • **슬개골**(무릎뼈), 관절 등
	함기골	• 뼈 속에 **공기**를 함유하여 공간을 가진 특수한 뼈 • 전두골, 접형골, 측두골, 사골, 상악골 등
	골막	• 뼈의 바깥면을 덮고 있는 2겹의 질긴 섬유 결합 조직막 • 혈관, 림프관, 신경들이 발달 • 뼈를 보호하고, 신진대사와 성장, 재생, 영양공급 등 담당
	골단	• 장골의 끝 부위에 위치 • 뼈의 길이가 **성장**하는 부위 • 골단과 골간 사이의 초자연골의 띠로 형성하는 연골띠 • **골단판 또는 성장판**이라고함
	치밀골	• 뼈의 가장 바깥층 • 틈이 없이 치밀하고 강하며 단단함
	해면골	• 뼈의 내부 층 • 해면처럼 수많은 작은 공간의 다공성 구조
	골수강	• 뼈의 가장 안쪽에 위치 • 중앙부가 비어있으며 그 안은 골수로 차 있음 • **적골수** : 조혈작용으로 혈액이 생산되는 곳 • **황골수** : 조혈작용이 중지된 것으로 지방조직이 축적되어 있음

 참고 ── **골의 발생**

연골내골화	막내골화
• 연골이 뼈가 되는 과정 • 대부분의 장골의 골화 과정	• 얇은 섬유성 결합조직으로부터 뼈가 되는 과정 • 대부분의 두개골, 편평골의 골화 과정

5 골격계의 종류

(1) 체간골격

① 두개골

구 분		설 명
뇌두개골	전두골(1개)	이마를 형성하고 안와와 코뼈의 일부
	두정골(2개)	머리 꼭대기에 있는 뼈
	측두골(2개)	양쪽 귀부위의 뼈

Key Point

◀ 두개골
① 뇌두개골 : 전두골,
  두정골, 측두골, 후
  두골, 접형골, 사골
  등
② 안면골 : 상악골,
  하악골, 관골, 비
  골, 서골, 누골, 구
  개골, 설골, 하비갑
  개 등

구 분		설 명
	후두골(1개)	머리 뒤쪽부위의 뼈
	접형골(1개)	양쪽 눈주위의 뼈
	사골(1개)	비강을 형성하는 뼈
안면골	상악골(2개)	위턱을 형성하는 뼈
	하악골(1개)	아래턱을 형성하는 뼈
	관골(2개)	광대뼈 부위의 뼈(협골)
	비골(2개)	코를 형성하는 뼈
	서골(1개)	코의 보습뼈
	누골(2개)	안와 내측의 벽에 있고 눈물뼈
	구개골(2개)	상악골 뒤에 위치하는 L자모양의 뼈
	설골(1개)	혀의 뒤에 위치하는 U자모양의 뼈
	하비갑개(2개)	비강 최하측에 위치하는 1쌍의 갑개골

〈뇌두개골과 안면골〉
• 뇌두개골
전두측후접사 : 전두골, 두정골, 측두골, 후두골, 접형골, 사골
• 안면골
상하관비 서누구설하 : 상악골, 하악골, 관골, 비골, 서골, 누골, 구개골, 설골, 하비갑
개

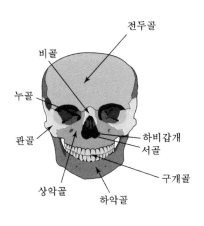

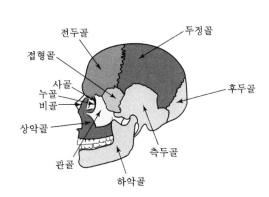

두개골 구조

Key Point

🏷️ 참고 ● **봉합**

구 분	설 명
관상봉합	두정골과 전두골의 봉합
시상봉합	두정골과 두정골의 봉합
인자봉합	두정골과 후두골의 봉합
인상봉합	두정골과 측두골의 봉합

💡 **알아두세요** ___

• 비강과 부비동
  - 공기를 함유하는 것으로 공명현상이 나타나고 공기를 데우는 역할
  - 전두동, 접형골동, 사골동, 상악동(가장 큰 부비동)

◀ 척주
① 종류 : 경추(7), 흉추(12), 요추(5), 천골(1), 미골(1)
② 기능 : 지지, 척수 보호, 유연성, 충격 완화(추간판)

② 척주

구 분	설 명
종 류	• 경추 : 7개 • 흉추 : 12개 • 요추 : 5개 • 천골 : 5개의 뼈가 1개의 역삼각형으로 융합 • 미골 : 3~5개의 뼈가 1개의 역삼각형으로 융합 🔖 **기억법** 경7흉12요5천1미1 경7흉12요5천1미1 : 경추(7개), 흉추(12개), 요추(5개), 천골(5개의 뼈가 1개로 융합), 미골(3~5개의 뼈가 1개로 융합)
기 능	• 지지기능 • 척수를 뼈로 감싸면서 보호 • 머리와 몸을 유연하게 움직임 • 척추에 대한 충격완화(추간판)
척주만곡	• 역S자 형태 • 경부, 흉부, 요부, 천부만곡의 4개 만곡 • 선천성만곡 : 흉부, 천부만곡(1차만곡, 후방만곡) • 후천성만곡 : 경부, 요부만곡(2차만곡, 전방만곡) 🔖 **기억법** 선흉천 후경요 선흉천 후경요 : 선천성만곡은 흉부, 천부만곡이고 후천성만곡은 경부, 요부만곡이다. • 경부만곡(3개월에 형성), 요부만곡(1세에 형성)

◀ 척주만곡
① 역S자
② 선천성만곡 : 흉부, 천부만곡
③ 후천성만곡 : 경부, 요부만곡

구 분	설 명
흉곽	• 흉추12개, 늑골12쌍, 흉골1개 • 심장과 폐 등 보호 • 근육의 도움을 받아 호흡운동

◀ 흉곽
흉추12개, 늑골12쌍, 흉골1개로 구성

(2) 체지골격

① 상지골

구 분		설 명
상지대	쇄골(2개)	• 인체에서 **골화가 가장 먼저** 발생 • S자 모양 • 견갑골과 흉골 연결
	견갑골(2개)	• 날개뼈 • 제2~7늑골 사이 위치 • 삼각형의 편평골
자유상지골	상완골(2개)	• 상지에서 가장 긴뼈
	요골(2개)	• 전완 외측의 뼈 • 엄지쪽에 위치
	척골(2개)	• 전완 내측의 뼈 • 새끼손가락쪽에 위치
	수근골(16개)	• 손목뼈
	중수골(10개)	• 손바닥뼈
	지골(28개)	• 손가락뼈

◀ 체지골격
상지골, 하지골

◀ 상지골
① 쇄골 : 골화가 먼저 발생
② 견갑골 : 날개뼈
③ 상완골 : 상지에서 가장 긴뼈
④ 요골 : 엄지쪽의 전완
⑤ 척골 : 새끼손가락쪽의 전완

② 하지골

구 분		설 명
하지대 (관골2개)	장골	• 관골의 상부를 구성
	좌골	• 관골의 후방을 구성 • 좌골결절은 앉을 때 몸무게를 지탱
	치골	• 관골의 앞면을 구성 • 좌우치골이 정중선에서 만나 치골결합이 됨
자유하지골	대퇴골(2개)	• **인체에서 가장 크고 긴 강한 뼈** • 허벅지 위치
	슬개골(2개)	• 인체에서 가장 큰 종자골 • 무릎운동
	경골(2개)	• 하퇴의 안쪽에 위치
	비골(2개)	• 하퇴의 바깥쪽에 위치
	족근골(14개)	• 발목뼈

◀ 하지골
① 관골 2개
② 대퇴골 : 인체에서 가장 크고 긴 강한 뼈
③ 슬개골 : 인체에서 가장 큰 종자골
④ 경골 : 하퇴 안쪽
⑤ 비골 : 하퇴 바깥쪽

◀ 족궁
① 체중지지
② 보행, 만곡 유지
③ 편평족(평발) : 족
   궁이 없는 것

구 분		설 명
자유하지골	중족골(10개)	• 발바닥뼈
	지골(28개)	• 발가락뼈

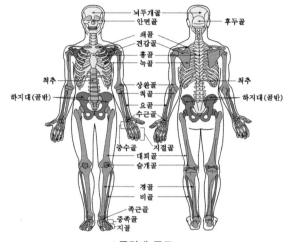

골격계 구조

┠ 3 관절계

(1) 관절의 분류

◀ 관절과 연골
① 관절 : 2개 이상의
   뼈가 연결된 것
② 연골 : 뼈와 뼈 사
   이 충격흡수(결합
   조직)

형 태	운동성의 정도	종 류	예
부동관절	운동성이 없음	봉합	두개골
반가동관절	약간의 운동성	뼈 사이의 섬유성연골 원판과 섬유성연골	추간원판, 치골결합
자유가동관절	자유로운 운동성	구상관절	견관절, 고관절
		경첩관절	주관절, 슬관절
		차축관절	머리의 회전
		평면관절	손목, 발목
		안상관절	중수골 관절

(2) 자유가동성 관절의 구성

구 분	설 명
관절낭	섬유성 결합조직으로 관절을 강한 소매처럼 덮개 안에 감싸고 있음
활막	관절낭의 안쪽 면은 활막으로 되어 있고 이 막은 관절강 내로 활액 분비
활액	절낭의 벼를 매끄럽게 하는 윤활유로 마찰 감소
관절연골	2개의 뼈는 관절연골로 연결되어 관절 내에 부드러운 면 형성
지지인대	뼈와 관절을 결합시키고 안정화시키는 기능

 머리에 쏙~쏙~ 5분 체크

◀ 골격계의 기능
① 지지 기능
② 보호 기능
③ 저장 기능
④ 운동 기능
⑤ 조혈 기능

☆☆
01 골격계의 기능은 지지, 보호, 저장, 운동의 기능과 ( )에서 혈액을 생산하는 ( )기능을 한다.

☆
02 성인의 뼈는 약 ( )개로 구성되어 있다.

☆
03 뼈의 길이가 성장하는 부위를 성장판 또는 ( )판이라고 한다.

04 이마를 형성하고 안와와 코뼈의 일부인 뇌두개골은 ( )이다.

05 위턱을 형성하는 뼈를 ( )이라 하고 아래턱을 형성하는 뼈를 ( )이라 한다.

☆
06 척주의 구성은 경추 ( )개, 흉추 ( )개, 요추 ( )개, 천골 1개, 미골 1개로 구성된다.

☆
07 인체에서 가장 먼저 골화가 발생하는 골은 ( )이다.

08 인체에서 가장 크고 길며 강한 뼈는 ( )이다.

09 인체에서 가장 큰 종자골은 ( )이다.

☆
10 2개 이상의 뼈가 연결된 것을 ( )이라 하고, 뼈와 뼈 사이의 충격을 흡수하는 역할을 하는 것은 ( )이다.

◀ 관절과 연골
① 관절 : 2개 이상의 뼈가 연결된 것
② 연골 : 뼈와 뼈 사이의 충격흡수

정답 01. 적골수, 조혈   02. 206   03. 골단   04. 전두골   05. 상악골, 하악골
06. 7, 12, 5   07. 쇄골   08. 대퇴골   09. 슬개골   10. 관절, 연골

Key Point

시험문제 엿보기

01 골격계의 기능이 아닌 것은? ◦◦ 출제년도 08

㉮ 보호 기능 ㉯ 저장 기능

㉰ 지지 기능 ㉭ 열생산 기능

해설 ㉭ 열생산 기능 : **근육계의 기능** 정답 ㉭

02 성장기까지 뼈의 길이 성장을 주도하는 것은? ◦◦ 출제년도 10

㉮ 골막 ㉯ 골단판

㉰ 골수 ㉭ 해면골

해설 ㉯ 골단판 : 성장기까지 뼈의 길이 성장을 주도하는 것 정답 ㉯

03 척주에 대한 설명이 아닌 것은? ◦◦ 출제년도 09

㉮ 머리와 몸통을 움직일 수 있게 함

㉯ 성인의 척주를 옆에서 보면 4개의 만곡이 존재

㉰ 경추 5개, 흉추 11개, 요추 7개, 천골 1개 미골 2개로 구성

㉭ 척수를 뼈로 감싸면서 보호

해설 ㉰ 경추 7개, 흉추 12개, 요추 5개, 천골 1개 미골 1개로 구성 정답 ㉰

04 다음 중 뇌, 척수를 보호하는 골이 아닌 것은? ◦◦ 출제년도 10

㉮ 두정골 ㉯ 측두골

㉰ 척추 ㉭ 흉골

해설 ㉭ 흉골 : 쇄골과 늑골 사이에 **위치**한 가장 큰 한 개의 뼈 정답 ㉭

05 골과 골 사이의 충격을 흡수하는 결합조직은? ◦◦ 출제년도 09

㉮ 섬유 ㉯ 연골

㉰ 관절 ㉭ 조직

해설 ㉯ 연골 : 골과 골 사이의 충격흡수하는 결합조직 정답 ㉯

근육계

1 근육의 형태 및 기능

Key Point

(1) 근육의 형태

골격근	평활근	심장근
• 가로무늬근(횡문근) • 수의근 **기억법** 가횡수 가횡수 : 가로무늬근, 횡문근, 수의근 • 다핵세포의 원주형 • 골격에 부착 • 자세유지 및 운동 • 관절의 안정성 • 체온유지	• 민무늬근 • 불수의근 • 내장근(내장기관의 근육) **기억법** 민불내 민불내 : 민무늬근, 불수의근, 내장근 • 방추형의 근세포 • 자율신경 지배 • 수축력 약하고 지속적	• 가로무늬근(횡문근) • 불수의근 **기억법** 가횡불 가횡불 : 가로무늬근, 횡문근, 불수의근 • 타원형 • 심장의 펌프기능(자동능) • 자율신경 지배

◀ 근육의 형태
① 골격근 : 가로무늬 근(횡문근), 수의근
② 평활근 : 민무늬근, 불수의근, 내장근
③ 심장근 : 가로무늬 근(횡문근), 불수의 근

◀ 평활근과 심장근
자율신경 지배

(2) 근육의 기능

① 열 생산
② 자세유지
③ 신체운동
④ 혈액순환
⑤ 호흡운동
⑥ 배뇨, 배변, 음식물의 이동

◀ 근육의 기능
① 열 생산
② 자세유지
③ 신체운동
④ 혈액순환
⑤ 호흡운동
⑥ 배뇨, 배변, 음식물 의 이동

(3) 근육의 구조

① 근섬유
(가) 근육의 기본 단위이며 근세포로 근원섬유 다발이 모여 형성된다.
(근원섬유 → 근섬유 → 근다발(근속) → 근육)

◀ 근섬유
① 근육의 기본단위
② 액틴, 미오신 : 근 육수축에 관여

Key Point

◀ 액틴과 미오신
근육 수축에 관여

◀ 근수축의 종류
① 강축 : 지속적인 수
축
② 연축 : 한번의 자극
③ 긴장 : 부분적 수축
④ 강직 : 단단하게 굳
어지는 것

◀ 길항근
주동근과 반대 작용
근육

(나) 근원섬유
- 액틴, 미오신, 트리포미오신, 트로포닌 단백질로 구성되어 있다.
- 그 중 **액틴**과 **미오신**은 **근육수축**에 관여한다.

(다) 근섬유는 세포막으로 둘러싸여 있다.

(라) 각각의 근섬유는 골격근의 구조적·기능적 단위인 근절로 구성되어 있다.

② **근육의 수축 원리**

(가) 근육이 액틴과 미오신의 상호작용에 의해 수축한다.

(나) 전기적 신호로 신경말단 부위에서 아세틸콜린을 방출한다.

(다) 근세포막에 전기적 흥분을 유도시켜 근형질세망에서 칼슘을 방출한다.

(라) 방출된 칼슘과 트로포닌이 결합하여 근육수축을 한다.

(마) 칼슘은 근형질세망으로 펌프해서 다시 돌아가면 근육이 이완된다.

③ **근수축의 종류**

구 분	설 명
강 축	두 번 이상의 자극을 가할 때 지속적인 수축을 일으키는 것
연 축	한 번의 자극에 근육이 수축과 이완을 하는 것
긴 장	근육이 부분적으로 수축을 지속하고 있는 것
강 직	근육이 단단하게 굳어지는 것

참고 ● 근육의 용어

구 분	설 명
기시부	근두와 뼈가 결합 부위로 근이 수축할 때 고정되는 쪽 즉, 몸의 중심에 가까운 곳
정지부	근이 수축할 때 움직이는 곳으로 몸의 중심에서 먼 곳
주동근	동작에 직접 주도하는 근육
협력근	주동근을 지지하여 작용하는 보조근육
길항근	주동근과 반대로 작용하는 근육

2 인체 부위별 골격근과 평활근

(1) 머리근육

① 안면근과 저작근

구 분		설 명
안면근	전두근	**이마** 형성하는 편평한 근육으로 눈썹 올리고 이마주름 형성
	안륜근	**눈 둘레**의 근육으로 눈을 감거나 깜빡거릴 때 작용
	상안검거근	동안신경으로 눈을 뜰 때 작용
	협근	**볼조직** 근육
	구륜근	**입술주위**의 근육으로 입을 다무는 작용
	대협골근	웃을때 작용
	소근	미소짓거나 **보조개** 형성
	추미근	**미간 주름** 형성
	이근	**턱끝근**으로 아랫입술을 위로 올려 턱에 주름이 지는 작용
저작근		**음식물**을 **씹는 작용**을 하는 근육으로 **교근**, **측두근**, 내측익돌근, 외측익돌근 기억법 교측내외 교측내외 : 교근, 측두근, 내측익돌근, 외측익돌근

◀ 안면근
전두근, 안륜근, 상안검거근, 협근, 구륜근, 대소협골근, 소근, 추미근 등

◀ 저작근
① 음식물 씹는 작용
② 교근, 측두근, 내측익돌근, 외측익돌근

◀ 목의 근육
승모근, 광경근, 흉쇄유돌근

② 목의 근육

구 분	설 명
승모근	• 목의 뒤쪽에 크고 납작한 **삼각형**의 근육 • **양쪽 어깨**와 **등**까지 연결 • 하늘을 올려다보며 머리를 뒤로 신전, 어깨를 올려주고 뒤로 당기는 역할 • 위팔을 올리거나 내릴 때 또는 바깥쪽으로 돌릴 때 사용
광경근	• 목의 외측에 둘러싸는 **얇은 근육** • 목의 주름 형성, 슬픈표정 • 경정맥의 압박 완화
흉쇄유돌근	• 목의 **측면**에 연결하는 근육 • 상,하,좌,우로 머리를 **굴곡**하거나 **회전**할 때 사용

안면근과 목의 근육

◀ 흉부의 근육
① 천흉근 : 대흉근,
  소흉근, 전거근, 쇄
  골하근 등
② 심흉근 : 흉식호흡
  / 외·내늑간근, 늑
  골거근, 늑하근, 흉
  횡근 등
③ 횡경막 : 복식호흡

③ 흉부의 근육

구 분	설 명
천흉근	• 흉벽과 상지를 연결하는 근육 • 대흉근, 소흉근, 전거근, 쇄골하근으로 구분
심흉근	• **흉식호흡**을 일으키는 호흡근육 • 외늑간근, 내늑간근, 늑골거근, 늑하근, 흉횡근으로 구분
횡경막	• 흉강과 복강의 경계막 • **복식호흡** 주관

참고 ● 호흡근육

근육	위치	작용
늑간근	늑골 사이에 위치한 근육	흉식호흡 (숨을 내쉴 때 늑골을 끌어내림)
횡경막	복강과 흉강을 나누는 근육	복식호흡 (흉강을 팽창시킴)

④ 등의 근육

구 분	설 명
천배근	• 척추와 상지를 연결하는 근육 • 승모근, 광배근, 견갑거근, 소능형근, 대능형근으로 구분
심배근	• 두개골과 척추, 골반을 연결하는 근육 • 척추기립근 즉, 장늑근, 최장근, 극근 등

⑤ 복부의 근육

구 분	설 명
외복사근	• 제5~12늑골에 기시, 서혜인대에 정지 • 몸통의 굴곡과 회전
내복사근	• 수평, 수직, 사선으로 구성된 근육 • 외복사근과 함께 몸통의 굴곡
복횡근	• 측복부의 가장 내층 • 내외 복사근을 도움
복직근	• 치골에 기시, 제5~7늑연골에 정지 • 흉곽을 아래로 골반을 위로 당겨 몸통을 앞으로 굽힐 때 작용 • **윗몸일으키기**를 했을 때 강해지는 역할

⑥ 상지의 근육

㈎ 어깨와 상완의 근육

구 분	설 명
승모근	• 극돌기에 기시, 견갑극 및 쇄골에 정지 • 어깨를 뒤로 당겨 가슴을 펴는 운동
전거근	• 제1~9늑골에서 기시, 흉곽의 측면을 덮고 내측면에 정지 • 견갑골을 전방으로 당기는 작용
대흉근	• 쇄골·흉골·늑골에서 기시, 상완골에 정지 • 상완의 내전 및 내측 회전 흉강을 넓히는 작용
광배근	• 요추골과 흉추극돌기에 기시, 상완골에 정지 • 팔을 뒤로 움직일 때 작용
삼각근	• 견관절을 덮는 두꺼운 근육 • 상완을 굴곡·신전·외전·내측 회전시키는 주동근

㈏ 전완과 손의 근육

구 분	설 명	
상완삼두근	• 상완골과 견갑골에 기시, 척골 주두에 정지 • 전완의 신전	
상완이두근	• 견갑골에 기시, 요골 조면에 정지 • 전완의 굴곡과 회외(알통을 만듦)	
상완근	• 상완이두근의 아래에 위치한 근육	• 전완의 굴곡
상완요골근	• 전완에 위치한 근육	
손의 근육	• 손과 손가락을 움직이는데 20여개 이상의 근육이 관여 • 셀 수 없이 많고 작기 때문에 손과 손가락을 굴곡, 신전 작용	

⑦ 하지의 근육

㈎ 장골부의 근육

후복근의 일부로 장골근막에 싸여 있고 대요근, 소요근, 장골근으로 구분된다.

㈏ 둔부의 근육

구 분	설 명
대둔근	• 천골·미골·장골의 배면에 기시, 대퇴골 둔근조면과 장경인대에 정지 • 대퇴의 신전, 외측 회전 작용(근육주사 맞는 부위)
중둔근	• 장골의 배면에 기시, 대퇴골의 부위에 정지 • 대퇴의 외전, 내측 회전 작용
소둔근	

◀ 어깨와 상완의 근육
승모근, 전거근, 대흉근, 광배근, 삼각근

◀ 전완근육
상완삼두근, 상완이두근, 상완근, 상완요골근

◀ 둔부의 근육
대둔근, 중둔근, 소둔근

㈐ 대퇴근

구 분			설 명
대퇴근	전대퇴근	**봉공근**	• 장골근에 기시, 경골상단에 정지 • **인체에서 가장 긴 근육** • 고관절과 슬관절의 굴곡(책상다리자세)
	내전근그룹	장내전근	• 대퇴 안쪽 내측 부위에 부착 • 대퇴의 외전 • 기수가 말 등에 타기 위해 사용하는 근육
		대내전근	
		박근	
	대퇴사두근 (대퇴직근, 내측광근, 외측 광근, 중간광근 포함)		• 하전장골근에 기시, 대퇴골체에 정지 • 하퇴의 신전
	슬굴곡근	대퇴이두근	• 대퇴골 조선에 기시 • 비골 골두에 정지 • 슬관절의 굴곡
		반막양근	• 좌골결절에 기시 • 경골조면에 정지
		반건양근	

㈑ 하퇴근

구 분	설 명
비복근	• **장딴지근육** • 근육 수축 실험시 사용되는 근육
전경골근	• 앞 정강이 근육
장비골근	• 종아리 근육
넙치근	• 발꿈치를 올리고 발을 발바닥 쪽으로 굽히는 근육

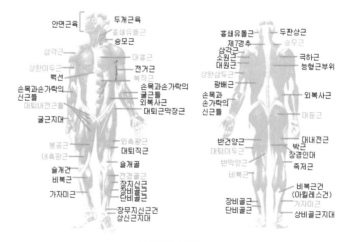

근육계 구조

머리에 쏙~쏙~ 5분 체크

01 근육은 형태에 따라 골격근, 평활근, 심장근으로 구분되며 자신의 의지와 상관없이 움직이는 근육은 ( )과 ( )이다.

02 다핵세포의 원주형으로 자세유지 및 운동, 관절의 안정화를 시키는 가로무늬근은 ( )이다.

03 근육의 기능은 ( ) 생산, 자세유지, 신체운동, 혈액순환 등의 작용을 한다.

04 근육의 기본단위는 ( ) 이다.

05 근원섬유의 구성성분 중 ( )과 ( )은 근육수축에 관여한다.

06 ( )은 두 번 이상의 자극을 가할 때 지속적인 수축을 일으키는 것을 말한다.

07 주동근과 반대로 작용하는 근육을 ( )이라고 한다.

08 ( )은 음식물을 씹는 작용을 하는 근육으로 ( ), ( ), 내측익돌근, 외측익돌근이 있다.

09 윗몸일으키기를 하였을 때 주로 강해지는 근육은 ( )이다.

10 인체에서 가장 긴 근육은 ( )이다.

◀ 근육의 형태에 따른 구성
① 골격근 : 가로무늬근(횡문근), 수의근
② 평활근 : 민무늬근, 불수의근, 내장근
③ 심장근 : 가로무늬근(횡문근), 불수의근

◀ 근육의 기능
① 열 생산
② 자세유지
③ 신체운동
④ 혈액순환

◀ 저작근
① 음식물 씹는 작용을 하는 근육
② 교근, 측두근, 내측익돌근, 외측익돌근

정답 01. 평활근, 심장근　02. 골격근　03. 열　04. 근섬유　05. 액틴, 미오신
06. 강축　07. 길항근　08. 저작근, 교근, 측두근　09. 복직근　10. 봉공근

Key Point

시험문제 엿보기

★★★
01 골격근의 기능이 아닌 것은? ➡ 출제년도 09

㉮ 수의적 운동　　　　　　㉯ 자세유지

㉰ 체중의 지탱　　　　　　㉱ 조혈작용

🔆해 ㉱ 조혈작용 : **골격계**의 기능 정답 ㉱

02 근육에 짧은 간격으로 자극을 주면 연축이 합쳐져 단일 수축보다 큰 힘과 지속적인 수축을 일으키는 근수축은? ➡ 출제년도 08

㉮ 강직(contraction)　　　　㉯ 강축(tetanus)

㉰ 세동(fibrillation)　　　　㉱ 긴장(tonus)

🔆해 ㉯ 강축(tetanus) : 연축이 합쳐져 단일 수축보다 큰 힘과 지속적인 수축을 일으키는 근수축 정답 ㉯

★
03 근육의 기능에 따른 분류에서 서로 반대되는 작용을 하는 근육을 무엇이라 하는가? ➡ 출제년도 09

㉮ 길항근　　　　　　　　㉯ 신근

㉰ 반건양근　　　　　　　㉱ 협력근

🔆해 ㉮ 길항근 : 서로 반대작용을 하는 근육 정답 ㉮

04 승모근에 대한 설명으로 틀린 것은? ➡ 출제년도 10

㉮ 기시부는 두개골의 저부이다.

㉯ 쇄골과 견갑골에 부착되어 있다.

㉰ 지배신경은 견갑배신경이다.

㉱ 견갑골의 내전과 머리를 신전한다.

🔆해 ㉰ 지배신경은 **뇌신경**의 지배를 받아 운동신경, 척수부신경, 감각신경이 있다. 정답 ㉰

05 다음 중 웃을 때 사용하는 근육이 아닌 것은? ➡ 출제년도 09

㉮ 안륜근　　　　　　　　㉯ 구륜근

㉰ 대협골근　　　　　　　㉱ 전거근

🔆해 ㉱ 전거근 : **흉부의 근육**으로 견갑골의 외전에 관여한다. 정답 ㉱

신경계

1 신경계와 신경섬유

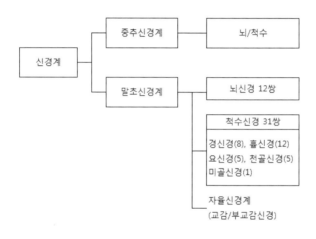

(1) 신경원(뉴런, Neuron)

구 분	설 명		
세포체	• **핵**이 있고 신경세포의 생명에 필수적 • 일반 체세포보다 크고 타원형 또는 별모양의 형태		
수상돌기	• 여러 개가 세포체에 연결되어 나뭇가지 모양의 돌기 • 외부의 정보를 수용기 세포에서 받아 **세포체에 정보 전달**		
축삭돌기	• **세포체로 받은 정보**를 **멀리**까지 **전달** • 수초와 신경초로 둘러싸여 있음 • 수초 : 지방질이 주성분으로 전기 저항이 높아 축삭돌기의 절연역할 • 신경초 : 신경 재생 관여		
	무수신경섬유	• 수초가 없는 축삭돌기로 회백색	
	유수신경섬유	• 수초와 랑비에 결절이 있는 축삭돌기로 백색 • 전달속도가 무수신경섬유보다 빠름 • ATP 소모량도 적음	

뉴런 : 신경계의 가장 **구조적인**, **기능적인 최소 단위**

Key Point

● 뉴런의 기본 구조
① 세포체 : 핵 존재
② 수상돌기 : 외부정
　보 세포체에 전달
③ 축삭돌기 : 세포체
　로 받은 정보 멀리
　전달

● 신경교 세포
① 신경접착제 역할
② 뉴런 지지 및 노폐
　물 처리
③ 박테리아로부터 보
　호
④ 영양공급

● 시냅스
① 뉴런과 뉴런이 연
　결되는 곳
② 시냅스소포 : 신경
　전달물질

기억법

뉴세수축 : 뉴런은 세포체, 수상돌기, 축삭돌기로 구성

(2) 신경교 세포

① **신경접착제** 역할을 한다.
② 뉴런을 지지 및 노폐물을 처리해 준다.
③ 박테리아로부터 보호해 준다.
④ 영양공급의 기능을 한다.
⑤ 신경 전달은 하지 않는다.

(3) 시냅스

① 뉴런(축삭돌기)과 뉴런(수상돌기)이 **연결**되는 곳이다.
② 축삭돌기 끝에서 신경전달물질이 분비되어 수상돌기로 전해진다.
③ 축삭돌기의 말단부를 **시냅스 소포**라고 하는데 여기에 **신경전달물질**이 들어있다.

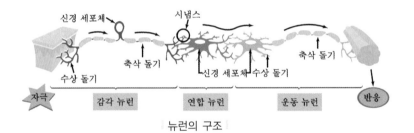

뉴런의 구조

● 뉴런의 작용
　감각, 연합, 운동

참고 ▶ **뉴런의 작용**

구 분	설 명
감각뉴런	감각신경을 구성하고 감각기에서 받은 자극을 뇌와 척수로 전달한다.
연합뉴런	뇌와 척수 구성, 자극에 대하여 판단하여 명령, 자료 통합하여 신호 중계 작용을 한다.
운동뉴런	운동신경을 구성하고 뇌와 척수의 명령을 반응기로 전달한다.

2 중추신경계

구 분			설 명
뇌	대뇌	전두엽	• **운동**영역으로 감정표현, 행동, 기억저장, 지적기능을 하여 인격발달
		두정엽	• 피부와 근육, 말하기, 읽기, 미각 등의 **감각** 작용
		측두엽	• **청각**정보가 일차적으로 전달되어 듣기, 부분적으로 말하기, 냄새, 맛 느낌
		후두엽	• **시각**정보에 의한 형태지각 인식
		사고의 중추기관 기억법 대사 대사 : 대뇌는 사고의 중추기관 • 뇌 전체의 **80%**차지 • 표면에 많은 주름 형성 • 단면은 피질과 수질로 구분	
		피질	• 뉴런의 신경세포가 모여 회색
		수질	• 신경섬유가 모여 백색 • 정보 수용하여 피질에 전달 및 통합
	소뇌	• **평형, 운동** 주관 기억법 소평운 소평운 : 소뇌는 평형, 운동 주관 • 대뇌의 뒤쪽 아래와 연수의 위쪽에 위치	
	간뇌	• **자율신경계**의 중추 기억법 간자 간자 : 간뇌는 자율신경계의 중추 • 대뇌의 아래쪽과 중뇌 사이에 위치 • 시상과 시상하부로 구분 • 시상하부 아래쪽에 뇌하수체가 있음 　시상하부는 체온, 식욕, 수분, 성행동 등의 조절 중추로 자율신경계를 조절하고 뇌하수체는 호르몬 분비를 하는 중추	
		시상하부	• 체온, 식욕, 수분, 성행동 등의 조절 중추
		뇌하수체	• **호르몬 분비**하는 중추
	뇌간	중뇌	• 간뇌와 뇌교 및 소뇌 연결 • 시각, 청각의 반사중추로 근 긴장, 자세 불수의적 조절
		교	• 중뇌와 연수 연결 • 연수의 호흡주기 조정
		연수	• 중뇌와 척수사이에 위치

◁ **Key** Point

◁ 뇌
① 대뇌 : 사고의 중추기관
② 소뇌 : 평형, 운동 주관
③ 간뇌 : 자율신경계의 중추
④ 중뇌 : 시각, 청각의 반사중추
⑤ 교 : 중뇌와 연수 연결
⑥ 연수 : 생명의 중추

◁ 뇌하수체
호르몬 분비하는 중추

		• 대부분의 신경이 연수를 지남 • 신경의 좌·우 교차가 일어남 • 호흡, 심박동의 활동 및 **생명**의 중추 **기억법** 연생 연생 : 연수는 생명의 중추
	변연계	• **감정의 뇌** **기억법** 변감 변감 : 변연계는 감정의 뇌 • 뇌간을 둘러싸는 피질영역으로 시상과 시상하부 부분을 감싸고 있음
척수		• 뇌와 말초신경 사이를 연결하는 직경 1cm의 관 • 흥분 전달 통로 • 배변, 배뇨, 땀 분비, 각종 반사의 중추와 감각, 운동신경으로 작용

3 말초신경계

(1) 체성신경계

구 분		설 명
뇌신경 (12쌍)	Ⅰ. 후신경	후각 작용(비강 후부)
	Ⅱ. 시신경	시각 작용(안구 망막)
	Ⅲ. 동안신경	안구의 운동, 동공의 수축(상·하·내측직근, 하시근)
	Ⅳ. 활차신경	안구의 운동(상사근)
	Ⅴ. **삼차신경** (안신경,상악신경, 하악신경)	두피, 안면, 상악부, 하악부의 감각성과 운동성
	Ⅵ. 외전신경	안구의 외측 운동
	Ⅶ. 안면신경	얼굴 표정, 혀 및 타액선 분비
	Ⅷ. 내이신경	청각과 평형 감각
	Ⅸ. 설인신경	타액분비 조절, 삼키기(구개, 편도, 혀 및 이하선)
	Ⅹ. 미주신경	내장기관의 운동과 분비, 혈압조절
	Ⅺ. 부신경	머리와 어깨운동, 발성, 삼키기
	Ⅻ. 설하신경	혀의 운동, 말하기
척수신경 (31쌍)		• 척수와 신체의 각 부분을 연결하는 굵은 신경섬유다발 • 감각신경과 운동신경이 하나의 다발을 이루는 혼합신경 • 경신경(8쌍), 흉신경(12쌍), 요신경(5쌍), 천골신경(5쌍), 미골신경(1쌍)

(2) 자율신경계

① 내장기관, 혈관, 분비선, 평활근 등을 조절하는 신경계이다.

② 호흡, 순환, 대사, 흡수, 배설, 생식 등의 무의식적인 반사활동으로 생명을 유지시켜 준다.

③ 보통 하나의 기관에 교감신경과 부교감신경이 이중으로 분포하여 길항작용을 한다.

자율신경계의 반응

계통	기관	교감신경	부교감신경
감각기	동공	동공 확대	동공 축소
호흡기	기관지	확대	축소
소화기	타액선	분비 저하	분비 증가
	소화선	분비 억제	분비 촉진
순환기	심박동	증가	감소
	관상동맥	확장	수축
	말초혈관	수축	영향없음
비뇨기	방광 괄약근	수축	이완
	방광 배뇨근	이완	수축
생식기	자궁	수축	이완
	남성 생식기	사정	발기
내분비계	부신수질	노르에피네프린과 에피네프린의 분비 자극	영향없음
외피	입모근	수축	영향없음
	한선	분비 촉진	영향없음

◀ 자율신경계
① 내장기관, 혈관, 분비선, 평활근 등을 조절
② 무의식적인 반사활동으로 생명유지
③ 교감신경과 부교감신경으로 구분

◀ 신경계
① 중추신경계 : 뇌와 척수
② 말초신경계
 - 체성신경계 : 뇌신경, 척수신경
 - 자율신경계 : 교감신경, 부교감신경

Key Point

머리에 쏙~쏙~ 5분 체크

◀ 신경계
① 중추신경계 : 뇌와
　척수
② 말초신경계
　-체성신경계 : 뇌신
　　경, 척수신경
　-자율신경계 : 교감
　　신경, 부교감신경

◀ 뉴런
신경계의 가장 구조적·
기능적 최소 단위

01 신경계는 크게 중추신경계와 말초신경계로 구분되며 중추신경계는 (　)와 (　)로, 말초신경계는 체성신경계인 (　　)과 (　　), 자율신경계인 교감신경과 부교감으로 구분된다.

02 신경계의 가장 구조적이고 기능적인 최소 단위는 (　　)이라 불리는 신경원이다.

03 (　　)는 여러 개가 세포체에 연결되어 나뭇가지 모양의 돌기형태로 외부의 정보를 받아 세포체에 전달해 준다.

04 뉴런과 뉴런이 연결되는 곳을 (　　)라고 하며 축삭돌기 끝에서 (　　)이 분비되어 수상돌기로 전해진다.

05 (　　)는 사고의 중추 기관이고, (　　)는 자율신경계의 중추 기관이다.

06 (　　)는 뇌와 말초신경 사이를 연결하는 직경 1cm의 관으로 흥분 전달 통로이다.

07 뇌신경 중 (　　)은 내장기관의 운동과 분비, 혈압을 조절한다.

08 뇌신경 중 가장 큰 신경으로 두피, 안면, 상악부, 하악부의 감각과 운동에 관여하는 신경은 (　　)이다.

09 (　　)은 척수와 신체의 각 부분을 연결하는 굵은 신경 섬유다발이다.

10 자율신경계의 반응으로 100m달리기 후에는 (　　)신경의 작용으로 심박동 수가 (　　)한다.

정답 **01.** 뇌, 척수, 뇌신경, 척수신경　**02.** 뉴런　**03.** 수상돌기　**04.** 시냅스, 신경전달물질　**05.** 대뇌, 간뇌　**06.** 척수　**07.** 미주신경　**08.** 삼차신경　**09.** 척수신경　**10.** 교감, 증가

Key Point

시험문제 엿보기

☆☆☆
01 신경계의 기본세포는? ↦ 출제년도 09

㉮ 혈액 ㉯ 뉴우런

㉰ 미토콘드리아 ㉱ DNA

✍ ㉯ 뉴우런 : 신경계의 기본세포 정답 ㉯

◑ 뉴우런
신경계의 기본세포

02 신경계 중 중추신경계에 해당되는 것은? ↦ 출제년도 10

㉮ 뇌 ㉯ 뇌신경

㉰ 척수신경 ㉱ 교감신경

✍ ㉮ 중추신경계 : 뇌와 척수 정답 ㉮

◑ 신경계
① 중추신경계 : 뇌와 척수
② 자율신경계 : 교감 신경, 부교감신경

☆
03 다음 보기의 사항에 해당되는 신경은? ↦ 출제년도 09

> • 제7뇌신경이다.
> • 안면 근육 운동
> • 혀 앞 2/3 미각담당
> • 뇌신경 중 하나

㉮ 3차신경 ㉯ 설인신경

㉰ 안면신경 ㉱ 부신경

✍ ㉰ 안면신경 정답 ㉰

☆
04 안면의 피부와 저작근에 존재하는 감각신경과 운동신경의 혼합신경으로 뇌신경 중 가장 큰 것은? ↦ 출제년도 09

㉮ 시신경 ㉯ 삼차신경

㉰ 안면신경 ㉱ 미주신경

✍ ㉯ 삼차신경 : 안면의 피부와 저작근에 존재하는 감각신경과 운동신경의 혼합신경으로 뇌신경 중 가장 크다. 정답 ㉯

◑ 삼차신경
뇌신경 중 가장 큰 신경

05 다음 중 척수신경이 아닌 것은? ↦ 출제년도 10

㉮ 경신경 ㉯ 흉신경

㉰ 천골신경 ㉱ 미주신경

✍ ㉱ 미주신경 : 뇌신경 정답 ㉱

1 혈액

(1) 혈액의 정의

① 소화기관에서 흡수된 영양물질, 노폐물, 호르몬 등을 필요한 부위로 이동시키는 역할을 한다.

② 체내의 혈액량 : 몸무게의 약 8% (그 중 80% 수분)

(2) 혈액의 기능

① 영양물질의 운반

② 가스 교환 : 산소운반 및 이산화탄소 제거

③ 노폐물 및 배설의 기능

④ 체온 조절

⑤ 혈액 응고 기능

⑥ 호르몬 및 기타 세포 분비물 운반

⑦ 체내 수분 및 pH 조절

(3) 혈액의 구성

구 분			설 명
혈 장	• 혈액의 50~60% 차지 • 엷은 황색의 끈끈한 액체성분 • pH7.4 정도의 약염기성 • 90% 수분(그 외 단백질, 지질, 당, 무기염류 등)		
	혈장 단백질 (7%)	알부민 (55%)	• 간에서 생산 • 생체 및 교질 삼투압 조절
		피브리노겐 (30%)	• 간에서 생산 • 혈액응고 관여
		글로불린 (30%)	• 림프구에서 생산 • 면역반응 관여

Key Point

혈 구	적혈구	• 원반형의 무핵 세포 • **헤모글로빈**을 함유하여 산소 운반 기억법 적혜산운 적혜산운 : 적혈구는 헤모글로빈을 함유하여 산소 운반 • **골수**에서 **생성**되며 대부분 **비장**에서 **파괴** • 수명은 120일 정도
	백혈구	• 일정한 모양이 없으며 유핵 세포 • **식균 작용** 및 항체 생산, 감염 조절 기억법 백식 백식 : 백혈구는 식균작용 • **골수** 및 **림프절**에서 **생성** • 종류 : 단핵구, 과립구, 림프구 등 • 단핵구가 가장 큰 혈구로서 대식세포로 변화 • 수명은 10~20일 정도
	혈소판	• 골수의 거대세포가 파괴된 세포조각 • 출혈이 있을 때 **혈액 응고** 관여 기억법 혈소응 혈소응 : 혈소판은 혈액 응고 • 수명은 1주일 정도

○ 혈구
① 적혈구 : 헤모글로빈 함유(산소운반), 골수생성
② 백혈구 : 식균작용, 골수 및 림프절 생성
③ 혈소판 : 혈액응고

1 심장과 혈관

(1) 심장

① 특징

(가) **2심방 2심실, 불수의근**(심박동수 60~80회/분, 정상혈압 120~80mmHg) 이다.

(나) 심장의 약 2/3는 정중선에서 **왼쪽**으로 약간 치우쳐 있다.

(다) 우심방과 우심실은 정맥피, 좌심방과 좌심실은 동맥피가 흐른다.

(라) 심장벽 구조 : **3층**(심외막, 심막, 심내막)

(마) **관상동맥** : 심장 자체에 독립적인 혈관으로 **영양 공급** 역할을 한다.

○ 관상동맥
심장에 영양 공급하는 혈관

② **심장의 내부 구조**

구 분		설 명
심 방	우심방	대정맥과 연결되어 온몸을 돌고 난 정맥혈이 들어오는 곳
	좌심방	폐정맥과 연결되어 폐에서 산소를 받은 동맥혈이 들어오는 곳

◀ 판막
혈액의 역류 방지

구 분		설 명
심실	우심실	폐동맥과 연결되어 혈액을 폐로 내보내는 곳
	좌심실	대동맥과 연결되어 강한 압력으로 혈액을 밀어내는 곳
판 막	삼천판막	우심방과 우심실 사이
	이첨판막	좌심방과 좌심실 사이
	폐동맥판막	우심실과 폐동맥 사이
	대동맥판막	좌심실과 대동맥 사이

> **참고** ● **심방, 심실, 판막**
>
> | 심 방 | 심 실 | 판 막 |
> |---|---|---|
> | • 심장으로 혈액 유입
• 심실에 비해 벽 얇고 크기 작음 | • 심장에서 혈액 유출 | • 심방과 심실, 심실과 동맥 사이에 혈액의 역류 방지 |

◀ 혈관
① 동맥 : 온몸으로 보내는 혈관, 탄력막 발달
② 정맥 : 심장으로 들어가는 혈관, 판막 존재
③ 모세혈관 : 물질교환

(2) 혈관

구 분	설 명
동 맥	• 3층 구조(외막, 중막, 내막) • 심장에서 나가는 혈액을 **온몸**으로 **보내는** 혈관 • 혈관벽이 두껍고 **탄력**이 있음 **기억법** 온보탄 온보탄 : **온몸**으로 **보내는** 혈관으로 **탄력**이 있음
정 맥	• 3층의 혈관벽 • **심장**으로 혈액이 **들어가는** 혈관 • 동맥에 비해서는 혈관벽이 얇고 탄력막 발달 미약 • 혈액의 역류를 방지하기 위한 **판막** 존재 **기억법** 심들판 심들판 : **심장**으로 **들어가는** 혈관으로 **판막** 존재
모세혈관	• 단층편평 상피세포 • 얇은 혈관벽을 통해 조직세포와 **물질교환** (산소와 영양분, 이산화탄소의 물질교환이 일어나는 곳)

(3) 혈액순환

구 분	설 명
체순환 (온몸순환)	좌심실 → 대동맥 → 동맥 → 세동맥 → 모세혈관 → 세정맥 → 정맥 → 대정맥 → 우심방
폐순환 (소순환)	우심실 → 폐동맥 → 폐 → 폐정맥 → 좌심방 (폐동맥에는 정맥혈, 폐정맥에는 동맥혈이 흐름)

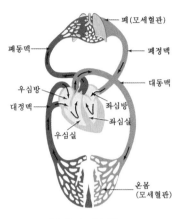

체순환과 폐순환

3 림프순환계

(1) 림프순환의 기능

① 체액의 이동
② 신체 **면역** 작용
③ 영양물질의 흡수 통로

(2) 림프의 구성

① 림프관
  (가) 림프관, 모세관들이 모인 집합관
  (나) 림프를 모으로 운반하는 역할
  (다) **판막의 존재로 림프의 역류 방지**
  (라) **우림프관** : 몸의 오른쪽 머리와 오른쪽 목, 오른쪽 가슴, 오른쪽 팔과 손에 분포
    되어 오른쪽 상부의 림프로 유입
  (마) **흉관** 또는 좌림프관 : 나머지 왼쪽 상반신과 하체 모두에 분포되어 림프 유입

② 림프절
  (가) 타원형의 구조로 몸 전체에 600개이상 폭 넓게 분포
  (나) 약 160개 정도는 목에 모여 있으며 중추신경계의 조직에는 없음

Key *Point*

(다) 림프절은 림프관의 중간 중간에 있어 생체방어 역할
(라) 소화관으로부터 흡수되는 지방 운송하고 흉관을 통해 혈액에 합쳐짐
(마) **기능** : 림프구 생산, 항체형성, 여과 및 식균작용

(3) 림프순환

오른쪽 머리와 오른쪽 상체에 모인 림프액	나머지 전신에서 모인 림프액
우측 림프관 → 우측 쇄골하정맥 → 심장	흉관 → 좌측 쇄골하정맥 → 심장

머리에 쏙~쏙~ 5분 체크

01 혈액은 가스교환의 기능으로 조직에 (   )를 운반하고 (   )를 제거한다.

02 혈액은 (   )과 (   )로 구성되어 있다.

03 (   )는 헤모글로빈을 함유하여 산소를 운반하는 역할을 한다.

04 출혈이 있을 때 혈액 응고에 관여을 하는 혈구는 (   )이다.

05 (   )은 심장 자체에 독립적인 혈관으로 영양을 공급하는 역할을 한다.

06 심장벽의 구조는 (   )층으로 (   ), (   ), (   )으로 되어 있다.

07 심방과 심실, 심실과 동맥사이에 혈액의 역류를 방지하기 위해 (   )이 존재한다.

08 (   )은 심장에서 나가는 혈액을 온몸으로 보내는 혈관이다.

09 체순환의 경로는 (   )에서 대동맥을 거쳐 모세혈관, 대정맥을 통해 (   )으로 순환이 일어난다.

10 림프의 주된 기능은 (   ) 작용이다.

정답 **01. 산소, 이산화탄소   02. 혈장, 혈구   03. 적혈구   04. 혈소판   05. 관상동맥**
06. 3, 심외막, 심막, 심내막   07. 판막   08. 동맥   9. 좌심실, 우심방
10. 면역

◀ **혈액의 구성**
① 혈장 : 혈액의 50~
60% 차지하는 액
체 성분
◀ **혈구**
① 적혈구 : 헤모글로
빈 함유(산소운반),
골수생성
② 백혈구 : 식균작용,
골수 및 림프절 생
성
③ 혈소판 : 혈액응고

◀ **림프의 기능**
① 체액의 이동
② 면역작용(주된기
능)
③ 영양물질 흡수통로

시험문제 엿보기

01 인체의 혈액량은 체중의 약 몇 %인가? → 출제년도 10

㉮ 약 2% ㉯ 약 8%

㉰ 약 20% ㉱ 약 30%

해설 ㉯ 약 8% 정답 ㉯

02 조직 사이에서 산소와 영양을 공급하고, 이산화탄소와 대사 노폐물이 교환되는 혈관은? → 출제년도 08

㉮ 동맥(artery) ㉯ 정맥(vein)

㉰ 모세혈관(capillary) ㉱ 림프관(lymphatic vessel)

해설 ㉰ 모세혈관(capillary) : 조직 사이에서 산소와 영양을 공급하고, 이산화탄소와 대사 노폐물 교환 정답 ㉰

03 혈액의 기능으로 틀린 것은? → 출제년도 09

㉮ 호르몬 분비작용

㉯ 노폐물 배설작용

㉰ 산소와 이산화탄소의 운반작용

㉱ 삼투압과 산, 염기 평형의 조절작용

해설 ㉮ 호르몬 분비작용 : **내분비계**의 기능 정답 ㉮

04 혈액의 구성 물질로 항체생산과 감염의 조절에 가장 관계가 깊은 것은? → 출제년도 10

㉮ 적혈구 ㉯ 백혈구

㉰ 혈장 ㉱ 혈소판

해설 ㉯ 백혈구 : 항체생산과 감염의 조절 정답 ㉯

05 림프의 주된 기능은? → 출제년도 09

㉮ 분비작용 ㉯ 면역작용

㉰ 체절보호작용 ㉱ 체온조절 작용

해설 ㉯ 면역작용 : 림프구 생산에 의해 신체 방어작용 정답 ㉯

◁ 혈관
① 동맥 : 심장에서 나가는 혈액을 온몸으로 보내는 혈관
② 정맥 : 심장으로 혈액이 들어가는 혈관
③ 모세혈관 : 조직세포와 물질교환

◁ 혈액의 기능
① 영양물질 운반
② 가스교환
③ 노폐물 및 배설
④ 체온조절
⑤ 혈액응고
⑥ 호르몬 운반
⑦ 체내 수분 및 pH조절

Chapter 06 소화기계

Skin Care

1 소화기 계통의 종류

◀ 소화의 정의
섭취한 음식물의 영양
소를 소화효소를 통해
우리 몸에 필요한 물
질을 흡수한 다음 온
몸으로 분배하는 과정

(1) 소화의 정의

섭취한 음식물의 영양소를 소화효소를 통해 우리 몸에 필요한 물질을 흡수한 다음 혈액과 림프를 통해 온몸으로 분배하는 과정을 말한다.

구강 → 인두 → 식도 → 위 → 소장 → 대장 → 항문

◀ 소화과정
구강 → 인두 → 식도
→ 위 → 소장 → 대
장 → 항문

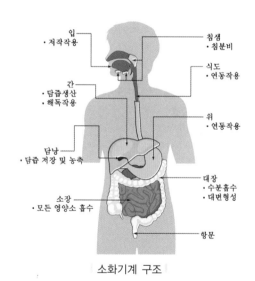

소화기계 구조

(2) 소화의 방법

기계적 소화	화학적 소화
소화관의 운동에 따라 물리적 (입 : 저작작용, 위 : 연동운동)	소화효소에 의해 가수분해 작용을 통해 소화

| 2 | 소화 생리 |

(1) 소화기관에 따른 생리 과정

소화기관	소화 생리 과정
구강	• 치아, 입술, 혀로 구성 • 식물을 잘게 부수고 침과 섞어 삼키기 쉽도록 만드는 **저작**작용
인두	• 음식물의 통과 부위로 식도에 연결 • 위로 옮기는 **연하**작용
식도	• 25cm의 관 구조로 기관의 뒤에 위치 • 음식물을 밀어내리는 **연동**작용
위	• 음식물을 소화하는 기관 • 탄수화물, 단백질의 **1단계** 소화 • 십이지장으로 음식물을 보냄
소장	• 십이지장, 공장, 회장으로 구분 • **모든 영양소**의 소화 흡수 • 남은 찌꺼기를 대장으로 보냄
대장	• 맹장, 결장, 직장으로 구분 • 소화작용 없음 • **수분 흡수, 대변 형성**

◀ 소화기관에 따른 생리 과정
① 구강 : 저작작용
② 인두 : 연하작용
③ 식도 : 연동작용
④ 위 : 탄수화물, 단백질의 1단계 소화
⑤ 소장 : 모든 영양소의 소화 흡수
⑥ 대장 : 수분 흡수, 대변 형성

(2) 소화기계의 부속기관

① 간

(가) 가장 **재생력**이 **강한** 장기이다.

(나) 담즙을 생산하여 지방의 소화를 돕는다.

(다) 단백질 대사물질인 요소를 생산하여 **해독** 작용을 한다.

(라) 철분 및 비타민을 저장하고 아미노산으로 단백질을 형성한다.

(마) 혈당 농도를 유지하고 혈장알부민을 혈액으로 분비하며 콜레스테롤 합성에 관여한다.

◀ 간
① 가장 재생력 강한 장기
② 해독 작용
③ 담즙 생산

② 담낭(쓸개)

(가) 간 아래에 위치한다.

(나) 담즙의 저장 및 농축 작용을 한다.

(다) 지방의 소화를 돕는다.

◀ 담낭(쓸개)
① 담즙의 저장 및 농축
② 지방의 소화

③ 췌장

(가) 내분비와 외분비를 겸한 혼합성 기관이다.

(나) 탄수화물, 단백질, 지방의 소화효소를 분비한다.

(다) 랑게르한스섬에서 호르몬을 분비한다.

(라) 내분비계에서 **글루카곤**은 **혈당 상승**, **인슐린**은 **혈당 저하** 작용을 한다.

◀ 췌장
① 내분비와 외분비의 혼합성 기관
② 글루카곤(혈당 상승), 인슐린(혈당 저하)

◀ 소화기계의 소화
  효소
① 타액선(침) : 아밀
  라아제
② 위 : 펩신
③ 췌장 : 아밀라아제,
  리파아제, 프로테
  아제
④ 소장 : 펩티다아제,
  다이사카라아제,
  리파아제

참고 ━● **소화기계의 소화효소**

분비기관	소화효소	작용
타액선 (침)	아밀라아제	다당류를 이당류로 분해
위	펩신	단백질의 소화가 시작
췌장	아밀라아제	다당류를 이당류로 분해
	리파아제	지방을 지방산과 글리세롤로 분해
	프로테아제 (트립신, 키모트립신)	단백질을 펩티드나 아미노산으로 분해
소장	펩티다아제	펩티드를 아미노산으로 분해
	다이사카라아제 (스쿠라아제, 락타아제, 말타아제)	이당류를 단당류로 분해
	리파아제	지방을 지방산과 글리세롤로 분해

피부에 좋은 과일
비타민 C를 가장 많이 함유한 과일로는 단연 키위가 꼽힌다. 중간 크기의 키위 하나면 하루 권장
량(50mg)을 채우고도 남는다. 키위와 함께 딸기, 오렌지, 감도 비타민 C를 다량 함유하고 있다.

머리에 쏙~쏙~ 5분 체크

01 (   )란 섭취한 음식물의 영양소를 소화효소를 통해 우리 몸에 필요한 물질을 흡수한 다음 혈액과 림프를 통해 온몸으로 분배하는 과정을 말한다.

02 소화의 과정은 구강 → 인두 → 식도 → (   ) → (   ) → (   ) → 항문 순이다.

◁ 소화과정
구강 → 인두 → 식도
→ 위 → 소장 → 대
장 → 항문

03 (   )은 음식물을 잘게 부수고 침과 섞여 삼키기 쉽도록 저작 작용하는 곳이고, (   )는 음식물의 통과 부위로 위로 옮기는 연하 작용을 한다.

04 소장은 모든 영양소의 소화 흡수를 하는 기관으로 (   ), (   ), (   )으로 구분된다.

05 (   )은 가장 재생력이 강한 장기이며 (   )을 생산하여 지방의 소화를 돕는다.

06 내분비와 외분비를 겸한 혼합성 기관으로 3대 영양소를 분해할 수 있는 소화효소를 모두 가지고 있는 소화기관은 (   )이다.

◁ 췌장
①내분비와 외분비를
겸한 혼합성 기관
②3대 영양소를 분해
하는   소화효소를
가짐
②글루카곤(혈당 상승),
인슐린(혈당 저하)

07 혈당을 상승시키는 호르몬은 (   )이며 혈당을 저하시키는 호르몬은 (   )이다.

08 (   )은 소화작용은 없으며 수분을 흡수하고 대변을 형성시키는 작용을 한다.

09 타액선(침)에 있는 소화효소로 다당류를 이당류로 분해시키는 것은 (   )이다.

10 (   )는 지방을 지방산과 글리세롤로 분해시키는 작용을 한다.

정답 01. 소화   02. 위, 소장, 대장   03. 구강, 인두   04. 십이지장, 공장, 회장
05. 간, 담즙   06. 췌장   07. 글루카곤, 인슐린   08. 대장   09. 아밀라아제
10. 리파아제

Key Point

◀ 소화기관
구강, 인두, 식도, 위, 소장, 대장, 항문, 간, 담낭, 췌장 등

☆
01 다음 중 소화기관이 아닌 것은?　　　　　　　　　→ 출제년도 10

㉮ 구강　　　　　　　　　　　㉯ 인두
㉰ 기도　　　　　　　　　　　㉱ 간

🔍 ㉰ 기도 : **호흡기관**　　　　　　　　　　　　　정답 ㉰

☆☆
02 소화선(소화샘)으로써 소화액을 분비하는 동시에 호르몬을 분비하는 혼합선(내/외분비선)에 해당하는 것은?　　　　　　　　　→ 출제년도 09

㉮ 타액선　　　　　　　　　　㉯ 간
㉰ 담낭　　　　　　　　　　　㉱ 췌장

🔍 ㉱ 췌장 : 소화선(소화샘)으로써 소화액을 분비하는 동시에 호르몬을 분비하는 혼합선(내/외분비선)　　　　　　　　　　　정답 ㉱

◀ 3대 영양소의 분해 효소
① 탄수화물 : 아밀리아제
② 지방 : 리파아제
③ 단백질 : 프로테아제(트립신, 키모트립신)

03 췌장에서 분비되는 단백질 분해효소는?　　　　　→ 출제년도 09

㉮ 펩신(pepsin)　　　　　　　㉯ 트립신(trypsin)
㉰ 리파아제(lipase)　　　　　㉱ 펩티디아제(peptidase)

🔍 ㉯ 트립신(trypsin) : 췌장에서 분비되는 단백질 분해효소　　정답 ㉯

04 각 소화기관별 분비되는 소화 효소와 소화시킬 수 있는 영양소가 올바르게 짝지어진 것은?　　　　　　　　　→ 출제년도 10

㉮ 소장 : 키이모트립신 – 단백질
㉯ 위 : 펩신 – 지방
㉰ 입 : 락타아제 – 탄수화물
㉱ 췌장 : 트립신 – 단백질

🔍 ㉱ 췌장 : 트립신 – 단백질

> ㉮ **췌장** : 키이모트립신 – 단백질
> ㉯ 위 : 펩신 – **단백질**
> ㉰ **소장** : 락타아제 – 탄수화물

정답 ㉱

내분비계

Skin Care

1 내분비선

내분비선	호르몬	작용
뇌하수체 전엽	성장호르몬 (GH)	신체의 성장 관여하며 과다하면 거인증, 저하되면 소인증 유발
	유선자극호르몬 (prolactin)	유선 자극하여 유즙 분비 촉진
	부신피질호르몬 (ACTH)	코티솔(스트레스 호르몬)의 생산 촉진
	갑상선자극호르몬(TSH)	티록신(갑상선호르몬)의 생산 촉진
	난포자극호르몬 (FSH)	난자와 정자의 성숙 촉진
	황체형성호르몬 (LH)	배란을 촉진시키고, 황체 발달
뇌하수체 중엽	색소침착호르몬 (MSH)	멜라노사이트에 작용하여 멜라닌 합성 촉진
뇌하수체 후엽	항이뇨호르몬 (ADH)	신장의 수분배출 조절하고 혈관수축에 의한 혈압 조절
	분만촉진호르몬 (oxytocin)	분만시 자궁의 수축 촉진하여 분만 유도하고 유선분비 조절
갑상선	티록신	신체의 기초대사량 증가하고 심장의 수축 및 심박수 증가 *갑상선기능저하증 – 크레틴병, 점액수종 *갑상선기능항진증 – 바세도우씨병
	칼시토닌	혈액 내의 칼슘 농도 유지
부갑상선	부갑상선호르몬 (PTH)	혈중 내의 칼슘과 인의 대사에 관여하여 뼈, 소장 및 신장에 영향

Key Point

◐ 내분비계의 정의
신체의 항상성 유지 및 생식, 발생에 중요한 역할을 하는 호르몬을 생산·분비하는 기관

◐ 뇌하수체 중엽
색소침착호르몬(MSH) 분비

◐ 뇌하수체 후엽
① 항이뇨호르몬(ADH)
② 분만촉진호르몬(옥시토신)

◐ 갑상선
① 티록신
② 칼시토닌

부신피질 호르몬	알도스테론	신장에서 나트륨과 칼륨의 균형 조절
	코르티솔	간세포에 작용하여 지방, 단백질로부터 당질을 만들어 혈당치 상승
	안드로겐	남성호르몬으로 성 특징에 영향
부신수질 호르몬	에피네프린	혈당치를 상승시키고 심박동수 증가
	노르에피네프린	혈압조절을 위해 혈관을 수축 조절
췌장	인슐린	혈당 저하 호르몬으로 결핍시 당뇨병 유발
	글루카곤	혈당 상승 작용
	소마토스타틴	인슐린과 글루카곤의 분비 저하
생식선	에스트로겐	여성의 2차 성징에 영향을 주고 난포를 형성, 자궁내막의 발육 촉진
	프로게스테론	황체호르몬으로 자궁내막과 유즙의 분비활동을 자극하고 월경주기 조절
	테스토스테론	남성의 2차 성징에 영향을 주고 남성의 성기관 성장
송과체	멜라토닌	생체리듬, 수면조절에 관여하는 호르몬으로 간뇌의 시상하부 위치

2 호르몬

(1) 호르몬의 기능

① 체내의 특정한 기관에 명령을 전달하는 물질로서 활동 및 통제 기능을 한다.
② 호르몬은 과다하거나 저하될 경우 인체에 유해한 영향을 미친다.
③ **미량**으로도 큰 영향을 발생시킨다.
④ 혈액 순환을 원활하게 하고 발육과 성장을 조절한다.
⑤ 호르몬 주사를 맞아도 항체는 형성되지 않는다.
⑥ 자율적인 운동이나 성행위 등의 특수 행동을 조절한다.
⑦ 호르몬과 다른 화학적인 신호 체계는 서로 항상성을 유지한다.

머리에 쏙~쏙~ 5분 체크

01 신체의 항상성 유지 및 생식, 발생에 중요한 역할을 하는 호르몬을 생산 · 분비하는 기관을 (　　　)라고 한다.

02 멜라노사이트에 작용하여 멜라닌 합성을 촉진시키는 MSH(색소침착호르몬)가 분비되는 곳은 (　　　　) 이다.

03 갑상선에서 분비되는 호르몬은 (　　　)과 칼시토닌이 있다.

04 췌장에서 분비되는 인슐린은 혈당을 (　　) 시키고, 글루카곤은 혈당을 (　　) 시키는 작용을 한다.

05 (　　　　)은 황체호르몬으로 자궁 내막과 유즙의 분비 활동을 자극하고 월경 주기를 조절하는 작용을 한다.

06 (　　　　)은 남성의 2차 성징에 영향을 주고 남성의 성기관을 성장시킨다.

07 분만시 자궁의 수축을 촉진시켜 분만을 유도하고 유선 분비를 조절하는 분만촉진호르몬을 (　　　)이라고 한다.

08 부신피질에서 나오는 호르몬으로 간세포에 작용하여 지방, 단백질로부터 당질을 만들어 혈당치를 상승시키는 작용을 하는 것은 (　　　)이다.

09 송과체에서 분비되는 (　　　)은 생체리듬, 수면조절에 관여하는 호르몬으로 간뇌의 시상하부에 위치한다.

10 (　　　)이란 체내의 특정한 기관에 명령을 전달하는 물질로서 활동 및 통제의 기능을 하고, (　　　)으로도 큰 영향을 발생시킨다.

● 뇌하수체 중엽
색소침착 호르몬(MSH) 분비

● 감상선
티록신, 칼시토닌 분비

● 췌장
클루카곤, 인슐린 분비

● 송과체
멜라토닌 분비

정답 01. 내분비계　02. 뇌하수체 중엽　03. 티록신　04. 저하, 상승　05. 프로게스테론　06. 테스토스테론　07. 옥시토신　08. 코르티솔　09. 멜라토닌 10. 호르몬, 미량

Key Point

1️⃣ 시험문제 엿보기

01 인체의 각 주요 호르몬의 기능 저하에 따라 나타나는 현상으로 틀린 것은?

➥ 출제년도 09

㉮ 부신피질자극호르몬(ACTH) : 갑상선 기능 저하
㉯ 난포자극호르몬(FSH) : 불임
㉰ 인슐린(Insulin) : 당뇨
㉱ 에스트로겐(Estrogen) : 무월경

🕯️해 ㉮ 부신피질자극호르몬(ACTH) : 스트레스 호르몬   정답 ㉮

02 난자를 형성하는 성선인 동시에, 에스트로겐과 프로게스테론을 분비하는 내분비선은?

➥ 출제년도 10

㉮ 난소   ㉯ 고환
㉰ 태반   ㉱ 췌장

🕯️해 ㉮ 난소 : 난자를 형성하는 성선인 동시에, 에스트로겐과 프로게스테론을 분비하는 내분비선

> ㉯ 고환 : 남성호르몬(테스토스테론)
> ㉰ 태반 : 난포호르몬, 황체호르몬
> ㉱ 췌장 : 인슐린, 글루카곤   정답 ㉮

03 다음 중 수면을 조절하는 호르몬은?

➥ 출제년도 10

㉮ 티로신   ㉯ 멜라토닌
㉰ 글루카곤   ㉱ 칼시토닌

🕯️해 ㉯ 멜라토닌 : 수면 조절 호르몬

> ㉮ 티로신 : 필수 아미노산
> ㉰ 글루카곤 : 혈당 상승 호르몬
> ㉱ 칼시토닌 : 갑상선 호르몬   정답 ㉯

Chapter 08

배설계

Skin Care

1 신장의 구조 및 작용

(1) 신장의 구조

① **척추**의 **좌우**에 위치하며 무게는 약 300~350g 정도의 강낭콩 모양이다.

② 피질, 수질, 신우로 구성되어 있다.

③ **피질** : 피막 바로 안쪽에 있으며 혈액을 여과해 주는 신소체가 많이 있다.

④ **수질** : 피질에서 여과된 성분 중에서 유용한 성분을 재흡수한다.

⑤ **신우** : 오줌이 모이는 곳이다.

(2) 네프론(신원)

① 신장의 **기능적 기본 단위** 또는 소변 형성의 단위이다.

② 신세뇨관과 신장혈관의 두 부분으로 구분된다.

③ 신세뇨관 : 신소체(사구체와 보우만주머니), 근위세뇨관, 헨렌고리, 원위세뇨관, 집합관

④ 신장혈관

신동맥 → 세동맥 → 수입소동맥 → 사구체 → 수출소동맥 → 세뇨관 주위 모세혈관 → 세정맥 → 하대정맥

(3) 신장의 작용

① 노폐물과 독소 배출하며 체액의 **항상성**을 유지한다.

② 체액의 전해질 및 pH 조절 작용을 한다.

③ 내분비기관으로서 **호르몬**을 **생산**하여 **혈압 조절** 작용을 한다.

④ 비타민 D를 활성화시켜 **칼슘**의 **흡수 조절** 작용을 한다.

Key Point

◀ 신장의 구조
① 척추의 좌우에 위치, 강낭콩 모양
② 피질, 수질, 신우로 구성

◀ 네프론(신원)
신장의 기능적 기본 단위

◀ 신장의 작용
① 체액의 항상성 유지
② 전해질 및 pH 조절
③ 호르몬 생산 및 혈압 조절
④ 칼슘 흡수 조절

2 요로와 배뇨

◎ 요 형성 과정
사구체 여과 → 세뇨
관 재흡수 → 세뇨관
분비

(1) 요 형성의 과정

구 분	설 명
사구체 여과	24시간 동안 180L정도 여과되어 수분과 용질들이 사구체에서 보우만 주머니로 이동
세뇨관 재흡수	여과된 수분 중 178.5L를 다시 흡수하여 세뇨관에서 모세혈관으로 재흡수
세뇨관 분비	세뇨관 주위 모세혈관에서 세뇨관으로 소량의 특정 물질 분비

◎ 요관
신장과 방광을 연결하
는 곳

(2) 요관

① 신장과 방광을 **연결**하는 곳이다.
② 모아진 오줌을 방광까지 운반하는 **연동운동**을 한다.
③ 길이 25~30cm정도의 가느다란 근육관이다.

◎ 방광
소변의 일시적인 저장
장소

(3) 방광

① 주머니모양의 형태이다.
② 소변의 **일시적인 저장장소**이다.

◎ 요도
소변을 배출하는 관

(4) 요도

① 방광에서 소변을 외부로 **배출**하는 관이다.
② 내부는 점막으로 구성되어 있고 수많은 점액을 분비하는 선이 존재한다.

◎ 배뇨 과정
신장 → 수뇨관(요관)
→ 방광 → 요도

(5) 배뇨 과정

① **신장 → 수뇨관(요관) → 방광 → 요도**
② 성인의 1일 배뇨량 : 약 1.5L

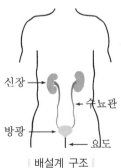

신장
수뇨관
방광
요도

┃ 배설계 구조 ┃

생식기계

◀ Skin Care

1 남성생식기

구 분	설 명
정 소 (고환)	• **정자 생산** • 남성호르몬인 **테스토스테론** 분비 **기억법** 정고정테 정고정테 : 정소(고환)는 정자 생산, 테스토스테론 분비 • 타원형의 2개 정소가 복강 바깥쪽 위치하며 음낭에 둘러싸여 있음
부고환	• 정액 분비 • **일시적**으로 **정자 보관**하는 장소 **기억법** 부일정보 부일정보 : 부고환은 일시적 정자 보관 장소 • 고환과 정관 연결
음 낭	• 고환과 부고환을 수용하는 주머니 • 피하지방이 없고 평활근 • 온도조절을 위해 표면에 많은 주름이 있음
정 액	• **알칼리성** • 남성생식기에서 분비되는 액체
정 관	• 부고환에 저장된 정자를 정낭으로 보내는 역할 • **남성의 불임 시술** 부위 **기억법** 정관남불 정관남불 : 정관은 남성의 불임 시술 부위
정 낭	• 방광과 직장 사이에 위치 • 정낭의 배출관과 정관이 합하여 사정관 형성
사정관	• 정관과 정낭의 분비관이 합쳐져 형성 • 전립선을 관통하여 요도와 연결

Key Point

◀ 남성생식기
① 정소(고환) : 정자
  생산, 테스토스테
  론 분비
② 부고환 : 일시적 정
  자 보관 장소
③ 정액 : 알칼리성의
  액체
④ 정관 : 남성의 불임
  시술 부위
⑤ 전립선 : 정자의 운
  동을 돕고 보호

Key Point

구 분	설 명
전립선	• 방광의 하부에 위치 • 요도와 사정관이 관통 • **정자의 운동**을 돕고 **보호**하는 작용 • 알칼리성인 정액 냄새의 물질 분비

알아두세요

• 정자의 이동 경로

정세관 → 부고환 → 정관 → 사정관 → 요도

2 여성생식기

구 분	설 명
난 소	• **난자 생산** • **에스트로겐, 프로게스테론**의 호르몬 분비 난소난에프 난소난에프 : 난소는 난자 생산, 에스트로겐, 프로게스테론 분비
난 관	• 나팔관이라고도 함 • 자궁에 연결되어 난자의 이동 통로 • **여성의 불임** 시술 부위 난관여불 난관여불 : 난관은 여성의 불임 시술 부위
자 궁	• 방광과 직장 사이에 위치 • **수정란 보호** 자수보 자수보 : 자궁은 **수정란 보호** • 영양분 공급 및 태아 성장
질	• 정자가 들어가는 길 • **산성**을 띠며 질 입구에 반월막으로 된 **처녀막** 존재 질산처 질산처 : 질은 산성, 처녀막 존재
외생식기	• 외음부라고도 함 • 대음순(내막의 바깥주름, 음모 형성), 소음순(내막의 안쪽주름, 음모 없는 내측 피부 융기부), 질전정선, 음핵 등

[여백 설명]

◑ 여성생식기
① 난소 : 난자생산, 에스트로겐, 프로게스테론 분비
② 난관 : 여성의 불임 시술 부위
③ 자궁 : 수정란 보호
④ 질 : 산성, 처녀막 존재, 정자가 들어가는 길

◀ 배란시기
월경 후 14~15일

◀ 임신이 가장 높은 시기
월경 전 11~17일

◀ 임신
① 수정 → 착상 → 자궁 내막 유지 → 태반 발달 → 태아 성장
② 임신기간 : 수정된 날로부터 266일
③ 출산일 산정 : 마지막 월경이 시작된 날로부터 280일 정도로 계산

Key Point

참고 ── 자궁 내막 주기

구 분	설 명
월경기	1~4일, 자궁내막과 혈액의 상실로 출혈
증식기	5~14일, 에스트로겐의 증가로 자궁 내막의 안쪽이 두터워짐
분비기	15~25일, 자궁 내막이 풍성하고 분비활동이 증가되며 프로게스테론의 영향

머리에 쏙~쏙~ 5분 체크

01 ( )은 척추의 좌우에 위치하며 무게는 약 300~350g 정도의 ( ) 모양을 하고 있다.

02 신장의 기능적 기본 단위를 신원 또는 ( ) 이라고 한다.

03 요 형성 과정은 사구체 ( ) → 세뇨관 ( ) → 세뇨관 ( )의 단계이다.

04 ( )은 신장과 방광을 연결하는 곳으로 가느다란 근육관이다.

05 소변의 일시적으로 저장하는 장소는 ( ) 이다.

06 ( )이라고도 불리는 정소는 ( )를 생산하고 남성호르몬인 테스토스테론을 분비한다.

07 정액을 분비하고 일시적으로 정자를 보관하는 장소는 ( ) 이다.

08 남성의 불임 시술 부위는 ( )이고, 여성의 불임 시술 부위는 ( ) 이다.

09 ( )은 ( )을 보호하고 영양분 공급 및 태아의 성장이 이루어지는 곳이다.

10 ( )은 정자가 들어가는 길로 ( )을 띠며 처녀막이 존재한다.

◗ 네프론(신원)
신장의 기능적 기본 단위

◗ 배뇨과정
신장 → 수뇨관(요관) → 방광 → 요도

◗ 남성 생식기
정소(고환), 부고환, 정액, 정관, 전립선

◗ 여성 생식기
난소, 난관, 자궁, 질, 외생식기

정답 01. 신장, 강낭콩 02. 네프론 03. 여과, 재흡수, 분비 04. 요관 05. 방광
06. 고환, 정자 07. 부고환 08. 정관, 난관 09. 자궁, 수정란 10. 질, 산성

시험문제 엿보기

● 뇨의 생성 과정
사구체 여과 → 세뇨
관 재흡수 → 세뇨관
분비

☆
01 뇨의 생성 및 배설과정이 아닌 것은?　　　　　→ 출제년도 10

㉮ 사구체 여과　　　　　　　　㉯ 사구체 농축

㉰ 세뇨관 재흡수　　　　　　　㉱ 세뇨관 분비

⏱️해 ㉯ 뇨의 생성 및 배설과정 : 사구체 여과, 세뇨관 재흡수, 세뇨관 분비　정답 ㉯

02 다음 중 신장의 신문으로 출입하는 것이 아닌 것은?　　　→ 출제년도 10

㉮ 요도　　　　　　　　　　　㉯ 신우

㉰ 맥관　　　　　　　　　　　㉱ 신경

⏱️해 ㉮ 요도 : 오줌을 외부로 **배출**하는 기관　　　　　　정답 ㉮

◀ 남성 호르몬
안드로겐, 테스토스테
론

◀ 여성호르몬
에스트로겐, 프로게스
테론

☆
03 난자를 형성하는 성선인 동시에, 에스트로겐과 프로게스테론을 분비하는 내분비선
은?　　　　　　　　　　　　　　　　　　　　　→ 출제년도 10

㉮ 난소　　　　　　　　　　　㉯ 고환

㉰ 태반　　　　　　　　　　　㉱ 췌장

⏱️해 ㉮ 난소 : 난자를 형성하는 성선인 동시에, 에스트로겐과 프로게스테론을 분비하
는 내분비선

㉯ 고환 : 남성호르몬(테스토스테론)
㉰ 태반 : 난포호르몬, 황체호르몬
㉱ 췌장 : 인슐린, 글루카곤　　　　　　　　　　　　　　정답 ㉮

적중예상 100선!

1 다음 중 해부학적 자세에서 손바닥의 위치는 어느 쪽을 향해야 하는가?

㉮ 앞면　　　　　㉯ 옆면

㉰ 윗면　　　　　㉱ 뒷면

☀️ ㉮ 해부학적 자세에서 손바닥은 **앞(전면)**을 향하는 상태　　　　　정답 ㉮

2 인체를 앞·뒤로 나눈 면을 무엇이라고 하는가?

㉮ 정중면　　　　㉯ 시상면

㉰ 관상면　　　　㉱ 횡단면

☀️ ㉰ 관상면 : 인체를 앞·뒤로 나눈 면

㉮와 ㉯ : 인체를 좌·우로 나눈 면

㉱ : 인체를 상·하로 나눈 면

정답 ㉰

3 다음 중 아래 내용에 해당하는 것은?

- 물질대사 및 에너지 생산
- 물질의 운반
- 단백질의 합성 작용

㉮ 세포　　　　　㉯ 조직

㉰ 기관　　　　　㉱ 계통

☀️ ㉮ **세포의 작용**에 대한 설명이다.　　정답 ㉮

4 다음 중 (　)안에 들어갈 말로 알맞게 나열된 것은?

인체의 구성 요소 중 기능적, 구조적 최소 단위를 (a)라고 하고, 그것이 모여 (b)을 이루어 (c)이 되어 (d)이 질서 정연하게 배치되어 하나의 개체가 된다.

㉮ 세포, 기관, 조직, 계통

㉯ 조직, 세포, 기관, 계통

㉰ 세포, 조직, 기관, 계통

㉱ 조직, 기관, 세포, 계통

☀️ ㉰ 세포, 조직, 기관, 계통　　　　정답 ㉰

5 인체의 계통별 구성에 대한 연결로 바르지 못한 것은?

㉮ 골격계 : 뼈, 연골, 관절

㉯ 신경계 : 중추신경계, 말초신경계

㉰ 소화기계 : 입, 식도, 위, 소장

㉱ 내분비계 : 기관지, 후두, 폐

☀️ ㉱ **호흡계** : 기관지, 후두, 폐

내분비계 : 뇌하수체, 부신, 부갑상선, 갑상선 등

정답 ㉱

6 다음 중 생리학에 대한 설명으로 바른 것은?

㉮ 생물체 각 부위의 기관이나 조직의 구조와 형태 및 상호간의 위치를 연구하는 학문이다.

㉯ 인체를 현미경을 통해 관찰하는 학문이다.

㉰ 인체에서 일어나는 현상들을 자연과학적인 방법을 이용하여 인체의 기능 및 작용을 연구하는 학문이다.

㉱ 생리학은 해부학의 일부분에 속한다.

☀️ ㉰ 생리학 : 인체에서 일어나는 현상들을 자연과학적인 방법을 이용하여 **인체의 기능 및 작용**을 연구하는 학문이다.　　정답 ㉰

7 다음 설명 중에서 바르지 못한 것은?

㉮ 세포막 : 인지질 이중층 구조로 되어 있다.

㉯ 리보솜 : 골지체에서 생산되고 식균작용을 한다.

㉰ 핵막 : 두 겹의 단위막으로 핵공을 통해 물질을 운반한다.

㉰ 중심체 : 세포분열시 방추사를 형성하여 염색체로 이동한다.

👀❗ ㉰ 리소좀 : 골지체에서 생산되고 식균작용을 한다.

리보솜 : RNA에 의해 단백질을 합성하는 장소이다.

정답 ㉯

8 리보솜을 함유하고 있어 리보솜에서 합성된 단백질을 세포 내·외로 수송해주는 역할을 하는 세포소기관은?

㉮ 골지체   ㉯ 활면소포체

㉰ 사립체   ㉰ 조면소포체

👀❗ ㉰ 조면소포체 : 리보솜을 함유하고 있어 리보솜에서 합성된 단백질을 세포 내·외로 수송해주는 역할

정답 ㉰

☆☆
9 이중막 구조로 에너지(ATP)를 생산하는 동력발전소와 같은 역할을 하는 기관은?

㉮ 미세소관   ㉯ 미토콘드리아

㉰ 관산화소체   ㉰ 리소좀

👀❗ ㉯ 미토콘드리아 : 이중막 구조로 에너지(ATP)를 생산하는 동력발전소와 같은 역할로 사립체라고도 한다.

정답 ㉯

10 다음 중 핵에 대한 설명으로 적절한 것은?

㉮ 물질 운반하는 수용계 역할을 한다.

㉯ 세포 내외의 전해질 조성을 일정하게 유지시켜 준다.

㉰ 선택적 투과막으로 물질교환 작용을 한다.

㉰ DNA와 RNA의 단백질 합성과 세포 분열작용을 한다.

👀❗ ㉰ DNA와 RNA의 단백질 합성과 세포 분열 작용을 한다.

㉮㉯㉰는 세포막의 기능에 대한 설명

정답 ㉰

11 세포막을 통한 물질의 이동에 대한 설명 중 수동수송이 아닌 것은?

㉮ 저농도에서 고농도로 물질이 이동한다.

㉯ 확산은 고농도에서 저농도로 물질이 이동한다.

㉰ 삼투는 반투과성 막을 이용한 확산의 형태이다.

㉰ 에너지의 투입이 필요없다.

👀❗ ㉮ 저농도에서 고농도로 물질이 이동한다. : **능동수송**에 대한 설명

정답 ㉮

12 곰팡이류, 세균류 등에서 볼 수 있으며, 핵과 세포체가 동시에 분열하는 단순한 세포분열은?

㉮ 체세포분열   ㉯ 무사분열

㉰ 감수분열   ㉰ 유사분열

👀❗ ㉯ 무사분열 : 곰팡이류, 세균류 등에서 볼 수 있으며, 핵과 세포체가 동시에 분열하는 단순한 세포분열

㉮와 ㉰ : 한 개의 모세포를 두 개의 동일한 딸세포로 나누는 것

㉰ : 성세포에서만 일어나고 분열과정은 유사분열(체세포분열)과 동일

정답 ㉯

☆
13 인체의 4대 기본 조직 중 결합조직에 해당하지 않는 것은?

㉮ 상피조직

㉯ 연골조직

㉰ 조혈조직

㉰ 지방조직

👀❗ ㉮ 상피조직 : 신체 내·외 표면을 덮고 있는 외부의 환경변화에 강한 저항력을 갖는 조직

인체의 4대 기본 조직 : 상피조직, 결합조직, 근육조직, 신경조직

정답 ㉮

14 성인의 경우 인체의 골은 총 몇 개로 구성되어 있는가?

㉮ 205개 ㉯ 206개
㉰ 207개 ㉱ 208개

⏱️ ㉯ 206개 : 두개골 23개, 이소골 6개, 척추 26개, 흉골 1개, 늑골 24개, 상지골 64개, 하지골 62개로 구성 **정답 ㉯**

15 다음 중 골격계의 기능으로 바른 것을 모두 나열한 것은?

A. 운동 B. 열생산 C. 지지 D. 조혈

㉮ A, C ㉯ B, C, D
㉰ A, C, D ㉱ A, B, C, D

⏱️ ㉰ 운동, 지지, 조혈, 보호, 저장기능이 골격계의 기능이며 열생산은 근육계의 기능이다. **정답 ㉰**

16 상완골, 요골, 척골, 경골, 비골, 대퇴골 등의 골의 형태는?

㉮ 장골 ㉯ 단골
㉰ 편평골 ㉱ 함기골

⏱️ ㉮ 장골 : **긴뼈**로 상완골, 요골, 척골, 경골, 비골, 대퇴골 등

㉯ 단골 : 짧은뼈로 수근골, 족근골 등
㉰ 편평골 : 납작뼈로 견갑골, 흉골, 늑골 등
㉱ 함기골 : 뼈 속에 공기를 함유한 뼈로 전두골, 접형골, 측두골, 사골, 상악골 등 **정답 ㉮**

17 뼈의 내부층에 존재하고 수많은 작은 공간의 다공성 구조로 된 것은?

㉮ 치밀골 ㉯ 골막
㉰ 골단 ㉱ 해면골

⏱️ ㉱ 해면골 : 뼈의 내부층에 존재하고 수많은 작은 공간의 다공성 구조

㉮ 치밀골 : 뼈의 가장 바깥층으로 틈이 없이 치밀하고 강하며 단단함
㉯ 골막 : 뼈의 바깥면을 덮고 있는 2겹의 질긴 섬유 결합 조직막
㉰ 골단 : 뼈의 길이가 성장하는 부위 **정답 ㉱**

18 다음 용어의 설명으로 틀린 것은?

㉮ 골단판 : 성장기까지 뼈의 길이 성장 주도
㉯ 연골내골화 : 연골이 뼈가 되는 과정
㉰ 적골수 : 조혈작용이 중지된 것으로 지방조직이 축적
㉱ 종자골 : 관절낭이나 건에 속한 씨앗 형태의 작은 뼈

⏱️ ㉰ **황골수** : 조혈작용이 중지된 것으로 지방조직이 축적

적골수 : 조혈작용으로 혈액이 생산되는 곳 **정답 ㉰**

19 뇌두개골 중 머리 꼭대기에 있는 뼈는?

㉮ 전두골 ㉯ 두정골
㉰ 측두골 ㉱ 접형골

⏱️ ㉯ 두정골 : 머리 꼭대기에 있는 뼈

㉮ 전두골 : 이마를 형성하고 안와와 코뼈의 일부
㉰ 측두골 : 양쪽 귀부위의 뼈
㉱ 접형골 : 양쪽 눈주위의 뼈 **정답 ㉯**

20 두정골과 전두골의 봉합으로 알맞은 것은?

㉮ 관상봉합 ㉯ 시상봉합
㉰ 인자봉합 ㉱ 인상봉합

⏱️ ㉮ 관상봉합 : 두정골과 전두골의 봉합

㉯ 시상봉합 : 두정골과 두정골의 봉합
㉰ 인자봉합 : 두정골과 후두골의 봉합
㉱ 인상봉합 : 두정골과 측두골의 봉합 **정답 ㉮**

21 다음 중 척주에 대한 설명으로 바르지 못한 것은?

㉠ 척주는 경추 7개, 흉추 12개, 요추 5개, 천골 1개, 미골 1개로 구성되어 있다.

㉡ 인체를 지지하고 척수를 뼈로 감싸면서 보호해 준다.

㉢ 4개의 만곡이 존재하며 선천성만곡은 경부와 요부만곡이고, 후천성만곡은 흉부와 천부만곡이다.

㉣ 경부만곡은 3개월에 형성되고, 요부만곡은 1세에 형성된다.

㉢ 4개의 만곡이 존재하며 선천성만곡은 **흉부**와 **천부만곡**이고, 후천성만곡은 **경부**와 **요부만곡**이다.

정답 ㉢

22 인체에서 골화가 가장 먼저 발생하는 S자 모양으로 견갑골과 흉골을 연결하는 골은?

㉠ 장골　　　　　㉡ 쇄골

㉢ 치골　　　　　㉣ 좌골

㉡ 쇄골 : 골화가 가장 먼저 발생하는 S자 모양, 견갑골과 흉골을 연결

㉠㉢㉣는 하지대(관골)에 대한 설명

정답 ㉡

23 인체에서 가장 크고 긴 강한 뼈는?

㉠ 상완골　　　　㉡ 대퇴골

㉢ 경골　　　　　㉣ 비골

㉡ 대퇴골 : 인체에서 가장 크고 긴 강한 뼈

정답 ㉡

24 인체에서 가장 큰 종자골은?

㉠ 슬개골　　　　㉡ 족근골

㉢ 수근골　　　　㉣ 요골

㉠ 슬개골 : 인체에서 가장 큰 종자골

정답 ㉠

25 자유가동관절에 해당하지 않는 것은?

㉠ 손목　　　　　㉡ 견관절

㉢ 두개골　　　　㉣ 고관절

㉢ 두개골 : **부동관절**

정답 ㉢

26 다음 중 근육의 분류로 특징이 다른 하나는?

㉠ 가로무늬근　　㉡ 횡문근

㉢ 수의근　　　　㉣ 내장근

㉣ 내장근 : **평활근**에 해당하며 **민무늬근, 불수의근**이다.

㉠㉡㉢는 골격근에 해당하는 내용

정답 ㉣

27 자율신경의 지배를 받는 가로무늬근은?

㉠ 골격근　　　　㉡ 평활근

㉢ 심장근　　　　㉣ 승모근

㉢ 심장근 : 자율신경의 지배를 받는 가로무늬근

정답 ㉢

28 다음 내용이 설명하는 근육의 형태는?

- 다핵세포의 원주형
- 자세유지 및 운동 작용
- 관절의 안정성

㉠ 골격근　　　　㉡ 평활근

㉢ 심근　　　　　㉣ 내장근

㉠ 골격근 : 가로무늬근(횡문근), 수의근, 다핵세포의 원주형, 자세유지 및 운동, 관절의 안정성, 체온유지

정답 ㉠

29 근육의 기능에 대한 설명으로 바르지 못한 것은?

㉠ 자세유지　　　㉡ 호흡운동

㉢ 열 생산　　　　㉣ 조혈작용

㉣ 조혈작용 : **골격계**의 기능

정답 ㉣

☆
30 다음 중 근육에 대한 설명으로 적절하지 못한 것은?

㉮ 근육의 기본 단위는 근섬유로 근원섬유 다발이 모여 근육을 형성한다.

㉯ 근원섬유를 구성하는 물질 중 액틴과 미오신은 근육이완에 관여한다.

㉰ 근섬유는 세포막으로 둘러싸여 있다.

㉱ 전기적인 신호로 신경말단 부위에서 아세틸콜린을 방출시킨다.

🔔 ㉯ 근원섬유를 구성하는 물질 중 액틴과 미오신은 **근육수축**에 관여한다.　　　정답 ㉯

31 한 번의 자극에 의해 근육이 수축과 이완을 하는 것을 무엇이라고 하는가?

㉮ 강축　　　　㉯ 연축

㉰ 강직　　　　㉱ 긴장

🔔 ㉯ 연축 : 한 번의 자극에 의해 근육이 수축과 이완을 하는 것

　㉮ 강축 : 두 번 이상의 자극을 가할 때 지속적인 수축을 일으키는 것

　㉰ 강직 : 근육이 단단하게 굳어지는 것

　㉱ 긴장 : 근육이 부분적으로 수축을 지속하고 있는 것

정답 ㉯

☆
32 근육의 용어에 대한 연결로 바르지 못한 것은?

㉮ 기시부 : 몸의 중심에 가까운 곳

㉯ 정지부 : 근이 수축할 때 움직이는 곳

㉰ 길항근 : 동작에 직접 주도하는 근육

㉱ 협력근 : 주동근을 지지하여 작용하는 보조 근육

🔔 ㉰ **주동근** : 동작에 직접 주도하는 근육

　길항근 : 주동근과 반대로 작용하는 근육

정답 ㉰

33 이마를 형성하는 편평한 근육으로 눈썹을 올리고 이마 주름을 형성하는 안면근은?

㉮ 전두근　　　　㉯ 구륜근

㉰ 안륜근　　　　㉱ 추미근

🔔 ㉮ 전두근 : 이마를 형성하는 편평한 근육

　㉯ 구륜근 : 입술주위의 근육

　㉰ 안륜근 : 눈 둘레의 근육

　㉱ 추미근 : 미간 주름 형성 근육

정답 ㉮

☆
34 음식물을 씹는 작용을 하는 근육을 무엇이라고 하는가?

㉮ 안면근　　　　㉯ 저작근

㉰ 광경근　　　　㉱ 협근

🔔 ㉯ 저작근 : 음식물을 씹는 작용을 하는 근육으로 교근, 측두근, 내측익돌근, 외측익돌근이 있다.

정답 ㉯

35 광경근에 대한 설명으로 바르지 못한 것은?

㉮ 목의 외측을 둘러싸는 얇은 근육이다.

㉯ 목의 주름을 형성시키고, 슬픈 표정을 지을 때 사용된다.

㉰ 어깨를 올려주고 뒤로 당기는 역할을 한다.

㉱ 경정맥의 압박을 완화시킨다.

🔔 ㉰ 어깨를 올려주고 뒤로 당기는 역할을 한다. : **승모근**에 대한 설명　　　정답 ㉰

36 다음 중 흉부의 근육에 속하지 않는 것은?

㉮ 대흉근

㉯ 늑하근

㉰ 전거근

㉱ 광배근

🔔 ㉱ 광배근 : **등의 근육**에 속한다.　　　정답 ㉱

37 복부의 근육 중에서 흉곽을 아래로 골반을 위로 당겨 몸통을 앞으로 굽힐 때 작용하는 근육은?

㉮ 외복사근 ㉯ 복직근
㉱ 복횡근 ㉰ 내복사근

㉯ 복직근 : 흉곽을 아래로 골반을 위로 당겨 몸통을 앞으로 굽힐 때 작용, 윗몸일으키기를 했을 때 강해지는 역할 　　정답 ㉯

38 요추골과 흉추극돌기에서 기시하여 상완골에 정지하는 근육으로 팔을 뒤로 움직일 때 작용하는 근육은?

㉮ 승모근 ㉯ 전거근
㉱ 광배근 ㉰ 삼각근

㉱ 광배근 : 추골과 흉추극돌기에서 기시하여 상완골에 정지, 팔을 뒤로 움직일 때 작용하는 근육 　　정답 ㉱

39 흉식호흡을 일으키는 호흡근육은?

㉮ 늑하근 ㉯ 대흉근
㉱ 전거근 ㉰ 쇄골하근

㉮ 늑하근 : 흉식호흡을 일으키는 호흡근육으로 늑하근 외에 외늑간근, 내늑간근, 늑골거근, 흉횡근으로 구분 　　정답 ㉮

40 다음 중 알통을 만드는 근육은?

㉮ 상완삼두근 ㉯ 상완이두근
㉱ 상완근 ㉰ 상완요골근

㉯ 상완이두근 : 견갑골에 기시, 요골 조면에 정지하는 근육으로 알통을 만든다. 　　정답 ㉯

41 다음 중 둔부의 근육에 해당하지 않는 것은?

㉮ 대둔근 ㉯ 소둔근
㉱ 비복근 ㉰ 중둔근

㉱ 비복근 : **장딴지** 근육 　　정답 ㉱

42 다음 중 인체에서 가장 긴 근육은?

㉮ 봉공근 ㉯ 박근
㉱ 대퇴사두근 ㉰ 슬굴곡근

㉮ 봉공근 : 인체에서 가장 긴 근육 　　정답 ㉮

43 신경계의 구분 중에서 중추신경계에 속하는 것은?

㉮ 뇌신경 ㉯ 척수
㉱ 교감신경 ㉰ 부교감신경

㉯ 중추신경계는 **뇌**와 **척수**로 구분 　　정답 ㉯

44 다음 중 신경계의 구조적 · 기능적인 최소 단위는?

㉮ 네프론
㉯ 세포
㉱ 뉴런
㉰ 미토콘드리아

㉱ 뉴런 : 신경계의 구조적 · 기능적인 최소 단위 　　정답 ㉱

45 신경원에 대한 설명으로 바르지 못한 것은?

㉮ 핵이 있고 신경세포의 생명에 필수적인 역할을 하는 것이 세포체이다.
㉯ 수상돌기는 외부의 정보를 받아 세포체에 전달하는 역할을 한다.
㉱ 축삭돌기는 수초와 신경초로 둘러싸여 있다.
㉰ 수초는 신경 재생에 관여한다.

㉰ **신경초**는 신경 재생에 관여한다.

수초 : 지방질이 주성분으로 전기 저항이 높아 축삭돌기의 절연 역할

정답 ㉰

46 시냅스에 대한 설명으로 적절하지 못한 것은?

㉮ 축삭돌기와 수상돌기를 연결하는 곳이다.

㉯ 수상돌기 끝에서 신경전달물질이 분비된다.

㉰ 시냅스 소포안에 신경전달물질이 들어 있다.

㉱ 신경세포 사이의 접합부에 해당한다.

㉯ **축삭돌기** 끝에서 신경전달물질이 분비되어 수상돌기로 전해진다. 정답 ㉯

47 다음 중 뇌에 대한 설명으로 잘못된 것은?

㉮ 전두엽은 운동영역으로 감정표현, 기억저장, 지적기능을 하여 인격을 발달시킨다.

㉯ 소뇌는 대뇌의 뒤쪽 아래와 연수의 위쪽에 위치하여 평형과 운동을 주관한다.

㉰ 간뇌 중 시상하부는 호르몬을 분비하는 중추기관이다.

㉱ 변연계는 뇌간을 둘러싸는 피질영역으로 감정의 뇌라고도 불린다.

㉰ 간뇌 중 **뇌하수체**는 호르몬을 분비하는 중추기관이다.

시상하부 : 체온, 식욕, 수분, 성행동 등의 조절 중추

정답 ㉰

48 말초신경에 대한 설명 중 틀린 것은?

㉮ 말초신경계는 자율신경계와 체성신경계로 구분된다.

㉯ 체성신경계는 중추신경계에 연결되어 의식적인 활동을 하게 한다.

㉰ 말초신경계 중 자율신경계는 교감신경과 부교감신경으로 구분된다.

㉱ 체성신경계 중 뇌신경은 총 12쌍이 있다.

㉯ **자율신경계**는 중추신경계에 연결되어 의식적인 활동을 하게 한다.

체성신경계 : 내장기관과 연결되어 무의식적인 활동

정답 ㉯

49 뇌신경 중에서 안신경, 상악신경, 하악신경 모두 분포된 신경은?

㉮ 동안신경　　㉯ 활차신경

㉰ 삼차신경　　㉱ 안면신경

㉰ 삼차신경 : 안신경, 상악신경, 하악신경 모두 분포되어 감각성과 운동성을 갖는다. 정답 ㉰

50 다음 중 척수신경에 대한 설명으로 옳지 않은 것은?

㉮ 척수와 신체의 각 부분을 연결하는 얇은 신경 섬유다발이다.

㉯ 감각신경과 운동신경이 하나의 다발을 이루는 혼합신경이다.

㉰ 척수신경은 총 31쌍으로 이루어져 있다.

㉱ 척수에서 기시하여 두경부를 제외한 전신을 지배하는 말초신경이다.

㉮ 척수와 신체의 각 부분을 연결하는 **굵은** 신경 섬유다발이다. 정답 ㉮

51 다음 중 자율신경계에 대한 설명으로 틀린 것은?

㉮ 호흡, 순환, 대사, 흡수, 배설, 생식 등의 무의식적인 반사활동으로 생명을 유지한다.

㉯ 보통 하나의 기관에 교감신경과 부교감신경이 이중으로 분포하여 길항작용을 한다.

㉰ 교감신경의 중추는 척수의 가운데 부분에 있고, 부교감신경의 중추는 중뇌와 숨뇌, 척수의 꼬리부분에 있다.

㉱ 부교감신경은 위액과 타액분비의 억제, 심장박동의 증가, 혈관 수축을 시킨다.

㉱ **교감신경**은 위액과 타액분비의 억제, 심장박동의 증가, 혈관 수축을 시킨다. 정답 ㉱

52 다음 중 부교감 신경의 작용에 대한 것은?

㉮ 기관지 확대

㉯ 심박동 증가

㉰ 입모근 수축

㉱ 자궁 이완

🕯️해 ㉱ 자궁 이완 : 부교감 신경의 작용

㉮㉯㉰는 교감 신경의 작용

정답 ㉱

53 뇌신경 중에서 자율신경계에 속하는 것은?

㉮ 활차신경

㉯ 동안신경

㉰ 미주신경

㉱ 안면신경

🕯️해 ㉰ 미주신경 : 운동, 감각 및 **부교감 신경**이 혼합된 것으로 내장의 지각과 운동 및 분비를 지배한다.

정답 ㉰

54 혈액에 관한 설명으로 바르지 못한 것은?

㉮ 체내의 혈액량은 몸무게의 약 8%이다.

㉯ 혈액은 조직에 산소를 운반하고 이산화탄소를 제거한다.

㉰ 호르몬이나 기타 세포 분비물을 필요한 곳으로 운반한다.

㉱ 체내의 유분을 조절하고 pH를 조절한다.

🕯️해 ㉱ 체내의 **수분**을 조절하고 pH를 조절한다.

정답 ㉱

55 혈액의 구성에 대한 설명으로 틀린 것은?

㉮ 혈장은 혈액의 50~60%를 차지한다.

㉯ 혈구는 적혈구, 백혈구, 혈소판으로 구성된다.

㉰ 혈액의 30%는 수분이다.

㉱ 혈장 단백질 중 글로불린은 림프구에서 생산되어 면역반응에 관여한다.

🕯️해 ㉰ 혈액의 **90%**는 수분이다.

정답 ㉰

56 다음 중 헤모글로빈에 대한 설명으로 바르지 못한 것은?

㉮ 혈색소에 함유되어 있는 철분은 산소를 운반한다.

㉯ 무핵세포의 단백질로 적혈구 중에 가장 많이 있다.

㉰ 혈액이 폐로 보내져 공기와 접촉하면 헤모글로빈이 산소와 결합한다.

㉱ 출혈이 있을 때 혈액 응고 작용을 한다.

🕯️해 ㉱ 출혈이 있을 때 혈액 응고 작용을 한다. : **혈소판**에 대한 설명

정답 ㉱

57 백혈구에 대한 설명으로 적절한 것은?

㉮ 원반형의 무핵 세포이다.

㉯ 식균 작용 및 항체를 생산한다.

㉰ 수명은 120일 정도이다.

㉱ 헤모글로빈을 함유하여 산소를 운반한다.

🕯️해 ㉯ 식균 작용 및 항체를 생산한다.

㉮㉰㉱는 적혈구에 대한 설명

정답 ㉯

58 다음 중 심장의 특징에 대한 설명으로 바르지 못한 것은?

㉮ 심장은 2개의 심방과 2개의 심실로 구분된다.

㉯ 심장은 수의근이며 정상혈압은 120~80mmHg이다.

㉰ 심장의 약 2/3는 정중선에서 왼쪽으로 약간 치우쳐 있다.

㉱ 심장 자체에 영양 공급을 해주는 혈관을 관상동맥이라고 한다.

🕯️해 ㉯ 심장은 **불수의근**이며 정상혈압은 120~80mmHg이다.

정답 ㉯

59 다음 중 혈액의 순환경로가 아닌 것은?

㉮ 체순환   ㉯ 폐순환

㉰ 위순환   ㉱ 태아순환

🎯💡 ⓓ 혈액의 순환경로 : 체순환, 폐순환, 태아순환

정답 ⓓ

60 다음 중 체순환에 대한 설명으로 틀린 것은?

ⓐ 온몸순환이라고도 한다.

ⓑ 우심실에서 나가 전신을 돌고 좌심방으로 들어온다.

ⓒ 혈액순환 중 인체의 전체를 순환하는 대순환이다.

ⓓ 전신을 순환하면서 산소와 영양분을 공급한다.

🎯💡 ⓑ **좌심실**에서 나가 전신을 돌고 **우심방**으로 들어온다.

정답 ⓑ

61 좌심방과 좌심실 사이에 존재하는 판막은?

ⓐ 삼첨판막

ⓑ 이첨판막

ⓒ 폐동맥판막

ⓓ 대동맥판막

🎯💡 ⓑ 이첨판막 : 좌심방과 좌심실 사이

ⓐ 삼첨판막 : 우심방과 우심실 사이

ⓒ 폐동맥판막 : 우심실과 폐동맥 사이

ⓓ 대동맥판막 : 좌심실과 대동맥 사이

정답 ⓑ

62 혈액의 역류를 방지하기 위한 판막이 존재하고 혈관벽이 얇아 탄력막 발달이 미약한 혈관은?

ⓐ 동맥 　　　ⓑ 모세혈관

ⓒ 정맥 　　　ⓓ 림프관

🎯💡 ⓒ 정맥 : 혈액의 역류를 방지하기 위한 판막이 존재하고 혈관벽이 얇아 탄력막 발달이 미약한 혈관

정답 ⓒ

63 다음 중 폐순환의 경로로 바른 것은?

ⓐ 좌심실 → 폐동맥 → 폐 → 폐정맥 → 우심방

ⓑ 우심실 → 폐정맥 → 폐 → 폐동맥 → 좌심방

ⓒ 좌심실 → 폐정맥 → 폐 → 폐동맥 → 우심방

ⓓ 우심실 → 폐동맥 → 폐 → 폐정맥 → 좌심방

🎯💡 ⓓ 우심실 → 폐동맥 → 폐 → 폐정맥 → 좌심방

정답 ⓓ

☆
64 인체의 가장 큰 림프관으로 림프구를 생산하고 적혈구를 파괴 및 저장시키며 혈액을 여과, 식균작용 및 항체를 생산하는 기관은?

ⓐ 간 　　　ⓑ 비장

ⓒ 위장 　　　ⓓ 신장

🎯💡 ⓑ 비장 : 인체의 가장 큰 림프관으로 림프구를 생산하고 적혈구를 파괴 및 저장시키며 혈액을 여과, 식균작용 및 항체를 생산

정답 ⓑ

☆☆
65 다음 중 림프의 주된 기능으로 맞는 것은?

ⓐ 체온조절 작용

ⓑ 혈액생산 작용

ⓒ 면역 작용

ⓓ 분비 작용

🎯💡 ⓒ 면역 작용 : 림프의 주된 기능

정답 ⓒ

66 섭취한 음식물의 영양소를 체내로 흡수 가능한 상태로 가수분해하는 과정을 무엇이라고 하는가?

ⓐ 확산 　　　ⓑ 여과

ⓒ 삼투 　　　ⓓ 소화

🎯💡 ⓓ 소화 : 섭취한 음식물의 영양소를 체내로 흡수 가능한 상태로 가수분해하는 과정

정답 ⓓ

☆
67 다음 중 소화의 경로로 알맞은 것은?

ⓐ 구강 → 인두 → 위 → 소장 → 대장 → 식도 → 항문

ⓑ 구강 → 인두 → 식도 → 위 → 소장 → 대장 → 항문

ⓒ 구강 → 식도 → 인두 → 위 → 대장 → 소
장 → 항문

ⓡ 구강 → 식도 → 위 → 소장 → 인두 → 대
장 → 항문

🌞ℳ ⓝ 구강 → 인두 → 식도 → 위 → 소장 → 대장 →
항문　　　　　　　　　　　　　정답 ⓝ

68 다음 중 기계적 소화의 방법으로 적절하지 못
한 것은?

ⓚ 입안에서 음식물을 잘게 부수어 타액과 혼
합하는 과정이다.

ⓝ 위에서 음식물을 섞는 과정이다.

ⓒ 식도에서 음식물을 밀어내리는 과정이다.

ⓡ 소화효소에 의해 가수분해 작용을 하는 과
정이다.

🌞ℳ ⓡ 소화효소에 의해 가수분해 작용을 하는 과정이
다. : **화학적** 소화의 방법　　　　정답 ⓡ

69 모든 영양소의 소화 흡수를 하는 소화기관
은?

ⓚ 위　　　　　　　ⓝ 소장

ⓒ 대장　　　　　　ⓡ 간

🌞ℳ ⓝ 소장 : 모든 영양소의 소화 흡수　　정답 ⓝ

☆
70 다음 중 간에 대한 설명으로 바르지 못한 것
은?

ⓚ 가장 재생력이 약한 장기이다.

ⓝ 담즙을 생산하여 지방을 소화시킨다.

ⓒ 단백질 대사물질인 요소를 생산하여 해독
작용을 한다.

ⓡ 혈당 농도를 유지하고 콜레스테롤 합성에
관여한다.

🌞ℳ ⓚ 가장 재생력이 **강한** 장기이다.　정답 ⓚ

71 다음 중 구강에서 소화작용을 하는 타액선은
어떤 중추에 의해 조절되는가?

ⓚ 간뇌　　　　　　ⓝ 연수

ⓒ 소뇌　　　　　　ⓡ 대뇌

🌞ℳ ⓝ 연수 : 타액 분비 조절　　　　　정답 ⓝ

72 대장에 대한 설명으로 바르지 못한 것은?

ⓚ 맹장, 결장, 직장으로 구성된다.

ⓝ 영양물질의 흡수작용을 한다.

ⓒ 수분 흡수 및 대변을 형성시킨다.

ⓡ 알칼리 점액을 분비한다.

🌞ℳ ⓝ 영양물질의 흡수작용은 **없다**.　정답 ⓝ

☆
73 다음 중 췌장에서 분비되는 호르몬이 아닌 것
은?

ⓚ 글루카곤

ⓝ 인슐린

ⓒ 소마토스타틴

ⓡ 티록신

🌞ℳ ⓡ 티록신 : **갑상선**에서 분비되는 호르몬　정답 ⓡ

☆☆
74 탄수화물, 단백질, 지방을 모두 분해시킬 수
있는 소화효소를 분비하는 기관은?

ⓚ 위　　　　　　　ⓝ 췌장

ⓒ 간　　　　　　　ⓡ 담낭

🌞ℳ ⓝ 췌장 : 탄수화물의 분해효소인 아밀라아제, 단백
질의 분해효소인 트립신·키모트립신, 지방의
분해효소인 리파아제 분비　　　　정답 ⓝ

75 다음 중 뇌하수체 중엽에서 분비되는 호르몬
은?

ⓚ 부신피질호르몬

ⓝ 색소침착호르몬

ⓒ 난포자극호르몬

ⓡ 분만촉진호르몬

🔅 ⓒ 색소침착호르몬 : 뇌하수체 중엽에서 분비

  ⓐ와ⓒ는 뇌하수체 전엽에서 분비, ⓓ는 뇌하수체 후엽에서 분비

정답 ⓑ

76 다음 중 옥시토신에 대한 설명으로 바른 것은?

ⓐ 자궁의 수축 촉진하여 분만 유도
ⓑ 신장의 수분 배출 조절
ⓒ 멜라닌 합성 촉진
ⓓ 혈액 내의 칼슘 농도 유지

🔅 ⓐ 자궁의 수축 촉진하여 분만 유도 : 옥시토신

  ⓑ 신장의 수분 배출 조절 : 항이뇨호르몬(ADH)
  ⓒ 멜라닌 합성 촉진 : 색소침착호르몬(MSH)
  ⓓ 혈액 내의 칼슘 농도 유지 : 칼시토닌

정답 ⓐ

77 갑상선 기능저하증에 대한 설명으로 틀린 것은?

ⓐ 피부가 건조해진다.
ⓑ 정신적으로 무기력해진다.
ⓒ 바세도우씨병이라고도 한다.
ⓓ 점액수종이 나타난다.

🔅 ⓒ **크레틴병**이라고도 한다.

정답 ⓒ

78 혈당을 저하시키는 호르몬은?

ⓐ 글루카곤   ⓑ 인슐린
ⓒ 에피네프린   ⓓ 에스트로겐

🔅 ⓑ 인슐린 : 혈당을 저하시키는 호르몬, 결핍시 당뇨병 유발

정답 ⓑ

79 다음 중 자궁의 내막과 유즙의 분비 활동을 자극하고 월경 주기를 조절하는 호르몬은?

ⓐ 테스토스테론   ⓑ 안드로겐
ⓒ 프로게스테론   ⓓ 에스트로겐

🔅 ⓒ 프로게스테론 : 황체호르몬으로 자궁의 내막과 유즙의 분비 활동을 자극하고 월경 주기를 조절

정답 ⓒ

80 생체리듬, 수면조절 호르몬인 멜라토닌이 분비되는 곳은?

ⓐ 갑상선   ⓑ 송과체
ⓒ 부갑상선   ⓓ 부신수질

🔅 ⓑ 송과체 : 생체리듬, 수면조절 호르몬인 멜라토닌이 분비되는 곳

정답 ⓑ

81 다음 중 호르몬의 기능으로 적절하지 못한 것은?

ⓐ 호르몬은 과다하거나 저하될 경우 인체에 유해한 영향을 미친다.
ⓑ 스트레스에 대한 방어작용을 한다.
ⓒ 대사반응의 직접적인 기질이 된다.
ⓓ 미량으로도 큰 영향을 발생한다.

🔅 ⓒ 대사반응의 직접적인 기질은 되지 **않는다**.

정답 ⓒ

82 요를 형성하여 체외로 배설하는 기관을 무엇이라고 하는가?

ⓐ 소화기계   ⓑ 비뇨기계
ⓒ 생식기계   ⓓ 감각기계

🔅 ⓑ 비뇨기계 : 요를 형성하여 체외로 배설하는 기관

정답 ⓑ

83 신장에 대한 설명으로 적절하지 못한 것은?

ⓐ 신장의 기능적 기본 단위를 네프론이라고 한다.
ⓑ 신우는 오줌이 모이는 곳이다.
ⓒ 노폐물과 독소를 배출하며 혈압을 상승시킨다.
ⓓ 체액의 전해질 및 pH를 조절한다.

🔅 ⓒ 노폐물과 독소를 배출하며 혈압을 **조절**시킨다.

정답 ⓒ

84 모아진 오줌을 방광까지 운반하는 연동운동을 하는 곳은?

㉮ 요관　　　　㉯ 방광
㉰ 요도　　　　㉱ 신우

⭐해설 ㉮ 요관 : 모아진 오줌을 방광까지 운반하는 연동운동　　　**정답 ㉮**

85 방광에서 소변을 외부로 배출하는 관으로 수많은 점액을 분비하는 선이 존재하는 곳은?

㉮ 신장　　　　㉯ 수뇨관
㉰ 요도　　　　㉱ 사구체

⭐해설 ㉰ 요도 : 방광에서 소변을 외부로 배출하는 관으로 수많은 점액을 분비하는 선이 존재　　　**정답 ㉰**

⭐
86 배뇨 과정을 바르게 나타낸 것은?

㉮ 신장 → 수뇨관 → 요도 → 방광
㉯ 수뇨관 → 신장 → 방광 → 요도
㉰ 신장 → 수뇨관 → 방광 → 요도
㉱ 수뇨관 → 요도 → 신장 → 방광

⭐해설 ㉰ 신장 → 수뇨관 → 방광 → 요도　　　**정답 ㉰**

87 성인의 1일 배뇨량은?

㉮ 약 1.5L　　　　㉯ 약 2.5L
㉰ 약 3.5L　　　　㉱ 약 5.5L

⭐해설 ㉮ 약 1.5L : 성인의 1일 배뇨량　　　**정답 ㉮**

88 다음 중 근위세뇨관에서 모두 재흡수되는 물질은?

㉮ 포도당　　　　㉯ 칼슘
㉰ 나트륨　　　　㉱ 수분

⭐해설 ㉮ 포도당 : 사구체에서 여과되어 근위세뇨관에서 모두 재흡수　　　**정답 ㉮**

89 요가 배설되기 직전의 일시적인 저장 장소는?

㉮ 신장　　　　㉯ 방광
㉰ 요도　　　　㉱ 요관

⭐해설 ㉱ 방광 : 요가 배설되기 직전의 일시적인 저장 장소　　　**정답 ㉱**

90 사구체 여과에 대한 설명으로 바르지 못한 것은?

㉮ 혈장단백질과 혈구를 여과시킨다.
㉯ 혈장의 1/5이 사구체를 투과한다.
㉰ 여과속도는 여과압력에 따라 다르다.
㉱ 사구체에서 여과되는 액체의 총량은 125ml/min이다.

⭐해설 ㉮ 혈장단백질과 혈구를 **제외**한 대부분을 여과시킨다.　　　**정답 ㉮**

91 다음 중 피하지방이 없고 평활근이며 고환과 부고환을 수용하는 주머니는?

㉮ 정낭　　　　㉯ 음낭
㉰ 전립선　　　　㉱ 정소

⭐해설 ㉯ 음낭 : 피하지방이 없고 평활근이며 고환과 부고환을 수용하는 주머니　　　**정답 ㉯**

92 정자의 이동 경로로 바른 것은?

㉮ 정세관 → 부고환 → 정관 → 사정관 → 요도
㉯ 부고환 → 정세관 → 정관 → 사정관 → 요도
㉰ 정관 → 부고환 → 정세관 → 사정관 → 요도
㉱ 사정관 → 부고환 → 정세관 → 정관 → 요도

⭐해설 ㉮ 정세관 → 부고환 → 정관 → 사정관 → 요도　　　**정답 ㉮**

⭐
93 정자를 생산하고 남성호르몬을 분비하는 기관은?

㉮ 부고환　　　　㉯ 정소
㉰ 정관　　　　㉱ 정낭

⭐해설 ㉯ 정소 : 고환이라고도 하며 정자 생산 및 남성호르몬 분비　　　**정답 ㉯**

94 전립선에 대한 설명으로 바르지 못한 것은?

㉮ 방광의 하부에 위치한다.

㉯ 정자의 운동을 돕고 보호하는 작용을 한다.

㉰ 산성인 정액 냄새의 물질을 분비한다.

㉱ 요도와 사정관이 관통한다.

🕐️ ㉰ **알칼리성**인 정액 냄새의 물질을 분비한다.

정답 ㉰

95 여성의 생식기계에 해당하지 않는 것은?

㉮ 자궁   ㉯ 질

㉰ 대음순   ㉱ 음낭

🕐️ ㉱ 음낭 : **남성**의 생식기계

정답 ㉱

☆
96 난자를 생산하고 에스트로겐과 프로게스테론의 호르몬을 분비하는 곳은?

㉮ 난소   ㉯ 정소

㉰ 자궁   ㉱ 췌장

🕐️ ㉮ 난소 : 난자를 생산하고 에스트로겐과 프로게스테론의 호르몬을 분비

정답 ㉮

97 자궁에 대한 설명으로 바르지 못한 것은?

㉮ 방광과 직장 사이에 위치한다.

㉯ 난자의 이동 통로이다.

㉰ 수정란을 보호한다.

㉱ 영양분 공급 및 태아 성장이 일어난다.

🕐️ ㉯ 난자의 이동 통로이다. : **난관**에 대한 설명

정답 ㉯

98 여성의 질에 대한 설명으로 적절하지 못한 것은?

㉮ 정자가 들어가는 길이다.

㉯ 산성을 띤다.

㉰ 질 입구에 반월막으로 된 처녀막이 존재한다.

㉱ 여성의 불임 시술 부위이다.

🕐️ ㉱ 여성의 불임 시술 부위이다. : **난관**(나팔관)에 대한 설명

정답 ㉱

99 자궁 내막이 풍성하고 분비활동이 증가되며 프로게스테론의 영향을 받는 자궁 내막 주기는?

㉮ 월경기   ㉯ 증식기

㉰ 분비기   ㉱ 잠복기

🕐️ ㉰ 분비기 : 자궁 내막이 풍성하고 분비활동이 증가되며 프로게스테론의 영향

정답 ㉰

100 여성의 배란 시기는?

㉮ 월경 후 10~12일

㉯ 월경 후 14~15일

㉰ 월경 후 17~18일

㉱ 월경 후 20~25일

🕐️ ㉯ 월경 후 14~15일 : 여성의 배란 시기

정답 ㉯

모공수축을 위한 올바른 세안법

① 세안 전 반드시 손을 깨끗이 씻는다.

② 거품을 충분히 내어 손으로 피부를 마사지하듯 3분 정도 정성껏 씻어줌으로써 피부 노폐물은 제거된다.

③ 미지근한 물로 헹구고 마지막 단계에서는 피부 탄력을 위해 차가운 물을 사용하여 씻은 후 얼굴을 톡톡 두드리듯 가볍게 마사지한다.

④ 타월로 물기를 닦을 때는 쓸어내지 말고 두드리듯 가볍게 닦아낸다.

부위별 각질제거 방법

① 발바닥과 발꿈치

　따뜻한 물에 발을 담가 피로를 풀어주고 피부 각질을 부드럽게 만든 다음 각질제거 페이퍼로 발뒤꿈치를 문질러 피부를 깨끗하게 한다. 발전용 오일이나 크림을 발라 영양과 수분을 공급해 준다.

② 팔꿈치

　항상 건조한 부위이므로 수분 공급에 특별한 주의를 기울여야 한다. 때수건으로 더 상태가 악화되므로 먼저 팔꿈치를 2~3분 정도 스팀 타월로 감싸 각질을 부드럽게 해준 다음 각질 제거 스크럽제로 가볍게 문질러 각질을 벗겨낸다. 로션과 바디 오일을 1:1비율로 섞어 마사지하면 효과적이다.

③ 무릎

　피지분비가 많지 않은데다 마찰이 심한 부위인 무릎은 그만큼 때와 각질이 엉기기 쉬운 부위이다. 때수건으로 문지르면 오히려 상태가 악화되므로 세안용 폼을 부러시에 묻혀 문지르거나 레몬 조각을 문질러 마사지해주는 것이 좋다.

④ 얼굴

　클렌징 크림이나 로션으로 메이크업 잔여물을 닦아내고 클렌징 폼이나 비누를 사용해 이중세안 한다. 따뜻한 물로 헹궈내고 마지막에 찬물로 마무리한 다음 각질제거용 딥클렌징제를 얼굴 전체에 고루 발라 마사지한다. 1~2주에 한번 정도 해주면 피부가 환해진다.

PART 4

피부미용기기학

※ 적중예상 100선!

Chapter 01 피부미용기기학 개론

Skin Care

Key Point

1 기본 용어와 개념

(1) 피부 미용기기의 개념

① 외모를 아름답게 꾸미기 위해 사용되는 기기를 말한다.

② 짧은 시간에 높은 효과를 낼 수 있게 만들어진 기기이다.

③ 피부를 개선 관리하기 위한 피부 미용을 목적으로 사용이 허가된 기기이다.

④ 피부에 적용하여 고객의 피부를 관리 할 수 있도록 만들어진 기기이다.

(2) 피부기기의 사용 목적

① 제품을 피부 깊숙이 침투시켜 미용 효과를 극대화시킨다.

② 피부 관리 시 피부미용사의 능률을 향상시켜 준다.

③ 고객에게 합리적 과학적으로 신속한 피부관리 프로그램을 제공한다.

④ 피부타입별 영양공급 세정효과 긴장이완 살균 및 노폐물 배출에 목적이 있다.

(3) 물질 : 기본단위인 원자 및 분자로 구성된 지구상의 모든 것을 의미한다.

(4) 물질의 분류 용어

용어	특징
화합물	두 개 이상의 원소가 화학적으로 결합하여 생성
혼합물	두가지 원소가 물리적으로 결합하여 생성
분자	몇 개의 원자가 모여 독립성을 가진 최소 입자
원자	분자를 이루고 있는 알맹이 수
원소	원자로 구성 된 화학적 기본이 되는 물질 예)산소, 수소
전하	어떤 물체가 갖는 전기량
전압	전류가 흐르는 힘의 차이, 전위차

◀ 피부 미용기기의
개념

① 외모를 아름답게 꾸미기 위해 사용되는 기기

② 짧은 시간에 높은 효과를 낼 수 있게 만들어진 기기

③ 피부를 개선 관리하기 위한 피부 미용을 목적으로 사용이 허가된 기기

④ 피부에 적용하여 고객의 피부를 관리 할 수 있도록 만들어진 기기

알아두세요

- 화합물은 두 개 이상의 원소가 화학적으로 결합하여 생성
- 혼합물은 두가지 원소가 물리적으로 결합하여 생성

2 전기와 전류

(1) 전기

전기는 한 원자에서 다른 원자로 전기가 이동하는 현상을 말한다.
(**전자**는 **음극**에서 **양극**으로 이동)

기억법

전자음양 : 전자는 음극에서 양극으로 이동

(2) 전기와 기본 용어

용어	특징
전류	전하를 지닌 전자의 흐름
직류	전류의 흐르는 방향이 변하지 않는 것 예)갈바닉 전류
교류	전류의 흐름이 시간에 흐름에 따라 주기적으로 변동 예)고주파, 저주파
전압	전류가 흐르는 힘의 차이
전도체	전류가 통하는 물질 예)금속, 인체, 탄소
비전도체	전류가 통하지 않는 물질 예)마른나무, 유리, 실크, 고무
암페어	전류의 세기
저항	전류의 흐름을 방해하는 성질
전력	일정 시간 동안 사용되는 전류의 양

알아두세요

- 볼트 : 전압의 단위(v)
- 주파수 : **전류 이동 시 1초간에 반복되는 진동 횟수**
  전류의 주파수는 60Hz
- 암페어 : 전류의 세기(A)
- 오옴 : 전기 저항의 단위
- 와트 : 전력의 단위(w)

◁ 전류는 전자의 흐
름과 반대
① 전자 : 음극(-)에서
양극(+)으로 이동
② 전류 : 양극(+)에서
음극(-)으로 이동

◁ 전기의 표시 단위
① **볼트** : 전압의 단위
(v)
② **주파수** : 전류 이동
시 1초간에 반복되
는 진동 횟수
③ **암페어** : 전류의 세
기(A)
④ **오옴** : 전기 저항의
단위
⑤ **와트** : 전력의 단위
(w)

Key Point

◀ 전기의 3대 작용
① 발열작용
② 자기작용
③ 화학작용

◀ 전류의 종류
① 직류전류 : 지속적
  으로 한 방향으로
  이동 (갈바닉 전류)
② 교류전류 : 주기적
  으로 극성이 바뀌
  는 전하의 전류(격
  동, 정현파, 감응
  전류)

(3) 전기의 3대 작용

발열작용	전기 저항이 있으면 충돌하여 열을 발생 예)전구, 드라이기
자기작용	전기가 전선의 도체를 흐를 때 도체 주위에 자기가 발생 예)TV, 스피커
화학작용	전기의 역할에 의해 여러 물질이 화학 변화를 일의킴 예)건전지, 축전지

3 미용 기기의 종류 및 기능

(1) 피부 미용에 이용되는 전류의 분류

<table>
<tr><th colspan="2">종류</th><th>효과</th></tr>
<tr><td rowspan="1">직류
전류</td><td>갈바닉
전류</td><td>• 양극 : 수렴과 진정 효과, 조직을 강화, 신경안정
• 음극 : 세정 작용 및 노폐물 배출, 조직연화, 신경자극</td></tr>
<tr><td rowspan="5">교류
전류</td><td>격동
전류</td><td>• 전류의 세기가 순간적으로 강해졌다 약해졌다 하는 전류, 통증 마사지에 효과</td></tr>
<tr><td>정현파
전류</td><td>• 근육의 물리적 수축을 일으키는 교류 전류, 안면관리 시 사용 하며 과민성 피부에 적당</td></tr>
<tr><td rowspan="3">감응
전류</td><td colspan="2">• 시간이 지남에 따라 방향과 전류의 크기가 비대칭으로 교차</td></tr>
<tr><td>패러딕
전류</td><td>• 저주파 전류(1~1,000Hz이하) 근육, 신경자극, 피부탄력
• 중주파 전류(1,000Hz이상~10,000Hz이하) 세포재생 및 지방분해, 근육의 수축과 이완에 효과</td></tr>
<tr><td>테슬러
전류</td><td>• 고주파 전류(100,000Hz이상)세포내에 열을 발생, 통증완화, 혈액순환 및 신진대사 촉진, 제품의 침투효과 증진</td></tr>
</table>

알아두세요

• 양극 : 혈액양 감소, 진정수렴, 물질 침투에 사용
• 음극 : 열액공급 증가, 자극 세정효과, 노폐물 배출
• 직류전류(갈바닉 전류) : 지속적으로 한 방향으로 이동
• 교류전류 : 주기적으로 극성이 바뀌는 전하의 전류
• 감응전류 : 시간이 지남에 따라 방향과 전류의 크기가 비대칭으로 교차

◀ 미용분석기기
① 확대경
② 우드램프
③ 유분 측정기
④ pH 측정기
⑤ 체지방 측정기

(2) 피부미용의 안면관리 기기

분류	피부미용 기기의 종류	피부미용 기기의 효능
미용분석기기	확대경	피부분석, 피부결함 확대 분석, 모공상태, 색소
	우드램프	피부에 자외선을 조사, 피부의 수분, 피지양
	유분 측정기	피부의 유분 함유도, 필름에 묻은 피지를 빛 통과 후 유분 측정
	pH 측정기	피부의 알카리, 산성도 측정

분류	피부미용 기기의 종류	피부미용 기기의 효능
안면관리기기	체지방 측정기	인체의 전기 저항치를 측정, 체지방 측정
	전동브러시 (프리마톨)	천연모를 이용 피지와 각질제거, 딥클렌징
	스티머	수증기로 각질 연화하여 제거, 영양침투 효과
	루카스	노폐물 제거 및 피부재생 촉진, 보습효과
	이온토포레시스	직류 전류를 이용 피부 속으로 유효성분 침투
	디스인크러스테이션	피부의 각질 제거 및 노폐물 제거
	리프팅 기기	피부의 주름 및 탄력 회복에 도움을 주는 기기
	적외선 램프	혈액순환 및 신신대사 촉진, 영양분 침투 효과
	고주파 기기	피부의 활성화를 증진시켜 온열효과
	파라핀 왁스	피부의 보습 및 영양침투에 효과
	초음파 기기	피부재생이나 탄력 영양침투에 목적
	터모그래피	피하지방 상태를 영상자료로 측정
	엔더몰로지	전기적 자극을 주어 지방을 분해, 부종관리
	진공흡입기	피부를 자극하여 지방제거, 림프순환, 물리적 효과
	바이브레이터기	적당한 진동으로 마사지하여 지방분해
광선관리기기	적외선 기기	온열작용을 통해 근육과 신경 이완, 노폐물 배출
	자외선 기기	자외선으로 소독효과
	컬러테라피	빛을 이용하여 피부의 미용적 효과를 얻도록 고안

◀ 안면관리기기
① 전동브러시(프리마톨)
② 스티머
③ 루카스
④ 이온토포레시스
⑤ 디스인크러스테이션
⑥ 리프팅 기기
⑦ 적외선 램프
⑧ 고주파 기기
⑨ 파라핀 왁스
⑩ 터모그래피
⑪ 엔더몰로지
⑫ 진공흡입기
⑬ 바이브레이터기

◀ 광선관리기기
① 적외선 기기
② 자외선 기기
③ 컬러테라피

◀ 제모의 구분
① 일시적 제모 : 왁스 제모
② 영구적 제모 : 레이저, 영구 제모기

(3) 제모용 기기

① 왁스 제모기 : 왁스를 제모하려는 부위에 발라 불필요한 털을 제거
② 레이저 제모기 : 성장기 털을 한번에 많은 부위를 시술한다
③ 영구 제모기 : 모공과 모유두를 전류를 자극하여 완전히 제거하는 기기

알아두세요

• **일시적 제모** : 왁스 제모
• **영구적 제모** : 레이저 제모, 영구 제모기

Key Point

머리에 쏙~쏙~ 5분 체크

◀ 피부 미용기기의
  개념
① 외모를 아름답게
  꾸미기 위해 사용
  되는 기기
② 짧은 시간에 높은
  효과를 낼 수 있게
  만들어진 기기
③ 피부를 개선 관리
  하기 위한 피부 미
  용을 목적으로 사
  용이 허가된 기기
④ 피부에 적용하여
  고객의 피부를 관
  리 할 수 있도록 만
  들어진 기기

◀ 전기의 표시 단위
① **볼트** : 전압의 단위
  (v)
② **주파수** : 전류 이동
  시 1초간에 반복되
  는 진동 횟수
③ **암페어** : 전류의 세
  기(A)
④ **오옴** : 전기 저항의
  단위
⑤ **와트** : 전류의 단위
  (w)

◀ 전기의 3대 작용
① 발열작용
② 자기작용
③ 화학작용

01 (   )는 피부에 적용하여 고객의 피부를 개선 관리하기 위한 피부 미용을 목적으로 사용이 허가된 기기이다.

02 (   ) 이란 기본 단위인 원자 및 분자로 구성된 지구상의 모든 것을 총칭한다.

03 두 개 이상의 원소가 화학적으로 결합하여 생성된 것을 (   )이라하고, 두가지 원소가 물리적으로 결합하여 생성된 것을 (   )이라고 한다.

☆☆
04 전자는 (   )에서 (   )으로 이동하고, 전류의 흐름과는 (   )이다.

05 마른나무, 유리, 고무와 같이 전류가 통하지 않는 물질을 (   )라고 한다.

☆
06 전류의 세기 단위를 (   )라고 한다.

☆
07 전기의 3대 작용은 ( )작용, ( )작용, ( )작용이다.

☆☆
08 지속적으로 한 방향으로 이동하는 직류전류 중 가장 대표적인 피부미용기기는 (   ) 전류이다.

09 천연모로 회전원리를 이용하여 피지와 각질을 제거하는 딥클렌징 기기를 전동브러시 또는 (   )이라고 한다.

☆
10 갈바닉 기기 중 직류전류를 이용하여 피부 속으로 유효성분을 침투시키는 단계를 (   )라고 한다.

정답 01. 피부미용기기 02. 물질 03. 화합물, 혼합물 04. 음극(−), 양극(+), 반대 05. 비전도체 06. 암페어(A) 07. 발열, 자기, 화학 08. 갈바닉 09. 프리마톨 10. 이온토포레시스

Key Point

시험문제 엿보기

01 전기에 대한 설명으로 틀린 것은? ➡ 출제년도 08

㉮ 전류란 전도체를 따라 움직이는 (-)전하를 지닌 전자의 흐름이다.

㉯ 도체란 전류가 쉽게 흐르는 물질을 말한다.

㉰ 전류의 크기의 단위는 볼트(Volt)이다.

㉱ 전류에는 직류(D.C)와 교류(A.C)가 있다.

⏰☝ ㉰ 전류의 크기의 단위는 **암페어(A)**이다. (볼트(Volt) : 전압의 단위) [정답] ㉰

02 전류의 설명으로 옳은 것은? ➡ 출제년도 09

㉮ 양(+)전자들이 양(+)극을 향해 흐르는 것이다.

㉯ 음(-)전자들이 음(-)극을 향해 흐르는 것이다.

㉰ 전자들이 전도체를 따라 한 방향으로 흐르는 것이다.

㉱ 전자들이 양극(+)방향과 음극(-)방향을 번갈아 흐르는 것이다.

⏰☝ ㉰ 전자들이 전도체를 따라 한 방향으로 흐르는 것이다. [정답] ㉰

03 이온에 대한 설명으로 틀린 것은? ➡ 출제년도 09

㉮ 원자가 전자를 얻거나 잃으면 전하를 띠게 되는데 이온은 이 전하를 띤 입자를 말한다.

㉯ 같은 전하의 이온은 끌어당긴다.

㉰ 중성의 원자가 전자를 얻으면 음이온이라 불리는 음전하를 띤 이온이 된다.

㉱ 이온은 원소 기호의 오른쪽 위에 잃거나 얻은 전자수를 + 또는 - 부호를 붙여 나타낸다.

⏰☝ ㉯ 같은 전하의 이온은 **밀어낸다.** [정답] ㉯

04 교류 전류로 신경근육계의 자극이나 전기 진단에 많이 이용되는 감응전류(Faradic current)의 피부 관리 효과와 가장 거리가 먼 것은? ➡ 출제년도 10

㉮ 근육 상태를 개선한다.

㉯ 세포의 작용을 활발하게 하여 노폐물을 제거한다.

㉰ 혈액순환을 촉진한다.

㉱ 산소의 분비가 조직을 활성화 시켜준다.

⏰☝ ㉱ 감응 전류 : 전류를 이용하여 화학적인 작용으로 세포를 활성화시켜 노폐물 제거, 근육 상태 개선, 혈액순환 촉진 등의 효과가 있다. [정답] ㉱

05 피부를 분석할 때 사용하는 기기로 짝지어진 것은? ➡ 출제년도 10

㉮ 진공흡입기, 패터기   ㉯ 고주파기, 초음파기

㉰ 우드램프, 확대경   ㉱ 분무기, 스티머

⏰☝ ㉰ **피부분석기기** : 우드램프, 확대경, 유·수분·pH측정기 등 [정답] ㉰

◀ **전류는 전자의 흐름과 반대**
① 전자 : 음극(-)에서 양극(+)으로 이동
② 전류 : 양극(+)에서 음극(-)으로 이동

◀ **전류의 종류**
① 직류전류 : 지속적으로 한 방향으로 이동 (갈바닉 전류)
② 교류전류 : 주기적으로 극성이 바뀌는 전하의 전류(격동, 정현파, 감응 전류)

◀ **미용분석기기**
① 확대경
② 우드램프
③ 유분 측정기
④ pH 측정기
⑤ 체지방 측정기

Chapter 02 피부 미용기기의 사용법

Skin Care

1 기기 사용법

◉ 확대경
육안에 비해 5~10배
확대

(1) 피부 판별 기기

① 확대경

- 고객의 피부를 완전히 분석하여 피부 상태에 맞는 적절한 관리를 할 수 있다.
- 면포, 농포 및 여드름 관리에 사용된다.
- 피부 상태에 따른 정확한 관리를 할 수 있다.
- 스위치는 고객의 옆에서 사용하고 아이패드를 사용한다.
- **육안에 비해 5~10배 확대**되어 피부를 분석할 수 있다.

확대경

◉ 우드램프
① 피부에 자외선을
조사하여 피지량,
수분량, 색소침착
등을 확대경을 통
해 판별
② 실내는 어둡게 한
후 측정

② 우드램프

- 피부에 **자외선**을 조사하여 피지의 양, 수분 양, 색소 침착 등을 확대경을 통해 판별한다.
- 육안으로 보이지 않는 피부 상태를 20배 확대해서 볼 수 있는 기기이다.
- 고객의 눈을 보호하기 위해 아이패드를 사용한다.
- 시술시 5~6cm 떨어진 위치에서 실내는 **어둡게** 한 후 측정한다.

우드램프

우드램프 사용시 피부상태 색상

피부 상태	피부의 반응 색상
정상(중성)피부	청백색
건성(수분부족)피부	옅은 보라색
민감성 피부	짙은 보라색
여드름, 지성피부	주황색
노화된 각질 피부	흰색

색소피부	짙은 갈색
먼지, 이물질	흰색 빛의 형광색

〈우드램프 피부반응 색상〉
정청백 : 정상피부 청백색
건연보 : 건성피부 연보라색
민진보 : 민감성피부 진보라색
여지주 : 여드름, 지성피부 주황색
노각흰 : 노화 각질피부 흰색
색암 : 색소피부 암갈색

③ 유·수분 측정기
• 피부의 유·수분 함량을 측정하는 기기이다.
• **유분 측정기**는 필름에 피지를 묻혀 빛의 투과성을 보는 기기이다.
• **세안 후 2시간 후**에 측정하는 것이 정확한 고객의 피부 상태를 분석할 수 있다.

유·수분 측정기

 알아두세요
• 수분을 측정하기 위해 적적한 온도
• 온도 18±20℃, 습도 40~60% 적절

④ pH 측정기
• 피부의 알칼리성, 산성도를 분석하는 기기이다.
• 피부의 예민도나 유분 정도를 측정하는 기기이다.
• 주변 환경과 고객의 상태를 고려해서 측정한다.

pH 측정기

Key Point

◀ 우드램프 피부반응 색상
① 정상(중성)피부 : 청백색
② 건성(수분부족)피부 : 옅은 보라색
③ 민감성 피부 : 짙은 보라색
④ 여드름, 지성피부 : 주황색
⑤ 노화된 각질 피부 : 흰색
⑥ 색소 피부 : 짙은 갈색
⑦ 먼지, 이물질 : 흰색 빛의 형광색

◀ 유·수분 측정기
① 피부의 유·수분 함량을 측정하는 기기
② 유분 측정기 : 필름에 피지를 묻혀 빛의 투과성을 보는 기기

◀ pH 측정기
① 피부의 알칼리성, 산성도를 분석하는 기기
② 피부의 예민도나 유분 정도를 측정하는 기기

⑤ 체지방 측정기

약한 전류를 흘러 보냈을 때 인체의 저항 수치를 측정하여 피하지방의 두께를 측정하는 기기이다.

체지방 측정기

(2) 안면관리 기기

◀ 진동브러시(프리마톨)
천연 털로 만든 회전 브러시를 사용하여 피지와 노폐물을 제거하는 딥클렌징 기기

① 전동브러시(프리마톨)
  • 피부에 자극이 적은 천연 털로 만든 회전 브러시를 사용하여 피지와 노폐물을 제거하는 기기이다.
  • 피부의 더러움이나 화장 잔여물을 제거하는 기능과 마사지 효과도 있으며 특히 딥클렌징의 효과가 있다.
  • 전동기의 속도는 피부 타입에 맞게 적절하게 사용하는 것이 좋다.
  • 예민피부나 혈관 확장 피부, 염증성 여드름 피부는 부적합하다.

🔖 알아두세요

부위에 따른 브러쉬 선택
  • 작은솔(1호):입, 코, 눈주위
  • 큰솔(2호):이마, 양볼
  • 긴솔(3호):데콜테
  • 석고(4호):각질 제거용

◀ 스티머
증기를 이용하여 각질을 게거

② 스티머
  • **증기**를 **이용**하여 **각질**을 **제거**함으로써 피부를 이완시켜 준다.
  • 영양분은 침투시키고 습윤 작용과 보습 효과를 증대시켜 준다.
  • 딥클렌징(효소) 사용시 효과를 극대화시킨다.
  • 피부 상태에 따라 거리를 유지한다.
  예 지성, 건성:20cm-15분
    정상피부:25cm-10분
    민감, 예민:30cm-5분

스티머

③ 분무기(루카스)

- 유리관을 통해 피부에 수분을 공급하는 기기이다.
- 고객과 적당한 거리를 두고 피부에 골고루 분사시킨다.
- 고객의 눈을 보호하기 위해 아이패드를 사용한다.

④ 갈바닉 기기

㉮ 이온토포레시스 (카타포레시스)

- 전류의 **양극**을 이용하여 피부 조직에 **영양분**을 **침투**시키는 기기이다.

이카영침 : 이온토포레시스는 **카**타포레시스로 **영양분**을 **침투**

- 제품이나 앰플을 피부의 진피까지 흡수 시키는 기기이다.
- 고객에게 자극이 없도록 귀금속을 제거하고 실시한다.
- 관리가 시작되면 고객의 타입에 맞게 세기를 맞춘다.

이온토포레시스

㉯ 디스인크러스테이션 (아나포레시스)

- 전류의 **음극**을 이용하여 피부의 노폐물 및 피지를 제거하며 **딥클렌징**에 효과적이다.

디아음딥 : **디**스인크러스테이션은 **아**나포레시스로 **음**극을 이용하여 **딥**클렌징 효과

- **지성, 복합성, 여드름피부**에 **모공 세정** 효과가 있다.
- 고객의 타입에 맞게 세기를 결정한다.
- 사용한 기기는 반드시 소독기에 소독해야 한다.

㉰ **효과**

양극(+)	음극(-)
• 산성반응	• 알칼리성반응
• 신경자극 감소	• 신경자극 증가
• 혈액공급 감소	• 혈액공급 증가
• 조직을 단단하게 함	• 조직을 유연하게 함
• 진정효과	• 자극효과
• 통증 감소	• 통증 유발
• 혈관 수축	• 혈관 확장
• 양이온 물질 침투	• 음이온 물질 침투
• 수렴 효과	• 모공 세정 효과

Key Point

◀ 분무기(루카스)
유리관을 통해 피부에 수분을 공급하는 기기

◀ 이온토포레시스
전류의 양극을 이용하여 피부 조직에 영양분을 침투시키는 기기

◀ 디스인크러스테이션
전류의 음극을 이용하여 피부의 노폐물 및 피지를 제거하는 딥클렌징 효과

◀ 갈바닉 기기의 효과
① 양극(+) : 산성, 진정, 통증 감소, 혈관 수축, 양이온 물질 침투, 수렴효과
② 음극(-) : 알칼리성, 자극, 통증 유발, 혈관 확장, 음이온 물질 침투, 모공 세정 효과

(3) 전신 관리 기기

① 리프팅 기기
- 탄력이 없는 피부에 자극을 주어 콜라겐과 엘라스틴의 합성을 촉진시킨다.
- 피부 **탄력 강화** 및 **주름 개선**에 효과가 있다.
- 실시 전에 반드시 고객의 귀금속을 모두 제거해야 한다.
- 수술 직후나 간질환자 임산부 심장질환 환자는 부적합하다.
- 과다한 사용은 금지한다.

② 적외선 램프
- 온열 자극을 통해 근육을 이완시켜 주며 적외선은 **열선**으로 통증이나 긴장감을 풀어 주기 위한 국소 관리에 주로 사용한다.
- 파장은 760nm~5000nm사이이다.
- 고객의 피부 타입에 맞게 시간을 조절한다.

③ 초음파 기기
- 진동 주파수가 20,000Hz 이상인 **불가청 진동 음파**이다.
- 교류전류를 발생시키는 심부 열치료 기기이다.
- 인공 심장 박동기, 악성종양, 상처, 혈압이상자, 임산부, 혈전증 환자 등 삼가야 한다.
- 눈 주위 및 감상선 주위의 관리는 삼가야 한다.

적외선 램프

초음파 기기의 효과	
열효과	• 혈액 및 림프 순환 증가 • 신진대사 촉진 • 교원조직의 탄력성 변화 및 조직의 이완
화학적효과	• 피부의 pH 조화 • 결체조직의 재생 작용 • ATP 활성 증진 • 지방 분해 작용
전기적효과	• 진동에 의한 피부 세정 효과 • 진동에 의한 미세 마사지 효과 • 진피 세포 활성화에 의한 탄력 증진 • 근육 조직 강화

기억법

〈초음파기기의 효과〉
열화전 : 열효과, 화학적효과, 전기적효과

◀ 적외선 램프
붉은색의 열선

◀ 초음파 기기
① 20,000Hz 이상의 불가청 진동 음파
② 효과 : 열효과, 화학적효과, 전기적효과

④ 고주파 기기(테슬러 전류)
- 100,000Hz이상의 교류전류이다.
- 전기 에너지를 열에너지를 전화시켜 생체내에 다량의 열이 발생하는 기능을 한다. (심부열 발생)
- 혈관 확장 작용 살균작용 신진대사 촉진 이온교환 효과가 있다.
- 피부 질환이나 동맥경화 심장질환 고객에게 부적합하다.
- 한 부위에 5초 이상 머무르지 않고 너무 빠르게 시술하지 말아야 한다.
- 직접법과 간접법으로 구분된다.

직접법	간접법
• 전극봉 유리관 내의 공기와 가스가 이온화되어 전류가 유리관을 통해 피부로 전달되는 방법 • **지성, 여드름피부**에 효과 • 스파크에 의해 **살균작용** 직지여살 직지여살 : 직접법은 지성, 여드름피부, 살균작용 • 혈액순환 촉진 • 신진대사 촉진, 노폐물 배출에 효과	• 전기가 흐르는 느낌은 거의 없고 피부를 부드럽게 **마사지**하는 방법 • **건성, 노화피부**에 효과 간마건노 간마건노 : 간접법은 마사지하는 방법으로 건성, 노화피부 • 온열효과로 혈액순환촉진 • 안면 및 전신관리 모두 사용

고주파 기기

⑤ 저주파 기기
- 1~1,000Hz의 교류전류이다.
- 비만 관리 효과 및 체지방을 감소시켜준다.
- 탄력 관리 및 수분, 체내 노폐물 배출 효과가 있다.
- 근육 강화 및 통증 완화 효과가 있다.

Key Point

◀ 중주파 기기
① 1,000~10,000Hz
　의 교류전류
② 피부의 전기 저항
　이 낮아 통증 및 자
　극 없음

◀ 파라핀 왁스
① 건성·노화피부 적
　합
② 손·발관리 적합

◀ 엔더몰로지
① 최근 가장 효과적
　인 비만 기기
② 말초신경 자극으로
　심리적 안정감

◀ 진공 흡입기
① 진공 음압에 의해
　피부를 흡입하여
　정체된 노폐물 배
　출 효과
② 림프절　방향으로
　관리

⑥ 중주파 기기
- 1,000~10,000Hz의 교류전류이다.
- 피부의 **전기 저항**이 **낮아 통증** 및 **자극이 없다.**
- 지방 분해 및 부종, 염증 완화 효과가 있다.

☞ 알아두세요 ____

중·저주파 기기 = **파라딕 기기**라고도 함

⑦ **파라핀 왁스**
- **건성** 피부의 수분 공급 및 혈액순환을 촉진시키므로 **노화**피부에 적합하다.
- 순환계 질환, 피부 발진, 피부 부작용, 화상 사마귀 부 적합하다.
- 영양분 침투 및 진통 완화에 효과적이다.
- 건조한 **손, 발관리**에 적합하다.

파라핀 왁스

기억법

건노손발 : 건성, 노화피부, 손·발관리

⑥ **터모그래피**

피하지방의 상태와 피부의 결절 부종 및 셀룰라이트의 변화를 영상 자료로 측정할 수 있는 기기이다.

⑦ **엔더몰로지**
- **최근 가장 효과적인 비만기기**이다.
- 말초신경 자극으로 심리적 안정감을 준다.
- 주로 비만에 사용되는 기기로 피부의 지방을 분해하고 노폐물 및 부종 완화 효과가 있다.
- 셀룰라이트 관리에 많이 사용되며 비만으로 인한 피부의 조직내 병변을 변화시키는 기기이다.
- 예민피부 및 상처가 있는 피부는 부적합하다.

엔더몰로지

⑧ **진공 흡입기**
- **진공 음압**에 의해 피부를 흡입하여 정체된 노폐물 배출 효과가 있다.
- 피부의 신진대사를 촉진시켜 혈액 순환을 원활하게 하고 근육의 이완 및 통증 감소 시키고 심리적 안정감을 준다.
- **여드름 압출**, **노화**, **건성**피부에 사용한다.

진공 흡입기

• 림프액의 흐름을 빠르게 하고 노폐물 축적을 방지한다. (**림프절 방향**으로 관리)

⑨ **바이브레이터기**

• 혈액순환을 촉진시키고 마사지 하는 것과 같은 방법으로 회전하며 근육통에 효과가 있다.

• 부종이나 셀룰라이트 지방분해에 사용된다.

• 수술 직후나 피부 질환 고객에게 부적합하다.

(3) 광선관리 기기

① **적외선 기기**

• **온열작용**으로 근육이완 및 혈액순환을 촉진시킨다.

• 앰플 영양분 침투에 용이하다.

• 피부의 상태에 따라 시간 조절 및 거리를 유지한다. (45~90cm)

적외선 램프

알아두세요

• 근적외선 : 770~1500nm(혈관,신경영향)
• 원적외선 : 1500nm~12,000nm(피부 상층부까지 흡수)

② **자외선 기기**

• 피부에 조사 시 **살균작용**이 있으며 **비타민 D**를 형성하여 **구루병 예방** 면역력 개선 효과가 있다.

• 여드름 치료 및 피부 태닝 효과가 있다.

• 피부 홍반, 알레르기 화상에 주의한다.

자외선 파장 및 기능

파장	자외선 기능	적용
320~400nm(UVA)	피부 테닝 효과, 색소침착 및 광노화(진피 침투)	피부 분석기, 선탠기
290~320nm(UVB)	피부 알레르기, 홍반유발(표피 기저층 침투)	의료기기
290nm이하(UVC)	강한 살균력으로 피부 면역력 효과	각종 살균작용

③ **컬러테라피 기기**

• 색을 지니고 있는 빛을 이용해서 효과를 얻을 수 있으며 부작용도 없고 안전한 관리로 피부 미용적 효과를 얻을 수 있는 기기이다.

• 빛의 세기 파장에 맞게 적용한다.

• 알레르기 질환, 심장 질환 고객에게 부적합하다.

◀ 컬러테라피 색상
별 효과
① 빨강 : 혈액순환 촉
진
② 주황 : 내분비계 기
능 조절
③ 노랑 : 수술 후 회
복, 소화 기능 개선
④ 녹색 : 진정, 림프
계 순환, 평형 감각
유지
⑤ 파랑 : 안정감
⑥ 보라 : 면역력 향상

컬러테라피 색상별 효과

구분	효과
빨강(600~700nm)	근육의 이완, 피부 재생 기능, **혈액순환** 촉진
주황(500~600nm)	예민, 민감성 피부 적용, **내분비계** 기능조절 및 신진대사 촉진
노랑(580~590nm)	수술 후 빠른 **회복, 소화 기능**을 개선
녹색(500~550nm)	**진정**, 신경 안정에 도움, 림프계 순환, 신체의 평형 감각 유지
파랑(450~480nm)	스트레스 질환에 효과적, 편안하고 **안정감**을 유발 숙면 효과
보라(420~460nm)	중추 신경계 영향, 식욕조절, 피부 기미 및 색소관리, **면역력** 향상

알아두세요

• 컬러테라피는 색을 지닌 빛은 이용하여 인체에 적용하는 테라피이다.
• 빛의 파장, 빛의 세기, 빛이 나타내는 색에 따라 효과가 다르다.

2 유형별 시술 방법

(1) 정상피부 적용기기와 효과

◀ 스티머 적용
① 정상피부 : 8~10분
② 건성피부 : 10~12분
③ 지성·복합성피
부 : 10분
④ 민감성피부 : 7분
⑤ 노화피부 : 10분

◀ 디스인크러스테이
션
① 정상·지성피부에
적용 가능한 딥클
렌징 기기

◀ 이온토포레시스
영양흡수 단계에 사용
가능

◀ 스티머
각질 연화

분류	적용	기대효과
클렌징	스티머(8~10분)	각질연화 및 순환계 촉진
딥클렌징	프리마톨, 디스인크러스테이션	각질제거 및 피부재생 효과
분석	우드램프, 유.수분 측정기, 확대경	딥클렌징 2시간 경과 후 실시
영양흡수 단계	이온토포레시스. 초음파기기	영양, 비타민 주입, 모세혈관부위 주의
마사지 단계	제품 도포 후 초음파기기 사용	노화피부에 탄력 및 혈액순환 촉진
팩 및 마스크	고객에 피부 타입별 적용	적외선 램프 적용 제품 흡수 극대화
마무리 단계	냉.온 마사지 이용	피부 진정, 보습, 혈관수축

(2) 건성피부 적용기기와 효과

분류	적용	기대효과
클렌징	스티머(10~12분)	각질연화 및 모공확장
딥클렌징	스티머(효소 필링제)	노화각질 제거, 피부재생 효과
분석	우드램프, 확대경	옅은 보라색, 딥클렌징 2시간 후 실시
영양흡수 단계	콜라겐, 보습앰플 흡수(이온토포레시스)	피부에 콜라겐 흡수로 탄력강화, 혈액순환
마사지 단계	리프팅기기, 고주파 기기	혈액순환 촉진, 주름예방

Key Point

◁ 루카스
보습진정

분류	적용	기대효과
팩 및 마스크	콜라겐팩, 하이드로마스크팩, 보습앰플	피부에 보습 효과, 주름 및 탄력강화
마무리 단계	수분에센스, 보습크림	수분 밸런스 유지, 진정 보습 효과

(3) 지성 피부에 적용기기와 효과

분류	적용	기대효과
클렌징	스티머(10분)	각질연화, 신진대사 촉진
딥클렌징	디스인크러스테이션, 초음파 스킨 필링	각질제거, 피부재생 효과
분석	확대경, 유.수분 측정기	주황색, 딥클렌징 2시간 후 실시
영양흡수 단계	이온토포레시스, 초음파 기기	비타민C, 지성용앰플 흡수
마사지 단계	진공 흡입기, 면포추출, 고주파 기기	혈액순환 및 신진대사 촉진
팩 및 마스크	피지흡착팩, 알로에 베라. 진정팩	유.수분 밸런스 유지, 피지조절
마무리 단계	냉타올, 수렴 화장수(아스트리젠트)	피부 진정 및 보습, 수렴작용

◁ 진공 흡입기
여드름 및 면포 추출
용이

◁ 알로에 베라
① 보습작용
② 진정작용
③ 항염작용

(4) 복합성피부 적용기기와 효과

분류	적용	기대효과
클렌징	스티머(10분)	각질연화, 혈액순환 촉진
딥클렌징	프리마톨(전동브러시), 스크럽제	각질제거, 피부재생
분석	유.수분 측정기, 우드램프	옅은보라, 주황색
영양흡수 단계	이온토포레시스, 초음파기기	피부진정 및 보습작용으로 유·수분 균형
마사지 단계	초음파, 리프팅 기기	물리적 작용으로 피부 탄력효과
팩 및 마스크	수분.보습팩, 피지조절팩	보습유지 및 진정 수렴작용
마무리 단계	냉타월, 유연 화장수, 수렴 화장수	모공 수축 작용,pH밸런스 유지

(5) 민감성 피부 적용기기와 효과

분류	적용	기대효과
클렌징	스티머(7분)	각질연화 , 모공 확장, 노폐물 배출
딥클렌징	자극이 적은 크림타입 필링	각질제거 및 재생 효과
분석	우드램프, 확대경	짙은 보라색, 딥클렌징 2시간 후 실시
영양흡수 단계	루카스 분무기	충분한 보습, 진정 효과

◀ 진정 성분
아줄렌

분류	적용	기대효과
마사지 단계	자극이 적은 마사지기	피부 탄력 및 신진대사 촉진
팩 및 마스크	아줄렌, 알로에 베라	진정 보습 유지
마무리 단계	수렴 화장수(아스트리젠트)	혈관 수축, 진정 보습

(6) 노화 피부 적용기기와 효과

◀ 갈바닉기기
① 이온토포레시스 :
  영양 공급 단계
② 디스인트러스테이
  션 : 팁클렌징 단계

분류	적용	기대효과
클렌징	스티머(10분)	각질연화, 혈액 순환 촉진
딥클렌징	프리마톨, 효소 필링	각질제거 및 노폐물 배출
분석	우드램프, 확대경	흰색
영양흡수 단계	이온토포레시스, 초음파 기기	콜라겐, 영양앰플
마사지 단계	초음파 기기, 리프팅 기기	피부 재생 및 탄력 개선
팩 및 마스크	탄력 및 수분팩	수분 유지, 피부 재생
마무리 단계	유연 화장수	진정 보습 및 ph균형 유지

기름 종이로 알아보는 내 피부타입

세안 후 아무것도 바르지 않고 2시간정도 지난 후에 기름 종이를 얼굴에 꼭 누른 후 기름 종이에 달라붙은 피지량으로 자신의 피부상태를 알아볼 수 있는 방법이다.
① 지성피부 : 기름 종이가 투명해질 정도로 끈적하게 피지가 붙어 있는 경우
② 정상(중성) 피부 : 기름 종이가 젖을 정도는 아니지만 종이가 약간 끈적거릴 정도의 경우
③ 건성피부 : 피지가 별로 붙어 있지 않은 경우

머리에 쏙~쏙~ 5분 체크

01 ( )은 고객의 피부를 육안에 비해 5~10배 확대하여 피부 상태를 분석하는 기기이다.

02 우드램프로 피부 분석시 색소침착 피부의 경우 ( )의 피부 반응 색상이 나타난다.

03 증기열을 이용하여 각질을 연화시켜 딥클렌징 효과를 극대화 시키는 기기는 ( )이다.

04 갈바닉 기기는 전류의 양극을 이용하여 영양물질을 침투하는 기기인 ( )와 전류의 음극을 이용하여 딥클렌징을 하는 기기인 ( )로 구분된다.

05 ( ) 기기는 탄력이 없는 피부에 자극을 주어 콜라겐과 엘라스틴의 합성을 촉진시켜 준다.

06 초음파 기기의 효과는 ( ) 효과, ( ) 효과, ( ) 효과가 있다.

07 고주파 기기는 ( )을 발생시키는 교류전류로 전기가 흐르는 느낌은 거의 없고 부드럽게 마사지하는 방법을 ( )이라고 한다.

08 ( ) 기기는 피부의 전기 저항이 낮아 통증 및 자극이 없다.

09 ( )는 최근 가장 효과적인 비만관리기기이다.

10 진공 흡입기는 여드름 압출, 노화, 건성 피부에 사용하며 관리는 ( ) 방향으로 실시해야 한다.

정답 **01.** 확대경 **02.** 짙은갈색(암갈색) **03.** 스티머 **04.** 이온토포레시스, 디스인크러스테이션 **05.** 리프팅 **06.** 열, 화학적, 전기적 **07.** 심부열, 간접법 **08.** 중주파 **09.** 엔더몰로지 **10.** 림프절

◀ 우드램프 피부반응 색상
① 정상(중성)피부 : 청백색
② 건성(수분부족)피부 : 옅은 보라색
③ 민감성 피부 : 짙은 보라색
④ 여드름, 지성피부 : 주황색
⑤ 노화된 각질 피부 : 흰색
⑥ 색소 피부 : 짙은 갈색
⑦ 먼지, 이물질 : 흰색빛의 형광색

◀ 고주파 기기(테슬러 전류)
① 심부열 발생
② 직접법 : 전극봉 유리관 내의 공기와 가스가 이온화되어 전류가 유리관을 통해 피부로 전달되는 방법, 지성·여드름 피부에 효과, 스파크에 의해 살균 작용
③ 간접법 : 전기가 흐르는 느낌은 거의 없고 피부를 부드럽게 마사지하는 방법, 건성·노화 피부에 효과, 온열효과로 혈액순환 촉진

Key Point

시험문제 엿보기

01 수분 측정기로 표피의 수분 함유량을 측정하고자 할 때 고려해야 하는 내용이 아닌 것은? ▸출제년도 09

㉮ 온도는 20~22℃에서 측정하여야 한다.

㉯ 직사광선이나 휴식을 취한 후 측정하도록 한다.

㉰ 운동 직후에는 휴식을 취한 후 측정하도록 한다.

㉱ 습도는 40~60%가 적당하다.

☞ ㉯ **직사광선** 아래에서는 측정을 **피해야** 한다. 　　정답 ㉯

02 브러싱에 관한 설명으로 틀린 것은? ▸출제년도 08

㉮ 모세혈관 확장피부는 석고 재질의 브러싱이 권장된다.

㉯ 건성 및 민감성 피부의 경우는 회전 속도를 느리게 해서 사용하는 것이 좋다.

㉰ 농포성 여드름 피부에는 사용하지 않아야 한다.

㉱ 브러싱은 피부에 부드러운 마찰을 주므로 혈액 순환을 촉진시키는 효과가 있다.

☞ ㉮ 모세혈관 확장피부는 브러싱의 사용을 **피한다.** 　　정답 ㉮

03 지성피부의 면포추출에 사용하기 가장 적합한 기기는? ▸출제년도 101

㉮ 분무기 ㉯ 전동브러쉬

㉰ 리프팅기 ㉱ 진공흡입기

☞ ㉱ 진공흡입기 : 지성피부의 면포추출에 사용하기 가장 적합 　　정답 ㉱

04 고주파 직접법의 주 효과에 해당하는 것은? ▸출제년도 09

㉮ 수렴효과 ㉯ 피부강화

㉰ 살균효과 ㉱ 자극효과

☞ ㉰ 살균효과 : 고주파 직접법은 **스파크**를 발생시켜 살균효과를 주므로 지성피부에 효과적이다. 　　정답 ㉰

05 칼라테라피 기기에서 빨상 색광의 효과와 가장 거리가 먼 것은? ▸출제년도 09

㉮ 혈액순환 증진, 세포의 활성화, 세포 재생활동

㉯ 소화기계 기능강화, 신경자극, 신체 정화작용

㉰ 지루성 여드름, 혈액순환 불량 피부관리

㉱ 근조직 이완, 셀룰라이트 개선

☞ ㉱ 근조직 이완, 셀룰라이트 개선 : **보라색**의 효과 　　정답 ㉱

1 피부 미용기기의 개념으로 볼 수 없는 것은?

㉮ 짧은 시간에 높은 효과를 얻을 수 있게 만들어진 기기이다.

㉯ 외모를 아름답게 가꾸어 주는 기기이다.

㉲ 피부를 치유할 수 있도록 만들어진 기기이다.

㉳ 피부에 적용하여 고객의 피부를 관리할 수 있도록 만들어진 기기이다.

㉲ 피부를 치유하는 것은 **의료행위**에 속한다.

정답 ㉲

2 전기 용어에 대한 설명으로 바르지 못한 것은?

㉮ 전류와 전자의 흐름은 같다.

㉯ 직류는 전류의 흐르는 방향이 변하지 않는 것이다.

㉲ 전압이란 전류가 흐르는 힘의 차이를 의미한다.

㉳ 금속이나 인체와 같이 전류가 잘 통하는 물질을 전도체라고 한다.

㉮ 전류와 전자의 흐름은 **반대**이다.　　㉮

3 전류 이동 시 1초간에 반복되는 진동 횟수를 나타내는 단위는?

㉮ 암페어　　　　㉯ 주파수

㉲ 볼트　　　　　㉳ 와트

㉯ 주파수 : Hz로 표기하며 전류 이동 시 1초간에 반복되는 진동 횟수를 나타내는 단위　정답 ㉯

4 몇 개의 원자가 모여 독립성을 가진 최소 입자를 무엇이라고 하는가?

㉮ 원소　　　　　㉯ 물질

㉲ 전하　　　　　㉳ 분자

㉳ 분자 : 몇 개의 원자가 모여 독립성을 가진 최소 입자

정답 ㉳

5 TV나 스피거 등에 전기가 전선의 도체를 흐를 때 도체 주위에 생기는 전기는?

㉮ 발열전기

㉯ 자기장전기

㉲ 동전기

㉳ 화학전기

㉯ 자기장전기 : TV나 스피거 등에 전기가 전선의 도체를 흐를 때 도체 주위에 생기는 전기

정답 ㉯

6 다음 중 비전도체가 아닌 것은?

㉮ 마른나무　　　㉯ 유리

㉲ 탄소　　　　　㉳ 고무

㉲ 탄소 : **전도체**　　　정답 정답 ㉲

7 전류의 흐름을 방해하는 성질을 나타내는 단위는?

㉮ 암페어　　　　㉯ 오옴

㉲ 와트　　　　　㉳ 주파수

㉯ 오옴 : 전류의 흐름을 방해하는 성질　정답 ㉯

8 다음 중 전기에 대한 설명으로 틀린 것은?

㉮ 전류란 전하를 지닌 전자의 흐름이다.

㉯ 전류의 세기의 단위는 암페어(A)이다.

㉲ 전력은 일정 시간 동안 사용되는 전류의 양이다.

㉳ 교류전류의 종류에는 갈바닉 전류가 있다.

㉳ **직류전류**의 종류에는 갈바닉 전류가 있다.

정답 ㉳

9 다음 중 아래 내용이 설명하는 전류는?

> 전류의 세기가 순간적으로 강해졌다 약해졌다 하는 전류로 통증 마사지에 효과적이다.

㉮ 정현파 전류

㉯ 갈바닉 전류

㉰ 격동 전류

㉱ 감응 전류

💡 ㉰ 격동 전류 : 전류의 세기가 순간적으로 강해졌다 약해졌다 하는 전류로 통증 마사지에 효과적

정답 ㉰

10 다음 중 교류전류로 근육의 물리적 수축을 일으키고 안면관리시 사용하며 과민성 피부에 적당한 전류는?

㉮ 패러딕 전류

㉯ 테슬러 전류

㉰ 정현파 전류

㉱ 감응 전류

💡 ㉰ 정현파 전류 : 교류전류로 근육의 물리적 수축을 일으키고 안면관리시 사용하며 과민성 피부에 적당

정답 ㉰

11 다음 중 원자에 관한 설명으로 적절하지 못한 것은?

㉮ 분자를 이루고 있는 알맹이 수이다.

㉯ 물질을 이루는 최소 단위이다.

㉰ 양전하를 띤 원자핵과 양전하를 띤 전자로 구성된다.

㉱ 전자는 에너지궤도에서 핵 주위를 돈다.

💡 ㉰ 양전하를 띤 원자핵과 **음전하**를 띤 전자로 구성된다.

정답 ㉰

12 혼합물 중에서 불균일 혼합물인 것은?

㉮ 우유

㉯ 설탕물

㉰ 공기

㉱ 소금물

💡 ㉮ 우유 : 불균일 혼합물

정답 ㉮

13 양성자는 원자핵 안에서만 움직일 수 있고 전자의 수가 줄거나 늘면서 전기적으로 중성인 원자를 띠게 되는 것을 무엇이라고 하는가?

㉮ 원소

㉯ 이온

㉰ 분자

㉱ 화합물

💡 ㉯ 이온 : 전기적으로 중성인 원자를 띠게 되는 것

정답 ㉯

14 다음 중 전류가 아닌 것은?

㉮ 전기의 흐름

㉯ 전자의 이동

㉰ 전자의 방향은 (+)에서 (−)로 이동

㉱ 전류의 방향은 (+)에서 (−)로 이동

💡 ㉰ 전자의 방향은 (−)에서 (+)로 이동

정답 ㉰

15 생물 내에서 일어나는 미세한 전기 현상을 무엇이라고 하는가?

㉮ 발열 전기

㉯ 생체 전기

㉰ 정전기

㉱ 전자기

💡 ㉯ 생체 전기 : 생물 내에서 일어나는 미세한 전기 현상

정답 ㉯

☆
16 피부의 잔주름, 모공 상태, 색소 침착 등의 피부를 판별할 수 있는 기기는?

㉮ pH 측정기

㉯ 수분 측정기

㉰ 확대경

㉱ 유분 측정기

💡 ㉰ 확대경 : 육안에 비해 5~10배 확대하여 피부의 잔주름, 모공 상태, 색소 침착 등의 피부를 판별

정답 ㉰

☆
17 수분 측정기로 피부를 측정할 때 적정한 온도는?

㉮ 16~18도

㉯ 20~22도

㉰ 24~26도

㉱ 26~28도

💡 ㉯ 온도는 20~22도, 습도는 40~60%가 적당

정답 ㉯

☆
18 고객의 피부의 보습상태, 피지, 여드름, 색소 침착, 민감 상태 등을 색상으로 관찰할 수 있는 기기는?

㉮ 확대경　　　　㉯ 우드램프
㉰ 적외선램프　　㉱ 수분측정기

㉯ 우드램프 : 인공 자외선 파장을 이용하여 고객의 피부의 보습상태, 피지, 여드름, 색소 침착, 민감 상태 등을 색상으로 관찰할 수 있는 기기

정답 ㉯

19 다음 중 확대경에 대한 설명으로 옳지 않은 것은?

㉮ 스위치는 고객의 옆에서 사용하고 눈을 보호하기 위해 아이패드를 해준다.
㉯ 인공 자외선을 조사하여 피부 상태에 따라 반응 색상이 다르게 나타난다.
㉰ 면포, 농포 및 여드름을 관리할 때 사용된다.
㉱ 육안에 비해 5~10배정도 확대되어 보인다.

㉯ 인공 자외선을 조사하여 피부 상태에 따라 반응 색상이 다르게 나타난다. : **우드램프**에 대한 설명

정답 ㉯

☆☆
20 우드램프 사용시 주의사항으로 볼 수 없는 것은?

㉮ 고객의 눈을 보호하기 위해 아이패드를 해준다.
㉯ 실내를 환하게 하여 측정한다.
㉰ 고객과의 거리를 5~6cm 정도로 유지하여 관찰한다.
㉱ 고객에게 피부분석기기에 대한 설명을 충분히 한다.

㉯ 실내를 **어둡게** 하여 측정한다.　　정답 ㉯

☆☆
21 우드램프 사용시 피부상태에 따른 피부 반응 색상의 연결로 바르지 못한 것은?

㉮ 중성피부 － 청백색
㉯ 건성피부 － 연보라색
㉰ 기미피부 － 오렌지색
㉱ 각질피부 － 흰색

㉰ 기미피부 － **암갈색**(짙은갈색)

여드름·지성피부 － 오렌지색

정답 ㉰

22 민감성 피부에 나타날 수 있는 우드램프의 반응색상은?

㉮ 흰색　　　　㉯ 진보라색
㉰ 주황색　　　㉱ 푸른색

㉯ 진보라색 : 민감성 피부의 반응색상　　정답 ㉯

23 필름에 피지를 묻혀 빛의 투과성을 보아 피부의 상태를 분석하는 기기는?

㉮ 유분 측정기
㉯ 수분 측정기
㉰ 모발 측정기
㉱ pH 측정기

㉮ 유분 측정기 : 필름에 피지를 묻혀 빛의 투과성을 보는 기기　　정답 ㉮

24 우드램프로 피부를 관찰하였을 때 지성피부의 경우는 어떤 색으로 나타나는가?

㉮ 청백색
㉯ 오렌지색
㉰ 노란색
㉱ 암갈색

㉯ 오렌지색 : **지성·여드름** 피부 반응 색상

정답 ㉯

25 유·수분 측정기에 대한 설명으로 적절한 것은?

㉮ 피부의 수분함유량을 측정하는 기기는 유분 측정기이다.

㉯ 유분 측정기는 피부의 각질층의 수분함유량을 측정하는 기기이다.

㉰ 유·수분 측정기를 사용할 때에는 메이크업을 하지 않은 상태가 좋다.

㉱ 피부를 측정할 때 온도와 습도는 중요하지 않다.

㉰ 유·수분 측정기를 사용할 때에는 메이크업을 하지 않은 상태가 좋다.

• 유분 측정기 : 피부의 유분함유량을 측정하는 기기
• 수분 측정기 : 피부의 수분함유량을 측정하는 기기
• 온도는 20~22도, 습도는 40~60%가 적당

정답 ㉰

26 피부의 pH지수가 나타내는 것은?

㉮ 산소이온 농도

㉯ 수소이온 농도

㉰ 탄소이온 농도

㉱ 질소이온 농도

㉯ 수소이온 농도 : pH 지수 정답 ㉯

27 pH지수가 피부에 외적으로 영향을 미칠 수 있는 요인이 아닌 것은?

㉮ 대기온도

㉯ 습도

㉰ 화장품 함유 물질

㉱ 육체적 상태

㉱ 육체적 상태 : 내적 요인에 해당 정답 ㉱

28 다음 중 체지방 측정기에 대한 설명으로 바른 것은?

㉮ 피부의 노폐물을 측정하는 기기

㉯ 피하지방의 두께를 측정하는 기기

㉰ 체중의 수분량을 측정하는 기기

㉱ 체중의 탄수화물량을 측정하는 기기

㉯ 피하지방의 두께를 측정하는 기기 : 체지방 측정기 정답 ㉯

29 다음 중 피부 분석기기에 해당하지 않는 것은?

㉮ 우드램프

㉯ 이온토포레시스

㉰ 수분측정기

㉱ 확대경

㉯ 이온토포레시스 : **안면관리 기기**에 해당 정답 ㉯

30 다음 중 전동브러시에 대한 설명으로 틀린 것은?

㉮ 피부에 자극이 적은 천연 털을 이용하여 딥클렌징한다.

㉯ 피부의 더러움이나 화장 잔여물을 제거해 준다.

㉰ 예민피부나 혈관확장피부에 사용하면 좋다.

㉱ 시술시 각도는 수직으로 한다.

㉰ 예민피부나 혈관확장피부, 염증성 여드름 피부는 **부적합**하다. 정답 ㉰

31 전동브러시는 회전원리를 이용하여 모공의 피지와 불필요한 각질을 제거하는 기기로 다른 말로 표현하면?

㉮ 디스인크러스테이션

㉯ 스티머

㉰ 프리마톨

㉱ 루카스

㉰ 프리마톨 : 전동브러시의 다른 말 정답 ㉰

32 전동브러시의 주된 사용 목적은?

㉮ 영양물질 침투

㉯ 피부표면의 열 생성

㉰ 피부 탄력 및 진정 작용

㉱ 노화된 각질 및 모공 세정

📝 ㉱ 노화된 각질 및 모공 세정 작용을 하는 딥클렌징 기기 : 전동브러시의 주된 사용 목적　　**정답 ㉱**

33 다음 중 브러싱에 관한 설명으로 바르지 못한 것은?

㉮ 염증성 여드름 피부에는 사용하지 않아야 한다.

㉯ 예민피부에는 석고 재질의 브러싱을 하는 것이 좋다.

㉰ 건성피부에는 부드러운 솔을 이용하여 회 전속도를 느리게 한다.

㉱ 피부에 마찰 작용으로 마사지 효과를 주어 혈액순환을 촉진시켜 준다.

📝 ㉯ 예민피부에는 석고 재질의 브러싱을 하는 것은 자극을 줄 수 있으므로 **부적합**하다.　　**정답 ㉯**

⭐⭐
34 다음 중 스티머 사용시 주의사항으로 볼 수 없는 것은?

㉮ 상처가 있는 피부에는 사용을 자제하는 것이 좋다.

㉯ 피부 타입에 따라 스티머의 적용시간을 다 르게 한다.

㉰ 스팀이 나오기 전에 오존을 미리 켜서 준 비한다.

㉱ 오존을 사용하지 않을 경우에는 아이패드 를 하지 않아도 된다.

📝 ㉰ 스팀이 나오기 **시작**하면 오존을 켠다.　　**정답 ㉰**

35 다음 중 스티머의 효과에 대한 설명으로 틀린 것은?

㉮ 각질 연화　　　　㉯ 여드름 압출 용이

㉰ 노폐물 배출　　　㉱ 피부 분석

📝 ㉱ 스티머의 효과 : 각질 연화, 여드름 압출 용이, 노 폐물 배출, 영양분 침투, 습윤작용, 보습효과 증 대, 세포이 신진대사 활성화 등　　**정답 ㉱**

⭐
36 스티머에 대한 설명으로 적절하지 못한 것 은?

㉮ 분무시 초기에는 방향을 다른 쪽을 향하게 한 후 턱을 향하게 하여 분사한다.

㉯ 분사거리는 얼굴에서 약 20~30cm정도를 유지한다.

㉰ 적용시간은 피부타입에 상관없이 길게 하 면 좋다.

㉱ 고객의 피부에 골고루 분사될 수 있도록 수시로 방향을 전환해 준다.

📝 ㉰ 적용시간은 피부타입에 따라 5~15분 정도로 **다 르게 적용**한다.　　**정답 ㉰**

37 민감하거나 예민한 피부의 경우 스티머 적용 시간은?

㉮ 20분　　　　　　㉯ 15분

㉰ 10분　　　　　　㉱ 5분

📝 ㉱ 5분 : 민감 · 예민 피부 적용　　**정답 ㉱**

38 다음 중 루카스에 대한 설명으로 옳지 않은 것은?

㉮ 유리관을 통해 피부에 유분을 공급해 준다.

㉯ 적당한 거리를 두고 피부에 골고루 분사한다.

㉰ 피부 산성막 재생에 시간을 단축시켜 준다.

㉱ 피부의 건조함이나 탈수를 방지해 준다.

📝 ㉮ 유리관을 통해 피부에 **수분**을 공급해 준다.　　**정답 ㉮**

39 갈바닉 기기 중 제품이나 앰플을 피부 조직에 침투시키는 방법을 무엇이라고 하는가?

㉮ 엔더몰로지

㉯ 이온토포레시스

㉰ 디스인크러스테이션

④ 아나포레시스

🕐☝ ④ 이온토포레시스 : **카타포레시스**라고도 하며 제품이나 앰플을 피부 조직에 침투시키는 방법

정답 ④

⭐⭐
40 디스인크러스테이션에 대한 설명으로 틀린 것은?

㉮ 아나포레시스라고도 한다.

㉯ 전류의 양극을 이용하여 피부의 노폐물 및 피지를 제거한다.

㉰ 지성, 복합성, 여드름 피부의 모공 세정에 좋다.

㉱ 사용한 기기는 반드시 소독을 해야 한다.

🕐☝ ④ 전류의 **음극**을 이용하여 피부의 노폐물 및 피지를 제거한다.

정답 ④

⭐
41 다음 중 갈바닉 기기에 대한 설명으로 틀린 것은?

㉮ 고객에게 자극이 없도록 해야 하며 귀금속은 해도 무방하다.

㉯ 관리가 시작되면 고객의 타입에 맞게 세기를 조절한다.

㉰ 양극(+)의 효과는 통증을 감소시키고 진정 작용이 있다.

㉱ 딥클렌징을 하는 단계는 디스인크러스테이션이다.

🕐☝ ㉮ 고객에게 자극이 없도록 해야 하며 **귀금속은 제거**하고 실시한다.

정답 ㉮

⭐
42 갈바닉 기기에서 음극(-)의 효과로 볼 수 없는 것은?

㉮ 신경자극 증가

㉯ 혈액공급 증가

㉰ 조직 유연

㉱ 산성 반응

🕐☝ ㉱ 산성 반응 : **양극**(+)의 효과

정답 ㉱

43 다음 중 이온영동법의 시술법으로 바르지 못한 것은?

㉮ 스위치의 꺼짐 상태를 확인한 후 활동전극봉을 얼굴에 대고 스위치를 켠다.

㉯ 천천히 움직이며 전류의 세기를 서서히 내려가면서 관리한다.

㉰ 사용할 앰플을 적용방법에 따라 양극과 음극을 선택해서 실시한다.

㉱ 전극을 피부에 적용하기 전에 앰플용액에 적신 면패드를 전극에 장착한다.

🕐☝ ④ 천천히 움직이며 전류의 세기를 서서히 **올려가면서** 관리한다.

정답 ④

⭐
44 다음 중 디스인크러스테이션의 적용 대상이 아닌 것은?

㉮ 지성피부　　　　㉯ 여드름피부

㉰ 복합성피부　　　㉱ 민감성피부

🕐☝ ㉱ 민감성피부에 적용하면 피지와 노폐물을 알칼리화시켜 피부를 건조하고 자극을 줄 수 있으므로 주의한다.

정답 ㉱

45 탄력이 없는 피부에 자극을 주어 콜라겐과 엘라스틴의 합성을 촉진시키는 기기는?

㉮ 스티머　　　　　㉯ 리프팅 기기

㉰ 터모그래피　　　㉱ 파라핀 왁스기

🕐☝ ④ 리프팅 기기 : 탄력이 없는 피부에 자극을 주어 콜라겐과 엘라스틴의 합성을 촉진

정답 ④

46 전신 관리 기기 중 리프팅 기기에 대한 설명으로 틀린 것은?

㉮ 피부 탄력 강화를 시킨다.

㉯ 주름을 없애준다.

㉰ 수술 직후에는 삼가야 한다.

㉱ 실시 전에 귀금속을 제거한다.

🕐☝ ④ 주름을 **개선**시켜 준다.

정답 ④

47 적외선 램프에 대한 설명으로 바르지 못한 것은?

㉮ 온열 자극을 통해 근육을 긴장시켜 준다.

㉯ 통증 관리에 사용하면 효과적이다.

㉰ 팩을 했을 때 조사하면 효과를 극대화시킬 수 있다.

㉱ 760~5000nm사이의 파장으로 붉은색의 열선이다.

㉮ 온열 자극을 통해 근육을 **이완**시켜 준다.

정답 ㉮

48 적외선등(Infra Red Lamp)에 대한 효과로 옳은 것은?

㉮ 살균 및 소독 작용을 한다.

㉯ 태닝효과가 있다.

㉰ 주로 UVA만을 방출하고 UVB, UVC는 흡수한다.

㉱ 온열작용으로 화장품의 흡수를 용이하게 한다.

㉱ **열선**으로 온열작용으로 화장품의 흡수를 용이하게 한다.

정답 ㉱

49 피부 내에 깊숙이 영양분을 침투시키는데 도움을 주는 기기로 가장 적합한 것은?

㉮ 프리마톨   ㉯ 루카스

㉰ 적외선램프   ㉱ 우드램프

㉰ 적외선램프 : 피부 내에 깊숙이 영양분을 침투시키는데 도움을 주는 기기

정답 ㉰

50 다음 중 초음파 기기의 효과가 아닌 것은?

㉮ 온열효과

㉯ 지방 분해 효과

㉰ 피부 세정 효과

㉱ 제모 효과

㉱ 제모 효과 : **왁싱기기**의 효과에 해당

정답 ㉱

51 초음파기기의 화학적인 효과가 아닌 것은?

㉮ 피부의 pH 조화

㉯ 미세 마사지 효과

㉰ 결체조직의 재생

㉱ ATP 활성 증진

㉯ 미세 마사지 효과 : 전기적 효과로 **물리적**인 효과에 해당

정답 ㉯

52 교류전류를 이용한 피부 미용기기가 아닌 것은?

㉮ 초음파기기   ㉯ 고주파기기

㉰ 갈바닉기기   ㉱ 저주파기기

㉰ 갈바닉기기 : **직류전류**를 이용한 피부 미용기기

정답 ㉰

53 테슬러 기기에 대한 설명으로 바르지 못한 것은?

㉮ 100,000Hz이상의 교류전류를 사용한다.

㉯ 생체내에 다량의 열이 발생한다.

㉰ 초음파기기라고도 한다.

㉱ 한 부위에 5초이상 머무르지 않아야 한다.

㉰ **고주파기기**라고도 한다.

정답 ㉰

54 고주파 기기의 간접법에 대한 설명으로 적절하지 못한 것은?

㉮ 건성, 노화피부에 효과적이다.

㉯ 스파크에 의해 살균작용을 한다.

㉰ 온열효과로 혈액순환을 촉진시킨다.

㉱ 전기의 흐르는 느낌은 없이 부드럽게 마사지하는 방법이다.

㉯ 스파크에 의해 살균작용을 한다. : **직접법**에 대한 설명

정답 ㉯

55 고주파의 직접법에 적용할 수 있는 피부는?

㉮ 예민피부
㉯ 여드름피부
㉰ 모세혈관확장피부
㉱ 상처피부

🔖 ㉯ 여드름피부 : 직접법의 사용으로 살균작용

정답 ㉯

56 피부의 전기 저항이 낮아 통증 및 자극이 없고 지방 분해와 부종을 해소시킬 수 있는 전신관리 기기는?

㉮ 중주파 기기　　㉯ 저주파 기기
㉰ 엔더몰로지　　㉱ 진공 흡입기

🔖 ㉮ 중주파 기기 : 피부의 전기 저항이 낮아 통증 및 자극이 없고 지방 분해와 부종 해소

정답 ㉮

57 저주파기기의 효과에 대한 설명으로 틀린 것은?

㉮ 근육 강화　　㉯ 탄력 증진
㉰ 체중 증가　　㉱ 통증 완화

🔖 ㉰ 체중 감소

정답 ㉰

58 비만관리에 가장 효과적인 기기는?

㉮ 적외선 기기　　㉯ 엔더몰로지
㉰ 스티머　　㉱ 터모그래피

🔖 ㉯ 엔더몰로지 : 최근 비만관리에 가장 효과적인 기기

정답 정답 ㉯

59 피하지방의 상태와 피부의 결절이나 부종 및 셀룰라이트의 변화 양상을 영상 자료로 측정할 수 있는 기기를 무엇이라고 하나?

㉮ 체지방 측정기　　㉯ 바이브레이터기
㉰ 터모그래피　　㉱ 석션기

🔖 ㉰ 터모그래피 : 피하지방의 상태와 피부의 결절이나 부종 및 셀룰라이트의 변화 양상을 영상 자료로 측정할 수 있는 기기

정답 ㉰

60 파라핀 왁스에 대한 설명으로 틀린 것은?

㉮ 건조한 손, 발관리에 적합하다.
㉯ 화상을 입은 경우 관리하면 진정작용이 있다.
㉰ 혈액순환을 촉진시키므로 노화피부에 좋다.
㉱ 진통 완화에 효과적이다.

🔖 ㉯ 화상, 피부 발진, 순환계 질환, 피부 부작용, 사마귀 등에는 **부적합**하다.

정답 ㉯

61 셀룰라이트 관리를 하는 방법으로 올바른 것은?

㉮ 가벼운 운동으로 신체의 혈액순환과 림프순환을 촉진시킨다.
㉯ 물을 소량 섭취하고 카페인의 섭취를 늘린다.
㉰ 정신적인 스트레스를 받으면 셀룰라이트 분해 효과가 있다.
㉱ 오래 서서 일하는 직업을 선택하는 것이 좋다.

🔖 ㉮ 가벼운 운동으로 신체의 혈액순환과 림프순환을 촉진시킨다.

정답 ㉮

62 건성피부에 영양공급을 줄 수 있는 기기로 볼 수 없는 것은?

㉮ 아나포레시스　　㉯ 고주파기
㉰ 파라핀왁스기　　㉱ 초음파기

🔖 ㉮ 아나포레시스 : 디스인크러스테이션으로 전류의 음극을 이용하여 **딥클렌징**하는 기기

㉮

63 엔더몰로지에 대한 설명으로 바르지 못한 것은?

㉮ 피부의 지방을 분해하고 노폐물 배출을 용이하게 한다.
㉯ 셀룰라이트 관리에 많이 사용된다.
㉰ 중추신경 자극으로 심리적인 안정감을 준다.
㉱ 상처가 있는 피부는 관리를 삼가야 한다.

🍳 ㉠ **말초신경** 자극으로 심리적인 안정감을 준다.

정답 ㉠

☆
64 진공흡입기에 대한 설명으로 바른 것은?

㉮ 회전원리를 이용하여 노폐물 배출 및 독소를 제거하는 기기이다.

㉯ 온열작용으로 근육을 이완시키는 기기이다.

㉰ 진공음압에 의해 피부를 흡입하여 정체된 노폐물을 배출시키는 기기이다.

㉱ 인공 자외선 파장을 이용하여 피부에 살균 작용을 하는 기기이다.

🍳 ㉰ 진공음압에 의해 피부를 흡입하여 정체된 노폐물을 배출시키는 기기이다. : 진공흡입기에 대한 설명

정답 ㉰

65 다음 중 석션기에 대한 설명으로 틀린 것은?

㉮ 여드름 압출을 할 때 사용할 수 있다.

㉯ 림프절의 흐름과 반대 방향으로 관리해야 한다.

㉰ 신진대사를 촉진시켜 혈액순환을 원활하게 해준다.

㉱ 근육을 이완시키고 통증을 경감시키는 작용을 한다.

🍳 ㉯ **림프절**의 **방향**으로 관리해야 한다.

정답 ㉯

66 진공흡입기를 적용해서는 안되는 경우로 볼 수 없는 것은?

㉮ 알레르기성 피부

㉯ 화상을 입은 피부

㉰ 건성피부

㉱ 모세혈관 확장피부

🍳 ㉰ 건성피부 : 진공흡입기를 통하여 건성피부의 혈액을 촉진시키고 피부의 탄력을 부여한다.

정답 ㉰

67 진공흡입기의 올바른 사용방법으로 틀린 것은?

㉮ 모세혈관 확장피부에는 사용하지 않는 것이 좋다.

㉯ 사용하고자 하는 부위에 적합한 벤토즈를 선택하여 흡입기 연결 홈에 끼운다.

㉰ 흡입력의 세기를 손목 안쪽에 미리 테스트한 후 시행해야 한다.

㉱ 사용한 벤토즈는 물로만 세척해서 재사용해도 무방하다.

🍳 ㉱ 사용한 벤토즈는 물로만 세척한 후 **반드시 소독**하여 사용해야 한다.

정답 ㉱

68 압박요법으로 불리며 적절한 압력을 가하여 혈액순환을 촉진시키는 기기는?

㉮ 바이브레이터

㉯ 프레셔테라피

㉰ 하이드로테라피

㉱ 아로마테라피

🍳 ㉯ 프레셔테라피 : 압박요법으로 불리며 적절한 압력을 가하여 혈액순환을 촉진시키는 기기

정답 ㉯

☆
69 고주파관리를 할 수 없는 피부유형은?

㉮ 지성피부   ㉯ 여드름피부

㉰ 염증성피부   ㉱ 노화피부

🍳 ㉰ 염증성피부 : 온열작용으로 인해 피부염증을 더 악화시킬 수 있다.

정답 ㉰

70 다음 중 바이브레이터기 사용시 주의사항으로 틀린 것은?

㉮ 수술 직후의 상처피부에는 사용할 수 없다.

㉯ 척추질환자, 심혈관 질환자에게는 사용 가능하다.

㉰ 임신한 경우에는 사용할 수 없다.

㉱ 피로가 누적된 경우에는 사용할 수 있다.

Skin Care

- ㉯ 척추질환자, 심혈관 질환자에게는 사용 **불가능**하다. **정답 ㉯**

71 발관리를 할 때 사용할 수 있는 기기로 틀린 것은?
- ㉮ 족문기 ㉯ 각탕기
- ㉰ 왁스기 ㉲ 족저경
- ㉰ 왁스기 : **제모**할 때 사용하는 기기 **정답 ㉰**

72 발관리 테크닉을 들어가기 전에 할 수 있는 기기는?
- ㉮ 우드램프 ㉯ 초음파기
- ㉰ 스티머 ㉲ 각탕기
- ㉲ 각탕기 : 발관리 테크닉 전에 사용하면 세정 및 근육 이완의 효과가 있다. **정답 ㉲**

73 다음 중 메디컬 기기에 해당하는 것은?
- ㉮ 진공흡입기 ㉯ 확대경
- ㉰ 레이저기 ㉲ 바이브레이터기
- ㉰ 레이저기 : 메디컬 기기에 해당 **정답 ㉰**

74 다음 중 기미와 주근깨 등의 색소침착에 적용할 수 있는 메디컬 기기는?
- ㉮ IPL
- ㉯ 엔더몰로지
- ㉰ 다이아몬드필링
- ㉲ 선탠기
- ㉮ IPL : 515~12,00nm의 강한 펄스 형태로 여러 파장을 복합적으로 사용하여 기미와 주근깨 등의 색소침착에 적용할 수 있는 메디컬 기기 **정답 ㉮**

75 다음 중 크리스탈 필링의 효과가 아닌 것은?
- ㉮ 여드름 흉터에 효과
- ㉯ 튼살, 닭살에 효과
- ㉰ 관절, 척추교정에 효과
- ㉲ 모공 축소 및 잔주름에 효과

- ㉰ 크리스탈 필링의 효과 : 여드름 흉터, 튼살, 닭살, 모공 축소, 잔주름, 기미나 색소침착에 효과 **정답 ㉰**

76 메조테라피의 적용 가능한 관리가 아닌 것은?
- ㉮ 안티에이징 관리
- ㉯ 탈모관리
- ㉰ 화상치료 관리
- ㉲ 셀룰라이트 관리
- ㉰ 메조테라피의 적용 : 안티에이징, 탈모, 셀룰라이트, 비만, 여드름 흉터 재생 관리에 적용 **정답 ㉰**

77 다음 중 광선관리 기기에 대한 설명으로 바르지 못한 것은?
- ㉮ 적외선 기기는 온열작용으로 근육 이완에 효과적이다.
- ㉯ 자외선 기기는 피부 홍반, 알레르기 화상에 치료효과가 있다.
- ㉰ 원적외선기는 피부 상층부까지 흡수된다.
- ㉲ 컬러테라피 기기는 색을 지니고 있는 빛을 이용하여 효과를 얻을 수 있다.
- ㉯ 자외선 기기는 피부 홍반, 알레르기 화상에 **주의**해야 한다. **정답 ㉯**

78 다음 중 적외선이 피부에 미치는 영향이 아닌 것은?
- ㉮ 근육 수축
- ㉯ 혈액 순환 및 신진대사 원활
- ㉰ 한선의 활동 증가
- ㉲ 노폐물 및 독소 배출
- ㉮ 근육 이완 **정답 ㉮**

79 피부관리시 적외선 램프를 사용할 때 어느 단계에 사용하면 되는가?
- ㉮ 클렌징 ㉯ 딥클렌징
- ㉰ 매뉴얼테크닉 ㉲ 팩

◔М @ 팩을 하는 동안 조사해주면 영양물질 침투를 시켜 팩의 효과가 극대화된다. 　정답 @

80 손·발이 차가운 고객에게 적용하면 좋은 광선은?

㉮ UV A 　　　 ㉯ 적외선

㉰ 가시광선 　　 ㉱ UV C

◔М ㉯ 적외선 : 손·발이 차가운 고객에게 적용하면 혈액순환을 촉진시킬 수 있다. 　정답 ㉯

81 병에 대한 면역력을 높여주는 광선은?

㉮ UV A 　　　 ㉯ 가시광선

㉰ 적외선 　　　 ㉱ 모든 광선

◔М ㉰ 적외선 : 병에 대한 면역력을 높여주는 광선 　정답 ㉰

☆
82 다음 중 자외선의 긍정적인 작용이 아닌 것은?

㉮ 살균작용

㉯ 비타민 D 생성

㉰ 홍반작용

㉱ 혈액순환 증가

◔М ㉰ 홍반작용 : 자외선의 **부정적**인 작용 　정답 ㉰

83 근육을 이완시키고 피부 재생 기능을 하며 혈액순환을 촉진시키는 컬러테라피의 색상은?

㉮ 빨강 　　　　 ㉯ 노랑

㉰ 녹색 　　　　 ㉱ 파랑

◔М ㉮ 빨강 : 근육을 이완시키고 피부 재생 기능을 하며 혈액순환을 촉진 　정답 ㉮

84 수술 후 빠른 회복을 줄 수 있는 컬러테라피의 색상은?

㉮ 주황 　　　　 ㉯ 노랑

㉰ 파랑 　　　　 ㉱ 보라

◔М ㉯ 노랑 : 수술 후 빠른 회복, 소화기능 개선 　정답 ㉯

85 중추신경계에 영향을 미치며 면역력을 증강시키는 컬러테라피의 색상은?

㉮ 녹색 　　　　 ㉯ 흰색

㉰ 검정 　　　　 ㉱ 보라

◔М ㉱ 보라 : 중추신경계에 영향을 미치며 면역력을 증강 　정답 ㉱

86 두피와 모발에 있는 알칼리 잔량을 99%까지 제거하는 효과가 있는 기기는?

㉮ 두피스켈링기

㉯ 오존스티머

㉰ 초음파기

㉱ 헤어드라이기

◔М ㉯ 오존스티머 : 살균작용으로 두피와 모발에 있는 알칼리 잔량을 99%까지 제거하는 효과 　정답 ㉯

☆
87 각질을 제거하는 기기가 아닌 것은?

㉮ 프리마톨

㉯ 전동브러시

㉰ 디스인크러스테이션

㉱ 스티머

◔М ㉱ 스티머 : 각질을 **연화**시키는 작용 　정답 ㉱

88 클렌징 2시간 경과 후 실시할 수 있는 과정은?

㉮ 프리마톨로 딥클렌징을 한다.

㉰ 우드램프로 피부를 정확하게 분석한다.

㉱ 매뉴얼테크닉을 한다.

㉲ 석고마스크를 한다.

◔М ㉰ 우드램프로 피부를 정확하게 분석한다. : 클렌징 2시간 경과 후에 실시하면 정확한 피부 분석 가능 　정답 ㉰

89 다음 중 고주파 관리 중 유리전극봉을 이용하면 더 효과적인 피부 유형은?

㉮ 건성피부 ㉯ 예민피부
㉰ 지성피부 ㉱ 노화피부

🖦 ㉰ 지성피부 : 고주파의 **직접법**으로 **살균작용**을 한다.   정답 ㉰

90 온도의 변화를 주어 관리하는 기기를 무엇이라고 하는가?

㉮ 고주파기기 ㉯ 냉·온마사지기
㉰ 적외선기기 ㉱ 석션기

🖦 ㉯ 냉·온마사지기 : 온도의 변화를 주어 관리하는 기기   정답 ㉯

91 전류를 전도시켜 인체의 저항을 측정하여 체지방률을 측정하는 것을 무엇이라고 하는가?

㉮ 임피던스 ㉯ 캘리퍼
㉰ 터모그래피 ㉱ 엔더몰로지

🖦 ㉮ 임피던스 : 전류를 전도시켜 인체의 저항을 측정하여 체지방률을 측정하는 것   정답 ㉮

92 전신관리시 목적별로 사용되는 기기의 연결로 바르지 못한 것은?

㉮ 부종관리 : 림프순환기
㉯ 지방분해 : 중·저주파
㉰ 셀룰라이트 : 엔더몰로지
㉱ 탄력 : 터모그래피

🖦 ㉱ 탄력 : 엔더몰로지, 중·저주파 등을 사용
  터모그래피 : 피하지방의 상태와 피부의 결절, 부종 및 셀룰라이트의 변화를 영상 자료로 측정할 수 있는 기기
  정답 ㉱

93 진동에 의해 온몸 순환을 촉진시키는 마사지로 주로 체형관리를 위해 사용되는 전신관리 기기는?

㉮ 바이브레이터기 ㉯ 엔더몰로지

㉰ 부항기 ㉱ 저주파기

🖦 ㉮ 바이브레이터기 : 진동에 의해 온몸 순환을 촉진시키는 마사지기기   정답 ㉮

94 인공선탠기의 설치장소나 위치로 적당하지 않는 것은?

㉮ 칸막이가 있는 곳에 설치한다.
㉯ 기기설치는 열 조절을 위한 환풍구가 있는 곳이 좋다.
㉰ 열 방출을 위하여 통풍이 잘 되는 독립된 방에 설치한다.
㉱ 피부관리실 안에 설치하는 것이 좋다.

🖦 ㉱ 피부관리실 안에 설치하면 소음과 자외선으로 피부관리 고객에게 피해를 줄 수 있다.   정답 ㉱

95 다음 중 스파의 효과로 틀린 것은?

㉮ 혈액순환을 촉진시키고 신진대사를 증진시킨다.
㉯ 면역력을 강화시켜준다.
㉰ 체중을 감소시켜준다.
㉱ 심리적인 안정감을 준다.

🖦 ㉰ 체중의 감소는 스파의 목적으로 볼 수 없다.   정답 ㉰

96 림프순환기기의 효과가 아닌 것은?

㉮ 부종해소
㉯ 암환자에 효과
㉰ 셀룰라이트 관리
㉱ 세포 조직 재생

🖦 ㉯ 암환자에게는 시술해서는 안된다.   정답 ㉯

97 저주파의 효과적인 관리법으로 바르게 설명한 것은?

㉮ 관리는 15분을 초과하지 말아야 한다.
㉯ 전신비만인 경우 살이 적은 부위부터 관리한다.
㉰ 관리횟수는 1일 2회가 적당하다.

㉾ 먼저 400Hz로 관리한 후 600Hz로 관리한다.

⏱해 ㉮ 관리는 15분을 초과하지 말아야 한다.

㉯ 전신비만인 경우 살이 **많은 부위**부터 관리한다.

㉰ 관리횟수는 **주 3회**가 적당하다.

㉱ 먼저 **600Hz로 관리한 후 400Hz로 관리**한다.

정답 ㉮

☆
98 안면관리기기 중 딥클렌징 단계에 사용되는 기기로 바르게 나열된 것은?

㉮ 스티머, 적외선 램프

㉯ 갈바닉기기, 스프레이

㉰ 스티머, 프리마톨

㉱ 고주파기기, 초음파기기

⏱해 ㉰ 스티머, 프리마톨 : 딥클렌징 단계에 사용되는 기기

정답 ㉰

☆☆
99 직류전류를 이용하여 수용성 제품을 피부에 침투시키는 기기는?

㉮ 리프팅 기기

㉯ 이온토포레시스

㉰ 루카스 분무기

㉱ 고주파 기기

⏱해 ㉯ 이온토포레시스 : 갈바닉기기의 종류로 직류전류를 이용하여 수용성 제품을 피부에 침투시키는 기기

정답 ㉯

100 진동에 의해 모공 세정효과를 줄 수 있는 기기는?

㉮ 패러딕 기기

㉯ 테슬러 기기

㉰ 초음파 기기

㉱ 갈바닉 기기

⏱해 ㉰ 초음파 기기 : 진동에 의해 모공 세정효과

정답 ㉰

자외선으로부터 피부보호 생활수칙

① 햇빛이 가장 강한 오전 10시부터 오후 2시, 특히 11시부터 1시 사이에는 햇빛노출을 피해야 한다.

② 흐린 날에도 위험하기는 마찬가지이다. 자외선은 구름을 뚫고 피부에 직접 영향을 미친다. 도시의 콘크리트도 반사를 잘 시킨다.

③ 자외선은 모래나 물 위에서 잘 반사되기 때문에 파라솔이나 양산 밑이 결코 안전지대는 아니다.

④ 봄, 여름은 물론이고 가을, 겨울까지 일 년 열두 달 자외선 차단제를 바르는 습관을 기르며 자외선 A와 B를 모두 차단하는 제품을 선택한다.

⑤ 어린이의 피부는 자외선의 손상을 더 잘 받는다. 피부 자외선 손상의 80% 정도가 18세 이전에 발생한다.

⑥ 자외선 차단제를 발랐다고 과신하지 말고 가급적 태양을 피해야 한다. 모자나 긴 옷을 걸쳐 입어 피부가 직접 자외선에 노출되지 않게 한다.

⑦ 선글라스로 눈을 보호한다.

⑧ 자외선에 의한 피부손상은 자외선의 총 노출량에 의해 결정된다. 자외선을 적게 받을수록 건강한 피부를 유지할 수 있다.

생활 속 주름 방지 대책

- 자외선 차단제와 자외선 방지 효과가 있는 화장품을 바른다.
  자외선 A와 B를 동시에 차단하는 제품으로 2~3시간마다 한번씩
  발라준다.

- 피부에 유·수분을 충분히 공급한다.
  세수를 한 후 스킨과 로션은 기본적으로 발라주고 자신의 피부상태
  에 맞게 아이크림이나 수분크림, 에센스 등을 활용한다. 일주일에
  1번 정도 팩을 해주는 것도 좋다.

- 찡그리거나 삐죽거리는 등 불필요한 안면 운동을 줄인다.
  웃어서 생기는 주름이야 어쩔 수 없다 치고 찡그려서 생기는 미간
  주름이나 이마주름은 충분히 예방할 수 있는 만큼 평소 찡그리거나
  삐죽거리는 습관을 고친다. 또한 웃을 때의 자신의 얼굴을 거울로
  살펴보며 눈가, 입가, 코의 양옆의 주름지는 모양을 확인해본 후 그
  부위에 아이크림 등 주름을 예방하는 화장품을 꼼꼼이 발라준다.

- 하루 8시간 정도의 충분한 수면으로 스트레스를 없앤다.
  아무리 관리를 잘 해준다 하여도 잠이 부족하면 피부는 푸석푸석해
  지고 윤기를 잃는다. 충분한 수면은 가장 좋은 화장품인 만큼, 하
  루 8시간 정도는 충분히 잠자는 시간에 할애한다.

- 비타민과 단백질 등 충분한 영양 섭치를 취한다.
  피부세포가 새롭게 태어나려면 충분한 영양소가 필요하다. 무리한
  다이어트는 영양소섭취에 불균형을 가져와 피부에도 해롭다. 비타
  민과 단백질은 피부에 절대적으로 필요한 만큼, 신경을 서서 섭치
  하며 종합 영양제를 먹어주는 것도 도움이 된다.

- 흡연은 모세혈관을 수축시켜 피부의 영양공급을 차단하므로 피한
  다.
  담배를 끊지 못한 여성이라면 더욱 각별한 주름방지 대책을 세워야
  한다. 하루 7~8컵 정도의 물과 야채, 과일(귤, 레몬, 딸기, 감 등)
  을 충분히 섭취하도록 한다. 또한 각질이 쌓이지 않도록 주의하고,
  피부보습효과가 있는 보습제 사용을 잊지 않는다.

PART 5

화장품학

화장품학 개론

Chapter 01

Skin Care

◀ 화장품의 정의
① 인체를 청결 미화
하여 매력 및 용모
변화, 건강 유지 또
는 증진하기 위한
물품으로 인체에
대한 작용이 경미
한 것
② 우리나라 화장품법
의 시행 시기
③ 2000년 7월 1일

◀ 기능성화장품
① 주름 개선
② 미백
③ 선탠화장품
④ 자외선 보호

1 화장품의 정의

(1) 화장품

화장품 제2조의 1항에 보면 **인체**를 **청결 미화**하여 **매력**을 더하고 **용모**를 **밝게 변화** 시키거나 피부 모발의 **건강**을 **유지** 또는 증진하기 위하여 인체에 사용하는 물품으로 인체에 대한 작용이 **경미**한 것을 의미한다.

〈화장품의 정의〉
인청매용건유경 : 인체를 청결 미화하여 매력을 더하고 용모를 밝게 변화시키거나 피부
모발의 건강을 유지 또는 증진하기 위하여 인체에 사용하는 물품으로 인체에 대한 작용
이 경미한 것

(2) 기능성 화장품

제2조의 2항에 보면 피부 **주름 개선**에 도움을 주는 제품, 피부 **미백**에 도움을 주는 제품, 피부를 곱게 **태워** 주거나 **자외선**으로 **보호**하는데 도움을 주는 제품으로 구분된다.

〈기능성 화장품〉
주미태자보 : 주름 개선, 미백, 피부를 곱게 태워 주거나 자외선으로 보호하는데 도움을
주는 제품

(3) 화장품의 4대 조건

구 분	설 명
안전성	• **피부**에 자극이 없을 것 기억법 안전피 안전피 : 안전성은 피부에 자극이 없을 것 • 알레르기 • 독성이 없을 것
안정성	• **제품** 보관에 따른 변질 변색 변취가 없을 것 기억법 안정제 안정제 : 안정성을 제품 보관에 변질, 변색, 변취가 없을 것 • 미생물의 오염이 없을 것
사용성	• 사용감이 우수(촉촉함 부드러움) • 사용의 편리성(크기 중량 기능성 휴대성) • 기호성(색 향 디자인 등)
유효성	• 미백효과 • 보습효과 • 노화억제 • 자외선 차단제

〈화장품의 4대 조건〉
전정사유 : 안전성, 안정성, 사용성, 유효성

(4) 화장품의 목적

① **본능적**인 목적
② **실용적**인 목적
③ **신앙적**인 목적
④ **표시적**인 목적

(5) 화장품, 의약외품, 의약품의 분류 기준

구 분	화장품	의약외품	의약품
대 상	정 상 인	정 상 인	환 자
사용목적	미용 청결 건강유지	미용 위생	질병치료 및 예방
사용기간	장기간	장기간	단기간
사용범위	전신	특정 부위	특정 부위
부작용	없어야 한다.	없어야 한다.	어느 정도 가능

◀ 화장품의 4대 조건
① 안전성
② 안정성
③ 사용성
④ 유효성

◀ 화장품, 의약외품, 의약품의 분류 기준
① 화장품 : 정상인, 미용 청결 및 건강유지, 장기간, 전신 사용, 부작용 없어야 함
② 의약외품 : 정상인, 미용 위생, 장기간, 특정부위사용, 부작용 없어야 함
③ 의약품 : 환자, 질병치료 및 예방, 단기간, 특정부위사용, 부작용 어느 정도 가능

구 분	화장품	의약외품	의약품
제품	스킨 로션	미백제 탈모제 비듬 샴푸	항생제 외용제

2 화장품의 분류

(1) 화장품의 목적에 따른 분류

◀ 기초화장품
① 세안, 세정효과
② 피부 정돈
③ 피부 보습 및 영양

◀ 기능성화장품
① 미백 개선관리
② 주름 및 탄력 개선
③ 자외선 차단제

구 분	목 적	제 품
기초 화장품	• **세안, 세정 효과** • **피부 정돈** • **피부 보습 및 영양**	• 클렌징 로션, 클렌징 품, 클렌징젤 • 화장수, 로션, 크림 • 모이스춰크림, 에센스
메이크업 화장품	• 포인트 메이크업 • 안면 메이크업	• 립스틱, 아이샤도우, 마스카라, 아이라이너 • 파운데이션, 파우더, 메이크업 베이스
모발 화장품	• 세정 • 트리트먼트, 컨디셔너 • 퍼머넌트 웨이브 • 염색, 탈색 • 정발 • 탈모, 제모 • 육모, 양모	• 샴푸 • 헤어트리트먼트, 헤어팩, 헤어린스, 포마드 • 웨이브 영양크림, • 염색제, 탈색제(헤어 블리치) • 헤어 무스, 스프레이, 헤어젤 • 탈모제, 제모제 • 육모제, 양모제
기능성 화장품	• 미백 개선관리 • 주름 및 탄력 개선 • 자외선 차단제	• 미백크림, 미백에센스 • 재생크림, 콜라겐, 에센스 • 썬크림, 썬팩트, 썬파우더
바디 화장품	• 신체의 보습 및 미화	• 탈모제모 : 탈모제, 제모제 • 피부보호 : 썬텐오일, 썬크림, 바디로션 • 땀억제 : 데오드란트 • 세정 : 바디샴푸, 바디 클렌져
방향 화장품	• 향을 부여	• 향수, 오데코롱, 퍼퓸

(2) 화장품의 성분 명칭

구 분	설 명
장원기명	장원기(화장품 원료기준)에 수록 된 명칭
KCID명	대한민국 화장품 원료집에 수록 된 명칭
ICID명	국제 화장품 원료집에 수록된 명칭
CTFA명	미국 화장품,향장협회
JSCI명	일본 화장품 원료집

(3) 화장품 용기 표시사항

① 제품의 명칭 표시

② 제조업자 또는 수입자의 상호 및 주소 표시

③ 타르색소, 방부제, 비타민 등 표시

④ 내용 중량

⑤ 제조년월일 및 제조번호 표시

⑥ 가격표시

⑦ 기능성 화장품일 경우 기능성 화장품이라고 표시

⑧ 사용상의 주의사항

⑨ 기타 보건복지부에서 정하는 사항

(4) 화장품 사용시 주의 사항

구 분	설 명
화장품 선택	• 피부 유형에 맞는 제품 선택 • 너무 자극적인 향은 피한다. • 반드시 패치 테스트 실시 • 개봉 후 너무 오래 두지 말 것(6개월 정도)
화장품 사용	• 개봉 후 너무 오래 두지 말 것(6개월 정도) • 제품은 스파츌라로 덜어서 사용 • 제품에 이상이 있을 시 중단하고 전문의와 상의 • 사용 전 반드시 설명서 참조
화장품 보관	• 직사광선이 없는 서늘한 곳에 보관 • 습도 40~60%, 온도 18~20도 • 사용 후 뚜껑을 잘 닫아 둔다.

◀ 화장품 사용시
　주의 사항
① 피부 유형에 맞는
　제품 선택
② 너무 자극적인 향
　은 피함
③ 패치 테스트
④ 개봉 후 너무 오래
　두지 말 것 (6개월
　정도)

▎3 화장품의 역사

(1) 화장품의 기원

구 분	설 명
미화설	아름다움, 미적 본능을 만족시키는 수단
종교설	주술적, 종교적인 목적
신분표시설	성별 사회적 계급, 소속집단을 나타내는 수단
보호설	자연으로부터 몸을 보호하는 수단

◀ 화장품의 기원
① 미화설
② 종교설
③ 신분표시설
④ 보호설

Key Point

◀ 서양화장품의 역사
① 이집트 : 백납, 헤나, 방부제
② 그리스, 로마 : 향료 제조, 화장품 발달, 피부마사지
③ 중세 : 금욕주의로 화장경시와 기술 침체기
④ 르네상스 : 향수의 사용 일반화
⑤ 바로크, 로코코 : 흰색피부, 백연파우더
⑥ 근대 : 비누사용, 백납분, 콜드크림

(2) 서양 화장품의 역사

구 분	설 명
이집트 (기원전 3200년경)	• 화장품을 최초로 사용 • 종교의식 장례식 개인화장에서 유래 • **백납**을 사용 • 붉은색의 **헤나**염료 사용 • 미라 보존을 위해 **방부제** 사용
그리스, 로마 (기원전5~7세기)	• 그리스는 종교의식 목적을 화장품 사용 • **향료 제조**기술 발달 • 로마시대 **화장품 발달** 전성기 • 귀족들은 **피부 마사지**를 함 • 남성들의 면도 이발의 시초 • 목욕문화 발달
중세 (기원전 7세기~AD12세기)	• 기독교의 **금욕주의로 화장 경시와 기술 침체기** • **향료와 향수** 사용
르네상스 (기원전13세기~AD16세기)	• 십자군 전쟁이후 향수의 사용 생활화 • 향장의 발달로 알코올 증류방법으로 향수 개발
바로크, 로코코 (AD17~AD18세기)	• 여성들이 **흰색 피부를 선호** • **백연 파우더** 사용
근대 (AD19세기)	• 19세기 : **화장품 비누 사용**의 일반화 　　　　　크림 로션 일반인에게 보급 　　　　　**백납분** 사용 • 19세기 이후 : **콜드크림 제조** • 클렌져, 자외선 차단제 제조 • **기능성을 강화한 화장품** 제조

◀ 우리나라 화장품의 역사
① 고대 : 마늘과 쑥(미백)
② 삼국시대 : 고구려(연지), 백제(화장술), 신라(흰색백분)
③ 고려시대 : 분대화장(기생), 비분대화장(일반인)
④ 조선시대 : 혼례(연지), 상류층과 기생들의 화장 성행
⑤ 근대시대 : 박가분, 동동구리무

(3) 우리나라 화장품의 역사

구 분	설 명
고 대	• 마늘과 쑥을 사용하여 미백에 사용 　기억법　마쑥미 　마쑥미 : 마늘과 쑥은 미백효과 • 돼지기름 사용
삼국시대	• 고구려: 볼과 입술에 연지 화장 가늘고 둥근 눈화장 표현 • 백　제: 화장품 제조기술, 화장술 발달 • 신　라: 흰색백분, 연지 사용
고려시대	• 화장을 즐겨하지 않음 • 향낭 사용 • 분대화장(기생), 비분대화장(일반인)사용

조선시대	• 혼례 때 연지곤지 사용 • 상류층과 기생들의 화장이 성행 • 머릿기름, 참기름 사용
근대시대	• 박가분 탄생(1916년) : 납 성분으로 금지 • 동동구리무 탄생(1930년) • 화장품 산업이 본격화(1945년 해방이후)
현대시대	• 1960년대 : 화장품 산업의 본격화 • 1980년대 : 생명과학, 피부과학 기술 응용 • 1990년대 : 자연주의 화장품 등장 • 2000년대 : 항노화, 기능성 화장품 등장

 머리에 쏙~쏙~ 5분 체크

☆
01 (   )이란 인체를 청결 미화하여 용모를 밝게 변화시키고 건강을 유지하기 위해 사용하는 것으로 인체에 대한 작용이 (   )한 것을 말한다.

☆☆
02 기능성화장품은 피부 (   )을 개선하고, 미백에 도움을 주며, 피부를 곱게 태우거나 (   )으로부터 피부를 보호하는데 도움을 주는 제품을 말한다.

☆
03 화장품의 4대 조건 중 (   )은 피부에 자극이 없어야 하는 것을 의미한다.

☆
04 화장품의 4대 조건 중 (   )은 제품 보관에 따른 변질, 변색, 변취가 없어야 하는 것을 의미한다.

05 화장품의 목적은 본능적, (   ), 신앙적, (   )인 목적이 있다.

☆
06 화장품의 대상은 (   )이며 사용범위는 (   )에 걸쳐 사용할 수 있어야 한다.

07 (   )은 미용 및 위생을 위하여 정상인을 대상으로 사용되어지는 것을 말한다.

☆☆
08 세안, 세정효과가 있으며 피부 정돈, 보습, 영양공급의 목적을 가진 화장품을 (   )이라 한다.

☆
09 화장품을 선택할 때에는 반드시 (   )를 실시해야 한다.

10 항노화, 기능성 화장품이 등장한 시대는 (   )년대이다.

정답 01. 화장품, 경미   02. 주름, 자외선   03. 안전성   04. 안정성   05. 실용적, 표시적   06. 정상인, 전신   07. 의약외품   08. 기초화장품   09. 패치 테스트
10. 2000

◀ 화장품의 정의
① 인체를 청결 미화하여 매력 및 용모 변화, 건강 유지 또는 증진하기 위한 물품으로 인체에 대한 작용이 경미한 것
② 우리나라 화장품법의 시행 시기
③ 2000년 7월 1일

◀ 기능성화장품
① 미백 개선관리
② 주름 및 탄력 개선
③ 자외선 차단제

◀ 화장품 사용시 주의 사항
① 피부 유형에 맞는 제품 선택
② 너무 자극적인 향은 피함
③ 패치 테스트
④ 개봉 후 너무 오래 두지 밀 것 (6개월 정도)

1 시험문제 엿보기

01 ☆☆☆ 화장품을 만들 때 필요한 4대 조건은? → 출제년도 08

㉮ 안전성, 안정성, 사용성, 유효성

㉯ 안정성, 방부성, 방향성, 유효성

㉰ 발림성, 안전성, 방부성, 사용성

㉱ 방향성, 안전성, 발림성, 사용성

해설 ㉮ 안전성, 안정성, 사용성, 유효성 : **화장품의 4대 조건**   정답 ㉮

02 ☆☆☆ 기능성 화장품에 대한 설명으로 옳은 것은? → 출제년도 09

㉮ 자외선에 의해 피부가 심하게 그을리거나 일광화상이 생기는 것을 지연해 준다.

㉯ 피부 표면에 더러움이나 노폐물을 제거하여 피부를 청결하게 해 준다.

㉰ 피부표면의 건조를 방지해주고 피부를 매끄럽게 한다.

㉱ 비누세안에 의해 손상된 피부의 pH를 정상적인 상태로 빨리 되돌아오게 한다.

해설 ㉮ **기능성 화장품** : 자외선으로부터 피부를 곱게 태워주는 선탠화장품, 자외선으로부터 피부를 보호해주는 자외선차단제품, 미백에 도움을 주는 제품, 주름개선에 도움을 주는 제품이다.   정답 ㉮

03 ☆ 화장품과 의약품의 차이를 바르게 정의한 것은? → 출제년도 09

㉮ 화장품의 사용목적은 질병의 치료 및 진단이다.

㉯ 화장품은 특정부위만 사용 가능하다

㉰ 의약품의 사용대상은 정상적인 상태인 자로 한정되어 있다.

㉱ 의약품의 부작용은 어느 정도 까지는 인정된다.

해설 ㉱ 의약품의 부작용은 어느 정도 까지는 인정된다.   정답 ㉱

04 화장품의 분류에 관한 설명 중 틀린 것은? → 출제년도 09

㉮ 마사지 크림은 기초화장품에 속한다.

㉯ 샴푸, 헤어린스는 모발용 화장품에 속한다.

㉰ 퍼퓸, 오데코롱은 방향화장품에 속한다.

㉱ 페이스파우더는 기초화장품에 속한다.

해설 ㉱ 페이스파우더는 **메이크업화장품**에 속한다.   정답 ㉱

05 다음중 바디용 화장품이 아닌 것은? → 출제년도 10

㉮ 샤워젤   ㉯ 바스오일

㉰ 데오도란트   ㉱ 헤어에센스

해설 ㉱ **바디용 화장품** : 샤워젤, 바스오일, 데오도란트   정답 ㉱

Chapter 02
화장품 성분

Skin Care

1 화장품의 원료 및 작용

(1) 화장품의 제조기술

구 분	종 류	설 명
가용화	• 화장수 • 에센스 • 향수	물에 녹지 않는 소량의 **유성 성분**을 계면활성제의 미셀 형성 작용을 이용하여 **투명한 상태로 용해** 시키는 것 **기억법** 유투상용 유투상용 : 유성 성분을 투명한 상태로 용해
분산	• 마스카라 • 파운데이션 • 아이라이너	안료 등의 고체 입자를 액체 속에 균일하게 혼합 시키는 것
유화	• 수중유형(O/W) 물에 기름이 분산된 상태 예 로션 • 유중수형(W/O) 기름에 물이 분산되어 있는 상태 예 크림, 클렌징 크림 **기억법** • 수유물기분 : 수중유형(O/W), 물에 기름이 분산된 상태 • 유수기물분 : 유중수형(W/O), 기름에 물이 분산되어 있는 상태	물에 골고루 분산된 상태 유성 성분을 일정기간 동안 균일하게 혼합시키는 기술

Key Point

◀ 화장품 제조기술
① 가용화 : 유성 성분을 투명한 상태로 용해 시키는 것
② 분산 : 고체 입자를 액체 속에 균일하게 혼합
③ 유화 : 균일하게 혼합(우유빛으로 백탁화시키는 것)

◀ 수중유형(O/W)
물에 기름이 분산된 상태

◀ 유중수형(W/O)
기름에 물이 분산되어 있는 상태

Key Point

○ 수성 원료
① 물 : 가장 많이 사용되며 정제수가 대표적
② 에탄올 : 청량감, 수렴 및 진정 효과

○ 유성 원료
① 식물성 오일 : 올리브유, 피마자유, 야자유, 아보카도유, 맥아오일, 로즈힙 오일
② 동물성 오일 : 난황 오일, 밍크오일, 스쿠알렌
③ 광물성 오일 : 유동 파라핀, 바셀린, 실리콘 오일
④ 고급 지방산 오일 : 스테아르산, 팔미트산, 라우르산, 미리스틴산, 올레인산
⑤ 고급 알코올 : 세틸 알코올, 올레일 알코올, 스테아릴 알코올
⑥ 에스테르유 : 부틸 스테아레이트, 이소프로필 미리스테이트, 이소프로필 팔미테이트
⑦ 왁스 : 호호바오일, 카르나우바 왁스, 칸델리라 왁스, 밀납, 라놀린

(2) 수성 원료

구 분	설 명
물	• 화장품에서 **가장 많이 사용**되는 원료 • **정제수** : 가장 기초적이고 **대표적**인 물질, 멸균처리로 불순물이 제거된 물 • 증류수 : 가열하여 수증기기가 된 물을 냉각하여 만든 물 • 탈이온수 : 물을 이온화시켜 마그네슘 수은 칼슘등을 제거한 물
에탄올	• **청량감과 수렴 진정효과** • 살균 소독 효과가 있으며 휘발성이 있다. • 화장수, 향수에 사용

(3) 유성 원료

구 분	설 명
식물성 오일 • 식물, 열매에서 추출 • 피부에 흡수가 늦다.	• 올리브유 : 올리브 열매에서 추출 　　　　썬텐오일, 에몰리엔트 크림 • 피마자유 : 아주까리에서 추출 　　　　립스틱, 네일에나멜 • 야자유 : 야자의 종자에서 추출 　　　　샴푸, 비누 • **아보카도유** : 아보카도 추출 　　　　**샴푸, 헤어린스** • 맥아(윗점)오일 : 맥아 추출 　　　　비타민 E함유, 메이크업, 모발 화장품
동물성 오일 • 동물의 피하조직에서 추출 • 피부에 친화성이 좋고 흡수가 잘 된다.	• **로즈힙 오일** : 장미 추출 　　　　**상처치료, 노화억제** • 난황오일 : 계란에서 추출 　　　　피부진정, 유화제로 사용 • 밍크오일 : 밍크의 피하조직에서 추출 　　　　피부의 친화성, 상처치유 효과 • **스쿠알렌** : **상어의 간에서 추출** 　　　　**노화, 건성피부에 사용** 　　　　피부에 보습
광물성 오일	• **유동 파라핀** : **피부 수분 증발 억제** 　　　　무색 투명의 오일로 피부 보호작용 　　　　예 크림, 유액, 유성 세정제 • **바셀린** : **피부에 수분을 보호하여 보습유지** • 실리콘 오일 : 피지막을 형성하여 피부를 보호 　　　　피부에 자극이 적고 독성이 없다.

구 분	설 명
고급 지방산 오일	• **스테아르산 : 유화제, 점증제**로 사용 　　　크림, 로션, 립스틱에 사용 • 팔미트산 : 팜유에서 얻어지며 수분증발 억제 　　　크림, 유액에 사용 • **라우르산** : 거품을 내며 피부의 자극이 약간 있다. **세정력이 우수, 클렌징 제품**으로 사용 • 미리스틴산 : 코코넛, 야자에서 추출 　　　거품이 풍부하고 세정력이 우수 　　　클렌징 제품으로 사용 • 올레인산 : 올리브유의 주성분으로 크림류에 사용
고급 알코올	• 세틸 알코올 : 유분감을 억제, 에멀젼의 유화 안정제로 사용 • 올레일 알코올 ; 팜유에서 추출, 립스틱에 사용 • 스테아릴 알코올 : 야자유에서 추출 　　　유화 및 윤활유 작용으로 점증제로 사용
에스테르유	• 부틸 스테아레이트 : 스테아르산과 부틸 알콜에 의해 합성, 사용감이 가볍다. • 이소프로필 미리스테이트 : 침투력과 보습력이 뛰어남, 사용감이 우수하다. • 이스프로필 팔미테이트 : 보습제와 유연제로 사용
왁스	• **호호바 오일 : 인체의 지질 성분과 유사, 보습효과** • 카르나오바 왁스 : 카르나우바 잎에서 추출 　　　광택성 부여, 립스틱이나 광택에 사용 • 칸델리라 왁스 : 칸델리라 식물에서 추출, 립스틱에 사용 • **밀납 : 벌꿀에서 추출, 로션이나 크림**에 사용 • 라놀린 : 양의 털에서 추출 　　　피부에 흡수가 좋아 기초 화장품에 사용

◁ 점증제
① 제품의 조밀도를 줄여서 크림이 너무 묽어서 흐르지 않게 작용
② 예 : 카보머, 폴리비닐알코올(PVA), 잔탄검 등

알아두세요

점증제 : 제품의 조밀도를 높여서 크림이 너무 묽어서 흐르지 않게 하는 작용
　　　예 카보머, 폴리비닐알코올(PVA), 잔탄검 등

(4) 계면 활성제

① 한 분자 내에 친유성기와 친수성기를 함께 가지는 분자
② 유화제, 세정제, 가용화제, 거품제, 윤활제 등으로 응용해서 사용
③ 계면 활성제의 종류

◁ 계면활성제
① 양이온성 계면활성제 : 헤어트리트먼트, 헤어린스
② 음이온성 계면활성제 : 비누, 샴푸, 클렌징폼
③ 양쪽성 계면활성제 : 아토피제품, 예민 성제품, 저자극성 샴푸, 베이비 샴푸
④ 비이온성 계면활성제 : 스킨, 로션, 클렌징 제품, 세정제, 분산제

Key Point

◁ 계면활성제의 피부
　 자극 순서
　양이온성 → 음이온성
　→ 양쪽성 → 비이온
　성

구 분	설 명	종 류
양이온성 계면활성제	• 살균력, 유화작용이 우수 • 피부 자극이 있으면 정전기 방지 • 세정력은 음이온성 보다 약함	• 헤어 트리트먼트 • 헤어린스
음이온성 계면활성제	• 피부에 자극이 크다. • 세정력과 기포형성 능력 우수	• 비누, 샴푸 • 클렌징폼
양쪽성 계면활성제	• 소독력과 살균력이 뛰어남 • 세정력이 좋고 피부에 자극이 적다.	• 아토피제품 • 예민성제품 • 저자극성 샴푸 • 베이비 샴푸
비이온성 계면활성제	• 피부에 자극이 적어 기초화장품으로 사용 • 용해되어도 이온이 되지 않는 성질	• 스킨, 로션 • 클렌징 제품 • 세정제, 분산제

기억법

〈계면활성제〉
• 양계트린 : 양이온성 계면활성제 – 헤어트리트먼트, 헤어린스
• 음비샴폼 : 음이온성 계면활성제 – 비누, 샴푸, 클렌징 폼
• 양쪽아예저베 : 양쪽성 계면활성제 – 아토피제품, 예민성제품, 저자극성 샴푸, 베이비 샴푸
• 비스로클세분 : 비이온성 계면활성제 – 스킨, 로션, 클렌징 제품, 세정제, 분산제

 알아두세요

미셀 : 계면 활성제의 분자 또는 이온이 모여서 화합체로 구성 된 물질

◁ 보습제의 종류
① 글리세린
② 프로필렌글리콜
③ 천연보습인자(NMF)
④ 히아루론산
⑤ 부틸렌글리콜
⑥ 폴리에틸렌글리콜
⑦ 솔비톨

(5) 보습제

① 수분유지 성분으로 피부의 건조를 막아 촉촉함을 유지
② 피부와 친수성이 좋아 건성 피부에 적합
③ 피부에 사용성과 유연성을 주어 피부를 부드럽게 함

보습제의 종류

구 분	설 명
수용성 다가알코올유	• **글리세린** : 수분 흡수에 뛰어나 보습 효과가 우수 • **프로필렌글리콜** : 독성이 적어 보습제로 많이 사용, 연고와 크림류에 사용

구 분	설 명
천연보습인자 (MMF) (Natural Moisturizing Factor)	• 피부의 흡수 능력이 우수하여 유연성 증가 • 아미노산, 젖산, 요소 등 함유 • 인간의 피부에 있어 인체구성 물질
고분자 보습제	• **히아루론산염**이라고 하며 예전에는 **닭벼슬에서 추출** 했으나 요즘은 **미생물 발효**에 의해서 보급 • 히아루론산염, 가수분해 콜라겐 등
부틸렌글리콜	• 글리세린 보다 가벼운 느낌이며 유연제와 보습제로 사용
폴리에틸렌글리콜	• 자극이 적어 인체에 해롭지 않고 안정성과 보습력이 탁월 • 샴푸, 린스, 두발제품에 사용
솔비톨	• 끈적임이 많으며 **보습효과가 뛰어나 피부의 피부 건조함 예방** • 화장품과 의약품에 사용

(6) 방부제

① 세균의 성장을 억제 하거나 방지하기 위해서 첨가하는 물질
② 피부에 트러블을 유발하기 때문에 미생물 오염이 없도록 한다.
③ 피부에 테스트를 거쳐 안정성이 확인 된 것을 사용
④ 방부제의 종류

구 분	설 명
파라옥시향산메틸 (Methly Paraben) 파아옥시향산에틸 (Ethyl Paraben)	• 수용성 물질 방부
파라옥시향산프로필 (Propyl Paraben) 파라옥시향산부틸 (Butyl Paraben)	• 지용성 물질 방부
이미다졸리디닐우레아 (Imidazolidinyl Urea)	• 박테리아 성장억제
페녹시에탄올 (Phenoxy Ethanol)	• 메이크업 제품에 많이 사용
이소치아졸리논 (Isothiazolinone)	• 샴푸와 같이 씻어 내는 계통에 방부제로 사용

Key Point

◀ **착색료**
① 염료 : 화장품의 색을 부여, 물에 용해되는 유기 화합물의 색소
② 안료 : 물에 녹지 않는 색소, 빛을 차단하고 커버력이 우수

◀ **무기안료의 종류**
① 착색안료 : 화장품의 색상 부여
② 체질안료 : 탈크, 카올린, 마이카 성분으로 커버력, 발림성 좋음
③ 백색안료 : 이산화티탄, 산화아연 성분으로 커버력 우수

(6) 착색료

① **염료** : 화장품의 색을 부여, 물에 용해되는 유기 화합물의 색소
② **안료** : 물에 녹지 않는 색소, 빛을 차단하고 커버력이 우수
 ㉮ 무기안료 : 화려한 색상은 아니지만 빛, 산, 알칼리에 강하다.

■ 무기안료 종류 ■

구 분	설 명
착색안료	• 화장품의 **색상**을 **부여** • 명암을 조절하는 메이크업 제품에 사용
체질안료	• **탈크** : 피부에 발림성이 **좋아 파우더**에 사용 • **카올린** : **커버력**과 **흡수력**이 좋다. • **마이카** : 사용감이 **좋고 흡착력**이 뛰어나다.
백색안료	• 피부의 **커버력**이 우수하다. • **이산화티탄** : 피부에 밀착감, 착색력 부여 • **산화아연** : 파우더로 사용 하얀색 미세한 분말로 구성

 ㉯ 유기안료 : 대량 생산이 가능하고 색상이 다양하다.
      빛, 산 , 알칼리에 약하나 색상이 선명하여 색소 화장품에 많이 사용
 ㉰ 레이크 : 산알칼리에 약하며 중성에서 녹는다.
      수용성인 염료에 마그네슘, 마그네슘, 알루미늄을 침전시켜 만든 색소

③ 진주광택안료(펄안료) : 진주 광택을 부여하여 광택효과
④ **천연색소** : 지속성, 착색력이 저하되어 많이 사용되지는 않는다.
  헤나, 카로틴, 클로로필 등에서 얻어지는 색소

(7) 향료

① **천연향료**

구 분	설 명
식물성 향료	• 식물에서 추출한 향료 • 알레르기를 유발 • 가격이 저렴하고 약 1500여종이 있다.
동물성 향료	• 동물에서 추출한 향료 • 피부 자극이 적고 안전 • 사향 : 노루에서 생산된 분비물 • 영묘향 : 고양이의 분비물 • 해리향 : 시베리아 등지에서 서식한 버너의 생식선 • 용연향 : 고래의 장내에서 생기는 결석을 건조 시킨 것

◀ **동물성 향료**
① 사향 : 노루에서 생산된 분비물
② 영묘향 : 고양이의 분비물
③ 해리향 : 버너의 생식선
④ 용연향 : 고래의 장내에서 생기는 결석을 건조

② 합성향료 : 화학적인 과정을 거쳐 천연 물질이나 합성물질로 합성하여 만들어 진다.
③ 조합향료 : 천연향료와 합성 향료를 조합하여 만들어 진다.

(8) 산화 방지제

① 화장품을 오래 보관 할 때 공기 중에 산소를 흡수하여 자동 산화를 일으켜 산패되는 것을 억제하기 위해 첨가한다.

② 부틸히드록시아니솔(BHA), 부틸히드록시툴루엔(BHT), 비타민E(토코페롤)

(9) 비타민

피부 생리기능 정상화, 피부재생기능

구 분	설 명
비타민 A	• 각질화 피부, **건성피부를 치유** • 잔주름 예방으로 주름개선
비타민 B	• 입술부위 염증, **지루성 피부염** 예방 • 피지분비 억제
비타민 C	• 콜라겐 재생 촉진 노화예방 • **피부미백 효과**
비타민 E	• 지용성 비타민으로 유해산소 제거 • 혈액순환 촉진, **항노화 효과**
비타민 K	• **모세혈관 강화**시켜 지혈작용 • 모세혈관 확장, **안면홍조**에 효과 • 민감성 화장품에 사용

〈비타민〉
- 비A건 : 비타민 A - 건성피부를 치유
- 비B지 : 비타민 B - 지루성 피부염
- 비C미 : 비타민 C - 피부미백 효과
- 비E항 : 비타민 E - 항노화 효과
- 비K모 : 비타민 K - 모세혈관 강화

(10) 식물성 추출물

구 분	설 명
감초추출물	• **감초**에서 추출 • 피부 미백효과
레몬추출물	• 레몬에서 추출 • **수렴작용, 세포재생**
로즈마리 추출물	• 로즈마리꽃에서 추출 • 기미예방, 항산화작용

◀ 비타민의 효과
① 비타민 A : 건성피부를 치유
② 비타민 B : 지루성 피부염
③ 비타민 C : 피부 미백 효과
④ 비타민 E : 항노화 효과
⑤ 비타민 K : 모세혈관 강화

◀ 식물성 추출물
① 감초추출물 : 피부 미백효과
② 레몬추출물 : 수렴작용, 세포재생
③ 로즈마리추출물 : 기미, 항산화작용
④ 카모마일추출물 : 소염, 진정, 수렴, 항알러지 작용
⑤ 유칼립투스추출물 : 살균, 혈액순환 촉진
⑥ 멘톨 : 박하에서 추출, 통증완화, 살균, 청량감
⑦ 아줄렌추출물 : 항염, 진정, 보습작용
⑧ 클로로필추출물 : 지성피부 진정, 보습작용
⑨ 캄포추출물 : 청량감, 수렴작용

카모마일 추출물	• 카모마일에서 추출 • 소염, 진정, 수렴, 항알러지 작용
유칼립투스 추출물	• 유칼립투스에서 추출 • 살균작용 및 혈액순환 촉진
멘톨	• 박하에서 추출 • 통증완화 및 **살균작용**, **청량감** 부여
아쥴렌 추출물	• 아쥴렌에서 추출 • **항염, 진정, 보습작용**, 부종방지
클로로필 추출물	• 녹색채소에서 추출 • **지성피부 진정** 및 보습작용
캄포 추출물	• 사철나무에서 추출 • **청량감과 수렴**작용

동물 추출물
① 콜라겐 : 보습, 탄력유지
② 엘라스틴 : 탄력, 수분증발억제
③ 플라센타 : 피부재생, 미백
④ 밀납 : 피부에 점증제
⑤ 프로폴리스 : 항염제
⑥ 히아루론산 : 보습유지, 건성피부에 효과

(11) 동물 추출물

구 분	설 명
콜라겐	• 동물의 어린 조직에서 추출 • 피부보습 및 **탄력유지**
엘라스틴	• 동물의 어린조직에서 추출 • **피부탄력, 수분증발억제**, 노화예방
플라센타	• 동물의 어린조직의 태반에서 추출 • **피부재생 및 미백효과**
밀납	• 벌집에서 추출 • 건성피부에 효과적, 피부에 점증제로 사용
프로폴리스	• 벌의 효소 및 나무진액 • 피부의 진정, **항염제로 효과**
히아루론산	• 닭 벼슬에서 추출 • 피부의 보습유지 및 **건성피부에 효과** • 최근에는 미생물을 발효시켜 추출

알아두세요

〈피부 화장품성분〉
• 지성피부 : 멘톨, 아쥴렌, 클로로필, 윗치하젤, 캄퍼, 살릭실산
• 건성피부 : 콜라겐, 엘라스틴, 히아루론산, 세라마이드
• 민감성 피부 : 아쥴렌, 클로로필, 비타민K
• 미백피부 : 비타민C, 감초, 코직산, 알부틴

머리에 쏙~쏙~ 5분 체크

01 화장품의 제조기술 중 (　　)란 물에 녹지 않는 소량의 유성 성분을 계면활성제의 미셀 형성 작용을 이용하여 투명한 상태로 용해시키는 것을 말한다.

02 화장품에서 가장 많이 사용되는 수성 원료는 (　　)이고, 청량감과 수렴 및 진정, 살균 효과가 있어 화장수나 향수에 사용하는 것은 (　　) 이다.

03 상어의 간에서 추출하여 노화, 건성피부에 보습 효과를 주는 동물성 오일은 (　　)이다.

04 인체의 지질 성분과 유사하고 보습 효과를 주는 것은 (　　)오일 이다.

05 (　　)란 제품의 조밀도를 높여서 크림이 너무 묽어서 흐르지 않게 하는 작용을 하는 것으로 카보머, 폴리비닐알코올(PVA), 잔탄검 등이 있다.

06 계면활성제의 종류 중 세정력과 기포형성 능력이 우수하여 비누, 샴푸, 클렌징폼을 만드는 것을 (　　　　)이다.

07 (　　)은 끈적임이 많으며 보습효과가 뛰어나 피부의 건조함을 예방하고 화장품과 의약품에 사용하는 보습제이다.

08 입술부위의 염증이나 지루성 피부염을 예방하고 피지분비를 억제시키는 비타민은 (　　)이다.

09 (　　)은 박하에서 추출하여 통증완화, 살균작용, 청량감을 부여한다.

10 (　　)은 벌집에서 추출하여 건성피부에 효과적이고 피부에 점증제로 사용된다.

정답 01. 가용화　02. 물, 에탄올　03. 스쿠알렌　04. 호호바　05. 점증제
06. 음이온성 계면활성제　07. 솔비톨　08. 비타민B　09. 멘톨　10. 밀납

Key Point

◀ 화장품 제조기술
① 가용화 : 유성 성분을 투명한 상태로 용해 시키는 것
② 분산 : 고체 입자를 액체 속에 균일하게 혼합
③ 유화 : 균일하게 혼합(우유빛으로 백탁화시키는 것)

◀ 식물성 추출물
① 감초추출물 : 피부 미백효과
② 레몬추출물 : 수렴작용, 세포재생
③ 로즈마리추출물 : 기미, 항산화작용
④ 카모마일추출물 : 소염, 진정, 수렴, 항알러지 작용
⑤ 유칼립투스추출물 : 살균, 혈액순환 촉진
⑥ 멘톨 : 박하에서 추출, 통증완화, 살균, 청량감
⑦ 아쥴렌추출물 : 항염, 진정, 보습작용
⑧ 클로로필추출물 : 지성피부 진정, 보습작용
⑨ 캄포추출물 : 청량감, 수렴작용

◀ 동물 추출물
① 콜라겐 : 보습, 탄력유지
② 엘라스틴 : 탄력, 수분증발억제
③ 플라센타 : 피부재생, 미백
④ 밀납 : 피부에 점증제
⑤ 프로폴리스 : 항염제
⑥ 히아루론산 : 보습유지, 건성피부에 효과

Key Point

시험문제 엿보기

01 세정작용과 기포형성작용이 우수하여 비누, 샴푸, 클렌징폼 등에 주로 사용되는 계면활성제는? → 출제년도 09
㉮ 양이온성 계면활성제 ㉯ 음이온성 계면활성제
㉰ 비이온성 계면활성제 ㉱ 양쪽성 계면활성제
㉯ 음이온성 계면활성제 : 세정작용, 기포형성작용 우수, 비누, 샴푸, 클렌징폼 등에 주로 사용 정답 ㉯

02 여드름 피부용 화장품에 사용되는 성분과 가장 거리가 먼 것은? → 출제년도 09
㉮ 살리실산 ㉯ 글리시리진산
㉰ 아줄렌 ㉱ 알부틴
㉱ 알부틴 : 미백성분 정답 ㉱

03 각질제거용 화장품에 주로 쓰이는 것으로 죽은 각질을 빨리 떨어져 나가게 하고 건강한 세포가 피부를 구성할 수 있도록 도와주는 성분은? → 출제년도 09
㉮ 알파-히드록시산 ㉯ 알파-토코페롤
㉰ 라이코펜 ㉱ 리포좀
㉮ 알파-히드록시산 : AHA라고 표기하며 죽은 각질을 제거하는 각질제거용 화장품이다. 정답 ㉮

04 다음 중 피부에 수분을 공급하는 보습제의 기능을 가지는 것은? → 출제년도 08
㉮ 계면활성제 ㉯ 알파-히드록시산
㉰ 글리세린 ㉱ 메틸파라벤
㉰ 글리세린 : 피부에 수분을 공급하는 보습제 정답 ㉰

05 팩에 사용되는 주성분 중 피막제 및 점도 증가제로 사용되는 것은? → 출제년도 10
㉮ 카올린(kaolin), 탈크(talc)
㉯ 폴리비닐알코올(PVA), 잔탄검(xanthan gum)
㉰ 구연산나트륨(sodium citrate), 아미노산류(amino acids)
㉱ 유동파라핀(liquid paraffin), 스쿠알렌(squalene)
㉯ 피막제 및 점도 증가제 : 폴리비닐알코올, 잔탄검, 카보머, 한천 등 정답 ㉯

화장품의 종류와 작용

Skin Care

---

1 기초화장품

(1) 기초 화장품의 사용목적

구 분	설 명
세안	• 피부 청결 및 노폐물을 제거
피부정돈	• 피부의 pH를 정상적인 상태로 회복 • 피부의 신진대사 촉진 및 유.수분을 공급
피부보호	• 유해한 환경으로부터 피부보호 • 피부의 수분을 공급하고 노화방지

(2) 기초 화장품의 분류

① 세안 화장품

클렌징 제품의 종류

구 분	설 명
세안비누	• 세정력은 우수하나 피부 건조함 유발 예 **지성피부**
클렌징폼	• 우수한 세정력, 피부보호 기능 • 피부에 자극이 적고 촉촉한 감촉유지 예 **민감성 피부**
클렌징젤	• 세정은 다소 떨어지지만 피부 자극이 적다. • 유성타입, 수성타입이 있다. 예 **수성(건성타입), 유성(지성타입)**
클렌징로션	• 피부에 부담이 적어 엷은 메이크업을 제거하는데 사용 • 클렌징 크림 보다 가벼운 클렌징 예 **모든 피부에 사용**
클렌징크림	• 짙은 화장시 사용하며 메이크업이나 불순물 제거 • 유분 함량이 많아 이중 세안이 필요 예 **짙은 메이크업**

Key Point

◀ 기초화장품의 목적
① 세안
② 피부정돈
③ 피부보호

◀ 클렌징 제품의 종류
① 세안비누 : 세정력 우수하나 건조함 유발
② 클렌징폼 : 피부 자극 적고 촉촉함
③ 클렌징젤 : 세정은 다소 떨어지지만 피부 자극 적다.
④ 클렌징로션 : 엷은 메이크업 제거
⑤ 클렌징크림 : 짙은 메이크업 제거
⑥ 클렌징오일 : 세정력우수, 건성피부
⑦ 클렌징워터 : 예민, 민감피부

Key Point

구 분	설 명
클렌징오일	• 피부의 침투성이 좋아 세정력이 우수하다. 예 **건성피부**
클렌징워터	• 수성 성분이라 피부에 자극이 적다. • 세정력은 다소 떨어진다. 예 **예민피부, 민감피부**
포인트리무버	• 포인트 메이크업을 지우는데 사용 • 피부에 자극이 적다. 예 **눈썹, 마스카라, 입술 포인트 메이크업** 제거 시 사용

◀ 딥클렌징 제품의
종류
① 고마쥐 : 각질을 밀
어서 제거
② 스크럽 : 물리적 방
법
③ 효소 : 단백질 분해
작용
④ 아하 : 산을 이용

딥클렌징 제품의 종류

구 분	설 명
고마쥐	• 제품은 도포 후 **각질을 밀어내서 제거** • **민감한 부위는 주의** 예 지성, 건성피부
스크럽	• **물리적 방법**을 사용하여 각질제거 • 세안, 마사지 효과 부여 예 지성, 건성피부
효소	• **단백질 분해작용**으로 각질을 분해 • 스티머 사용 시 효과증대 예 지성, 건성, 예민피부
아하(AHA)	• **산을 이용**하여 각질을 분해 예 건성, 지성, 복합성피부

기억법

◀ 물리적 딥클렌징과
화학적 딥클렌징
① 물리적 딥클렌징 :
고마쥐, 스크럽
② 화학적 딥클렌징 :
효소, 아하

〈딥클렌징 제품의 종류〉
• 고밀 : 고마쥐 – 각질을 밀어내서 제거
• 스물 : 스크럽 – 물리적 방법
• 효단분 : 효소 – **단백질 분해 작용**
• 아산 : 아하(AHA) – 산을 이용

② 화장수
㈎ 화장수의 기능
• 남아 있는 메이크업 제거
• 피부의 수분을 공급하여 pH조절

㈏ **화장수의 종류**

구 분	설 명
유연 화장수	• 피부의 유연효과 및 피부정돈 • **수분을 공급, 피부의 보습유지** 　예 토너, 스킨로션
수렴 화장수	• 피부진정 및 보습 • **수렴작용 및 피지억제** 　예 아스트리젠트, 밸런스토너

③ **로션(에멀젼)**

　㈎ 세안 후 유.수분 밸런스 유지

　㈏ 피부에 흡수력과 사용감이 좋다.

　㈐ 지성피부나 여드름 피부에 적합

④ **에센스(세럼)**

　㈎ 유해 환경으로부터 피부보호

　㈏ **고농축 성분함유**, 영양효과가 크다.

　㈐ 스킨, 젤, 크림타입으로 분류

⑤ **크림**

　㈎ 피부의 촉촉함을 유지

　㈏ 피부보호 작용

　㈐ 피부의 유분감이 많아 여드름 피부는 부적합

크림의 종류

구 분	설 명
모이스춰크림	피부보습, 영양, 재생
마사지 크림	혈액순환촉진, 마사지 효과
미백크림	피부미백, 화이트닝기능
재생크림	탄력, 재생촉진
자외선크림	자외선으로부터 피부보호
헤어크림	모발수분공급, 모발보호효과

⑥ **팩**

　㈎ 피부 표면에 도포하여 **수분 증발억제 및 보습효과** 부여

　㈏ **노화각질 제거**, 오염물질을 제거하는 기능

　㈐ **팩의 기능**

　　• **보습효과**

　　• **수렴효과**

◀ **Key** **Point**

◀ 유연화장수
① 피부의 유연효과 및 피부정돈
② 수분 공급, 피부의 보습유지

◀ 수렴화장수
① 피부진정 및 보습
② 수렴작용 및 피지억제

◀ 에센스(세럼)
고농축 성분 함유

◀ 팩의 기능
① 보습효과
② 수렴효과
③ 청정작용
④ 신진대사 촉진

• 청정작용
• 신진대사 촉진

〈팩의 기능〉
보수청신 : 보습효과, 수렴효과, 청정작용, 신진대사 촉진

◀ 팩의 종류
① 필오프타입 : 피막을 떼어내는 타입
② 워시오프타입 : 물로 제거
③ 티슈오프타입 : 티슈로 제거
④ 시트타입 : 콜라겐 벨벳 마스크
⑤ 분말타입 : 석고팩

(라) 팩의 종류

구 분	설 명
필오프타입 (Peel-off Type)	• 얼굴에 도포 후 시간이 지나면 피막을 떼는 타입 • 피부의 긴장감을 주어 탄력부여
워시오프타입 (Wash-off Type)	• 얼굴에 바른 후 20~30분 경과 후 물로 제거 • 피지제거 및 산뜻함을 부여 예 머드타입, 클레이타입
티슈오프타입 (Wash-off Type)	• 팩을 바른 뒤 10~20분 후 티슈나 해면으로 제거 • 피부에 자극이 적어 예민피부에 적합 • 보습효과가 뛰어나다.
시트타입	• 콜라겐, 벨벳 마스크로 20~30분 부착 후 흡수 시킨다. • 예민피부나 건성피부에 사용
분말타입	• 물에 제품을 섞어서 바르는 타입 • 발열작용으로 피부의 보습효과가 크다. 예 석고팩(예민피부는 부적합)

2 메이크업 화장품

(1) 화장품의 목적

구 분	설 명
미적효과	피부색을 아름답게 정돈, 외모를 아름답게 표현
피부보호	외부의 환경으로부터 피부보호
심리적효과	심리적 만족감으로 자신감 부여
단점보완	단점보완, 장점을 극대화

◀ 메이크업 베이스
① 피부를 보호하고 피부색을 균일하게 정돈
② 녹색 : 붉은피부 정돈
③ 보라색 : 피부톤 밝게함
④ 분홍색 : 창백한 피부 정돈
⑤ 흰색 : 하이라이트 줄 때 사용

(2) 메이크업 화장품의 종류

① 메이크업 베이스

(가) 피부를 보호하고 피부색을 **균일**하게 **정돈**

(나) 화장이 들뜨는 것을 예방하고 깨끗한 피부로 연출

(다) 자외선으로부터 피부보호

(라) 메이크업 베이스의 색상

구 분	설 명
녹 색	**붉은 피부**를 정돈, 모세혈관을 커버한다.
보라색	노르스름한 동양인의 피부의 적합, 피부톤을 **밝게**한다.
분홍색	화사하고 생기있는 피부연출, 신부화장 및 **창백한** 피부 정돈
흰 색	얼굴 윤곽에 **하이라이트**를 줄 때 사용

〈메이크업 베이스〉
- 녹붉 : 녹색 – 붉은 피부
- 보노밝 : 보라색 – 노르스름한 피부톤을 밝게 한다.
- 분창정 : 분홍색 – 창백한 피부 정돈
- 흰하 : 흰색 – 하이라이트 줄 때 사용

② 파운데이션
　(가) 피부톤을 균일하게 표현, **피부결점 보완**
　(나) 얼굴형을 수정하고 메이크업의 지속성 부여
　(다) 외부 환경으로부터 피부를 보호
　(라) 파운데이션의 종류

구 분	설 명
리퀴드파운데이션	• **가벼운** 로션타입으로 **투명**하고 부드럽다. • **지성**피부, 깨끗한 피부에 사용
크림파운데이션	• **유분**을 함유하고 있어 **커버력**이 **우수**하다. • **건성**피부, 색소피부
트윈 케이크	• 커버력이 우수하여 피부 **결점 보완**에 효과적 • **잡티**피부, **색소**피부에 사용
스틱, 컨실러	• 피부의 흉터 커버 및 색소커버 • **잡티**피부에 사용

③ 파우더
　(가) 피부의 투명감을 살려 화사하게 표현
　(나) 유분을 흡수하여 **지속성유지** 및 **번들거림 방지**
　(다) 자외선으로부터 피부보호

◀ 파운데이션
① 피부톤 균일하게 표현 및 피부 결점 보완
② 리퀴드파운데이션 : 가벼운 로션타입
③ 크림파운데이션 : 유분함유, 커버력 우수, 건성피부, 색소피부
④ 트윈 케이크 : 결점 보완, 잡티 및 색소피부
⑤ 컨실러 : 흉터 및 색소 커버

◀ 파우더의 기능
① 번들거림 방지
② 피부톤을 투명하게 유지
③ 수시로 발라도 커버력 우수
④ 많이 바르면 건조함 유발

㉔ 파우더의 종류

구 분	설 명
페이스파우더 (가루분)	• 번들거림을 방지하고 피부톤을 투명하게 연출 • 수시로 발라도 커버력이 우수 • 너무 많이 바르면 피부에 건조함을 유발
콤팩트파우더 (고형분)	• 파우더에 유분을 첨가하여 압축시켜 만듦 • 가루날림이 적고 휴대가 편리 • 투명도가 떨어져 수시로 발라야 한다.

◀ 포인트 메이크업
① 아이브로우
② 마스카라
③ 아이섀도우
④ 아이라이너
⑤ 립스틱
⑥ 블러셔

④ 포인트 메이크업

구 분	설 명
아이브로우	• 눈썹을 그리고 눈썹색을 보완
마스카라	• 속눈썹을 짙게하고 그윽한 이미지 연출
아이섀도우	• 눈 부위에 색채감을 부여하여 입체감을 연출
아이라이너	• 눈의 모양을 조절하고 또렷한 눈매 연출
립스틱	• 입술 모양을 수정 보완 • 외부 자극으로부터 입술 보호
블러셔	• 얼굴 윤곽을 수정하여 결점커버 • 피부색을 밝게 하여 화사한 모습 연출

알아두세요

〈립스틱 선택조건〉
• 피부의 사용했을 때 자극이 없어야 한다.
• 색의 변화가 없어야 하며 밀착감이 있어야 한다.
• 지속력이 있고 불쾌한 향이 없어야 한다.

3 모발 화장품

◀ 샴푸의 구비 조건
① 적당한 세정력
② 두피의 자극 최소화
③ 쉬운 두피 손질

◀ 린스제
① 모발 보호 및 윤기
　 부여
② 정전기 방지
③ 알칼리성 성분 중화
④ 유분 공급으로 모
　 발 표피 보호

(1) 세정제

① **샴푸제 : 두피의 피지 및 노폐물을 제거하고 건강유지**
　㉮ 샴푸의 구비조건
　　• 적당한 세정력을 갖는다.
　　• 두피의 자극이 없어야 한다.
　　• 두피의 손질을 쉽게 할 수 있어야 한다.
② **린스제**
　㉮ 모발을 보호하며 자연스런 윤기를 준다.

㉯ 모발의 정전기 방지

㉰ 모발의 남은 알칼리성 성분 중화

㉱ 유분 공급으로 모발의 표피보호

<린스제>

• 모보윤 : 모발을 보호하며 자연스런 윤기를 준다.

• 모정방 : 모발의 정전기 방지

• 모알중 : 모발의 남은 알칼리성 성분 중화

• 유모표 : 유분 공급으로 모발의 표피보호

(2) 양모제 : 두피의 영양공급 및 살균

구 분	설 명
헤어팩	모발에 영양분을 침투시켜 집중적인 트리트먼트 효과
헤어트리트먼트	외부의 자극으로 손상된 두피를 회복
헤어토닉	두피의 청량감을 부여, 가려움증 예방
헤어에센스	모발에 영양을 공급하여 모표피를 보호
헤어오일	유분, 광택을 주며 모발을 보호

◁ 양모제
① 두피의 영양공급 및 살균
② 헤어팩, 헤어트리트먼트, 헤어토닉, 헤어에센스, 헤어오일

(3) 정발제 : 모발을 고정하고 정돈하는 화장품

구 분	설 명
헤어무스	투명한 거품 타입으로 헤어스타일을 연출
헤어젤	모발을 촉촉하게 유지, 스타일 연출
포마드	남성들이 주로 사용, 피마자유(식물성), 바세린(동물성)
헤어스프레이	헤어 스타일을 고정시켜 일정한 형태로 유지
헤어크림	모발에 보습을 주며 열과 자외선으로 보호
헤어오일	모발의 유분공급, 모발정돈

◁ 정발제
① 모발을 고정하고 정돈하는 화장품
② 헤어무스, 헤어젤, 포마드, 헤어스프레이, 헤어크림, 헤어오일

(4) 염모제 : 모발의 색상을 부여, 다양한 이미지 연출

구 분	설 명
일시적염색제	• 모표피만 도포해서 샴푸 후 제거 • 컬러파우더, 헤어틴트, 컬러스프레이
반영구적염색제	• 4~6주 정도 지속되며 샴푸 시 조금씩 제거 • 컬러린스, 헤어코팅

◁ 염모제
① 모발의 색상을 부여, 다양한 이미지 연출
② 일시적염색제, 반영구적염색제, 영구적염색제, 헤어블리치

구 분	설 명
영구적염색제	• 모발의 심층까지 침투되어 오랫동안 지속 • 헤나, 산화염모제
헤어블리치	• 모발의 원래의 색을 빼고 탈색 시키는 것

알아두세요

패치테스트란?
염색 시술 전 팔꿈치 안쪽이나 귀볼 뒤에 제품을 바른 후 48시간이 지난 후 **알레르기 유·무를 테스트** 하는 것

◀ 패치테스트
팔꿈치 안쪽이나 귀볼 뒤에 제품을 바른 후 알레르기 유·무를 테스트 하는 것

4 전신관리 화장품

(1) 바디 화장품

① 건강하고 탄력있는 피부를 유지
② 피부의 유·수분을 유지하고 부드러운 피부유지

◀ 바디화장품의 종류
① 세정제
② 각질제거제
③ 트리트먼트제
④ 지방분해제품
⑤ 체취방지제
⑥ 자외선제품

(2) 바디 화장품의 종류

구 분	설 명
세정제	• 피부 청결유지 및 피부의 노폐물 제거 例 비누, 바디클렌져, 버블바스
각질제거제	• 노화된 각질을 제거하고 피부재생 촉진 例 스크럽제, 바디솔트(소금)
트리트먼트제	• 피부 표면보호 및 보습유지 例 바디오일, 바디로션, 바디크림, 핸드크림
지방분해제품	• 피부 혈액순환 및 지방분해 例 마사지 크림, 지방분해크림
체취방지제	• 액취를 방지하고 땀분비를 억제 例 데오도란트
자외선제품	• 피부를 외부 환경으로부터 보호 例 썬블럭, 자외선크림 • 피부색을 구리빛으로 태닝하는 제품 例 썬탠오일, 썬탠로션

5 네일 화장품

(1) 네일 화장품의 종류

구 분	설 명
네일에나멜 (Nail Enamel)	손톱에 색깔을 부여, 손톱 표면에 광택부여
에나밀리무버 (Enamel Remover)	손톱 부위의 에나멜을 제거할 때 사용
베이스코트 (Base Coat)	손톱 틈을 메우고 에나멜의 밀착성을 강화
탑코트 (Top Coat)	손톱에 덧발라 줌으로써 광택과 윤기를 부여
큐티클오일 (Cuticl Oil)	손톱 주위의 각질제거 및 손톱 주위의 이물질 제거
네일강화제 (Nail Reinforce)	약한 손톱을 건강하게 유지시켜 주는 제품

◁ 네일 화장품의 종류
① 네일에나멜
② 에나멜리무버
③ 베이스코트
④ 탑코트
⑤ 큐티클오일
⑥ 네일강화제

6 향수

(1) 향수의 기원 : 향나무를 태워서 나는 연기가 향수의 시초

(2) 향수의 어원 : 라틴어의 퍼퓸(perfume)에서 유래

(3) 향수의 구비조건

① 향의 확산성과 향이 조화로워야 한다.
② 격조 높은 향으로 시대의 흐름과 조화로워야 한다.
③ 지속성은 있으며 피부자극은 없어야 한다.
④ 특징적인 향이 있어야 한다.

(4) 향수의 휘발성

구 분	설 명
탑노트(Top Note)	• 휘발성이 강하며 향수의 첫느낌 예 라벤더, 오렌지, 레몬, 페퍼민트
미들노트(Middle Note)	• 중간정도의 향, 탑노트가 날아간 다음 향을 느낌 예 마조람, 제라늄, 로즈우드
베이스노트(Base Note)	• 향이 마지막까지 지속 예 샌달우드, 프랑킨센스, 쟈스민, 무스크

◁ 향수의 휘발성
① 탑노트 : 휘발성이 강하며 향수의 첫 느낌
② 미들노트 : 중간정도의 향
③ 베이스노트 : 향이 마지막까지 지속

〈향수의 휘발성〉
• 탑휘강첫 : 탑노트 – 휘발성이 강하며 향수의 첫느낌
• 미중향 : 미들노트 – 중간정도의 향
• 베향마지 : 베이스노트 – 향이 마지막까지 지속

(5) 향수의 지속시간

◀ 부향률이 높은 순
　서
퍼퓸〉오데퍼퓸〉오데
토일렛〉오데코롱〉샤
워코롱

구 분	설 명
샤워코롱 (Perfume)	• 가볍고 신선해서 샤워 후 사용 • 1시간정도 지속(1~3%)
오데코롱 (Eau de Perfume)	• 산뜻한 향으로 처음 접하는 사람에게 적당 • 1~2시간 지속(3~5%)
오데토일렛 (Eau de Toilette)	• 상쾌한 향이 나며 가벼운 느낌 • 3~5시간 지속(6~8%)
오데퍼퓸 (Eau de Colongne)	• 퍼퓸에 가까운 향의 지속성 • 5~6시간 지속(9~12%)
퍼퓸 (Shower Colongne)	• 일반적인 향수로 농도가 강하고 향이 지속 • 6~7시간 지속(15~30%)

├─7 에션셜(아로마) 오일 및 케리어 오일

(1) 아로마의 정의

◀ 아로마의 정의
① Aroma란 향기 +
　치료의 의미
② 식물에서 추출한
　순수한 에센스

① Aroma 란 향기 + 치료의 의미
② 식물에서 추출한 순수한 에센스를 말한다.

(2) 아로마의 역사

① 고대 이집트 : 화장과 위생을 위한 화장품, 클레오파트라는 쟈스민로즈 사용
② 인도 : 아유르베다 마사지에 향신료로 사용
③ 그리스 : 의학적인 치료로 에센셜 오일 사용(히포크라테스)
④ 우리나라 : 동의보감에 향을 이용한 치료가 기록되어 있다.

(3) 에센셜(아로마) 오일 추출법

구 분	설 명
증류법	• **가장 많이 사용**하는 방법으로 가장 오래됐다. • 짧은 시간에 대량을 추출하는 장점이 있다. • 유분을 함유하고 있어 화장품에도 많이 이용 　예 불가리아, 장미유, 제라늄
용매추출법	• 정유, 수지에 포함된 정유 추출로 낮은 온도에서 추출 　예 쟈스민, 로즈
압착법	• 열매의 내피에서 에센셜 오일을 추출 • 저온에서 압착하는 방법을 콜드 압착법이라 한다. 　예 라임, 버가못, 오렌지

◀ 에센셜 오일 추출법
① 증류법 : 가장 많이 사용
② 용매추출법
③ 압착법

(4) 에센셜(아로마) 오일의 종류 및 특징

종 류	특 징
라벤더	불면증, 우울증, 스트레스, 피부재생, 생리통에 효과, 해독작용
티트리	살균방부, 여드름피부 진정, 민감성 피부 주의
레몬	강한 항균작용, 수렴, 청정, 두통에 효과, 호흡기계 질환
페퍼민트	호흡기계, 해독작용, 소화불량, 천식, 피부염증에 효과, 간질, 심장병금지
버가못	여드름피부, 살균 및 소독
유칼립투스	감기나 기침, 호흡기계, 고혈압, 간질사용금지
샌들우드	진정, 보습, 안정, 우울증에 금지
쟈스민	생리통 완화, 건성피부, 신경안정
일랑일랑	성기능 강화, 항우울증, 행복감, 긴장완화, 스트레스
로즈마리	근육통, 여드름 피부, 해독작용

◀ 에센셜 오일의 종류
① 라벤더
② 티트리
③ 레몬
④ 페퍼민트
⑤ 버가못
⑥ 유칼립투스
⑦ 샌들우드
⑧ 쟈스민
⑨ 일랑일랑
⑩ 로즈마리

(5) 에센셜 오일의 효과

① 항염, 항균작용

② 정신적인 안정 및 근육이완 작용

③ 세포재생 및 면역력 강화

④ 소화, 배설촉진

◀ 에센셜 오일의 효과
① 항염 및 항균작용
② 정신적인 안정 및 근육이완
③ 세포재생 및 면역력 강화
④ 소화, 배설촉진

(6) 아로마 오일 흡입방법

구 분	설 명
흡입법	• 향기를 코를 흡입하는 방법 • 심리적 안정 • 천식, 감기, 호흡기 질환에 효과
목욕법	• 따뜻한 물에 에센셜 오일을 희석해서 사용 • 피로회복, 근육이완
마사지법	• 피부에 직접 침투시켜 효과가 크다. • 피로회복, 근육통증 감소
습포법	• 통증이 있는 부위에 적용, 혈액순환 촉진 • 신경통, 근육통, 타박상

(7) 에센셜 오일 주의사항

① **갈색병**에 담아 **냉암소**에 보관
② 반드시 **희석된 제품**을 사용
③ 고혈압 환자, 임산부, 상처, 염증이 있는 사람은 피한다.
④ 마사지를 하기 전에 **패치테스트**를 실시
⑤ 감귤류는 햇볕 주의, 개봉 후 1년이내 사용

(8) 캐리어 오일 : 식물의 씨에서 추출, **베이스 오일**이라고 함

구 분	설 명
달맞이꽃오일	항염진정 작용, 건선, 가려움, 습진에 효과
로즈힙오일	리놀렌산, 비타민C함유, 피부재생촉진
맥아유	세포조직의 재생촉진, 피부노화 방지
올리브오일	건성피부의 보습유지, 크림, 비누에 사용
아몬드오일	노화피부, 건성피부에 적용, 미네랄과 비타민이 풍부
아보카드오일	피부건조예방, 보습력이 뛰어나 민감성피부에 적용
호호바오일	피부의 보습유지 및 진정효과, 모든피부에 사용
코코넛오일	모든 피부에 적용, 화장비누의 원료로 사용

▌8 기능성 화장품

(1) 기능성 화장품의 정의

① 피부의 **미백**을 개선시켜주는· 제품
② 피부의 **주름**을 개선 시켜주는 제품
③ **자외선**이나 외부의 환경으로부터 피부보호

(2) 미백 화장품

① 티로신의 활성으로 티로시나아제의 작용을 억제
② 자외선으로부터 차단, 미백에 도움을 준다.
③ **알부틴, 코직산, 하이드로퀴논, 닥나무 추출물, 비타민C**

◀ 미백화장품의
　매커니즘
① 자외선 차단
② 도파의 산화 억제
③ 티로시나아제 활성
　화
④ 멜라닌 합성 저해

(3) 주름개선 화장품

구 분	설 명
레티놀(비타민A)	지용성 비타민으로 피부 보호 및 탄력유지
이소플라빈	여성호르몬과 유사, 피부재생촉진
아데노신	신진대사를 촉진, 피부탄력 주름개선
토코페롤(비타민B)	활성산소에 의한 피부 노화예방

(4) 자외선 화장품

구 분	설 명
자외선 산란제	• 물리적인 산란작용에 의한 자외선의 피부 침투 차단 예 이산화티탄, 산화아연
자외선 흡수제	• 화학적인 흡수작용에 의한 자외선 피부침투 차단 예 옥틸디메칠파바, 벤조페논, 신나메이트

(5) 각질 제거용 화장품(A.H.A)

구 분	설 명
글리콜릭산 (Glycolic acid)	• 침투력이 우수, 각질연화 • 사탕수수에서 추출
젖산 (Lactic acid)	• 각질제거로 피부재생 촉진 • 락토오즈 산화효소에서 추출
사과산 (Malic acid)	• 죽은 각질은 제거, 세포재생 촉진 • 사과에서 추출
주석산 (Tartaric acid)	• 각질은 제거하여 피부재생 • 포도에서 추출
구연산 (Citric acid)	• 각질제거 • 오렌지에서 추출

◀ 각질 제거제 성분
① 글리콜릭산 : 사탕
　수수
② 젖산 : 우유
③ 사과산 : 사과
④ 구연산 : 오렌지

Key Point

◀ 기초화장품의 목적
① 세안
② 피부정돈
③ 피부보호

◀ 메이크업 베이스
① 피부를 보호하고 피부색을 균일하게 정돈
② 녹색 : 붉은피부 정돈
③ 보라색 : 피부톤 밝게함
④ 분홍색 : 창백한 피부 정돈
⑤ 흰색 : 하이라이트 줄 때 사용

◀ 에센셜 오일의 주의사항
① 갈색병, 냉암소 보관
② 희석제품 사용
③ 패치테스트

머리에 쏙~쏙~ 5분 체크

01 기초화장품의 사용목적은 (   ), 피부(   ), 피부(   )이다.

02 (   )는 세정용 화장수의 일종으로 가벼운 화장의 제거에 사용하기 적합하다.

03 (   )는 세럼이라고도 불리며 고농축 성분이 함유되어 영양효과가 크다.

04 메이크업 베이스의 색상 중 (   )은 붉은 피부를 정돈하고, 모세혈관을 커버해 준다.

05 (   )파운데이션은 가벼운 로션타입으로 투명하고 부드러워 (   )피부나 깨끗한 피부에 사용하면 좋다.

06 헤어팩이나 트리트먼트와 같이 두피의 영양공급 및 살균작용을 하는 것은 (   )이다.

07 액취를 방지하고 땀분비를 억제시키는 체취방지제는 (   )이다.

08 향수의 종류 중에서 6~7시간 지속하며 부향률이 15~30%인 것은 (   )이다.

09 에센셜 오일은 (   )에 담아 (   )에 보관한다.

10 주름을 개선시키는 화장품의 성분으로 (   )은 여성호르몬과 유사하고, 피부 재생을 촉진시킨다.

정답 01. 세안, 정돈, 보호   02. 클렌징워터   03. 에센스   04. 녹색   05. 리퀴드, 지성   06. 양모제   07. 데오도란트   08. 퍼퓸   09. 갈색병, 냉암소   10. 이소플라빈

시험문제 엿보기

01 다음 중 기초화장품의 필요성에 해당되지 않는 것은?
➡ 출제년도 09

㉮ 세정
㉯ 미백
㉰ 피부정돈
㉱ 피부보호

해설 ㉯ 미백 : **기능성화장품**의 필요성에 해당
정답 ㉯

02 세정용 화장수의 일종으로 가벼운 화장의 제거에 사용하기에 가장 적합한 것은?
➡ 출제년도 10

㉮ 클렌징 오일
㉯ 클렌징 워터
㉰ 클렌징 로션
㉱ 클렌징 크림

해설 ㉯ 클렌징 워터 : 세정용 화장수의 일종으로 가벼운 화장의 제거에 사용
정답 ㉯

03 크림 파운데이션에 대한 설명 중 알맞은 것은?
➡ 출제년도 09

㉮ 얼굴의 형태를 바꾸어 준다.
㉯ 피부의 잡티나 결점을 커버해 주는 목적으로 사용된다.
㉰ O/W형은 W/O형에 비해 비교적 사용감이 무겁고 퍼짐성이 낮다.
㉱ 화장시 산뜻하고 청량감이 있으나 커버력이 약하다.

해설 ㉯ 크림 파운데이션 : 피부의 잡티나 결점을 커버해 주는 목적으로 사용된다.
정답 ㉯

04 다음 중 향수의 부향률이 높은 것부터 순서대로 나열된 것은?
➡ 출제년도 09

㉮ 퍼퓸 〉 오데포퓸 〉 오데코롱 〉 오데토일렛
㉯ 퍼퓸 〉 오데토일렛 〉 오데코롱 〉 오데퍼퓸
㉰ 퍼퓸 〉 오데퍼퓸 〉 오데토일렛 〉 오데코롱
㉱ 퍼퓸 〉 오데코롱 〉 오데퍼퓸 〉 오데토일렛

해설 ㉰ 퍼퓸 〉 오데퍼퓸 〉 오데토일렛 〉 오데코롱
정답 ㉰

05 다음 중 피부상재균의 증식을 억제하는 항균 기능을 가지고 있고, 발생한 체취를 억제하는 기능을 가진 것은?
➡ 출제년도 08

㉮ 바디샴푸
㉯ 데오도란트
㉰ 샤워코롱
㉱ 오데토일렛

해설 ㉯ 데오도란트 : **액취방지제**
정답 ㉯

◀ 클렌징 제품의 종류
① 세안비누 : 세정력 우수하나 건조함 유발
② 클렌징폼 : 피부 자극 적고 촉촉함
③ 클렌징젤 : 세정은 다소 떨어지지만 피부 자극 적다.
④ 클렌징로션 : 옅은 메이크업 제거
⑤ 클렌징크림 : 짙은 메이크업 제거
⑥ 클렌징오일 : 세정력우수, 건성피부
⑦ 클렌징워터 : 예민, 민감피부

◀ 파운데이션
① 피부톤 균일하게 표현 및 피부 결점 보완
② 리퀴드파운데이션 : 가벼운 로션타입
③ 크림파운데이션 : 유분함유, 커버력 우수, 건성피부, 색소피부
④ 트윈 케이크 : 결점 보완, 잡티 및 색소피부
⑤ 컨실러 : 흉터 및 색소 커버

◀ 부향률이 높은 순서
퍼퓸〉오데퍼퓸〉오데토일렛〉오데코롱〉샤워코롱

1 다음 중 화장품의 정의에 대한 설명으로 바른 것은?

㉮ 인체를 청결하게 미화하고 화학적인 기교를 보인 것이다.

㉯ 인체에 올바르게 사용하여 인체에 대한 작용이 경미하도록 한다.

㉰ 피부에 윤기를 주고 주름을 없애 준다.

㉱ 개인에 따라 피부에 부작용이 일어날 수 있다.

해설 ㉯ 화장품의 정의 : 인체를 청결 미화하여 매력을 더하고 용모를 밝게 변화시키거나 건강 유지 및 증진을 위하여 인체에 사용하는 물품으로 인체에 대한 작용이 경미한 것을 말한다. **정답 ㉯**

2 다음 중 기능성 화장품의 범주에 해당하지 않는 것은?

㉮ 주름 개선 크림

㉯ 화이트닝 크림

㉰ 모이스춰 크림

㉱ 자외선차단 크림

해설 ㉰ 모이스춰 크림 : **기초 화장품**에 해당 **정답 ㉰**

3 화장품의 4대 조건 중 제품 보관에 따른 변질, 변색, 변취가 없어야 하고 미생물의 오염이 없어야 하는 것을 무엇이라고 하는가?

㉮ 안전성   ㉯ 안정성

㉰ 발림성   ㉱ 방향성

해설 ㉯ 안정성 : 제품 보관에 따른 변질, 변색, 변취가 없어야 하고 미생물의 오염이 없어야 하는 것 **정답 ㉯**

4 다음 중 화장품의 4대 조건의 연결이 잘못된 것은?

㉮ 사용성 : 사용감이 우수해야 한다.

㉯ 안전성 : 제품 보관에 변질이 없어야 한다.

㉰ 안정성 : 미생물의 오염이 없어야 한다.

㉱ 유효성 : 미백, 보습, 노화억제 등의 효과를 부여해야 한다.

해설 ㉯ **안정성** : 제품 보관에 변질이 없어야 한다.

안전성 : 피부에 자극, 알레르기, 독성이 없어야 한다. **정답 ㉯**

5 다음 중 화장품에 대한 설명으로 적절하지 못한 것은?

㉮ 사용대상은 정상인이다.

㉯ 사용목적은 미용 청결 및 건강 유지이다.

㉰ 사용범위는 특정 부위이다.

㉱ 부작용은 없어야 한다.

해설 ㉰ 사용범위는 **전신**이다. **정답 ㉰**

6 화장품을 만들 때 필요한 4대 조건은 무엇인가?

㉮ 안전성, 안정성, 발림성, 유효성

㉯ 안전성, 발림성, 방향성, 사용성

㉰ 안전성, 방부성, 사용성, 유효성

㉱ 안전성, 안정성, 유효성, 사용성

해설 ㉱ 안전성, 안정성, 유효성, 사용성 : 화장품의 4대 조건 **정답 ㉱**

7 다음 연결이 잘못된 것은?

㉮ 의약외품은 환자에게 사용해야 한다.

㉯ 의약품은 부작용이 어느 정도 일어날 수 있다.

㉰ 화장품은 장기간 사용할 수 있다.

㉱ 의약외품은 미용 및 위생을 위해 사용된다.

해설 ㉮ 의약외품은 **정상인**에게 사용해야 한다. **정답 ㉮**

8 다음 중 화장품에 해당하지 않는 것은?

㉮ 로션   ㉯ 립스틱

㉰ 항생제   ㉱ 데오도란트

✍ ㉰ 항생제 : **의약품**에 해당   정답 ㉰

9 목적에 따른 화장품을 분류했을 때 성격이 다른 하나는?

㉮ 에센스   ㉯ 크림

㉰ 화장수   ㉱ 샴푸

✍ ㉱ 샴푸 : **모발화장품**에 해당

㉮㉯㉰는 기초화장품에 해당

정답 ㉱

10 다음 중 바디 화장품에 해당하지 않는 것은?

㉮ 데오도란트   ㉯ 썬텐오일

㉰ 미백크림   ㉱ 샤워젤

✍ ㉰ 미백크림 : **기능성 화장품**에 해당   정답 ㉰

☆
11 다음 중 화장품의 분류에 대한 설명으로 틀린 것은?

㉮ 기초화장품은 세안, 세정, 피부정돈, 피부 보습 및 영양을 목적으로 한다.

㉯ 모발화장품 중에서 세정을 위해 사용하는 것은 헤어팩이다.

㉰ 기능성화장품은 미백, 주름개선, 자외선으로부터 차단 및 보호를 하는 제품을 말한다.

㉱ 향수, 오데코롱 등와 같이 향을 부여하는 것을 방향화장품이라고 한다.

✍ ㉯ 모발화장품 중에서 세정을 위해 사용하는 것은 **샴푸**이다.   정답 ㉯

12 화장품의 목적에 따른 분류와 제품의 연결이 적절하지 못한 것은?

㉮ 바디 화장품 : 바디샴푸, 바디로션

㉯ 기초 화장품 : 클렌징 젤, 모이스춰크림

㉰ 메이크업 화장품 : 포마드, 스프레이

㉱ 기능성 화장품 : 미백에센스, 썬크림

✍ ㉰ **모발** 화장품 : 포마드, 스프레이   정답 ㉰

13 화장품의 성분 명칭이 틀리게 짝지어 진 것은?

㉮ KCID : 대한민국 화장품 원료집에 수록 된 명칭

㉯ ICID : 일본 화장품 원료집

㉰ CTFA : 미국 화장품, 향장협회

㉱ 장원기 : 장원기(화장품 원료기준)에 수록 된 명칭

✍ ㉯ JSCI : 일본 화장품 원료집

ICID : 국제 화장품 원료집에 수록된 명칭

정답 ㉯

14 우리나라는 화장품의 원료를 고시하는 곳이 어디인가?

㉮ 미국FDA   ㉯ 식약청

㉰ 특허청   ㉱ 산업부

✍ ㉯ 식약청 : 화장품의 원료를 고시하는 곳   정답 ㉯

15 다음 중 화장품 용기에 표시하는 사항으로 틀린 것은?

㉮ 제조업자 또는 수입자의 상호 및 주소 표시

㉯ 제조년월일 및 제조번호 표시

㉰ 기능성 화장품일 경우 무표시

㉱ 사용상의 주의사항

✍ ㉰ 기능성 화장품일 경우에는 **기능성 화장품**이라고 **표시**해야 한다.   정답 ㉰

☆
16 화장품 사용시 주의사항에 대한 설명으로 바른 것은?

㉮ 화장품 선택시 패치테스트는 할 필요 없다.

㉯ 개봉 후 5년이상 사용해도 된다.

㉰ 제품은 손으로 덜어서 사용하면 된다.

㉑ 제품에 이상이 있을 경우 중단하고 전문의
와 상의한다.

🕐M ㉑ 제품에 이상이 있을 경우 중단하고 전문의와 상
의한다.

> ㉮ 화장품 선택시 반드시 패치테스트를 실시
> 한다.
> ㉯ 개봉 후 너무 오래 두지 말아야 한다. (6개
> 월 정도)
> ㉰ 제품은 스파츌라로 덜어서 사용한다.

정답 ㉑

17 화장품 보관 방법에 대한 설명으로 바르지 못
한 것은?

㉮ 사용 후 뚜껑을 잘 닫아 둔다.

㉯ 습도는 40~60%, 온도는 25~27도가 적당
하다.

㉰ 직사광선을 피한다.

㉑ 서늘한 장소에 보관한다.

🕐M ㉯ 습도는 40~60%, 온도는 **18~20도**가 적당하
다. 정답 ㉯

18 다음 중 화장품의 기원에 대한 설명으로 틀린
것은?

㉮ 미화설 : 아름다움, 미적 본능을 만족시키
는 수단

㉯ 보호설 : 자연으로부터 몸을 보호하는 수단

㉰ 종교설 : 주술적, 종교적인 목적을 나타내
는 수단

㉑ 신분표시설 : 사회적 계급을 감추는 수단

🕐M ㉑ 신분표시설 : **사회적 계급, 소속집단을 나타내는**
수단 정답 ㉑

19 화장품을 최초로 사용하고 개인 화장을 시작
한 시대는?

㉮ 이집트   ㉯ 로마

㉰ 그리스   ㉑ 르네상스

🕐M ㉮ 이집트 : 최초로 화장품 사용 정답 ㉮

20 다음 중 우리나라의 화장품 역사 중에서 분대
화장과 비분대 화장이 유행한 시대는?

㉮ 고대시대   ㉯ 삼국시대

㉰ 고려시대   ㉑ 조선시대

🕐M ㉰ 고려시대 : 분대화장과 비분대 화장 유행
정답 ㉰

21 서양 화장품의 역사에 대한 설명으로 틀린 것
은?

㉮ 그리스 : 종교의식을 목적으로 화장품 사용

㉯ 로마 : 향수 사용의 생활화

㉰ 중세 : 금욕주의로 화장 경시

㉑ 근대 : 비누 사용의 일반화

🕐M ㉯ 르네상스 : 향수 사용의 생활화 정답 ㉯

22 우리나라 화장품의 역사에 대한 설명으로 틀
린 것은?

㉮ 삼국시대 : 불교의 영향으로 목욕문화 발달

㉯ 조선시대 : 상류층과 기생들의 화장이 성행

㉰ 근대시대 : 박가분, 동동구리무 탄생

㉑ 현대시대 : 화장품 산업의 하향화

🕐M ㉑ 현대시대 : 화장품 산업의 **본격화** 정답 ㉑

23 화장품의 제조 기술 중 물에 녹지 않는 소량
의 유성 성분을 계면활성제의 미셀 형성 작용
을 이용하여 투명하게 용해시키는 것을 무엇
이라고 하는가?

㉮ 분산   ㉯ 가용화

㉰ 유화   ㉑ 세정

🕐M ㉯ 가용화 : 물에 녹지 않는 소량의 유성 성분을 계
면활성제의 미셀 형성 작용을 이용하여 **투명하
게 용해시키는 것** 정답 ㉯

24 다음 중 분산의 과정으로 제조된 화장품이 아
닌 것은?

㉮ 화장수   ㉯ 마스카라

㉰ 파운데이션   ㉑ 아이라이너

25 다음 제품 중에 O/W(수중유형)의 유화기술에 속하는 제품은?

㉮ 영양크림　　　㉯ 로션
㉰ 아이라이너　　㉱ 클렌징 크림

⏱✎ ㉯ 로션 : O/W(수중유형)의 유화기술　정답 ㉯

☆
26 화장품에서 가장 많이 사용되는 대표적인 원료는?

㉮ 왁스　　　　　㉯ 에탄올
㉰ 정제수　　　　㉱ 바셀린

⏱✎ ㉰ 정제수 : 화장품에서 가장 많이 사용되는 대표적인 원료로 멸균처리되어 불순물이 제거된 물이다.　정답 ㉰

27 유성원료에 해당하지 않는 것은?

㉮ 에탄올　　　　㉯ 스쿠알렌
㉰ 스테아르산　　㉱ 밀납

⏱✎ ㉮ 에탄올 : **수성원료**로 청량감과 수렴 진정 효과　정답 ㉮

28 다음 중 성격이 다른 화장품 원료는?

㉮ 피마자유　　　㉯ 로즈힙오일
㉰ 호호바오일　　㉱ 맥아오일

⏱✎ ㉰ 호호바오일 : 유성원료 중 왁스의 형태로 인체의 지질 성분과 유사하고 보습효과가 있다.
㉮㉯㉱는 유성원료 중 식물성 오일에 해당　정답 ㉰

29 계란에서 추출하여 피부를 진정시키고 유화제로 사용하는 동물성 오일은?

㉮ 밍크오일　　　㉯ 난황오일
㉰ 스쿠알렌　　　㉱ 라놀린

⏱✎ ㉯ 난황오일 : 계란에서 추출하여 피부를 진정시키고 유화제로 사용　정답 ㉯

30 피부에 수분을 보충하여 보습을 유지해 주는 광물성 오일은?

㉮ 바셀린　　　　㉯ 팔미트산
㉰ 아보카도　　　㉱ 플라센타

⏱✎ ㉮ 바셀린 : 피부에 수분을 보충하여 보습을 유지해 주는 광물성 오일　정답 ㉮

31 화장품 성분 중에서 양의 털에서 추출하여 정제한 것은?

㉮ 스쿠알렌　　　㉯ 잔탄검
㉰ 라놀린　　　　㉱ 프로폴리스

⏱✎ ㉰ 라놀린 : 양의 털에서 추출하여 정제　정답 ㉰

32 제품의 조밀도를 높여서 크림이 너무 묽어서 흐르지 않게 하는 작용을 하는 것을 무엇이라고 하는가?

㉮ 점증제　　　　㉯ 유화제
㉰ 계면활성제　　㉱ 보습제

⏱✎ ㉮ 점증제 : 제품의 조밀도를 높여서 크림이 너무 묽어서 흐르지 않게 하는 작용을 하는 것　정답 ㉮

☆
33 다음 중 계면활성제에 대한 설명으로 적절하지 않는 것은?

㉮ 한 분자 내에 친유성기와 친수성기를 함께 가지는 분자를 말한다.
㉯ 유화제, 세정제, 가용화제, 거품제, 윤활제 등으로 응용해서 사용되어 진다.
㉰ 살균력이 우수하고 정전기 방지 효과로 린스를 만들 때 사용되는 것은 음이온계면활성제이다.
㉱ 비이온성계면활성제는 피부에 자극이 적어 기초화장품으로 사용된다.

⏱✎ ㉰ 살균력이 우수하고 정전기 방지 효과로 린스를 만들 때 사용되는 것은 **양이온계면활성제**이다.　정답 ㉰

34 세정력이 좋고 피부에 자극이 적어 베이비 샴푸, 저자극성 샴푸 등에 사용되는 계면활성제는?

㉮ 비이온성 계면활성제

㉯ 양쪽성 계면활성제

㉰ 음이온성 계면활성제

㉱ 양이온성 계면활성제

㉯ 양쪽성 계면활성제 : 세정력이 좋고 피부에 자극이 적어 베이비 샴푸, 저자극성 샴푸 등에 사용

정답 ㉯

35 계면활성제의 피부자극 순서로 바르게 표기된 것은?

㉮ 음이온성〉양이온성〉양쪽성〉비이온성

㉯ 양이온성〉비이온성〉양쪽성〉비이온성

㉰ 양쪽성〉음이온성〉양이온성〉비이온성

㉱ 양이온성〉음이온성〉양쪽성〉비이온성

㉱ 양이온성〉음이온성〉양쪽성〉비이온성

정답 ㉱

36 다음 중 피부에 수분을 공급하는 보습제로 틀린 것은?

㉮ 글리세린　　㉯ 히아루론산

㉰ 메틸파라벤　　㉱ 솔비톨

㉰ 메틸파라벤 : **방부제**에 해당

정답 ㉰

37 고분자 보습제로 예전에는 닭벼슬에서 추출했으나 요즘은 미생물을 발효시켜 추출하는 것은?

㉮ NMF

㉯ 히아루론산염

㉰ 프로필렌글리콜

㉱ 솔비톨

㉯ 히아루론산염 : 고분자 보습제로 예전에는 닭벼슬에서 추출했으나 요즘은 미생물을 발효시켜 추출

정답 ㉯

38 다음 중 방부제로 볼 수 없는 것은?

㉮ 페녹시에탄올

㉯ 이미다졸리디닐우레아

㉰ 파라벤류

㉱ 부틸렌글리콜

㉱ 부틸렌글리콜 : **보습제**에 해당

정답 ㉱

39 산알칼리에 약하며 중성에서 녹고 수용성인 염료에 마그네슘, 알루미늄을 침전시켜 만든 색소를 무엇이라고 하는가?

㉮ 무기안료　　㉯ 레이크

㉰ 유기안료　　㉱ 천연색소

㉯ 레이크 : 산알칼리에 약하며 중성에서 녹고 수용성인 염료에 마그네슘, 알루미늄을 침전시켜 만든 색소

정답 ㉯

40 다음 중 천연색소의 재료로 볼 수 없는 것은?

㉮ 헤나　　㉯ 카로틴

㉰ 마이카　　㉱ 클로로필

㉰ 마이카 : 흡착력과 사용감이 우수한 **체질안료**의 성분

정답 ㉰

41 안료 중에서 탈크, 카올린 등의 성분으로 피부에 발림성이 좋고 커버력이 좋은 것은?

㉮ 체질안료　　㉯ 착색안료

㉰ 진주광택안료　　㉱ 백색안료

㉮ 체질안료 : 안료 중에서 탈크, 카올린 등의 성분으로 피부에 발림성이 좋고 커버력이 좋다.

정답 ㉮

42 다음 중 무기안료에 속하는 것은?

㉮ 유기안료　　㉯ 백색안료

㉰ 염료　　㉱ 레이크

㉯ 백색안료 : 무기안료에 해당

정답 ㉯

43 시베리아 등지에서 서식하는 버너의 생식선에서 추출한 향료는?

㉮ 사향 ㉯ 용연향
㉰ 영묘향 ㉱ 해리향

㉱ 해리향 : 시베리아 등지에서 서식하는 버너의 생식선에서 추출 **정답 ㉱**

44 입술 부위의 염증이나 지루성 피부염을 예방해주고 피지분비를 억제시켜 주는 비타민은?

㉮ 비타민 A ㉯ 비타민 B
㉰ 비타민 C ㉱ 비타민 D

㉯ 비타민 B : 입술 부위의 염증이나 지루성 피부염을 예방해주고 피지분비를 억제 **정답 ㉯**

45 각질이 두터운 피부를 정리해 주고 주름 개선과 건성피부에 보습을 주는 비타민은?

㉮ 비타민 A ㉯ 비타민 B
㉰ 비타민 E ㉱ 비타민 P

㉮ 비타민 A : 각질이 두터운 피부를 정리해 주고 주름 개선과 건성피부에 보습 **정답 ㉮**

☆☆
46 대표적인 피부미용비타민으로 콜라겐을 촉진시키고 피부 미백 효과가 있는 비타민은?

㉮ 비타민 E ㉯ 비타민 C
㉰ 비타민 F ㉱ 비타민 U

㉯ 비타민 C : 대표적인 피부미용비타민으로 콜라겐을 촉진시키고 피부 미백 효과 **정답 ㉯**

47 다음 중 비타민의 연결로 틀린 것은?

㉮ 비타민 K : 모세혈관 강화
㉯ 비타민 E : 항노화 효과
㉰ 비타민 C : 색소침착의 미백 효과
㉱ 비타민 A : 빈혈 예방

㉱ 비타민 A : 세포 **재생** 및 상처치유, **건성피부**를 치유 **정답 ㉱**

48 식물성 추출물로 녹색채소에서 추출하여 지성피부에 진정 및 보습 작용을 하는 것은?

㉮ 감초 추출물
㉯ 레몬 추출물
㉰ 클로로필 추출물
㉱ 카모마일 추출물

㉰ 클로로필 추출물 : 녹색채소에서 추출하여 지성피부에 진정 및 보습 작용 **정답 ㉰**

49 아래 내용이 설명하는 추출물은?

> • 박하에서 추출
> • 통증완화 및 살균작용
> • 청량감 부여

㉮ 아줄렌 ㉯ 멘톨
㉰ 클로로필 ㉱ 감초

㉯ 멘톨 : 박하에서 추출하여 통증완화 및 살균작용, 청량감 부여 **정답 ㉯**

50 사철나무에서 추출하여 청량감과 수렴작용을 하는 식물성 추출물은?

㉮ 유칼립투스 ㉯ 캄포
㉰ 로즈마리 ㉱ 아줄렌

㉯ 캄포 : 사철나무에서 추출하여 청량감과 수렴작용 **정답 ㉯**

51 다음 중 동물성 추출물에 해당하지 않는 것은?

㉮ 콜라겐 ㉯ 플라센타
㉰ 프로폴리스 ㉱ 티트리

㉱ 티트리 : **식물**에서 추출한 성분 **정답 ㉱**

52 다음 중 프로폴리스에 대한 설명으로 맞는 것은?

㉮ 닭벼슬에서 추출하여 피부에 보습을 준다.
㉯ 벌의 효소 및 나무 진액으로 피부 진정 및 항염작용을 한다.
㉰ 태반에서 추출하여 미백효과가 있다.

㈑ 벌집에서 추출하여 점증제로 사용한다.

⏱︎저 ㉯ 프로폴리스 : 벌의 효소 및 나무 진액으로 피부 진정 및 항염작용을 한다.

㉮는 히아루론산, ㉰는 플라센타, ㉱는 밀납에 대한 설명

정답 ㉯

---

53 다음 중 아래 내용이 설명하는 것은?

- 최근에는 미생물을 발효시켜 추출
- 피부의 보습 유지 및 건성피부에 효과

㉮ 카모마일 ㉯ 히아루론산
㉰ 엘라스틴 ㉱ 윗치하젤

⏱︎저 ㉯ 히아루론산 : 최근 미생물 발효시켜 추출하여 피부의 보습유지 및 건성피부에 효과 정답 ㉯

---

54 다음 중 기초화장품의 사용목적에 해당하지 않는 것은?

㉮ 피부보호 ㉯ 피부미백
㉰ 피부세정 ㉱ 피부정돈

⏱︎저 ㉯ 피부미백 : **기능성화장품**에 대한 설명 정답 ㉯

---

55 다음 중 세안용 화장품으로 적합하지 않은 것은?

㉮ 비누 ㉯ 클렌징 크림
㉰ 에멀젼 ㉱ 포인트리무버

⏱︎저 ㉰ 에멀젼 : 세안 후 유·수분 밸런스를 유지해주는 **로션** 정답 ㉰

---

56 피부에 부담이 적어 옅은 화장을 제거하는데 사용하는 클렌징 제품은?

㉮ 클렌징 젤
㉯ 클렌징 오일
㉰ 클렌징 로션
㉱ 클렌징 크림

⏱︎저 ㉰ 클렌징 로션 : 피부에 부담이 적어 옅은 화장을 제거하는데 사용 정답 ㉰

---

57 클렌징 워터에 대한 설명으로 틀린 것은?

㉮ 피부에 자극이 적다.
㉯ 유성 성분이다.
㉰ 세정력은 다소 떨어진다.
㉱ 예민피부에 적합하다.

⏱︎저 ㉯ **수성** 성분이다. 정답 ㉯

---

58 친수성상태로 물에 잘 용해되고 피부에 침투성이 좋아 세정력이 우수하며 건성피부에 사용할 수 있는 클렌징제는?

㉮ 비누 ㉯ 클렌징 젤
㉰ 클렌징 워터 ㉱ 클렌징 오일

⏱︎저 ㉱ 클렌징 오일 : 친수성상태로 물에 잘 용해되고 피부에 침투성이 좋아 세정력이 우수하며 건성피부에 사용 정답 ㉱

---

59 다음 중 딥클렌징 제품에 해당하지 않는 것은?

㉮ 세럼 ㉯ 고마쥐
㉰ 스크럽 ㉱ 효소

⏱︎저 ㉮ 세럼 : 에센스라고도 하며, 고농축 성분을 함유하여 영양 공급 효과 정답 ㉮

---

60 다음 중 화장수에 대한 설명으로 바르지 못한 것은?

㉮ 남아있는 노화된 각질을 제거해 준다.
㉯ 피부에 수분을 공급해 준다.
㉰ 피부의 pH를 조절해 준다.
㉱ 지성피부에 모공 수축 작용을 하는 화장수는 수렴화장수이다.

⏱︎저 ㉮ 남아있는 **메이크업 잔여물**을 제거해 준다. 정답 ㉮

---

61 피부에 수분을 공급해주고 피부를 유연하게 정돈시켜 주는 화장수는?

㉮ 아스트리젠트 ㉯ 수렴화장수
㉰ 유연화장수 ㉱ 소염화장수

🌡️☝️ ㉰ 유연화장수 : 피부에 수분을 공급해주고 피부를 유연하게 정돈 **정답 ㉰**

62 다음 중 지성 · 여드름 피부에 사용하기 적합한 제품으로 볼 수 없는 것은?

㉮ 클렌징 젤 ㉯ 에멀젼
㉰ 유연화장수 ㉱ 아스트리젠트

🌡️☝️ ㉰ 유연화장수 : **건성 · 노화피부에 적합** **정답 ㉰**

63 고농축 성분을 함유하여 영양효과가 크고 유해환경으로부터 피부를 보호하는 역할을 하는 것은?

㉮ 로션 ㉯ 화장수
㉰ 에센스 ㉱ 클렌징 폼

🌡️☝️ ㉰ 에센스 : 고농축 성분 함유하여 영양효과 **정답 ㉰**

64 다음 중 크림에 대한 설명으로 바른 것은?

㉮ 피부에 흡수력과 사용감이 가볍다.
㉯ 피부 보호작용과 촉촉함을 유지해 준다.
㉰ 유분감은 많으나 여드름피부에 사용하면 좋다.
㉱ 고농축 성분으로 영양효과가 크다.

🌡️☝️ ㉯ 피부 보호작용과 촉촉함을 유지해 주고 유분감이 많아 **여드름 피부에는 부적합** **정답 ㉯**

65 다음 중 팩의 효과로 틀린 것은?

㉮ 보습효과 ㉯ 수렴효과
㉰ 박피효과 ㉱ 청정효과

🌡️☝️ ㉰ **팩의 효과** : 보습, 수렴, 청정, 신진대사 촉진의 효과 **정답 ㉰**

66 팩을 얼굴에 바른 후 20분 정도 후에 물로 제거하는 타입을 무엇이라고 하는가?

㉮ 필오프타입 ㉯ 워시오프타입
㉰ 티슈오프타입 ㉱ 시트타입

🌡️☝️ ㉯ 워시오프타입 : 팩을 얼굴에 바른 후 20분 정도 후에 물로 제거하는 타입 **정답 ㉯**

67 다음 중 필오프타입(Pee-off Type)에 대한 설명으로 바른 것은?

㉮ 물에 제품을 섞어서 바르는 타입이다.
㉯ 티슈나 해면으로 닦아내는 타입이다.
㉰ 물로 씻어내는 타입이다.
㉱ 얇은 피막을 떼어내는 타입이다.

🌡️☝️ ㉱ 얇은 피막을 떼어내는 타입이다. : 필오프타입 (Pee-off Type) **정답 ㉱**

68 다음 중 메이크업 베이스의 색상에 따른 피부 연결로 바르지 못한 것은?

㉮ 녹색 – 붉은 피부 정돈
㉯ 흰색 – 얼굴 윤곽(하이라이트) 표현
㉰ 보라색 – 신부화장에 사용
㉱ 분홍색 – 창백한 피부 정돈

🌡️☝️ ㉰ 보라색 – 노르스름한 동양인의 피부를 **밝게 연출** **정답 ㉰**

69 피부색이 칙칙하며 붉은 피부를 정돈해 주는 메이크업 베이스 색상은?

㉮ 보라색 ㉯ 녹색
㉰ 분홍색 ㉱ 흰색

🌡️☝️ ㉯ 녹색 : 칙칙하고 붉은 피부 정돈 **정답 ㉯**

☆
70 메이크업 화장품 중에서 투명감 있게 마무리되므로 피부에 결점이 별로 없는 경우에 사용하는 가벼운 로션타입은?

㉮ 리퀴드 파운데이션
㉯ 크림 파운데이션
㉰ 트윈 케이크
㉱ 스킨커버

🌡️☝️ ㉮ 리퀴드 파운데이션 : 투명감 있게 마무리되므로 피부에 결점이 별로 없는 경우에 사용하는 가벼운 로션타입 **정답 ㉮**

71 부분적으로 피부의 흉터나 잡티를 커버해 주는 메이크업 화장품은?

㉮ 트윈케이크　　㉯ 컨실러
㉰ 콤팩트　　　　㉱ 파우더

㉯ 컨실러 : 부분적으로 피부의 흉터나 잡티를 커버

정답 ㉯

72 다음 중 파우더에 대한 설명으로 적합하지 못한 것은?

㉮ 피부를 투명감있게 연출해 준다.
㉯ 수분을 흡수하여 지속성을 유지해 준다.
㉰ 피부의 번들거림을 방지해 준다.
㉱ 자외선으로부터 피부를 보호해 준다.

㉯ 유분을 흡수하여 지속성을 유지해 준다.

정답 ㉯

73 파우더에 유분을 첨가하여 압축시켜 만든 것으로 가루날림이 적고 휴대가 편리한 제품은?

㉮ 가루파우더　　㉯ 트윈케이크
㉰ 콤팩트　　　　㉱ 마스카라

㉰ 콤팩트 : 파우더에 유분을 첨가하여 압축시켜 만든 것으로 가루날림이 적고 휴대가 편리한 제품

㉰

74 포인트 메이크업 화장에 해당하지 않는 것은?

㉮ 립스틱　　　　㉯ 블러셔
㉰ 파운데이션　　㉱ 마스카라

㉰ 파운데이션 : 얼굴전체의 피부톤을 균일하게 표현하고 결점을 보완해 주는 제품

정답 ㉰

75 다음 중 립스틱의 선택 조건에 해당하지 않는 것은?

㉮ 피부에 사용했을 때 자극이 없어야 한다.
㉯ 색의 변화가 있을 수 있다.
㉰ 밀착감이 있어야 한다.

㉱ 지속성과 불쾌한 향이 없어야 한다.

㉯ 색의 변화가 없어야 한다.

정답 ㉯

76 다음 중 샴푸의 구비조건으로 틀린 것은?

㉮ 적당한 세정력을 가질 것
㉯ 두피의 피지 및 노폐물을 제거할 것
㉰ 모발의 정전기 방지 및 윤기를 줄 것
㉱ 두피에 자극이 없을 것

㉰ 모발의 정전기 방지 및 윤기를 줄 것 : 린스제의 조건

정답 ㉰

77 다음 중 린스제에 대한 설명으로 틀린 것은?

㉮ 모발을 보호하며 윤기를 부여해 준다.
㉯ 모발의 정전기 방지해 준다.
㉰ 모발에 남은 산성 성분을 중화해 준다.
㉱ 유분 공급으로 모발의 표피를 보호해 준다.

㉰ 모발에 남은 알칼리성 성분을 중화해 준다.

정답 정답 ㉰

78 다음 중 양모제에 해당하지 않는 것은?

㉮ 헤어토닉　　　㉯ 헤어무스
㉰ 헤어오일　　　㉱ 헤어에센스

㉯ 헤어무스 : 모발을 고정하고 정돈하는 정발제에 해당

정답 ㉯

☆
79 염색 시술 전에 팔꿈치 안쪽이나 귀볼 뒤에 제품을 바른 후 48시간이 지난 후 알레르기 유·무를 파악하는 것을 무엇이라고 하는가?

㉮ 도핑테스트　　㉯ 유분테스트
㉰ 패치테스트　　㉱ 수분테스트

㉰ 패치테스트 : 염색 시술 전에 팔꿈치 안쪽이나 귀볼 뒤에 제품을 바른 후 48시간이 지난 후 알레르기 유·무를 파악하는 것

정답 ㉰

80 모발의 원래 색을 빼고 탈색을 시키는 것을 무엇이라고 하는가?

㉮ 헤어토닉

㉯ 헤어블리치

㉰ 헤어트리트먼트

㉱ 헤어포마드

💬 ㉯ 헤어블리치 : 모발의 원래 색을 빼고 탈색을 시키는 것

정답 ㉯

81 땀분비를 억제시키고 액취를 방지해 주는 제품은?

㉮ 버블바스　　㉯ 스크럽제

㉰ 데오도란트　　㉱ 썬블럭

💬 ㉰ 데오도란트 : 땀분비를 억제시키고 액취를 방지

정답 ㉰

82 다음 중 바디 화장품의 종류와 사용 목적의 연결이 바르지 못한 것은?

㉮ 버블바스 : 세정제

㉯ 바디솔트 : 각질제거제

㉰ 데오도란트 : 제모제

㉱ 썬블럭 : 자외선 차단제

💬 ㉰ 데오도란트 : **체취방지제**

정답 ㉰

83 네일에나멜을 바른 후 광택과 윤기를 부여해 주는 네일 화장품은?

㉮ 베이스코트　　㉯ 탑코트

㉰ 큐티클오일　　㉱ 네일강화제

💬 ㉯ 탑코트 : 네일에나멜을 바른 후 광택과 윤기를 부여

정답 ㉯

84 향수를 뿌린 후 첫 느낌으로 휘발성이 강한 향료로 이루어진 것을 무엇이라고 하는가?

㉮ 베이스노트

㉯ 미들노트

㉰ 하트노트

㉱ 탑노트

💬 ㉱ 탑노트 : 향수를 뿌린 후 첫 느낌으로 휘발성이 강함

정답 ㉱

85 다음 중 베이스노트에 해당하는 향이 아닌 것은?

㉮ 샌달우드　　㉯ 레몬

㉰ 무스크　　㉱ 프랑킨센스

💬 ㉯ 레몬 : **탑노트에** 해당

정답 ㉯

86 산뜻한 향으로 처음 접하는 사람에게 적당하며 지속시간이 1~2시간인 것은?

㉮ 샤워코롱　　㉯ 오데코롱

㉰ 오데퍼퓸　　㉱ 퍼퓸

💬 ㉯ 오데코롱 : 산뜻한 향으로 처음 접하는 사람에게 적당하며 지속시간이 1~2시간

정답 ㉯

87 다음 중 부향률이 높은 순서대로 나열된 것은?

㉮ 퍼퓸 – 오데토일렛 – 오데코롱 – 샤워코롱

㉯ 오데코롱 – 퍼퓸 – 샤워코롱 – 오데토일렛

㉰ 퍼퓸 – 오데토일렛 – 샤워코롱 – 오데코롱

㉱ 샤워코롱 – 오데코롱 – 오데토일렛 – 퍼퓸

💬 ㉮ 퍼퓸 – 오데토일렛 – 오데코롱 – 샤워코롱

정답 ㉮

88 다음 중 향수에 따른 부향률의 연결로 틀린 것은?

㉮ 샤워코롱 : 1~3%

㉯ 오데코롱 : 6~8%

㉰ 오데퍼퓸 : 9~12%

㉱ 퍼퓸 : 15~30%

💬 ㉯ 오데코롱 : 3~5%

오데토일렛 : 6~8%

정답 ㉯

89 식물에서 추출한 순수한 에센스를 뜻하는 것은?

㉮ 아로마   ㉯ 콜라겐

㉰ 알부틴   ㉱ 엘라스틴

💡✍ ㉮ 아로마 : 식물에서 추출한 순수한 에센스를 의미함   정답 ㉮

90 다음 설명에 해당하는 천연향의 추출법으로 알맞은 것은?

- 가장 많이 사용하는 방법
- 짧은 시간에 대량 추출 가능
- 유분을 함유하고 있어 화장품에도 많이 이용

㉮ 압착법

㉯ 휘발성 용매추출법

㉰ 증류법

㉱ 냉침법

💡✍ ㉰ 증류법 : 가장 많이 사용하는 방법으로 짧은 시간에 대량 추출 가능   정답 ㉰

91 오렌지, 버가못과 같은 감귤류 열매의 내피에서 에센셜 오일을 추출하는 방법은?

㉮ 증류법   ㉯ 압착법

㉰ 고온법   ㉱ 용매추출법

💡✍ ㉯ 압착법 : 오렌지, 버가못과 같은 감귤류 열매의 내피에서 에센셜 오일을 추출   정답 ㉯

92 과도한 업무로 인해 스트레스가 많이 쌓여 있는 경우에 적용하면 좋은 에센셜 오일은?

㉮ 페퍼민트   ㉯ 유칼립투스

㉰ 라벤더   ㉱ 티트리

💡✍ ㉰ 라벤더 : 스트레스, 불면증, 우울증, 피부재생, 생리통에 효과, 해독작용   정답 ㉰

93 수렴 및 살균 작용을 하는 아로마 오일이 아닌 것은?

㉮ 레몬   ㉯ 티트리

㉰ 버가못   ㉱ 일랑일랑

💡✍ ㉱ 일랑일랑 : 성기능 강화, 항우울증, 행복감, 긴장 완화, 스트레스 완화   정답 ㉱

94 에센셜 오일의 효과로 틀린 것은?

㉮ 세포 재생 및 면역력 강화

㉯ 항균 · 항염 작용

㉰ 심리적 안정감

㉱ 소화 및 배설 불량

💡✍ ㉱ 소화 및 배설 촉진   정답 ㉱

95 아로마 오일 흡입방법 중 따뜻한 물에 희석해서 사용하는 것으로 피로회복이나 근육이완에 효과적인 방법은?

㉮ 흡입법   ㉯ 목욕법

㉰ 마사지법   ㉱ 습포법

💡✍ ㉯ 목욕법 : 따뜻한 물에 희석해서 사용하는 것으로 피로회복이나 근육이완에 효과   정답 ㉯

96 다음 중 에센셜 오일을 사용할 때 주의사항으로 틀린 것은?

㉮ 반드시 원액만을 사용해야 효과가 좋다.

㉯ 갈색병에 담아 냉암소에 보관한다.

㉰ 고혈압 환자에게는 사용을 피한다.

㉱ 시술 전에 패치테스트를 실시한다.

💡✍ ㉮ 반드시 희석된 제품을 사용해야 한다.   정답 ㉮

97 다음 중 액체상 왁스에 속하고 인체의 성분과 유사하여 피부 친화성이 좋으며 보습 및 진정 효과가 있어 모든 피부에 사용 가능한 캐리어 오일은?

㉮ 올리브오일

㉯ 호호바오일

㉰ 코코넛오일

㉱ 아몬드오일

💡✍ ㉯ 호호바오일 : 액체상 왁스에 속하고 인체의 성분과 유사하여 피부 친화성이 좋으며 보습 및 진정 효과가 있어 모든 피부에 사용   정답 ㉯

98 다음 중 캐리어 오일의 정의로 바른 것은?

㉮ 식물에서 추출해낸 순수한 고농축 오일이다.

㉯ 동물에서 추출해낸 고영양 오일이다.

㉰ 정유를 희석시켜 잘 흡수되도록 도와주는 오일이다.

㉱ 성분의 점성을 높여주는 오일이다.

💡해설 ㉰ 캐리어오일 : 정유를 희석시켜 잘 흡수되도록 도와주는 오일이다. **정답** ㉰

99 다음 중 기능성화장품의 범위에 해당하지 않는 것은?

㉮ 미백에센스 ㉯ 링클크림

㉰ 썬탠오일 ㉱ 수분크림

💡해설 ㉱ 수분크림 : **기초화장품**의 범위에 해당 **정답** ㉱

100 주름을 개선시키는 성분이 아닌 것은?

㉮ 레티놀

㉯ 아데노신

㉰ 하이드로퀴논

㉱ 토코페롤

💡해설 ㉰ 하이드로퀴논 : **미백**에 효과가 있는 성분

정답 ㉰

올바른 자외선 차단제 사용방법

자외선 차단제는 자외선 차단지수에 따라 3~4시간 간격으로 발라줘야 한다. 자외선은 물이나 눈에 반사돼 조사량이 증가될 수 있으므로 겨울철에도 발라야 한다. 자외선A는 구름을 통과하므로 흐린 날에도 사용해야 한다. 햇빛에 피부가 쉽게 붉어지는 사람은 차단지수가 다소 높은 25~30, 보통 피부를 가진 사람들은 15~20 정도면 된다. SPF지수가 높을수록 차단효과는 크지만, 피부 트러블을 일으킬 가능성도 그만큼 높다. SPF지수가 높은 제품을 고르기보다는 3~4시간 간격으로 발라주어야 한다. 보통 자외선 차단제를 아긴다고 바르는 양을 기준보다 너무 적에 바르는 경우가 있는데 적정량의 절반을 사용하면 차단효과는 정상적인 효과의 25% 수준으로 급격히 감소한다. 자외선 차단제 지수는 수영복을 입은 상태에서 차단제 반 병 이상의 분량을 바른 것을 기준으로 측정된 것이다.

계절별 피부 관리

■ 봄

건조한 봄철에는 피부가 거칠어지기 쉽다. 잠자기 전 에센스 두 세 방울을 얼굴 전체에 고루 펴 발라 주면 유연해져서 다음날 화장이 잘 받는다. 또한 건조한 날씨에 수분부족으로 생기는 각질을 제거하고 충분한 수분을 공급해주는 것도 봄철 관리의 중요한 포인트이다. 햇살이 점차 뜨거워지는 만큼 자외선 차단에 신경 쓰는 것도 잊지 말아야 한다.

■ 여름

햇볕이 뜨거운 여름은 자외선에 의한 노화현상, 멜라닌 색소로 인한 기미 주근깨의 증가, 일광피부염, 번들거림 등으로 피부고민이 많아지는 시기이다. 자외선 등으로 인해 자극받은 피부를 세심하고 부드럽게 손질해주어야 하는데 부쩍 늘어난 피지는 피지제거팩과 세안, 차가운 화장수로 관리한다. 피부의 유분을 줄이려 화장품을 아예 사용하지 않는 경우가 있는데 수분을 공급하는 보습제품은 반드시 사용해야 한다. 강렬한 태양으로부터 피부를 보호하기 위한 자외선 차단제의 사용은 필수이다.

■ 가을

가을엔 날씨가 쌀쌀해지기 시작하면서 피부가 탄력을 잃고 푸석푸석해지기 쉽다. 수분 함유량이 여름보다 현저히 줄어들며 특히 피지 분지가 적은 눈과 입 주위에 건조함을 느끼기 쉬운데 이럴 때 제대로 관리를 해주지 않으면 잔주름이 생기기 쉽다. 환절기에 노화를 예방하는 가장 최우선적인 방법은 충분한 수분 공급이다. 피부가 탄력이 없고 푸석푸석하거나 피부가 늘어지는 것이 느껴질 때는 탄력강화 크림을 사용해준다. 또한 푸석푸석해진 가을 피부를 위해서는 일주일에 1~2번 정도 각질제거를 위한 특별한 배려가 필요하다.

■ 겨울

기온이 낮아짐에 따라 피부 활동이 저하되면서 급격한 피부 변화가 시작되는 겨울은 특히 피부 관리가 중요한 계절이다 피부가 건조해져 가려움증이 생기기 쉽고 신진대사도 나빠져 탄력을 잃게 되기 쉽다. 피부 당김과 버짐이 일어나지 않게 적절한 물 온도를 조절하며 세안해주고 사용하고 있는 스킨 토너에는 알코올이 함유되어 있는지 점검할 필요가 있다. 유·수분 밸러스를 적당히 맞춘 에센스의 사용과 가장 자극 받기 쉬운 눈 주위의 아이크림 사용을 잊지 말아야 한다. 가습기를 사용해 실내 습도를 적절히 유지하고 물을 많이 마셔 몸 속 수분을 보충해 준다.

PART 6
공중위생 관리학

※ 적중예상 100선!

1 공중보건학의 총론

(1) 건강과 질병

◆ 건강
질병이 없거나 허약하지 않을 뿐 아니라 육체적 정신적 사회적으로 완전한 상태

◆ 질병의 발생요인
① 숙주요인
② 병인요인
③ 환경요인

① WHO(세계보건기구) **건강이란** 질병이 없거나 허약하지 않을 뿐 아니라 **육체적 정신적 사회적**으로 **완전한 상태**

② 질병이란 : 숙주와 병인 환경의 상호작용에 장애를 일으켜 향상성이 파괴된 상태

③ 질병의 발생요인

구 분	설 명
숙주요인	• 생물학적 요인 (연령, 성, 종족, 면역) • 형태 요인 (생활습관, 직업, 개인위생) • 체질적 요인 (선천적, 후천적 저항력, 건강상태, 영양상태)
병인요인	• 외계의 생존 및 증식능력 • 숙주의 침입 및 감염능력, 질병을 일으키는 능력
환경요인	• 물리적 화학적 환경 (기온, 습도, 기압, 유독가스) • 생물학적 환경 (식물, 동물, 유해곤충) • 사회적, 경제적 환경 (의식주, 정치, 경제)

〈질병의 발생요인〉
숙병환 : 숙주요인, 병인요인, 환경요인

④ 질병의 예방

㈎ 1차적 예방 : **질병발생 억제**

㈏ 2차적 예방 : **조기발견과 조기치료**

㈐ 3차적 예방 : **재활 및 사회복귀 단계**

(2) 공중 보건학의 개념

① 공중 보건학의 정의(윈슬러)

㉮ 조직적 지역사회(**집단** 또는 **지역사회** 대상)의 노력을 통해 **질병예방, 생명연장,**
건강과 **효율**을 증진

〈공중보건학의 정의〉

집지대 질생건효증 : 집단 또는 지역사회 대상으로 질병예방, 생명연장, 건강과 효율을
증진

㉯ 환경위생 향상 및 전염병 관리

㉰ 질병의 조기발견, 조기진단을 위한 의료화

② 공중 보건학의 범위

구 분	설 명
환경관련분야	환경위생, 식품위생, 환경오염 및 보건
질병관리분야	역학, 전염병 및 비전염질환, 기생충 질환관리
보건관리분야	보건통계, 보건교육, 학교보건, 모자보건, 성인보건, 노인보건

③ 공중 보건의 역사

구 분	설 명
고대기	• 이집트 : 하수구나 정화조, 치료약제 소유 • 그리스 : 아스티노미(Astinomi)라는 급수와 하수관리요원 히포크라테스 : 장기설(오염된 공기가 질병의 원인) • 로마시대 : 상수도 시설, 정기인구조사, 공중목욕탕 발달
중세기(암흑기)	• 신벌설 : 세속적인 생활양식으로 질병을 신이내린 벌로 인식 • **콜레라, 페스트 전세계적**으로 **유행** • 최초로 검역법 통과, 전염병 관리(검역소)
여명기(르네상스)	• 근대과학 기술이 발달, **공중보건 문제 확립** • 라마찌니가 노동자의 질병론을 발표 • 보건행정기구 확립, 세계 최초의 공중보건법 재정(1848)
근대(확립기)	• 세균학, 면역학 분야로 인해 **예방의학적 사상 시작** • 월터코흐 : 결핵균, 콜레라 발견 • 루이파스퇴르 : 닭콜레라 백신, 돼지단독백신
발전기(20세기 이후)	• 지역보건문제 해결하기 위해 **보건소 제도 보급** • 세계대전이후 **의료보험**과 **사회보장제도** 발전 • 리우환경 선언에서 인간환경 선언, 예방의학 강조

◀ **Key Point**

◀ 공중보건학의
정의(윈슬러)
① 대상 : 집단 또는
지역사회
② 질병예방, 생명연장,
건강과 효율의 증
진

◀ 공중 보건학의 범위
① 환경관리분야
② 질병관리분야
③ 보건관리분야

◀ 공중 보건의 역사
① 고대기
– 이집트 : 하수구나
정화조
– 그리스 : 급수와 하
수관리요원
– 히포크라테스 : 장
기설
– 로마 : 상수도 시설,
공중목욕탕 발달
② 중세기
– 신벌설
– 콜레라, 페스트 유행
– 최초의 검역법
③ 여명기 : 공중보건
문제 확립
④ 근대 : 예방의학의
시작
⑤ 발전기 : 보건소 제
도 보급, 의료보험
사회보장 제도

④ 공중보건 수준(국민보건수준)평가
　(가) 종합건강지표 : 비례사망지수, 평균수명, 조사망률
　(나) **보건수준평가 : 영아사망률, 비례사망지수, 평균수명**
　(다) 조사망률 : 인구 1000명당 1년간의 발생 사망수로 표시
　(라) **영아사망률** : 지역사회 보건수준을 나타내는 가장 **대표적인** 지표
　　　　　　　 (연간 1세 미만의 영아사망수 ÷ 연간출생수) × 1,000

〈보건수준평가〉
영비평 : 영아사망률, 비례사망지수, 평균수명

⑤ 인구의 구성
　(가) **인구증가형**(피라미드형) : **출생률**은 높고 **사망률**은 **낮다.**
　(나) **인구정지형**(종형) : **이상적인 인구형**
　(다) **인구감소형**(항아리형) : **출생률**과 **사망률**이 낮은 선진국형
　(라) **유입형**(별형) : 도시의 **인구유입형**
　(마) **유출형**(기타형) : **농촌인구 형태**

〈인구의 구성〉
증피 : 인구증가형 (피라미드형)
정종 : 인구정지형 (종형)
감항 : 인구감소형 (항아리형)
입별 : 유입형 (별형)
출기 : 유출형 (기타형)

2 질병관리

(1) 역학
　① 질병 또는 유행병을 연구하는 학문
　② 인구에 관한 학문으로 질병장애 정신이상 질병의 원인을 규명 그 질병에 대한 예방 대책을 탐구하는 학문

(2) 역학의 역할
　① 질병 발생의 억제, 원인규명의 역할
　② 질병관리대책 수립 및 질병발생의 유행 감시
　③ 공중 보건사업의 기획과 집행

④ 질병의 자연사를 정확히 연구하는 역할

⑤ 임상분야의 질병의 진단 및 치료에 기여

(3) 역학 조사 시 고려사항

① 질병 검사의 오차측정

② 질병의 분포도 및 진단 검사의 타당도와 신뢰도

③ 질병결정 요인

(4) 전염병의 발생설

구 분	설 명
종교설시대	선악신설시대, 신의 작용에 의존했던 신벌설
점성설시대	별자리의 이동에 따라 질병 기아 질병 발생
장기설시대	전염병의 전파가 공기나 유독물질에 의해 전파
접촉전염설시대	접촉 전염설, 매독이 유럽 지역에 확산
미생물병인설시대	레벤후크의 현미경발견, 미생물이 질병에 기여

(5) 전염병의 발생과정

① **병원체** : 질병을 일으키는데 필요한 미생물 (세균〉리켓치아〉바이러스)

② **병원소** : 병원체가 생존하면서 새로운 숙주에 전파될 수 있는 상태 (인간, 병원소)

③ **병원소로부터 병원체의 탈출** : 병원균에 증식된 병원체가 탈출되면서 성립되는 과정 (호흡기계통, 소화기계통, 생식기계통)

④ **전파** : 병원소로부터 탈출한 병원체가 다른 숙주에게 전파

(직접전파, 간접전파, 공기전파)

⑤ **병원체의 새로운 숙주로의 침입** : 병원체가 새로운 숙주에 침입으로 병원소로부터 탈출하는 경로 (호흡기계, 소화기계, 점막, 태반)

⑥ **숙주의 감수성** : 숙주에 침입한 병원체에 저항이나 발생을 저지 할 수 없는 상태

(6) 법정 전염병

① **제1군** : 전염병의 속도가 **발생즉시** 방역 대책수립, 환자격리수용

② **제2군** : 전염병 관리상 크게 기대 할 수 없으며 **예방접종**을 통해 관리

③ **제3군** : 방역대책의 수립이 필요한 전염병, **7일이내 신고**

④ **제4군** : **신종 전염병**으로 발생즉시 신고

⑤ **지정전염병** : 평상시 감시 활동이 필요한 전염병으로 **7일이내 신고**

⑥ **인수공통전염병** : 동물과 사람과의 전염되는 것

◀ **Key Point**

◀ 전염병의 발생과정
병원체 → 병원소 →
병원소로부터 병원체
의 탈출 → 전파 →
병원체의 새로운 숙주
로의 침입 → 숙주의
감수성

◀ 법정 전염병
① 제1군 : 발생즉시
② 제2군 : 예방접종
을 통해 관리
③ 제3군 : 7일이내
신고
④ 제4군 : 신종전염병
⑤ 지정전염병 : 7일이
내 신고
⑥ 인수공통전염병 :
동물과 사람이 공통
으로 전염되는 병

Key Point

◀ 제1군 전염병
콜레라, 페스트, 장티
푸스, 파라티푸스, 세
균성이질, 장출혈성대
장균감염증

◀ 제2군 전염병
디프테리아, 백일해,
파상풍, 홍역, 유행성
이하선염, 풍진, 폴리
오, B형간염

◀ 제3군 전염병
말라리아, 결핵, 한센
병, 성병, 성홍열, 발
진티푸스, 발진열, 탄
저병, 공수병, 후천성
면역결핍증(AIDS) 등

⑦ 법정 전염병의 종류

구 분	설 명
제1군 전염병 (★★★)	콜레라, 페스트, 장티푸스, 파라티푸스, 세균성이질, 장출혈성대장균감염증
제2군 전염병 (★★★)	디프테리아, 백일해, 파상풍, 홍역, 유행성이하선염, 풍진, 폴리오, B형간염, 일본뇌염
제3군 전염병	말라리아, 결핵, 한센병, 성병, 성홍열, 수막구균성수막염, 레지오넬라증, 비브리오패혈증, 발진티푸스, 발진열, 쯔쯔가무시증, 렙토스피라증 탄저병, 공수병, 신증후군성출혈열(유행성출혈열) 인플루엔자, 후천성 면역결핍증(AIDS)
제4군 전염병 (★★)	황열, 뎅기열, 마버그열, 에볼라열, 라싸열, 리슈마니아증, 아프리카수면병, 크립토스포리디움증, 주혈흡충증, 요오스, 핀타, 두창, 보툴리눔독소증, 중증급성호흡기증후군(SARS) 조류인플루엔자, 인체감염증, 야토증, 큐열, 신종전염병증후군
지정 전염병	A형 간염, C형 간염, VRSA 감염증, 샤가스병, 포충증, 야콥병 및 변종, 크로이츠펠트–야콥병
인수공통전염병	장출혈성 대장균감염증, 일본뇌염, 브루셀라증, 탄저병, 공수병, 조류인플루엔자, 인체감염증, SARS

〈1종 전염병〉
장파세콜페장 : 장티푸스, 파라티푸스, 세균성이질, 콜레라, 페스트, 장출혈성대장균감염증

〈2종 전염병〉
디백파에 홍유풍과 폴비가 결행한다. (예방접종–일본뇌염 제외) + 3군의 결핵 : 디프테리아, 백일해, 파상풍, 홍역, 유행성이하선염, 풍진, 폴리오, B형간염 + 결핵(3군)

◀ 병원체의 크기에
따른 분류
바이러스〈리켓치아
〈세균〈효모〈곰팡이

(7) **전염병의 발생요인**

① 병원체의 종류

구 분	종 류
세균	콜레라, 이질, 장티푸스, 디프테리아, 임질, 매독, 결핵, 페스트, 파상풍
바이러스	일본뇌염, 홍역, 간염, 유행성이하선염, 인플루엔자
리켓치아	발진티푸스, 발진열, 쯔쯔가무시병
진균, 사상균	곰팡이, 무좀(백선) 칸디다증
기생충	말라리아, 사사충, 회충, 간디스토마, 폐디스토마, 십이지장충, 유구조충, 무구조충

알아두세요

〈병원체의 크기에 따른 분류〉
바이러스 〈 리켓치아 〈 세균 〈 효모 〈 곰팡이

〈병원체의 크기에 따른 분류〉
바리세효곰 : 바이러스〈리켓치아〈세균〈효모〈곰팡이

② 병원소의 종류

　(가) 인간병원소

　　• 환자 : 병원체에 감염 되어 임상 증상이 있는 사람

　　• 현성 감염자 : 외관적으로 임상 증상이 인지되는 사람

　　• 불현성 감염자 : 감염은 되어 있으나 증상이 미약하여 타인이 환자임을 모르는 상태 예) 세균성 이질, 장티푸스, 폴리오, 일본뇌염

　　• **보균자** : 임상 증상 없이 **병원체만 보균한 사람**

　　• 건강 보균자 : 병원체는 있으나 증상이 없고 병원균만 배출하는 사람 예) **디프테리아, 폴리오, 일본뇌염**

　　• 잠복기 보균자 : 잠복기간 중에 병원체를 배출하는 사람
　　　　　　　　　예) **홍역, 백일해, 유행성이하선염**

　　• 회복기 보균자 : 임상 증상은 없으나 병원체를 배출하는 사람
　　　　　　　　　예) **장티푸스, 이질, 디프테리아**

• 건디일소 : 건강보균자 - 디프테리아, 일본뇌염, 소아마비
• 잠디홍백유 : 잠복기보균자 - 디프테리아, 홍역, 백일해, 유행성이하선염
• 회장이디 : 회복기보균자 - 장티푸스, 이질, 디프테리아

　(나) 동물 병원소 : 사람과 동물에 공통적으로 옮기는 질병을 **인수공통전염병**이라고 함

　　• 고양이 : 톡소플라스마증, 살모넬라증

　　• **개 : 광견병(공수병)**

　　• **돼지** : **일본뇌염**, 살모넬라증, 탄저병

　　• **쥐 : 페스트**, 살모넬라증, 발진열, 서교증

　　• **소** : 살모넬라증, 결핵, 탄저병, 파상열

　　• **말** : **탄저병**, 살모넬라증

　　• **바퀴벌레** : 콜레라, 세균성이질

　　• **벼룩** : 흑사병, 발진열

　　• **이 : 재귀열**, 발진열

◀ 인간 병원소
①보균자 : 병원체만 보균하는 사람
②건강보균자 : 증상이 없고 병원균만 배출하는 사람
예) 디프테리아, 일본뇌염, 소아마비
③회복기보균자 : 임상 증상은 없으나 병원체를 배출하는 사람
예) 장티푸스, 이질, 디프테리아
④잠복기보균자 : 잠복기간 중에 병원체를 배출하는 사람
예) 디프테리아, 홍역, 백일해, 유행성이하선염

◀ 인수공통전염병
사람과 동물에 공통적으로 옮기는 질병

Key Point

◀ 병원소의 탈출
① 호흡기계 계통 : 감
기, 폐렴, 백일해,
디프테리아
② 소화기계 계통 : 콜
레라, 장티푸스, 세
균성이질

◀ 병원체의 전파
① 직접전파 : 홍역,
인플루엔자
② 간접전파 : 개달물
(수건, 의복 등)
③ 활성전파

◀ 면역
침입한 병원체에 대하
여 방어하는 능력

◀ 능동면역
① 자연능동면역 : 질
병에 걸린 후 면역
형성
② 인공능동면역 : 예
방접종에 의해 형
성

◀ 수동면역
① 자연수동면역 : 모
체, 태반, 수유를
통한 면역
② 인공수동면역 : 면
역혈청 주사를 통
한 면역

③ 병원소의 탈출

구 분	설 명
호흡기계 계통	• 환자의 기침, 재채기, 객담 예 **감기, 폐렴, 백일해, 디프테리아**
소화기계 계통	• 분뇨, 토사물에 의해 전파 예 **콜레라, 장티푸스, 세균성이질**
비뇨생식기 계통	• 소변, 분비물에 의한 탈출 예 성병, 임질
개병병소	• 피부에 있는 세균에 의한 전파 예 나병, 무좀, 습진
기계적 탈출	• 곤충이나 주사기에 의한 전파 예 말라리아, 발진티푸스

④ 병원체의 전파

구 분	설 명
직접전파	• 기침, 재채기, 가래, 직접적인 접촉 예 홍역, 인플루엔자
간접전파	• **개달물(수건, 의복)** 매개체를 통한 접촉 예 장티푸스, 콜레라, 세균성이질
활성전파	• 모기 : 일본뇌염, 황열, 사상충, 말라리아 • 이 : 재귀열, 발진티푸스, 뎅귀열 • 쥐 : 페스트, 유행성출혈열

⑤ 숙주의 감염과 감수성

(가) **감수성** : 침입한 병원체에 대해 **감염이나 감염을 막을 수 없는 상태**

(나) **면역** : 침입한 **병원체에 대하여 방어하는 능력**

(다) 후천적 면역

구 분	설 명
능동면역	**자연능동면역** : 질병에 걸린 후 면역이 형성
	인공능동면역 : 인위적으로 형성, 예방접종에 의해 형성
수동면역	**자연수동면역** : 모체로부터 태반이나 수유를 통해 면역
	인공수동면역 : 면역혈청 주사를 통해 받는 면역

(8) 급성전염병 관리

① 소화기계 전염병

◀ 소화기계 전염병
① 장티푸스
② 콜레라
③ 세균성이질
④ 폴리오
⑤ A형간염

구 분	설 명
장티푸스	• **여름철**에 가장 많이 발생 • 병원체 : 살모넬라 • 전파 : 환자 보균자의 대소변 • 증상 : 고열, 식욕감퇴, 두통
콜레라	• **소화기계 전염병**으로 급성 전염병이다. • 병원체 : 비브리오균 • 전파 : 어패류, 환자의 분변 • 증상 : 쌀뜨물 같은 설사, 구토, 탈수
세균성이질	• 대.소장의 급성 세균성 감염 • 병원체 : 환자의 분비물, 호흡기계 분비물 • 전파 : 재채기, 콧물 • 증상 : 고열, 구토, 설사
폴리오	• **소아**의 중추신경계에 침입하여 영구적인 **마비증상** • 병원체 : 환자의 분비물, 호흡기계 분비물 • 전파 : 재채기, 콧물 • 증상 : 고열, 구토, 설사
A형간염	• 병원체 : A형 바이러스 • 전파 : 환자의 분비물, 오염된 음식물 • 증상 : 구토, 복통, 고열

〈소화기계 전염병〉

장콜세폴A : 장티푸스, 콜레라, 세균성이질, 폴리오, A형간염

② 호흡기계 전염병

◀ 호흡기계 전염병
① 디프테리아
② 홍역
③ 백일해

구 분	설 명
디프테리아	• 주로 **겨울철**에 많이 발생, 10세이하 어린이에게 발생 • 병원체 : Corynebacterium Diphtheriae • 전파 : 환자, 보균자의 비말감염 • 증상 : 고열, 인후염
홍역	• 어린이에게 주로 발생, **전염력**이 **강한** 전염병 • 병원체 : Measle 바이러스 • 전파 : 환자의 객담 • 증상 : 코플릭스반점, 고열
백일해	• 1~5세 유아에게 주로 발생 • 병원체 : Bordetall Pertussis • 전파 : 비말감염 • 증상 : 재채기, 미열

〈호흡기계 전염병〉
디홍백 : 디프테리아, 홍역, 백일해

◀ 동물매개 전염병
① 말라리아
② 페스트
③ 유행성출혈열
④ 광견병

③ 동물매개 전염병

구 분	설 명
말라리아	• 급성전염병 • 병원체 : Plasmodium Vivax • 전파 : 중국 얼룩날개모기, 수혈 • 증상 : 식욕부진, 두통
페스트	• **유럽**에서 발생, 많은 사상자를 낸 질병 • 병원체 : Pasteurella pestis • 전파 : 비말감염, 쥐 • 증상 : 고열, 서맥
유행성출혈열	• 8~10월에 발생, 야외활동을 많이하는 **농부**에게 발생 • 병원체 : Hantan Virus • 전파 : 들쥐의 분비물, 타액 • 증상 : 두통, 오한, 발진
광견병	• **개**에 물렸을 때 감염 • 병원체 : Rebis Virus • 전파 : 동물의 타액, 상처를 통한 감염 • 증상 : 발열, 두통

◀ 만성 전염병
① 결핵
 - 전염병이 가장 많이
   걸리는 병
 - 병원체 : 결핵균
 - 전파 : 환자의 비말
   감염
 - 증상 : 고열, 기침,
   객혈
② 나병
 - 전파 : 환자의 분비
   물, 배설물
③ 성병
 - 매독 : 환자와의 성
   접촉시, 수혈
 - 임질 : 성접촉시 전
   파
④ B형간염
 - 병원체 : B형간염
   바이러스
 - 전파 : 질분비물, 주
   사기, 혈액
 - 증상 : 식욕감퇴, 오
   한, 피로감
⑤ 후천성 면역 결핍
   증(AIDS)
 - 병원체 : 바이러스
 - 전파 : 혈액, 타액,
   수혈
 - 증상 : 체중감소, 피
   로감, 미열

〈동물매개 전염병〉
말페유광 : 말라리아, 페스트, 유행성출혈열, 광견병

(9) 만성전염병

① 결핵

(개) 전염병이 가장 **많이** 걸리는 병

(내) 병원체 : 결핵균

(대) 전파 : 환자의 비말감염

(래) 증상 : 고열, 기침, 객혈

② 나병

(개) 만성전염병

(내) Mycobacterium Tubercolosis

(다) 전파 : 환자의 분비물, 배설물

③ 성병

  (가) 매독

    • 병원체 : Treponema Palidum

    • 전파 : 환자와의 성접촉시, 수혈

  (나) 임질

    • 병원체 : Neisseria Gonorrhea

    • 전파 : 성접촉시 전파

④ B형간염

  (가) 병원체 : B형간염 바이러스

  (나) 전파 : 질분비물, 주사기, 혈액

  (다) 증상 : 식욕감퇴, 오한, 피로감

⑤ 후천성 면역 결핍증(AIDS)

  (가) 병원체 : 바이러스

  (나) 전파 : 혈액, 타액, 수혈

  (다) 증상 : 체중감소, 피로감, 미열

○ 만성 전염병
① 결핵
② 나병
③ 성병
④ B형 간염
⑤ 후천성 면역 결핍
  증(AIDS)

〈만성 전염병〉
결나성B후 : 결핵, 나병, 성병, B형간염, 후천성 면역 결핍증(AIDS)

⑽ 기생충질환

구 분		설 명
선충류	회충류	• 기생충 중에 가장 많이 발생 • 증상 : 권태감, 복통, 식욕부진, • 전파 : 오염된 손, 음료수, 파리
	요충	• 10세 이하의 어린이에게 감염 • 증세 : 항문 주위 소양증 • 전파 : 항문주위 전파
	십이지장충	• 경구침입 • 증상 : 식욕부진, 복통 • 전파 : 녹색 채소

○ 선충류
① 회충류 : 기생충 중
  에 가장 많이 발생
② 요충 : 항문주위의
  소양증
③ 십이지장충 : 경구
  침입

◀ 조충류
① 무구조충 : 쇠고기
를 생식한 후 감염
② 유구조충 : 돼지고
기를 생식한 후 감
염

◀ 간디스토마
① 간에 침입
② 외우렁이(제1중간
숙주) - 물고기(제
2중간숙주)

◀ 폐디스토마
① 폐에 침입
② 다슬기(제1중간 숙
주) - 가재, 게(제2
중간 숙주)

구 분		설 명
조충류	무구조충 (민촌충)	• **쇠고기를 생식**한 경우 감염 • 증상 : 두통, 경련 • 전파 : 인체의 소장에 기생
	유구조충 (갈고리촌충)	• **돼지고기를 생식**한 경우 감염 • 증상 : 불쾌감, 식욕부진, 소화불량 • 전파 : 인체의 소장에 기생
흡충류	간디스토마	• 간에 침입 • **외우렁이(제1중간 숙주) - 물고기(제2중간 숙주)**
	폐디스토마	• 폐에 침입 • **다슬기(제1중간 숙주) - 가재, 게(제2중간 숙주)**
	요코가와흡충	• 어패류, 다슬기(제1중간숙주) - 민물고기(제2중간숙주)
원충류	이질아메바	• 법정 전염병 기생충질환 • 증상 : 급성이질, 만성이질 • 전파 : 분변으로 배출
	질트리코모나스	• 성생활에 의해 전파 • 증상 : 점막 소양증, 출혈 • 전파 : 성접촉시 전파, 변기

기억법

〈조충류〉
• 무쇠 : 무구조충 - 쇠고기를 생식
• 유돼 : 유구조충 - 돼지고기를 생식

〈흡충류〉
• 간외물 : 간디스토마 - 외우렁이(제1중간 숙주) - 물고기(제2중간 숙주)
• 폐다가게 : 폐디스토마 - 다슬기(제1중간 숙주) - 가재, 게(제2중간 숙주)

3 가족 및 노인보건

◀ 인구조사
5년마다 실시

(1) 가족계획 (인구조사 : 5년마다 실시)

① 출산시기 및 간격조절
② 초산연령 조절
③ 출산 자녀수
④ 불임증 치료

Key Point

(2) **피임방법**

① 영구적 피임법 : 정관 절제술, 난관 절제술
② 일시적 피임법 : 콘돔, 루프, 경구피임약

◁ 피임방법
① 영구적 피임법
② 일시적 피임법

(3) **모성 사망의 주요원인**

① 모성보건관리 : 산전관리, 산욕관리, 보건관리
② 영유아 사망원인 : 폐렴, 장티푸스

(4) **노인보건**

① 노인보건 : **65세 이상**의 노인보건에 관한 문제
② 노인보건의 중요성
　㉮ 고령화의 사회진출
　㉯ 수명연장으로 총 의료비 증가
　㉰ 만성질환, 급성질환 급증

◁ 노인보건
① 65세 이상의 노인
　보건에 관한 문제
② 노인보건의 중요성
－ 고령화의 사회진출
－ 수명연장으로 총 의
　료비 증가
－ 만성질환, 급성질환
　급증

4 환경보건

(1) **환경위생의 개념**

① 환경위생의 정의
인간의 신체발육과 건강 및 유해한 영향을 미치거나 미칠 가능성이 있는 인간의 물리적 생활환경에 있어서의 모든 요소를 통제 하는 것

② 환경 위생의 발전
외부의 환경의 변화에 대한 내부 환경의 변화에 의해 건강을 유지해 갈 수 있도록 향상성을 지니는 것

(2) **기후와 일광**

① 기후 : 대기 상태에서 발생되는 물리적인 현상을 말한다.
② **기후의 요소**
　㉮ **기온** : 대기의 온도
　㉯ **기습** : 대기 중의 수분량
　㉰ **기류** : 실내의 온도차이
　㉱ **복사열** : 태양의 적외선에 의한 열

◁ 기후의 3요소
① 기온
② 기습
③ 기류

 기억법

〈**기후의 3요소**〉
온습류 : 기온, 기습, 기류

③ 일광

구 분	설 명
자외선	• 3800파장 이하 • 신진대사, 적혈구 생성, 색소 침착
가시광선	• 3800~7700파장 • 안정피로, 근시, 시력저하
적외선	• 7700파장 이상 • 피부온도 상승, 혈관확장

④ 공기

구 분	설 명
산소	• 대기의 21% 차지 • 15%이하 저산소증, 10%이하 호흡곤란, 7%이하 질식사
질소	• 공기 중에 78.1%차지 • 감압병(잠함병)-혈액내 기포형성
이산화탄소	• **실내공기 오염**의 **지표** • 0.03% 존재 • 무색, 무취, 무독성 기체
일산화탄소	• 무색, 무미, 무취, 무자극 • 0.1%이상되면 생명위험
아황산가스	• 대기오염의 지표 • 자극적인 냄새 • 기준은 0.05ppm

⑤ 상수도

　㉮ **상수도정수법 : 침사 - 침전 - 여과 - 소독**

　㉯ 염소소독 : 소독력이 강하고 독성이 있다.

⑥ 수질판정 수준

　㉮ **일반세균** : 1cc 중 100개가 넘지 말 것

　㉯ **대장균수** : 100cc 중 한 개도 검출되지 말 것

⑦ 수질오염 : 물의 자정 능력이 상실되어 오염된 상태

　㉮ **미나마타병** : 어패류를 통해 **수은** 감염

　㉯ **이따이이따이병** : 벼를 통해 **카드뮴** 감염

〈수질오염〉

미수 이카드로 하세요. : 미나마타병 - 수은, 이따이따이병 - 카드뮴

Key Point

◀ 일광
① 자외선
② 가시광선
③ 적외선

◀ 공기
① 산소 : 대기의 21% 차지, 7%이하 질식사
② 질소 : 공기 중에 78.1% 차지
③ 이산화탄소 : 실내 공기 오염의 지표, 0.03% 존재
④ 일산화탄소 : 무색, 무미, 무취, 무자극, 0.1%이상되면 생명 위험
⑤ 아황산가스 : 대기 오염의 지표

◀ 수질판정 수준
① 일반세균 : 1cc중 100개가 넘지 말 것
② 대장균수 : 100cc 중 한 개도 검출되지 말 것

⑧ 수질오염의 지표

    ㈎ **용존산소(DO)** : 물속에 녹아 있는 산소량, **물의 오염정도의 지표**

    ㈏ **생물학적 요구량(BOD)** : 미생물을 산화, 분해하는데 사용되는 산소량

    ㈐ **화학적산소요구량(COD)** : 수중에 함유되어 있는 유기물질을 산화시킬 때 소모되는 산소량

⑨ 하수처리과정

    예비처리 → 본처리(혐기성, 호기성 처리) → 오니처리(소각법, 퇴비법)

5 산업보건

(1) **산업보건의 정의** : 산업장 직업인들의 육체적, 정신적, 사회적으로 최고도로 유지

(2) **산업재해 3대요인**

    ① 관리의 결함

    ② 작업방법의 결함

    ③ 생리적인 결함

(3) **직업병의 발생원인**

    ① **이상온도 : 열경련, 열허탈증, 일사병**

    ② 불량조명 : 근시, 안정피로

    ③ 고기압 : 잠함병

    ④ 저기압 : 고산병

    ⑤ 소음 : 난청, 청력장애

    ⑥ 수은 : 미나마타병

    ⑦ 카드륨 : 이따이이따이병

(4) **직업병의 예방**

    ① 환경관리 대책

    ② 직업조건 대책

    ③ 근로자관리 대책

알아두세요

〈산업피로의 원인〉

• 직업강도와 시간

• 휴식시간 부족

• 수면시간 부족

• 작업자세 불량과 심리적 요소

Key Point

◀ 식품위생의 정의
안전성, 완전성, 건전성을 확보하는 수단

◀ 식중독
식품을 섭취했을 때 일어나는 생리적인 이상 현상

◀ 식중독의 종류
① 세균성식중독 : 장출혈성대장균, 살모넬라, 비브리오폐혈증, 병원성대장균
② 독소형식중독 : 포도상구균, 보툴리누스균
③ 자연독식중독 : 복어(테트로톡신), 모시조개(배내루핀), 버섯(무스카린), 감자(솔라닌), 청매(아미그랄닌)

◀ 보툴리누스균
① 통조림, 소시지 등 가공품, 식육이나 어류
② 치사율 가장 높다.
③ 식품의 혐기성 상태에서 발육, 신경계의 증상이 주증상

◀ 보건행정의 정의
공중보건의 목적을 달성하기 위해 공공의 책임하에 수행하는 행정활동

6 식품위생과 영양

(1) **식품위생 정의** : 식품을 생산 또는 제조해서 사람에게 섭취하기까지에 있어 안전성, 완전성, 건전성을 확보하는 수단

(2) **식중독** : 식품을 섭취했을 때 일어나는 생리적인 이상 현상

식중독	세균성식중독	• 감염형 : 장출혈성대장균(생간, 육회) 　　　　살모넬라(쥐, 파리, 바퀴벌레) 　　　　비브리오폐혈증(어패류) 　　　　병원성대장균(우유, 채소)
	독소형식중독	• **독소형** : **포도상구균**(우유, 치즈, 김밥) 　　　　　**보툴리누스균**(통조림, 소시지)
	자연독식중독	• 동물성 : **복어(테트로톡신)** 모시조개(배내루핀)
		• 식물성 : 버섯(무스카린) 감자(솔라닌) 　　　　청매(아미그랄닌)

🌱 알아두세요

• 살모넬라균
  - 식육, 달걀, 메추리알, 마요네즈
  - **발열** 증상이 가장 심한 식중독
  - **국내**에서 가장 흔히 발생
• 비브리오폐혈증(장염비브리오)
  - 바닷물에 분포(어패류, 생선회, 해산물)
  - **짧은 시간** 내 식중독 유발
• 보툴리누스균
  - 통조림, 소시지 등 가공품, 식육이나 어류
  - 생선의 내장을 제거하고 청결하게 하며 구멍난 통조림을 사용하지 말 것
  - **치사율**이 가장 **높다.**
  - 식품의 혐기성 상태에서 발육, 신경계의 증상이 주증상

7 보건행정

(1) **보건행정의 정의** : 공중보건의 목적을 달성하기 위해 공공의 책임하에 수행하는 행정활동이다.

(2) **보건행정의 범위(WHO)**

　① 기록의 보존
　② 지역 사회에 대한 보건교육

Key *Point*

◀ 보건행정
공중보건학에 기초한
과학적 기술이 필요함

③ 모자보건

④ 전염병관리

⑤ 보건간호

⑥ 의료서비스

⑦ 환경위생

(3) 보건교육의 내용

① 보건위생관련 교육 : 생활환경위생

② 질병관련 내용 : 성인병, 노인병 등

③ 건강관련 내용 : 기호 및 의약품의 납용

(4) 세계보건기구(WHO)

① 1921년 결성된 국제연맹보건기구

② 스위스의 제네바에 본부

③ 1948년 4월 7일 국제연합산하의 경제이사회소속으로 발족

◀ 세계보건기구
(WHO)
① 1921년 결성된 국
제연맹보건기구
② 스위스의 제네바에
본부
③ 1948년 4월 7일 발
족

피부 미용에 효과적인 목욕방법

① 목욕물의 온도 : 42℃ 전부가 적당

② 목욕시간 : 15~10분 정도

③ 이틀에 한번 정도 목욕을 해주는 것이 좋다.

④ 목욕 마지막 단계에는 바디크림이나 바디오일을 발라 준다.

Key Point

머리에 쏙~쏙~ 5분 체크

● 공중보건학의
  정의(윈슬러)
① 대상 : 집단 또는
  지역사회
② 질병예방, 생명연장,
  건강과 효율의 증
  진

◀ 보건수준평가
① 영아사망률
② 비례사망지수
③ 평균수명

◀ 병원체의 크기에
  따른 분류
바이러스〈리켓치아
〈세균〈효모〈곰팡이

◀ 보건행정의 정의
공중보건의 목적을 달
성하기 위해 공공의
책임하에 수행하는 행
정활동

☆☆
01 공중보건은 (   ) 또는 (   )를 대상으로 한다.

☆
02 공중보건은 (   ), (   ), 건강과 효율의 증진을 목적으로 한다.

03 공중 보건의 역사를 보면 결핵균, 콜레라를 발견한 사람은 (   )다.

☆
04 지역사회의 보건수준을 나타내는 가장 대표적인 지표는 (   )이다.

05 (   )이란 질병 또는 유행병을 연구하는 학문을 말한다.

☆
06 제2군 전염병은 전염병 관리상 크게 기대 할 수 없으며 (   )을 통해 관리해야
한다.

☆
07 병원체 중에서 가장 크기가 작은 것은 (   )이다.

08 페스트의 병원소는 (   )이고, 공수병의 전염병은 (   )이다.

09 호흡기계 전염병 중에서 어린이에게 주로 발생하고 전염력이 강한 것은 (   )이다.

☆
10 (   )은 공중보건의 목적을 달성하기 위해 공공의 책임하에 수행하는 행정활동이다.

정답 01. 집단, 지역사회   02. 질병예방, 생명연장   03. 월터코흐   04. 영아사망률
05. 역학   06. 예방접종   07. 바이러스   08. 쥐, 개   09. 홍역   10. 보건행정

시험문제 엿보기

Key Point

★★★
01 공중보건에 대한 설명으로 가장 적절한 것은?　　　•• 출제년도 09

㉮ 개인을 대상으로 한다.

㉯ 예방의학을 대상으로 한다.

㉰ 집단 또는 지역사회를 대상으로 한다.

㉱ 사회의학을 대상으로 한다.

　 ㉰ 집단 또는 지역사회를 대상으로 한다.　　정답 ㉰

★
02 다음 중 가장 대표적인 보건 수준 평가 기준으로 사용되는 것은?　•• 출제년도 09

㉮ 성인 사망률　　　　　　㉯ 영아 사망률

㉰ 노인 사망률　　　　　　㉱ 사인별 사망률

　 ㉯ 영아 사망률 : 지역간, 국가간의 보건 수준을 나타내는 가장 대표적인 것　정답 ㉯

03 법정 감염병 중 제2군에 해당되는 것은?　　　•• 출제년도 10

㉮ 디프테리아　　　　　　㉯ A형 간염

㉰ 레지오넬라증　　　　　㉱ 한센병

　 ㉮ 제2군 법정 감염병 : 디프테리아, 백일해, 파상풍, 폴리오, 일본뇌염, B형간염,
　 수두, 홍역, 풍진, 유행성이하선염　　정답 ㉮

★★
04 다음 중 식품의 혐기성 상태에서 발육하여 신경계 증상이 주 증상으로 나타는 것은?

•• 출제년도 09

㉮ 살모넬라증 식중독　　　㉯ 보툴리누스균 식중독

㉰ 포도상구균 식중독　　　㉱ 장염비브리오 식중독

　 ㉯ 보툴리누스균 식중독 : 세균성식중독 중에서 가장 치사율이 높으며 혐기성 상
　 태에서 발육하여 신경계 증상이 나타난다.　　정답 ㉯

05 보건행정의 제 원리에 관한 것으로 맞는 것은?　　•• 출제년도 09

㉮ 일반행정원리의 관리과정적 특성과 기획과정은 적용되지 않는다.

㉯ 의사결정과정에서 미래를 예측하고 행동하기 전의 행동계획을 결정한다.

㉰ 보건행정에서는 생태학이나 역학적 고찰이 필요 없다.

㉱ 보건행정은 공중보건학에 기초한 과학적 기술이 필요하다.

　 ㉱ 보건행정은 공중보건학에 기초한 과학적 기술이 필요하다.　　정답 ㉱

◀ 제1군 전염병

콜레라, 페스트, 장티푸스, 파라티푸스, 세균성이질, 장출혈성대장균감염증

◀ 제2군 전염병

디프테리아, 백일해, 파상풍, 홍역, 유행성이하선염, 풍진, 폴리오, B형간염

◀ 제3군 전염병

말라리아, 결핵, 한센병, 성병, 성홍열, 발진티푸스, 발진열, 탄저병, 공수병, 후천성면역결핍증(AIDS) 등

◀ 식중독의 종류

① 세균성식중독 : 장출혈성대장균, 살모넬라, 비브리오패혈증, 병원성대장균

② 독소형식중독 : 포도상구균, 보툴리누스균

③ 자연독식중독 : 복어(테트로톡식), 모시조개(배내루핀), 버섯(무스카린), 감자(솔라닌), 청매(아미그랄닌)

소독학

Chapter 02

Skin Care

◀ 소독의 정의 및 분류

① 소독 : 병원미생물의 감염 및 증식력을 없애는 것
② 살균 : 세균을 없애는 것
③ 멸균 : 아포까지 완전히 사멸
④ 방부: 미생물의 발육과 생식을 저해

| 1 | 소독의 정의 및 분류

구 분	설 명
소독	병원미생물의 생활력을 파괴시켜 **감염 및 증식력을 없애는 것**
살균	**세균을 없애는 것**
멸균	병원성 미생물이나 **아포까지** 강한 살균력으로 **완전히 사멸**
방부	미생물의 **발육과 생식을 저해**시켜 부패나 발효를 방지 시키는 것
제부	화농창에 **소독약을 발라 사멸** 시키는 것
감염	**병원체가 침입**하여 **장기 내에 증식**하는 상태
오염	음식물에 **병원체가 부착**된 상태

 알아두세요

소독력 : 멸균 〉 소독 〉 살균 〉 방부

◀ 소독력

멸균 〉 소독 〉 살균 〉
방부

〈소독력〉
멸소살방 : 멸균 〉 소독 〉 살균 〉 방부

| 2 | 소독방법

◀ 가열소독법

① 화염멸균법
② 건열멸균법
③ 소각소독법

구 분	설 명
가열소독법	• **화염멸균법** : 불꽃에 20초이상 소독 하는 것 　　　　　　　이.미용기구 소독에 적합 • **건열멸균법** : **170℃ 정도의 열을 이용**하여 1시간 가열 • **소각소독법** : 소각하여 완전 멸균하는 방법 　　　　　　　오염된 가운, 수건, 쓰레기소독

구 분	설 명
습열소독법	• **자비소독법** : 100℃ 끓는 물에 15~20분간 소독, 식기류, 주사기, 의류소독 적당 • **고압증기멸균법** : 미생물 뿐 아니라 **아포까지 멸균** 시키는 방법, 120℃ 20분이상 의료기구, 자기류소독 • 저온소독법 : 60~65℃ 30분간 소독, 파스퇴르 고안, 우유, 유산균 소독 • 유통증기멸균법 : 증기를 이용해서 100℃ 30~60분간 가열, 식기류, 주사기, 도자기류 적합 • 간헐멸균법 : 100℃ 하루에 세 번 3일간 간헐적으로 가열, 아포균을 파괴하는 소독 • 초고온순간살균법 : 130℃에서 2초간 처리 　　　　　　　　　　우유살균법
자연소독법	• **자외선멸균법** : **자외선을 이용하여 살균**하는 방법 • **여과 멸균법** : 혈청, 음료수 같은 **액체를 여과기로 걸러서 균을 제거** 시키는 방법
화학적소독법	• **석탄산** : **소독액의 지표로 사용** 　　　　　단백질 응고작용 및 효소저해 작용 　　　　　**3~5% 수용액**, 안정성 강함 • 크레졸 : 소독 효과가 크며 1% 용액은 피부소독에 사용, 석탄산의 2배효과, 화장실 오물소독에 사용 • 알코올 : 단백질을 변성, 용해, 효소저해 　　　　　피부기구소독 사용, 70% 알코올 사용 • 포르말린 : 소독제나 방부제로 사용 　　　　　　1% 손소독 　　　　　　온도가 높을수록 소독력 상승 • 포름알데히드 : 지용성이며 단백질 응고작용이 있어 희석액에도 강한 살균작용 • 염소 : 살균력이 크나 자극성이 크다. 　　　　음료수 소독에 주로 사용 • 역성비누 : 자극성과 독성이 없다. 손소독에 사용, 살균력이 매우 강하며 0.01%~1% 수용액 사용 • 과산화수소 : 3% 수용액으로 사용 　　　　　　　피부상처, 구내염에 사용 • **승홍수** : 무색, 무취이나 독성이 있다. 　　　　　**0.1% 수용액**을 사용 　　　　　**금속은 부식성**이 있기 때문에 사용하지 않는다. **손소독** 사용 • 생석회 : 하수도나 재래식 화장실 소독

Key Point

◀ 석탄산계수
석탄산계수 = 소독약
의 희석배수 / 석탄산
의 희석배수

알아두세요

석탄산계수 = 소독약의 희석배수 / 석탄산의 희석배수
예 석탄산수 90배 희석액과 어느 소독약의 180배 희석액이 같은 살균력
　　180 / 90 = 2 (석탄산계수)

3 분야별소독

① **수지소독 : 역성비누, 석탄산수, 크레졸**
② **화장실, 하수구 : 크레졸, 석탄수, 포르말린, 생석회**
③ 금속제품 : 에탄올, 자외선, 자비소독, 주사기소독
④ 서적, 종이 : 포름알데히드 소독
⑤ 고무피혁제품 : 석탄수, 크레졸, 포르말린수
⑥ 배설물 : 소각, 석탄수, 생석회

4 미생물

육안으로 보이지 않는 미세한 생물체의 측정

◀ 미생물의 종류
①세균 : 구균, 간균,
　나선균
②진균 : 균사체로 구
　성된 곰팡이균
③바이러스 : 생명체
　중 가장 작음

5 미생물의 종류

구 분	설명
세균	• **구균** : 세균의 형태가 공모양처럼 둥글게 존재 　　　　폐렴균, 임질균, 포도상구균 • **간균** : 막대 모양의 가늘고 짧은 형태 　　　　파상균, 디프테리아, 결핵, 콜레라 • **나선균** : 가늘고 길게 만곡된 모양 　　　　매독균, 장티푸스
진균	• 진균 : 균사체로 구성된 곰팡이균 　　　두부백선, 조갑백선, 칸디다증
바이러스	• 바이러스 : **생명체 중에 가장 작아** 전자 현미경으로 측정 기억법 바생작 바생작 : 바이러스는 생명체 중에서 가장 작다. 　　　DNA와 RNA가 있어 세포 속에 증식 　　　열에 매우 약하다.

6 미생물의 증식조건

① 영양원
② 수분
③ 온도
④ 수소이온의 농도

머리에 쏙-쏙~ 5분 체크

01 (   )은 병원미생물의 생활력을 파괴시켜 감염 및 증식력을 없애는 것이고, (   )은 병원성미생물이나 아포균까지 완전히 사멸시키는 것이다.

02 소독력이 가장 큰 순서대로 나열하면 (   ) – 소독 – (   ) – 방부의 순이다.

03 (   )은 170도 정도의 열을 이용하여 1시간 가열하여 멸균시키는 방법이다.

04 (   )은 100도의 끓는 물에 15~20분 정도 소독하는 방법이다.

05 파스퇴르가 고안한 소독법으로 60~65도로 30분간 우유나 유산균을 소독할 때 사용하는 방법은 (   )이다.

06 혈청이나 음료수와 같은 액체를 걸러서 균을 멸균시키는 법을 (   )이라고 한다.

07 피부기구를 소독할 때 사용하는 알코올의 농도는 (   )% 알코올이다.

08 석탄산 계수는 (   )의 희석배수를 (   )의 희석배수로 나눈 값이다.

09 (   )이란 육안으로 보이지 않는 미세한 생물체를 말한다.

10 세균 중에서 (   )은 막대 모양의 가늘고 짧은 형태로 파상균, 디프테리아, 결핵, 콜레라를 발생시킨다.

정답 01. 소독, 멸균   02. 멸균, 살균   03. 건열멸균법   04. 자비소독법   05. 저온소독법   06. 여과멸균법   07. 70   08. 석탄산, 소독약   09. 미생물   10. 간균

Key Point

1 시험문제 엿보기

멸균
아포를 포함한 모든 균을 사멸시킨 무균상태

☆☆☆
01 멸균의 의미로 가장 적합한 표현은? ➡️출제년도 09

㉮ 병원균의 발육, 증식억제 상태

㉯ 체내에 침입하여 발육 증식하는 상태

㉰ 세균의 독성만을 파괴한 상태

㉱ 아포를 포함한 모든 균을 사멸시킨 무균상태

💡㉱ 아포를 포함한 모든 균을 사멸시킨 무균상태 : 멸균의 의미   정답 ㉱

☆
02 이 · 미용업소에서 수건 소독에 가장 많이 사용되는 물리적 소독법은? ➡️출제년도 09

㉮ 석탄산 소독   ㉯ 알코올 소독

㉰ 자비 소독   ㉱ 과산화수소 소독

💡㉰ 자비 소독 : 물을 끓여서 소독하는 방법으로 수건, 의류 등에 사용한다.   정답 ㉰

자비 소독
물을 끓여서 소독하는 방법으로 이 · 미용업소에서 가장 많이 사용

03 석탄산 소독액에 관한 설명으로 틀린 것은? ➡️출제년도 08

㉮ 기구류의 소독에는 1~3% 수용액이 적당하다.

㉯ 세균 포자나 바이러스에 대해서는 작용력이 거의 없다.

㉰ 금속기수의 소독에는 적합하지 않다.

㉱ 소독액 온도가 낮을수록 효력이 높다.

💡㉱ 소독액 온도가 높을수록 효력이 높다.   정답 ㉱

석탄산계수
석탄산계수 = 소독약의 희석배수 / 석탄산의 희석배수

☆
04 석탄산의 희석배수 90배를 기준으로 할 때 어떤 소독약의 석탄산 계수가 4 이었다면 이 소독약의 희석배수는?

㉮ 90배   ㉯ 94배

㉰ 360배   ㉱ 400배

💡㉰ 석탄산계수 = 소독약의 희석배수 / 석탄산의 희석배수

4 = a / 90

따라서, a = 360   정답 ㉰

미생물의 종류
①세균 : 구균, 간균, 나선균
②진균 : 균사체로 구성된 곰팡이균
③바이러스 : 생명체 중 가장 작음

☆
05 인체에 질병을 일으키는 병원체 중 대체로 살아있는 세포에서만 증식하고 크기가 가장 작아 전자현미경으로만 관찰할 수 있는 것은? ➡️출제년도 10

㉮ 구균   ㉯ 간균

㉰ 바이러스   ㉱ 원생동물

💡㉰ 바이러스 : 살아있는 세포에서만 증식하고 크기가 가장 작아 전자현미경으로만 관찰할 수 있는 병원체   정답 ㉰

공중위생 관리법

Skin Care

1 목적 및 정의

(1) **목적** : 공중이 이용하는 영업과 시설의 위생관리 등에 관한 사항을 규정함으로써 위생 수준을 향상시켜 국민의 건강증진에 기여함을 목적으로 한다.

(2) **정의**

구 분	설 명
공중위생영업	• 위생관리서비스를 제공하는 영업으로 **숙박업, 목욕장업, 이용업, 미용업, 세탁업, 위생관리용역업**을 말한다.
숙박업	• 손님이 숙박할 수 있도록 시설 및 설비 등의 서비스를 손님에게 제공하는 서비스를 말한다. 다만, 농어촌에 소재하는 민박 등 대통령령이 정하는 경우를 제외한다.
목욕탕업	• 다음 각목의 어느 하나에 해당하는 서비스를 손님에게 제공하는 영업을 말한다. 다만, 숙박업 영업소에 부설된 욕실 등 대통령령이 정하는 경우를 제외한다. – 물로 목욕을 할 수 있는 시설 및 설비 등의 서비스 – 맥반석·황토·옥 등을 직접 또는 간접 가열하여 발생되는 열기 또는 원적외선 등을 이용하여 땀을 낼 수 있는 시설 및 설비 등의 서비스
이용업	• **손님의 머리카락 또는 수염을 깎거나 다듬는 등의 방법으로 손님의 용모를 단정**하게 하는 영업을 말한다.
미용업	• **손님의 얼굴, 머리, 피부 등을 손질하여 외모를 아름답게 꾸미는 영업**을 말한다.
세탁업	• 의류 기타 섬유제품이나 피혁제품 등을 세탁하는 영업을 말한다.
공중관리용역업	• 공중이 이용하는 건축물, 시설물 등의 청결유지와 실내공기정화를 위한 청소 등을 대행하는 영업을 말한다.
공중이용시설	• 다수인이 이용함으로써 이용자의 건강 및 공중위생에 영향을 미칠 수 있는 건축물 또는 시설로써 대통령령이 정하는 것을 말한다.

Key Point

◀ 공중위생영업
① 숙박업
② 목욕장업
③ 이용업
④ 미용업
⑤ 세탁업
⑥ 위생관리용역업

◀ 미용업
손님의 얼굴, 머리, 피부 등을 손질하여 외모를 아름답게 꾸미는 영업

2 영업의 신고 및 폐업

(1) 시장·군수·구청장 신고

공중위생업을 하고자 하는 자는 가족부령이 정하는 시설 및 설비를 갖추고 시장·군수·구청장에게 신고

(2) 폐업신고

공중위생영업을 **폐업한 날부터 20일 이내에 시장·군수 ·구청장**에게 신고

(3) 미용업의 시설 및 설비기준

① **미용기구는 소독을 한 기구와 소독을 하지 아니한 기구를 구분**하여 보관할 수 있는 용기를 비치하여야 한다.

② 소독기, 자외선 살균기 등 미용기구를 소독하는 장비를 갖추어야 한다.

③ 영업소 내에 작업장소, 응접장소, 상담실, 탈의실 등을 분리하여 칸막이를 설치할 때는 외부에서 내부를 확인할 수 있도록 작업장소, 응접장소, 상담실, 탈의실 등에 들어가는 출입물의 $\frac{1}{3}$이상을 투명하게 하여야 한다.

④ 피부미용을 위한 작업장소 내에는 베드와 베드사이에 칸막이를 설치할 수 있으나 작업장소 내에 설치된 칸막이에 출입문이 있는 경우 그 출입문의 $\frac{1}{3}$이상은 투명하게 하여야 한다.

◀ 공중위생영업 신고
시 제출할 서류
① 영업시설 및 설비
개요서
② 교육필증 (미리 교
육을 받은 경우)
③ 면허증 원본

(4) 공중위생영업 신고 시 시장·군수·구청장에게 제출 할 서류

① 영업시설 및 설비개요서

② 교육필증(미리 교육을 받은 경우)

③ 면허증 원본

 기억법

〈공중위생영업 신고 시 시장·군수·구청장에게 제출 할 서류〉
영설교면 : 영업시설 및 설비개요서, 교육필증(미리 교육을 받은 경우), 면허증 원본

◀ 변경신고
① 영업소의 명칭 또
는 상호 변경 시
② 영업소의 소재지
변경 시
③ 신고한 영업장 면
적의 $\frac{1}{3}$이상의 증
감

3 변경신고

시장·군수·구청장

① 영업소의 명칭 또는 상호 변경 시

② 영업소의 소재지 변경 시

③ 신고한 영업장 면적의 $\frac{1}{3}$이상의 증감

〈변경신고〉
명상소 영면증 : 영업소의 명칭 또는 상호 변경 시, 영업소의 소재지 변경 시, 신고한 영업장 면적의 ⅓이상의 증감

4 미용업의 승계

① 이용업·미용업의 경우에는 면허를 소지한 자에 한해 공중위생업자의 지위를 승계할 수 있다.
② **지위를 승계한 자로 1월내에** 보건복지가족부령이 정하는 바에 따라서 **시장·군수 또는 구청장에게 신고**

◐ 미용업의 승계
지위를 승계한 자로 1월내에 시장·군수·구청장에게 신고

승1시군구 : 지위를 승계한 자로 1월내에 시장·군수 또는 구청장에게 신고

③ 면허를 소지한 자는 공중위생업자의 지위를 승계할 수 있다.

5 영업신고증의 재교부

① 신고증을 잃어 버렸을 때
② 신고증이 헐어 못쓰게 될 때
③ 신고인의 성명이나 주민등록번호가 변경될 때

◐ 영업신고증의 재교부
①신고증을 잃어 버렸을 때
②신고증이 헐어 못쓰게 될 때
③신고인의 성명이나 주민등록번호가 변경될 때

〈영업신고증의 재교부〉
신잃헐성주변 : 신고증을 잃어 버렸을 때, 신고증이 헐어 못쓰게 될 때, 신고인의 성명이나 주민등록번호가 변경될 때

6 영업자의 준수사항

(1) 공중위생업자의 위생관리 의무

공중위생업자는 그 이용자에게 건강상 위해요인이 발생하지 아니하도록 영업관련 시설 및 설비를 위생적이고 안전하게 관리하여야 한다.

◐ 미용업의 영업자 준수사항
①의료기구와 의약품 사용하지 말 것
②이용기구 1인에 한하여 사용
③미용사면허증 게시할 것

(2) 미용업의 영업자의 준수사항

① 의료기구와 의약품을 사용하지 아니하는 순수한 화장 또는 피부미용을 할 것

② 이용기구는 1인에 한하여 사용할 것. 이 경우 미용기구의 소독기준 및 방법은 보건
복지부령으로 정한다.

③㈐ 미용사면허증을 영업소안에 게시할 것

(3) 이·미용기구의 소독 기준 및 방법

① 자외선소독 : 1㎠당 85㎼ 이상의 자외선을 20분 이상 쬐어준다

② 건열멸균소독 : 섭씨100℃ 이상의 건조한 열에 20분 이상 쬐어준다.

③ 증기소독 : 섭씨100℃ 이상의 습한 열에 20분 이상 쬐어준다.

④ 열탕소독 : 섭씨100℃ 이상의 물속에 10분 이상 끓여준다.

⑤ 석탄산소독 : 석탄산수(석탄산 3%, 물 97%의 수용액을 말한다)에 10분 이상 담가
둔다.

⑥ 크레졸소독 : 크레졸수(크레졸 3%, 물 97%의 수용액을 말한다)에 10분 이상 담가
둔다.

⑦ 에탄올소독 : 에탄올수용액(에탄올이 70%인 수용액을 말한다.)에 10분 이상 담가
두거나 에탄올수용액을 머금은 면 또는 거즈로 기구의 표면을 닦아준다.

(4) 미용업 영업자가 준수하여야 할 위생관리기준

① 점빼기, 귓불뚫기, 쌍꺼풀수술, 문신, 박피술 그 밖에 이와 유사한 의료행위를 하
여서는 아니된다.

② 피부미용을 위하여 약사법 규정에 의한 의약품 또는 의료용구를 사용하여서는 아
니된다.

③ 1회용 면도날은 손님 1인에 한하여 사용하여야 한다.

④ 업소 내에 미용업신고증, 개설자의 면허증원본 및 미용요금표를 게시하여야 한다.

⑤ 영업장 안의 조명도는 75룩스 이상이 되도록 유지하여야 한다.

⑥ 미용업영업자는 출입, 검사 등의 기록부를 영업소 안에 비치하여야 한다.

(5) 공중이용시설의 위생관리

① 실내공기

• 실내공기는 보건복지부령이 정하는 위생관리기준에 적합하도록 유지할 것

• 영업소, 화장실, 기타 공중이용시설 안에서 시설이용자의 건강을 해할 우려가 있
는 오염물질이 발생되지 아니하도록 할 것. 이 경우 오염물질의 종류와 오염허
용기준은 보건복지부령으로 정한다.

② 오염물질의 종류와 오염허용기준

• 미세먼지(PM-10) : 24시간 평균치 $150\mu g/m^3$ 이하 허용

• 일산화탄소(CO) : 1시간 평균치 25ppm 이하

• 이산화탄소(CO_2) : 1시간 평균치 1,000ppm 이하 허용

• 포름알데이드(HCHO) : 1시간 평균치 120μg/㎥ 이하 허용

7 미용사면허

(1) 자격기준

이용사 또는 미용사가 되고자 하는 자는 다음의 어느 하나에 해당하는 자로서 보건복지가족부령이 정하는 바에 의하여 **시장·군수·구청장의 면허를 받아야** 한다.

① 전문대학 또는 이와 동등 이상의 학력이 있다고 교육과학기술부장관이 인정하는 학교에서 이용 또는 미용에 관한 학과를 졸업한 자

② 학점인정 등에 관한 법상 대학 또는 전문대학을 졸업한 자와 동등이상의 학력이 있는 것으로 인정되어 이용 또는 미용에 관한 학위를 취득한 자

③ 고등학교 또는 이와 동등의 학력이 있다고 교육과학기술부장관이 인정하는 학교에서 이용 또는 미용에 관한 학과를 졸업한 자

④ 교육과학기술부장관이 인정하는 고등기술학교에서 1년 이상 이용 또는 미용에 관한 소정의 과정을 이수한자

⑤ 국가기술자격법에 의한 이용사 또는 미용사의 자격을 취득한 자

> ◀ 미용사 면허 발급자
> 시장·군수·구청장

(2) 결격사유

다음의 사유 중 하나라도 해당하는 자는 면허를 받을 수 없다.

① 금치산자

② 정신보건법상 정신질환자. 다만, 전문의가 이용사 또는 미용사로서 적합하다고 인정하는 경우제외

③ 공중의 위생에 영향을 미칠 수 있는 전염병 환자 보건복지가족부령이 정하는 자(전염성 결핵환자)

④ 마약, 기타 대통령령으로 정하는 **약물중독자**

⑤ **면허가 취소**된 후 **1년**이 경과되지 아니한 자

> ◀ 결격사유
> ① 금치산자
> ② 정신질환자
> ③ 전염병 환자
> ④ 약물중독자
> ⑤ 면허가 취소된 후 1년이 경과되지 아니한 자

〈결격사유〉
금정전약 면취1경 : 금치산자, 정신질환자, 전염병환자, 약물중독자, 면허가 취소된 후 1년이 경과되지 아니한 자

(3) 면허의 취소

시장·군수·구청장은 이용사 또는 미용사가 다음 취소사유 중 어느 하나에 해당하는 때에는 그 면허를 취소하거나 6월이내의 기간을 정하여 그 면허의 정지를 명할 수 있다.

① 면허취소, 6개월 이내 기간 면허정지 요건 및 기준

② 공중위생 관리법 또는 동법규정에 의한 명령위반
③ 금치산자, 정신질환자 또는 간질환자
④ 면허증을 다른 사람에게 대여할 때

◀ 면허증 반납 : 지체없이
① 법의 규정에 의한 명령 위반 시
② 결격사유 발생 시
③ 면허증 대여 시
④ 면허취소 시
⑤ 면허증 정지 명령을 받은 자·정신질환자 또는 간질병자

(4) 면허증의 반납

시장·군수·구청장에게 지체없이 면허증 반납
① 법의 규정에 의한 명령 위반 시
② 결격사유 발생 시
③ 면허증 대여 시
④ 면허취소 시
⑤ 면허증 정지 명령을 받은 자·정신질환자 또는 간질병자

 기억법

〈면허증의 반납〉
면반지 : 면허증의 반납은 지체없이 반납

◀ 면허증재교부
① 면허증의 기재사항에 변경이 있을 때
② 면허증을 잃어버렸을 때
③ 면허증이 헐어 못 쓰게 된 때

(5) 면허증재교부

① 면허증의 기재사항에 변경이 있을 때
② 면허증을 잃어버렸을 때
③ 면허증이 헐어 못쓰게 된 때

8 이·미용사의 업무범위

(1) 이용사 : 이발, 아이론, 면도, 머리피부손질, 머리카락 염색 및 머리감기
(2) 미용사

◀ 미용사(피부)
의료기기나 의약품을 사용하지 아니하는 피부상태분석, 피부관리, 제모, 눈썹손질

① 2007년 12월 31일 이전에 국가기술자격법에 의한 미용사 자격을 취득한자 : 파마, 머리카락 자르기, 머리카락 모양내기, 머리피부손질, 머리카락염색, 머리감기, 손톱과 발톱의 손질 및 화장, 피부미용(의료기기나 의약품을 사용하지 아니하는 피부상태분석, 피부관리, 제모, 눈썹손질을 말한다) 얼굴의 손질 및 화장
② 2008년 1월 1일 이후에 미용사자격을 취득한 자로서 미용사 면허를 받은 자
  • 미용사(일반) : 파마, 머리카락 자르기, 머리카락 모양내기, 머리피부손질, 머리카락염색, 머리감기, 손톱·발톱의 손질 및 화장, 의료기기나 의약품을 사용하지 아니하는 눈썹손질, 얼굴의 손질 및 화장
  • **미용사(피부) : 의료기기나 의약품을 사용하지 아니하는 피부상태분석, 피부관리, 제모, 눈썹손질**

9 행정지도 감독

(1) 보고 및 출입 · 검사(제9조)

시 · 도지사 또는 시장 · 군수 · 구청장은 공중위생업자 및 공중이용시설의 소유자 등에 대하여 필요한 보고를 하게 되거나 소속공무원으로 하여금 영업소 · 사무소 · 공중이용 시설 등에 출입하여 공중위생영업자의 위생관리의무이행 및 공중이용시설의 위생관리 실태등에 대하여 검사하게 하거나 필요에 따라 공중위생영업장부나 서류를 열람하게 할 수 있다.

(2) 영업의 제한(제9조의2)

시 · 도지사는 공익상 또는 선량한 풍속을 유지하기 위하여 필요하다고 인정하는 때에 는 공중위생영업자 및 종사원에 대하여 영업시간 및 영업행위에 관한 필요한 제한을 할 수 있다.

(3) 위생지도 및 개선명령(제10조)

시 · 도지사는 또는 시장 · 군수 · 구청장은 다음의 어느 하나에 해당하는 자에 대하여 즉시 또는 일정한 기간을 정하여 그 개선을 명할 수 있다.
① 공중위생영업의 종류별 시설 및 설비기준을 위반한 공중위생영업자
② 위생관리의무 등을 위반한 공중위생영업자
③ 위생관리의무를 위반한 공중위생시설의 소유자 등

(4) 공중위생업소의 폐쇄 등(11조)

① **시장 · 군수 · 구청장**은 공중위생영업자가 이 법 또는 이 법에 의한 명령을 위반하거 나 또는 관계행정기관의 장의 요청이 있는 때에는 6월 이내의 기간을 정하여 영업의 정지 또는 일부시설의 사용중지를 명하거나 영업소 폐쇄 등을 명할 수 있다.
② 영업의 정지, 일부 시설의 사용중지와 영업소 폐쇄명령 등의 세부적인 기준은 보건 복지가족부령으로 정한다.
③ 시장 · 군수 · 구청장은 공중위생영업자가 영업소 폐쇄명령을 받고도 계속하여 영업 을 하는 때에는 관계공무원으로 하여금 당해 **영업소를 폐쇄**하기 위하여 다음의 조 치를 하게 할 수 있다.
   − 당해 영업소의 **간판, 기타 영업표지물의 제거**
   − 당해 영업소가 위법한 **영업소임을 알리는 게시물 등의 부착**
   − 영업을 위하여 필수불가결한 기구 또는 **시설물을 사용할 수 없게 하는 봉인**
④ 시장 · 군수 · 구청장은 봉인 후 봉인을 계속 할 필요가 없다고 인정되는 때와 영업자 등이나 그 대리인이 당해 영업소를 **폐쇄할 것을 약속하는 때** 및 정당한 사유를 들 어 봉인의 해제를 요청하는 때에는 그 봉인을 해제할 수 있다.

Key Point

◀ 청문을 실시해도
되는 경우
① 미용사 면허 취소
② 공중 위생 영업의
정지
③ 일부 시설의 사용
중지
④ 영업소 폐쇄 명령

◀ 위생서비스수준평
가 주기
2년마다 실시

◀ 위생관리등급
① 최우수업소 : 녹색
② 우수업소 : 황색
③ 일반업소 : 백색

알아두세요

〈청문을 실시해도 되는 경우〉
• 미용사 면허 취소
• 공중 위생 영업의 정지
• 일부 시설의 사용 중지
• 영업소 폐쇄 명령

(5) 공중위생업의 위생관리

① 위생서비스수준평가

– **시·도지사**는 공중위생영업소의 위생관리수준을 향상시키기 위하여 위생서비스 평가계획을 수립하여 시장·군수·구청장에게 통보하여야 한다.
– 시장·군수·구청장은 평가계획에 따라 공중위생영업소의 위생서비스수준을 평가하여야 한다. **평가는 2년마다 실시**함을 원칙으로 하되 특히 필요한 경우에는 보건복지가족부장관이 정하여 고시하는 바에 따라 달리 할 수 있다.

〈위생서비스수준 평가 주기〉
위생평2실 : 위생서비스수준 평가는 2년마다 실시

– 시장·군수·구청장은 위생서비스평가의 전문성을 높이기 위하여 필요하다고 인정하는 경우에는 관련 전문기관 및 단체로 하여금 위생서비스평가를 실시하게 할 수 있다.

② 위생관리등급

– 시장·군수·구청장은 보건복지가족부령이 정하는 바에 의하여 위생서비스평가의 결과에 따른 위생관리등급을 해당 공중위생영업자에게 통보하고 이를 공표하여야 한다.
– 공중위생영업자는 시장·군수·구청장으로부터 통보받은 위생관리등급의 표지를 영업소의 명칭과 함께 영업소의 출입구에 부착할 수 있다.
– **위생관리등급**의 구분
  • **최우수업소** : **녹색**등급
  • **우수업소** : **황색**등급
  • **일반**관리대상 업소 : **백색**등급

〈위생관리등급〉
최녹 우황 일백 : 최우수업소 – 녹색 / 우수업소 – 황색 / 일반업소 – 백색

Key Point

◀ 공중위생 감시원
공중위생감시원의 자격·임명·업무 범위, 기타 필요한 사항은 대통령령으로 정함.

 알아두세요

〈공중위생감시원〉
- 공중위생감시원의 자격·임명·업무 범위, 기타 필요한 사항은 대통령령으로 정한다.
- 명예공중위생감시원의 위촉 대상자
  - 공중위생관련 협회장이 추천하는 자
  - 소비자 단체장이 추천하는 자
  - 공중위생에 대한 지식과 관심이 있는 자

③ 위생교육 대상자
- 미용업 영업자는 **매년 위생교육**을 받아야 한다.
- **미용업 영업신고**를 하고자 하는 자는 **미리 위생교육**을 받아야 한다.
- **부득이한 사유로 미리 교육을 받을 수 없는 경우**에는 영업개시 후 **보건복지부령**이 정하는 기간 안에 위생교육을 받을 수 있다.
- 위생교육을 받아야 하는 자 중 영업에 직접 종사하지 아니하거나 둘 이상의 장소에서 영업을 하고자 하는 자는 종업원 중 **공중위생에 관한 책임자를 지정하는 경우 그 책임자로 하여금 위생교육을 받게** 할 수 있다.
- 위생교육의 방법·절차 기타 필요한 사항은 **보건복지부령**으로 정한다.

④ 위생교육시간(시장·군수·구청장)
- 위생교육은 **매년 4시간**

◀ 위생교육 대상자
① 매년 4시간 위생교육
② 위생교육시간(시장·군수·구청장)

 기억법

위교매4 : 위생교육은 매년 4시간

- 교육대상자 중 질병 등 부득이한 사유로 위생교육을 받을 수 없다고 인정되는 자에 대하여는 통지된 교육일로부터 6월 이내에 위생교육을 받게 할 수 있다.
- 교육대상자 중 교육 참석이 어렵다고 인정되는 도서, 벽지 등의 영업자에 대하여는 교육교재를 배부하여 이를 숙지·활용하도록 함으로써 교육에 대체할 수 있다.

⑤ 위생교육의 위임 및 위탁(시장·군수·구청장이 위탁)
- 보건복지가족부 장관은 이법에 의한 권한의 일부를 대통령이 정하는 바에 의하여 시·도지사 또는 시장·군수·구청장에게 위임할 수 있다.
- 보건복지가족부 장관은 대통령령이 정하는 바에 의하여 관계전문기관 등에 업무의 일부를 위탁할 수 있다.

Key Point

(6) 행정처분의 개별기준

위반사항	관련법규	행정처분기준			
		1차 위반	2차 위반	3차 위반	4차 위반
1. 미용사의 면허에 관한 규정을 위반한 때	법 제7조 제1항				
가. 국가기술자격법에 따라 미용사 자격이 취소된 때		면허 취소			
나. 국가기술자격법에 따라 미용사 자격 정지처분을 받을 때		면허 정지	(국가기술자격법에 의한 자격정지처분 기간에 한 한다.)		
다. 법 제6조 제2항 제1호 내지 제4호의 결격사유에 해당한 때		면허 취소			
라. 이중으로 면허를 취득한 때		면허 취소	(나중에 발급받은 면허를 말한다)		
마. **면허증을 다른 사람에게 대여**한 때		**면허 정지 3월**	**면허 정지 6월**	**면허 취소**	
바. **면허정지처분을 받고 그 정지기간 중 업무를 행한 때**		**면허 취소**			
2. 법 또는 법에 의한 명령을 위반한 때	법 제11조 제1항				
가. 시설 및 설비기준을 위반한 때	법 제3조 제1항	개선명령	영업정지 15일	영업정지 1월	영업장 폐쇄명령
나. 신고를 하지 아니하고 영업소의 명칭 및 상호 또는 영업장 면적의 3분의1 이상을 변경한 때	법 제3조 제1항	경고또는 개선명령	영업정지 15일	영업정지 1월	영업장 폐쇄명령
다. 신고를 하지 아니하고 영업소의 소재지를 변경한 때	법 제3조 제1항	영업장 폐쇄명령			
라. 영업자의 지위를 승계한 후 1월 이내에 신고하지 아니한 때	법 제3의 2제4항	개선명령	영업정지 10일	영업정지 1월	영업장 폐쇄명령
마. **소독을 한 기구와 소독을 하지 아니한 기구를 각각 다른 용기에 넣어 보관하지 아니하거나 1회용 면도날을 2인 이상의 손님에게 사용한 때**	법 제4조 제4항	**경고**	**영업 정지 5일**	**영업 정지 10일**	**영업장 폐쇄 명령**

◀ 면허증을 다른 사람에게 대여한 때
① 1차 : 면허정지 3월
② 2차 : 면허정지 6월
③ 3차 : 면허취소

◀ 면허정지 처분을 받고 그 정지기간 중 업무를 행한 때
면허취소

◀ 이 · 미용업자가 신고를 하지 아니 하고 영업소의 상호를 변경한 때의 1차 위반 행정처분
경고 또는 개선명령

바. 피부미용을 위하여 약사법 규정에 의한 의약품 또는 의료용구를 사용하거나 보관하고 있는 때	법 제4조 제7항	영업정지 2월	영업정지 3월	영업장 폐쇄명령
사. 공중위생영업자의 위생관리의무 등을 위반한 때	법 제4조 제4항 및 제7항			

10 벌칙 및 과태료

(1) 벌칙

① 1년 이하의 징역 또는 1천만원 이하의 벌금
- 시장·군수·구청장에게 공중위생영업의 신고를 하지 아니한 자
- 영업정지명령 또는 일부 시설의 사용중지명령을 받고도 그 기간 중에 영업을 하거나 그 시설을 사용한 자 또는 영업소 폐쇄명령을 받고도 계속하여 영업을 한 자

② 6월 이하의 징역 또는 500만원 이하의 벌금
- 변경신고를 하지 아니한 자
- 공중위생영업자의 지위를 승계한 자로서 신고를 하지 아니한 자
- 건전한 영업질서를 위하여 공중위생영업자가 준수하여야 할 사항을 준수하지 아니한 자

③ 300만원 이하의 벌금
- 위생관리기준 또는 오염허용기준을 지키지 아니한 자로서 개선명령에 따르지 아니한 자
- 면허가 취소된 후 계속하여 업무를 행한 자
- 면허정지기간 중에 업무를 행한 자
- 면허를 받지 않고 이용 또는 미용의 업무를 행한 자

(2) 과태료

① 300만원 이하의 과태료
- 폐업신고를 하지 아니한 자
- 보고를 하지 아니하거나 관계공무원의 출입·검사 기타 조치를 거부·방해 또는 기피한 자
- 개선명령에 위반한 자
- 시·군·구에 이용업신고를 하지 않고 이용업표시등을 설치한 자

② 200만원 이하의 과태료
- 이용업소의 위생관리 의무를 지키지 아니한 자
- 미용업소의 위생관리 의무를 지키지 아니한 자
- 영업소 외의 장소에서 이용 또는 미용업무를 행한 자
- 위생교육을 받지 아니한 자

Key Point

◀ 영업소 외의 장소에서 업무를 행한 때
①1차 : 영업정지 1월
②2차 영업정지 2월
③3차 : 영업장 폐쇄명령

◀ 위생교육을 받지 아니한 때
①1차 : 경고
②2차 : 영업정지 5일
③3차 : 영업정지 10일
④4차 : 영업장 폐쇄명령

◀ 미용업의 영업신고를 하지 아니하고 업소를 개설한 자의 법적 조치
1년 이하의 징역 또는 1천만원 이하의 벌금

◀ 이·미용사의 면허를 받지 않은 자가 이·미용의 업무를 하였을 때의 벌칙
300만원 이하의 벌금

◀ 영업소 외의 장소에서 이·미용 업무를 행한 때의 과태료
200만원 이하의 과태료

Key Point

◀ 과태료 부과 · 징수 절차

① 대통령령이 정하는 바에 의하여 시장 · 군수 · 구청장이 부과 · 징수

② 과태료 처분에 불복 : 30일 이내에 이의 제기

③ 과태료의 부과 · 징수절차

　– 과태료는 **대통령령이 정하는 바에 의하여 시장 · 군수 · 구청장에** 부과 · 징수한다.

　– **과태료처분에 불복이 있는 자**는 그 처분의 고지를 받은 날부터 **30일 이내에 처분권자에게 이의를** 제기할 수 있다.

기억법

과불30 : 과태료처분에 불복이 있는 자는 30일 이내에 이의 제기

　– 과태료처분을 받은 자가 이의를 제기한 때에는 처분권자는 지체없이 관할법원에 그 사실을 통보하여야 하며 그 통보를 받은 관할법원을 비송사건절차법에 의한 과태료의 재판을 한다.

　– 기간 내에 이의를 제기하지 아니하고 과태료를 납부하지 아니한 때에는 지방세 체납처분의 예에 의하여 이를 징수한다.

피부병에 온천욕이 좋을까???

온천물에는 여러 가지 광물질이 녹아있는데 그 중 유황이 대표적인 물질이다. 유황을 피부 살균 및 각질 제거작용이 뛰어나 여드름 피부에 적용하면 각질제거와 여드름균이 억제되는 효과가 있다. 그러나 건성 습진처럼 피부가 건조해서 생긴 피부병에는 오히려 더 악화시키므로 주의해야 한다. 따라서 온천욕을 한 다음에는 바디로션이나 오일, 크림 등을 발라주어야 한다.

Key Point

 머리에 쏙~쏙~ 5분 체크

01 ( )은 위생관리서비스를 제공하는 영업으로 숙박업, 목욕장업, 이용업, 미용업, 세탁업, 위생관리용역업을 말한다.

☆
02 미용업은 손님의 얼굴, 머리, 피부 등을 ( )하여 ( )를 아름답게 꾸미는 영업을 말한다.

☆☆
03 공중위생업을 하고자 하는 자는 가족부령이 정하는 시설 및 설비를 갖추고 ( )에게 신고해야 한다.

04 미용업 영업자는 점빼기, 귓불뚫기, 문신, 박피술 등의 ( )를 하여서는 안된다.

05 위생관리등급에서 최우수소는 ( ), 우수업소는 ( ), 일반업소는 ( )으로 구분된다.

☆
06 위생교육 시간은 ( )마다 ( )시간이다.

07 면허증을 다른 사람에게 대여한 경우 1차 행정처분은 ( )이다.

08 영업소 외의 장소에서 업무를 행한 경우 3차 행정처분은 ( )이다.

09 면허가 취소된 후에도 계속 영업을 한 경우에는 ( )이하의 벌금에 처한다.

10 과태료처분에 불복이 있는 자는 그 처분의 고지를 받은 날로부터 ( ) 이내에 이의를 제기할 수 있다.

▶ 미용업
손님의 얼굴, 머리, 피부 등을 손질하여 외모를 아름답게 꾸미는 영업

◀ 공중위생영업 신고 시 제출할 서류
① 영업시설 및 설비 개요서
② 교육필증 (미리 교육을 받은 경우)
③ 면허증 원본

◀ 영업신고
시장 · 군수 · 구청장에게 신고

◀ 폐업신고
폐업한 날부터 20일 이내에 시장 · 군수 · 구청장에게 신고

◀ 면허증을 다른 사람에게 대여한 때
①1차 : 면허정지 3월
②2차 : 면허정지 6월
③3차 : 면허취소

정답 01. 공중위생영업 02. 손질, 외모 03. 시장 · 군수 · 구청장 04. 의료행위
05. 녹색, 황색, 백색 06. 매년, 4 07. 면허정지 3월 08. 영업장 폐쇄명령
09. 300만원 10. 30일

Key Point

◀ 미용업 영업자가
준수하여야 할 위
생관리기준
① 의료행위 및 의료
도구 사용 불가
② 1회용 면도날은 손
님 1인에 한하여 사
용
③ 미용업신고증, 개
설자의 면허증원
본, 미용요금표 게
시
④ 조명도 : 75룩스 이
상
⑤ 출입, 검사 등의 기
록부 비치

◀ 위생교육 대상자
① 매년 4시간 위생교
육
② 위생교육시간(시장 ·
군수 · 구청장)

◀ 면허증재교부
① 면허증의 기재사항
에 변경이 있을 때
② 면허증을 잃어버렸
을 때
③ 면허증이 헐어 못
쓰게 된 때

시험문제 엿보기

01 손님의 얼굴, 머리, 피부 등을 손질하여 손님의 외모를 아름답게 꾸미는 공중위생영 업은? ◆◇출제년도 10

㉮ 위생관리용역업 ㉯ 이용업

㉰ 미용업 ㉱ 목욕장업

💡 ㉰ 미용업 : 손님의 얼굴, 머리, 피부 등을 손질하여 손님의 외모를 아름답게 꾸미 는 공중위생영업 정답 ㉰

02 이 · 미용사 영업자의 지위를 승계 받을 수 있는 자의 자격은? ◆◇출제년도 09

㉮ 자격증이 있는 자 ㉯ 면허를 소지한 자

㉰ 보조원으로 있는 자 ㉱ 상속권이 있는 자

💡 ㉯ 면허를 소지한 자에 한해 1월 내로 시장 · 군수 · 구청장에게 신고하여 지위 승 계 가능 정답 ㉯

03 이 미용업의 준수사항으로 틀린 것은? ◆◇출제년도 09

㉮ 소독을 한 기구와 하지 않은 기구는 각각 다른 용기에 보관하여야 한다.

㉯ 간단한 피부미용을 위한 의료기구 및 의약품은 사용하여도 된다.

㉰ 영업장의 조명도는 75룩스 이상 되도록 유지한다.

㉱ 점 빼기, 쌍꺼풀 수술 등의 의료 행위를 하여서는 안 된다.

💡 ㉯ 간단한 피부미용을 위한 의료기구 및 의약품 사용은 절대로 해서는 안된다. 정답 ㉯

04 공중위생관리법규상 공중위생영업자가 받아야 하는 위생교육 시간은? ◆◇출제년도 08

㉮ 매년 4시간 ㉯ 매년 8시간

㉰ 2년마다 4시간 ㉱ 2년마다 8시간

💡 ㉮ 매년 4시간 : 공중위생영업자가 받아야 하는 위생교육 시간 정답 ㉮

05 이 · 미용사가 이 · 미용업소 외의 장소에서 이 · 미용을 한 경우 3차 위반 행정처분기 준은? ◆◇출제년도 10

㉮ 영업장 폐쇄명령 ㉯ 영업정지 10일

㉰ 영업정지 1월 ㉱ 영업정지 2월

💡 ㉮ 영업장 폐쇄명령 : 3차 위반 행정처분

- 1차 위반 행정처분 : 영업정지 1월
- 2차 위반 행정처분 : 영업정지 2월 정답 ㉮

적중예상 100선!

1 다음 중 건강의 정의에 대한 설명으로 바른 것은?

㉮ 육체적, 정신적으로 건강한 상태
㉯ 질병이 없는 상태
㉰ 정신적, 사회적으로 건강한 상태
㉱ 육체적, 정신적, 사회적으로 완전한 상태

☞ ㉱ 육체적, 정신적, 사회적으로 완전한 상태
　　　　　　　　　　　　　　　　정답 ㉱

2 질병의 발생 요인 중 숙주에 해당하지 않는 것은?

㉮ 연령　　　　　　㉯ 정치
㉰ 직업　　　　　　㉱ 개인위생

☞ ㉯ 정치 : **환경적인** 요인에 해당　　정답 ㉯

3 질병의 2차적 예방에 해당하는 것은?

㉮ 질병발생 억제　　㉯ 재활
㉰ 사회복귀　　　　㉱ 조기발견 및 치료

☞ ㉱ 조기발견 및 치료 : 질병의 2차적 예방

　㉮는 1차적 예방, ㉯와㉰는 3차적 예방에 해당
　　　　　　　　　　　　　　　　정답 ㉱

4 공중보건의 목적으로 볼 수 없는 것은?

㉮ 질병치료　　　　㉯ 수명연장
㉰ 건강증진　　　　㉱ 조기진단

☞ ㉮ 질병예방　　　　　　　　　　정답 ㉮

5 다음 중 공중보건의 대상에 대한 설명으로 가장 적절한 것은?

㉮ 예방의학을 대상으로 한다.
㉯ 집단을 대상으로 한다.
㉰ 기초의학을 대상으로 한다.
㉱ 개인을 대상으로 한다.

☞ ㉯ 집단 또는 **지역사회**를 대상으로 한다.　정답 ㉯

6 공중보건학의 범위 중에서 보건관리 분야에 해당하지 않는 것은?

㉮ 학교보건　　　　㉯ 성인보건
㉰ 모자보건　　　　㉱ 역학보건

☞ ㉱ 역학 : **질병관리분야**에 해당　　정답 ㉱

7 근대 시대의 공중 보건에 대한 설명으로 바른 것은?

㉮ 콜레라, 페스트가 전세계적으로 유행하였다.
㉯ 세계 최초의 공중보건법이 재정되었다.
㉰ 세균학, 면역학 분야로 인해 예방의학적 사상이 시작되었다.
㉱ 의료보험과 사회보장제도가 발전하였다.

☞ ㉰ 근대 시대 : 세균학, 면역학 분야로 인해 예방의학적 사상이 시작되었다.

　㉮는 중세기, ㉯는 여명기, ㉱는 발전기에 대한 설명
　　　　　　　　　　　　　　　　정답 ㉰

8 보건수준을 평가하는 지표가 아닌 것은?

㉮ 영아사망률　　　㉯ 비례사망지수
㉰ 평균수명률　　　㉱ 모자사망률

☞ ㉱ 보건수준평가 : 영아사망률, 비례사망지수, 평균수명률
　　　　　　　　　　　　　　　　정답 ㉱

9 지역사회의 보건수준을 나타내는 가장 대표적인 지표는?

㉮ 영아사망률　　　㉯ 비례사망지수
㉰ 평균수명률　　　㉱ 조사망률

☞ ㉮ 영아사망률 : 지역사회의 보건수준을 나타내는 가장 대표적인 지표
　　　　　　　　　　　　　　　　정답 ㉮

10 인구의 구성으로 출생률과 사망률이 낮은 선진국형의 형태는?

㉮ 피라미드형　　㉯ 항아리형
㉰ 종형　　㉱ 별형

☝ ㉯ 항아리형 : 출생률과 사망률이 낮은 선진국형

정답 ㉯

11 다음 중 역학에 대한 설명으로 틀린 것은?

㉮ 질병 또는 유행병을 연구하는 학문이다.
㉯ 질병의 원인만 파악한다.
㉰ 질병 발생을 억제하는 역할을 한다.
㉱ 질병의 자연사를 정확히 연구한다.

☝ ㉯ 질병의 원인을 규명하여 질병 발생을 억제하는 역할을 한다.

정답 ㉯

12 현미경을 발견한 사람은?

㉮ 코흐　　㉯ 파스퇴르
㉰ 레벤후크　　㉱ 바렛트

☝ ㉰ 레벤후크 : 현미경 발견

정답 ㉰

13 질병을 일으키는데 필요한 미생물을 무엇이라고 하는가?

㉮ 병원체　　㉯ 병원소
㉰ 숙주　　㉱ 전파

☝ ㉮ 병원체 : 질병을 일으키는데 필요한 미생물

정답 ㉮

14 다음 중 전염병의 발생과정 순서로 바른 것은?

㉮ 병원소 → 병원체 → 병원체로부터 병원소 탈출 → 전파 → 병원체의 새로운 숙주로의 침입 → 숙주의 감수성
㉯ 병원체 → 병원소 → 전파 → 병원체로부터 병원소 탈출 → 병원체의 새로운 숙주로의 침입 → 숙주의 감수성
㉰ 병원체 → 병원소 → 병원소로부터 병원체 탈출 → 전파 → 병원체의 새로운 숙주로의 침입 → 숙주의 감수성

㉱ 병원소 → 병원체 → 병원소로부터 병원체 탈출 → 전파 → 병원체의 새로운 숙주로의 침입 → 숙주의 감수성

☝ ㉰ 병원체 → 병원소 → 병원소로부터 병원체 탈출 → 전파 → 병원체의 새로운 숙주로의 침입 → 숙주의 감수성

정답 ㉰

15 전염병 관리상 크게 기대 할 수 없으며 예방접종을 통해 관리해야 하는 전염병을 무엇이라고 하는가?

㉮ 제1군 전염병　　㉯ 제2군 전염병
㉰ 제3군 전염병　　㉱ 제4군 전염병

☝ ㉯ 제2군 전염병 : 전염병 관리상 크게 기대 할 수 없으며 예방접종을 통해 관리

정답 ㉯

16 다음 중 제1군 전염병에 해당하지 않는 것은?

㉮ 장티푸스　　㉯ 세균성이질
㉰ 백일해　　㉱ 콜레라

☝ ㉰ 백일해 : 제2군 전염병에 해당

정답 ㉰

17 다음 중 전염병의 특성이 다른 하나는?

㉮ 말라리아　　㉯ 결핵
㉰ 발진열　　㉱ 뎅기열

☝ ㉱ 뎅기열 : 제4군 전염병에 해당
㉮㉯㉰는 제3군 전염병에 해당

정답 ㉱

18 제2군 전염병으로만 바르게 나열된 것은?

㉮ 디프테리아, 백일해, 콜레라
㉯ 세균성이질, 홍역, 풍진
㉰ 폴리오, B형간염, 디프테리아
㉱ 백일해, 홍역, 세균성이질

☝ ㉰ 제2군 전염병 : 디프테리아, 백일해, 홍역, 풍진, 폴리오, B형간염, 파상풍, 유행성이하선염

정답 ㉰

19 A형간염, C형간염이 해당하는 법정 전염병은?

㉮ 제1군 전염병
㉯ 제3군 전염병
㉰ 지정 전염병
㉱ 인수공통 전염병

㉰ 지정 전염병 : A형간염, C형간염과 같이 평상시 감시 활동이 필요한 전염병으로 7일이내 신고
정답 ㉰

20 다음 중 예방접종 대상으로 볼 수 없는 것은?

㉮ 디프테리아   ㉯ 파라티푸스
㉰ 백일해   ㉱ 홍역

㉯ 파라티푸스 : 발생 즉시 격리 수용하는 **제1군 전염병**에 해당
정답 ㉯

21 다음 중 인수공통 전염병의 종류에 해당하지 않는 것은?

㉮ 장출혈성 대장균감염증
㉯ 일본뇌염
㉰ 브루셀라증
㉱ 파상풍

㉱ 파상풍 : **제2군 전염병**에 해당   정답 ㉱

22 다음 중 법정 전염병에 대한 설명으로 틀린 것은?

㉮ 제1군 전염병 : 전염병의 속도가 빠르고 발생 즉시 방역대책을 수립
㉯ 제2군 전염병 : 감시 활동이 필요한 전염병으로 7일이내 신고
㉰ 제3군 전염병 : 방역대책의 수립이 필요한 전염병으로 7일이내 신고
㉱ 제4군 전염병 : 신종 전염병 증후군으로 방역대책 수립이 필요

㉯ 제2군 전염병 : **예방접종**을 통해 관리   정답 ㉯

23 병원체의 종류 중 세균에 의해 발생하는 질병이 아닌 것은?

㉮ 인플루엔자   ㉯ 콜레라
㉰ 결핵   ㉱ 페스트

㉮ 인플루엔자 : **바이러스**에 의해 발생   정답 ㉮

24 다음 중 진균에 의해 발생하는 질환은?

㉮ 일본뇌염   ㉯ 무좀
㉰ 발진열   ㉱ 쯔쯔가무시병

㉯ 무좀 : 진균에 의해 발생   정답 ㉯

25 병원체는 있으나 증상이 없고 병원균만 배출하는 사람을 무엇이라고 하는가?

㉮ 회복기 보균자
㉯ 잠복기 보균자
㉰ 건강 보균자
㉱ 휴지기 보균자

㉰ 건강 보균자 : 병원체는 있으나 증상이 없고 병원균만 배출하는 사람   정답 ㉰

26 다음 중 동물과 전염병의 병원소로 연결이 잘못된 것은?

㉮ 돼지 : 일본뇌염
㉯ 말 : 탄저병
㉰ 소 : 결핵
㉱ 쥐 : 공수병

㉱ 개 : 공수병
쥐 : 페스트, 살모넬라증, 발진열, 서교증   정답 ㉱

27 다음 중 소화기계 계통의 전염병으로 틀린 것은?

㉮ 콜레라   ㉯ 장티푸스
㉰ 인플루엔자   ㉱ 세균성이질

㉰ 인플루엔자 : **호흡기계** 계통의 전염병   정답 ㉰

28 다음 중 질병 전파의 개달물에 해당하는 것은?

㉮ 의복, 공기

㉯ 수건, 물

㉰ 우유, 음식물

㉱ 완구, 침구

💡 ㉱ 개달물 : 완구, 침구, 의복, 수건, 책, 식기 등

정답 ㉱

29 다음 중 면역에 대한 설명으로 틀린 것은?

㉮ 후천성 면역은 전염병에 이환, 백신, 항체 주사 등에 의한 면역이다.

㉯ 인공수동면역은 항원의 자극에 의해 항체가 형성된 면역이다.

㉰ 선천성 면역은 태어날 때부터 가지고 있는 자가 면역이다.

㉱ 자연수동면역은 모체로부터 태반이나 수유를 통해 받는 면역이다.

💡 ㉯ 인공수동면역은 **면역혈청 등의 주사**를 통해 받는 면역이다.

정답 ㉯

30 비브리오균에 의해 전염되며 설사, 구토, 탈수 증상을 보이는 소화기계 전염병은?

㉮ 장티푸스

㉯ 콜레라

㉰ 세균성이질

㉱ 폴리오

💡 ㉯ 콜레라 : 비브리오균에 의해 전염되며 설사, 구토, 탈수 증상을 보이는 소화기계 전염병

정답 ㉯

31 다음 중 동물매개 전염병에 해당하지 않는 것은?

㉮ 말라리아

㉯ 디프테리아

㉰ 페스트

㉱ 광견병

💡 ㉯ 디프테리아 : **호흡기계 전염병**에 해당

정답 ㉯

32 환자의 비말감염에 의해 전파되며 고열, 기침, 객혈 등의 증상을 보이는 만성 전염병은?

㉮ 폴리오

㉯ A형간염

㉰ 유행성출혈열

㉱ 결핵

💡 ㉱ 결핵 : 환자의 비말감염에 의해 전파되며 고열, 기침, 객혈 등의 증상을 보이는 만성 전염병

정답 ㉱

33 혈액, 타액, 수혈 등으로 전파되며 체중감소와 피로감을 느끼고 미열을 동반하는 후천성 면역 결핍증이라 불리는 것은?

㉮ 한센병

㉯ B형간염

㉰ 매독

㉱ AIDS

💡 ㉱ AIDS : 혈액, 타액, 수혈 등으로 전파되며 체중감소와 피로감을 느끼고 미열을 동반하는 후천성 면역 결핍증

정답 ㉱

34 다음 중 기생충 질환에 대한 중간 매개체의 연결로 틀린 것은?

㉮ 무구조충 – 돼지고기

㉯ 간디스토마 – 왜우렁이

㉰ 민촌충 – 쇠고기

㉱ 폐디스토마 – 가재, 게

💡 ㉮ 무구조충(민촌충) – **쇠고기**를 생식한 경우 감염

정답 ㉮

35 기생충 질환 중에서 접촉감염성으로 10세 이하의 어린이에게 집단감염이 쉬우며 예방법으로 식사나 귀가 후 손 씻기 등을 필요로 하는 것은?

㉮ 말라리아

㉯ 요충

㉰ 사상충

㉱ 무구조충

💡 ㉯ 요충 : 접촉감염성으로 10세 이하의 어린이에게 집단감염이 쉬움

정답 ㉯

36 모기에 의해 전파되는 기생충 질환의 연결로 바른 것은?

㉮ 말라리아, 사상충

㉯ 회충, 무구조충

㉰ 간흡충, 요충

㉱ 유구조충, 파동편모충증

💡 ㉮ 모기에 의해 전파되는 기생충 질환 : 말라리아, 사상충, 파동편모충증 등　　　　정답 ㉮

37 다음 중 가족보건에 대한 설명으로 틀린 것은?

㉮ 피임이란 단순히 임신을 조절하는 것으로 영구적 피임법과 일시적 피임법이 있다.

㉯ 가족계획을 위해 인구조사는 3년마다 실시되어 진다.

㉰ 가족계획이란 알맞은 자녀의 수를 계획하여 출산하여 행복한 가정생활을 영위하는 목적이 있다.

㉱ 영유아 사망의 원인은 폐렴, 장티푸스 등에 의해 발생한다.

💡 ㉯ 가족계획을 위해 인구조사는 **5년**마다 실시되어 진다.　　　　정답 ㉯

38 고령화 사회에서 몇 세 이상의 고령인구가 몇 % 이상인 경우에 해당하는가?

㉮ 55세, 10%　　㉯ 60세, 15%

㉰ 65세, 15%　　㉱ 70세, 10%

💡 ㉰ 65세, 15% : 고령화 사회에 차지하는 고령인구의 연령 및 비율(%)　　　　정답 ㉰

39 노인보건의 중요성에 해당하지 못한 것은?

㉮ 고령화의 사회진출

㉯ 수명연장

㉰ 고임금 증가

㉱ 만성질환, 급성질환 급증

💡 ㉰ 노인보건의 중요성 : 고령화의 사회진출, 수명연장으로 총의료비 증가, 만성질환, 급성질환 급증　　　　정답 ㉰

40 환경위생에 대한 설명으로 틀린 것은?

㉮ 인간의 생활환경에 있어서의 모든 유해 요소를 통제하는 것이다.

㉯ 인간집단을 대상, 질병예방, 장수, 건강 증진 등의 목적이 있다.

㉰ 건강과 질병의 문제를 환경과의 사이에 존재하는 상호 관련이란 관점에서 이해하고 파악한다.

㉱ 건강검사 및 상담, 식사 조절, 적절한 운동, 여행, 취미생활 등을 취급한다.

💡 ㉱ 건강검사 및 상담, 식사 조절, 적절한 운동, 취미생활 등을 취급한다. : **노인건강관리**에 대한 설명　　　　정답 ㉱

41 다음 중 온열조건에 해당하지 않는 것은?

㉮ 기온　　　　㉯ 기압

㉰ 기습　　　　㉱ 기류

💡 ㉯ 온열조건(기후)의 요소 : 기온, 기습, 기류, 복사열　　　　정답 ㉯

42 공기 중에 대부분을 차지하는 성분은?

㉮ 산소

㉯ 이산화탄소

㉰ 질소

㉱ 아황산가스

💡 ㉰ 질소 : 공기 중에 대부분을 차지 (78.1%)　　　　정답 ㉰

43 공기 중에 이산화탄소는 약 몇 %를 차지하는가?

㉮ 0.13%

㉯ 0.03%

㉰ 0.3%

㉱ 1.3%

💡 ㉯ 공기 중에 이산화탄소는 **0.03%** 차지　　정답 ㉯

44 다음 아래 내용이 설명하는 공기의 성분은?

- 대기오염의 지표
- 자극적인 냄새
- 기준 : 0.05ppm

㉮ 일산화탄소 　　㉯ 이산화탄소
㉰ 아황산가스 　　㉱ 산소

⏱ ㉰ 아황산가스 : 대기오염의 지표, 자극적인 냄새, 기준은 0.05ppm　　　　**정답 ㉰**

45 대기오염물질로 인해 인체에 미칠 수 있는 것으로 틀린 것은?

㉮ 미세먼지는 두통, 현기증 등을 발생시킨다.
㉯ 아황산가스는 인체의 호흡기관, 심장, 암, 식물의 성장 등에 유해한 영향을 미친다.
㉰ 일산화탄소는 혈액 중의 헤모글로빈과 결합하여 산소 공급을 저하시켜 두통을 일으킨다.
㉱ 이산화질소는 코와 인후를 자극하여 HC와 함께 광화학 스모그를 발생한다.

⏱ ㉮ 미세먼지는 아황산가스와 결합하여 **호흡기질환**을 발생시킨다.　　　　**정답 ㉮**

46 상수의 수질오염 판정 시 대표적인 생물학적 지표로 사용되는 것은?

㉮ 포도상구균 　　㉯ 대장균
㉰ 살모넬라균 　　㉱ 웰치균

⏱ ㉯ 대장균 : 상수의 수질오염 판정 시 대표적인 생물학적 지표로 사용　　　　**정답 ㉯**

47 다음 중 수질오염지표에 대한 설명으로 틀린 것은?

㉮ 생물학적 산소요구량(BOD)이 높으면 용존산소(DO)가 낮아진다.
㉯ 생물학적 산소요구량(BOD)이 높으면 수질오염이 심해진다.
㉰ 생물학적 산소요구량(BOD)이 높으면 부유

물질(SS)은 낮아진다.
㉱ 화학적 산소요구량(COD)를 측정할 대 과망간산칼륨을 산화제로 사용한다.

⏱ ㉰ 생물학적 산소요구량(BOD)이 높으면 부유물질(SS)은 **높아진다.**　　　　**정답 ㉰**

48 수질오염으로 발생할 수 있는 병의 나열로 바른 것은?

㉮ 미나마타병, 군집독
㉯ 이따이이따이병, 결핵
㉰ 미나마타병, 이따이이따이병
㉱ 이따이이따이병, 폴리오

⏱ ㉰ 미나마타병(수은), 이따이이따이병(카드뮴)　　　　**정답 ㉰**

49 직업병의 발생 원인으로 볼 수 없는 것은?

㉮ 이상온도 　　㉯ 불량조명
㉰ 소음 　　㉱ 휴식

⏱ ㉱ 직업병의 발생 원인 : 이상온도, 불량조명, 소음, 고기압, 저기압, 수은, 카드뮴, 작업의 강도 및 시간, 휴식시간 부족, 수면시간 부족, 작업자세의 불량 및 심리적 불안감 등　　　　**정답 ㉱**

50 국내에서 가장 흔히 발생하며 발열증상이 가장 심한 식중독은?

㉮ 살모넬라 식중독
㉯ 복어중독
㉰ 웰치균 식중독
㉱ 비브리오폐혈증

⏱ ㉮ 살모넬라 식중독 : 국내에서 가장 흔히 발생하며 발열증상이 가장 심한 식중독　　　　**정답 ㉮**

51 다음 중 식중독의 분류 및 내용에 관한 설명으로 틀린 것은?

㉮ 세균성 식중독 – 감염형 – 살모넬라균
㉯ 세균성 식중독 – 독소형 – 포도상구균
㉰ 자연독 식중독 – 복어 – 테트로톡신
㉱ 자연독 식중독 – 버섯 – 솔라닌

🎯해설 ㉣ 자연독 식중독 – 버섯 – **무스카린**　　정답 ㉣

⭐⭐
52 식품의 혐기성 상태에서 발육하여 치명률이 높은 식중독으로 알려진 것은?

㉮ 보툴리누스균 식중독

㉯ 웰치균 식중독

㉢ 살모넬라 식중독

㉣ 두드러기성 식중독

🎯해설 ㉮ 보툴리누스균 식중독 : 식품의 혐기성 상태에서 발육하여 치명률이 높은 식중독　　정답 ㉮

⭐
53 다음 중 보건행정에 대한 설명으로 가장 올바른 것은?

㉮ 개인보건의 목적을 달성하기 위해 공공의 책임하에 수행하는 행정활동이다.

㉯ 국가간의 질병교류를 막기 위해 공공의 책임하에 수행하는 행정활동이다.

㉢ 공중보건의 목적을 달성하기 위해 공공의 책임하에 수행하는 행정활동이다.

㉣ 세계일류적인 화합을 도모하기 위해 공공의 책임하에 수행하는 행정활동이다.

🎯해설 ㉢ 보건행정의 의미 : 공중보건의 목적을 달성하기 위해 공공의 책임하에 수행하는 행정활동이다.　　정답 ㉢

54 세계보건기구에 대한 설명으로 틀린 것은?

㉮ 1921년에 결성된 국제연맹보건기구이다.

㉯ 세계보건기구를 WHO라고 한다.

㉢ 본부는 스웨덴에 있다.

㉣ 1948년 4월 7일 국제연합산하의 경제이사회소속으로 발족되었다.

🎯해설 ㉢ 본부는 **스위스**의 **제네바**에 위치해 있다.　　정답 ㉢

55 보건행정의 목표 달성을 위한 행정활동의 기본적 4대 요소에 해당하지 않는 것은?

㉮ 인사　　　　㉯ 예산

㉢ 조직　　　　㉣ 복지

🎯해설 ㉣ 보건행정의 4대 요소 : 조직, 인사, 예산, 법적 규제　　정답 ㉣

⭐
56 다음 중 소독의 의미로 올바른 것은?

㉮ 세균의 독성을 제거시키는 것

㉯ 아포를 포함한 모든 균을 사멸시키는 것

㉢ 병원성 미생물의 발육을 억제하는 것

㉣ 병원성 미생물의 감염 및 증식을 없애는 것

🎯해설 ㉣ 병원성 미생물의 감염 및 증식을 없애는 것 : 소독의 의미　　정답 ㉣

57 미생물의 발육이나 생식을 저해시켜 부패나 발효를 방지 시키는 것을 무엇이하고 하는가?

㉮ 멸균　　　　㉯ 살균

㉢ 방부　　　　㉣ 제부

🎯해설 ㉢ 방부 : 미생물의 발육이나 생식을 저해시켜 부패나 발효를 방지 시키는 것　　정답 ㉢

⭐⭐
58 소독력이 큰 순서대로 바르게 나열된 것은?

㉮ 소독〉멸균〉방부〉살균

㉯ 멸균〉소독〉살균〉방부

㉢ 소독〉방부〉살균〉멸균

㉣ 멸균〉살균〉소독〉방부

🎯해설 ㉯ 멸균〉소독〉살균〉방부　　정답 ㉯

59 다음 중 소독약품으로서 갖추어야 할 구비조건에 해당하지 않는 것은?

㉮ 안정성이 높을 것

㉯ 독성이 높을 것

㉢ 용해성이 높을 것

㉣ 부식성이 낮을 것

🎯해설 ㉯ 독성이 **낮을** 것　　정답 ㉯

60 다음 중 물리적인 소독방법에 해당하는 것은?

㉮ 알코올　　　㉯ 크레졸
㉰ 과산화수소　㉱ 자외선

🕐㎰ ㉱ 자외선 : **물리적인** 소독방법

　　㉮㉯㉰는 **화학적인** 소독방법

정답 ㉱

61 아포를 포함한 모든 균을 사멸시키는 소독법으로 바른 것은?

㉮ 역성비누 소독
㉯ 자비소독
㉰ 고압증기멸균법
㉱ 초고온순간살균법

🕐㎰ ㉰ 고압증기멸균법 : 아포를 포함한 모든 균을 사멸시키는 소독법

정답 ㉰

62 100℃의 끓는 물에 15~20분간 피부관리실에서 사용하는 타올을 소독하는 방법은?

㉮ 저온소독법　　㉯ 자비소독법
㉰ 소각소독법　　㉱ 자외선소독법

🕐㎰ ㉯ 자비소독법 : 100℃의 끓는 물에 15~20분간 피부관리실에서 사용하는 타올을 소독하는 방법

정답 ㉯

63 석탄산 소독액에 대한 설명으로 틀린 것은?

㉮ 금속을 부식시키고 독성이 있어서 피부 점막을 자극한다.
㉯ 소독액의 온도가 낮을수록 효과가 크다.
㉰ 바이러스에는 효과가 거의 없다.
㉱ 단백질 응고작용 및 효소저해 작용을 한다.

🕐㎰ ㉯ 소독액의 온도가 **높을수록** 효과가 크다.

정답 ㉯

64 다음 중 크레졸 소독에 대한 설명으로 틀린 것은?

㉮ 화장실 오물 소독에 사용된다.
㉯ 석탄산에 비해 2배의 소독 효과가 있다.
㉰ 소독효과가 크며 1% 용액은 피부소독에 사용된다.
㉱ 물에 잘 녹는 성질을 띤다.

🕐㎰ ㉱ 물에 녹지 않는 **난용성**이다.

정답 ㉱

65 혈청, 음료수와 같은 액체 성분의 균을 제거하는데 사용되는 소독법은?

㉮ 저온살균법　　㉯ 여과멸균법
㉰ 자외선소독법　㉱ 화염멸균법

🕐㎰ ㉯ 여과멸균법 : 혈청, 음료수와 같은 액체 성분의 균을 제거

정답 ㉯

66 다음 중 화학적 소독법에서 가장 많은 영향을 주는 요소는?

㉮ 농도　　㉯ 융점
㉰ 순도　　㉱ 빙점

🕐㎰ ㉮ 농도는 살균력과 비례하여 효과를 나타낸다.

정답 ㉮

67 금속제품을 소독하고자 할 때 사용되는 소독제로 적합하지 못한 것은?

㉮ 크레졸　　㉯ 알코올
㉰ 승홍수　　㉱ 역성비누

🕐㎰ ㉰ 승홍수 : 금속은 부식성이 있기 때문에 사용하지 않는다.

정답 ㉰

68 석탄산의 희석배수를 90배로 기준할 때 어느 소독약의 희석배수가 180배일 경우 석탄산 계수는?

㉮ 2　　㉯ 4
㉰ 6　　㉱ 8

🕐㎰ 소독약의 희석배수 / 석탄산의 희석배수 = 석탄산 계수
180/90 = 2 (석탄산 계수)

정답 ㉮

69 화장실, 하수구를 소독할 때 사용하는 소독으로 적합하지 않는 것은?

㉮ 크레졸 ㉯ 석탄수
㉰ 생석회 ㉱ 과산화수소

㉱ 과산화수소 : 피부상처나 구내염에 사용

정답 ㉱

70 인체에 질병을 일으키는 병원체 중에서 생식세포에서만 증식하고 크기가 작아 전자현미경을 통해서만 관찰이 가능한 것은?

㉮ 간균 ㉯ 진균
㉰ 바이러스 ㉱ 구균

㉰ 바이러스 : 인체에 질병을 일으키는 병원체 중에서 생식세포에서만 증식하고 크기가 작아 전자현미경을 통해서만 관찰

정답 ㉰

71 가늘고 길게 만곡된 모양으로 매독이나 장티푸스를 발생시키는 미생물은?

㉮ 간균 ㉯ 구균
㉰ 진균 ㉱ 나선균

㉱ 나선균 : 가늘고 길게 만곡된 모양으로 매독이나 장티푸스를 발생

정답 ㉱

72 미생물의 증식 조건에 해당하지 않는 것은?

㉮ 영양분 ㉯ 이산화탄소
㉰ 온도 ㉱ 수분

㉯ 미생물의 증식 조건 : 영양분, 온도, 수분, 수소이온의 농도

정답 ㉯

73 공중위생관리법의 목적 및 정의에 대한 설명으로 틀린 것은?

㉮ 공중위생영업은 공중이 이용하는 영업과 시설의 위생관리 등에 관한 사항을 규정함으로써 위생수준을 향상시켜 국민의 건강증진에 기여함을 목적으로 한다.
㉯ 공중위생영업이란 위생관리서비스를 제공하는 영업으로 숙박업, 목욕장업, 이용업, 미용업, 세탁업, 위생관리용역업을 말한다.
㉰ 공중이용시설은 다수인이 이용함으로써 이용자의 건강 및 공중위생에 영향을 미칠 수 있는 건축물 또는 시설로써 보건복지부령이 정하는 것을 말한다.
㉱ 미용업이란 손님의 얼굴, 머리, 피부 등을 손질하여 외모를 아름답게 꾸미는 영업을 말한다.

㉰ 공중이용시설은 다수인이 이용함으로써 이용자의 건강 및 공중위생에 영향을 미칠 수 있는 건축물 또는 시설로써 **대통령령**이 정하는 것을 말한다.

정답 ㉰

74 공중위생영업을 폐업한 날부터 며칠 이내에 폐업신고를 해야 하는가?

㉮ 15일 ㉯ 20일
㉰ 25일 ㉱ 30일

㉯ 20일 이내에 시장·군수·구청장에게 신고

정답 ㉯

75 미용업의 시설 및 설비 기준에 대한 설명으로 틀린 것은?

㉮ 미용기구는 소독한 기구와 소독하지 않은 기구를 같이 보관한다.
㉯ 외부에서 내부를 확인할 수 있도록 상담실, 탈의실, 응접장소 등에 들어가는 출입문의 1/3이상을 투명하게 하여야 한다.
㉰ 자외선 살균기 등의 소독장비를 갖추어야 한다.
㉱ 작업장소 내에는 베드와 베드사이에 칸막이를 설치할 수 있으나 출입문이 있는 경우에는 출입문의 1/3이상은 투명하게 하여야 한다.

㉮ 미용기구는 소독한 기구와 소독하지 않은 기구를 **구분**하여 보관할 수 있는 용기를 비치하여야 한다.

정답 ㉮

76 공중위생영업 신고 시 제출할 서류의 내용으로 적합하지 않은 것은?

㉮ 영업시설 및 설비개요서

㉯ 미리 교육을 받은 경우에는 교육필증

㉰ 면허증 원본

㉱ 호적 등본

🕮 ㉱ 공중위생영업 신고 시 제출할 서류 : 영업시설 및 설비개요서, 교육필증, 면허증 원본

정답 ㉱

77 이·미용업의 지위를 승계 받을 수 있는 자의 자격은?

㉮ 보조원으로 있는 자

㉯ 면허를 소지한 자

㉰ 자격증을 소지한 자

㉱ 상속권이 있는 자

🕮 ㉯ 면허를 소지한 자에 한해 1월 내로 시장·군수·구청장에게 신고

정답 ㉯

78 이·미용사의 영업신고증을 재교부 신청할 수 없는 경우는?

㉮ 신고증을 잃어 버렸을 때

㉯ 신고증이 헐어 못쓰게 된 때

㉰ 국가기술자격법에 의해 면허가 취소 된 때

㉱ 신고인의 성명이나 주민등록번호가 변경된 때

🕮 ㉰ 영업신고증의 재교부 : 신고증을 잃어 버렸을 때, 신고증이 헐어 못쓰게 된 때, 신고인의 성명이나 주민등록번호가 변경된 때

정답 ㉰

79 미용업의 영업자가 준수해야 할 사항으로 틀린 것은?

㉮ 간단한 피부미용을 위한 의료기구 및 의약품은 사용하여도 된다.

㉯ 미용기구는 1인에 한하여 사용해야 한다.

㉰ 미용사 면허증을 영업소 안에 게시해야 한다.

㉱ 점 빼기, 쌍꺼풀 수술 등의 의료 행위를 하

여서는 안된다.

🕮 ㉮ 간단한 피부미용을 위한 의료기구 및 의약품 사용은 **의료행위**이므로 사용해서는 **안된다.**

정답 ㉮

80 영업장 안의 조명도로 알맞은 것은?

㉮ 30룩스 이상

㉯ 55룩스 이상

㉰ 65룩스 이상

㉱ 75룩스 이상

🕮 ㉱ 영업장 안의 조명도 : 75룩스 이상

정답 ㉱

81 미용업 영업자가 게시해야 할 것으로 틀린 것은?

㉮ 미용업 신고증

㉯ 미용요금표

㉰ 면허증 원본

㉱ 자격증 사본

🕮 ㉱ 미용업 영업자가 게시해야 할 것 : 미용업 신고증, 미용요금표, 면허증 원본

정답 ㉱

82 미용사 면허의 자격기준에 대한 설명으로 바르지 못한 것은?

㉮ 전문대학 또는 이와 동등 이상의 학력이 있다고 교육과학기술부장관이 인정하는 학교에서 이용 또는 미용에 관한 학과를 졸업한 자

㉯ 고등학교에서 이용 또는 미용에 관한 학과를 졸업한 자

㉰ 민간기술자격 시험을 통해 미용사 자격증을 취득한 자

㉱ 학점인정 등에 관한 법상 대학에서 미용에 관한 학위를 취득한 자

🕮 ㉰ 국가기술자격 시험을 통해 미용사 자격증을 취득한 자

정답 ㉰

83 다음 중 이·미용사 면허의 발급자는?
- ㉮ 시·도지사
- ㉯ 시장·군수·구청장
- ㉰ 보건소장
- ㉱ 보건복지부장관

㉯ 시장·군수·구청장 : 이·미용사 면허의 발급자
정답 ㉯

84 미용사 면허를 받을 수 없는 자에 해당하지 않는 것은?
- ㉮ 금치산자
- ㉯ 약물중독자
- ㉰ 면허가 취소된 후 6개월이 경과되지 아니한 자
- ㉱ 전염병 환자

㉰ 면허가 취소된 후 1년이 경과되지 아니한 자
정답 ㉰

85 면허증을 다른 사람에게 대여한 경우 면허증의 반납은 며칠 이내에 해야 하는가?
- ㉮ 지체없이
- ㉯ 5일
- ㉰ 10일
- ㉱ 30일

㉮ 지체없이 반납
정답 ㉮

86 이·미용사의 면허취소 및 정지에 대한 설명 중 바르지 못한 것은?
- ㉮ 반납 면허증은 면허정지기간 동안 관할 시장·군수·구청장이 보관한다.
- ㉯ 면허가 취소된 자는 지체없이 반납해야 한다.
- ㉰ 법의 규정에 의한 명령을 위반 했을 경우 면허증을 반납할 수 있다.
- ㉱ 시장·군수·구청장은 면허취소 및 정지에 해당하는 경우 그 면허를 취소하거나 3개월 이내의 정지 명령을 할 수 있다.

㉱ 시장·군수·구청장은 면허취소 및 정지에 해당하는 경우 그 면허를 취소하거나 6개월 이내의 정지 명령을 할 수 있다.
정답 ㉱

87 청문을 실시해도 되는 경우로 틀린 것은?
- ㉮ 미용사 면허 취소
- ㉯ 일부 시설의 사용 중지
- ㉰ 자격증 취소
- ㉱ 영업소 폐쇄 명령

㉰ 청문 실시 경우 : 면허정지 및 취소, 영업정지, 일부 시설의 사용 중지, 영업소 폐쇄 명령
정답 ㉰

88 위생서비스수준 평가에 대한 설명으로 적절하지 못한 것은?
- ㉮ 시·도지사가 위생관리수준을 향상시키기 위하여 평가계획을 수립하여 시·군·구청장에게 통보한다.
- ㉯ 위생서비스수준의 평가는 3년마다 실시된다.
- ㉰ 평가의 전문성을 높이기 위하여 필요하다고 인정하는 경우에는 관련 전문기관 및 단체로 하여금 위생서비스 평가를 실시할 수 있다.
- ㉱ 위생관리의 등급은 3개의 등급으로 구분된다.

㉯ 위생서비스수준의 평가는 2년마다 실시된다.
정답 ㉯

89 최우수업소의 위생관리 등급의 색상은?
- ㉮ 황색
- ㉯ 흰색
- ㉰ 녹색
- ㉱ 적색

㉰ 녹색 : 최우수업소
정답 ㉰

90 위생교육에 대한 설명으로 틀린 것은?

㉮ 미용업 영업자는 매년 위생교육을 받아야 한다.

㉯ 부득이한 사유로 미리 교육을 받을 수 없는 경우에는 보건복지부령이 정하는 기간 안에 위생교육을 받을 수 있다.

㉰ 미용업 영업신고를 하고자 하는 자는 미리 위생 교육을 받아야 한다.

㉱ 위생교육시간은 8시간으로 정해져 있다.

㉱ 위생교육시간은 **4시간**으로 정해져 있다.

정답 ㉱

91 국가기술자격법에 따라 미용사 자격이 취소된 때의 1차 행정 처분은?

㉮ 면허정지 3월 ㉯ 면허정지 6월

㉰ 면허정지 9월 ㉱ 면허취소

㉱ 면허취소 : 국가기술자격법에 따라 미용사 자격이 취소된 때의 1차 행정 처분

정답 ㉱

92 미용사 면허증을 다른 사람에게 대여한 경우 2차 행정 처분은?

㉮ 경고 ㉯ 면허정지 3월

㉰ 면허정지 6월 ㉱ 면허취소

㉰ 미용사 면허증을 다른 사람에게 대여한 경우 : 1차(면허정지 3월), 2차(면허정지 6월), 3차(면허취소)

정답 ㉰

93 영업자의 지위를 승계한 후 1월 이내에 신고를 하지 아니한 경우에 1차 행정 처분은?

㉮ 개선 명령 ㉯ 영업정지 10일

㉰ 영업정지 1월 ㉱ 영업장 폐쇄명령

㉮ 영업자의 지위를 승계한 후 1월 이내에 신고를 하지 아니한 경우 : 1차(개선 명령), 2차(영업정지 10일), 3차(영업정지 1월), 4차(영업장 폐쇄명령)

정답 ㉮

94 영업소 외의 장소에서 업무를 행하였을 경우 1차 행정 처분은?

㉮ 경고 ㉯ 영업정지 1월

㉰ 영업정지 2월 ㉱ 영업장 폐쇄명령

㉯ 영업소 외의 장소에서 업무를 행하였을 경우 : 1차(영업정지 1월), 2차(영업정지 2월), 3차(영업장 폐쇄명령)

정답 ㉯

95 미용업의 영업신고를 하지 아니하고 업소를 개설한 자에 대한 벌칙은?

㉮ 1년 이하의 징역 또는 1천만원 이하의 벌금

㉯ 6월 이하의 징역 또는 500만원 이하의 벌금

㉰ 300만원 이하의 벌금

㉱ 200만원 이하의 과태료

㉮ 1년 이하의 징역 또는 1천만원 이하의 벌금 : 영업신고를 하지 아니하고 업소를 개설한 자

정답 ㉮

96 다음 중 300만원 이하의 벌금에 해당하지 않는 것은?

㉮ 면허자 취소된 후 계속하여 업무를 행한 자

㉯ 면허를 받지 않고 이용 또는 미용을 행한 자

㉰ 위생관리 기준을 지키지 아니한 자로서 개선명령에 따르지 아니한 자

㉱ 지위 승계를 신고하지 아니한 자

㉱ 지위 승계를 신고하지 아니한 자 : **6월** 이하의 징역 또는 **500만원** 이하의 벌금

정답 ㉱

97 다음 중 200만원 이하의 과태료에 해당하는 것은?

㉮ 폐업신고를 하지 아니한 자

㉯ 위생교육을 받지 아니한 자

㉰ 개선명령에 위반한 자

㉱ 영업신고를 하지 않고 미용업 표시 등을 설치한 자

🔆설 ㉕ 위생교육을 받지 아니한 자 : 200만원 이하의 과태료

㉮와㉰, ㉱는 300만원 이하의 과태료에 해당

정답 ㉕

98 무자격 안마사로 하여금 안마사의 업무에 관한 행위를 하게 한 때의 1차 행정 처분은?

㉮ 경고
㉯ 영업정지 5일
㉰ 영업정지 2월
㉱ 영업정지 1월

🔆설 ㉱ 무자격 안마사로 하여금 안마사의 업무에 관한 행위를 하게 한 때 : 1차(영업정지 1월), 2차(영업정지 2월), 3차(영업장 폐쇄명령)　　정답 ㉱

⭐⭐
99 과태료의 부과 · 징수 절차에 대한 설명으로 틀린 것은?

㉮ 과태료는 관할 시 · 군 · 구청장이 부과 · 징수한다.
㉯ 과태료는 보건복지부령이 정하는 바에 의하여 부과 · 징수한다.
㉰ 기간 내에 이의를 제기하지 아니하고 과태료를 납부하지 아니한 때에는 지방세 체납처분의 예에 의하여 과태료를 징수한다.
㉱ 통지를 받은 자는 통지를 받은 날부터 20일 이내에 과태료를 납부해야 한다.

🔆설 ㉯ 과태료는 **대통령령**이 정하는 바에 의하여 부과 · 징수한다.　　정답 ㉯

100 과태료 처분에 불복이 있는 자는 며칠 이내에 처분권자에게 이의를 제기할 수 있는가?

㉮ 10일　　　㉯ 15일
㉰ 20일　　　㉱ 30일

🔆설 ㉱ 30일 : 과태료 처분에 불복이 있는 자의 이의 제기　　정답 ㉱

피부 응급상황시 화장품 활용법
① 건조해진 피부 : 화장솜에 화장수를 듬뿍 묻혀 5~10분간 스킨팩을 하면 좋다.
② 트윈케이크로 화장이 들뜨거나 밀리는 느낌이 있을 경우 : 먼저 티슈나 기름종이로 가볍게 눌러 준 후 물에 적신 트윈케이크를 살짝 묻혀 얇게 두드리듯이 발라준다.
마지막에 미스트를 뿌려주고 티슈로 한 번 눌러주면 화장이 뜨지 않고 피부에 밀착된다.

화장품 200% 활용하기

- 화장품에도 유통기간이 있다.

  보통 화장품의 유통기간은 2년 정도이며 가능한 오래된 제품은 피하는 것이 좋다. 일단 화장품의 뚜껑을 개봉하면 내용물이 산화되기 때문에 가능한 빨리 쓰는 것이 좋다.

- 여름에 화장품을 냉장고에 넣고 쓰는 경우

  일반적으로 화장품을 차게 보관하기 위해 보통 냉장고를 이용하는 경우가 많다. 그러나 대부분의 화장품은 실온에 보관하도록 만들어져 있어 로션이나 크림 같은 제품은 냉장고에 보관하면 변질될 수 있다. 그러나 젤타입이나 화장수 등은 냉장고에 넣었다가 사용하면 지친 피부에 청량감을 제공하고 일시적으로 모공수축까지 기대할 수 있다. 냉장고에 한번 넣고 사용한 화장품이 상온에서 오랜 시간 있을 경우 성분이 변화되거나 상할 우려가 있으므로 한번 냉장고에 보관한 화장품은 끝까지 냉장고에 보관하며 사용하는 것이 좋다.

- 화장품을 바를 때는 충분히 스며들도록 시간을 가져라.

  기초화장부터 에센스까지 화장품의 종류도 자양해지면서 피부미용을 위해 다양한 화장품을 바르게 된다. 그러나 각각의 화장품을 바를 때는 피부 속까지 충분히 스며들 수 있도록 시간을 두고 다음 단계의 화장품을 발라야 더 큰 효과를 볼 수 있다.

- 미백화장품은 언제 바르는 것이 좋은가?

  미백작용을 하는 화장품의 성분에 따라 밤에만 바르거나 낮에도 바르는 것의 차이가 생긴다. 즉 빛에 과민하게 반응하는 광과민 성분인 하이드로퀴논이 들어가 있는 미백화장품은 밤에만 발라야 한다. 그러나 알제렉산, 알부틴, 코직산 등은 낮에 발라도 무방하다. 또한 낮에 하는 화이트닝과 밤에 하는 화이트닝의 기능적인 차이에 따라 사용하는 기준이 달라진다. 낮에는 피부가 외부환경에 많이 노출되어 자외선과 오염물질로부터 손상 받거나 주근깨, 기미, 색소침착이 생기기 쉽다. 따라서 낮에는 피부에 생긴 멜라닌을 분해하고 손상 받고 흐트러진 밸런스를 회복시키기 위해 미백화장품을 사용한다. 대부분 화이트닝 제품은 취침전에 바르는 것이 좋다. 밤사이가 가장 신진대사가 활발해 멜라닌이 자연스럽게 피부 표면으로 올라오는 효과가 있기 때문이다.

부록
과년도
기출문제

1 딥클렌징의 효과에 대한 설명이 아닌 것은?

㉮ 피부 표면을 매끈하게 한다.

㉯ 면포를 강화시킨다.

㉰ 혈색을 좋아지게 한다.

㉱ 불필요한 각질 세포를 제거한다.

⏱㉯ 면포를 **연화**시킨다.

2 피부 관리를 위해 실시하는 피부 상담의 목적과 가장 거리가 먼 것은?

㉮ 고객의 방문 목적 확인

㉯ 피부 문제의 원인 파악

㉰ 피부 관리 계획 수립

㉱ 고객의 사생활 파악

⏱㉱ 고객의 사생활 파악 **금지**

3 민감성 피부관리의 마무리 단계에 사용될 보습제로 적합한 성분이 아닌 것은?

㉮ 알란토인   ㉯ 알부틴

㉰ 아줄렌   ㉱ 알로에베라

⏱㉯ 알부틴 : 미백성분, 멜라닌생성억제물질

알란토인	보습, 진정, 세포재생 및 상처치유, 민감피부 사용
아줄렌	진정, 항염작용, 카모마일에서 추출 (파란색)
알로에베라	보습, 진정, 민감피부 사용

4 피부 미용실에서 손님에 대한 피부 관리 과정 중 피부분석을 통한 고객카드 관리의 가장 바람직한 방법은?

㉮ 개인의 피부상태는 변하지 않으므로 첫회만 피부 관리를 시작할 때 한 번만 피부분석을 해서 분석 내용을 고객카드에 기록을 해두고 매회 마다 활용한다.

㉯ 첫회 피부 관리를 시작할 때 한 번만 피부분석을 해서 분석 내용을 고객카드에 기록을 해두고 매회 마다 활용하고 마지막회에 다시 피부 분석을 해서 좋아진 것을 고객에게 비교해 준다.

㉰ 첫회 피부 관리를 시작할 때 한 번 피부 분석을 해서 분석 내용을 고객카드에 기록을 해두고 매회 마다 활용하고 중간에 한 번, 마지막회에 다시 한 번 피부 분석을 해서 좋아진 것을 고객에게 비교해 준다.

㉱ 개인의 피부 유형 피부 상태는 수시로 변화하므로 매회 마다 피부 관리 전에 항상 피부 분석을 해서 분석 내용을 고객카드에 기록을 해두고 매회 마다 활용한다.

⏱㉱ 개인의 피부 유형 피부 상태는 수시로 변화하므로 **매회 마다** 피부 관리 전에 항상 **피부 분석**을 해서 분석 내용을 고객카드에 기록을 해두고 **매회** 마다 활용한다.

5 도포 후 온도가 40도 이상 올라가며 노화 피부 및 건성 피부에 필요한 영양 흡수 효과를 높이는데 가장 효과적인 마스크는?

㉮ 석고마스크   ㉯ 콜라겐마스크

㉰ 머드마스크   ㉱ 알긴산마스크

⏱㉮ 석고마스크 : **발열마스크**로 **건성**, **노화**피부에 효과적이며 영양물질의 침투효과가 있다.

ANSWER   **01.** ㉯   **02.** ㉱   **03.** ㉯   **04.** ㉱   **05.** ㉮

ⓓ 콜라겐마스크 : 콜라겐을 동결건조시킨 종이형태마스크로 건성, 노화피부에 효과적이다.

ⓔ 머드마스크 : 피지흡착효과로 지성피부에 적합하다.

ⓕ 알긴산마스크 : 해조류의 점성이 좋은 마스크로 보습, 진정작용이 있다.

6 피부 관리의 정의와 가장 거리가 먼 것은?

㉮ 안면 및 전신의 피부를 분석하고 관리하여 피부상태를 개선시키는 것

㉯ 얼굴과 전신의 상태를 유지 및 개선하여 근육과 관절을 정상화시키는 것

㉰ 피부미용사의 손과 화장품 및 적용 가능한 피부 미용기기를 이용하여 관리하는 것

㉱ 의약품을 사용하지 않고 피부 상태를 아름답고 건강하게 만드는 것

💡☝ ㉯ 얼굴과 전신의 상태를 유지 및 개선하여 근육과 관절을 정상화시키는 것은 피부관리의 정의로 볼 수 **없다**.

7 피부 유형별 관리 방법으로 적합하지 않은 것은?

㉮ 복합성피부 – 유분이 많은 부위는 손을 이용한 관리를 행하여 모공을 막고 있는 피지 등의 노폐물이 쉽게 나올 수 있도록 한다.

㉯ 모세혈관확장피부 – 세안시 세안제를 손에서 충분히 거품을 낸 후 미온수로 완전히 헹구어 내고 손을 이용한 관리를 부드럽게 진행한다.

㉰ 노화피부 – 피부가 건조해지지 않도록 수분과 영양을 공급하고 자외선 차단제를 바른다.

㉱ 색소침착피부 – 자외선 차단제를 색소가 침착된 부위에 집중적으로 발라준다.

💡☝ ㉱ 색소침착피부 – 자외선 차단제를 **전체적으로 골고루** 발라준다.

8 매뉴얼테크닉을 적용할 수 있는 경우는?

㉮ 피부나 근육, 골격에 질병이 있는 경우

㉯ 골절상으로 인한 통증이 있는 경우

㉰ 염증성 질환이 있는 경우

㉱ 피부에 셀룰라이트(cellulite)가 있는 경우

💡☝ ㉱ 질병, 골절상, 염증성 질환 등의 경우는 적용을 금지한다.

피부에 셀룰라이트(cellulite)가 있는 경우에는 적용 가능

9 팩의 설명으로 옳은 것은?

㉮ 파라핀팩은 모세혈관확장피부에 사용을 피한다.

㉯ Wash-off 타입의 팩은 건조되어 얇은 필름을 형성하며 피부 청결에 효과적이다.

㉰ Peel-off 타입의 팩은 도포 후 일정 시간 지나 미온수로 닦아내는 형태의 팩이다.

㉱ 건성 피부에 적용시 도포하여 건조시키는 것이 효과적이다.

💡☝ ㉮ 파라핀팩 : **열에 의한 팩**으로 모세혈관확장피부 등의 **민감한 피부**의 사용은 **피한다**.

ⓑ Peel-off 타입 : 건조되어 얇은 필름을 형성하며 피부 청결에 효과적이다.

ⓒ Wash-off 타입 : 도포 후 일정 시간 지나 미온수로 닦아내는 형태의 팩이다.

ⓓ **지성 피부**에 **머드팩**을 적용시켜 도포하여 건조시키는 것이 효과적이다.

10 민감성피부의 화장품 사용에 대한 설명으로 틀린 것은?

㉮ 석고팩이나 피부에 자극이 되는 제품의 사용을 피한다.

㉯ 피부의 진정, 보습 효과가 뛰어난 제품을 사용한다.

ⓘ Aɴsᴡᴇʀ   **06.** ㉯   **07.** ㉱   **08.** ㉱   **09.** ㉮   **10.** ㉰

④ 스크럽이 들어간 세안제를 사용하고 알코올 성분이 들어간 화장품을 사용한다.

④ 화장품 도포시 첩포시험(patch test)을 하여 적합성 여부의 확인 후 사용하는 것이 좋다.

⏰〽 ④ 물리적 자극이 들어가는 스크럽등이 들어간 세안제 사용을 **피하고 무알코올 성분**이 들어간 화장품을 사용한다.

11 딥클렌징에 대한 설명으로 틀린 것은?

㉮ 스크럽 제품의 경우 여드름 피부나 염증 부위에 사용하면 효과적이다.

㉯ 민감성 피부는 가급적 하지 않는 것이 좋다.

㉰ 효소를 이용할 경우 스티머가 없을시 온습포를 적용할 수 있다.

㉱ 칙칙하고 각질이 두꺼운 피부에 효과적이다.

⏰〽 ㉮ 스크럽 제품의 경우 여드름 피부나 염증 부위에 사용하면 **악화**시킬 수 있으므로 주의한다.

12 피부유형과 화장품의 사용목적이 틀리게 연결된 것은?

㉮ 민감성피부 – 진정 및 쿨링효과

㉯ 여드름피부 – 멜라닌 생성 억제 및 피부 기능 활성화

㉰ 건성피부 – 피부에 유·수분을 공급하여 보습 기능 활성화

㉱ 노화피부 – 주름 완화, 결체조직 강화, 새로운 세포의 형성 촉진 및 피부 보호

⏰〽 ㉯ **색소침착피부** – 멜라닌 생성 억제 및 피부 기능 활성화

13 홈케어 관리 시 여드름피부에 대한 조언으로 맞지 않는 것은?

㉮ 여드름 전용 제품을 사용

㉯ 붉어지는 부위는 약간 진하게 파운데이션이나 파우더를 사용

㉰ 지나친 당분이나 지방 섭취는 피함

㉱ 지나치게 얼굴이 당길 경우 수분 크림, 에센스 사용

⏰〽 ㉯ 붉어지는 부위는 약간 진하게 파운데이션이나 파우더를 사용하면 제품의 성분이 모공으로 들어가 **여드름**을 **악화**시킬 수 있다.

14 포인트메이크업 클렌징 과정시 주의할 사항으로 틀린 것은?

㉮ 콘택트렌즈를 뺀 후 시술한다.

㉯ 아이라인을 제거시 안에서 밖으로 닦아낸다.

㉰ 마스카라를 짙게 한 경우 강하게 자극하여 닦아낸다.

㉱ 입술 화장을 제거시 윗입술은 위에서 아래로, 아랫입술은 아래에서 위로 닦는다.

⏰〽 ㉰ 마스카라를 짙게 한 경우 전용 리무버를 이용하여 자극없이 **부드럽게** 닦아낸다.

15 매뉴얼테크닉을 이용한 관리시 그 효과에 영향을 주는 요소와 가장 거리가 먼 것은?

㉮ 속도와 리듬　　㉯ 피부결의 방향

㉰ 연결성　　　　㉱ 다양하고 현란한 기교

⏰〽 ㉱ 메뉴얼테크닉의 구성요소 : **속도**와 **리듬**, **방향**, **연결성**, **밀착성**, **매개체** 등

16 왁스와 머절린(부직포)을 이용한 일시적 제모의 특징으로 가장 적합한 것은?

㉮ 제모하고자 하는 털을 한 번에 제거하여 즉각적인 결과를 가져온다.

㉯ 넓은 부분의 불필요한 털을 제거하기 위해서는 많은 비용이 든다.

㉰ 깨끗한 외관을 유지하기 위해서 반복 시술을 하지 않아도 된다.

㉱ 한번 시술을 하면 다시는 털이 나지 않는다.

⏰〽 ㉮ 일시적 제모 : 제모하고자 하는 털을 한 번에 **즉각적**으로 제거하며, 비용은 적게 들고 지속적으로 시술해야 한다.

🔓Ａnswer • **11.** ㉮　**12..** ㉯　**13.** ㉯　**14.** ㉰　**15.** ㉱　**16.** ㉮

17 일반적인 클렌징에 해당하는 사항이 아닌 것은?

㉮ 색조 화장 제거

㉯ 먼지 및 유분의 잔여물 제거

㉰ 메이크업 잔여물 및 피부 표면의 노폐물 제거

㉱ 효소나 고마쥐를 이용한 깊은 단계의 묵은 각질 제거

☺칩 ㉱ 효소나 고마쥐를 이용한 깊은 단계의 묵은 각질 제거는 **딥클렌징**에 해당

18 습포의 효과에 대한 내용과 가장 거리가 먼 것은?

㉮ 온습포는 모공을 확장시키는데 도움을 준다.

㉯ 온습포는 혈액 순환 촉진, 적절한 수분 공급의 효과가 있다.

㉰ 냉습포는 모공을 수축시키며 피부를 진정시킨다.

㉱ 온습포는 팩 제거 후 사용하면 효과적이다.

☺칩 ㉱ **냉습포**는 팩 제거 후 **마무리단계** 사용하면 효과적이다.

• 온습포 : 피부관리 단계 사용

19 다음 비타민에 대한 설명 중 틀린 것은?

㉮ 비타민 A가 결핍되면 피부가 건조해지고 거칠어진다.

㉯ 비타민 C는 교원질 형성에 중요한 역할을 한다.

㉰ 레티노이드는 비타민 A를 통칭하는 용어이다.

㉱ 비타민 A는 많은 양이 피부에서 합성된다.

☺칩 ㉱ 비타민은 체내에서 합성이 되지 않으므로 **반드시 음식물**을 통해 **섭취**해야 한다. (단, 비타민 D는 제외)

20 자외선에 대한 설명으로 틀린 것은?

㉮ 자외선 C는 오존층에 의해 차단할 수 있다.

㉯ 자외선 A의 파장은 320~400nm이다.

㉰ 자외선 B는 유리에 의하여 차단할 수 있다.

㉱ 피부에 제일 깊게 침투하는 것은 자외선 B이다.

☺칩 ㉱ 피부에 제일 깊게 침투하는 것은 **자외선 A**이다.

21 피부의 주체를 이루는 층으로서 망상층과 유두층으로 구분되며 피부조직외에 부속기관인 혈관, 신경관, 림프관, 땀샘, 기름샘, 모발과 입모근을 포함하고 있는 곳은?

㉮ 표피   ㉯ 진피

㉰ 근육   ㉱ 피하조직

☺칩 ㉯ 진피 : 유두층과 망상층으로 구분, 망상층에 피부 부속기관 존재

22 진피에 자리하고 있으며 통증이 동반되고, 여드름 피부의 4단계에서 생성되는 것으로 치료 후 흉터가 남는 것은?

㉮ 가피   ㉯ 농포

㉰ 면포   ㉱ 낭종

☺칩 ㉱ 낭종 : 화농상태가 가장 크고 진피층까지 손상, 여드름 4단계에 발생되어 흉터 발생

㉮ 가피 : 딱지를 말하며, 혈액, 고름 등이 굳은 것

㉯ 농포 : 구진이 발전하여 염증(고름)이 발생된 것

㉰ 면포 : 모공 속의 씨앗 형태로 화이트헤드, 블랙헤드로 구분

• 여드름 발생 단계

(1) 여드름피부 1단계 : 모낭각화기에 생기는 면포성의 초기 여드름

(2) 여드름피부 2단계 : 구진, 농포 발생

(3) 여드름피부 3단계 : 구진과 농포가 진전된 상태로 전문가를 가장 많이 찾는 단계

(4) 여드름피부 4단계 : 결절, 낭종이 나타나고 흉터 발생

23 기미에 대한 설명으로 틀린 것은?

㉮ 피부내에 멜라닌이 형성되지 않아 야기되는 것이다.

㉯ 30~40대의 중년 여성에게 잘 나타나고 재발이 잘 된다.

㉰ 선탠기에 의해서도 기미가 생길 수 있다.

㉱ 경계가 명확한 갈색의 점으로 나타난다.

💢 ㉮ 피부내에 멜라닌이 **과다생성**되어 야기되는 것이다.

24 피부의 면역에 관한 설명으로 맞는 것은?

㉮ 세포성 면역에는 보체, 항체 등이 있다.

㉯ T림프구는 항원 전달 세포에 해당한다.

㉰ B림프구는 면역 글로불린이라고 불리는 항체를 형성한다.

㉱ 표피에 존재하는 각질 형성 세포는 면역 조절에 작용하지 않는다.

💢 ㉰ B림프구는 **면역 글로불린**이라고 불리는 **항체**를 형성한다.

• 면역세포

(1) 세포성 면역 : T림프구에 의한 면역

(2) 체액성 면역 : B림프구와 생산한 항체에 의한 면역

25 림프액의 기능과 가장 관계가 없는 것은?

㉮ 동맥 기능의 보호

㉯ 항원 반응

㉰ 면역 반응

㉱ 체액 이동

💢 ㉮ 림프는 **정맥계**의 일종이다.

26 피부의 노화 원인과 가장 관련이 없는 것은?

㉮ 노화 유전자와 세포 노화

㉯ 항산화제

㉰ 아미노산 라세미화

㉱ 텔로미어(telomere) 단축

💢 ㉯ 항산화제 : **활성산소를 억제**시켜 노화를 **지연**시키는 것

27 멜라닌 세포가 주로 분포되어 있는 곳은?

㉮ 투명층   ㉯ 과립층

㉰ 각질층   ㉱ 기저층

💢 ㉱ 기저층 : **멜라닌 세포**, 각질형성세포, 머켈세포 분포

28 골격계의 기능이 아닌 것은?

㉮ 보호 기능   ㉯ 저장 기능

㉰ 지지 기능   ㉱ 열생산 기능

💢 ㉱ 열생산 기능 : **근육계**의 기능

29 인체의 구성 요소 중 기능적, 구조적 최소 단위는?

㉮ 조직   ㉯ 기관

㉰ 계통   ㉱ 세포

💢 ㉱ 세포

세포 → 조직 → 기관 → 계통 → 유기체

30 담즙을 만들며, 포도당을 글리코겐으로 저장하는 소화 기관은?

㉮ 간   ㉯ 위

㉰ 충수   ㉱ 췌장

💢 ㉮ 간 : **담즙** 생산, 포도당을 글리코겐으로 저장하며, **해독**작용을 한다.

31 신경계에 관련된 설명이 옳게 연결된 것은?

㉮ 시냅스 – 신경조직의 최소 단위

㉯ 축삭돌기 – 수용기 세포에서 자극을 받아 세포체에 전달

㉰ 수상돌기 – 단백질을 합성

㉱ 신경초 – 말초 신경 섬유의 재생에 중요한 부분

ANSWER ▸ **23.** ㉮ **24.** ㉰ **25.** ㉮ **26.** ㉯ **27.** ㉱ **28.** ㉱ **29.** ㉱ **30.** ㉮ **31.** ㉱

○M ㉺ 신경초 – 말초 신경 섬유의 재생에 중요한 부분
- 뉴런 : 신경조직의 최소 단위
- 시냅스 : 뉴런과 뉴런이 연결되는 곳
- 축삭돌기 : 세포체로 받은 정보를 멀리까지 전달
- 수상돌기 : 외부의 정보를 수용기 세포에서 자극을 받아 세포체에 전달

32 두부의 근을 안면근과 저작근으로 나눌때 안면근에 속하지 않는 근육은?

㉮ 안륜근   ㉯ 후두전두근

㉰ 교근   ㉱ 협근

○M ㉰ **저작근** : 교근, 측두근, 내측익돌근, 외측익돌근

33 근육에 짧은 간격으로 자극을 주면 연축이 합쳐져 단일 수축보다 큰 힘과 지속적인 수축을 일으키는 근수축은?

㉮ 강직(contraction)

㉯ 강축(tetanus)

㉰ 세동(fibrillation)

㉱ 긴장(tonus)

○M ㉯ **강축**(tetanus) : 연축이 합쳐져 단일 수축보다 큰 힘과 지속적인 수축을 일으키는 근수축

34 조직 사이에서 산소와 영양을 공급하고, 이산화탄소와 대사 노폐물이 교환되는 혈관은?

㉮ 동맥(artery)

㉯ 정맥(vein)

㉰ 모세혈관(capillary)

㉱ 림프관(lymphatic vessel)

○M ㉰ **모세혈관**(capillary) : 조직 사이에서 산소와 영양을 공급하고, 이산화탄소와 대사 노폐물 교환

35 다음 중 열을 이용한 기기가 아닌 것은?

㉮ 진공 흡입기   ㉯ 스티머

㉰ 파라핀 왁스기   ㉱ 왁스 워머

○M ㉮ 진공 흡입기 : **진공음압**에 의해 세포와 조직에 적절한 **압력**을 가하는 기기

36 스티머 활용시의 주의사항과 가장 거리가 먼 것은?

㉮ 오존을 사용하지 않는 스티머를 사용하는 경우는 아이패드를 하지 않아도 된다.

㉯ 스팀이 나오기 전 오존을 켜서 준비한다.

㉰ 상처가 있거나 일광에 손상된 피부에는 사용을 제한하는 것이 좋다.

㉱ 피부 타입에 따라 스티머의 시간을 조정한다.

○M ㉯ 스팀이 나오기 **시작**하면 오존을 켜서 준비한다.

37 적외선등(Infra red lamp)에 대한 설명으로 옳은 것은?

㉮ 주로 UVA를 방출하고 UVB, UVC는 흡수한다.

㉯ 색소 침착을 일으킨다.

㉰ 주로 소독·멸균의 효과가 있다.

㉱ 온열작용을 통해 화장품의 흡수를 도와준다.

○M ㉱ **온열작용**을 통해 화장품의 흡수를 도와준다. ㉮㉯㉰는 자외선에 대한 설명

38 브러싱에 관한 설명으로 틀린 것은?

㉮ 모세혈관 확장피부는 석고 재질의 브러싱이 권장된다.

㉯ 건성 및 민감성 피부의 경우는 회전 속도를 느리게 해서 사용하는 것이 좋다.

㉰ 농포성 여드름 피부에는 사용하지 않아야 한다.

㉱ 브러싱은 피부에 부드러운 마찰을 주므로 혈액 순환을 촉진시키는 효과가 있다.

○M ㉮ 모세혈관 확장피부는 브러싱의 사용을 **피한다**.

ANSWER   32. ㉰   33. ㉯   34. ㉰   35. ㉮   36. ㉯   37. ㉱   38. ㉮

39 전기에 대한 설명으로 틀린 것은?

㉮ 전류란 전도체를 따라 움직이는 (-)전하를 지닌 전자의 흐름이다.

㉯ 도체란 전류가 쉽게 흐르는 물질을 말한다.

㉰ 전류의 크기의 단위는 볼트(Volt)이다.

㉱ 전류에는 직류(D.C)와 교류(A.C)가 있다.

🕐M ㉰ 전류의 크기의 단위는 **암페어(A)**이다. (볼트(Volt) : 전압의 단위)

40 우드램프로 피부상태를 판단할 때 지성피부는 어떤 색으로 나타나는가?

㉮ 푸른색 ㉯ 흰색

㉰ 오렌지 ㉱ 진보라

🕐M ㉰ 오렌지 : **지성피부**

청백색(정상피부), 흰색(노화된 각질피부), 진보라(민감피부)

41 다음 중 피부상재균의 증식을 억제하는 항균 기능을 가지고 있고, 발생한 체취를 억제하는 기능을 가진 것은?

㉮ 바디샴푸 ㉯ 데오도란트

㉰ 샤워코롱 ㉱ 오데토일렛

🕐M ㉯ 데오도란트 : **악취방지제**

42 화장품을 만들 때 필요한 4대 조건은?

㉮ 안전성, 안정성, 사용성, 유효성

㉯ 안정성, 방부성, 방향성, 유효성

㉰ 발림성, 안전성, 방부성, 사용성

㉱ 방향성, 안전성, 발림성, 사용성

🕐M ㉮ 안전성, 안정성, 사용성, 유효성

43 캐리어 오일 중 액체상 왁스에 속하고, 인체 피지와 지방산의 조성이 유사하여 피부 친화성이 좋으며 다른 식물성 오일에 비해 쉽게 산화되지 않아 보존 안정성이 높은 것은?

㉮ 아몬드 오일(almond oil)

㉯ 호호바 오일(jojoba oil)

㉰ 아보카도 오일(avocado oil)

㉱ 맥아 오일(wheat germ oil)

🕐M ㉯ **호호바 오일**(jojoba oil) : 액체상 왁스, 인체 피지와 지방산의 조성이 유사하여 피부 친화성이 좋으며 쉽게 산화되지 않아 보존 안정성이 높다.

44 미백 화장품의 메커니즘이 아닌 것은?

㉮ 자외선 차단

㉯ 도파(DOPA) 산화억제

㉰ 티로시나제 활성화

㉱ 멜라닌 합성 저해

🕐M ㉰ 티로시나제 **생성 억제**

45 SPF에 대한 설명으로 틀린 것은?

㉮ Sun Protection Factor의 약자로서 자외선 차단 지수라 불리어진다.

㉯ 엄밀히 말하면 UV-B 방어 효과를 나타내는 지수라고 볼 수 있다.

㉰ 오존층으로부터 자외선이 차단되는 정도를 알아보기 위한 목적으로 이용된다.

㉱ 자외선 차단제를 바른 피부가 최소의 홍반을 일어나게 하는데 필요한 자외선 양을, 바르지 않은 피부가 최소의 홍반을 일어나게 하는데 필요한 자외선 양으로 나눈 값이다.

🕐M ㉰ 오존층으로부터 자외선이 차단되는 정도를 알아보기 위한 목적은 **UV-C**에 대한 설명이다.

46 다음 중 피부에 수분을 공급하는 보습제의 기능을 가지는 것은?

㉮ 계면활성제
㉯ 알파−히드록시산
㉰ 글리세린
㉱ 메틸파라벤

✍ ㉰ 글리세린 : **보습제**

㉮ 계면활성제 : 섞이지 않는 다른 두 종류를 섞이게 함
㉯ 알파−히드록시산 : AHA라고하는 딥클렌징제
㉱ 메틸파라벤 : 방부제

47 계면활성제에 대한 설명으로 옳은 것은?

㉮ 계면활성제는 일반적으로 둥근 머리 모양의 소수성기와 막대 꼬리 모양의 친수성기를 가진다.
㉯ 계면활성제의 피부에 대한 자극은 양쪽성〉양이온성〉음이온성〉비이온성의 순으로 감소한다.
㉰ 비이온성 계면활성제는 피부 자극이 적어 화장수의 가용화제, 크림의 유화제, 클렌징 크림의 세정제 등에 사용된다.
㉱ 양이온성 계면활성제는 세정 작용이 우수하여 비누, 샴푸 등에 사용된다.

✍ ㉮ 계면활성제는 일반적으로 둥근 머리 모양의 **친수성기**와 막대 꼬리 모양의 **친유성기**를 가진다.
㉯ 계면활성제의 피부에 대한 자극은 **양이온성〉음이온성〉양쪽성〉비이온성**의 순으로 감소한다.
㉱ **음이온성 계면활성제**는 세정 작용이 우수하여 비누, 샴푸 등에 사용된다.

48 보건교육의 내용과 관계가 가장 먼 것은?

㉮ 생활 환경 위생 : 보건 위생 관련 내용
㉯ 성인병 및 노인성 질병 : 질병 관련 내용
㉰ 기호품 및 의약품의 외용·남용 : 건강 관련 내용
㉱ 미용 정보 및 최신 기술 : 산업 관련 기술 내용

✍ ㉱ 미용 정보 및 최신 기술 : 산업 관련 기술 내용은 보건교육과 거리가 **멀다.**

49 보건행정에 대한 설명으로 가장 올바른 것은?

㉮ 공중보건의 목적을 달성하기 위해 공공의 책임하에 수행하는 행정 활동
㉯ 개인보건의 목적을 달성하기 위해 공공의 책임하에 수행하는 행정 활동
㉰ 국가간의 질병 교류를 막기 위해 공공의 책임하에 수행하는 행정 활동
㉱ 공중보건의 목적을 달성하기 위해 개인의 책임하에 수행하는 행정 활동

✍ ㉮ 공중보건의 목적을 달성하기 위해 공공의 책임하에 수행하는 행정 활동

50 법정 전염병 중 제3군 전염병에 속하는 것은?

㉮ 발진열
㉯ B형간염
㉰ 유행성이하선염
㉱ 세균성 이질

✍ ㉮ 발진열 : **제3군 전염병**

㉯와㉰는 제2군 전염병, ㉱는 제1군 전염병에 해당

51 세균성 식중독이 소화기계 전염병과 다른 점은?

㉮ 균량이나 독소량이 소량이다.

㉯ 대체적으로 잠복기가 길다.

㉰ 연쇄 전파에 의한 2차 감염이 드물다.

㉱ 원인 식품 섭취와 무관하게 일어난다.

✓해설 ㉰ 연쇄 전파에 의한 2차 감염이 드물다.

세균성식중독	소화기계전염병
• 많은 양의 세균이나 독소에 의해 발병	• 소량의 균에 의해 발병
• 1차 감염	• 2차 감염
• 면역이 획득되지 않음	• 발병 후 면역 획득됨
• 잠복기가 짧음	

52 순도 100% 소독약 원액 2mL에 증류수 98mL를 혼합하여 100mL의 소독약을 만들었다면 이 소독약의 농도는?

㉮ 2% ㉯ 3%

㉰ 5% ㉱ 98%

✓해설 ㉮ 2%
용질량(소독약)/용액량(희석량) × 100
= 2/100 × 100 = 2%

53 다음 중 자비 소독을 하기에 가장 적합한 것은?

㉮ 스테인리스 볼

㉯ 제모용 고무장갑

㉰ 플라스틱 스파츌라

㉱ 피부관리용 팩붓

✓해설 ㉮ 스테인리스 볼

• **자비소독** : 100도의 끓는 물에 15~20분간 소독하는 방법으로 스테인리스 볼, 식기류, 도자기, 가위, 의류, 기구 등에 사용한다.

54 석탄산 소독액에 관한 설명으로 틀린 것은?

㉮ 기구류의 소독에는 1~3% 수용액이 적당하다.

㉯ 세균 포자나 바이러스에 대해서는 작용력이 거의 없다.

㉰ 금속기수의 소독에는 적합하지 않다.

㉱ 소독액 온도가 낮을수록 효력이 높다.

✓해설 ㉱ 소독액 온도가 **높을수록** 효력이 높다.

55 다음 중 가장 강한 살균 작용을 하는 광선은?

㉮ 자외선 ㉯ 적외선

㉰ 가시광선 ㉱ 원적외선

✓해설 ㉮ 자외선

56 다음 중 이·미용사 면허의 발급자는?

㉮ 시·도지사

㉯ 시장·군수·구청장

㉰ 보건복지가족부장관

㉱ 주소지를 관할하는 보건소장

✓해설 ㉯ 시장·군수·구청장

57 다음 중 공중위생감시원이 될 수 없는 자는?

㉮ 위생사 또는 환경기사 2급 이상의 자격증이 있는 자

㉯ 3년 이상 공중위생 행정에 종사한 경력이 있는 자

㉰ 외국에서 공중위생감시원으로 활동한 경력이 있는 자

㉱ 고등교육법에 의한 대학에서 화학, 화공학, 위생학 분야를 전공하고 졸업한 자

✓해설 ㉰ 외국에서 공중위생감시원으로 활동한 경력이 있는 자는 공중위생감시원이 될 수 **없다**.

🔒 Aɴꜱᴡᴇʀ **51.** ㉰ **52.** ㉮ **53.** ㉮ **54.** ㉱ **55.** ㉮ **56.** ㉯ **57.** ㉰

58 공중위생관리법규상 공중위생영업자가 받아야 하는 위생교육 시간은?

㉮ 매년 4시간

㉯ 매년 8시간

㉰ 2년마다 4시간

㉲ 2년마다 8시간

해설 ㉮ 매년 4시간

59 공중위생관리법령에 따른 과징금의 부과 및 납부에 관한 사항으로 틀린 것은?

㉮ 과징금을 부과하고자 할 때에는 위반 행위의 종별과 해당 과징금의 금액을 명시하여 이를 납부할 것을 서면으로 통지하여야 한다.

㉯ 통지를 받은 자는 통지를 받은 날부터 20일 이내에 과징금을 납부해야 한다.

㉰ 과징금액이 클 때는 과징금의 2분의 1 범위에서 각각 분할 납부가 가능하다.

㉲ 과징금의 징수 절차는 보건복지가족부령으로 정한다.

해설 ㉰ 과징금은 분할납부 할 수 **없다**.

60 이·미용사의 면허증을 대여한 때의 1차 위반 행정처분 기준은?

㉮ 면허정지 3월

㉯ 면허정지 6월

㉰ 영업정지 3월

㉲ 영업정지 6월

해설 ㉮ 면허정지 3월 : **1차** 위반 행정처분

 *면허정지 6월 : **2차** / 면허취소 : **3차**

모두가 중요한 존재이다.
어느 누구보다 더 중요한 사람은 존재하지 않는다.
　　　　　　　　　　　　　　　－블레즈 파스칼

2009년 1월 18일 시행

1 피부유형별 화장품 사용방법으로 적합하지 않은 것은?

㉮ 민감성피부 : 무색, 무취, 무알코올 화장품

㉯ 복합성피부 : T-zone과 U-zone 부위별로 각각 다른 화장품 사용

㉰ 건성피부 : 수분과 유분이 함유된 화장품 사용

㉱ 모세혈관확장피부 : 일주일에 2번정도 딥클렌징제 사용

🕐해설 ㉱ 모세혈관확장피부 : 일주일에 2번정도 딥클렌징제를 사용하는 것은 피부에 **자극**을 줄 수 있으므로 피해야 한다.

2 피부 분석시 사용되는 방법으로 가장 거리가 먼 것은?

㉮ 고객 스스로 느끼는 피부 상태를 물어본다.

㉯ 스파출라를 이용하여 피부에 자극을 주어 본다.

㉰ 세안 전에 우드램프를 사용하여 측정한다.

㉱ 유·수분 분석기 등을 이용하여 피부를 분석한다.

🕐해설 ㉰ 세안 **후**에 우드램프를 사용하여 측정한다.

3 슬리밍 제품을 이용한 관리에서 최종 마무리 단계에 시행해야 하는 것은?

㉮ 피부 노폐물을 제거한다.

㉯ 진정 파우더를 바른다.

㉰ 매뉴얼 테크닉 동작을 시행한다.

㉱ 슬리밍과 피부 유연제 성분을 피부에 흡수시킨다.

🕐해설 ㉯ 진정 파우더를 발라 슬리밍 관리시 피부 **자극**을 **진정** 시켜준다.

4 매뉴얼테크닉 기법 중 닥터 자켓(Dr. jacquet) 법에 관한 설명으로 가장 적합한 것은?

㉮ 디스인크러스테이션을 하기 위한 준비 단계에 하는 것이다.

㉯ 피지선의 활동을 억제한다.

㉰ 모낭 내 피지를 모공 밖으로 배출시킨다.

㉱ 여드름 피부를 클렌징할 때 쓰는 기법이다.

🕐해설 ㉰ **닥터 자켓법**(Dr. jacquet) : 피부를 꼬집듯이 피부결방향으로 튕기는 동작으로 피지와 여드름 등 모낭 내 피지를 모공 밖으로 배출시키는 효과가 있다.

5 다음은 어떤 베이스 오일을 설명한 것인가?

> 인간의 피지와 화학 구조가 매우 유사한 오일로 피부염을 비롯하여 여드름, 습진, 건선 피부에 안심하고 사용할 수 있으며 침투력과 보습력이 우수하여 일반 화장품에도 많이 함유되어 있다.

㉮ 호호바 오일

㉯ 스위트 아몬드 오일

㉰ 아보카도 오일

㉱ 그레이프 시드 오일

🕐해설 ㉮ **호호바 오일**

㉯ 스위트 아몬드 오일 : 습진, 가려움증, 건조증, 화상에 효과

㉰ 아보카도 오일 : 필수지방산과 비타민 등 풍부하게 함유

㉱ 그레이프 시드 오일 : 유분감이 적어 지성피부에 적합

🔒**A**NSWER **01.** ㉱ **02.** ㉰ **03.** ㉯ **04.** ㉰ **05.** ㉮

6 피부미용에 대한 설명으로 가장 거리가 먼 것은?

㉮ 피부를 청결하고 아름답게 가꾸어 건강하고 아름답게 변화시키는 과정이다.

㉯ 피부미용은 에스테틱, 코스메틱, 스킨케어 등의 이름으로 불리고 있다.

㉰ 일반적으로 외국에서는 매니큐어, 페디큐어가 피부미용의 영역에 속한다.

㉱ 제품에 의존한 관리법이 주를 이룬다.

㉱ 피부미용은 **손**을 **이용**한 관리법이 주를 이룬다.

7 클렌징에 대한 설명이 아닌 것은?

㉮ 피부의 피지, 메이크업 잔여물을 없애기 위해서 한다.

㉯ 모공 깊숙이 있는 불순물과 피부 표면의 각질 제거를 주목적으로 한다.

㉰ 제품 흡수를 효율적으로 도와준다.

㉱ 피부의 생리적인 기능을 정상적으로 도와준다.

㉯ 모공 깊숙이 있는 불순물과 피부 표면의 각질 제거를 주목적으로 하는 것은 **딥클렌징**의 목적이다.

8 천연 과일에서 추출한 필링제는?

㉮ AHA ㉯ 락틱산(lactic acid)

㉰ TCA ㉱ 페놀(Phenol)

㉮ AHA : **천연 과일**에서 추출

9 건성피부(dry skin)의 관리방법으로 틀린 것은?

㉮ 알칼리성 비누를 이용하여 뜨거운 물로 자주 세안을 한다.

㉯ 화장수는 알코올 함량이 적고 보습 기능이 강화된 제품을 사용한다.

㉰ 클렌징 제품은 부드러운 밀크 타입이나 유분기가 있는 크림 타입을 선택하여 사용한다.

㉱ 세라마이드, 호호바오일, 아보카드오일, 알로에베라, 히알루론산 등의 성분이 함유된 화장품을 사용한다.

㉮ 알칼리성 비누를 이용하여 뜨거운 물로 자주 세안을 하면 **피부가 건조**해 진다.

10 피부관리 후 마무리 동작에서 수렴작용을 할 수 있는 가장 적합한 방법은?

㉮ 건타올을 이용한 마무리 관리

㉯ 미지근한 타올을 이용한 마무리 관리

㉰ 냉타올을 이용한 마무리 관리

㉱ 스팀타올을 이용한 마무리 관리

㉰ **냉타올**을 이용한 마무리 관리로 모공수축 등의 **수렴작용**을 한다.

11 계절에 따른 피부 특성 분석으로 옳지 않은 것은?

㉮ 봄 – 자외선이 점차 강해지며 기미와 주근깨 등 색소침착이 피부 표면에 두드러지게 나타난다.

㉯ 여름 – 기온의 상승으로 혈액순환이 촉진되어 표피와 진피의 탄력이 증가된다.

㉰ 가을 – 기온의 변화가 심해 피지막의 상태가 불안정해진다.

㉱ 겨울 – 기온이 낮아져 피부의 혈액순환과 신진대사 기능이 둔화된다.

㉯ 여름 – 기온의 상승으로 혈액순환이 촉진되어 표피와 진피의 탄력이 **감소**된다.

12 딥클렌징시 스크럽 제품을 사용할 때 주의해야 할 사항으로 틀린 것은?

㉮ 코튼이나 해면을 사용하여 닦아낼 때 알갱이가 남지 않도록 깨끗하게 닦아낸다.

㉯ 과각화된 피부, 모공이 큰 피부, 면포성 여드름 피부에는 적합하지 않다.

ⓓ 눈이나 입 속으로 들어가지 않도록 조심한다.

ⓡ 심한 핸들링을 피하며, 마사지 동작을 해서는 안된다.

🌞😁 ⓓ 과각화된 피부, 모공이 큰 피부, 면포성 여드름 피부에는 **적합하다**.

13 팩의 사용방법에 대한 내용 중 틀린 것은?

ⓐ 천연 팩은 흡수 시간을 길게 유지할수록 효과적이다.

ⓑ 팩의 적정 시간은 제품에 따라 다르나 일반적으로 10~20분 정도의 범위이다.

ⓒ 팩을 사용하기 전 알레르기 유무를 확인한다.

ⓓ 팩을 하는 동안 아이패드를 적용한다.

🌞😁 ⓐ 천연 팩은 흡수 시간을 길게 유지하면 **민감성피부**의 경우 **트러블**을 발생시킬 수 있으므로 주의한다.

14 다음 중 인체의 임파선을 통한 노폐물의 이동을 통해 해독작용을 도와주는 관리 방법은?

ⓐ 반사요법　　　ⓑ 바디 랩

ⓒ 향기요법　　　ⓓ 림프드레나지

🌞😁 ⓓ 림프드레나지 : 림프순환을 촉진시켜 노폐물 및 독소 배출, **면역작용**을 한다.

15 매뉴얼테크닉의 동작 중 부드럽게 스쳐가는 동작으로 처음과 마지막이나 연결동작으로 많이 사용하는 것은?

ⓐ 반죽하기　　　ⓑ 쓰다듬기

ⓒ 두드리기　　　ⓓ 진동하기

🌞😁 ⓑ 쓰다듬기 : 부드럽게 스쳐가는 동작으로 처음과 마지막이나 **연결동작**으로 많이 사용

16 제모의 종류와 방법 중 옳은 것은?

ⓐ 일시적 제모는 면도, 가위를 이용한 커팅법, 화학적제모, 전기침 탈모법이 있다.

ⓑ 영구적 제모는 전기 탈모법, 전기핀셋 탈

모법, 탈색법이 있다.

ⓒ 제모시 사용되는 왁스는 크게 콜드왁스(cold wax)와 웜왁스(warm wax)로 구분할 수 있다.

ⓓ 왁스를 이용한 제모법은 피부나 모낭 등에 화학적 해를 미치는 단점이 있다.

🌞😁
• **일시적 제모** : 면도, 가위, 화학적, 핀셋, 왁스
• **영구적 제모** : 전기적 탈모법, 전기핀셋 탈모법

17 마스크에 대한 설명 중 틀린 것은?

ⓐ 석고 – 석고와 물의 교반 작용 후 크리스탈 성분이 열을 발산하여 굳어진다.

ⓑ 파라핀 – 열과 오일이 모공을 열어주고, 피부를 코팅하는 과정에서 발한 작용이 발생한다.

ⓒ 젤라틴 – 중탕되어 녹여진 팩제를 온도 테스트 후 브러시로 바르는 예민 피부용 진정 팩이다.

ⓓ 콜라겐 벨벳 – 천연 용해성 콜라겐의 침투가 이루어지도록 기포를 형성시켜 공기층의 순환이 되도록 한다.

🌞😁 ⓓ 콜라겐 벨벳 – 천연 용해성 콜라겐의 침투가 이루어지도록 하고 **기포가 생기지 않도록** 해야 한다.

18 클렌징시 주의해야 할 사항으로 틀린 것은?

ⓐ 클렌징 제품이 눈, 코, 입에 들어가지 않도록 주의한다.

ⓑ 강하게 문질러 닦아준다.

ⓒ 클렌징 제품 사용은 피부 타입에 따라 선택하여야 한다.

ⓓ 눈과 입은 포인트메이크업 리무버를 사용하는 것이 좋다.

🌞😁 ⓑ 강하게 문질러 닦아주면 피부에 자극을 줄 수 있으므로 **가볍고 신속**하게 문지른다.

19 아토피성 피부에 관계되는 설명으로 옳지 않은 것은?

㉮ 유전적 소인이 있다.

㉯ 가을이나 겨울에 더 심해진다.

㉰ 면직물의 의복을 착용하는 것이 좋다.

㉱ 소아 습진과는 관계가 없다.

☀❰ ㉱ 소아 습진과는 관계가 **있다**.

• **아토피성 피부염** : 피부에 발생하는 만성 습진성 피부염으로 소아에서 성인까지 재발이 심하고 가려움증 등을 동반하며 소아습진 또는 유아습진이라고도 한다.

20 피지와 땀의 분비 저하로 유·수분의 균형이 정상적이지 못하고 피부결이 얇으며 탄력 저하와 주름이 쉽게 형성되는 피부는?

㉮ 건성피부   ㉯ 지성피부

㉰ 이상피부   ㉱ 민감피부

☀❰ ㉮ 건성피부 : 피지와 땀의 분비 저하로 유·수분의 균형이 정상적이지 못하고 피부결이 얇으며 **탄력 저하**와 **주름**이 쉽게 형성되어 **노화**가 촉진된다.

21 피부 색소를 퇴색시키며 기미, 주근깨 등의 치료에 주로 쓰이는 것은?

㉮ 비타민 A   ㉯ 비타민 B

㉰ 비타민 C   ㉱ 비타민 D

☀❰ ㉰ 비타민 C : 피부 색소를 퇴색시키며 **기미**, **주근깨** 등의 치료에 사용된다.

22 성인의 경우 피부가 차지하는 비중은 체중의 약 몇 % 정도인가?

㉮ 5~7%   ㉯ 15~17%

㉰ 25~27%   ㉱ 35~37%

☀❰ ㉯ 15~17%

23 여드름 발생의 주요 원인과 가장 거리가 먼 것은?

㉮ 아포크린 한선의 분비 증가

㉯ 모낭 내 이상 각화

㉰ 여드름균의 군락 형성

㉱ 염증 반응

☀❰ ㉮ **피지선**의 분비 증가

24 피부 노화 현상으로 옳은 것은?

㉮ 피부 노화가 진행되어도 진피의 두께는 그대로 유지된다.

㉯ 광노화에서는 내인성 노화와 달리 표피가 얇아지는 것이 특징이다.

㉰ 피부 노화에는 나이에 따른 노화의 과정으로 일어나는 광노화와 누적된 햇빛 노출에 의하여 야기되는 내인성 피부 노화가 있다.

㉱ 내인성 노화보다는 광노화에서 표피 두께가 두꺼워진다.

☀❰ ㉱ 내인성 노화보다는 **광노화**에서 표피 두께가 **두꺼워**진다.

• 피부 노화

내인성 노화	광노화
• 표피와 진피의 두께 얇아짐	• 표피와 진피의 두께 두꺼워짐
• 색소침착 발생	• 색소침착 발생
• 콜라겐, 엘라스틴의 감소	• 콜라겐, 엘라스틴의 변성 및 파괴로 감소
• 랑게르한스세포의 수 감소	• 랑게르한스세포의 수 감소

25 다음 중 표피층을 순서대로 나열한 것은?

㉮ 각질층, 유극층, 투명층, 과립층, 기저층

㉯ 각질층, 유극층, 망상층, 기저층, 과립층

㉰ 각질층, 과립층, 유극층, 투명층, 기저층

㉱ 각질층, 투명층, 과립층, 유극층, 기저층

☀❰ ㉱ 각질층, 투명층, 과립층, 유극층, 기저층

ᴀNSWER ▸ **19.** ㉱ **20.** ㉮ **21.** ㉰ **22.** ㉯ **23.** ㉮ **24.** ㉱ **25.** ㉱

26 다음 중 멜라닌 세포에 관한 설명으로 틀린 것은?

㉮ 멜라닌의 기능은 자외선으로부터의 보호 작용이다.

㉯ 과립층에 위치한다.

㉰ 색소 제조 세포이다.

㉱ 자외선을 받으면 왕성하게 활동한다.

🕐🔍 ㉯ **기저층**에 위치한다.

27 다음 중 원발진이 아닌 것은?

㉮ 구진　　　　　㉯ 농포

㉰ 반흔　　　　　㉱ 종양

🕐🔍 ㉰ 반흔 : **속발진**

28 혈액의 기능이 아닌 것은?

㉮ 조직에 산소를 운반하고 이산화탄소를 제거한다.

㉯ 조직에 영양을 공급하고 대사 노폐물을 제거한다.

㉰ 체내의 유분을 조절하고 pH를 낮춘다.

㉱ 호르몬이나 기타 세포 분비물을 필요한 곳으로 운반한다.

🕐🔍 ㉰ 체내의 **수분**을 조절하고 pH를 조절한다.

29 다음 중 뼈의 기능으로 맞는 것을 모두 나열한 것은?

A. 지지　　B. 보호　　C. 조혈　　D. 운동

㉮ A, C　　　　　㉯ B, D

㉰ A, B, C　　　　㉱ A, B, C, D

🕐🔍 ㉱ 뼈의 기능 : **지지, 보호, 조혈, 운동, 저장** 기능을 한다.

30 세포에 대한 설명으로 틀린 것은?

㉮ 생명체의 구조 및 기능적 기본단위이다.

㉯ 세포는 핵과 근원섬유로 이루어져 있다.

㉰ 세포 내에는 핵이 핵막에 의해 둘러싸여 있다.

㉱ 기능이나 소속된 조직에 따라 원형, 아메바, 타원 등 다양한 모양을 하고 있다.

🕐🔍 ㉯ 세포는 **핵**과 **세포질, 세포막**으로 이루어져 있다.

31 다음 중 위팔을 올리거나 내릴 때 또는 바깥쪽으로 돌릴 때 사용되는 근육의 명칭은?

㉮ 승모근　　　　　㉯ 흉쇄유돌근

㉰ 대둔근　　　　　㉱ 비복근

🕐🔍 ㉮ 승모근

32 다음 중 소화기계가 아닌 것은?

㉮ 폐, 신장　　　　　㉯ 간, 담

㉰ 비장, 위　　　　　㉱ 소장, 대장

🕐🔍 ㉮ **폐**는 **호흡기계**이고, **신장**은 **비뇨기계**이다.

33 다음 중 웃을 때 사용하는 근육이 아닌 것은?

㉮ 안륜근　　　　　㉯ 구륜근

㉰ 대협골근　　　　㉱ 전거근

🕐🔍 ㉱ 전거근 : **흉부**의 근육으로 견갑골의 외전에 관여한다.

34 골격근에 대한 설명으로 맞는 것은?

㉮ 뼈에 부착되어 있으며 근육이 횡문과 단백질로 구성되어 있고, 수의적 활동이 가능하다.

㉯ 골격근은 일반적으로 내장벽을 형성하여 위와 방광 등의 장기를 둘러싸고 있다.

㉰ 골격근은 줄무늬가 보이지 않아서 민무늬근이라고 한다.

㉱ 골격근은 움직임, 자세유지, 관절 안정을 주며 불수의근이다.

🕐🔍 ㉮ 뼈에 부착되어 있으며 근육이 횡문과 단백질로 구성되어 있고, **수의적** 활동이 가능하다.

ⓘ ANSWER　26. ㉯　27. ㉰　28. ㉰　29. ㉱　30. ㉯　31. ㉮　32. ㉮　33. ㉱　34. ㉮

- 골격근 : 가로무늬근(횡문근), 수의근
- 평활근 : 민무늬근, 불수의근, 내장근
- 심장근 : 가로무늬근(횡문근), 불수의근

35 이온에 대한 설명으로 틀린 것은?

㉮ 원자가 전자를 얻거나 잃으면 전하를 띠게 되는데 이온은 이 전하를 띤 입자를 말한다.
㉯ 같은 전하의 이온은 끌어당긴다.
㉰ 중성의 원자가 전자를 얻으면 음이온이라 불리는 음전하를 띤 이온이 된다.
㉱ 이온은 원소 기호의 오른쪽 위에 잃거나 얻은 전자수를 + 또는 – 부호를 붙여 나타낸다.

⏱㉯ 같은 전하의 이온은 **밀어낸다**.

36 브러시(Brush, 프리마톨) 사용법으로 옳지 않은 것은?

㉮ 회전하는 브러시를 피부와 45° 각도로 사용한다.
㉯ 피부 상태에 따라 브러시의 회전 속도를 조절한다.
㉰ 화농성 여드름 피부와 모세혈관확장 피부 등은 사용을 피하는 것이 좋다.
㉱ 브러시 사용 후 중성세제로 세척한다.

⏱㉮ 회전하는 브러시를 피부와 **90°** 각도로 사용한다.

37 스티머 기기의 사용 방법으로 적합하지 않은 것은?

㉮ 증기 분출 전에 분사구를 고객의 얼굴로 향하도록 미리 준비해 놓는다.
㉯ 일반적으로 얼굴과 분사구와의 거리는 30~40cm 정도로 하고 민감성피부의 경우 거리를 좀 더 멀게 위치한다.
㉰ 유리병 속에 세제나 오일이 들어가지 않도록 한다.

㉱ 수분 없이 오존만을 쐬어주지 않도록 한다.

⏱㉮ **사용**하기 **전**에 가열하여 증기가 고객의 얼굴로 향하도록 **미리** 준비해 놓는다.

38 수분 측정기로 표피의 수분 함유량을 측정하고자 할 때 고려해야 하는 내용이 아닌 것은?

㉮ 온도는 20~22°C에서 측정하여야 한다.
㉯ 직사광선이나 휴식을 취한 후 측정하도록 한다.
㉰ 운동 직후에는 휴식을 취한 후 측정하도록 한다.
㉱ 습도는 40~60%가 적당하다.

⏱㉯ **직사광선** 아래에서는 측정을 **피해야** 한다.

39 디스인크러스테이션에 대한 설명 중 틀린 것은?

㉮ 화학적인 전기 분해에 기초를 두고 있으며 직류가 식염수를 통과할 때 발생하는 화학 작용을 이용한다.
㉯ 모공에 있는 피지를 분해하는 작용을 한다.
㉰ 지성과 여드름 피부관리에 적합하게 사용될 수 있다.
㉱ 양극봉은 활동 전극봉이며 박리관리를 위하여 안면에 사용된다.

⏱㉱ **음극봉**은 활동 전극봉이며 박리관리를 위하여 안면에 사용된다.

40 눈으로 판별하기 어려운 피부의 심층 상태 및 문제점을 명확하게 분별할 수 있는 특수 자외선을 이용한 기기는?

㉮ 확대경   ㉯ 홍반 측정기
㉰ 적외선 램프   ㉱ 우드 램프

⏱㉱ 우드 램프 : 보랏빛 **자외선 인공 파장**을 이용한 피부 분석 기기로 피부상태에 따라 **피부 반응 색상**이 다양하게 나타난다.

ANSWER   **35.** ㉯   **36.** ㉮   **37.** ㉮   **38.** ㉯   **39.** ㉱   **40.** ㉱

41 핸드 케어(hand care) 제품 중 사용할 때 물을 사용하지 않고 직접 바르는 것으로 피부 청결 및 소독 효과를 위해 사용하는 것은?

㉮ 핸드 워시(hand wash)

㉯ 핸드 새니타이저(hand sanitizer)

㉰ 비누(soap)

㉱ 핸드 로션(hand lotion)

㉯ 핸드 새니타이저(hand sanitizer) : 피부 **청결** 및 **소독** 효과를 위해 사용

42 크림 파운데이션에 대한 설명 중 알맞은 것은?

㉮ 얼굴의 형태를 바꾸어 준다.

㉯ 피부의 잡티나 결점을 커버해 주는 목적으로 사용된다.

㉰ O/W형은 W/O형에 비해 비교적 사용감이 무겁고 퍼짐성이 낮다.

㉱ 화장시 산뜻하고 청량감이 있으나 커버력이 약하다.

㉯ 피부의 **잡티**나 **결점**을 **커버**해 주는 목적으로 사용된다.

43 땀의 분비로 인한 냄새와 세균의 증식을 억제하기 위해 주로 겨드랑이 부위에 사용하는 제품은?

㉮ 데오도란트 로션 ㉯ 핸드 로션

㉰ 바디 로션 ㉱ 파우더

㉮ 데오도란트 로션 : 겨드랑이에서 나는 냄새를 제거하기 위한 **액취 방지제**

44 다음 중 물에 오일 성분이 혼합되어 있는 유화 상태는?

㉮ O/W 에멀션

㉯ W/O 에멀션

㉰ W/S 에멀션

㉱ W/O/W 에멀션

• O/W형(수중유형) : 물이 주성분이고 오일이 보조성분
• W/O형(유중수형) : 오일이 주성분이고 물이 보조성분

45 아로마테라피(aromatherapy)에 사용되는 아로마 오일에 대한 설명 중 가장 거리가 먼 것은?

㉮ 아로마테라피에 사용되는 아로마 오일은 주로 수증기 증류법에 의해 추출된 것이다.

㉯ 아로마 오일은 공기 중의 산소, 빛 등에 의해 변질될 수 있으므로 갈색병에 보관하여 사용하는 것이 좋다.

㉰ 아로마 오일은 원액을 그대로 피부에 사용해야 한다.

㉱ 아로마 오일을 사용할 때에는 안전성 확보를 위하여 사전에 패치 테스트(patch test)를 실시하여야 한다.

㉰ 아로마 오일은 **반드시 캐리어 오일에 블랜딩**하여 사용해야 한다.

46 자외선 차단제에 대한 설명 중 틀린 것은?

㉮ 자외선 차단제의 구성 성분은 크게 자외선 산란제와 자외선 흡수제로 구분된다.

㉯ 자외선 차단제 중 자외선 산란제는 투명하고, 자외선 흡수제는 불투명한 것이 특징이다.

㉰ 자외선 산란제는 물리적인 산란 작용을 이용한 제품이다.

㉱ 자외선 흡수제는 화학적인 흡수 작용을 이용한 제품이다.

㉯ 자외선 차단제 중 **자외선 산란제는 불투명**하고, **자외선 흡수제는 투명**한 것이 특징이다.

47 다음 중 기능성 화장품의 범위에 해당하지 않는 것은?

㉮ 미백 크림

㉯ 바디 오일

㉰ 자외선 차단 크림

㉱ 주름 개선 크림

⏱️ • 기능성 화장품의 범위 : 미백, 주름개선, 자외선으로부터 피부를 보호해 주는 제품

48 상수의 수질 오염 분석시 대표적인 생물학적 지표로 이용되는 것은?

㉮ 대장균 　　　　㉯ 살모넬라균

㉰ 장티푸스균 　　㉱ 포도상구균

⏱️ ㉮ 대장균 : 상수의 수질 오염 분석시 대표적인 생물학적 지표로 100ml 중 한 개도 **검출되지 말아야** 한다.

49 자연 능동 면역 중 감염 면역만 형성되는 전염병은?

㉮ 두창, 홍역

㉯ 일본뇌염, 폴리오

㉰ 매독, 임질

㉱ 디프테리아, 폐렴

⏱️ ㉰ 매독, 임질 : 자연 능동 면역 중 **감염 면역**만 형성되는 전염병

50 발열 증상이 가장 심한 식중독은?

㉮ 살모넬라 식중독

㉯ 웰치균 식중독

㉰ 복어 중독

㉱ 포도상구균 식중독

⏱️ ㉮ **살모넬라 식중독** : 발열 증상 (38~40도), 복통, 설사, 급성위장염 등

㉯ 웰치균 식중독 : 38도이하로 고열은 드물게 발생

㉰ 복어 중독 : 마비, 호흡곤란 등

㉱ 포도상구균 식중독 : 복통, 설사, 구토, 오심 등

51 다음 중 가장 대표적인 보건 수준 평가 기준으로 사용되는 것은?

㉮ 성인 사망률

㉯ 영아 사망률

㉰ 노인 사망률

㉱ 사인별 사망률

⏱️ ㉯ 영아 사망률 : 지역간, 국가간의 **보건 수준**을 나타내는 가장 **대표적**인 것

• 보건수준을 나타내는 지표
  – 비례사망지수, 평균 수명률, 영아 사망률

52 소독약의 사용 및 보존상의 주의점으로 틀린 것은?

㉮ 일반적으로 소독약은 밀폐시켜 일광이 직사되지 않는 곳에 보존해야 한다.

㉯ 모든 소독약은 사용할 때 마다 반드시 새로 만들어 사용해야 한다.

㉰ 승홍이나 석탄산 같은 것은 인체에 유해하므로 특별히 주의하여 취급하여야 한다.

㉱ 염소제는 일광과 열에 의해 분해되지 않도록 냉암소에 보존하는 것이 좋다.

⏱️ ㉯ 모든 소독약은 사용할 때 마다 반드시 새로 만들어 사용할 필요 없이 **냉암소**에 보관했다가 **다시 사용**할 수 있다.

53 소독 장비 사용시 주의해야 할 사항 중 옳은
것은?

㉮ 건열멸균기 – 멸균된 물건을 소독기에서
꺼낸 즉시 냉각시켜야 살균 효과가 크다.

㉯ 자비소독기 – 금속성 기구들은 물이 끓기
전부터 넣고 끓인다.

㉰ 간헐멸균기 – 가열과 가열 사이에 20℃
이상의 온도를 유지한다.

㉱ 자외선소독기 – 날이 예리한 기구 소독시
타올 등으로 싸서 넣는다.

㉰ 간헐멸균기 – 가열과 가열 사이에 20℃ 이상의
온도를 유지한다.

㉮ 건열멸균기 – 열을 이용하여 멸균하는 것
이다.

㉯ 자비소독기 – 물을 끓여서 소독하는 방법
이다.

㉱ 자외선소독기 – 스파츌라, 해면, 팩붓 등을
소독한다.

54 고압 증기 멸균법에 있어 20Lbs, 126.5도의
상태에서는 몇 분간 처리하는 것이 좋은가?

㉮ 5분 ㉯ 15분
㉰ 30분 ㉱ 60분

㉯ 고압 증기 멸균법 : 120℃에서 15~20분간 처리
한다.

55 이 · 미용업소에서 수건 소독에 가장 많이 사
용되는 물리적 소독법은?

㉮ 석탄산 소독

㉯ 알코올 소독

㉰ 자비 소독

㉱ 과산화수소 소독

㉰ 자비 소독 : 물을 끓여서 소독하는 방법으로 수
건, 의류 등에 사용한다.

56 공중위생관리법상 이 · 미용업소의 조명 기준
은?

㉮ 50럭스 이상

㉯ 75럭스 이상

㉰ 100럭스 이상

㉱ 125럭스 이상

㉯ 75럭스 이상

57 공중위생관리법상 위생 서비스 수준의 평가
에 대한 설명 중 맞는 것은?

㉮ 평가의 전문성을 높이기 위하여 필요하다
고 인정하는 경우에는 관련 전문 기관 및
단체로 하여금 위생 서비스 평가를 실시하
게 할 수 있다.

㉯ 평가 주기는 3년마다 실시한다.

㉰ 평가 주기와 방법, 위생 관리 등급은 대통
령령으로 정한다.

㉱ 위생 관리 등급은 2개의 등급으로 나뉜다.

㉮ 평가의 전문성을 높이기 위하여 필요하다고 인
정하는 경우에는 관련 전문 기관 및 단체로 하여
금 위생 서비스 평가를 실시하게 할 수 있다.

㉯ 평가 주기는 2년마다 실시한다.

㉰ 평가 주기와 방법, 위생 관리 등급은 보건
복지가족부령으로 정한다.

㉱ 위생 관리 등급은 3개의 등급(최우수 업소
– 녹색 / 우수 업소 – 황색 / 일반 업소 –
백색)으로 나뉜다.

58 이 · 미용업 영업자가 공중위생관리법을 위반
하여 관계 행정기관의 장의 요청이 있을 때에
는 몇 월 이내의 기간을 정하여 영업의 정지
또는 일부 시설의 사용 중지 혹은 영업소 폐
쇄 등을 명할 수 있는가?

㉮ 3월 ㉯ 6월
㉰ 1년 ㉱ 2년

ANSWER   53. ㉰   54. ㉯   55. ㉰   56. ㉯   57. ㉮   58. ㉯

ⓝ 6월 : 시장, 군수, 구청장의 명령을 위반시에는 **6
월 이내**의 기간을 정하여 영업 정지 또는 일부
시설 사용 중지 혹은 영업소 폐쇄 등을 명할 수
있다.

59 행정 처분 대상자 중 중요 처분 대상자에게
청문을 실시할 수 있다. 그 청문 대상이 아닌
것은?

㉮ 면허 정지 및 면허 취소

㉯ 영업 정지

㉰ 영업소 폐쇄 명령

㉱ 자격증 취소

㉱ **청문 대상** : 면허 정지 및 면허 취소, 영업 정지,
영업소 폐쇄 명령, 일부 시설 사용중지 등

60 다음 중 ( ) 안에 가장 적합한 것은?

> 공중위생관리법상 "미용업"의 정의는 손
> 님의 얼굴, 머리, 피부 등을 손질하여 손님
> 의 ( )를(을) 아름답게 꾸미는 영업이다.

㉮ 모습

㉯ 외양

㉰ 외모

㉱ 신체

㉰ 공중위생관리법상 "미용업"의 정의는 손님의 얼
굴, 머리, 피부 등을 손질하여 손님의 **외모**를 아
름답게 꾸미는 영업이다.

어느 누구나 놀라운 잠재력이 있다. 그러므로 자신
의 능력과 젊음을 믿어라. 그리고 끊임없이 "모두
다 하기 나름이야" 라고 되뇌어라.

–앙드레 지드

1 물의 수압을 이용해 혈액순환을 촉진시켜 체내의 독소배출, 세포재생 등의 효과를 증진시킬 수 있는 건강증진 방법은?

㉮ 아로마테라피(aroma-therapy)

㉯ 스파테라피(spa-therapy)

㉰ 스톤테라피(stone-therapy)

㉱ 허벌테라피(hebal-therapy)

☞ ㉯ 스파테라피(spa-therapy)

2 글리콜산이나 젖산을 이용하여 각질층에 침투시키는 방법으로 각질세포의 응집력을 약화시키며 자연 탈피를 유도시키는 필링제는?

㉮ phenol ㉯ TCA

㉰ AHA ㉱ BP

☞ ㉰ AHA : 글리콜산, 젖산, 말릭산, 주석산, 구연산 등 **과일산추출**로 각질을 제거하는 필링제다.

3 다음에서 설명하는 팩(마스크)의 재료는?

> 열을 내서 혈액순환을 촉진시키고 또한 피부를 완전 밀폐시켜 팩(마스크)도포 전에 바르는 앰플과 영양액 및 영양크림의 성분이 피부 깊숙이 흡수되어 피부개선에 효과를 준다.

㉮ 해초 ㉯ 석고

㉰ 꿀 ㉱ 아로마

☞ ㉯ 석고 : **발열마스크**

4 클렌징의 목적과 가장 거리가 먼 것은?

㉮ 청결과 위생 ㉯ 혈액순환 촉진

㉰ 트리트먼트의 준비 ㉱ 유효성분 침투

☞ ㉱ 유효 성분 침투를 돕는 과정은 딥클렌징의 목적이고 유효 성분의 직접적인 침투는 팩(마스크)의 목적이다.

5 다음 중 필링의 대상이 아닌 것은?

㉮ 모세혈관 확장피부

㉯ 모공이 넓은 지성피부

㉰ 일반 여드름피부

㉱ 잔주름이 얇은 건성피부.

☞ ㉮ 모세혈관확장 피부 : 적용 대상이 **아니다**.

6 피부 관리 시 마무리 동작에 대한 설명 중 틀린 것은?

㉮ 장시간동안의 피부 관리로 인해 긴장된 근육의 이완을 도와 고객의 만족을 최대로 향상시킨다.

㉯ 피부타입에 적당한 화장수로 피부결을 일정하게 한다.

㉰ 피부타입에 적당한 앰플, 에센스, 아이크림, 자외선 차단제 등을 피부에 차례로 흡수시킨다.

㉱ 딥클렌징제를 사용한 다음 화장수로만 가볍게 마무리 관리해주어야 자극을 최소화할 수 있다.

☞ ㉱ 딥클렌징제를 사용한 다음 **매뉴얼테크닉**과 **팩** 등의 **마무리 관리**를 해 주어 **피부보호**를 위한 자극을 최소화할 수 있다.

ANSWER 01. ㉯ 02. ㉰ 03. ㉯ 04. ㉱ 05. ㉮ 06. ㉱

7 신체 부위별 관리의 효과를 극대화시키기 위한 방법과 가장 거리가 먼 것은?

㉮ 배농을 돕기 위해 따뜻한 차를 마시게 한다.

㉯ 온 타월을 사용하여 고객의 몸을 이완시켜 준다.

㉰ 시원한 물을 마시게 하여 고객을 안정시킨다.

㉱ 편안한 환경을 만들어 고객이 심리적 안정감을 갖도록 한다.

⏱ ㉰ **따뜻한 물**을 마시게 하여 고객을 안정시킨다.

8 제모 관리에서 왁스 제모법의 장점이 아닌 것은?

㉮ 신체의 광범위한 부위를 짧은 시간 내에 효과적으로 제거할 수 있다.

㉯ 털을 닳게 하여 제거하는 방법이므로 통증이 적다.

㉰ 다른 일시적 제모제보다 제모 효과가 4~5주 정도 오래 지속된다.

㉱ 피부나 모낭 등에 화학적 해를 미치지 않는다.

⏱ ㉯ 털을 닳게 하여 제거하는 방법은 제모의 방법 중에서 **없다**.

9 매뉴얼테크닉 시술 시 주의해야 할 사항이 아닌 것은?

㉮ 피부미용사는 손의 온도를 따뜻하게 하여 고객이 차갑게 느끼지 않도록 한다.

㉯ 처음과 마지막 동작은 주무르기 방법으로 부드럽게 시술한다.

㉰ 동작마다 일정한 리듬을 유지하면서 정확한 속도를 지키도록 한다.

㉱ 피부타입과 피부상태의 필요성에 따라 동작을 조절한다.

⏱ ㉯ 처음과 마지막 동작은 **쓰다듬기** 방법으로 부드럽게 시술한다.

10 제모시술 중 올바른 방법이 아닌 것은?

㉮ 시술자의 손을 소독한다.

㉯ 머절린(부직포)을 떼어낼 때 털이 자란 방향으로 떼어낸다.

㉰ 스파츌라에 왁스를 묻힌 후 손목 안쪽에 온도테스트를 한다.

㉱ 소독 후 시술부위에 남아 있을 유·수분을 정리하기 위하여 파우더를 사용한다.

⏱ ㉯ 머절린(부직포)을 떼어낼 때 털이 자란 **반대방향**으로 떼어낸다.

11 표피수분부족 피부의 특징이 아닌 것은?

㉮ 연령에 관계없이 발생한다.

㉯ 피부조직에 표피성 잔주름이 형성된다.

㉰ 피부 당김이 진피(내부)에서 심하게 느껴진다.

㉱ 피부조직이 별로 얇게 보이지 않는다.

⏱ ㉰ 피부 당김이 진피(내부)에서 심하게 느껴지는 것은 **진피수분부족피부**이다.

12 매뉴얼 테크닉의 기본 동작에 대한 설명으로 틀린 것은?

㉮ 에플라쥐(effleyrage) – 손바닥을 이용해 부드럽게 쓰다듬는 동작

㉯ 프릭션(friction) – 근육을 횡단하듯 반죽하는 동작

㉰ 타포트먼트(tapotrment) – 손가락을 이용하여 두드리는 동작

㉱ 바이브레이션(vibration) – 손 전체나 손가락에 힘을 주어 고른 진동을 주는 동작

⏱ ㉯ **프릭션**(friction) – 피부에 원을 그리듯이 문지르는 동작

• 페트리싸지(petrissage) – 근육을 횡단하듯 반죽하는 동작, 유연법

ANSWER ── **07.** ㉰ **08.** ㉯ **09.** ㉯ **10.** ㉯ **11.** ㉰ **12.** ㉯

13 입술 화장을 제거하는 방법으로 가장 적합한 것은?

㉮ 클렌저를 묻힌 화장솜으로 입술 바깥쪽에서 안쪽으로 닦아준다.

㉯ 클렌저를 묻힌 화장솜으로 입술 안쪽에서 바깥쪽으로 닦아준다.

㉰ 클렌저를 묻힌 면봉으로 닦아준다.

㉱ 클렌저를 묻힌 화장솜으로 입술을 안쪽에서 바깥쪽으로 닦아준다.

✏️ ㉮ 클렌저를 묻힌 화장솜으로 입술 **바깥쪽**에서 **안쪽**으로 닦아준다.

14 화장수의 작용이 아닌 것은?

㉮ 피부에 남은 클렌징 잔여물 제거 작용

㉯ 피부의 pH 밸런스 조절 작용

㉰ 피부에 집중적인 영양공급 작용

㉱ 피부 진정 또는 쿨링 작용

✏️ ㉰ 피부에 집중적인 영양공급 작용 : **팩** 및 **마스크** 작용

15 팩 중 아줄렌 팩의 주된 효과는?

㉮ 진정효과   ㉯ 탄력효과

㉰ 항산화 작용효과   ㉱ 미백효과

✏️ ㉮ **진정** 효과

16 피부미용의 기능이 아닌 것은?

㉮ 피부보호   ㉯ 피부문제 개선

㉰ 피부질환 치료   ㉱ 심리적 안정

✏️ ㉰ 피부 질환 치료는 **의학적 영역**이다.

17 피부미용의 관점에서 딥클렌징의 목적이 아닌 것은?

㉮ 영양물질의 흡수를 용이하게 한다.

㉯ 피지와 각질층의 일부를 제거한다.

㉰ 피부유형에 따라 주 1~2회 정도 실시한다.

㉱ 화학적 화상을 유발하여 피부세포 재생을 촉진한다.

✏️ ㉱ 화학적 화상을 유발하여 피부 세포 재생을 촉진하는 것은 **의학적 필링**이다.

18 여드름 피부에 직접 사용하기에 가장 좋은 아로마는?

㉮ 유칼립투스   ㉯ 로즈마리

㉰ 페파민트   ㉱ 티트리

✏️ ㉱ 티트리 : **항염**, **항균** 작용으로 **여드름 피부**에 좋다.

19 피부구조에 대한 설명 중 틀린 것은?

㉮ 피부는 표피, 진피, 피하지방층의 3개 층으로 구성된다.

㉯ 표피는 일반적으로 내측으로부터 기저층, 투명층, 유극층, 과립층 및 각질층의 5층으로 나뉜다.

㉰ 멜라닌 세포는 표피의 유극층에 산재한다.

㉱ 멜라닌 세포 수는 민족과 피부색에 관계없이 일정하다.

✏️ ㉯ 표피는 일반적으로 내측으로부터 **기저층, 유극층, 과립층, 투명층, 각질층**의 5층으로 나뉜다.
㉰ 멜라닌 세포는 표피의 **기저층**에 산재한다.

20 사춘기 이후에 주로 분비가 되며, 모공을 통하여 분비되어 독특한 채취를 발생시키는 것은?

㉮ 소한선   ㉯ 대한선

㉰ 피지선   ㉱ 갑상선

✏️ ㉯ 대한선 : **액취증**과 관련되며 **모공**을 통해 **분비**된다.

21 피부 표피 중 가장 두꺼운 층은?

㉮ 각질층   ㉯ 유극층

㉰ 과립층   ㉱ 기저층

✏️ ㉯ 유극층 : 표피 중 가장 **두꺼운 층**(5~10개층)으로 수분과 영양을 많이 함유하고 있다.

ℹ️ **A**NSWER   **13.** ㉮ **14.** ㉰ **15.** ㉮ **16.** ㉰ **17.** ㉱ **18.** ㉱ **19.** ㉯, ㉰ **20.** ㉯ **21.** ㉯

22 각 비타민의 효능 설명 중 옳은 것은?

㉮ 비타민 E – 아스코르빈산의 유도체로 사용되며 미백제로 이용된다.

㉯ 비타민 A – 혈액순환 촉진과 피부 청정효과가 우수하다.

㉰ 비타민 P – 바이오플라보노이드(bioflavonoid)라고도 하며 모세혈관을 강화하는 효과가 있다.

㉱ 비타민 B – 세포 및 결합조직의 조기노화를 예방한다.

🕐 ㉰ **비타민 P** – 바이오플라보노이드(bioflavonoid)라고도 하며 **모세혈관**을 **강화**하는 효과가 있다.

㉮ **비타민 C** – 아스코르빈산의 유도체로 사용되며 미백제로 이용된다.

㉯ **비타민 B₂** – 혈액순환 촉진과 피부 청정효과가 우수하다.

㉱ **비타민 E** – 세포 및 결합조직의 조기노화를 예방한다.

23 피부의 각질층에 존재하는 세포간지질 중 가장 많이 함유된 것은?

㉮ 세라마이드(ceramide)

㉯ 콜레스테롤(cholesterol)

㉰ 스쿠알렌(squalene)

㉱ 왁스(wax)

🕐 ㉮ 세라마이드(ceramide) : 각질간의 **접착제역할**

24 콜라겐(collagen)에 대한 설명으로 틀린 것은?

㉮ 노화된 피부에는 콜라겐 함량이 낮다.

㉯ 콜라겐이 부족하면 주름이 발생하기 쉽다.

㉰ 콜라겐은 피부의 표피에 주로 존재한다.

㉱ 콜라겐은 섬유아세포에서 생성된다.

🕐 ㉰ 콜라겐은 피부의 **진피**에 존재한다.

25 성인이 하루에 분비하는 피지의 양은?

㉮ 약 1~2g

㉯ 약 0.1~0.2g

㉰ 약 3~5g

㉱ 약 5~8g

🕐 ㉮ 약 1~2g

26 광노화의 반응과 가장 거리가 먼 것은?

㉮ 거칠어짐

㉯ 건조

㉰ 과색소침착증

㉱ 모세혈관 수축

🕐 ㉱ 모세혈관 **확장**

27 지성피부에 대한 설명 중 틀린 것은?

㉮ 지성피부는 정상피부보다 피지분비량이 많다.

㉯ 피부결이 섬세하지만 피부가 얇고 붉은색이 많다.

㉰ 지성피부가 생기는 원인은 남성호르몬의 안드로겐(androgen)이나 여성호르몬인 프로게스테론(progesterone)의 기능이 활발해져서 생긴다.

㉱ 지성피부의 관리는 피지제거 및 세정을 주 목적으로 한다.

🕐 ㉯ 피부결이 섬세하지만 피부가 얇고 붉은색이 많은 것은 **민감성피부**이다.

28 혈액의 기능으로 틀린 것은?

㉮ 호르몬 분비작용

㉯ 노폐물 배설작용

㉰ 산소와 이산화탄소의 운반작용

㉱ 삼투압과 산, 염기 평형의 조절작용

🕐 ㉮ 호르몬 분비작용 : **내분비계의 기능**

29 인체의 각 주요 호르몬의 기능 저하에 따라 나타나는 현상으로 틀린 것은?

㉮ 부신피질자극호르몬(ACTH) : 갑상선 기능 저하

㉯ 난포자극호르몬(FSH) : 불임

㉰ 인슐린(Insulin) : 당뇨

㉱ 에스트로겐(Estrogen) : 무월경

Ⓐ ANSWER　**22.** ㉰　**23.** ㉮　**24.** ㉰　**25.** ㉮　**26.** ㉱　**27.** ㉯　**28.** ㉮　**29.** ㉮

⭐정 ㉘ 부신피질자극호르몬(ACTH) : **스트레스 호르몬**

30 세포 내에서 호흡생리를 담당하고 이화작용과 동화작용에 의해 에너지를 생산하는 곳은?

㉮ 리소좀 ㉯ 염색체
㉰ 소포체 ㉱ 미토콘드리아

⭐정 ㉱ 미토콘드리아 : 세포 내 호흡생리 담당, 이화작용과 동화작용으로 **에너지(ATP) 생산**

31 골과 골 사이의 충격을 흡수하는 결합조직은?

㉮ 섬유 ㉯ 연골
㉰ 관절 ㉱ 조직

⭐정 ㉯ 연골 : 골과 골 사이의 **충격흡수**하는 결합조직

32 췌장에서 분비되는 단백질 분해효소는?

㉮ 펩신(pepsin)
㉯ 트립신(trypsin)
㉰ 리파아제(lipase)
㉱ 펩티디아제(peptidase)

⭐정 ㉯ 트립신(trypsin) : 췌장에서 분비되는 **단백질 분해효소**

33 평활근에 대한 설명 중 틀린 것은?

㉮ 근원섬유에는 가로무늬가 없다.
㉯ 운동신경의 분포가 없는 대신 자율신경이 분포되어 있다.
㉰ 수축은 서서히 그리고 느리게 지속된다.
㉱ 신경을 절단하면 자동적으로 움직일 수 없다.

⭐정 ㉱ 신경을 절단하면 자동적으로 움직일 수 **있다.**

• 평활근 : 민무늬근, 내장근, 불수의근

34 다음 보기의 사항에 해당되는 신경은?

• 제7뇌신경이다.
• 안면 근육 운동
• 혀 앞 2/3 미각담당
• 뇌신경 중 하나

㉮ 3차신경 ㉯ 설인신경
㉰ 안면신경 ㉱ 부신경

⭐정 ㉰ 안면신경

35 진동브러쉬(Frimator)의 효과가 아닌 것은?

㉮ 앰플침투 ㉯ 클렌징
㉰ 필링 ㉱ 딥클렌징

⭐정 ㉮ 앰플침투 : **이온토포레시스**의 효과

36 전류의 설명으로 옳은 것은?

㉮ 양(+)전자들이 양(+)극을 향해 흐르는 것이다.
㉯ 음(-)전자들이 음(-)극을 향해 흐르는 것이다.
㉰ 전자들이 전도체를 따라 한 방향으로 흐르는 것이다.
㉱ 전자들이 양극(+)방향과 음극(-)방향을 번갈아 흐르는 것이다.

⭐정 ㉰ 전자들이 전도체를 따라 **한 방향**으로 흐르는 것이다.

37 디스인크러스테이션(disincrustation)을 가급적 피해야 할 피부유형은?

㉮ 중성피부
㉯ 지성피부
㉰ 노화피부
㉱ 건성피부

⭐정 ㉱ 건성피부 : **자극**이 될 수 있으므로 피하는 것이 좋다.

ⓐ ANSWER **30.** ㉱ **31.** ㉯ **32.** ㉯ **33.** ㉱ **34.** ㉰ **35.** ㉮ **36.** ㉰ **37.** ㉱

38 적외선 미용기기를 사용할 때의 주의사항으로 옳은 것은?

㉮ 램프와 고객과의 거리는 최대한 가까이한다.

㉯ 자외선 적용 전 단계에 사용하지 않는다.

㉰ 최대흡수 효과를 위해 해당부위와 램프가 직각이 되도록 한다.

㉱ 간단한 금속류를 제외한 나머지 장신구는 허용되지 않는다.

✎ ㉯ 자외선 적용 전 단계에 사용하지 않는다.
- 적외선 미용기기 : 열을 발생시키는 기기

39 갈바닉 전류 중 음극(−)을 이용한 것으로 제품을 피부로 스며들게 하기 위해 사용하는 것은?

㉮ 아나포레시스(anaphoresis)

㉯ 에피더마브레이션(epidermabrassion)

㉰ 카다포레시스(cataphoresis)

㉱ 전기 마스크(electronis mask)

✎ ㉮ 아나포레시스(anaphoresis) : 음극(−)을 이용한 것

40 증기연무기(Steamer)를 사용할 때 얻는 효과와 가장 거리가 먼 것은?

㉮ 따뜻한 연무는 모공을 열어 각질제거를 돕는다.

㉯ 혈관을 확장시켜 혈액 순환을 촉진시킨다.

㉰ 세포의 신진대사를 증가시킨다.

㉱ 마사지크림 위에 증기 연무를 사용하면 유효성분의 침투가 촉진된다.

✎ ㉱ 증기연무기는 마사지 전의 단계에 사용하여 모공을 열어 각질제거 및 혈액순환, 신진대사를 증가시키는 효과가 있다.

41 기능성 화장품에 대한 설명으로 옳은 것은?

㉮ 자외선에 의해 피부가 심하게 그을리거나 일광화상이 생기는 것을 지연해 준다.

㉯ 피부 표면에 더러움이나 노폐물을 제거하여 피부를 청결하게 해 준다.

㉰ 피부표면의 건조를 방지해주고 피부를 매끄럽게 한다.

㉱ 비누세안에 의해 손상된 피부의 pH를 정상적인 상태로 빨리 되돌아오게 한다.

✎ 기능성 화장품 : 자외선으로부터 피부를 곱게 태워주는 **선탠화장품**, 자외선으로부터 피부를 보호해주는 **자외선차단제품**, 미백에 도움을 주는 제품, **주름개선**에 도움을 주는 제품이다.

42 자외선 차단제에 대한 설명으로 옳은 것은?

㉮ 일광의 노출 전에 바르는 것이 효과적이다.

㉯ 피부 병변에 있는 부위에 사용하여도 무관하다.

㉰ 사용 후 시간이 경과하여도 다시 덧바르지 않는다.

㉱ SPF지수가 높을수록 민감한 피부에 적합하다.

✎ ㉮ 일광의 **노출 전**에 바르는 것이 효과적이다.

43 다음 중 향수의 부향률이 높은 것부터 순서대로 나열된 것은?

㉮ 퍼퓸 〉 오데포퓸 〉 오데코롱 〉 오데토일렛

㉯ 퍼퓸 〉 오데토일렛 〉 오데코롱 〉 오데퍼퓸

㉰ 퍼퓸 〉 오데퍼퓸 〉 오데토일렛 〉 오데코롱

㉱ 퍼퓸 〉 오데코롱 〉 오데퍼퓸 〉 오데토일렛

✎ ㉰ 퍼퓸 〉 오데퍼퓸 〉 오데토일렛 〉 오데코롱

ANSWER   38. ㉯   39. ㉮   40. ㉱   41. ㉮   42. ㉮   43. ㉰

44 화장품의 4대 요건에 해당되지 않는 것은?

㉮ 안전성

㉯ 안정성

㉰ 사용성

㉱ 보호성

😊 ㉱ 화장품의 4대 요건 : **안전성, 안정성, 사용성, 유효성**

45 다음의 설명에 해당되는 천연향의 추출방법은?

> 식물의 향기부분을 물에 담가 가온하여 증발된 기체를 냉각하면 물 위에 향기 물질이 뜨게 되는데 이것을 분리하여 순수한 천연향을 얻어내는 방법이다. 이는 대량으로 천연향을 얻어낼 수 있는 장점이 있으나 고온에서 일부 향기성분이 파괴 될 수 있는 단점이 있다.

㉮ 수증기 증류법

㉯ 압착법

㉰ 휘발성 용매 추출법

㉱ 비휘발성 용매 추출법

😊 ㉮ 수증기 증류법 : 가장 **경제적**이고 오래된 방법으로 증발된 기체를 냉각하여 순수한 천연향을 **대량**으로 얻어내는 방법이다.

46 바디샴푸에 요구되는 기능과 가장 거리가 먼 것은?

㉮ 피부 각질층 세포간지질 보호

㉯ 부드럽고 치밀한 기포 부여

㉰ 높은 기포 지속성 유지

㉱ 강력한 세정성 부여

😊 ㉱ 강력한 세정성 부여는 오히려 피부에 자극을 줄 수 있으므로 세정 후 피부 표면을 **보호** 및 **보습**의 기능을 갖추어야 한다.

47 세정작용과 기포형성작용이 우수하여 비누, 샴푸, 클렌징폼 등에 주로 사용되는 계면활성제는?

㉮ 양이온성 계면활성제

㉯ 음이온성 계면활성제

㉰ 비이온성 계면활성제

㉱ 양쪽성 계면활성제

😊 ㉯ 음이온성 계면활성제 : **세정**작용, **기포형성**작용 우수, 비누, 샴푸, 클렌징폼 등에 주로 사용

48 식중독에 관한 설명으로 옳은 것은?

㉮ 세균성 식중독 중 치사율이 가장 낮은 것은 보톨리누스 식중독이다.

㉯ 테트로도톡신은 감자에 다량 함유되어 있다.

㉰ 식중독은 급격한 발생률, 지역과 무관한 동시에 발성의 특성이 있다.

㉱ 식중독은 원인에 따라 세균성, 화학물질, 자연독, 곰팡이독으로 분류된다.

😊 ㉱ 식중독은 원인에 따라 **세균성, 화학물질, 자연독, 곰팡이독**으로 분류된다.

㉮ 세균성 식중독 중 치사율이 가장 **높은 것**은 **보톨리누스 식중독**이다.

㉯ **테트로도톡신**은 **복어**에 다량 함유되어 있다.

49 보건행정의 제 원리에 관한 것으로 맞는 것은?

㉮ 일반행정원리의 관리과정적 특성과 기획과정은 적용되지 않는다.

㉯ 의사결정과정에서 미래를 예측하고 행동하기 전의 행동계획을 결정한다.

㉰ 보건행정에서는 생태학이나 역학적 고찰이 필요 없다.

㉱ 보건행정은 공중보건학에 기초한 과학적 기술이 필요하다.

😊 Answer | **44.** ㉱ **45.** ㉮ **46.** ㉱ **47.** ㉯ **48.** ㉱ **49.** ㉱

해설 ㉣ **보건행정**은 **공중보건학**에 **기초**한 과학적 기술이 필요하다.

50 **다음 중 같은 병원체에 의하여 발생하는 인수고통 전염병은?**

㉮ 천연두
㉯ 콜레라
㉰ 디프테리아
㉱ 공수병

해설 ㉣ 공수병 : **광견병**으로 감염된 개에 의해 물렸거나 타액을 통하여 전염되는 **인수공통 전염병**이다.

51 **공중보건학의 개념과 가장 관계가 적은 것은?**

㉮ 지역주민의 수명 연장에 관한 연구
㉯ 전염병 예방에 관한 연구
㉰ 성인병 치료기술에 관한 연구
㉱ 육체적 정신적 효율 증진에 관한 연구

해설 ㉰ **공중보건학**의 개념 : 지역사회의 **전 주민**을 대상으로 **질병**을 **예방**하고 **수명연장**, **건강**과 **효율**을 **증진**시키는 학문이다.

52 **혈청이나 약제, 백신 등 열에 불안정한 액체의 멸균에 주로 이용되는 멸균법은?**

㉮ 초음파멸균법　　㉯ 방사선멸균법
㉰ 초단파멸균법　　㉱ 여과멸균법

해설 ㉣ 여과멸균법 : 혈청이나 약제, 백신 등 열에 **불안정한 액체**의 **멸균**에 주로 이용되는 멸균법

53 **석탄산의 90배 희석액과 어느 소독약의 180배 희석액이 같은 조건하에서 같은 소독효과가 있었다면 이 소독약의 석탄산 계수는?**

㉮ 0.50　　㉯ 0.05
㉰ 2.00　　㉱ 20.0

해설 ㉰ 석탄산 계수 = 소독제의 희석배수/석탄산의 희석배수 = 180/90 = 2

54 **고압증기멸균기의 소독대상물로 적합하지 않은 것은?**

㉮ 금속성기구　　㉯ 의류
㉰ 분말제품　　㉱ 약액

해설 ㉰ 분말제품

55 **멸균의 의미로 가장 적합한 표현은?**

㉮ 병원균의 발육, 증식억제 상태
㉯ 체내에 침입하여 발육 증식하는 상태
㉰ 세균의 독성만을 파괴한 상태
㉱ 아포를 포함한 모든 균을 사멸시킨 무균상태

해설 ㉣ **아포**를 **포함**한 **모든 균**을 **사멸**시킨 무균상태

56 **이·미용사 영업자의 지위를 승계 받을 수 있는 자의 자격은?**

㉮ 자격증이 있는 자
㉯ 면허를 소지한 자
㉰ 보조원으로 있는 자
㉱ 상속권이 있는 자

해설 ㉯ 면허를 소지한 자

57 **미용업 영업자가 영업소 폐쇄 명령을 받고도 계속하여 영업을 하는 때에 시장, 군수, 구청장이 관계 공무원으로 하여금 당해 영업소를 폐쇄하기 위하여 조치를 하게 할 수 있는 사항에 해당되지 않는 것은?**

㉮ 출입자 검문 및 통제
㉯ 영업소의 간판 기타 영업표지물의 제거
㉰ 위법한 영업소임을 알리는 게시물 등의 부착
㉱ 영업을 위하여 필수불가결한 기구 또는 시설물을 사용할 수 없게 하는 봉인

해설 ㉮ 출입자 검문 및 통제

ANSWER 50. ㉱ 51. ㉰ 52. ㉱ 53. ㉰ 54. ㉰ 55. ㉱ 56. ㉯ 57. ㉮

58 공중위생관리법상 (　　) 속에 가장 적합한 것은?

> 공중위생관리법은 공중이 이용하는 영업과 시설의 (　)등에 관한 사항을 규정함으로써 위생수준을 향상시켜 국민의 건강증진에 기여함을 목적으로 한다.

㉮ 위생
㉯ 위생관리
㉰ 위생과 소독
㉱ 위생과 청결

㉯ 위생관리

59 미용업자가 점빼기, 귓볼뚫기, 쌍커풀수술, 문신, 박피술 그 밖에 이와 유사한 의료행위를 하여 관련법규를 1차 위반했을 때의 행정처분은?

㉮ 경고
㉯ 영업정지 2월
㉰ 영업장 폐쇄명령
㉱ 면허취소

㉯ 영업정지 2월(1차) / 영업정지 3월(2차) / 폐쇄명령(3차)

60 과태료에 대한 설명 중 틀린 것은?

㉮ 과태료는 관할 시장, 군수, 구청장이 부과 징수한다.
㉯ 과태료처분에 불복이 있는 자는 그 처분을 고지 받은 날부터 30일 이내에 처분권자에게 이의를 제기할 수 있다.
㉰ 기간 내에 이의를 제기하지 아니하고 과태료를 납부하지 아니한 때에는 지방세체납처분의 예에 의하여 과태료를 징수한다.
㉱ 과태료에 대하여 이의제기가 있을 경우 청문을 실시한다.

㉱ 과태료에 대하여 이의제기가 있을 경우 **30일** 이내에 처분권자에게 이의를 제기할 수 있다.

• 청문을 실시하는 경우 : 미용사 면허취소, 공중위생영업의 정지, 일부시설 사용중지, 영업소 폐쇄명령 등

신념을 갖고 있는 사람 한 명의 힘은 관심만 가지고 있는 사람 아흔아홉 명의 힘과 같다.
－존 스튜어트 밀

🔓 **A**NSWER　　**58.** ㉯　**59.** ㉯　**60.** ㉱

2009년 7월 12일 시행

1 필오프 타입 마스크의 특징이 아닌 것은?

㉮ 젤 또는 액체형태의 수용성으로 바른 후 건조되면서 필름막을 형성한다.

㉯ 볼 부위는 영양분의 흡수를 위해 두껍게 바른다.

㉰ 팩 제거 시 피지나 죽은 각질 세포가 함께 제거되므로 피부청정효과를 준다.

㉱ 일주일에 1~2회 사용한다.

㉯ 볼 부위는 영양분의 흡수를 위해 두껍게 바르면 떼어내기가 어려우므로 **적당량** 바른다.

2 매뉴얼 테크닉의 기본 동작 중 하나인 쓰다듬기에 대한 내용과 가장 거리가 먼 것은?

㉮ 매뉴얼 테크닉의 처음과 끝에 주로 이용된다.

㉯ 혈액의 림프의 순환을 도모한다.

㉰ 자율신경계에 영향을 미쳐 피부에 휴식을 준다.

㉱ 피부에 탄력성을 증가시킨다.

㉱ 피부에 **탄력성**을 **증가**시키는 **동작**은 문지르기, 반죽하기, 두드리기, 떨기이다.

3 모세혈관 확장피부에 효과적인 성분이 아닌 것은?

㉮ 루틴　　　　　㉯ 아줄렌

㉰ 알로에　　　　㉱ A.H.A

㉱ A.H.A.: **과일**에서 추출한 산으로 **주름개선**의 효과가 있는 딥클렌징 제품이다.

4 다음의 설명에 가장 적합한 팩은?

- 효과 : 피부타입에 따라 당양하게 사용되며 유화형태이므로 사용감이 부드럽고 침투가 쉽다.
- 사용방법 및 주의사항 : 사용량만큼 필요한 부위에 바르고 필요에 따라 호일, 랩, 적외선 램프사용

㉮ 크림팩　　　　㉯ 벨벳(시트)팩

㉰ 분말팩　　　　㉱ 석고팩

㉮ 크림팩

5 피부유형별 적용 화장품 성분이 맞게 짝지어진 것은?

㉮ 건성피부 - 클로로필, 위치하젤

㉯ 지성피부 - 콜라겐, 레티놀

㉰ 여드름 피부 - 아보카도 오일, 올리브 오일

㉱ 민감성 피부 - 아줄렌, 비타민 B5

㉱ **민감성 피부** - 아줄렌, 비타민 B5, 비타민 P, 비타민 K, 클로로필, 위치하젤 등

6 온습포의 작용으로 볼 수 없는 것은?

㉮ 모공을 수축시키는 작용이 있다.

㉯ 혈액순환을 촉진시키는 작용이 있다.

㉰ 피지분비선을 자극시키는 작용이 있다.

㉱ 피부조직에 영양공급이 원활히 될 수 있도록 작용한다.

㉮ 모공을 **확장**시키는 작용이 있다.

ANSWER　**01.** ㉯　**02.** ㉱　**03.** ㉱　**04.** ㉮　**05.** ㉱　**06.** ㉮

7 딥 클렌징의 효과 및 목적과 가장 거리가 먼 것은?

㉮ 다음 단계의 유효성분 흡수율을 높여준다.

㉯ 모공 깊숙이 있는 피지와 각질제거를 목적으로 한다.

㉰ 피지가 모낭 입구 밖으로 원활하게 나오도록 해준다.

㉱ 효과적인 주름 관리가 되도록 해준다.

• 딥클렌징의 효과 및 목적
 – 노화된 각질, 모공 안의 피지 및 불순물 제거
 – 영양 물질 흡수 용이, 피부 재생 및 노화 예방, 혈액순환 촉진

8 다음 중 세정력이 우수하며, 지성, 여드름피부에 가장 적합한 제품은?

㉮ 클렌징 젤   ㉯ 클렌징 오일

㉰ 클렌징 크림   ㉱ 클렌징 밀크

㉮ 클렌징 젤 : 세정력 우수, **지성·여드름 피부**에 적합

9 제모의 설명으로 틀린 것은?

㉮ 왁싱을 이용한 제모는 얼굴이나 다리의 털을 제거하는 데 적합하며 모근까지 제거되기 때문에 보통 4~5주 정도 지속된다.

㉯ 제모 적용부위를 사전에 깨끗이 씻고 소독한다.

㉰ 제모 후에 진정제품을 피부 표면에 발라준다.

㉱ 왁스를 바른 후 떼어 낼 때는 아프지 않게 천천히 떼어 내는 것이 좋다.

㉱ 왁스를 바른 후 떼어 낼 때는 털이 난 **반대방향**으로 **신속**하게 떼어낸다.

10 클렌징 제품의 올바른 선택조건이 아닌 것은?

㉮ 클렌징이 잘 되어야 한다.

㉯ 피부의 산성막을 손상시키지 않는 제품이어야 한다.

㉰ 피부유형에 따라 적절한 제품을 선택해야 한다.

㉱ 충분하게 거품이 일어나는 제품을 선택한다.

㉱ 충분하게 거품이 일어나는 제품뿐만 아니라 클렌징의 제품 종류에는 로션, 크림, 오일, 젤, 워터 등 **다양**하다.

11 피부관리 후 피부미용사가 마무리해야 할 사항과 가장 거리가 먼 것은?

㉮ 피부관리 기록카드에 관리내용과 사용 화장품에 대해 기록한다.

㉯ 고객이 집에서 자가 관리를 잘하도록 홈케어에 대해서도 기록하여 추후 참고 자료로 활용한다.

㉰ 반드시 메이크업을 해준다.

㉱ 피부미용 관리가 마무리되면 베드와 주변을 청결하게 정리한다.

㉰ 반드시 메이크업을 해 줄 필요는 없으며 메이크업은 피부미용의 영역에 속하지 않는다.

12 지성피부의 특징으로 맞는 것은?

㉮ 모세혈관이 약화되거나 확장되어 피부표면으로 보인다.

㉯ 피지분비가 왕성하여 피부 번들거림이 심하며 피부결이 곱지 못하다.

㉰ 표피가 얇고 피부표면이 항상 건조하고 잔주름이 쉽게 생긴다.

㉱ 표피가 얇고 투명해 보이며 외부자극에 쉽게 붉어진다.

㉯ **피지분비**가 **왕성**하여 피부 **번들거림**이 심하며 피부결이 곱지 못하다.

13 손가락이나 손바닥으로 연속적인 쓰다듬기 동작을 하는 매뉴얼 테크닉 방법은?

㉮ 프릭션   ㉯ 페트리싸지

㉰ 에플러라지   ㉱ 러빙

ANSWER   **07.** ㉱   **08.** ㉮   **09.** ㉱   **10.** ㉱   **11.** ㉰   **12.** ㉯   **13.** ㉰

⏱💡 ㉯ 에플러라지 : 쓰다듬기

14 다음 중 스크럽 성분의 딥클렌징을 피하는 것이 가장 좋은 피부는?

㉮ 모공이 넓은 지성피부
㉯ 모세혈관이 확장되고 민감한 피부
㉰ 정상피부
㉱ 지성 우세 복합성 피부

⏱💡 ㉯ 모세혈관이 확장되고 민감한 피부

15 바디 랩에 관한한 설명으로 틀린 것은?

㉮ 비닐을 감쌀 때는 타이트하게 꼭 조이도록 한다.
㉯ 수증기나 드라이 히트는 몸을 따뜻하게 하기 위해서 사용되기도 한다.
㉰ 보통 사용되는 제품은 앨쥐나 허브, 슬리밍 크림 등이다.
㉱ 이 요법은 독소제거나 노폐물의 배출 증진, 순환 증진을 위해서 사용된다.

⏱💡 ㉮ 비닐을 감쌀 때는 피부가 **호흡**을 할 수 있도록 하는 것이 좋다.

16 피부미용의 개념에 대한 설명으로 가장 거리가 먼 것은?

㉮ 피부미용이란 내·외적 요인으로 인한 미용상의 문제를 물리적이나 화학적인 방법을 이용하여 예방하는 것이다.
㉯ 피부의 생리기능을 자극함으로써 아름답고 건강한 피부를 유지하고 관리하는 미용기술을 말한다.
㉰ 피부미용은 과학적 지식을 바탕을 다양한 미용적인 관리를 행하므로 하나의 과학이라 말할 수 있다.
㉱ 과학적인 지식과 기술을 바탕으로 미의 본질과 형태를 다룬다는 의미는 있으나 예술이라고는 할 수 없다.

⏱💡 • 피부미용의 개념 : **두발**을 **제외**한 매뉴얼 테크닉(손을 **이용**한 관리)과 화장품, 미용기기를 사용하여 피부를 청결하고 아름답게 가꾸어 건강하고 아름답게 변화시키는 과정

17 왁스를 이용한 제모의 부적용증과 가장 거리가 먼 것은?

㉮ 신부전　　　㉯ 정맥류
㉰ 당뇨병　　　㉱ 과민한 피부

⏱💡 ㉮ 신부전 : **신장**의 **기능**에 **장애**가 있는 상태

18 건성피부, 중성피부, 지성 피부를 구분하는 가장 기본적인 피부 유형 분석 기준은?

㉮ 피부의 조직상태　㉯ 피지분지 상태
㉰ 모공의 크기　　　㉱ 피부의 탄력도

⏱💡 ㉯ 피지분지 상태 : **피부유형** 분석의 **기준**

19 자외선의 영향으로 인한 부정적인 효과는?

㉮ 홍반반응　　　㉯ 비타민 D 형성
㉰ 살균효과　　　㉱ 강장효과

⏱💡 ㉮ 홍반반응 (색소침착, 피부암 발생 등)

20 땀의 분비가 감소하고 갑상선 기능의 저하, 신경계 질환의 원인이 되는 것은?

㉮ 다한증　　　㉯ 소한증
㉰ 무한증　　　㉱ 액취증

⏱💡 ㉯ 소한증 : 땀의 분비가 **감소**하고 갑상선 기능의 저하, 신경계 질환의 원인

21 장기간에 걸쳐 반복하여 긁거나 비벼서 표피가 건조하고 가죽처럼 두꺼워진 상태는?

㉮ 가피　　　㉯ 낭종
㉰ 태선화　　　㉱ 반흔

⏱💡 ㉰ 태선화 : 장기간에 걸쳐 반복하여 긁거나 비벼서 **표피**가 **건조**하고 **가죽**처럼 **두꺼워진** 상태

ℹ **A**NSWER　**14.** ㉯　**15.** ㉮　**16.** ㉱　**17.** ㉮　**18.** ㉯　**19.** ㉮　**20.** ㉯　**21.** ㉰

22 화상의 구분 중 홍반, 부종, 통증뿐만 아니라 수포를 형성하는 것은?

㉮ 제 1도 화상　　㉯ 제 2도 화상
㉰ 제 3도 화상　　㉱ 중급화상

💡 ㉯ 제 2도 화상 : 수포성 화상

　　㉮ 제 1도 화상 : 홍반성 화상
　　㉰ 제 3도 화상 : 괴사성 화상

23 원주형의 세포가 단층으로 이어져 있으며 각질형성세포와 색소형성세포가 존재하는 피부 세포층은?

㉮ 기저층　　㉯ 투명층
㉰ 각질층　　㉱ 유극층

💡 ㉮ 기저층 : 표피의 **가장 아래**에 위치한 원주형의 세포가 **단층**으로 이어져 있으며 **각질형성세포**와 **색소형성세포**가 존재

24 피부에서 피지가 하는 작용과 관계가 가장 먼 것은?

㉮ 수분증발억제　　㉯ 살균작용
㉰ 열발산방지작용　　㉱ 유화작용

💡 ㉰ **피지의 작용** : 수분증발억제, 살균작용, 유화작용, 체온저하 예방

25 각화유리질과립은 피부 표피의 어떤 층에 주로 존재하는가?

㉮ 과립층　　㉯ 유극층
㉰ 기저층　　㉱ 투명층

💡 ㉮ 과립층 : 각화유리질과립(케라토하이알린)이 존재하고 각질이 **퇴화**되기 시작

26 다음 중 진피의 구성세포는?

㉮ 멜라닌 세포　　㉯ 랑게르한스 세포
㉰ 섬유아 세포　　㉱ 머켈 서포

💡 ㉰ 섬유아 세포 : 진피의 구성세포로 **콜라겐**, **엘라스틴**, **기질**로 구성

27 기미, 주근깨 피부관리에 가장 적합한 비타민은?

㉮ 비타민 A　　㉯ 비타민 B_1
㉰ 비타민 B_2　　㉱ 비타민 C

💡 ㉱ 비타민 C : **대표적인 피부미용 비타민**으로 기미, 주근깨 피부관리에 적합

28 안륜근의 설명으로 맞는 것은?

㉮ 뺨의 벽에 위치하며 수축하면 뺨이 안으로 들어가서 구강 내압을 높인다.
㉯ 눈꺼풀의 피하조직에 있으면서 눈을 감거나 깜박거릴 때 이용된다.
㉰ 구각을 외 상방으로 끌어 당겨서 웃는 표정을 만든다.
㉱ 교근 근막의 표층으로부터 입 꼬리 부분에 뻗어 있는 근육이다.

💡 ㉯ 눈꺼풀의 피하조직에 있으면서 **눈을 감거나 깜박**거릴 때 이용된다.

29 근육의 기능에 따른 분류에서 서로 반대되는 작용을 하는 근육을 무엇이라 하는가?

㉮ 길항근　　㉯ 신근
㉰ 반건양근　　㉱ 협력근

💡 ㉮ 길항근 : 서로 **반대작용**을 하는 근육

30 골격근의 기능이 아닌 것은?

㉮ 수의적 운동
㉯ 자세유지
㉰ 체중의 지탱
㉱ 조혈작용

💡 ㉱ 조혈작용 : **골격계**의 기능

31 원형질막을 통한 물질의 이동 과정에 관한 설명 중 틀린 것은?

㉮ 확산은 물질 자체의 운동에너지에 의해 저농도에서 고농도로 물질이 이동하는 것이다.

㉯ 포도당은 보조 없이 원형질막을 통과할 수 없으며 단백질과 결합하여 세포 안으로 들어가는 것을 촉진 확산한다.

㉰ 삼투 현상은 높은 물 농도에서 낮은 물 농도로 물 분자 만이 선택적으로 투과하는 것을 말한다.

㉱ 여과는 높은 압력이 낮은 압력이 있는 곳으로 이동하는 압력 경사에 의해 이루어지는 것이다.

💡 ㉮ 확산은 물질 자체의 운동에너지에 의해 **고농도**에서 **저농도**로 물질이 이동하는 것이다.

32 척주에 대한 설명이 아닌 것은?

㉮ 머리와 몸통을 움직일 수 있게 함

㉯ 성인의 척주를 옆에서 보면 4개의 만곡이 존재

㉰ 경추 5개, 흉추 11개, 요추 7개, 천골 1개 미골 2개로 구성

㉱ 척수를 뼈로 감싸면서 보호

💡 ㉰ 경추 7개, 흉추 12개, 요추 5개, 천골 1개 미골 1개로 구성

33 안면의 피부와 저작근에 존재하는 감각신경과 운동신경의 혼합신경으로 뇌신경 중 가장 큰 것은?

㉮ 시신경   ㉯ 삼차신경
㉰ 안면신경   ㉱ 미주신경

💡 ㉯ 삼차신경 : **안면**의 **피부**와 **저작근**에 존재하는 감각신경과 운동신경의 혼합신경으로 뇌신경 중 가장 **크다.**

34 림프의 주된 기능은?

㉮ 분비작용
㉯ 면역작용
㉰ 체절보호작용
㉱ 체온조절 작용

💡 ㉯ **면역작용** : 림프구 생산에 의해 신체 방어작용

35 피부를 분석 시 고객과 관리사가 동시에 피부상태를 보면서 분석하기에 가장 적합한 피부분석기기는?

㉮ 확대경   ㉯ 우드램프
㉰ 브러싱   ㉱ 스킨스코프

💡 ㉱ **스킨스코프** : 피부를 분석 시 고객과 관리사가 동시에 피부상태를 보면서 분석하는 기기

36 바이브레이터기의 올바른 사용법이 아닌 것은?

㉮ 기기관리도중 지속성이 끊어지지 않게 한다.
㉯ 압력을 최대한 주어 효과를 극대화 시킨다.
㉰ 항상 깨끗한 헤드를 사용하도록 유의한다.
㉱ 관리도중 신체손상이 발생하지 않도록 헤드부분을 잘 고정한다.

💡 ㉯ 압력을 최대한 주면 효과를 극대화 시키기보다 오히려 피부에 **자극**을 줄 수 있다.

37 갈바닉 전류에서 음극의 효과는?

㉮ 진정효과
㉯ 통증감소
㉰ 알칼리성반응
㉱ 혈관수축

💡 ㉰ 음극의 효과 : 알칼리성반응, 유연효과, 통증유발, 혈관확장, 모공세정효과, 신경자극증가, 음이온 물질 침투 등

38 직류와 교류에 대한 설명으로 옳은 것은?

㉮ 교류를 갈바닉 전류라고도 한다.

㉯ 교류전류에는 평류, 단속 평류가 있다.

㉰ 직류는 전류의 흐르는 방향이 시간의 흐름에 따라 변하지 않는다.

㉱ 직류전류에는 정현파, 감응, 격동 전류가 있다.

㉰ 직류는 전류의 흐르는 방향이 시간의 흐름에 따라 변하지 않는다.

　㉮ **직류**를 **갈바닉** 전류라고도 한다.
　㉯ **직류**전류에는 **평류, 단속 평류**가 있다.
　㉱ **교류**전류에는 **정현파, 감응, 격동 전류**가 있다.

39 다음 보기와 같은 내용은 어떠한 타입의 피부관리 중점 사항인가?

> 피부의 완벽한 클렌징과 긴장완화, 보호, 진정, 안정 및 냉 효과를 목적으로 기기관리가 이루어져야 한다.

㉮ 건성피부　　㉯ 지성피부

㉰ 복합성 피부　㉱ 민감성 피부

㉱ 민감성 피부 : 피부의 **자극**을 **최소화**시킬 수 있는 관리가 이루어져야 한다.

40 고주파 직접법의 주 효과에 해당하는 것은?

㉮ 수렴효과　　㉯ 피부강화

㉰ 살균효과　　㉱ 자극효과

㉰ 살균효과 : 고주파 **직접법**은 열을 발생시켜 **살균효과**를 주므로 **지성피부**에 효과적이다.

41 아로마오일을 피부에 효과적으로 침투시키기 위해 사용하는 식물성 오일은?

㉮ 에센셜 오일

㉯ 캐리어 오일

㉰ 트랜스 오일

㉱ 미네랄 오일

㉯ 캐리어 오일 : 아로마오일을 피부에 효과적으로 **침투**시키기 위해 사용하는 식물성 오일로 **베이스 오일**이라고도 한다.

42 메이크업 화장품 중에서 인료가 균일하게 분산되어 있는 형태로 대부분 O/W형 유화타입이며, 투명감 있게 마무리되므로 피부에 결점이 별로 없는 경우에 사용하는 것은?

㉮ 트윈 케이크

㉯ 스킨커버

㉰ 리퀴드 파운데이션

㉱ 크림 파운데이션

㉰ 리퀴드 파운데이션 : O/W형 유화타입(로션타입)이며, **투명감** 있고 가벼우며 **산뜻**하게 마무리되므로 피부에 결점이 별로 없는 경우에 사용한다.

43 여드름 피부용 화장품에 사용되는 성분과 가장 거리가 먼 것은?

㉮ 살리실산

㉯ 글리시리진산

㉰ 아줄렌

㉱ 알부틴

㉱ 알부틴 : **미백**성분

44 각질제거용 화장품에 주로 쓰이는 것으로 죽은 각질을 빨리 떨어져 나가게 하고 건강한 세포가 피부를 구성할 수 있도록 도와주는 성분은?

㉮ 알파-히드록시산

㉯ 알파-토코페롤

㉰ 라이코펜

㉱ 리포좀

㉮ 알파-히드록시산 : AHA라고 표기하며 죽은 각질을 제거하는 **각질제거용** 화장품이다.

ⓘ Aɴsᴡᴇʀ　38. ㉰　39. ㉱　40. ㉰　41. ㉯　42. ㉰　43. ㉱　44. ㉮

45 아로마 오일에 대한 설명으로 가장 적절한 것은?

㉮ 수증기 증류법에 의해 얻어진 아로마오일이 주로 사용되고 있다.

㉯ 아로마 오일은 공기 중의 산소나 빛에 안정하기 때문에 주로 투명용기에 보관하여 사용한다.

㉰ 아로마 오일은 주로 향기식물의 줄기나 뿌리 부위에서만 추출된다.

㉱ 아로마 오일은 주로 베이스노트이다.

🖐️M ㉮ **수증기 증류법**에 의해 얻어진 아로마오일이 주로 사용되고 있다.

   ㉯ 아로마 오일은 공기 중의 산소나 빛에 **불안정**하기 때문에 주로 **갈색유리병**에 냉암소에서 보관하여 사용한다.

   ㉰ 아로마 오일은 주로 향기식물의 줄기나 뿌리, 꽃, 잎, 열매 등 **다양한 부위**에서 추출된다.

   ㉱ 아로마 오일은 주로 **미들노트** 이다.

46 화장품의 분류에 관한 설명 중 틀린 것은?

㉮ 마사지 크림은 기초화장품에 속한다.

㉯ 샴푸, 헤어린스는 모발용 화장품에 속한다.

㉰ 퍼퓸, 오데코롱은 방향화장품에 속한다.

㉱ 페이스파우더는 기초화장품에 속한다.

🖐️M ㉱ 페이스파우더는 **메이크업화장품**에 속한다.

47 유아용 제품과 저자극성 제품에 많이 사용되는 계면활성제에 대한 설명 중 옳은 것은?

㉮ 물에 용해될 때, 친수기에 양이온과 음이온을 동시에 갖는 계면활성제

㉯ 물에 용해될 때, 이온으로 해리하지 않는 수산기, 에테르결합, 에스테르 등을 분자 중에 갖고 있는 계면활성제

㉰ 물에 용해될 때, 친수기 부분이 음이온으로 해리되는 계면활성제

㉱ 물에 용해될 때, 친수기 부분이 양이온으로 해리되는 계면활성제

🖐️M ㉮ 물에 용해될 때, 친수기에 양이온과 음이온을 동시에 갖는 계면활성제 = **양쪽성**

48 전염병예방법 중 제 1군 전염병에 해당되는 것은?

㉮ 백일해

㉯ 공수병

㉰ 세균성 이질

㉱ 홍역

🖐️M • **제 1군 전염병** : 세균성 이질, 콜레라, 페스트, 장티푸스, 파라티푸스, 장출혈성 대장균 감염증

49 다음 중 오염된 주사기, 면도날 등으로 인해 감염이 잘 되는 만성 전염병은?

㉮ 렙토스피라증

㉯ 트라코마

㉰ 간염

㉱ 파라티푸스

🖐️M ㉰ 만성 전염병 : 간염, 결핵, 성병, 에이즈, 나병

   ㉮ 렙토스피라증 : 감염된 쥐의 배설물이나 배설물에 오염된 물에 의해 전염

   ㉯ 트라코마 : 눈에 발생하는 만성 염증으로 감염된 숙주의 세포 안에서만 미생물이 성장

   ㉰ 간염 : A, B, C형 간염으로 분류되며 주로 A형 간염이고, 오염된 주사기나 면도날 등으로 인해 감염

   ㉱ 파라티푸스 : 불완전 급수와 식품 매개로 전파, 주로 환자의 대·소변에 오염된 음식물이나 물에 의해 전파

ANSWER **45.** ㉮ **46.** ㉱ **47.** ㉮ **48.** ㉰ **49.** ㉰

50 공중보건에 대한 설명으로 가장 적절한 것은?

㉮ 개인을 대상으로 한다.

㉯ 예방의학을 대상으로 한다.

㉰ 집단 또는 지역사회를 대상으로 한다.

㉱ 사회의학을 대상으로 한다.

💡 ㉰ **집단** 또는 **지역사회**를 대상으로 한다.

51 독소형 식중독의 원인균은?

㉮ 황색 포도상구균

㉯ 장티푸스균

㉰ 돈 콜레라균

㉱ 장염균

💡 ㉮ 독소형 식중독 : 포도상구균, 보툴리누스균, 웰치균

52 다음 중 아포를 형성하는 세균에 대한 가장 좋은 소독법은?

㉮ 적외선 소독

㉯ 자외선소독

㉰ 고압증기멸균 소독

㉱ 알콜 소독

💡 ㉰ 고압증기멸균 소독 : 멸균은 아포를 포함한 **모든 균**을 **사멸**시킨다.

53 여러 가지 물리화학적 방법으로 병원성 미생물을 가능한 제거하여 사람에게 감염의 위험이 없도록 하는 것은?

㉮ 멸균　　　　㉯ 소독

㉰ 방부　　　　㉱ 살충

💡 ㉯ 소독 : 병원성 미생물을 제거하여 사람에게 **감염**의 **위험**을 **없도록** 하는 것

54 소독약이 고체인 경우 1% 수용액이란?

㉮ 소독약 0.1g을 물 100ml에 녹인 것

㉯ 소독약 1g을 물 100ml에 녹인 것

㉰ 소독약 10g을 물 100ml에 녹인 것

㉱ 소독약 10g을 물 990ml에 녹인 것

💡 ㉯ 소독약 1g을 물 100ml에 녹인 것

55 호기성 세균이 아닌 것은?

㉮ 결핵균

㉯ 백일해균

㉰ 가스괴져균

㉱ 녹농균

💡 ㉰ 가스괴져균 : **혐기성 아포 형성균**의 하나로 흙, 먼지, 배설물 따위에 홀씨로서 존재한다.

• 호기성 세균 : 산소를 필요로 하는 세균으로 결핵균, 백일해균, 녹농균, 디프테리아균 등이 있다.

56 갑이라는 미용업영업자가 처음으로 손님에게 윤락행위를 제공하다가 적발되었다. 이 경우 어떠한 행정 처분을 받는가?

㉮ 영업정지 2월 및 면허정지 2월

㉯ 영업장 폐쇄명령 및 면허취소

㉰ 향후 1년간 영업장 폐쇄

㉱ 업주에게 경고와 함께 행정처분

💡 ㉮ 영업정지 2월(영업소) 및 면허정지 2월(미용사)

57 보건복지부가족부장관은 공중위생관리법에 의한 권한의 일부를 무엇이 정하는 바에 의해 시·도지사에게 위임할 수 있는가?

㉮ 대통령령

㉯ 보건복지가족부령

㉰ 공중위생관리법시행규칙

㉱ 행정안전부령

ANSWER　　**50.** ㉰　**51.** ㉮　**52.** ㉰　**53.** ㉯　**54.** ㉯　**55.** ㉰　**56.** ㉮　**57.** ㉮

🔅정 ㉮ 대통령령

58 면허의 정지명령을 받은 자는 그 면허증을 누구에게 제출해야 하는가?

㉮ 보건복지가족부장관
㉯ 시·도지사
㉰ 시장 군수 구청장
㉱ 이·미용사 중앙회장

🔅정 ㉰ 시장 군수 구청장

59 이 미용업의 준수사항으로 틀린 것은?

㉮ 소독을 한 기구와 하지 않은 기구는 각각 다른 용기에 보관하여야 한다.
㉯ 간단한 피부미용을 위한 의료기구 및 의약품은 사용하여도 된다.
㉰ 영업장의 조명도는 75룩스 이상 되도록 유지한다.
㉱ 점 빼기, 쌍꺼풀 수술 등의 의료 행위를 하여서는 안 된다.

🔅정 ㉯ 간단한 피부미용을 위한 의료기구 및 의약품 사용은 **절대로** 해서는 **안된다.**

60 이·미용업을 승계할 수 있는 경우가 아닌 것은? (단, 면허를 소지한 자에 한함)

㉮ 이·미용업을 양수한 경우
㉯ 이·미용업영업자의 사망에 따른 상속에 의한 경우
㉰ 공중위생관리법에 의한 영업장폐쇄명령을 받은 경우
㉱ 이·미용업영업자의 파산에 의해 시설 및 설비의 전부를 인수한 경우

🔅정 ㉰ 공중위생관리법에 의한 영업장폐쇄명령을 받은 경우에는 승계를 할 수 없다.

자신도 오르게 열린 문 사이로 행복이 스며들 때가 있다.

－존 배리모어

ANSWER 58. ㉰ 59. ㉯ 60. ㉰

1 클렌징 시술 준비과정의 유의사항과 가장 거리가 먼 것은?

㉮ 고객에게 가운을 입히고 고객이 액세서리를 제거하여 보관하게 한다.

㉯ 터번은 귀가 접혀지지 않게 조심한다.

㉰ 깨끗한 시트와 중간 타월로 준비된 침대에 눕힌 다음 큰 타월이나 담요로 덮어준다.

㉱ 터번이 흘러내리지 않도록 핀셋으로 다시 고정시킨다.

🕐**M** ㉱ 터번이 흘러내리지 않도록 핀셋으로 다시 고정시키면 고객의 **순환**에 **자극**을 줄 수 있다.

2 지성 피부를 위한 피부관리 방법은?

㉮ 토너는 알코올 함량이 적고 보습기능이 강화된 제품을 사용한다.

㉯ 클렌저는 유분기 있는 클렌징크림을 선택하여 사용한다.

㉰ 동·식물성 지방 성분이 함유된 음식을 많이 섭취한다.

㉱ 클렌징 로션이나 산뜻한 느낌의 클렌징 젤을 이용하여 메이크업을 지운다.

🕐**M** ㉱ **클렌징 로션**이나 산뜻한 느낌의 **클렌징 젤**을 이용하여 메이크업을 지운다.

• 지성 피부의 관리법 : 알코올함량이 높은 수렴화장수, 클렌저는 젤이나 로션타입의 유분이 적은 제품, 지방 성분이 함유된 음식 자제

3 고객이 처음 내방하였을 때 피부관리에 대한 첫 상담과정에서 고객이 얻는 효과와 가장 거리가 먼 것은?

㉮ 전 단계의 피부관리 방법을 배우게 된다.

㉯ 피부관리에 대한 지식을 얻게 된다.

㉰ 피부관리에 대한 경계심이 풀어지며 심리적으로 안정된다.

㉱ 피부관리에 대한 긍정적이고 적극적인 생각을 가지게 된다.

🕐**M** ㉮ 고객은 피부관리에 대한 상담과정을 통해 피부관리에 대한 지식과 경계심이 풀어지고 심리적 안정감 및 긍정적·적극적인 생각을 갖게 된다.

4 왁스 시술에 대한 내용 중 옳은 것은?

㉮ 제모하기 적당한 털의 길이는 2 cm 이다.

㉯ 온 왁스의 경우 왁스는 제모 실시 직전에 데운다.

㉰ 왁스를 바른 위에 머절린(부직포)은 수직으로 세워 떼어낸다.

㉱ 남아있는 왁스의 끈적임은 왁스제거용 리무버로 제거한다.

🕐**M** ㉱ 남아있는 왁스의 끈적임은 **왁스제거용 리무버**로 제거한다.

㉮ 제모하기 적당한 털의 길이는 **1 cm** 이다.

㉯ 온 왁스의 경우 왁스는 제모 실시 **전**에 **미리** 데운다.

㉰ 왁스를 바른 위에 머절린(부직포)은 **비스듬히 눕혀서** 떼어낸다.

ⓘ **A**NSWER **01.** ㉱ **02.** ㉱ **03.** ㉮ **04.** ㉱

5 눈썹이나 겨드랑이 등과 같이 연약한 피부의 제모에 사용하며, 부직포를 사용하지 않고 체모를 제거할 수 있는 왁스(wax) 제모 방법은?

㉮ 소프트(Soft) 왁스 법

㉯ 콜드(Cold) 왁스 법

㉰ 물(Water) 왁스 법

㉱ 하드(Hard) 왁스 법

🕐㉱ 하드(Hard) 왁스 법 : 눈썹이나 겨드랑이 등과 같이 연약한 피부의 제모에 사용하며, **부직포를 사용하지 않고** 체모를 **제거**할 수 있는 왁스(wax) 제모 방법

6 워시오프 타입의 팩이 아닌 것은?

㉮ 크림 팩   ㉯ 거품 팩

㉰ 클레이 팩   ㉱ 젤라틴 팩

🕐㉱ 젤라틴 팩 : 굳으면서 얇은 필름막을 형성하는 **필오프 타입**의 팩

7 아래 설명과 가장 가까운 피부타입은?

- 모공이 넓다.
- 뾰루지가 잘 난다.
- 정상 피부보다 두껍다.
- 블랙헤드가 생성되기 쉽다.

㉮ 지성피부   ㉯ 민감피부

㉰ 건성피부   ㉱ 정상피부

🕐㉮ **지성피부** : 모공이 넓고 뾰루지, 블랙헤드가 생성되기 쉬우며 정상 피부보다 두껍다.

8 피부미용의 개념에 대한 설명 중 틀린 것은?

㉮ 피부미용이라는 명칭은 독일의 미학자 바움가르텐(Baum garten)에 의해 처음 사용되었다.

㉯ Cosmetic이란 용어는 독일어의 Kosmein에서 유래되었다.

㉰ Esthetique란 용어는 화장품과 피부관리를 구별하기 위해 사용된 것이다.

㉱ 피부미용이라는 의미로 사용되는 용어는 각 나라마다 다양하게 지칭되고 있다.

🕐㉯ Cosmetic이란 용어는 **그리스어**의 **Kosmein**에서 유래되었다.

9 피부 관리 시술단계가 옳은 것은?

㉮ 클렌징-피부분석-딥클렌징-매뉴얼 테크닉-팩-마무리

㉯ 피부분석-클렌징-딥클렌징-매뉴얼 테크닉-팩-마무리

㉰ 피부분석-클렌징-매뉴얼 테크닉-딥클렌징-팩-마무리

㉱ 클렌징-딥클렌징-팩-매뉴얼 테크닉-마무리-피부분석

🕐㉮ 클렌징-피부분석-딥클렌징-매뉴얼 테크닉-팩-마무리

10 습포에 대한 설명으로 맞는 것은?

㉮ 피부미용 관리에서 냉습포는 사용하지 않는다.

㉯ 해면을 사용하기 전에 습포를 우선 사용한다.

㉰ 냉습포는 피부를 긴장시키며 진정효과를 위해 사용한다.

㉱ 온습포는 피부미용 관리의 마무리 단계에서 피부 수렴효과를 위해 사용한다.

🕐 • 온습포 : **피부관리 단계** 사용, 혈액순환촉진, 모공확장 및 노폐물제거
   • 냉습포 : **마무리 단계** 사용, 모공수축 및 진정작용

11 다음 중 눈 주위에 가장 적합한 매뉴얼 테크닉의 방법은?

㉮ 문지르기 ㉯ 주무르기

㉰ 흔들기 ㉱ 쓰다듬기

⏱️ ㉱ 쓰다듬기 : 눈 주위는 피부조직이 얇고 민감하므로 가볍게 실시한다.

12 딥클렌징의 효과에 대한 설명으로 틀린 것은?

㉮ 면포를 연화시킨다.

㉯ 피부 표면을 매끈하게 해주고 혈색을 맑게 한다.

㉰ 클렌징의 효과가 있으며 피부의 불필요한 각질세포를 제거한다.

㉱ 혈액순환촉진을 시키고 피부조직에 영양을 공급한다.

⏱️ ㉱ 혈액순환촉진을 시키고(**매뉴얼테크닉**의 효과) 피부조직에 영양을 공급(**팩**의 효과)한다.

13 매뉴얼 테크닉의 주의 사항이 아닌 것은?

㉮ 동작은 피부결 방향으로 한다.

㉯ 청결하게 하기 위해서 찬물에 손을 깨끗이 씻은 후 바로 마사지 한다.

㉰ 시술자의 손톱은 짧아야 한다.

㉱ 일광으로 붉어진 피부나 상처가 난 피부는 매뉴얼 테크닉을 피한다.

⏱️ ㉯ 청결하게 하기 위해서 **따뜻한 물**이나 **소독제**로 손을 깨끗이 한 후 마사지 한다.

14 관리방법 중 **수요법**(water therapy, hydrotherapy) 시 지켜야 할 수칙이 아닌 것은?

㉮ 식사 직후에 행한다.

㉯ 수요법은 대개 5분에서 30분까지가 적당하다.

㉰ 수요법 전에는 잠깐 쉬도록 한다.

㉱ 수요법 후에는 주스나 향을 첨가한 물이나 이온음료를 마시도록 한다.

⏱️ ㉮ **식사 직후**에는 **금하며** 식후 1~2시간 후에 행하는 것이 바람직하다.

15 딥클렌징 방법이 아닌것은?

㉮ 디스인크러스테이션

㉯ 효소필링

㉰ 브러싱

㉱ 이온토포레시스

⏱️ ㉱ 이온토포레시스 : 전류를 이용한 **영양침투**

16 피부관리 시 매뉴얼테크닉을 하는 목적과 가장 거리가 먼 것은?

㉮ 정신적 스트레스 경감

㉯ 혈액순환 촉진

㉰ 신진대사 활성화

㉱ 부종 감소

⏱️ ㉱ 부종 감소 : **림프드레나쥐**의 **목적**

17 콜라겐 벨벳마스크는 어떤 타입이 주로 사용되는가?

㉮ 시트 타입 ㉯ 크림 타입

㉰ 파우더 타입 ㉱ 겔 타입

⏱️ ㉮ **시트 타입**으로 **콜라겐**을 **냉동 건조**시켜 종이형태로 만든 것이다.

18 셀룰라이트 관리에서 중점적으로 행해야 할 관리방법은?

㉮ 근육의 운동을 촉진시키는 관리를 집중적으로 행한다.

㉯ 림프순환을 촉진시키는 관리를 한다.

㉰ 피지가 모공을 막고 있으므로 피지배출 관리를 집중적으로 행한다.

㉱ 한선이 막혀 있으므로 한선관리를 집중적으로 행한다.

ANSWER **11.** ㉱ **12.** ㉱ **13.** ㉯ **14.** ㉮ **15.** ㉱ **16.** ㉱ **17.** ㉮ **18.** ㉯

④ 림프순환을 촉진시키는 관리를 하여 **노폐물 및 독소**를 배출시키고 **지방**을 분해한다.

19 원주형 세포가 단층적으로 이어져 있으며 각질형성세포와 색소형성세포가 존재하는 피부 세포층은?

㉮ 기저층　　　㉯ 투명층
㉰ 각질층　　　㉱ 유극층

㉮ 기저층 : **단층**의 **원추형 세포**로 **각질형성세포, 멜라닌형성세포, 머켈세포**가 존재한다.

20 산소 라디칼 방어에서 가장 중심적인 역할을 하는 효소는?

㉮ FDA　　　㉯ SOD
㉰ AHA　　　㉱ NMF

㉯ SOD : **항산화물질**로 활성산소(프리래디컬)의 작용을 억제하는 기능을 한다.

21 다음 중 피부의 기능이 아닌 것은?

㉮ 보호작용　　　㉯ 체온조절작용
㉰ 감각작용　　　㉱ 순환작용

㉱ 순환작용 : **혈액**의 기능

22 내인성 노화가 진행될 때 감소현상을 나타내는 것은?

㉮ 각질층 두께　　　㉯ 주름
㉰ 피부처짐 현상　　　㉱ 랑게르한스세포

㉱ **랑게르한스세포**의 **수가 감소**하고 각질층 두께와 주름, 피부처짐 현상은 증가한다.

23 다음 중 주름살이 생기는 요인으로 가장 거리가 먼 것은?

㉮ 수분의 부족상태
㉯ 지나치게 햇빛(sunlight)에 노출되었을 때
㉰ 갑자기 살이 찐 경우
㉱ 과도한 안면운동

㉰ 갑자기 살이 찐 경우와는 **상관없다**.

24 콜레스테롤의 대사 및 해독작용과 스테로이드 호르몬의 합성과 관계있는 무과립 세포는?

㉮ 조면형질내세망　　　㉯ 골면형질내세망
㉰ 용해소체　　　㉱ 골기체

㉯ **골면형질내세망** : 콜레스테롤의 대사 및 해독작용과 스테로이드 호르몬의 합성과 관계있는 무과립 세포

25 다음 내용과 가장 관계있는 것은?

- 곰팡이균에 의하여 발생한다.
- 피부껍질이 벗겨진다.
- 가려움증이 동반된다.
- 주로 손과 발에서 번식한다.

㉮ 농가진　　　㉯ 무좀
㉰ 홍반　　　㉱ 사마귀

㉯ 무좀 : **족부백선**이라 불리며 **곰팡이균**에 의하여 발생한다.

　• 농가진 : 황색포도상구균에 의하여 발생한다.
　• 사마귀 : 바이러스의 감염에 의하여 발생한다.

26 아포크린한선의 설명으로 틀린 것은?

㉮ 아포크린한선의 냄새는 여성보다 남성에게 강하게 나타난다.
㉯ 땀의 산도가 붕괴되면서 심한 냄새를 동반한다.
㉰ 겨드랑이, 대음순, 배꼽주면에 존재한다.
㉱ 인종적으로 흑인이 가장 많이 분비한다.

㉮ 아포크린한선의 냄새는 **남성보다 여성에게 강하게** 나타난다.

27 다음 중 가장 이상적인 피부의 pH 범위는?

㉮ pH 3.5 ～ 4.5　　　㉯ pH 5.2 ～ 5.8
㉰ pH 6.5 ～ 7.2　　　㉱ pH 7.5 ～ 8.2

ANSWER　19. ㉮　20. ㉯　21. ㉱　22. ㉱　23. ㉰　24. ㉯　25. ㉯　26. ㉮　27. ㉯

🌞🔑 ㉯ pH 5.2 ~ 5.8의 **약산성** 상태

28 성장기에 있어 뼈의 길이 성장이 일어나는 곳을 무엇이라 하는가?

㉮ 상지골 ㉯ 두개골
㉰ 연지상골 ㉱ 골단연골

🌞🔑 ㉱ 골단연골 : 성장기에 있어 뼈의 길이 **성장**이 일어나는 곳

29 섭취된 음식물중의 영양물질을 산화시켜 인체에 필요한 에너지를 생성해 내는 세포 소기관은?

㉮ 리보솜 ㉯ 리소좀
㉰ 골지체 ㉱ 미토콘드리아

🌞🔑 ㉱ 미토콘드리아 : **에너지**를 **생산**해 내는 세포내의 동력 공장

30 자율신경의 지배를 받는 민무늬근은?

㉮ 골격근(skeletal muscle)
㉯ 심근(cardiac muscle)
㉰ 평활근(smooth muscle)
㉱ 승모근(trapezius muscle)

🌞🔑 ㉰ 평활근(smooth muscle) : **민무늬근, 내장근, 불수의근**

31 인체 내의 화학물질 중 근육 수축에 주로 관여하는 것은?

㉮ 액틴과 미오신 ㉯ 단백질과 칼슘
㉰ 남성호르몬 ㉱ 비타민과 미네랄

🌞🔑 ㉮ 액틴과 미오신 : **근육 수축**에 관여하는 단백질 물질

32 혈관의 구조에 관한 설명 중 옳지 않은 것은?

㉮ 동맥은 3층 구조이며 혈관 벽이 정맥에 비해 두껍다

㉯ 동맥은 중막인 평활근 층이 발달해 있다.
㉰ 정맥은 3층 구조이며 혈관벽이 얇으며 판막이 발달해 있다.
㉱ 모세혈관은 3층 구조이며 혈관벽이 얇다.

🌞🔑 ㉱ 모세혈관은 **단층구조**이며 혈관벽이 얇다.

33 소화선(소화샘)으로써 소화액을 분비하는 동시에 호르몬을 분비하는 혼합선(내·외분비선)에 해당하는 것은?

㉮ 타액선 ㉯ 간
㉰ 담낭 ㉱ 췌장

🌞🔑 ㉱ **췌장** : 소화선(소화샘)으로써 소화액을 분비하는 동시에 호르몬을 분비하는 혼합선(내·외분비선)

34 신경계의 기본세포는?

㉮ 혈액 ㉯ 뉴런
㉰ 미토콘드리아 ㉱ DNA

🌞🔑 ㉯ 뉴런 : **신경계의 기본세포**

35 고주파 피부미용기기의 사용방법 중 간접법에 대한 설명으로 옳은 것은?

㉮ 고객의 얼굴에 적합한 크림을 바르고 그 위에 전극봉으로 마사지한다.
㉯ 얼굴에 적합한 크림을 바르고 손으로 마사지한다.
㉰ 고객의 얼굴에 마른 거즈를 올린 후 그 위를 전극봉으로 마사지한다.
㉱ 고객의 손에 전극봉을 잡게 한 후 얼굴에 마른거즈를 올리고 손으로 눌러준다.

🌞🔑 ㉯ 얼굴에 적합한 크림을 바르고 **손으로 마사지**한다.

36 피지, 면포가 있는 피부 부위의 우드램프(wood lamp)의 반응 색상은?

㉮ 청백색 ㉯ 진보라색
㉰ 암갈색 ㉱ 오렌지색

🔒 **A**NSWER 28. ㉱ 29. ㉱ 30. ㉰ 31. ㉮ 32. ㉱ 33. ㉱ 34. ㉯ 35. ㉯ 36. ㉱

(라) **오렌지색** : 피지, 면포 등의 지성·여드름 피부

(가) 청백색 : 정상피부

(나) 진보라색 : 민감·모세혈관확장피부

(다) 암갈색 : 색소침착피부

37 칼라테라피 기기에서 빨강 색광의 효과와 가장 거리가 먼 것은?

(가) 혈액순환 증진, 세포의 활성화, 세포 재생 활동

(나) 소화기계 기능강화, 신경자극, 신체 정화 작용

(다) 지루성 여드름, 혈액순환 불량 피부관리

(라) 근조직 이완, 셀룰라이트 개선

(라) 근조직 이완, 셀룰라이트 개선 : **보라색**의 효과

38 클렌징이나 딥클렌징 단계에서 사용하는 기기와 가장 거리가 먼 것은?

(가) 베포라이저　　(나) 브러싱머신

(다) 진공 흡입기　　(라) 확대경

(라) 확대경 : **피부분석기기**

39 전류에 대한 내용이 틀린 것은?

(가) 전하량의 단위는 쿨롱으로 1쿨롱은 도선에 1V의 전압이 걸렸을 때 1초 동안 이동하는 전하의 양이다.

(나) 교류전류란 전류흐름의 방향이 시간에 따라 주기적으로 변하는 전류이다.

(다) 전류의 세기는 도선의 단면을 1초 동안 흘러간 전하의 양으로서 단위는 A(암페어)이다.

(라) 직류전동기는 속도조절이 자유롭다.

(가) 전하량의 단위는 쿨롱으로 1쿨롱은 도선에 **1A의** 전류가 1초 동안 이동하는 전하의 양이다.

40 이온에 대한 설명으로 옳지 않은 것은?

(가) 양전하 또는 음전하를 지닌 원자를 말한다.

(나) 증류수는 이온수에 속한다.

(다) 원소가 전자를 잃어 양이온이 되고, 전자를 얻어 음이온이 된다.

(라) 양이온과 음이온의 결합을 이온결합이라 한다.

(나) 증류수는 이온을 제거한 **탈이온수**다.

41 향수의 구비요건이 아닌 것은?

(가) 향에 특징이 있어야 한다.

(나) 향이 강하므로 지속성이 약해야 한다.

(다) 시대성에 부합하는 향이어야 한다.

(라) 향의 조화가 잘 이루어져야 한다.

(나) 향은 일정시간 동안 **지속성**이 있어야 한다.

42 계면활성제에 대한 설명 중 잘못된 것은?

(가) 계면활성제는 계면을 활성화시키는 물질이다.

(나) 계면활성제는 친수성기와 친유성기를 모두 소유하고 있다.

(다) 계면활성제는 표면장력을 높이고 기름을 유화시키는 등의 특징을 가지고 있다.

(라) 계면활성제는 표면활성제라고도 한다.

(다) 계면활성제는 표면장력을 **낮추어** 표면을 활성화시키는 작용을 한다.

43 다음 중 기초화장품의 필요성에 해당되지 않는 것은?

(가) 세정　　　　　(나) 미백

(다) 피부정돈　　　(라) 피부보호

(나) 미백 : **기능성화장품**의 필요성에 해당

ⒶNSWER · **37.** 라　**38.** 라　**39.** 가　**40.** 나　**41.** 나　**42.** 다　**43.** 나

44 아하(AHA)의 설명이 아닌 것은?

㉮ 각질제거 및 보습기능이 있다.

㉯ 글리콜릭산, 젖산, 사과산, 주석산, 구연산이 있다.

㉰ 알파 하이드록시카프로익에시드(Alpha hydroxycaproic acid)의 약어이다

㉱ 피부와 점막에 약간의 자극이 있다.

☀️해 ㉰ **알파 하이드록시 에시드**(Alpha hydroxy acid)의 약어이다

45 화장품과 의약품의 차이를 바르게 정의한 것은?

㉮ 화장품의 사용목적은 질병의 치료 및 진단이다.

㉯ 화장품은 특정부위만 사용 가능하다.

㉰ 의약품의 사용대상은 정상적인 상태인 자로 한정되어 있다.

㉱ 의약품의 부작용은 어느 정도 까지는 인정된다.

☀️해 ㉱ 의약품의 부작용은 어느 정도 까지는 인정된다.
• 화장품과 의약품의 차이

구 분	화장품	의약품
사용목적	미용·청결·건강유지	질병치료·진단
사용범위	전신	특정부위
사용대상	정상인	환자

46 비누의 제조방법 중 지방산의 글리세린에스테르와 알카리를 함께 가열하면 유지가 가수분해되어 비누와 글리세린이 얻어지는 방법은?

㉮ 중화법   ㉯ 검화법

㉰ 유화법   ㉱ 화학법

☀️해 ㉯ **검화법** : 지방산의 글리세린에스테르와 알칼리를 함께 가열하면 유지가 가수 분해되어 비누와 글리세린이 얻어지는 방법

㉮ **중화법** : 유지를 미리 고급지방산과 글리세롤로 가수분해하여 수산화나트륨이나 탄산나트륨으로 중화하여 비누를 만드는 방법

㉰ **유화법** : 물과 기름을 계면활성제에 의해 섞는 방법

47 샤워 코롱(Shower cologne)이 속하는 분류는?

㉮ 세정용 화장품   ㉯ 메이크업용 화장품

㉰ 모발용 화장품   ㉱ 방향용 화장품

☀️해 ㉱ **방향용 화장품** : **향수**를 의미하고 농도에 따라 퍼퓸〉오데퍼퓸〉오데토일렛〉오데코롱〉샤워코롱 순이다.

48 다음 중 동물과 전염병의 병원소로 연결이 잘못된 것은?

㉮ 소 - 결핵   ㉯ 쥐 - 말라리아

㉰ 돼지 - 일본뇌염   ㉱ 개 - 공수병

☀️해 ㉯ 쥐 - **페스트, 발진열** 등
• 모기 - 말라리아

49 다음 중 식품의 혐기성 상태에서 발육하여 신경계 증상이 주 증상으로 나타나는 것은?

㉮ 살모넬라증 식중독

㉯ 보툴리누스균 식중독

㉰ 포도상구균 식중독

㉱ 장염비브리오 식중독

☀️해 ㉯ **보툴리누스균 식중독** : 세균성식중독 중에서 가장 **치사율**이 **높으며** 혐기성 상태에서 발육하여 신경계 증상이 나타난다.

50 전염병예방법상 제 1군 전염병에 속하는 것은?

㉮ 한센병   ㉯ 폴리오

㉰ 일본뇌염   ㉱ 파라티푸스

㉐ 파라티푸스 : 제 1군 전염병
- 한센병 : 제 3군 전염병
- 폴리오, 일본뇌염 : 제 2군 전염병

51 한 지역이나 국가의 공중보건을 평가하는 기초자료로 가장 신뢰성 있게 인정되고 있는 것은?

㉮ 질병이환율
㉯ 영아사망율
㉰ 신생아사망률
㉱ 조사망률

㉯ 영아사망율 : 지역사회의 **보건수준**을 나타내는 가장 **대표**적인 지표

52 다음 중 음료수 소독에 사용되는 소독 방법과 가장 거리가 먼 것은?

㉮ 염소소독
㉯ 표백분 소독
㉰ 자비소독
㉱ 승홍액 소독

㉱ 승홍액 소독 : **강한 살균력**으로 음료수, 금속기구, 점막 등의 소독에는 적합하지 않다.

53 보통 상처의 표면에 소독하는데 이용하며 발생기 산소가 강력한 산화력으로 미생물을 살균하는 소독제는?

㉮ 석탄산 ㉯ 과산화수소수
㉰ 크레졸 ㉱ 에탄올

㉯ 과산화수소수 : 피부의 **상처소독**에 이용하며 미생물 살균제로 이용된다.

54 알코올 소독의 미생물 세포에 대한 주된 작용 기전은?

㉮ 할로겐 복합물형성
㉯ 단백질 변성
㉰ 효소의 완전 파괴

㉱ 균체의 완전 융해

㉯ **단백질 변성** 작용으로 **살균**효과를 준다.

55 자비소독에 관한 내용으로 적합하지 않은 것은?

㉮ 물에 탄산나트륨을 넣으면 살균력이 강해진다.
㉯ 소독할 물건은 열탕 속에 완전히 잠기도록 해야 한다.
㉰ 100℃에서 15~20분간 소독한다.
㉱ 금속기구, 고무, 가죽의 소독에 적합하다.

㉱ 금속기구, 고무, 가죽의 소독에 적합하지 않으며, **식기류, 도자기, 주사기, 의류** 등의 소독에 적합하다.

56 공중위생영업소의 위생관리수준을 향상시키기 위하여 위생서비스 평가계획을 수립하는 자는?

㉮ 대통령
㉯ 보건복지가족부장관
㉰ 시 · 도지사
㉱ 공중위생관련협회 또는 단체

㉰ 시 · 도지사 : 공중위생영업소의 위생관리수준을 향상시키기 위하여 위생서비스 **평가계획**을 **수립**하여 시 · 군 · 구청장에게 통보하여야 한다.

57 신고를 하지 아니하고 영업소의 소재를 변경한 때 1차 위반 시의 행정처분 기준은?

㉮ 영업장 폐쇄명령
㉯ 영업정지 6월
㉰ 영업정지 3월
㉱ 영업정지 2월

㉮ 영업장 폐쇄명령

ANSWER 51. ㉯ 52. ㉱ 53. ㉯ 54. ㉯ 55. ㉱ 56. ㉰ 57. ㉮

58 이. 미용업의 영업신고를 하지 아니하고 업소를 개설한 자에 대한 법적 조치는?

㉮ 200만원 이하의 과태료

㉯ 300만원 이하의 벌금

㉰ 6월 이하의 징역 또는 500만원 이하의 벌금

㉱ 1년 이하의 징역 또는 1천만원 이하의 벌금

㉱ 1년 이하의 징역 또는 1천만원 이하의 벌금

59 다음 중 법에서 규정하는 명예공중위생감시원의 위촉대상자가 아닌 것은?

㉮ 공중위생관련 협회장이 추천하는 자

㉯ 소비자 단체장이 추천하는 자

㉰ 공중위생에 대한 지식과 관심이 있는 자

㉱ 3년 이상 공중위생 행정에 종사한 경력이 있는 공무원

• 명예공중위생감시원의 위촉대상자
   - 공중위생관련 협회장이 추천하는 자
   - 소비자 단체장이 추천하는 자
   - 공중위생에 대한 지식과 관심이 있는 자

60 소독을 한 기구와 소독을 하지 아니한 기구를 각각 다른 용기에 넣어 보관하지 아니한 때에 대한 2차 위반 시의 행정처분 기준에 해당하는 것은?

㉮ 경고

㉯ 영업정지 5일

㉰ 영업정지 10일

㉱ 영업장 폐쇄명령

1차 위반 : 경고
2차 위반 : 영업정지 5일
3차 위반 : 영업정지 10일
4차 위반 : 영업장 폐쇄명령

성공은 열정을 상실하지 않고서도 거듭된 실패에 대처할 수 있는 능력이다.

－윈스턴 처칠

ANSWER   **58.** ㉱   **59.** ㉱   **60.** ㉯

2010년 1월 31일 시행

1 딥클렌징의 분류가 옳은 것은?

㉮ 고마쥐 – 물리적 각질관리

㉯ 스크럽 – 화학적 각질관리

㉰ AHA – 물리적 각질관리

㉱ 효소 – 물리적 각질관리

• 고마쥐, 스크럽 : 물리적 각질관리
• AHA, 효소 : 화학적 각질관리

2 다음 중 노폐물과 독소 및 과도한 체액의 배출을 원활하게 하는 효과에 가장 적합한 관리 방법은?

㉮ 지압

㉯ 인디안 헤드 마사지

㉰ 림프 드레니지

㉱ 반사 요법

㉰ **림프 드레니지** : 노폐물과 독소 및 과도한 체액의 배출

3 안면 클렌징 시술시의 주의사항 중 틀린 것은?

㉮ 고객의 눈이나 코 속으로 화장품이 들어가지 않도록 한다.

㉯ 근육결 반대방향으로 시술한다.

㉰ 처음부터 끝까지 일정한 속도와 리듬감을 유지하도록 한다.

㉱ 동작은 근육이 처지지 않게 한다.

㉯ **근육결 방향**으로 시술한다.

4 밑줄 친 내용에 대한 범위의 설명으로 맞는 것은? (단, 국내법상의 구분이 아닌 일반적인 정의 측면의 내용을 말함)

> 피부관리(Skin care)는 "인체의 피부"를 대상으로 아름답게, 보다 건강한 피부로 개선, 유지, 증진, 예방하기 위해 피부관리사가 고객의 피부를 분석하고 분석 결과에 따라 적합한 화장품, 기구 및 식품 등을 이용하여 피부관리 방법을 제공하는 것을 말한다.

㉮ 두피를 포함한 얼굴 및 전신의 피부를 말한다.

㉯ 두피를 제외한 얼굴 및 전신의 피부를 말한다.

㉰ 얼굴과 손의 피부를 말한다.

㉱ 얼굴의 피부만을 말한다.

㉯ **두피를 제외한** 얼굴 및 전신의 피부를 말한다.

5 일시적 제모방법 가운데 겨드랑이 및 다리의 털을 제거하기 위해 피부미용실에서 가장 많이 사용되는 제모방법은?

㉮ 면도기를 이용한 제모

㉯ 레이져를 이용한 제모

㉰ 족집게를 이용한 제모

㉱ 왁스를 이용한 제모

㉱ 왁스를 이용한 제모 : 털이 재성장하는데 **4~5주** 정도 걸리므로 피부미용실에서 가장 **많이 사용**

6 효소필링이 적합하지 않은 피부는?

㉮ 각질이 두껍고 피부표면이 건조하여 당기는 피부

㉯ 비립종을 가진 피부

㉰ 화이트헤드, 블랙헤드를 가지고 있는 지성피부

㉱ 자외선에 의해 손상된 피부

💡😍 ㉱ 자외선에 의해 손상된 피부는 효소필링이 적합하지 **않다.**

7 상담 시 고객에 대해 취해야 할 사항 중 옳은 것은?

㉮ 상담 시 다른 고객의 신상정보, 관리정보를 제공한다.

㉯ 고객의 사생활에 대한 정보를 정확하게 파악한다.

㉰ 고객과의 친밀감을 갖기 위해 사적으로 친목을 도모한다.

㉱ 전문적인 지식과 경험을 바탕으로 관리방법과 절차 등에 관해 차분하게 설명해준다.

💡😍 ㉱ **전문적인 지식과 경험을** 바탕으로 **관리방법과 절차** 등에 관해 차분하게 **설명**해준다.

8 습포에 대한 설명으로 틀린 것은?

㉮ 타월은 항상 자비소독 등의 방법을 실시한 후 사용한다.

㉯ 온습포는 팔의 안쪽에 대어서 온도를 확인한 후 사용한다.

㉰ 피부 관리의 최종단계에서 피부의 경직을 위해 온습포를 사용한다.

㉱ 피부 관리시 사용되는 습포에는 온습포와 냉습포의 두 종류가 일반적이다.

💡😍 ㉰ 피부 관리의 최종단계에서 피부의 경직을 위해 **냉습포를** 사용한다.

9 건성 피부의 특징과 가장 거리가 먼 것은?

㉮ 각질층의 수분이 50% 이하로 부족하다.

㉯ 피부가 손상되기 쉬우며 주름 발생이 쉽다.

㉰ 피부가 얇고 외관으로 피부결이 섬세해 보인다.

㉱ 모공이 작다.

💡😍 ㉮ 각질층의 수분이 **10% 이하로** 부족하다.

10 팩의 목적이 아닌 것은?

㉮ 노폐물의 제거와 피부정화

㉯ 혈액순환 및 신진대사 촉진

㉰ 영양과 수분공급

㉱ 잔주름 및 피부건조 치료

💡😍 ㉱ 잔주름 및 피부건조 치료의 개념이 아니라 **예방·개선**의 목적이 있다.

11 림프 드레니지를 금해야 하는 증상에 속하지 않은 것은?

㉮ 심부전증 ㉯ 혈전증

㉰ 켈로이드증 ㉱ 급성염증

💡😍 ㉰ 켈로이드증 : 피부조직이 병적으로 **증식**하여 단단한 **융기**형태로 표피는 얇아지고 광택이 있으며 불그스름한 피부 상태이지만 림프 드레니지를 실시하는 것은 **상관없다.**

12 피부유형에 맞는 화장품 선택이 아닌 것은?

㉮ 건성피부 – 유분과 수분이 많이 함유된 화장품

㉯ 민감성피부 – 향, 색소, 방부제를 함유하지 않거나 적게 함유된 화장품

㉰ 지성피부 – 피지조절제가 함유된 화장품

㉱ 정상피부 – 오일이 함유되어 있지 않은 오일 프리(Oil free) 화장품

💡😍 ㉱ **지성피부** – 오일이 함유되어 있지 않은 오일 프리(Oil free) 화장품

🔐 **A**NSWER **06.** ㉱ **07.** ㉱ **08.** ㉰ **09.** ㉮ **10.** ㉱ **11.** ㉰ **12.** ㉱

13 매뉴얼 테크닉 시 가장 많이 이용되는 기술로 손바닥을 편평하게 하고 손가락을 약간 구부려 근육이나 피부 표면을 쓰다듬고 어루만지는 동작은?

㉮ 프릭션(friction)

㉯ 에플로라지(effleurage)

㉰ 페트리싸지(petrissage)

㉱ 바이브레이션(vibration)

☀해설 ㉯ 에플로라지(effleurage) = 쓰다듬기 = 경찰법 : 손바닥으로 피부 표면을 부드럽게 쓰다듬고 어루만지는 동작

14 화학적 제모와 관련된 설명이 틀린 것은?

㉮ 화학적 제모는 털을 모근으로부터 제거한다.

㉯ 제모제품은 강알칼리성으로 피부를 자극하므로 사용 전 첩포시험을 실시하는 것이 좋다.

㉰ 제모제품 사용 전 피부를 깨끗이 건조시킨 후 적정량을 바른다.

㉱ 제모 후 산성화장수를 바른 뒤에 진정로션이나 크림을 흡수시킨다.

☀해설 ㉮ 화학적 제모는 털의 표면을 연화시켜 제거한다.

15 클렌징 순서가 가장 적합한 것은?

㉮ 클렌징손동작 → 화장품제거 → 포인트메이크업 클렌징 → 클렌징제품도포 → 습포

㉯ 화장품제거 → 포인트메이크업클렌징 → 클렌징제품도포 → 클렌징손동작 → 습포

㉰ 클렌징제품도포 → 클렌징손동작 → 포인트메이크업클렌징 → 화장품제거 → 습포

㉱ 포인트메이크업클렌징 → 클렌징제품도포 → 클렌징손동작 → 화장품제거 → 습포

☀해설 ㉱ 포인트메이크업클렌징 → 클렌징제품도포 → 클렌징손동작 → 화장품제거 → 습포

16 매뉴얼 테크닉 시술에 대한 내용으로 틀린 것은?

㉮ 매뉴얼 테크닉시 모든 동작이 연결될 수 있도록 해야 한다.

㉯ 매뉴얼 테크닉시 중추부터 말초 부위로 향해서 시술해야 한다.

㉰ 매뉴얼 테크닉시 손놀림도 균등한 리듬을 유지해야 한다.

㉱ 매뉴얼 테크닉시 체온의 손실을 막는 것이 좋다.

☀해설 ㉯ 매뉴얼 테크닉시 말초에서 중추 부위로 향해서 시술해야 한다.

17 레몬 아로마 에센셜 오일의 사용과 관련된 설명으로 틀린 것은?

㉮ 무기력한 기분을 상승시킨다.

㉯ 기미, 주근깨가 있는 피부에 좋다.

㉰ 여드름, 지성피부에 사용된다.

㉱ 진정작용이 뛰어나다.

☀해설 ㉱ 레몬 에센셜 오일 : 감귤류(시트러스)계열로 광감작 작용을 하므로 민감성피부나 광과민성 피부에 자극을 줄 수 있다.

18 다음 중 피지분비가 많은 지성, 여드름성 피부의 노폐물 제거에 가장 효과적인 팩은?

㉮ 오이팩   ㉯ 석고팩

㉰ 머드팩   ㉱ 알로에겔팩

☀해설 ㉰ 머드팩 : 피지분비가 많은 지성·여드름피부에 피지흡착 효과

19 체내에서 근육 및 신경의 자극 전도, 삼투압 조절 등의 작용을 하며, 식욕에 관계가 깊기 때문에 부족하면 피로감, 노동력의 저하 등을 일으키는 것은?

㉮ 구리(Cu)   ㉯ 식염(NaCl)

㉰ 요오드(I)   ㉱ 인(P)

ANSWER   **13.** ㉯   **14.** ㉮   **15.** ㉱   **16.** ㉯   **17.** ㉱   **18.** ㉰   **19.** ㉯

☀️예 ④ 식염(NaCl) : 근육 및 신경의 **자극 전도, 삼투압 조절** 등의 작용을 하며, **식욕에 관계가 깊기 때** 문에 부족하면 **피로감, 노동력의 저하** 등 발생

20 접촉성 피부염의 주된 알러지원이 아닌 것 은?

㉮ 니켈
㉯ 금
㉰ 수은
㉱ 크롬

☀️예 ④ 접촉성 피부염의 주된 알러지원은 니켈, 수은, 크롬등의 **중금속 물질**이다.

21 다음 중 원발진에 해당하는 피부변화는?

㉮ 가피
㉯ 미란
㉰ 위축
㉱ 구진

☀️예
• 원발진 : 구진, 반점, 홍반, 팽진, 소수포, 대수포, 결절, 낭종, 종양 등
• 속발진 : 가피, 미란, 위축, 태선화, 반흔, 켈로이드, 찰상, 궤양 등

22 식후 12~16시간 경과되어 정신적, 육체적으로 아무것도 하지 않고 가장 안락한 자세로 조용히 누워있을 때 생명을 유지하는 데 소요되는 최소한의 열량을 무엇이라 하는가?

㉮ 순환대사량
㉯ 기초대사량
㉰ 활동대사량
㉱ 상대대사량

☀️예 ④ 기초대사량 : **생명을 유지**하는 데 소요되는 **최소한의 열량**

23 표피 중에서 피부로부터 수분이 증발하는 것을 막는 층은?

㉮ 각질층
㉯ 기저층
㉰ 과립층
㉱ 유극층

☀️예 ④ 과립층 : 수분의 증발을 막아주는 **수분증발저지막**이 존재한다.

24 다음 내용에 해당하는 세포질 내부의 구조물 은?

> - 세포내의 호흡생리에 관여
> - 이중막으로 싸여진 계란형(타원형)의 모양
> - 아데노신 삼인산 (Adenosin Triphosphate) 을 생산

㉮ 형질내세망(Endolpasmic Reticulum)
㉯ 용해소체(Lysosome)
㉰ 골기체(Golgi apparatus)
㉱ 사립체(Mitochondria)

☀️예 ㉱ 사립체(Mitochondria) : **ATP**, 아데노신 삼인산 생산 및 세포내의 호흡생리에 관여하는 계란형의 이중막

25 에크린 한선에 대한 설명으로 틀린 것은?

㉮ 실밥을 둥글게 한 것 같은 모양으로 진피내에 존재한다.
㉯ 사춘기 이후에 주로 발달한다.
㉰ 특수한 부위를 제외한 거의 전신에 분포한다.
㉱ 손바닥, 발바닥, 이마에 가장 많이 분포한다.

☀️예 ④ 사춘기 이후에 주로 발달하는 것은 **아포크린 한선**이다.

26 셀룰라이트(cellulite)의 설명으로 옳은 것은?

㉮ 수분이 정체되어 부종이 생긴 현상
㉯ 영양섭취의 불균형 현상
㉰ 피하지방이 축적되어 뭉친 현상
㉱ 화학물질에 대한 저항력이 강한 현상

☀️예 ④ **피하지방**이 **축적**되어 뭉친 현상

🅐NSWER　20. ④　21. ㉱　22. ④　23. ㉰　24. ㉱　25. ④　26. ㉰

27 피부에 계속적인 압박으로 생기는 각질층의 증식현상이며, 원추형의 국한성 비후증으로 경성과 연성이 있는 것은?

㉮ 사마귀   ㉯ 무좀

㉰ 굳은살   ㉴ 티눈

🕐M ㉴ 티눈 : 계속적인 압박으로 생기는 각질층의 증식 현상으로 원추형의 국한성 비후증이다.

28 신경계 중 중추신경계에 해당되는 것은?

㉮ 뇌   ㉯ 뇌신경

㉰ 척수신경   ㉴ 교감신경

🕐M ㉮ 중추신경계 : 뇌와 척수

29 세포막을 통한 물질의 이동 방법이 아닌 것은?

㉮ 여과   ㉯ 확산

㉰ 삼투   ㉴ 수축

🕐M ㉴ 세포막을 통한 물질의 이동 방법 : 여과, 확산, 삼투, 능동수송

30 혈액의 구성 물질로 항체생산과 감염의 조절에 가장 관계가 깊은 것은?

㉮ 적혈구   ㉯ 백혈구

㉰ 혈장   ㉴ 혈소판

🕐M ㉯ 백혈구 : 항체생산과 감염의 조절

31 뇨의 생성 및 배설과정이 아닌 것은?

㉮ 사구체 여과   ㉯ 사구체 농축

㉰ 세뇨관 재흡수   ㉴ 세뇨관 분비

🕐M ㉯ 뇨의 생성 및 배설과정 : 사구체 여과, 세뇨관 재흡수, 세뇨관 분비

32 다음 중 뼈의 기본구조가 아닌 것은?

㉮ 골막   ㉯ 골외막

㉰ 골내막   ㉴ 심막

🕐M ㉴ 뼈의 기본구조 : 골막(골외막, 골내막), 골조직, 해면골, 골수강

• 심막 : 심장을 둘러싸고 있는 막

33 내분비와 외분비를 겸한 혼합성 기관으로 3대 영양소를 분해할 수 있는 소화효소를 모두 가지고 있는 소화기관은?

㉮ 췌장   ㉯ 간

㉰ 위   ㉴ 대장

🕐M ㉮ 췌장 : 내분비와 외분비를 겸한 혼합성 기관으로 3대 영양소를 분해할 수 있는 소화효소(탄수화물 – 아밀라아제 / 단백질 – 트립신 / 지방 – 리파아제)를 모두 가지고 있는 소화기관

34 승모근에 대한 설명으로 틀린 것은?

㉮ 기시부는 두개골의 저부이다.

㉯ 쇄골과 견갑골에 부착되어 있다.

㉰ 지배신경은 견갑배신경이다.

㉴ 견갑골의 내전과 머리를 신전한다.

🕐M ㉰ 지배신경은 뇌신경의 지배를 받아 운동신경, 척수부신경, 감각신경이 있다.

35 피부에 미치는 갈바닉 전류의 양극(+)의 효과는?

㉮ 피부진정   ㉯ 모공세정

㉰ 혈관확장   ㉴ 피부유연화

🕐M ㉮ 양극(+)의 효과 : 피부진정, 수렴작용, 혈관수축, 조직 단단, 산성반응

36 테슬라 전류(Tesla current)가 사용되는 기기는?

㉮ 갈바닉(The Galvanic Machine)

㉯ 전기분무기

㉰ 고주파기기

㉴ 스팀기(The vapor izer)

🕐M ㉰ 고주파기기 : 테슬라 전류가 사용되는 기기

🔓 ANSWER   **27.** ㉴   **28.** ㉮   **29.** ㉴   **30.** ㉯   **31.** ㉯   **32.** ㉴   **33.** ㉮   **34.** ㉰   **35.** ㉮   **36.** ㉰

37 스티머 사용 시 주의사항이 아닌 것은?

㉮ 피부에 따라 적정 시간을 다르게 한다.

㉯ 스팀 분사방향은 코를 향하도록 한다.

㉰ 스티머 물통에 물을 2/3정도 적당량 넣는다.

㉱ 물통을 일반세제로 씻는 것은 고장의 원인이 될 수 있으므로 사용을 금한다.

㉯ 스팀 분사방향은 **턱**을 향하도록 한다.

38 지성피부의 면포추출에 사용하기 가장 적합한 기기는?

㉮ 분무기   ㉯ 전동브러쉬

㉰ 리프팅기   ㉱ 진공흡입기

㉱ 진공흡입기 : 지성피부의 **면포추출**에 사용하기 가장 적합

39 피부를 분석할 때 사용하는 기기로 짝지어진 것은?

㉮ 진공흡입기, 패터기

㉯ 고주파기, 초음파기

㉰ 우드램프, 확대경

㉱ 분무기, 스티머

㉰ **피부분석기기** : 우드램프, 확대경, 유·수분·pH측정기 등

40 괄호 안에 알맞은 말이 순서대로 나열된 것은?

> 물질의 변화에서 고체는 (a)이/가 (b)보다 강하다.

㉮ 운동력, 기체   ㉯ 온도, 압력

㉰ 운동력, 응력   ㉱ 응력, 운동력

㉱ 물질의 변화에서 고체는 **응력**이 **운동력**보다 강하다.

41 다음 화장품 중 그 분류가 다른 것은?

㉮ 화장수   ㉯ 클렌징 크림

㉰ 샴푸   ㉱ 팩

• 기초화장품 : 클렌징제품(클렌징 로션, 크림, 폼, 오일, 워터 등), 화장수, 팩, 에센스, 마사지크림, 영양크림 등
• 모발화장품 : 샴푸, 린스 등

42 다음중 기능성 화장품의 영역이 아닌 것은?

㉮ 피부의 미백에 도움을 주는 제품

㉯ 피부의 주름 개선에 도움을 주는 제품

㉰ 피부의 여드름 개선에 도움을 주는 제품

㉱ 자외선으로부터 피부를 보호하는데 도움을 주는 제품

기능성 화장품의 영역 : 피부의 **미백**, **주름 개선**, **자외선**으로부터 **피부**를 **보호**하는데 도움을 주는 제품

43 다음중 바디용 화장품이 아닌 것은?

㉮ 샤워젤   ㉯ 바스오일

㉰ 데오도란트   ㉱ 헤어에센스

㉱ 바디용 화장품 : 샤워젤, 바스오일, 데오도란트

44 팩에 사용되는 주성분 중 피막제 및 점도 증가제로 사용되는 것은?

㉮ 카올린(kaolin), 탈크(talc)

㉯ 폴리비닐알코올(PVA), 잔탄검(xanthan gum)

㉰ 구연산나트륨(sodium citrate), 아미노산류(amino acids)

㉱ 유동파라핀(liquid paraffin), 스쿠알렌(squalene)

㉯ 피막제 및 점도 증가제 : **폴리비닐알코올**, **잔탄검**, **카보머**, **한천** 등

ANSWER   **37.** ㉯   **38.** ㉱   **39.** ㉰   **40.** ㉱   **41.** ㉰   **42.** ㉰   **43.** ㉱   **44.** ㉯

45 화장품의 사용목적과 가장 거리가 먼 것은?

㉮ 인체를 청결, 미화하기 위하여 사용한다.

㉯ 용모를 변화시키기 위하여 사용한다.

㉰ 피부, 모발의 건강을 유지하기 위하여 사용한다.

㉱ 인체에 대한 약리적인 효과를 주기 위해 사용한다.

㉱ 인체에 대한 약리적인 효과를 주기 위한 것은 화장품의 사용목적이 **아니다**.

46 피부 거칠음의 개선, 미백, 탈모방지 등의 피부, 면역학 등을 연구하는 유용성 분야는?

㉮ 물리학적 유용성 ㉯ 심리학적 유용성

㉰ 화학적 유용성 ㉱ 생리학적 유용성

㉱ 생리학적 유용성 : 피부 거칠음의 개선, 미백, 탈모방지 등의 피부, 면역학 등을 연구

47 아로마 오일의 사용법 중 확산법으로 맞는 것은?

㉮ 따뜻한 물에 넣고 몸을 담근다.

㉯ 아로마 램프나 스프레이를 이용한다.

㉰ 수건에 적신 후 피부에 붙인다.

㉱ 손수건, 티슈 등에 1~2방울 떨어뜨리고 심호흡을 한다.

㉯ **확산법** : 아로마 램프나 스프레이를 이용하여 에센셜 아로마 오일의 향을 발산시키는 방법

48 다음 중 파리가 매개할 수 있는 질병과 거리가 먼 것은?

㉮ 아메바성 이질 ㉯ 장티푸스

㉰ 발진티푸스 ㉱ 콜레라

파리가 매개할 수 있는 **질병** : 아메바성 이질, 장티푸스, 콜레라, 파라티푸스, 결핵

49 법정 감염병 중 제2군에 해당되는 것은?

㉮ 디프테리아 ㉯ A형 간염

㉰ 레지오넬라증 ㉱ 한센병

제2군 법정 감염병 : 디프테리아, 백일해, 파상풍, 폴리오, 일본뇌염, B형간염, 수두, 홍역, 풍진, 유행성이하선염

50 질병전파의 개달물(介達物)에 해당되는 것은?

㉮ 공기, 물 ㉯ 우유, 음식물

㉰ 의복, 침구 ㉱ 파리, 모기

개달물에 의한 전파 : 의복, 침구, 수건, 완구, 책 등의 비활성 매개체에 의한 전파

51 식품의 혐기성 상태에서 발육하여 체외독소로서 신경독소를 분비하며 치명률이 가장 높은 식중독으로 알려진 것은?

㉮ 살모넬라 식중동

㉯ 보톨리누스균 식중독

㉰ 웰치균 식중독

㉱ 알레르기성 식중독

㉯ 보톨리누스균 식중독 : 식품의 혐기성 상태에서 발육하여 체외독소로서 신경독소를 분비하며 **치명률**이 가장 **높은** 식중독

52 다음 중 상처나 피부 소독에 가장 적합한 것은?

㉮ 석탄산

㉯ 과산화수소수

㉰ 포르말린수

㉱ 차아염소산나트륨

㉯ 과산화수소수 : **상처**나 **피부 소독**에 적합한 소독제

ANSWER · **45.** ㉱ **46.** ㉱ **47.** ㉯ **48.** ㉰ **49.** ㉮ **50.** ㉰ **51.** ㉯ **52.** ㉯

53 승홍에 소금을 섞었을 때 일어나는 현상은?

㉮ 용액이 중성으로 되고 자극성이 완화된다.
㉯ 용액의 기능을 2배 이상 증대시킨다.
㉰ 세균의 독성을 중화시킨다.
㉱ 소독대상물의 손상을 막는다.

㉮ 용액이 **중성**으로 되고 자극성이 완화된다.

• 승홍수 : 무색, 무취의 독성이 강하고 금속을 부식시킨다.

54 일반적으로 사용하는 소독제로서 에탄올의 적정 농도는?

㉮ 30%
㉯ 50%
㉰ 70%
㉱ 90%

㉰ **70%** : 에탄올의 적정 농도

55 인체에 질병을 일으키는 병원체 중 대체로 살아있는 세포에서만 증식하고 크기가 가장 작아 전자현미경으로만 관찰할 수 있는 것은?

㉮ 구균
㉯ 간균
㉰ 바이러스
㉱ 원생동물

㉰ 바이러스 : 살아있는 세포에서만 증식하고 크기가 가장 **작아** 전자현미경으로만 관찰할 수 있는 병원체

56 미용영업자가 시장, 군수, 구청장에게 변경신고를 하여야 하는 사항이 아닌 것은?

㉮ 영업소의 명칭의 변경
㉯ 영업소의 소재지의 변경
㉰ 신고한 영업장 면적의 1/3 이상의 증감
㉱ 영업소내 시설의 변경

변경신고를 하여야 하는 사항
– 영업소 명칭, 소재지, 상호의 변경
– 신고한 영업장 면적의 3분의 1 이상의 증감
– 대표자의 성명(법인의 경우에 한함) 변경

57 이·미용사가 이·미용업소 외의 장소에서 이·미용을 한 경우 3차 위반 행정처분기준은?

㉮ 영업장 폐쇄명령
㉯ 영업정지 10일
㉰ 영업정지 1월
㉱ 영업정지 2월

㉮ 영업장 폐쇄명령 : 3차 위반 행정처분

• 1차 위반 행정처분 : 영업정지 1월
• 2차 위반 행정처분 : 영업정지 2월

58 행정처분 사항 중 1차 위반시 영업장 폐쇄명령에 해당하는 것은?

㉮ 영업정지처분을 받고도 영업정지 기간 중 영업을 한 때
㉯ 손님에게 성매매알선 등의 행위를 한 때
㉰ 소독한 기구와 소독하지 아니한 기구를 각각 다른 용기에 넣어 보관하지 아니한 때
㉱ 1회용 면도기를 손님 1인에 한하여 사용하지 아니한 때

㉮ 영업정지처분을 받고도 영업정지 기간 중 영업을 한 때 : 1차 위반시 영업장 폐쇄명령

59 위생서비스평가의 결과에 따른 위생관리등급별로 영업소에 대한 위생감시를 실시할 때의 기준이 아닌 것은?

㉮ 위생교육 실시 횟수
㉯ 영업소에 대한 출입·검사
㉰ 위생감시의 실시 주기
㉱ 위생감시의 실시 횟수

Answer　**53.** ㉮　**54.** ㉰　**55.** ㉰　**56.** ㉱　**57.** ㉮　**58.** ㉮　**59.** ㉮

위생관리등급별로 영업소에 대한 위생감시를 실시할 때의 기준 : **출입 · 검사**와 **위생감시**의 **실시주기, 횟수** 등으로 **위생교육**은 **매년 4시간** 으로 정해져 있으며 위생감시 기준에는 해당 되지 않는다.

60 위생교육 대상자가 아닌 것은?

㉮ 공중위생영업의 신고를 하고자 하는 자

㉯ 공중위생영업을 승계한 자

㉰ 공중위생영업자

㉱ 면허증 취득 예정자

위생교육 대상자
- 공중위생영업의 신고를 하고자 하는 자
- 공중위생영업을 승계한 자
- 공중위생영업자

모두가 중요한 존재이다.

어느 누구보다 더 중요한 사람은 존재하지 않는다.

－블레즈 파스칼

ANSWER • 60. ㉱

2010년 3월 28일 시행

1 피부미용사의 피부분석방법이 아닌 것은?

㉮ 문진   ㉯ 견진
㉰ 촉진   ㉱ 청진

⏱️✍️ ㉱ 피부분석방법 : **문진, 촉진, 견진**

2 림프드레니지의 대상이 되지 않는 피부는?

㉮ 모세혈관피부
㉯ 일반적인 여드름 피부
㉰ 부종이 있는 셀룰라이트 피부
㉱ 감염성 피부

⏱️✍️ ㉱ **림프드레니지의 대상** : 모세혈관피부, 일반적인 여드름 피부, 부종이 있는 셀룰라이트피부

　• 적용 금지 대상 : 감염성, 급성 혈전증, 심부전증, 천식, 갑상선 기능 항진증 등

3 셀룰라이트(cellulite)의 원인이 아닌 것은?

㉮ 유전적 요인
㉯ 지방세포수의 과다 증가
㉰ 내분비계 불균형
㉱ 정맥울혈과 림프정체

⏱️✍️ ㉯ 지방세포수의 과다 증가 : **비만의 원인**

　셀룰라이트의 원인 : 유전적, 내분비계 불균형, 정맥울혈과 림프정체 등

4 클렌징 제품과 그에 대한 설명이 바르게 짝지어진 것은?

㉮ 클렌징 티슈 – 지방에 예민한 알레르기 피부에 좋으며 세정력이 우수하다.
㉯ 폼 클렌징 – 눈 화장을 지울 때 자주 사용된다.
㉰ 클렌징 오일 – 물에 용해가 잘 되며, 건

성, 노화, 수분부족 지성 피부 및 민감성 피부에 좋다.
㉱ 클렌징 밀크 – 화장을 연하게 하는 피부보다 두껍게 하는 피부에 좋으며, 쉽게 부패되지 않는다.

⏱️✍️ ㉰ **클렌징 오일** – 물에 용해가 잘 되며, 건성, 노화, 수분부족 지성 피부 및 민감성 피부에 좋다.

　㉮ **클렌징 젤** – 지방에 예민한 알레르기 피부에 좋으며 세정력이 우수하다.
　㉯ **포인트메이크업 리무버** – 눈 화장을 지울 때 자주 사용된다.
　㉱ **클렌징 크림** – 화장을 연하게 하는 피부보다 두껍게 하는 피부에 좋으며, 쉽게 부패되지 않는다.

5 팩과 관련한 내용 중 틀린 것은?

㉮ 피부 상태에 따라서 선별해서 사용해야 한다.
㉯ 팩을 바르기 전 냉타월로 피부를 진정시킨 후 사용하면 효과적이다.
㉰ 피부에 상처가 있는 경우에는 사용을 삼간다.
㉱ 눈썹, 눈 주위, 입술 위는 팩 사용을 피한다.

⏱️✍️ ㉯ 팩을 **제거할 때** 냉타월로 피부를 진정시킨 후 사용하면 효과적이다.

6 벨벳 마스크 사용 시 기포를 제거해야 하는 이유는?

㉮ 기포가 생기면 마스크의 모양이 예쁘지 않기 때문이다.
㉯ 기포가 생기면 마스크의 적용시간이 길어지기 때문이다.
㉰ 기포가 생기면 고객이 불편해 하기 때문이다.
㉱ 기포가 생기는 부분에는 마스크의 성분이 피부에 침투하지 않기 때문이다.

🔒 **A**NSWER   **01.** ㉱   **02.** ㉱   **03.** ㉯   **04.** ㉰   **05.** ㉯   **06.** ㉱

해설 ㉱ **기포**가 **생기는 부분**에는 마스크의 **성분**이 피부에 **침투하지 않기 때문**이다.

7 딥클렌징에 관한 설명으로 옳지 않은 것은?

㉮ 화장품을 이용한 방법과 기기를 이용한 방법으로 구분된다.
㉯ AHA를 이용한 딥클렌징의 경우 스티머를 이용한다.
㉰ 피부표면의 노화된 각질을 부드럽게 제거함으로써 유용한 성분의 침투를 높이는 효과를 갖는다.
㉱ 기기를 이용한 딥클렌징 방법에는 석션, 브러싱, 디스인크러스테이션 등이 있다.

해설 ㉯ **효소**를 이용한 딥클렌징의 경우 스티머를 이용하면 효과적이다.

8 딥클렌징의 효과로 틀린 것은?

㉮ 모공 깊숙이 들어 있는 불순물을 제거한다.
㉯ 미백효과가 있다.
㉰ 피부표면의 각질을 제거한다.
㉱ 화장품의 흡수 및 침투가 좋아진다.

해설 ㉯ 미백효과 : **팩**의 효과

9 피부미용 시 처음과 마지막 동작 또는 연결동작으로 이용되는 매뉴얼 테크닉은?

㉮ 에플로라지(effleurage)
㉯ 타포트먼트 (tapotment)
㉰ 니딩(kneading)
㉱ 롤링(rolling)

해설 ㉮ 에플로라지(effleurage) : **처음**과 **마지막 동작** 또는 **연결동작**

10 피부유형과 관리 목적과의 연결이 틀린 것은?

㉮ 민감피부 : 진정, 긴장 완화
㉯ 건성피부 : 보습작용 억제
㉰ 지성피부 : 피지 분비 조절
㉱ 복합피부 : 피지, 유, 수분 균형 유지

해설 ㉯ 건성피부 : **보습** 및 **영양공급**

11 매뉴얼 테크닉의 기본 동작 중 신경조직을 자극하여 혈액순환을 촉진시켜 피부 탄력성 증가에 가장 옳은 효과를 주는 것은?

㉮ 쓰다듬기　　㉯ 문지르기
㉰ 두드리기　　㉱ 반죽하기

해설 ㉰ 두드리기 : **신경조직**을 **자극**하여 혈액순환을 촉진시켜 피부 **탄력성 증가**

12 피부 관리실에서 피부 관리시 마무리관리에 해당하지 않는 것은?

㉮ 피부타입에 따른 화장품 바르기
㉯ 자외선 차단크림 바르기
㉰ 머리 및 뒷목부위 풀어주기
㉱ 피부상태에 따라 매뉴얼 테크닉하기

해설 ㉱ 피부상태에 따라 매뉴얼 테크닉하기는 딥클렌징 후에 실시하는 것으로 마무리관리에 해당하지 않는다.

13 다음 중 화학적인 제모방법은?

㉮ 제모크림을 이용한 제모
㉯ 온왁스를 이용한 제모
㉰ 족집게를 이용한 제모
㉱ 냉왁스를 이용한 제모

해설 ㉮ 제모크림을 이용한 제모 : 화학적인 제모 방법으로 털의 표면을 연화시켜 제거하는 것이다.

14 매뉴얼테크닉의 효과가 아닌 것은?

㉮ 내분비기능의 조절
㉯ 결체조직에 긴장과 탄력성 부여
㉰ 혈액순환촉진
㉱ 반사 작용의 억제

해설 ㉱ 반사 작용의 **활성화**

ANSWER 07. ㉯ 08. ㉯ 09. ㉮ 10. ㉯ 11. ㉰ 12. ㉱ 13. ㉮ 14. ㉱

15 왁스를 이용한 제모 방법으로 적합하지 않은 것은?

㉮ 피지막이 제거된 상태에서 파우더를 도포 한다.

㉯ 털이 성장하는 방향으로 왁스를 바른다.

㉰ 쿨 왁스를 바를 때는 털이 잘 제거 되도록 왁스를 얇게 바른다.

㉱ 남은 왁스를 오일로 제거한 후 온습포로 진정 한다.

㉱ 남은 왁스를 오일로 제거한 후 **냉습포**로 진정 한다.

16 피부유형별 화장품사용 시 AHA 의 적용피부 가 아닌 것은?

㉮ 예민피부   ㉯ 노화피부

㉰ 지성피부   ㉱ 색소침착피부

㉮ AHA의 적용피부 : 노화, 지성, 색소침착피부의 딥클렌징으로 사용하고 **예민피부는 자극적**이므 로 사용을 피한다.

17 피부유형에 대한 설명 중 틀린 것은?

㉮ 정상피부 - 유·수분 균형이 잘 잡혀있다.

㉯ 민감성피부 - 각질이 드문드문 보인다.

㉰ 노화피부 - 미세하거나 선명한 주름이 보 인다.

㉱ 지성피부 - 모공이 크고 표면이 귤껍질같 이 보이기 쉽다.

㉯ 민감성피부 - 각질이 **매우 얇아** 피부결이 예민 하고 홍반증이 나타난다.

18 클렌징 제품의 선택과 관련된 내용과 가장 거 리가 먼 것은?

㉮ 피부에 자극이 적어야 한다.

㉯ 피부의 유형에 맞는 제품을 선택해야 한다.

㉰ 특수 영양성분이 함유되어 있어야 한다.

㉱ 화장이 짙을 때는 세정력이 높은 클렌징 제품을 사용하여야 한다.

㉰ 특수 영양성분이 함유되어 있어야 하는 것은 에 센스(세럼), 영양크림 등이다.

19 피지선에 대한 내용으로 틀린 것은?

㉮ 진피층에 놓여 있다.

㉯ 손바닥과 발바닥, 얼굴, 이마 등에 많다.

㉰ 사춘기 남성에게 집중적으로 분비된다.

㉱ 입술, 성기, 유두, 귀두, 등에 독립피지선 이 있다.

㉯ **손바닥과 발바닥**에는 **무피지선**이며, **얼굴, 이마, 두피** 등에 **큰피지선**이 많다.

20 켈로이드는 어떤 조직이 비정상으로 성장한 것인가?

㉮ 피하 지방 조직

㉯ 정상 상피 조직

㉰ 정상 분비선 조직

㉱ 결합조직

㉱ **결합조직(진피의 교원질)**이 비정상적으로 성장한 것이 켈로이드이다.

21 성장촉진, 생리대사의 보조역할, 신경안정과 면역기능 강화 등의 역할을 하는 영양소는?

㉮ 단백질   ㉯ 비타민

㉰ 무기질   ㉱ 지방

㉯ 비타민 : **성장촉진, 생리대사의 보조역할, 신경안 정과 면역기능 강화** 등의 역할을 하는 영양소로 체내에서 합성되지 않아 **음식**으로 **섭취**해야 한다.

22 교원섬유(collagen)와 탄력섬유(elastin)로 구성되어 있어 강한 탄력성을 지니고 있는 곳 은?

㉮ 표피   ㉯ 진피

㉰ 피하조직   ㉱ 근육

㉯ **진피** : 교원섬유(collagen)와 탄력섬유(elastin)로 구성되어 있어 강한 탄력성을 지니고 있는 곳

ANSWER 15. ㉱ 16. ㉮ 17. ㉯ 18. ㉰ 19. ㉯ 20. ㉱ 21. ㉯ 22. ㉯

23 물사마귀알로도 불리우며 황색 또는 분홍색의 반투명성 구진(2~3mm 크기)을 가지는 피부양성종양으로 땀샘관의 개출구 이상으로 피지분비가 막혀 생성되는 것은?

㉮ 한관종   ㉯ 혈관종

㉰ 섬유종   ㉱ 지방종

☾ᄮ ㉮ 한관종 : 에크린한선의 구진으로 발생

24 기미피부의 손질방법으로 가장 틀린 것은?

㉮ 정신적 스트레스를 최소화한다.

㉯ 자외선을 자주 이용하여 멜라닌을 관리한다.

㉰ 화학적 필링과 AHA 성분을 이용한다.

㉱ 비타민 C가 함유된 음식물을 섭취한다.

☾ᄮ ㉯ 자외선을 자주 이용하면 멜라닌의 생성이 활성화되어 기미 등의 색소침착이 발생하므로 **자외선을 차단**하여 멜라닌 생성 억제 관리를 하는 것이 바람직하다.

25 장기간에 걸쳐 반복하여 긁거나 비벼서 표피가 건조하고 가죽처럼 두꺼워진 상태는?

㉮ 가피   ㉯ 낭종

㉰ 태선화   ㉱ 반흔

☾ᄮ ㉰ 태선화 : 장기간에 걸쳐 반복하여 긁거나 비벼서 **표피가 건조**하고 **가죽처럼 두꺼워진** 상태

26 피부의 피지막은 보통 상태에서 어떤 유화상태로 존재하는가?

㉮ w/o 유화   ㉯ o/w 유화

㉰ w/s 유화   ㉱ s/w 유화

☾ᄮ ㉮ w/o 유화 : **유중수형**(오일이 주성분이고 물이 보조성분)의 상태로 땀을 흘리면 체온유지를 위해 땀의 증발을 유도하도록 수중유형(O/W)의 상태로 변한다.

27 피부의 각화과정(Keratinization) 이란?

㉮ 피부가 손톱, 발톱으로 딱딱하게 변하는 것을 말한다.

㉯ 피부세포가 기저층에서 각질층까지 분열되어 올라가 죽은 각질 세포로 되는 현상을 말한다.

㉰ 기저세포 중의 멜라닌 색소가 많아져서 피부가 검게 되는 것을 말한다.

㉱ 피부가 거칠어져서 주름이 생겨 늙는 것을 말한다.

☾ᄮ ㉯ **각화과정**(Keratinization) : 피부세포가 기저층에서 각질층까지 분열되어 올라가 죽은 각질 세포로 되는 현상

28 다음 중 수면을 조절하는 호르몬은?

㉮ 티로신   ㉯ 멜라토닌

㉰ 글루카곤   ㉱ 칼시토닌

☾ᄮ ㉯ **멜라토닌** : 수면 조절 호르몬

㉮ **티로신** : 필수 아미노산
㉰ **글루카곤** : 혈당 상승 호르몬
㉱ **칼시토닌** : 갑상선 호르몬

29 다음 중 윗몸일으키기를 하였을 때 주로 강해지는 근육은?

㉮ 이두박근   ㉯ 복직근

㉰ 삼각근   ㉱ 횡경막

☾ᄮ ㉯ 복직근 : 복부에 위치한 근육으로 윗몸일으키기를 하였을 때 강해지는 근육

30 다음 중 척수신경이 아닌 것은?

㉮ 경신경   ㉯ 흉신경

㉰ 천골신경   ㉱ 미주신경

☾ᄮ ㉱ 미주신경 : **뇌신경**

• 척수신경 : 경신경(8쌍), 흉신경(12쌍), 요신경(5쌍), 천골신경(5쌍), 미골신경(1쌍)

Ⓐ NSWER • **03.** ㉮ **24.** ㉯ **25.** ㉰ **26.** ㉮ **27.** ㉯ **28.** ㉯ **29.** ㉯ **30.** ㉱

31 인체의 혈액량은 체중의 약 몇 %인가?

㉮ 약 2% ㉯ 약 8%

㉰ 약 20% ㉱ 약 30%

✎ ㉯ 약 8%

32 각 소화기관별 분비되는 소화 효소와 소화시킬 수 있는 영양소가 올바르게 짝지어진 것은?

㉮ 소장 : 키모트립신 – 단백질

㉯ 위 : 펩신 – 지방

㉰ 입 : 락타아제 – 탄수화물

㉱ 췌장 : 트립신 – 단백질

✎ ㉱ 췌장 : 트립신 – 단백질

　㉮ **췌장** : 키모트립신 – 단백질

　㉯ **위** : 펩신 – **단백질**

　㉰ **소장** : 락타아제 – 탄수화물

33 성장기까지 뼈의 길이 성장을 주도하는 것은?

㉮ 골막 ㉯ 골단판

㉰ 골수 ㉱ 해면골

✎ ㉯ 골단판 : 성장기까지 뼈의 길이 **성장**을 주도하는 것

34 난자를 형성하는 성선인 동시에, 에스트로겐과 프로게스테론을 분비하는 내분비선은?

㉮ 난소 ㉯ 고환

㉰ 태반 ㉱ 췌장

✎ ㉮ **난소** : 난자를 형성하는 성선인 동시에, 에스트로겐과 프로게스테론을 분비하는 내분비선

　㉯ **고환** : 남성호르몬(테스토스테론)

　㉰ **태반** : 난포호르몬, 황체호르몬

　㉱ **췌장** : 인슐린, 글루카곤

35 용액 내에서 이온화되어 전도체가 되는 물질은?

㉮ 전기분해 ㉯ 전해질

㉰ 혼합물 ㉱ 분자

✎ ㉯ **전해질** : 용액 내에서 이온화되어 **전도체**가 되는 물질

36 전류의 세기를 측정하는 단위는?

㉮ 볼트 ㉯ 암페어

㉰ 와트 ㉱ 주파수

✎ ㉯ **암페어** : 전류의 세기(A)

　㉮ **볼트** : 전류의 압력(V)

　㉰ **와트** : 일정시간 동안 사용된 전류의 양(W)

　㉱ **주파수** : 1초동안 반복되는 진동의 수(Hz)

37 엔더몰로지 사용방법으로 틀린 것은?

㉮ 시술 전 용도에 맞는 오일을 바른 후 시술한다.

㉯ 지성의 경우 탈크 파우더를 약간 바른 후 시술한다.

㉰ 전신 체형관리 시 10~20분 정도 적용한다.

㉱ 말초에서 심장방향으로 밀어 올리듯 시술한다.

✎ ㉮ 시술 전 용도에 맞는 **로션**(지방 및 셀룰라이트 분해)을 바른 후 시술한다.

38 자외선램프의 사용에 대한 내용으로 틀린 것은?

㉮ 고객으로부터 1m이상의 거리에서 사용한다.

㉯ 주로 UVA를 방출하는 것을 사용한다.

㉰ 눈 보호를 위해 패드나 선글라스를 착용하게 한다.

㉱ 살균이 강한 화학선이므로 사용 시 주의를 해야 한다.

ANSWER 31. ㉯ 32. ㉱ 33. ㉯ 34. ㉮ 35. ㉯ 36. ㉯ 37. ㉮ 38. ㉯

🕐M ㉯ 주로 UVC(살균작용)를 방출하는 것을 사용한다.

39 고주파기의 효과에 대한 설명으로 틀린 것은?

㉮ 피부의 활성화로 노폐물 배출의 효과가 있다.

㉯ 내분비선의 분비를 활성화한다.

㉰ 색소침착부위의 표백효과가 있다.

㉱ 살균, 소독 효과로 박테리아 번식을 예방한다.

🕐M ㉰ 색소침착부위의 표백효과가 있는 것은 **갈바닉기** 기이다.

40 프리마톨을 가장 잘 설명한 것은?

㉮ 석션유리관을 이용하여 모공의 피지와 불필요한 각질을 제거하기 위해 사용하는 기기이다.

㉯ 회전브러쉬를 이용하여 모공의 피지와 불필요한 각질을 제거하기 위해 사용하는 기기이다.

㉰ 스프레이를 이용하여 보공의 피지와 불필요한 각질을 제거하기 위해 사용하는 기기이다.

㉱ 우드램프를 이용하여 모공의 피지와 불필요한 각질을 제거하기 위해 사용하는 기기이다.

🕐M ㉯ **회전브러쉬**를 이용하여 모공의 피지와 불필요한 각질을 제거하기 위해 사용하는 기기이다.

41 기능성 화장품에 속하지 않는 것은?

㉮ 피부의 미백에 도움을 주는 제품

㉯ 자외선으로부터 피부를 보호해주는 제품

㉰ 피부 주름 개선에 도움을 주는 제품

㉱ 피부 여드름 치료에 도움을 주는 제품

🕐M **기능성 화장품** : 미백, 주름개선, 자외선으로부터 피부를 보호해주는 제품

42 아로마 오일에 대한 설명 중 틀린 것은?

㉮ 아로마오일은 면역기능을 높여준다.

㉯ 아로마오일은 기미, 피부미용에 효과적이다.

㉰ 아로마오일은 피부관리는 물론 화상, 여드름, 염증 치유에도 쓰인다.

㉱ 아로마오일은 피지에 쉽게 용해되지 않으므로 다른 첨가물을 혼합하여 사용한다.

🕐M ㉱ 아로마오일은 단독으로 사용하면 안되므로 **캐리어오일**에 **블랜딩**하여 사용한다.

43 페이셜 스크럽(facial sclub)에 관한 설명 중 옳은 것은?

㉮ 민감성 피부의 경우에는 스크럽제를 문지를 때 무리하게 압력을 가하지만 않으면 매일 사용해도 상관없다.

㉯ 피부 노폐물, 세균, 메이크업 찌꺼기 등을 깨끗하게 지워주기 때문에 메이크업을 했을 경우는 반드시 사용한다.

㉰ 각화된 각질을 제거해 줌으로써 세포의 재생을 촉진해준다.

㉱ 스크럽제로 문지르면 신경과 혈관을 자극하여 혈액순환을 촉진시켜 주므로 15분 정도 충분히 마사지 가 되도록 문질러 준다.

🕐M ㉰ 각화된 각질을 제거해 줌으로써 세포의 재생을 촉진해준다.

• 스크럽 : **미세알갱이**를 함유한 딥클렌징제로 민감한 피부에는 자극적일 수 있으므로 사용을 금한다.

44 비누에 대한 설명으로 틀린 것은?

㉮ 비누의 세정작용은 비누 수용액이 오염과 피부사이에 침투하여 부착을 약화시켜 떨어지기 쉽게 하는 것이다.

㉯ 비누는 거품이 풍성하고 잘 헹구어져야 한다.

㉰ 비누는 세정작용 뿐만 아니라 살균, 소독 효과를 주로 가진다.

㉱ 메디케이티드 비누는 소염제를 배합한 제품으로 여드름, 면도 상처 및 피부 거칠음 방지효과가 있다.

㉰ 비누는 **세정작용만**을 담당하는 **알칼리성**을 띤다.

45 화장품 성분 중에서 양모에서 정제한 것은?

㉮ 바셀린　　　㉯ 밍크오일
㉰ 플라센타　　㉱ 라놀린

㉱ 라놀린 : **양모**에서 정제하여 피부유연, 영양공급

46 세정용 화장수의 일종으로 가벼운 화장의 제거에 사용하기에 가장 적합한 것은?

㉮ 클렌징 오일　　㉯ 클렌징 워터
㉰ 클렌징 로션　　㉱ 클렌징 크림

㉯ 클렌징 워터 : 세정용 화장수의 일종으로 **가벼운 화장**의 제거에 사용

47 화장품의 4대 품질 조건에 대한 설명이 틀린 것은?

㉮ 안전성 - 피부에 대한 자극, 알러지, 독성이 없을 것

㉯ 안정성 - 변색, 변취, 미생물의 오염이 없을 것

㉰ 사용성 - 피부에 사용감이 좋고 잘 스며들 것

㉱ 유효성 - 질병치료 및 진단에 사용할 수 있는 것

㉱ 유효성 - 보습, 미백, 노화억제, 자외선차단 등의 **효과**를 **부여**하는 것

48 식품의 혐기성 상태에서 발육하여 신경독소를 분비하는 세균성 식중독 원인균은?

㉮ 살모넬라균
㉯ 황색 포도상구균
㉰ 캠필로박터균
㉱ 보톨리누스균

㉱ 보톨리누스균 : 식품의 혐기성 상태에서 발육하여 **신경독소**를 분비하는 식중독균으로 **치명률**이 가장 **높다**.

49 사회보장의 분류에 속하지 않는 것은?

㉮ 산재보험
㉯ 자동차 보험
㉰ 소득보장
㉱ 생활보호

사회보장 : 사회보험(소득보장과 의료보장), 공적부조(생활보호와 의료급여), 공공서비스(노령연금과 장애연금, 산재보험 등)로 구분된다.

50 전염병 신고와 보고규정에서 7일 이내에 관할 보건소에 신고해야 할 전염병은?

㉮ 파상풍
㉯ 콜레라
㉰ 성병
㉱ 디프테리아

㉰ 성병 : 제3군 전염병으로 **7일 이내**에 관할 보건소에 신고해야 한다.

• 파상풍, 콜레라, 디프테리아는 **즉시 신고**해야 한다.

51 임신 7개월(28주)까지의 분만을 뜻하는 것은?

㉮ 조산　　　㉯ 유산
㉰ 사산　　　㉱ 정기산

💡✍ ㉯ **유산** : 임신 7개월(28주)까지의 분만

㉮ **조산** : 임신 20주~37주까지의 분만
㉰ **사산** : 죽은 태아의 분만으로 37주~40주 미만의 출생
㉱ **정기산** : 37주~40주의 분만

52 환자 접촉자가 손의 소독 시 사용하는 약품으로 가장 부적당한 것은?

㉮ 크레졸수　　　㉯ 승홍수
㉰ 역성비누　　　㉱ 석탄산

💡✍ ㉱ **석탄산** : 환자 접촉자가 손의 소독 시 **부적합**

53 당이나 혈청과 같이 열에 의해 변성되거나 불안정한 액체의 멸균에 이용되는 소독법은?

㉮ 저온살균법
㉯ 여과멸균법
㉰ 간헐멸균법
㉱ 건열멸균법

💡✍ ㉯ **여과멸균법** : 당이나 혈청과 같이 열에 의해 변성되거나 불안정한 액체의 멸균에 이용되는 소독법

54 다음 중 화학적 소독법에 해당되는 것은?

㉮ 알콜 소독법
㉯ 자비소독법
㉰ 고압증기멸균법
㉱ 간헐멸균법

💡✍ ㉮ 알콜 소독법 : **화학적 소독법**

・자비소독법, 고압증기멸균법, 간헐멸균법 : 물리적 소독법

55 석탄산의 희석배수 90배를 기준으로 할 때 어떤 소독약의 석탄산 계수가 4 였다면 이 소독약의 희석배수는?

㉮ 90배　　　㉯ 94배
㉰ 360배　　　㉱ 400배

💡✍ ㉰ 석탄산계수 = 소독약의 희석배수 / 석탄산의 희석배수

$$4 = a / 90$$
따라서, $a = 360$

56 손님의 얼굴, 머리, 피부 등을 손질하여 손님의 외모를 아름답게 꾸미는 공중위생영업은?

㉮ 위생관리용역업
㉯ 이용업
㉰ 미용업
㉱ 목욕장업

💡✍ ㉰ **미용업** : 손님의 얼굴, 머리, 피부 등을 손질하여 손님의 **외모**를 아름답게 꾸미는 공중위생영업

57 영업소의 폐쇄명령을 받고도 계속하여 영업을 하는 때에 관계공무원으로 하여금 영업소를 폐쇄할 수 있도록 조치를 취할 수 있는 자는?

㉮ 보건복지부장관
㉯ 시, 도지사
㉰ 시장・군수・구청장
㉱ 보건소장

💡✍ ㉰ **시장・군수・구청장** : 영업소의 폐쇄명령을 받고도 계속하여 영업을 하는 때에 관계공무원으로 하여금 영업소를 폐쇄할 수 있도록 조치

58 위생교육을 받지 아니한 때에 대한 3차 위반 시행 정지처분 기준은?

㉮ 영업정지 10일
㉯ 영업정지 15일
㉰ 영업정지 1월
㉱ 영업장 폐쇄명령

💡✍ ㉮ 영업정지 10일 : 3차 위반 행정처분

・1차 위반 행정처분 : 경고
・2차 위반 행정처분 : 영업정지 5일
・4차 위반 행정처분 : 영업장 폐쇄명령

🔓A NSWER　　52. ㉱　53. ㉯　54. ㉮　55. ㉰　56. ㉰　57. ㉰　58. ㉮

59 공중 이용시설의 위생관리 규정을 위반한 시설의 소유자에게 개선명령을 할 때 명시하여야 할 것에 해당되는 것은? (모두 고를 것)

> 1. 위생관리기준
> 2. 개선 후 복구 상태
> 3. 개선기간
> 4. 발생된 오염물질의 종류

㉮ 1, 3　　　　㉯ 2, 4
㉰ 1, 3, 4　　　㉱ 1, 2, 3, 4

개선명령 명시 사항
 – 위생관리기준
 – 개선기관
 – 발생된 오염물질의 종류
 – 오염허용기준을 초과한 정도

60 이·미용사의 면허증을 재교부 신청할 수 없는 경우는?

㉮ 국가기술자격법에 의한 이·미용사 자격증이 취소된 때
㉯ 면허증의 기재사항에 변경이 있을 때
㉰ 면허증을 분실 한 때
㉱ 면허증이 못쓰게 된 때

면허증 재교부
 – 면허증의 기재사항에 변경
 – 면허증 분실 시
 – 면허증이 못쓰게 된 때

나만이 내 인생을 바꿀 수 있다. 아무도 날 대신해 해줄 수 없다.
 －캐롤 버넷

2010년 7월 11일 시행

1 여드름 관리에 효과적인 성분이 아닌 것은?

㉮ 스테로이드(Steroid)

㉯ 과산화 벤조인(Benzoyl Peroxide)

㉰ 살리실산(Salicylic Acid)

㉱ 글리콜산(Glycolic Acid)

🕐 ㉮ 스테로이드는 먹는 성분으로 **부신피질 호르몬** 제 제이다.

2 매뉴얼 테크닉의 방법에 대한 설명이 옳은 것은?

㉮ 고객의 병력을 꼭 체크한다.

㉯ 손을 밀착시키고 압은 강하게 한다.

㉰ 관리 시 심장에서 가까운 쪽부터 시작한다.

㉱ 충분한 상담을 통하되 피부미용사는 의사가 아니므로 몸 상태를 살펴볼 필요는 없다.

🕐 ㉯ 손을 밀착시키고 압은 **약하게** 한다.
㉰ 관리 시 심장에서 **먼 쪽**부터 시작한다.
㉱ 충분한 상담을 통하되 피부미용사는 **몸 상태**를 살펴 보아야 한다.

3 딥클렌징(deep cleansing)시 사용되는 제품의 형태와 가장 거리가 먼 것은?

㉮ 액체(AHA) 타입

㉯ 고마쥐(gommage) 타입

㉰ 스프레이(spray) 타입

㉱ 크림(cream) 타입

🕐 ㉰ 딥클렌징 제품에는 AHA 액체타입, 크림타입인 **고마쥐**, **스크럽**, 분말타입인 **효소** 등이 있다.

4 크림타입의 클렌징 제품에 대한 설명으로 옳은 것은?

㉮ W/O타입으로 유성성분과 메이크업 제거에 효과적이다.

㉯ 노화피부에 적합하고 물에 잘 용해가 된다.

㉰ 친수성으로 모든 피부에 사용 가능하다.

㉱ 클렌징 효과는 약하나 끈적임이 없고 지성피부에 특히 적합하다.

🕐 ㉯ **건성피부**에 적합하고 물에 잘 용해가 된다.
㉰ **친유성**으로 모든 피부에 사용 가능하다.
㉱ 클렌징 효과는 **크고 끈적임**이 있으며 **건성피부**에 특히 적합하다.

5 온습포의 효과는?

㉮ 혈핵을 촉진시켜 조직의 영양공급을 돕는다.

㉯ 혈관 수축 작용을 한다.

㉰ 피부 수렴 작용을 한다.

㉱ 모공을 수축 시킨다.

🕐 ㉮ 혈액을 **촉진**시켜 조직의 **영양공급**을 돕는다.

6 유분이 많은 화장품보다는 수분공급에 효과적인 화장품을 선택하여 사용하고, 알코올 함량이 많아 피지 제거 기능과 모공수축 효과가 뛰어난 화장수를 사용하여야 할 피부유형으로 가장 적합한 것은?

㉮ 건성피부　　㉯ 민감성피부

㉰ 정상피부　　㉱ 지성피부

🕐 ㉱ 유분이 많은 화장품보다는 **수분공급**에 효과적인 화장품을 선택하여 사용하고, 알코올 함량이 많아 **피지 제거** 기능과 **모공수축** 효과가 뛰어난 화장수를 사용하는 것은 **지성피부**가 속한다.

🔴 **A**NSWER　**01.** ㉮　**02.** ㉮　**03.** ㉰　**04.** ㉮　**05.** ㉮　**06.** ㉱

7 제모의 방법에 대한 내용 중 틀린 것은?

㉮ 왁스는 모간을 제거하는 방법이다.

㉯ 전기응고술은 영구적인 제모방법이다.

㉰ 전기분해술은 모유두를 파괴시키는 방법이다.

㉱ 제모크림은 일시적인 제모방법이다.

해설 ㉮ **왁스**는 **모근**을 제거하는 방법이다.

8 매뉴얼 테크닉 시 피부미용사의 자세로 가장 적합한 것은?

㉮ 허리를 살짝 구부린다.

㉯ 발은 가지런히 모으고 손목에 힘을 뺀다.

㉰ 양팔은 편안한 상태로 손목에 힘을 준다.

㉱ 발은 어깨넓이만큼 벌리고 손목에 힘을 뺀다.

해설
㉮ 허리를 바르게 **펴고** 바른자세로 실시한다.
㉯ 발은 **어깨 넓이만큼** 벌리고 손목에 힘을 뺀다.
㉰ 양팔은 편안한 상태로 **손목**에 **힘**을 **뺀다**.

9 각 피부유형에 대한 설명으로 틀린 것은?

㉮ 유성지루피부 – 과잉 분비된 피지가 피부 표면에 기름기를 만들어 항상 번질거리는 피부

㉯ 건성 지루피부 – 피지분비기능의 상승으로 피지는 과다 분비되어 표피에 기름기가 흐르나 보습기능이 저하되어 피부표면의 당김 현상이 일어나는 피부

㉰ 표피 수분부족 건성피부 – 피부 자체의 내적 원인에 의행 피부 자체의 수화기능에 문제가 되어 생기는 피부

㉱ 모세혈관 확장 피부 – 코와 뺨 부위의 피부가 항상 붉거나 피부 표면에 붉은 실핏줄이 보이는 피부

해설 ㉰ 표피 수분부족 건성피부가 내적인 원인인 **진피 수분부족** 건성피부에 속한다.

10 콜라겐 벨벳마스크의 설명으로 틀린 것은?

㉮ 피부의 수분 보유량을 향상시켜 잔주름을 예방한다.

㉯ 필링 후 사용하여 피부를 진정시킨다.

㉰ 천연 콜라겐을 냉동 건조시켜 만든 마스크이다.

㉱ 효과를 높이기 위해 비타민을 함유한 오일을 흡수시킨 후 실시한다.

해설 ㉱ 효과를 높이기 위해 비타민을 함유한 오일을 흡수시킨 후 실시하면 콜라겐 벨벳마스크 흡수가 **어렵다**.

11 피부미용의 기능적 영역이 아닌 것은?

㉮ 관리적 기능 ㉯ 실제적 기능

㉰ 심리적 기능 ㉱ 장식적 기능

해설 ㉯ 실제적 기능은 **아니다**.

12 두 가지 이상의 다른 종류의 마스크를 적용시킬 경우 가장 먼저 적용시켜야 하는 마스크는?

㉮ 가격이 높은 것

㉯ 수분 흡수 효과를 가진 것

㉰ 피부로의 침투시간이 긴 것

㉱ 영양성분이 많이 함유된 것

해설 ㉯ 수분 흡수 효과를 가진 것을 **우선 적용**해야 흡수가 빠르다.

13 다음 설명에 따르는 화장품이 가장 적합한 피부형은?

> 저자극성 성분을 사용하며, 향/알코올/색소/방부제가 적게 함유되어 있다.

㉮ 지성피부 ㉯ 복합성피부

㉰ 민감성피부 ㉱ 건성피부

해설 ㉰ 민감성 피부는 예민하므로 **저자극성** 성분을 사용한다.

14 딥클렌징에 대한 내용으로 가장 적합한 것은?

㉮ 노화된 각질을 부드럽게 연화하여 제거한다.

㉯ 피부표면의 더러움을 제거하는 것이 주목적이다.

㉰ 주로 메이크업의 제거를 위해 사용한다.

㉱ 고마쥐, 스크럽 등이 해당하며, 화학적 필링이라고 한다.

🕐M ㉯,㉰는 **클렌징** 목적이며 ㉱는 **물리적 필링**이다.

15 피부 미용의 영역이 아닌 것은?

㉮ 눈썹 정리   ㉯ 제모(waxing)

㉰ 피부 관리   ㉱ 모발 관리

🕐M ㉱ 모발 관리는 **미용사(일반)**에 속한다

16 매뉴얼 테크닉의 부정용 대상과 가장 거리가 먼 것은?

㉮ 임산부의 복부·가슴 매뉴얼 테크닉

㉯ 외상이 있거나 수술 직후

㉰ 오랫동안 서있는 자세로 인한 다리의 부종

㉱ 다리부위에 정맥류가 있는 경우

🕐M ㉰ 오랫동안 서있는 자세로 인한 다리의 부종은 매뉴얼 테크닉이 **가능**하다.

17 올바른 피부 관리를 위한 필수조건과 가장 거리가 먼 것은?

㉮ 관리사의 유창한 화술

㉯ 정확한 피부타입 측정

㉰ 화장품에 대한 지식과 응용기술

㉱ 적절한 매뉴얼 테크닉 기술

🕐M ㉮ 관리사의 유창한 화술은 필수조건은 **아니다**.

18 안면 매뉴얼 테크닉의 효과와 가장 거리가 먼 것은?

㉮ 피부세포에 산소와 영양소를 공급한다.

㉯ 여드름을 없애준다.

㉰ 피부의 혈액순환을 촉진시킨다.

㉱ 피부를 부드럽고 유연하게 해주며 근육을 이완시켜 노화를 지연시킨다.

🕐M ㉯ 여드름이 있을 경우 매뉴얼 테크닉 보다는 **림프마사지**를 적용한다.

19 피부가 느끼는 오감 중에서 가장 감각이 둔감한 것은?

㉮ 냉각(冷覺)   ㉯ 온각(溫覺)

㉰ 통각(痛覺)   ㉱ 압각(壓覺)

🕐M ㉯ 피부에서 가장 **둔한 것은 온각**이고 가장 **많이** 분포된 것은 **통각**이다.

20 기미가 생기는 원인으로 가장 거리가 먼 것은?

㉮ 정신적 불안

㉯ 비타민 C 과다

㉰ 내분비 기능장애

㉱ 질이 좋지 않은 화장품의 사용

🕐M ㉯ 비타민 C 과다는 **기미**를 **개선** 시킬 수 있다.

21 다음 중 원발진으로만 짝지어진 것은?

㉮ 농포, 수포   ㉯ 색소침착, 찰상

㉰ 티눈, 흉터   ㉱ 동상, 궤양

🕐M • 원발진-반점, 색소침착, 홍반 구진, 농포, 팽진, 동상, 수포, 결절, 종양, 낭종

• 속발진-찰상, 티눈, 흉터, 궤양, 가피, 미란, 태선화

ANSWER   **14.** ㉮   **15.** ㉱   **16.** ㉰   **17.** ㉮   **18.** ㉯   **19.** ㉯   **20.** ㉯   **21.** ㉮

22 피부의 각질(케라틴)을 만들어 내는 세포는?

㉮ 색소세포　　㉯ 기저세포

㉰ 각질형성세포　　㉱ 섬유아세포

🕐세 ㉰ **각질형성세포** : 각질을 만들어 내며 표피의 기저층에 있다.

23 모세혈관이 위치하며 콜라겐 조직과 탄력적인 엘라스틴섬유 및 뮤코다당류로 구성이 되어 있는 피부의 부분은?

㉮ 표피　　㉯ 유극층

㉰ 진피　　㉱ 피하조직

🕐세 ㉰ **진피**는 **교원섬유**(콜라겐), **탄력섬유**(엘라스틴), **뮤코다당류**로 구성 되어 있다.

24 피부색소인 멜라닌을 주로 함유하고 있는 세포층은?

㉮ 각질층　　㉯ 과립층

㉰ 기저층　　㉱ 유극층

🕐세 ㉰ **기저층**에는 **멜라닌 세포**가 존재하며 자외선으로부터 피부가 손상되는 것을 예방한다.

25 나이아신 부족과 아미노산 중 트립토판 결핍으로 생기는 질병으로써 옥수수를 주식으로 하는 지역에서 자주 발생하는 것은?

㉮ 각기증　　㉯ 괴혈병

㉰ 구루병　　㉱ 펠라그라병

🕐세 ㉱ 옥수수에는 **나이아신**이라는 비타민이 없기 때문에 옥수수를 주식으로 할 경우 **페라그라병**에 걸리게 된다.

26 손바닥과 발바닥 등 비교적 피부층이 두터운 부위에 주로 분포되어 있으며 수분침투를 방지하고 피부를 윤기 있게 해주는 기능을 가진 엘라이딘이라는 단백질을 함유하고 있는 표피 세포층은?

㉮ 각질층　　㉯ 유두층

㉰ 투명층　　㉱ 망상층

🕐세 ㉰ **투명층**은 손바닥과 발바닥 등 비교적 피부층이 두터운 부위에 주로 분포되어 있으며 반유동성 단백질인 **엘라이딘**은 투명층에 존재한다.

27 대상포진(헤르페스)의 특징에 대한 설명으로 옳은 것은?

㉮ 지각신경 분포를 따라 군집 수포성 발진이 생기며 통증이 동반된다.

㉯ 바이러스를 갖고 있지 않다.

㉰ 전염되지 않는다.

㉱ 목과 눈꺼풀에 나타나는 전염성 비대 증식 현상이다.

🕐세 ㉮ **대상포진**(헤르페스)는 지각신경 분포를 따라 **군집 수포성 발진**이 생기며 **통증**이 동반된다.

28 다음 중 뇌, 척수를 보호하는 골이 아닌 것은?

㉮ 두정골　　㉯ 측두골

㉰ 척추　　㉱ 흉골

🕐세 ㉱ **흉골**은 갈비뼈와 함께 중요한 **장기**를 충격으로부터 **보호**한다.

29 다음 중 혈액응고와 관련이 가장 먼 것은?

㉮ 조혈자극인자　　㉯ 피브린

㉰ 프로트롬빈　　㉱ 칼슘이온

🕐세 ㉮ **조혈자극인자**는 혈액 생성을 촉진시킨다.

30 평활근은 잡아당기면 쉽게 늘어나서 장력(tension)의 큰 변화 없이 본래 길이의 몇 배까지도 되는데, 이와 같은 성질을 무엇이라고 하는가?

㉮ 연축(twitch)

㉯ 강직(contracture)

㉰ 긴장(tonus)

㉱ 가소성(plasticity)

ⓘ **A**NSWER ▶ **22.** ㉰　**23.** ㉰　**24.** ㉰　**25.** ㉱　**26.** ㉰　**27.** ㉮　**28.** ㉱　**29.** ㉮　**30.** ㉱

㉮ **연축**(twitch)-한번의 수축현상
㉯ **강직**(contracture)-활동의 전압의 유발없
이 강축이 일어나는 상태
㉰ **긴장**(tonus)-근육이 부분적으로 수축을 지속
하고 있는 상태

31 다음 중 세포막의 기능 설명이 틀린 것은?

㉮ 세포의 경계를 형성한다.
㉯ 물질을 확산에 의해 통과시킬 수 있다.
㉰ 단백질을 합성하는 장소이다.
㉱ 조직을 이식할 때 자기 조직이 아닌 것을
인식할 수 있다.

㉰ **단백질**을 **합성**하는 장소는 **리보솜**이다.

32 다음 중 소화기관이 아닌 것은?

㉮ 구강　　㉯ 인두
㉰ 기도　　㉱ 간

㉰ 소화기관은 **구강-인두-식도-위-소장-대장** 순
으로 이루어 진다.

33 다음 중 신장의 신문으로 출입하는 것이 아닌
것은?

㉮ 요도　　㉯ 신우
㉰ 맥관　　㉱ 신경

㉮ 신장의 신문으로 출입하는 것은 **신우**, **맥관**, **신경**
이 있다.

34 다음 중 중추신경계가 아닌 것은?

㉮ 대뇌　　㉯. 소뇌
㉰ 뇌신경　　㉱ 척수

중추신경계-대뇌, 소뇌,척수, 연수
말초신경계-뇌신경, 척수신경, 교감신경, 부교
감신경

35 열을 이용한 기기가 아닌 것은?

㉮ 스티머　　㉯ 이온토포레시스
㉰ 파라핀 왁스기　　㉱ 적회선등

㉯ **이온토포레시스** : **유효성분**을 피부 깊숙이 **침투시**
키는 기기

36 전기장치에서 퓨즈(fuse)의 역할은?

㉮ 전압을 바꾸어 준다.
㉯ 전류의 세기를 조절한다.
㉰ 부도체에 전기가 잘 통하도록 한다.
㉱ 전선의 과열을 막아 주는 안정장치 역할을
한다.

㉱ 퓨즈(fuse)는 전선의 과열 막아 주는 **안정장치** 역
할을 한다.

37 브러싱 기기의 올바른 사용법은?

㉮ 브러시 끝이 눌리도록 적당한 힘을 가한
다.
㉯ 손목으로 회전브러시를 돌리면서 적용시
킨다.
㉰ 브러시는 피부에 대해 수평방향으로 적용
시킨다.
㉱ 회전내용물이 튀지 않도록 양을 적당히 조
절한다.

㉱ 브러싱은 회전브러시를 **직각**으로 내용물이 튀지
않게 양을 조절한다.

38 교류 전류로 신경근육계의 자극이나 전기 진
단에 많이 이용되는 감응전류(Faradic current)
의 피부 관리 효과와 가장 거리가 먼 것은?

㉮ 근육 상태를 개선한다.
㉯ 세포의 작용을 활발하게 하여 노폐물을 제
거한다.
㉰ 혈액순환을 촉진한다.
㉱ 산소의 분비가 조직을 활성화 시켜준다.

ANSWER · **31.** ㉰ **32.** ㉰ **33.** ㉮ **34.** ㉰ **35.** ㉯ **36.** ㉱ **37.** ㉱ **38.** ㉱

④ 감응전류(Faradic current)는 저주파, 중주파, 고주파 전류의 효과로 산소의 분비가 조직을 활성화 시켜주는 것과는 관계가 **없다.**

39 피부분석 시 사용하는 기기가 아닌 것은?

㉮ 확대경　　　　㉯ 우드램프
㉰ 스킨 스코프　　㉱ 적외선램프

④ 적외선램프 : 온열효과가 있어서 팩 관리 후 적용하면 팩의 흡수력이 좋아진다.

40 진공흡입기 적용을 금지해야 하는 경우와 가장 거리가 먼 것은?

㉮ 모세혈관 확장피부
㉯ 알레르기성 피부
㉰ 지나치게 탄력이 저하된 피부
㉱ 건성피부

④ 진공흡입기 적용을 **금지**해야 하는 경우 : 모세혈관 확장피부, 알레르기성 피부, 지나치게 탄력이 저하된 피부

41 향수를 뿌린 후 즉시 느껴지는 향수의 첫 느낌으로, 주로 휘발성이 강한 향료들로 이루어져 있는 노트(note)는?

㉮ 탑 노트(Top note)
㉯ 미들 노트(Middle note)
㉰ 하트 노트(Heart note)
㉱ 베이스 노트(Base note)

㉮ 탑 노트(Top note) : 향수를 뿌린 후 즉시 느껴지는 향수의 첫 느낌으로, 주로 휘발성이 강한 향료들로 이루어져 있다.

42 다음 설명 중 파운데이션의 일반적이 기능과 가장 거리가 먼 것은?

㉮ 피부색을 기호에 맞게 바꾼다.
㉯ 피부의 기미, 주근깨 등 결점을 커버한다.
㉰ 자외선으로부터 피부를 보호한다.
㉱ 피지 억제와 화장을 지속시켜준다.

④ 피지 억제와 화장을 지속시켜주는 것은 파우더의 기능

43 다음 중 아래 설명에 적합한 유화형태의 판별법은?

> 유화 형태를 판별하기 위해서 물을 첨가한 결과 잘 섞여 O/W 형으로 판별되었다.

㉮ 전기전도도법　　㉯ 희석법
㉰ 색소첨가법　　　㉱ 질량분석법

㉯ 희석법 : 유화 형태를 판별하기 위해서 물을 첨가한 결과 잘 섞여 O/W 형태

44 자외선 차단을 도와주는 화장품 성분이 아닌 것은?

㉮ 파라아미노안식향산(para-aminobenzoic acid)
㉯ 옥틸디메틸파바(octyldimethyl PABA)
㉰ 콜라겐(collagen)
㉱ 티타늄디옥사이드(titanium dioxide)

㉰ 콜라겐(collagen) : 수분함량이 많으며 탄력을 도와 주는 화장품 성분

45 바디 화장품의 종류와 사용 목적의 연결이 적합하지 않은 것은?

㉮ 바디클렌져 – 세정/용제
㉯ 데오도란트 파우더 – 탈색/제모
㉰ 썬스크린 – 자외선 방어
㉱ 바스 솔트 – 세정용제

㉯ 데오도란트 파우더 : 방향제

46 향장품을 선택할 때에 검토해야 하는 조건이 아닌 것은?

㉮ 피부나 점막, 두발 등에 손상을 주거나 알레르기 등을 일으킬 염려가 없는 것
㉯ 구성 성분이 균일한 성상으로 혼합되어 있지 않은 것

ANSWER　39. ㉱　40. ㉱　41. ㉮　42. ㉱　43. ㉯　44. ㉰　45. ㉯　46. ㉯

④ 사용 중이나 사용 후에 불쾌감이 없고 사용감이 산뜻한 것

④ 보존성이 좋아서 잘 변질되지 않는 것

☝ ④ 화장품은 **안전성, 안정성, 사용성, 유효성**의 조건이 필요하다.

47 바디 샴푸의 성질로 틀린 것은?

㉮ 세포 간에 존재하는 지질을 가능한 보호

㉯ 피부의 요소, 염분을 효과적으로 제거

㉰ 세균의 증식 억제

㉱ 세정제의 각질층 내 침투로 지질을 용출

☝ ㉱ **바디 샴푸의 성질** : 세포 간에 존재하는 지질을 가능한 보호, 피부의 요소, 염분을 효과적으로 제거, 세균의 증식 억제

48 이 · 미용업소에서 전염될 수 있는 트라코마에 대한 설명 중 틀린 것은?

㉮ 수건, 세면기 등에 의하여 감염된다.

㉯ 전염원은 환자의 눈물, 콧물 등이다.

㉰ 예방접종으로 사전 예방할 수 있다.

㉱ 실명의 원인이 될 수 있다.

☝ ㉰ 트라코마는 예방접종으로 사전에 예방 할 수 **없다.**

49 다음 중 쥐와 관계없는 전염병은?

㉮ 유행성출혈열　　㉯ 페스트

㉰ 공수병　　㉱ 살모넬라증

☝ ㉰ 공수병 : **광견병**이라고도 하며 **개**와 관련된 전염병

50 실내의 가장 쾌적한 온도와 습도는?

㉮ 14 ℃, 20%　　㉯ 16 ℃, 30%

㉰ 18 ℃, 60%　　㉱ 20 ℃, 89%

☝ ㉰ 쾌적온도는 18~20 ℃, 습도는 40~60%

51 보건행정의 특성과 가장 거리가 먼 것은?

㉮ 공공성　　㉯ 교육성

㉰ 정치성　　㉱ 과학성

☝ ㉰ 정치성은 보건행정 특성이 **아니다.**

52 이 · 미용업 종사자가 손을 씻을 때 많이 사용하는 소독약은?

㉮ 크레졸 수　　㉯ 페놀 수

㉰ 과산화수소　　㉱ 역성 비누

☝ ㉱ 역성비누 : 양이온 계면활성제를 말하며 주로 이/미용업의 종사들이 손을 씻을 때 많이 사용

53 다음 중 예방법으로 생균백신을 사용하는 것은?

㉮ 홍역　　㉯ 콜레라

㉰ 디프테리아　　㉱ 파상풍

☝ ㉮ 홍역 : **인공능동 면역**으로 인위적으로 항원을 체내에 투입해 항체가 생산되도록 하는 생균백신 1회 접종으로 장기간 면역이 지속되는 **예방 접종**에 의한 **면역**

54 인체의 창상용 소독약으로 부적당한 것은?

㉮ 승홍수　　㉯ 머큐로크롬액

㉰ 옥도정기　　㉱ 아크리놀

☝ ㉮ 승홍수 : 염화 제2의 수은으로 인체의 창상용으로는 **부적당**

55 다음 소독제 중에서 할로겐계에 속하지 않는 것은?

㉮ 표백분

㉯ 석탄산

㉰ 차아염소산 나트륨

㉱ 염소 유기화합물

☝ ㉯ 할로겐계는 염소를 형성하며 표백분은 염소계 표백제에 속하고 **석탄산**은 **페놀류**에 속한다.

ⓘ ᴀɴsᴡᴇʀ ● **47.** ㉱　**48.** ㉰　**49.** ㉰　**50.** ㉰　**51.** ㉰　**52.** ㉱　**53.** ㉮　**54.** ㉮　**55.** ㉯

56 건전한 영업질서를 위하여 공중위생영업자가 준수하여야 할 사항을 준수하지 아니한 자에 대한 벌칙기준은?

㉮ 1년 이하의 징역 또는 1천만원 이하의 벌금
㉯ 6월 이하의 징역 또는 500만원 이하의 벌금
㉰ 3월 이하의 징역 또는 300만원 이하의 벌금
㉱ 300만원 이하의 벌금

㉮ 건전한 영업질서를 위하여 공중위생영업자가 준수하여야 할 사항을 준수하지 아니한 자에 대한 벌칙은 **1년 이하의 징역 또는 1천만원 이하의 벌금**

57 이·미용업소 내에서 게시하지 않아도 되는 것은?

㉮ 이·미용업 신고증
㉯ 개설자의 면허증 원본
㉰ 개설자의 건강진단서
㉱ 요금표

㉰ 개설자의 건강진단서는 게시하지 **않아도 된다**

58 이·미용사의 면허를 받지 않은 자가 이/미용의 업무를 하였을 때의 벌칙기준은?

㉮ 100만원 이하의 벌금
㉯ 200만원 이하의 벌금
㉰ 300만원 이하의 벌금
㉱ 500만원 이하의 벌금

㉰ 이·미용사의 면허를 받지 않은 자가 이/미용의 업무를 하였을 때의 벌칙기준은 **300만원 이하의 벌금**

59 이·미용업영업자가 신고를 하지 아니하고 영업소의 상호를 변경한 때의 1차 위반 행정처분기준은?

㉮ 경고 또는 개선명령
㉯ 영업정지 3월
㉰ 영업허가 취소
㉱ 영업장 폐쇄명령

㉮ 이·미용업영업자가 신고를 하지 아니하고 영업소의 상호를 변경한 때의 행정처분기준은 **1차 위반**은 경고 또는 개선명령, **2차 위반**은 영업정지 15일, **3차 위반**은 영업정지 1월, **4차 위반**은 폐쇄명령

60 다음 중 공중위생감시원의 업무범위가 아닌 것은?

㉮ 공중위생 영업 관련 시설 및 설비의 위생 상태 확인 및 검사에 관한 사항
㉯ 공중위생영업소의 위생서비스 수준평가에 관한 사항
㉰ 공중위생영업소 개설자의 위생교육 이행 여부 확인에 관한 사항
㉱ 공중위생영업자의 위생관리의무 영업자준수 사항 이행여부의 확인에 관한 사항

㉯ 공중위생영업소의 위생서비스 수준평가에 관한 사항은 **아니다**.

ANSWER   56. ㉮   57. ㉰   58. ㉰   59. ㉮   60. ㉯

2010년 10월 3일 시행

1 화장수(스킨·로션)를 사용하는 목적과 가장 거리가 먼 것은?

㉮ 세안을 하고나서도 지워지지 않는 피부의 잔여물을 제거하기 위해서

㉯ 세안 후 남아 있는 세안제의 알칼리성 성분 등을 닦아내어 피부표면의 산도를 약산성으로 회복시켜 피부를 부드럽게 하기 위해서

㉰ 보습제, 유연제의 함유로 각질층을 촉촉하고 부드럽게 하면서 다음 단계에 사용할 제품의 흡수를 용이하게 하기 위해서

㉱ 각종 영양 물질을 함유하고 있어, 피부의 탄력을 증진시키기 위해서

🕐㉱ 각종 영양 물질을 함유하고 있어, 피부의 탄력을 증진시키기 위해서 : **영양크림**의 역할

2 딥클렌징 시술 과정에 대한 내용 중 틀린 것은?

㉮ 깨끗이 클렌징이 된 상태에서 적용한다.

㉯ 필링제를 중앙에서 바깥쪽, 아래에서 위쪽으로 도포한다.

㉰ 고마쥐 타입은 팩이 마른상태에서 근육결대로 가볍게 밀어준다.

㉱ 딥클렌징 단계에서는 수분 보충을 위해 스티머를 반드시 사용한다.

🕐㉱ 딥클렌징 단계에서는 수분 보충을 위해 스티머를 반드시 사용할 필요는 없으나 **효소** 사용시 **스티머를 사용**하면 효과가 **극대화**된다.

3 제모 할 때 왁스는 일반적으로 어떻게 바르는 것이 적합한가?

㉮ 털이 자라는 방향

㉯ 털이 자라는 반대 방향

㉰ 털이 자라는 왼쪽 방향

㉱ 털이 자라는 오른쪽 방향

🕐㉮ 털이 **자라는 방향**

4 피부타입에 따른 팩의 사용이 잘못된 것은?

㉮ 건성피부 - 클레이 마스크

㉯ 지성피부 - 클레이 마스크

㉰ 노화피부 - 벨벳마스크

㉱ 여드름피부 - 머드팩

🕐㉮ **지성**피부 - 클레이 마스크

5 건성피부의 화장품 사용법으로 옳지 않은 것은?

㉮ 영양, 보습 성분이 있는 오일이나 에센스

㉯ 알코올이 다량 함유되어 있는 토너

㉰ 클렌저는 밀크타입이나 유분기가 있는 크림타입

㉱ 토닉으로 보습기능이 강화된 제품

🕐㉯ 알코올이 다량 함유되어 있는 토너는 피부를 건조하게 하므로 **부적합**

6 다음 중 매뉴얼테크닉을 적용하는데 가장 적합한 사람은?

㉮ 손·발이 냉한 사람

㉯ 독감이 심하게 걸린 사람

㉰ 피부에 상처나 질환이 있는 사람

㉱ 정맥류가 있어 혈관이 튀어 나온 사람

🕐㉮ 손·발이 냉한 사람에게 매뉴얼테크닉을 적용하면 혈액순환 및 신진대사 촉진

Ⓐ** NSWER** ▶ 01. ㉱ 02. ㉱ 03. ㉮ 04. ㉮ 05. ㉯ 06. ㉮

07 매뉴얼테크닉 방법 중 두드리기의 효과와 가장 거리가 먼 것은?

㉮ 피부진정과 긴장완화 효과

㉯ 혈액순환 촉진

㉰ 신경 자극

㉱ 피부의 탄력성 증대

해설 ㉮ 피부진정과 긴장완화 효과 : **쓰다듬기**의 효과

08 매뉴얼테크닉에 대한 설명 중 거리가 먼 것은?

㉮ 체내의 노폐물 배설작용을 도와준다.

㉯ 신진대사의 기능이 빨라져 혈압을 내려준다.

㉰ 몸의 긴장을 풀어줌으로써 건강한 몸과 마음을 갖게 한다.

㉱ 혈액순환을 도와 피부에 탄력을 준다.

해설 ㉯ 신진대사의 기능이 빨라져 **혈액순환**을 원활하게 한다.

09 다음 중 온습포의 효과가 아닌 것은?

㉮ 혈액 순환 촉진

㉯ 모공확장으로 피지, 면포 등 불순물 제거

㉰ 피지선 자극

㉱ 혈관 수축으로 염증 완화

해설 ㉱ 혈관 수축으로 염증 완화 : **냉습포**의 효과

10 실핏선 피부(cooper rose)의 특징이라고 볼 수 없는 것은?

㉮ 혈관의 탄력이 떨어져 있는 상태이다.

㉯ 피부가 대체로 얇다.

㉰ 지나친 온도 변화에 쉽게 붉어진다.

㉱ 모세혈관의 수축으로 혈액의 흐름이 원활하지 못하다.

해설 ㉱ 모세혈관의 신축성이 **저하** 또는 **확장**되어 혈액의 흐름이 **비정상**적이다.

11 주로 피부관리실에서 사용되고 있는 제모방법은?

㉮ 면도(Shaving)

㉯ 왁싱(Waxing)

㉰ 전기응고술(Epilation Electrolysis)

㉱ 전기분해술(Coagultion)

해설 ㉯ 왁싱(Waxing) : 주로 피부관리실에서 사용되는 제모방법

12 입술화장을 지우는 방법이 틀리게 설명된 것은?

㉮ 입술을 적당히 벌리고 가볍게 닦아낸다.

㉯ 윗입술은 위에서 아래로 닦아낸다.

㉰ 아랫입술은 아래에서 위로 닦아낸다.

㉱ 입술중간에서 외곽부위로 닦아낸다.

해설 ㉱ **입술화장 지우는 방법** : 입술을 적당히 벌리고 가볍게, 윗입술은 위에서 아래로, 아랫입술은 아래에서 위로 닦아낸다.

13 피부미용 역사에 대한 설명이 틀린 것은?

㉮ 고대 이집트에서는 피부미용을 위해 천연재료를 사용하였다.

㉯ 고대 그리스에서는 식이요법, 운동, 마사지, 목욕 등을 통해 건강을 유지하였다.

㉰ 고대 로마인은 청결과 장식을 중요시하여 오일, 향수, 화장이 생활의 필수품 이었다.

㉱ 국내의 피부미용이 전문화되기 시작한 것은 19세기 중반부터였다.

해설 ㉱ 국내의 피부미용이 전문화되기 시작한 것은 **20세기**(1970년대 이후)부터였다.

14 딥클렌징과 가장 관련이 먼 것은?

㉮ 더마스코프(Dermascope)

㉯ 프리마톨(Frimator)

㉰ 엑스폴리에이션(Exfoliaation)

㉱ 디스인크러스테이션(Disincrustation)

ANSWER 07. ㉮ 08. ㉯ 09. ㉱ 10. ㉱ 11. ㉯ 12. ㉱ 13. ㉱ 14. ㉮

㉮ 더마스코프(Dermascope) : **피부분석기**

15 다음 중 클렌징의 목적과 가장 관계가 깊은 것은?

㉮ 피지 및 노폐물 제거
㉯ 피부막 제거
㉰ 자외선으로부터 피부 보호
㉱ 잡티제거

㉮ 피지 및 노폐물 제거 : **클렌징의 목적**

16 셀룰라이트에 대한 설명이 틀린 것은?

㉮ 노폐물 등이 정체되어 있는 상태
㉯ 피하지방이 비대해져 정체되어 있는 상태
㉰ 소성결합조직이 경화되어 뭉쳐져 있는 상태
㉱ 근육이 경화되어 딱딱하게 굳어 있는 상태

㉱ 근육이 경화되어 딱딱하게 굳어 있는 상태 : **근육 경직**에 대한 설명

17 세안 후 이마, 볼 부위가 당기며, 잔주름이 많고 화장이 잘 들뜨는 피부유형은?

㉮ 복합성피부   ㉯ 건성피부
㉰ 노화피부   ㉱ 민감피부

㉯ **건성피부** : 세안 후 이마, 볼 부위가 당기며, 잔주름이 많고 화장이 잘 들뜨는 피부유형

18 피부 관리에서 팩 사용효과가 아닌 것은?

㉮ 수분 및 영양 공급 ㉯ 각질제거
㉰ 치유 작용   ㉱ 피부 청정 작용

㉰ 치유 작용 : **의학적** 효과

19 다음 중 피지선이 분포되어 있지 않은 부위는?

㉮ 손바닥   ㉯ 코
㉰ 가슴   ㉱ 이마

㉮ 손바닥 : **무피지선**

20 다음 중 원발진에 속하는 것은?

㉮ 수포, 반점, 인설
㉯ 수포, 균열, 반점
㉰ 반점, 구진, 결절
㉱ 반점, 가피, 구진

㉰ 반점, 구진, 결절 : **원발진**

21 손톱, 발톱의 설명으로 틀린 것은?

㉮ 정상적인 손·발톱의 교체는 대략 6개월가량 걸린다.
㉯ 개인에 따라 성장의 속도는 차이가 있지만 매일 약 1mm가량 성장한다.
㉰ 손끝과 발끝을 보호한다.
㉱ 물건을 잡을 때 받침대 역할을 한다.

㉯ 개인에 따라 성장의 속도는 차이가 있지만 매일 약 **0.1mm**가량 성장한다.

22 피부의 구조 중 콜라겐과 엘라스틴이 자리 잡고 있는 층은?

㉮ 표피   ㉯ 진피
㉰ 피하조직   ㉱ 기저층

㉯ **진피** : 콜라겐과 엘라스틴 함유

23 다음 중 세포 재생이 더 이상 되지 않으며 기름샘과 땀샘이 없는 것은?

㉮ 흉터   ㉯ 티눈
㉰ 두드러기   ㉱ 습진

㉮ **흉터** : 세포 재생이 더 이상 되지 않으며 기름샘과 땀샘이 없음

24 비듬이나 때처럼 박리현상을 일으키는 피부층은?

㉮ 표피의 기저층   ㉯ 표피의 과립층
㉰ 표피의 각질층   ㉱ 진피의 유두층

㉰ 표피의 **각질층** : 비듬이나 때처럼 박리현상 일어남

ANSWER ── **15.** ㉮ **16.** ㉱ **17.** ㉯ **18.** ㉰ **19.** ㉮ **20.** ㉰ **21.** ㉯ **22.** ㉯ **23.** ㉮ **24.** ㉰

25 다음 중 각질이상에 의한 피부질환은?

㉮ 주근깨(작반)　　㉯ 기미(간반)

㉰ 티눈　　㉱ 리일 흑피증

✋M ㉰ **티눈** : 마찰과 압력에 의해 각질층이 두껍고 딱딱해지는 각화가 심하고 중심부에 **핵**이 **존재**하는 각질이상에 의한 피부질환

26 다음 중 전염성 피부질환인 두부 백선의 병원체는?

㉮ 리케챠　　㉯ 바이러스

㉰ 사상균　　㉱ 원생동물

✋M ㉰ **사상균** : 전염성 피부질환인 두부 백선의 병원체

27 다음 중 입모근과 가장 관련 있는 것은?

㉮ 수분 조절　　㉯ 체온 조절

㉰ 피지 조절　　㉱ 호르몬 조절

✋M ㉯ **체온 조절**로 갑작스런 냉기에 피부가 노출되었을 때 입모근이 수축하여 털이 서게 됨

28 성장호르몬에 대한 설명으로 틀린 것은?

㉮ 분비부위는 뇌하수체후엽이다.

㉯ 기능저하 시 어린이의 경우 저신장증이 된다.

㉰ 기능으로는 골, 근육, 내장의 성장을 촉진한다.

㉱ 분비과다 시 어린이는 거인증, 성인의 경우 말단 비대증이 된다.

✋M .㉮ 분비부위는 **뇌하수체전엽**이다.

29 심장에 대한 설명 중 틀린 것은?

㉮ 성인 심장은 무게가 평균 250~300g정도이다.

㉯ 심장은 심방중격에 의해 좌·우심방, 심실은 심실중격에 의해 좌·우심실로 나누어진다.

㉰ 심장은 2/3가 흉골 정중선에서 좌측으로 치우쳐 있다.

㉱ 심장근육은 심실보다는 심방에서 매우 발달되어 있다.

✋M ㉱ 심장근육은 **심방**보다는 **심실**에서 매우 발달되어 있다.

30 3대 영양소를 소화하는 모든 효소를 가지고 있으며, 인슐린(insulin)과 글루카곤(glucagon)을 분비하여 혈당량을 조절하는 기관은?

㉮ 췌장　　㉯ 간장

㉰ 담낭　　㉱ 충수

✋M ㉮ **췌장** : 3대 영양소 소화효소, 인슐린과 글루카곤 분비하여 혈당량 조절

31 인체의 골격은 약 몇 개의 뼈(골)로 이루어지는가?

㉮ 206개　　㉯ 216개

㉰ 265개　　㉱ 365개

✋M ㉮ **206개** : 인체의 골격을 이루는 뼈의 수

32 심장근을 무늬모양과 의지에 따라 분류하면 옳은 것은?

㉮ 횡문근, 수의근

㉯ 횡문근, 불수의근

㉰ 평활근, 수의근

㉱ 평활근, 불수의근

✋M ㉯ 횡문근, 불수의근 : **심장근**의 무늬모양과 의지에 따른 분류

33 세포내 소기관 중에서 세포내의 호흡생리를 담당하고, 이화작용과 동화작용에 의해 에너지를 생산하는 기관은?

㉮ 미토콘드리아　　㉯ 리보솜

㉰ 리소좀　　㉱ 중심소체

ANSWER　25. ㉰　26. ㉰　27. ㉯　28. ㉮　29. ㉱　30. ㉮　31. ㉮　32. ㉯　33. ㉮

ⓐ ㉮ **미토콘드리아** : 세포내 소기관 중에서 세포내의
호흡생리를 담당하고, 이화작용과 동화작용에
의해 **에너지 생산**

34 신경계에 관한 내용 중 틀린 것은?

㉮ 뇌와 척수는 중추신경계이다.

㉯ 대뇌의 주요부위는 뇌간, 간뇌, 중뇌, 교
뇌 및 연수이다.

㉰ 척수로부터 나오는 31쌍의 척수신경은 말초
신경을 이룬다.

㉱ 척수의 전각에는 감각신경세포가 그리고
후각에는 운동신경세포가 분포한다.

ⓐ ㉱ 척수의 **전각**에는 **운동신경세포**가 그리고 **후각**에
는 **감각신경세포**가 분포한다.

35 이온토포레시스(iontophoresis)의 주 효과는?

㉮ 세균 및 미생물을 살균시킨다.

㉯ 고농축 유효성분을 피부 깊숙이 침투시킨다.

㉰ 셀룰라이트를 감소시킨다.

㉱ 심부열을 증가시킨다.

ⓐ ㉯ 고농축 **유효성분**을 피부 깊숙이 **침투**시킨다.

36 고주파 사용방법으로 옳은 것은?

㉮ 스파킹(sparking)을 할 때는 거즈를 사용
한다.

㉯ 스파킹을 할 때는 피부와 전극봉 사이의
간격을 7mm이상으로 한다.

㉰ 스파킹을 할 때는 부도체인 합성섬유를 사
용한다.

㉱ 스파킹을 할 때는 여드름용 오일을 면포에
도포한 후 사용한다.

ⓐ ㉮ 스파킹(sparking)을 할 때는 거즈를 사용한다. :
고주파 사용방법

37 직류(Direct current)에 대한 설명으로 옳은 것은?

㉮ 시간의 흐름에 따라 방향과 크기가 비대칭
적으로 변한다.

㉯ 변압기에 의해 승압 또는 강압이 가능하
다.

㉰ 정현파 전류가 대표적이다.

㉱ 지속적으로 한쪽 방향으로만 이동하는 전
류의 흐름이다.

ⓐ ㉱ 지속적으로 한쪽 방향으로만 이동하는 전류의
흐름이다. : **직류**에 대한 설명

38 우드램프 사용 시 피부에 색소침착을 나타나는 색깔은?

㉮ 푸른색　　㉯ 보라색
㉰ 흰색　　㉱ 암갈색

ⓐ ㉱ 암갈색 : **색소침착피부**

39 다음 중 피부 분석을 위한 기기가 아닌 것은?

㉮ 고주파기　　㉯ 우드램프
㉰ 확대경　　㉱ 유분측정기

ⓐ ㉮ 고주파기 : **피부미용기기**

40 모세혈관 확장피부의 안면관리로 적당한 것은?

㉮ 스티머(steamer)는 분무거리를 가까이 한다.

㉯ 왁스나 전기마스크를 사용하지 않도록 한다.

㉰ 혈관확장 부위는 안면진공흡입기를 사용한다.

㉱ 비타민 P의 섭취를 피하도록 한다.

ⓐ ㉯ 왁스나 전기마스크를 사용하지 **않도록** 한다.

• 비타민 P : **모세혈관**을 **강화**하는 역할

ANSWER　34. ㉱　35. ㉯　36. ㉮　37. ㉱　38. ㉱　39. ㉮　40. ㉯

41 화장품의 제형에 따른 특징의 설명이 틀린것은?

㉮ 유화제품 – 물에 오일성분이 계면활성제에 의해 우유 빛으로 백탁화된 상태의 제품

㉯ 유용화제품 – 물에 다량의 오일성분이 계면활성제에 의해 현탁하게 혼합된 상태의 제품

㉰ 분산제품 – 물 또는 오일 성분에 미세한 고체입자가 계면활성제에 의해 균일하게 혼합된 상태의 제품

㉱ 가용화제품 – 물에 소량의 오일성분이 계면활성제에 의해 투명하게 용해되어 있는 상태의 제품

🔔 ㉯ 유용화제품은 화장품의 제형이라 볼 수 **없다.**

42 내가 좋아하는 향수를 구입하여 샤워 후 바디에 나만의 향으로 산뜻하고 상쾌함을 유지시키고자 한다면, 부향률은 어느 정도로 하는 것이 좋은가?

㉮ 1~3% ㉯ 3~5%

㉰ 6~8% ㉱ 9~12%

🔔 ㉮ 1~3% : **샤워코롱**의 부향률

43 대부분 O/W형 유화타입이며, 오일량이 적어 여름철에 많이 사용하고 젊은 연령층이 선호하는 파운데이션은?

㉮ 크림 파운데이션 ㉯ 파우더 파운데이션

㉰ 트윈 케이크 ㉱ 리퀴드 파운데이션

🔔 ㉱ 리퀴드 파운데이션 : O/W형 유화타입이며, 오일량이 적어 **산뜻**하여 여름철에 많이 사용

44 보습제가 갖추어야 할 조건이 아닌 것은?

㉮ 다른 성분과 혼용성이 좋을 것

㉯ 휘발성이 있을 것

㉰ 적절한 보습능력이 있을 것

㉱ 응고점이 낮을 것

🔔 ㉯ 휘발성이 있을 것 : 보습제의 조건이 **아니다.**

45 진달래과의 월귤나무의 잎에서 추출한 하이드로퀴논 배당체로 멜라닌 활성을 도와주는 티로시나아제 효소의 작용을 억제하는 미백화장품의 성분은?

㉮ 감마-오리자놀 ㉯ 알부틴

㉰ AHA ㉱ 비타민 C

🔔 ㉯ 알부틴 : 티로시나아제 효소의 작용을 억제하는 **미백성분**

46 "피부에 대한 자극, 알러지, 독성이 없어야 한다." 는 내용은 화장품의 4대 요건 중 어느 것에 해당하는가?

㉮ 안전성 ㉯ 안정성

㉰ 사용성 ㉱ 유효성

🔔 ㉮ 안전성 : 피부에 대한 자극, 알러지, 독성 등의 부작용이 **없어야** 한다.

47 바디 관리 화장품이 가지는 기능과 가장 거리가 먼 것은?

㉮ 세정 ㉯ 트리트먼트

㉰ 연마 ㉱ 일소방지

🔔 ㉰ **연마** : 고체의 표면을 다른 고체의 모서리나 표면으로 문질러 매끈하게 하는 것

48 다음 중 산업종사자와 직업병의 연결이 틀린 것은?

㉮ 광부 – 진폐증

㉯ 인쇄공 – 납중독

㉰ 용접공 – 규폐증

㉱ 항공정비사 – 납중독

🔔 ㉰ 용접공 – **망간중독**

ANSWER **41.** ㉯ **42.** ㉮ **43.** ㉱ **44.** ㉯ **45.** ㉯ **46.** ㉮ **47.** ㉰ **48.** ㉰

49 다음 중에서 접촉 감염지수(감수성지수)가 가장 높은 질병은?

㉮ 홍역　　　　　㉯ 소아마비
㉰ 디프테리아　　㉱ 성홍열

㉮ **홍역** : 접촉 감염지수(감수성지수)가 가장 높은 질병

50 인수공통 전염병에 해당하는 것은?

㉮ 천연두　　　　㉯ 콜레라
㉰ 디프테리아　　㉱ 공수병

㉱ **공수병** : **인수공통 전염병**으로 감염된 **개**에 물리거나 **타액**을 통하여 감염

51 매개곤충과 전파하는 전염병의 연결이 틀린 것은?

㉮ 쥐 – 유행성출혈열　㉯ 모기 – 일본뇌염
㉰ 파리 – 사상충　　　㉱ 쥐벼룩 – 페스트

㉰ **모기** – 사상충

52. 다음 중 소독약품의 적정 희석농도가 틀린 것은?

㉮ 석탄산 3%　　　㉯ 승홍 0.1%
㉰ 알코올 70%　　 ㉱ 크레졸 0.3%

㉱ 크레졸 **3%**

53 병원성 또는 비병원성 미생물 및 아포를 가진 것을 전부 사멸 또는 제거하는 것을 무엇이라 하는가?

㉮ 멸균(Sterilization)
㉯ 소독(Disinfection)
㉰ 방부(Antiseptic)
㉱ 정균(Microbiostasis)

㉮ 멸균(Sterilization) : 병원성 또는 비병원성 미생물 및 아포를 가진 것을 **전부 사멸** 또는 제거하는 것

54 결핵환자의 객담 처리방법 중 가장 효과적인 것은?

㉮ 소각법　　　㉯ 알콜소독
㉰ 크레졸소독　㉱ 매몰법

㉮ 소각법 : **결핵환자**의 객담 처리방법 중 **가장 효과**

55 자외선의 작용이 아닌 것은?

㉮ 살균작용　　　　㉯ 비타민 D 형성
㉰ 피부의 색소침착　㉱ 아포 사멸

㉱ 아포 사멸 : **멸균**에 대한 설명

56 광역시 지역에서 이·미용 업소를 운영하는 사람이 영업소의 소재지를 변경하고자 할 때의 조치사항으로 옳은 것은?

㉮ 시장에게 변경허가를 받아야 한다.
㉯ 관할 구청장에게 변경허가를 받아야 한다.
㉰ 시장에게 변경신고를 하면 된다.
㉱ 관할 구청장에게 변경신고를 하면 된다.

㉱ 관할 **구청장**에게 변경신고를 하면 된다.

57 다음 중 이·미용영업에 있어 벌칙기준이 다른 것은?

㉮ 영업신고를 하지 아니한 자
㉯ 영업소 폐쇄 명령을 받고도 계속하여 영업을 한 자
㉰ 일부 시설의 사용중지 명령을 받고 그 기간 중에 영업을 한 자
㉱ 면허가 취소된 후 계속하여 업무를 행한 자

㉱ 면허가 취소된 후 계속하여 업무를 행한 자 : **300만원 이하의 벌금**

ANSWER　49. ㉮　50. ㉱　51. ㉰　52. ㉱　53. ㉮　54. ㉮　55. ㉱　56. ㉱　57. ㉱

• 1년이하의 징역 또는 1천만원이하의 벌금
 – 영업신고를 하지 아니한 자
 – 영업소 폐쇄 명령을 받고도 계속하여 영업을 한 자
 – 일부 시설의 사용중지 명령을 받고 그 기간 중에 영업을 한 자

58 1회용 면도날을 2인 이상의 손님에게 사용한 때의 1차 위반 행정처분기준은?

㉮ 경고
㉯ 영업정지 5일
㉰ 영업정지 10일
㉱ 영업정지 1월

🔔해설 1회용 면도날을 2인 이상의 손님에게 사용한 때 : **1차**(경고) / **2차**(영업정지 5일) / **3차**(영업정지 10일) / **4차**(영업장 폐쇄명령)

59 이·미용사의 면허를 받을 수 없는 사람은?

㉮ 전문대학 또는 이와 동등 이상의 학력이 있다고 교육과학기술부장관이 인정하는 학교에서 이·미용에 관한 학과를 졸업한 자
㉯ 국가기술자격법에 의한 이·미용사 자격을 취득한 자
㉰ 교육과학기술부장관이 인정하는 고등기술학교에서 6월 이상 이·미용의 과정을 이수한 자
㉱ 고등학교 또는 이와 동등의 학력이 있다고 교육과학기술부장관이 인정하는 학교에서 이·미용에 관한 학과를 졸업한 자

🔔해설 ㉰ 교육과학기술부장관이 인정하는 고등기술학교에서 **1년** 이상 이·미용의 과정을 이수한 자

60 면허증 분실로 인해 재교부를 받았을 때, 잃어버린 면허를 찾은 경우 반납하여야 하는 기간은?

㉮ 지체없이   ㉯ 7일
㉰ 30일   ㉱ 6개월

🔔해설 ㉮ **지체없이** 반납

집중력은 자신감과 갈망이 결합하여 생긴다.
—아놀드 파머

ANSWER ▸ **58.** ㉮   **59.** ㉰   **60.** ㉮

2011년 2월 13일 시행

1 기초화장품의 사용 목적 및 효과와 가장 거리가 먼 것은?

㉮ 피부의 청결 유지

㉯ 피부 보습

㉰ 잔주름, 여드름 방지

㉱ 여드름의 치료

🕐🄼 ㉱ 여드름의 치료는 기초화장품의 사용 목적 및 효과와 거리가 멀다.

2 신체의 각 부위별 매뉴얼 테크닉을 하는 경우 고려해야 할 유의사항과 가장 거리가 먼 것은?

㉮ 피부나 근육, 골격에 질병이 있는 경우는 피한다.

㉯ 피부에 상처나 염증이 있는 경우는 피한다.

㉰ 너무 피곤하거나 생리중일 경우는 피한다.

㉱ 강한 압으로 매뉴얼테크닉을 오래하여야 한다.

🕐🄼 ㉱ 강한 압으로 매뉴얼테크닉을 오래하면 피부에 **자극**을 줄 수 있으므로 부드럽고 일정한 압으로 **약10~15분** 정도가 적당하다.

3 클렌징에 대한 설명으로 가장 거리가 먼 것은?

㉮ 피부 노폐물과 더러움을 제거한다.

㉯ 피부 호흡을 원활히 하는데 도움을 준다.

㉰ 피부 신진대사를 촉진한다.

㉱ 피부 산성막을 파괴하는데 도움을 준다.

🕐🄼 ㉱ 피부 산성막을 **파괴하지 말아야** 한다.

4 우드램프에 의한 피부의 분석 결과 중 틀린 것은?

㉮ 흰색 – 죽은 세포와 각질층의 피부

㉯ 연한 보라색 – 건조한 피부

㉰ 오렌지색 – 여드름, 피지, 지루성 피부

㉱ 암갈색 – 산화된 피지

🕐🄼 ㉱ 암갈색 – **색소침착** 피부

5 온열 석고마스크의 효과가 아닌 것은?

㉮ 열을 내어 유효성분을 피부 깊숙이 흡수시킨다.

㉯ 혈액순환을 촉진시켜 피부에 탄력을 준다.

㉰ 피지 및 노폐물 배출을 촉진한다.

㉱ 자극 받은 피부에 진정효과를 준다.

🕐🄼 ㉱ 자극 받은 피부에 진정효과를 준다. : **모델링 마스크**의 효과

6 클렌징 과정에서 제일 먼저 클렌징을 해야 할 부위는?

㉮ 볼 부위　　㉯ 눈 부위

㉰ 목 부위　　㉱ 턱 부위

🕐🄼 ㉯ 눈 부위 : 클렌징 과정에서 제일 **먼저** 클렌징 해야 할 부위

7 매뉴얼테크닉의 효과와 가장 거리가 먼 것은?

㉮ 피부의 흡수 능력을 확대시킨다.

㉯ 심리적 안정감을 준다.

㉰ 혈액의 순환을 촉진한다.

㉱ 여드름이 정리된다.

🕐🄼 ㉱ 여드름이 정리되는 것은 아니다.

🅐NSWER　**01.** ㉱　**02.** ㉱　**03.** ㉱　**04.** ㉱　**05.** ㉱　**06.** ㉯　**07.** ㉱

08 제모관리 중 왁싱에 대한 내용과 가장 거리가 먼 것은?

㉮ 겨드랑이 및 입술 주위의 털을 제거 시에는 하드 왁스를 사용하는 것이 좋다.

㉯ 콜드왁스(cold wax)는 데울 필요가 없지만 온왁스(warm wax)에 비해 제모능력이 떨어진다.

㉰ 왁싱은 레이저를 이용한 제모와는 달리 모유두의 모모세포를 퇴행시키지 않는다.

㉱ 다리 및 팔 등의 넓은 부위의 털을 제거할 때에는 부직포 등을 이용한 온왁스가 적합하다.

🕐🔑 ㉰ 왁싱은 **모근**으로부터 털이 제거되어 다시 자라나오는데 약 4~5주 정도 걸린다.

09 피부분석을 하는 목적은?

㉮ 피부분석을 통해 고객의 라이프 스타일을 파악하기 위해서

㉯ 피부의 증상과 원인을 파악하여 올바른 피부관리를 하기 위해서

㉰ 피부의 증상과 원인을 파악하여 의학적 치료를 하기 위해서

㉱ 피부분석을 통해 운동처방을 하기 위해서

🕐🔑 ㉯ **피부분석**의 **목적** : 피부의 증상과 원인을 파악하여 올바른 피부관리를 하기 위해서

10 피부미용의 목적이 아닌 것은?

㉮ 노화예방을 통하여 건강하고 아름다운 피부를 유지한다.

㉯ 심리적, 정신적 안정을 통해 피부를 건강한 상태로 유지시킨다.

㉰ 분장, 화장 등을 이용하여 개성을 연출한다.

㉱ 질환적 피부를 제외한 피부를 관리를 통해 상태를 개선시킨다.

🕐🔑 ㉰ **피부미용**의 **목적** : 노화예방, 심리적, 정신적 안정, 질환전 피부를 제외한 피부를 관리를 통해

건강하고 아름다운 피부로 유지

11 피부타입과 화장품과의 연결이 틀린 것은?

㉮ 지성피부 – 유분이 적은 영양크림

㉯ 정상피부 – 영양과 수분크림

㉰ 민감피부 – 지성용 데이크림

㉱ 건성피부 – 유분과 수분크림

🕐🔑 ㉰ 민감피부 – 아줄렌 등의 성분이 함유된 **진정용 크림** 사용

12 다음 중 당일 적용한 피부관리 내용을 고객카드에 기록하고 자가 관리 방법을 조언하는 단계는?

㉮ 피부관리 계획 단계

㉯ 피부분석 및 진단 단계

㉰ 트리트먼트(Treatment) 단계

㉱ 마무리 단계

🕐🔑 ㉱ 마무리 단계 : 당일 적용한 피부관리 내용을 고객카드에 기록하고 자가 관리 방법을 조언하는 단계

13 림프드레나쥐 기법 중 손바닥 전체 또는 엄지손가락을 피부 위에 올려놓고 앞으로 나선형으로 밀어내는 동작은?

㉮ 정지 상태 원 동작

㉯ 펌프 기법

㉰ 퍼올리기 동작

㉱ 회전 동작

🕐🔑 ㉱ 회전 동작 : 손바닥 전체 또는 엄지손가락을 피부 위에 올려놓고 앞으로 나선형으로 밀어내는 동작

• 정지 상태 원 동작 : 손바닥 전체나 손가락의 끝 부위를 이용하여 원형을 그리는 동작

• 펌프 기법 : 엄지와 검지 부분의 안쪽 면을 피부에 닿게 하고 손목을 움직여 위로 올릴 때 압을 주는 동작

• 퍼올리기 동작 : 엄지를 제외한 손바닥을 이용해 손목을 회전하여 위로 쓸어 올리듯이 압을 주는 동작

ANSWER　08. ㉰　09. ㉯　10. ㉰　11. ㉰　12. ㉱　13. ㉱

14 딥클렌징에 대한 설명으로 틀린 것은?

㉮ 제품으로 효소, 스크럽 크림 등을 사용할 수 있다.

㉯ 여드름성 피부나 지성 피부는 주 3회 이상 하는 것이 효과적이다.

㉰ 피부 노폐물을 제거하고 피지의 분비를 조절하는데 도움이 된다.

㉱ 건성, 민감성 피부는 2주에 1회 정도가 적당하다.

✏ ㉯ 여드름성 피부나 지성 피부는 **주 1∼2회 정도** 하는 것이 효과적이다.

15 딥클렌징 관리 시 유의 사항 중 옳은 것은?

㉮ 눈의 점막에 화장품이 들어가지 않도록 조심한다.

㉯ 딥클렌징한 피부를 자외선에 직접 노출시킨다.

㉰ 흉터 재생을 위하여 상처부위를 가볍게 문지른다.

㉱ 모세혈관 확장 피부는 부적용증에 해당하지 않는다.

✏ ㉮ 눈의 점막에 화장품이 들어가지 않도록 **조심**한다.

16 매뉴얼 테크닉 작업 시 주의사항으로 옳은 것은?

㉮ 동작은 강하게 하여 경직된 근육을 이완시킨다.

㉯ 속도는 빠르게 하여 고객에게 심리적인 안정을 준다.

㉰ 손동작은 머뭇거리지 않도록 하며 손목이나 손가락의 움직임은 유연하게 한다.

㉱ 매뉴얼 테크닉을 할 때는 반드시 마사지 크림을 사용하여 시술한다.

✏ ㉰ 손동작은 머뭇거리지 않도록 하며 손목이나 손가락의 움직임은 유연하게 하고 속도는 **부드럽고 일정**하게, 마사지 **크림**이나 **오일** 등을 사용하

여 시술한다.

17 일시적인 제모방법에 해당되지 않는 것은?

㉮ 제모크림　　　㉯ 왁스

㉰ 전기응고술　　㉱ 족집게

✏ ㉰ 전기응고술 : **영구적인** 제모방법에 해당

18 천연팩에 대한 설명 중 틀린 것은?

㉮ 사용할 회수를 모두 계산하여 미리 만들어 준비해 둔다.

㉯ 신선한 무공해 과일이나 야채를 활용한다.

㉰ 만드는 방법과 사용법을 잘 숙지한 다음 제조한다.

㉱ 재료의 혼용 시 각 재료의 특성을 잘 파악한 다음 사용하여야 한다.

✏ ㉮ 반드시 **1회분**만 만들고 **만든 즉시 사용**해야 한다.

19 피부의 기능이 아닌 것은?

㉮ 보호작용

㉯ 체온조절작용

㉰ 비타민 A 합성작용

㉱ 호흡작용

✏ ㉰ 비타민 D 합성작용

20 한선에 대한 설명 중 틀린 것은?

㉮ 체온 조절기능이 있다.

㉯ 진피와 피하지방 조직의 경계부위에 위치한다.

㉰ 입술을 포함한 전신에 존재한다.

㉱ 에크린선과 아포크린선이 있다.

✏ ㉰ 입술을 **제외**한 전신에 존재한다.

ANSWER **14.** ㉯ **15.** ㉮ **16.** ㉰ **17.** ㉰ **18.** ㉮ **19.** ㉰ **20.** ㉰

21 다음 중 적외선에 관한 설명으로 옳지 않은 것은?

㉮ 혈류의 증가를 촉진시킨다.

㉯ 피부에 생성물을 흡수되도록 돕는 역할을 한다.

㉰ 노화를 촉진시킨다.

㉱ 피부에 열을 가하여 피부를 이완시키는 역할을 한다.

💡 ㉰ 신진대사를 촉진시켜 노화를 예방해 준다.

22 피지선에 대한 설명으로 틀린 것은?

㉮ 피지를 분비하는 선으로 진피 중에 위치한다.

㉯ 피지선은 손바닥에는 없다.

㉰ 피지의 1일 분비량은 10~20g 정도이다.

㉱ 피지선이 많은 부위는 코 주위이다.

💡 ㉰ 피지의 1일 분비량은 1~2g 정도이다.

23 사춘기 이후에 주로 분비가 되며, 모공을 통하여 분비되어 독특한 체취를 발생시키는 것은?

㉮ 소한선 ㉯ 대한선

㉰ 피지선 ㉱ 갑상선

💡 ㉯ 대한선 : 아포크린한선이라고도 하고 사춘기 이후에 주로 분비가 되며, 모공을 통하여 분비되어 독특한 체취 발생

24 체내에 부족하면 괴혈병을 유발시키며, 피부와 잇몸에서 피가 나오게 하고 빈혈을 일으켜 피부를 창백하게 하는 것은?

㉮ 비타민 A ㉯ 비타민 B_2

㉰ 비타민 C ㉱ 비타민 K

💡 ㉰ 비타민 C : 대표적인 피부미용 비타민으로 부족하면 괴혈병 유발, 피부와 잇몸에서 피가 나오게 하고 빈혈, 창백한 피부 발생

25 우리피부의 세포가 기저층에서 생성되어 각질세포로 변화하여 피부표면으로부터 떨어져 나가는데 걸리는 기간은?

㉮ 대략 60일 ㉯ 대략 28일

㉰ 대략 120일 ㉱ 대략 280일

💡 ㉯ 각화주기 : 대략 28일

26 피부에 있어 색소세포가 가장 많이 존재하고 있는 곳은?

㉮ 표피의 각질층

㉯ 표피의 기저층

㉰ 진피의 유두층

㉱ 진피의 망상층

💡 ㉯ 표피의 기저층 : 색소세포(멜라닌형성세포) 존재

27 다음 중 자외선이 피부에 미치는 영향이 아닌 것은?

㉮ 색소침착 ㉯ 살균효과

㉰ 홍반형성 ㉱ 비타민 A 합성

💡 ㉱ 비타민 D 합성

28 물질 이동시 물질을 이루고 있는 입자들이 스스로 운동하여 농도가 높은 곳에서 낮은 곳으로 액체나 기체 속을 분자가 퍼져나가는 현상은?

㉮ 능동수송 ㉯ 확산

㉰ 삼투 ㉱ 여과

💡 ㉯ 확산 : 농도가 높은 곳에서 낮은 곳으로 액체나 기체 속을 분자가 퍼져나가는 현상

29 혈액 중 혈액응고에 주로 관여하는 세포는?

㉮ 백혈구 ㉯ 적혈구

㉰ 혈소판 ㉱ 헤마토크리트

💡 ㉰ 혈소판 : 혈액응고에 관여하는 세포

ANSWER 21. ㉰ 22. ㉰ 23. ㉯ 24. ㉰ 25. ㉯ 26. ㉯ 27. ㉱ 28. ㉯ 29. ㉰

30 다음 중 간의 역할에 가장 적합한 것은?

㉮ 소화와 흡수촉진

㉯ 담즙의 생성과 분비

㉰ 음식물의 역류방지

㉱ 부신피질호르몬 생산

⏱✍ ㉯ 담즙의 생성과 분비 : **간의 역할**

31 뇌신경과 척수신경은 각각 몇 쌍인가?

㉮ 뇌신경 - 12, 척수신경 - 31

㉯ 뇌신경 - 11, 척수신경 - 31

㉰ 뇌신경 - 12, 척수신경 - 30

㉱ 뇌신경 - 11, 척수신경 - 30

⏱✍ ㉮ 뇌신경 - 12쌍, 척수신경 - 31쌍

32 두개골(Skull)을 구성하는 뼈로 알맞은 것은?

㉮ 미골 ㉯ 늑골

㉰ 사골 ㉱ 흉골

⏱✍ ㉰ 두개골을 구성하는 뼈 : 뇌두개골(사골, 전두골, 두정골, 측두골, 후두골, 접형골)과 안면골(상악골, 하악골, 관골, 비골, 서골, 누골, 구개골, 설골, 하비갑개 등)로 구성

33 눈살을 찌푸리고 이마에 주름을 짓게 하는 근육은?

㉮ 구륜근 ㉯ 안륜근

㉰ 추미근 ㉱ 이근

⏱✍ ㉰ 추미근 : 눈살을 찌푸리고 이마에 주름을 짓게 하는 근육

34 피질의 세포 중 전해질 및 수분대사에 관여하는 염류피질 호르몬을 분비하는 세포군은?

㉮ 속상대 ㉯ 사구대

㉰ 망상대 ㉱ 경팽대

⏱✍ ㉯ 사구대 : 피질의 세포 중 전해질 및 수분대사에 관여하는 염류피질 호르몬을 분비하는 세포군

35 우드램프 사용 시 지성 부위와 코메도(comedo)는 어떤 색으로 보이는가?

㉮ 흰색 형광

㉯ 밝은 보라

㉰ 노랑 또는 오렌지

㉱ 자주색 형광

⏱✍ ㉰ 노랑 또는 오렌지 : 지성 부위와 코메도(comedo) 부위의 반응색상

36 전류에 대한 설명이 틀린 것은?

㉮ 전류의 방향은 도선을 따라 (+)극에서 (-)극 쪽으로 흐른다.

㉯ 전류는 주파수에 따라 초음파, 저주파, 중주파, 고주파 전류로 나눈다.

㉰ 전류의 세기는 1초 동안 도선을 따라 움직이는 전하량을 말한다.

㉱ 전자의 방향과 전류의 방향은 반대이다.

⏱✍ ㉯ 전류는 **직류전류**와 **교류전류**로 구분된다.

37 다음 중 pH의 옳은 설명은?

㉮ 어떤 물질의 용액 속에 들어있는 수소이온의 농도를 나타낸다.

㉯ 어떤 물질의 용액 속에 들어있는 수소분자의 농도를 나타낸다.

㉰ 어떤 물질의 용액 속에 들어있는 수소이온의 질량을 나타낸다.

㉱ 어떤 물질의 용액 속에 들어있는 수소분자의 질량을 나타낸다.

⏱✍ ㉮ pH의 의미 : 어떤 물질의 용액 속에 들어있는 **수소이온의 농도**를 나타낸다.

ⓘ ANSWER　30. ㉯　31. ㉮　32. ㉰　33. ㉰　34. ㉯　35. ㉰　36. ㉯　37. ㉮

38 갈바닉 전류의 음극에서 생성되는 알카리를 이용하여 피부표면의 피지와 모공속의 노폐물을 세정하는 방법은?

㉮ 이온토포레시스
㉯ 리프팅트리트먼트
㉰ 디스인크러스테이션
㉱ 고주파트리트먼트

💭M ㉰ 디스인크러스테이션 : 갈바닉 전류의 음극에서 생성되는 알카리를 이용하여 피부표면의 피지와 모공속의 노폐물을 세정하는 방법

39 미용기기로 사용되는 진공흡입기(vacuum or suction)와 관련 없는 것은?

㉮ 피부에 적절한 자극을 주어 피부기능을 왕성하게 한다.
㉯ 피지제거, 불순물제거에 효과적이다.
㉰ 민감성 피부나 모세혈관 확장증에 적용하면 좋은 효과가 있다.
㉱ 혈액순환촉진, 림프순환 촉진 등의 효과가 있다.

💭M ㉰ 민감성 피부나 모세혈관 확장증에 적용을 하면 피부에 자극을 줄 수 있으므로 금지하는 것이 좋다.

40 확대경에 대한 설명으로 틀린 것은?

㉮ 피부상태를 명확히 파악하게 하여 정확한 관리가 이루어지도록 해준다.
㉯ 확대경을 켠 후 고객의 눈에 아이패드를 착용시킨다.
㉰ 열린 면포 또는 닫힌 면포 등을 제거할 때 효과적으로 이용할 수 있다.
㉱ 세안 후 피부분석 시 아주 작은 결점도 관찰할 수 있다.

💭M ㉯ 확대경을 켜기 전 고객의 눈에 아이패드를 착용시킨다.

41 주름 개선 기능성 화장품의 효과와 가장 거리가 먼 것은?

㉮ 피부 탄력 강화
㉯ 콜라겐 합성 촉진
㉰ 표피 신진 대사 촉진
㉱ 섬유아세포 분해 촉진

💭M ㉱ 섬유아세포 생성 촉진

42 손을 대상으로 하는 제품 중 알콜을 주 베이스로 하며, 청결 및 소독을 주된 목적으로 하는 제품은?

㉮ 핸드워시(hand wash)
㉯ 새니타이저(sanitizer)
㉰ 비누(soap)
㉱ 핸드크림(hand cream)

💭M ㉯ 새니타이저(sanitizer) : 손의 청결 및 소독에 사용하는 제품

43 캐리어 오일로서 부적합한 것은?

㉮ 미네랄 오일
㉯ 살구씨 오일
㉰ 아보카도 오일
㉱ 포도씨 오일

💭M ㉮ 미네랄 오일은 캐리어 오일에 해당하지 않는다.

44 다음 중 여드름의 발생 가능성이 가장 적은 화장품 성분은?

㉮ 호호바 오일
㉯ 라놀린
㉰ 미네랄 오일
㉱ 이소프로필 팔미테이트

💭M ㉮ 호호바 오일 : 인체의 피지 성분과 유사한 구조를 하고 있어 피부에 부작용이 없으며 여드름의 발생 가능성이 적다.

🅐NSWER **38.** ㉰ **39.** ㉰ **40.** ㉯ **41.** ㉱ **42.** ㉯ **43.** ㉮ **44.** ㉮

45 다음 중 화장품의 사용되는 주요 방부제는?

㉮ 에탄올

㉯ 벤조산

㉰ 파라옥시안식향산메칠

㉱ BHT

🔔㉰ 파라옥시안식향산메칠 : 파라벤류로 화장품에 사용되는 주요 방부제

46 클렌징 크림의 설명에 맞지 않는 것은?

㉮ 메이크업 화장을 지우는데 사용한다.

㉯ 클렌징 로션보다 유성성분 함량이 적다.

㉰ 피지나 기름때와 같이 물에 잘 닦이지 않는 오염물을 닦아 내는데 효과적이다.

㉱ 깨끗하고 촉촉한 피부를 위해서 비누로 세정하는 것 보다 효과적이다.

🔔㉯ 클렌징 로션보다 유성성분 함량이 **많다.**

47 미백화장품에 사용되는 원료가 아닌 것은?

㉮ 알부틴　　　　㉯ 코직산

㉰ 레티놀　　　　㉱ 비타민 C 유도체

🔔㉰ 레티놀 : **주름개선** 화장품에 사용되는 원료

48 공중보건학의 정의로 가장 적합한 것은?

㉮ 질병예방, 생명연장, 질병치료에 주력하는 기술이며 과학이다.

㉯ 질병예방, 생명연장, 조기치료에 주력하는 기술이며 과학이다.

㉰ 질병의 조기발견, 조기예방, 생명연장에 주력하는 기술이며 과학이다.

㉱ 질병예방, 생명연장, 건강증진에 주력하는 기술이며 과학이다.

🔔㉱ 공중보건학의 정의 : **질병예방, 생명연장, 건강증진**에 주력하는 기술이며 과학이다.

49 질병발생의 3대 요인이 옳게 구성된 것은?

㉮ 병인, 숙주, 환경

㉯ 숙주, 감염력, 환경

㉰ 감염력, 연령, 인종

㉱ 병인, 환경, 감염력

🔔㉮ 병인, 숙주, 환경 : 질병발생의 3대 요인

50 성층권의 오존층을 파괴시키는 대표적인 가스는?

㉮ 아황산가스(SO_2)

㉯ 일산화탄소(CO)

㉰ 이산화탄소(CO_2)

㉱ 염화불화탄소(CFC)

🔔㉱ 염화불화탄소(CFC) : 성층권의 오존층을 파괴시키는 대표적인 가스

51 기생충과 중간숙주의 연결이 틀린 것은?

㉮ 광절열두조충증 – 물벼룩, 송어

㉯ 유구조충증 – 오염된 풀, 소

㉰ 폐흡충증 – 민물게, 가재

㉱ 간흡충증 – 쇠우렁, 잉어

🔔㉯ 유구조충증 – 오염된 풀, **돼지**

52 다음 중 소독에 영향을 가장 적게 미치는 인자(因子)는?

㉮ 온도　　　　㉯ 대기압

㉰ 수분　　　　㉱ 시간

🔔㉯ 대기압 : 소독에 영향을 가장 적게 미치는 인자(因子)

53 모기를 매개곤충으로 하여 일으키는 질병이 아닌 것은?

㉮ 말라리아　　　　㉯ 사상충염

㉰ 일본뇌염　　　　㉱ 발진티푸스

🔔㉱ 발진티푸스 : 이, 벼룩, 진드기 등의 **절족동물**에 의해 전염

ⓘ Aɴsᴡᴇʀ　45. ㉰　46. ㉯　47. ㉰　48. ㉱　49. ㉮　50. ㉱　51. ㉯　52. ㉯　53. ㉱

54 다음 중 넓은 지역의 방역용 소독제로 적당한 것은?

㉮ 석탄산   ㉯ 알코올
㉰ 과산화수소   ㉱ 역성비누액

㉮ **석탄산** : 넓은 지역의 방역용 소독제로 적당

55 100℃ 이상 고온의 수증기를 고압상태에서 미생물, 포자 등과 접촉시켜 멸균할 수 있는 것은?

㉮ 자외선소독기
㉯ 건열멸균기
㉰ 고압증기멸균기
㉱ 자비소독기

㉰ **고압증기멸균기** : 100℃ 이상 고온의 수증기를 고압상태에서 미생물, 포자 등과 접촉시켜 멸균

56 이·미용사는 영업소 외의 장소에서는 이·미용업무를 할 수 없다. 그러나 특별한 사유가 있는 경우에는 예외가 인정되는데 다음 중 특별한 사유에 해당하지 않는 것은?

㉮ 질병으로 영업소까지 나올 수 없는 자에 대한 이·미용
㉯ 혼례 기타 의식에 참여하는 자에 대하여 그 의식 직전에 행하는 이·미용
㉰ 긴급히 국외에 출타하려는 자에 대한 이·미용
㉱ 시장·군수·구청장이 특별한 사정이 있다고 인정하는 경우에 행하는 이·미용

㉰ 긴급히 국외에 출타하려는 자에 대한 이·미용은 특별한 사유에 해당하지 않는다.

57 이·미용업소에서 손님이 보기 쉬운 곳에 게시하지 않아도 되는 것은?

㉮ 개설자의 면허증 원본
㉯ 신고증
㉰ 사업자등록증
㉱ 이·미용 요금표

㉰ 이·미용업소에 게시해야 할 것 : 개설자의 면허증 원본, 신고증, 이·미용 요금표

58 이·미용사의 면허증을 다른 사람에게 대여한 때의 법적 행정처분 조치사항으로 옳은 것은?

㉮ 시·도지사가 그 면허를 취소하거나 6월 이내의 기간을 정하여 업무정지를 명할 수 있다.
㉯ 시·도지사가 그 면허를 취소하거나 1년 이내의 기간을 정하여 업무정지를 명할 수 있다.
㉰ 시장·군수·구청장은 그 면허를 취소하거나 6월 이내의 기간을 정하여 업무정지를 명할 수 있다.
㉱ 시장·군수·구청장은 그 면허를 취소하거나 1년 이내의 기간을 정하여 업무정지를 명할 수 있다.

㉰ 이·미용사의 면허증을 다른 사람에게 대여한 때의 법적 행정처분 : **시장·군수·구청장**은 그 면허를 취소하거나 **6월** 이내의 기간을 정하여 업무정지를 명할 수 있다.

59 영업정지처분을 받고 그 영업정지기간 중 영업을 한 때에 대한 1차 위반 시 행정처분 기준은?

㉮ 영업정지 10일
㉯ 영업정지 20일
㉰ 영업정지 1월
㉱ 영업장 폐쇄명령

ANSWER   **54.** ㉮   **55.** ㉰   **56.** ㉰   **57.** ㉰   **58.** ㉰   **59.** ㉱

⚘ ㉣ 영업정지처분을 받고 그 영업정지기간 중 영업
을 한 때에 대한 1차 위반 시 행정처분 : **영업장
폐쇄명령**

60 이 · 미용사의 면허를 받기 위한 자격요건으
로 틀린 것은?

㉮ 교육과학기술부장관이 인정하는 고등기술
학교에서 1년 이상 이 · 미용에 관한 소정
의 과정을 이수한 자

㉯ 이 · 미용에 관한 업무에 3년 이상 종사한
경험이 있는 자

㉰ 국가기술자격법에 의한 이 · 미용사의 자격
을 취득한 자

㉱ 전문대학에서 이 · 미용에 관한 학과를 졸
업한 자

⚘ ㉯ 이 · 미용에 관한 업무에 3년 이상 종사한 경험
이 있는 자는 자격요건에 해당하지 않는다.

자신의 본성이 어떤 것이든 그에 충실하라.
자신이 가진 재능의 끈을 놓아 버리지 마라.
본성이 이끄는 대로 따르면 성공할 것이다.

-시드니 스미스-

ANSWER · **60.** ㉯